中国金属学会电工钢分会　编

2017'
第十四届中国电工钢学术年会
The 14th Chinese Electrical Steel Academic Annual Conference

论文集

北　京
冶 金 工 业 出 版 社
2017

内容提要

本论文集共收录了第十四届中国电工钢学术年会论文55篇，内容包括取向电工钢、无取向电工钢、涂层与表面、检测与应用、综述与其他五个部分。本届年会论文反映了近年来我国电工钢生产与技术进步的有关情况以及发展趋势等。

本论文集可供从事电工钢生产、研究、设计、营销和管理等工作的相关人员阅读，也可供大专院校有关专业师生参考。

图书在版编目(CIP)数据

第十四届中国电工钢学术年会论文集/中国金属学会电工钢分会编．—北京：冶金工业出版社，2017.12
ISBN 978-7-5024-7711-0

Ⅰ.①第… Ⅱ.①中… Ⅲ.①电工钢—中国—文集
Ⅳ.①TM275-53

中国版本图书馆 CIP 数据核字(2017)第 297714 号

出 版 人　谭学余
地　　址　北京市东城区嵩祝院北巷 39 号　邮编　100009　电话　(010)64027926
网　　址　www.cnmip.com.cn　电子信箱　yjcbs@cnmip.com.cn
责任编辑　李培禄　美术编辑　彭子赫　版式设计　孙跃红
责任校对　王永欣　责任印制　李玉山
ISBN 978-7-5024-7711-0
冶金工业出版社出版发行；各地新华书店经销；北京京华虎彩印刷有限公司印刷
2017 年 12 月第 1 版，2017 年 12 月第 1 次印刷
210mm×297mm；20.5 印张；4 彩页；657 千字；318 页
180.00 元
冶金工业出版社　投稿电话　(010)64027932　投稿信箱　tougao@cnmip.com.cn
冶金工业出版社营销中心　电话　(010)64044283　传真　(010)64027893
冶金书店　地址　北京市东四西大街 46 号(100010)　电话　(010)65289081(兼传真)
冶金工业出版社天猫旗舰店　yjgycbs.tmall.com
(本书如有印装质量问题，本社营销中心负责退换)

《第十四届中国电工钢学术年会论文集》

编委会

前　言

今年是我国“十三五”规划实施的第二年，中国共产党胜利召开了第十九次全国代表大会，为中国指明了前进的方向。在这重要时刻，我们在宁波迎来了第十四届中国电工钢学术年会的召开。

两年多来，中国电工钢产业在供给侧、去产能的强劲政策指导下，在各生产企业及上下游产业的共同努力下，整个产业取得了可喜的成绩，电工钢产能结构发生了巨变，新标准的颁布实施，落后或低端产品正在全面淘汰，技术改造及工艺的优化及突破，高端产品质量稳定，产量在扩大，中高端产品市场开始初步形成，我国电工钢产业国产化目标已经实现；通过自主研发、技术创新，电工钢品种、规格、牌号已具备了全覆盖的生产能力；通过企业整合及自律，市场秩序开始向好和正在回归合理及稳定；通过多种形式、渠道的相互沟通及对等交流，电工钢学术氛围出现新气象，有更多话题、更深入、更广泛、更开放的交流，也大大地促进和发展了中国电工钢技术进步。

本届年会是我国电工钢产业链参会人数最多、专业面最广、论文数量较多的学术盛会和交流、互动的舞台。电工钢工作者将围绕电工钢生产、新工艺、新技术、新设备、质量攻关、产品研发、测试及涂层技术等专业领域开展广泛的学术交流。同时，大会还邀请部分专家、学者作专题报告。为此，我们对本次年会的论文单位及作者、为会议提供支撑的单位表示衷心的感谢。

本届年会共收录论文 55 篇，共计 65.7 万字，内容涉及取向电工钢、无取向电工钢、检测技术、信息研究、材料应用等多个方面，值得大家学习和参考。

由于时间紧，编辑工作量大，难免有不足之处，敬请批评指正。

中国金属学会电工钢分会

2017 年 12 月 20 日

目　　录

取向电工钢

无取向电工钢

涂层与表面

检测与应用

综述与其他

取向电工钢

QUXIANG DIANGONGGANG

27QH085 取向硅钢的谐波及直流偏磁特性研究

程 灵[1,2]，马 光[1]，孟 利[2]，杨富尧[1]，陈 新[1]，韩 钰[1]，董 瀚[2]

（1. 全球能源互联网研究院电工新材料研究所，北京 102209；
2. 钢铁研究总院华东分院，北京 100081）

摘 要：本文基于励磁信号波形及直流偏置量精确可控的软磁测量系统，研究了特高压交、直流变压器铁心常用材料——27QH085 牌号高磁感取向硅钢在电网谐波及直流偏磁工况下的损耗、磁致伸缩及振动噪声特性。结果表明，相位差为 0°时，随着电压波形中谐波含量或谐波次数的增加，材料损耗逐渐上升；相位差为 180°时，随谐波含量的增加，奇次谐波损耗先下降、后上升，3 次、5 次、7 次、9 次及 11 次谐波含量依次低于 7.6%、1.9%、0.68%、0.34%及 0.17%时，损耗较正常工况反而降低，而偶次谐波损耗随含有率的增加呈单调上升趋势。直流偏磁条件下，27QH085 取向硅钢的铁损及磁致伸缩系数明显增大，偏置磁场增加至 100A/m 时，蝴蝶曲线畸变严重，损耗较正常工况上升 21.9%，噪声增加约 14dB。研究规律可支撑复杂工况条件下大型电力变压器铁心材料选型与结构设计。

关键词：电力变压器；电网谐波；直流偏磁；取向硅钢

Study on Harmonic and DC-Bias Characteristic of 27QH085 Grain-oriented Silicon Steel

Cheng Ling[1,2], Ma Guang[1], Meng Li[2], Yang Fuyao[1], Chen Xin[1], Han Yu[1], Dong Han[2]

(1. Global Energy Interconnection Research Institute, Department of Electrical Engineering New Materials, Beijing 102209, China; 2. Central Iron and Steel Research Institute, Beijing 100081, China)

Abstract: Based on the soft magnetic measurement system, which can accurately control both excitation signal waveform and DC bias, the characteristics of loss, magnetostriction, vibration and noise of 27QH085 high magnetic induction grain-oriented silicon steel which mainly used in the ultra high voltage (UHV) AC/DC transformer were researched under the condition of harmonic and DC bias in power grid. Results showed that, when the phase difference is 0 degree, the core loss increases gradually with the increase of harmonic content or harmonic number. While the phase difference is 180 degree, the loss of 27QH085 grain-oriented silicon steel was first increased and then decreased along with the increasing of odd harmonic content. When the contents of 3rd, 5th, 7th, 9th and 11th harmonic are below 7.6%, 1.9%, 0.68%, 0.34% and 0.17% respectively, the core losses are lower than the normal conditions. The even harmonic loss increases monotonically with the increase of the harmonic content. Moreover, the core loss and magnetostriction coefficient of 27QH085 silicon steel increase obviously under DC bias condition. When the magnetic field of DC bias (H_{dc}) increased to 100A/m, the distortion of butterfly curve is serious, and the core loss rises by 21.9% while the noise increases by about 14dB. The conclusions can support the material selection and structure design of large power transformer under complex operating conditions.

Key words: power transformer; harmonic wave; DC bias; grain-oriented silicon steel

1 引言

谐波是指频率为基波频率（50Hz）整数倍的正弦波分量。随着电力系统输电电压等级的提高以及电力负荷种类不断增加，电网中谐波注入量不断增加，高次谐波电压会造成变压器铁心损耗增大、振动和噪声增强等不利影响[1]。国标 GB/T 14549《电能质量公用电网谐波》[2]中考虑不同谐波源叠加计算的方法，规定了公用电网中谐波电压限值及谐波电流允许值，但仅适用于 110kV 及以下电压等级交流电网，对于更高电压等级该标准没有指定规范，目前，各国对高压、特高压输电网的谐波电压限值相差较大。与此同时，现有研究大都针对谐波条件下变压器整体损耗进行分析，而从铁心材料角度细致分析取向硅钢在各次谐波工况条件下损耗特性的研究较少。例如，刘成君等[3]提出了变压器谐波损耗的计算方法，分析了变压器谐波损耗与谐波电流畸变率的关系；汪彦良等[4]提出了考虑集肤效应时变压器谐波损耗计算方法；张占龙等[5]考虑变压器负载不平衡及谐波次数对变压器谐波损耗的影响，建立了变压器谐波损耗模型。因此，有必要全面考虑各电压等级变压器中出现的谐波工况，研究取向硅钢材料在不同谐波次数及含量条件下的损耗特性，支撑变压器整体谐波损耗的精细化计算。

与此同时，随着我国±800kV 及以上电压等级直流输电工程的建设及投入运行，变压器的直流偏磁问题受到广泛关注，易造成铁心饱和、温升增大、震动加剧等不利影响。资料显示，三峡-常州直流输电系统采用单级大地返回方式运行时，江苏常州直流换流站附近的常州武南变电站的 2 组 500kV 自耦变压器噪声增大，当直流输送 1540MW 大负荷（地中电流 3320A）时，武南变中性点直流电流最大为 9.4A[6]；贵广 750MW 单级大地回路运行方式下，春城站主变中性点直流电流达 34.5A，噪声为 93.9dB，谐波电压总畸变率达 2.1%[7]；受三峡-广州、天生桥-广州等高压直流输电系统的影响，岭澳核电站和大亚湾核电站的主变中性点曾入侵约 4%以内的直流电流[8]；此外，太阳等离子风的动态变化与地磁场相互作用产生的地磁暴可引起地磁感应电流，并在接地变压器中产生直流偏磁现象。取向硅钢作为变压器铁心核心材料，研究其在直流偏磁条件下的磁特性及磁致伸缩特性对于指导铁心材料选型与结构设计以及提高变压器抗直流偏磁能力具有重要意义。

本文以特高压交、直流变压器常用铁心材料——27QH085 牌号高磁感取向硅钢为研究对象，系统分析其在正弦波形磁场激励及 2~11 次不同含量谐波工况下的损耗性能，同时，研究直流偏置磁场为 0~120A/m 时取向硅钢的损耗、磁致伸缩及振动噪声特性，支撑变压器铁心结构设计及制造，确保高端取向硅钢材料在高电压等级变压器中安全应用。

2 测试原理与方法

针对取向硅钢在电网高次谐波及直流偏磁工况条件下的磁性能及磁致伸缩特性测试，国内外尚未形成测试方法标准，本文基于励磁信号波形精确可控的 Bruckhaus MPG 200D 软磁测量系统，依据国际上被广泛认可的 IEC/TR 62383[9]技术报告中的模型及方法测量谐波损耗，依据 IEC/TR 62581[10]技术报告中的方法测量磁致伸缩系数并进行 AWV(A-weighted magnetostriction velocity level）噪声等效模拟计算。谐波损耗、磁致伸缩系数、AWV 噪声的测量方法或计算原理如下：

谐波损耗 P_c 的测定（式 1）使用来源于双通道数字转换器的数据、二次感应电压 $U_2(t)$ 以及与初级绕组串联的非感应式精密电阻 R_s 两端的电压 $U_s(t)$ 进行计算：

$$P_c = -\frac{N_1}{n\rho_m N_2 A l_{eff} R_s}\sum_{i=1}^{n} U_2(i)\cdot U_s(i) \tag{1}$$

式中，i 为整数；n 为每个周期的取样点数；ρ_m 为试样的密度；N_1 为初级绕组匝数；N_2 为次级绕组匝数；A 为试件的横截面积；l_{eff}为有效磁路长度。

磁致伸缩系数 λ 的测量（式 2）根据样品均匀磁化区域内基线长度的变化计算：

$$\lambda(t) = \frac{\Delta l_0(t)}{l_0} \tag{2}$$

式中，$\Delta l_0(t)$ 为从退磁状态长度到时间为 t 时基线长度的变化值；l_0 为试件的基线长度。

A 计权磁致伸缩振动速度声压水平（AWV 噪声）的计算方法（式 3）如下：

$$AWV = 20\log_{10}\frac{\rho c\sqrt{\Sigma i\left[(2\pi f_i)\left(\frac{\delta_i}{\sqrt{2}}\right)\alpha_i\right]^2}}{P_{e0}} \tag{3}$$

式中，ρ 为空气密度；c 为声速；f_i 为磁致伸缩时 i 次谐波分量的频率；δ_i 为磁致伸缩时 i 次谐波分量的大小；α_i 为频率为 f_i 时 A 计权系数；P_{e0} 为最小可听声压。

3 正常工况下 27QH085 取向硅钢的磁性能

作为特高压交、直流变压器铁心常用材料，27QH085 牌号高磁感取向硅钢的磁特性直接关系到变压器铁心的损耗及磁化性能。为了给 27QH085 取向硅钢在谐波及直流偏磁条件下的损耗特性分析提供参照对比，首先给出材料在 50Hz 正弦波形磁场激励条件下的损耗曲线及磁化曲线，见图 1。由图可知，磁感 B_8 为 1.912T，铁损 $P_{1.7}$ 为 0.826W/kg，基础磁性能符合国标要求。此外，磁通密度超过 1.8T 后，取向硅钢的磁化性能显著下降。鉴于此，高电压等级交流变压器铁心设计磁密一般取 1.65~1.73T，直流换流变压器磁密设计不超过 1.78T。

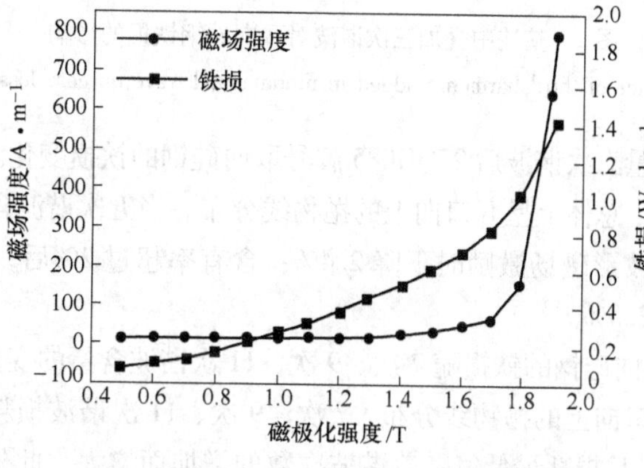

图 1 27QH085 取向硅钢正常工况下铁损及磁场强度随磁密的变化曲线

Fig. 1 Variation curves of iron loss and magnetic field strength of 27QH085 GO steel under normal working condition

4 谐波条件下 27QH085 取向硅钢的损耗

4.1 试验工况设计

研究表明，接于高压远距离输电线末端的变压器空载运行时，受线路充市电流的影响导致工频电压升高，使励磁电流中的 3 次、5 次、7 次等奇数次谐波分量明显增加[11]；取向硅钢材料饱和产生的奇次谐波中，以 3 次谐波和 5 次谐波为主，且随着铁心饱和程度的增加，励磁电流中谐波成分将更大[12,13]。总体上，大型电力变压器中奇次谐波中以 3 次 10%含有率及 5 次 5%含有率最为常见。此外，特高压直流输电时直流电流侵入中性点接地的交流变压器后，励磁电流中常出现 2 次、4 次等偶次谐波，特别是 2 次谐波含量可达 20%[11]。

结合上述工况，针对特高压交、直流变压器铁心常用的 27QH085 取向硅钢谐波损耗测量，本研究中分别施加的谐波工况包括：3 次谐波（0~20%含量），5 次谐波（0~5%含量），7 次谐波（0~2%含量），9 次谐波（0~1%含量），11 次谐波（0~0.5%含量）；2 次谐波（0~25%含量），4 次谐波（0~10%含量）。同时，课题组已有研究表明[14]，相位差为 0°时，取向硅钢的铁损随谐波次数（3、5、7 次）及含量（谐波电压含量最高约 20%）的增加而增大，且与谐波次数呈线性关系。因此，本节中重点考虑相位差为 180°时，取向硅钢的奇次谐波损耗特性。

4.2 奇次谐波损耗测试结果

图 2 给出基波中叠加不同含量三次谐波后 27QH085 牌号取向硅钢的铁损（$P_{1.7}$）变化曲线，以及谐波

电压含量分别为 0、3.3%、10%时的磁滞回线。由图 2(a) 可知，随着三次谐波含量的提高，铁损先下降后上升，总体上呈开口向上的抛物线分布。当三次谐波含有率为 3.3%时，铁损 $P_{1.7}$达最小值 0.790W/kg(对应图 2(b) 中红色磁滞回线的面积最小)，相比正常工况下降 4.4%；含有率超过 10%后，铁损显著上升，当含有率为 17%时，铁损较正弦波形磁场激励条件下上升 24.8%。

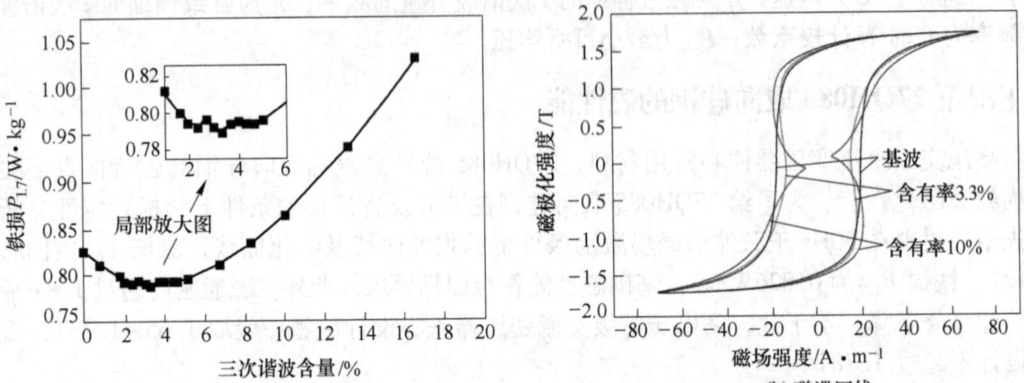

(a) 谐波损耗　　　　　　(b) 磁滞回线

图 2　基波中叠加三次谐波对取向硅钢铁损的影响

Fig. 2　Influence of third harmonic added in fundamental wave on core loss of GO steel

图 3 为基波中叠加不同含量五次谐波后 27QH085 牌号取向硅钢的铁损变化。可见，随着五次谐波含量的提高，铁损同样先下降后上升，总体上呈开口向上的抛物线分布。当五次谐波含有率为 0.8%时，铁损 $P_{1.7}$达最小值 0.806W/kg，相比正弦波形磁场激励时下降 2.4%；含有率超过 2%后，铁损显著上升，当含有率为 5%时，铁损较正常工况上升 33.5%。

图 4 给出 27QH085 牌号取向硅钢的铁损随 7 次、9 次、11 次谐波含量的变化曲线。整体上，铁损随着各奇数次谐波含量的提高均呈开口向上的抛物线分布，7 次、9 次、11 次谐波损耗最低值对应的谐波含有率依次为 0.43%、0.17%、0.09%，且损耗最低值随着谐波次数的增加而增大。此外，相同谐波含量情况下，谐波次数越高，损耗上升幅度明显越大。

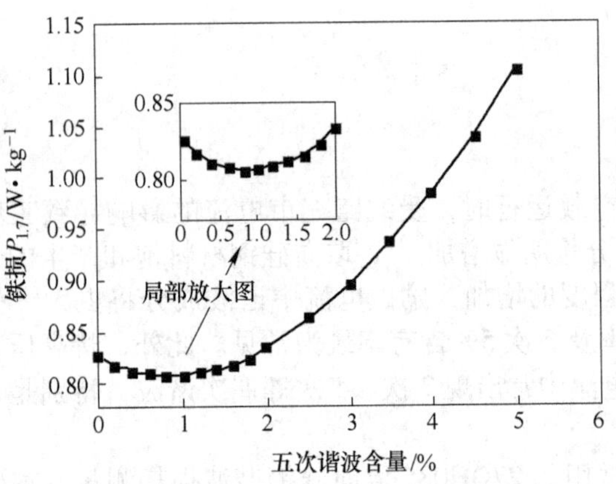

图 3　基波中叠加五次谐波对取向硅钢铁损的影响

Fig. 3　Influence of fifth harmonic added in fundamental wave on core loss of GO steel

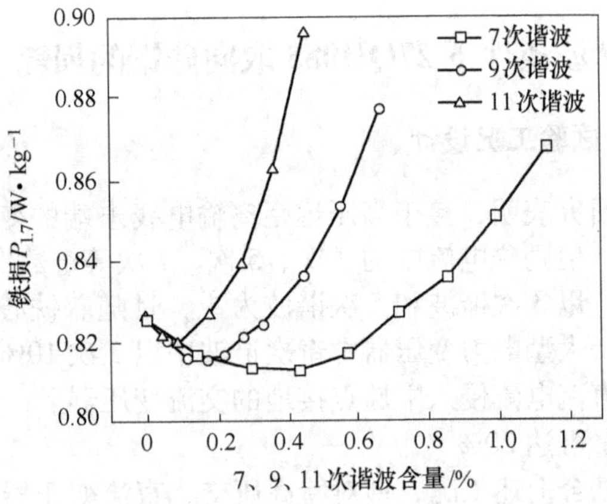

图 4　7 次、9 次、11 次谐波对取向硅钢铁损的影响

Fig. 4　Influence of 7th, 9th and 11th harmonics on core loss of GO steel

表 1 为各主要奇次谐波条件下 27QH085 牌号取向硅钢铁损最小值及对应的谐波含量。由表可见，随着各奇次谐波含量的上升，铁损均存在最小值，最小值相对正常工况时下降了 0.7%~4.4%，且最小值随着谐波次数的增加而减小。此外，采用最小二乘法对上述 5 条损耗曲线进行拟合，得到谐波损耗从最低值上升至正常工况水平（0.826W/kg）时对应的谐波含量，零增长率位置处对应 3 次、5 次、7 次、9 次、11 次谐波含量

依次为 7.6%、1.9%、0.68%、0.34%、0.17%，即各奇次谐波电压含量在该限值以下时对取向硅钢的铁损无不利影响，反而使材料损耗降低。

表 1 27QH085 牌号取向硅钢在奇次谐波条件下损耗最小值及对应的谐波含量

Table 1 Minimum loss and corresponding harmonic content of 27QH085 GO steel under odd harmonics

谐波次数	基波	3 次	5 次	7 次	9 次	11 次
铁损最小值 P_{min}/W·kg^{-1}	0.826	0.790	0.806	0.813	0.815	0.820
谐波损耗变化率	0	-4.4%	-2.4%	-1.6%	-1.3%	-0.7%
P_{min}对应谐波含量	0	3.3%	0.8%	0.4%	0.16%	0.09%
零增长率对应谐波含量	0	7.6%	1.9%	0.68%	0.34%	0.17%

4.3 偶次谐波损耗测试结果

图 5 为基波中叠加 2 次、4 次偶数次谐波后 27QH085 牌号取向硅钢的铁损变化曲线。由图可知，随着偶次谐波含量的增加，取向硅钢的铁损呈单调上升趋势，且 4 次谐波损耗较 2 次谐波损耗增长幅度更大，当含有率为 5%时，4 次谐波损耗 $P_{1.7}$为 0.987W/kg，较正常工况上升 19.5%，此时 2 次谐波损耗仅上升 1.8%。此外，2 次谐波含量为 25%时，谐波损耗 $P_{1.7}$为 1.053W/kg，较正常正弦波形磁场激励时上升 27.5%。

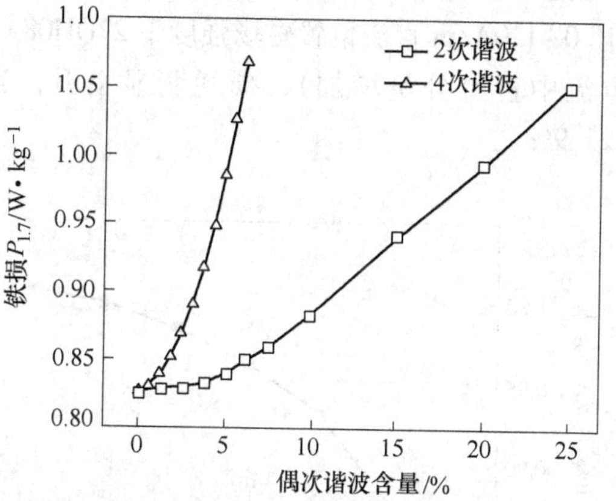

图 5 基波中叠加 2 次及 4 次谐波对取向硅钢铁损的影响

Fig. 5 Influence of second and fourth harmonics added in fundamental wave on core loss of GO steel

5 直流偏磁条件下 27QH085 取向硅钢的损耗及磁致伸缩特性

5.1 试验工况设计

变压器可耐受的直流偏磁电流与变压器结构、铁心结构、工作磁密、震动幅度和噪声水平、波形畸变可接受程度等多种因素有关，目前国内外有关变压器绕组中允许通过的直流量没有形成定论，工程上主要依靠相关经验或规定执行。例如，我国第一条 HVDC 输电线路葛上线工程中采用的标准是小于励磁电流的 1.5 倍[7]；DL/T 605—2012《高压直流接地极技术导则》规定三相三柱变压器为额定电流的 0.7%，单相变压器为额定电流的 0.3%[15]；龙政直流输电工程中 ABB 换流变每相最大可承受直流电流为 5A[16]。

本研究中分析高电压等级变压器铁心常用 27QH085 牌号取向硅钢材料受直流偏磁影响过程中，为了使试验结果具有针对性和代表性，在进行工况设计时（正常工况基础上叠加不同大小的直流偏磁磁场），同时考虑上述标准或规定中的电流值（以 5A 为参考值）和实际监测到的侵入变压器中性点的直流电流（以 34.5A 为参考值），以受直流偏磁影响最大的单相三柱变压器（参数见表 2）为例进行计算，得到等效作用在取向硅钢材料上的偏置磁场强度。产生的偏置磁场 H_{dc} 计算公式为：

$$H_{dc} = \frac{N \cdot I_{dc}}{l} \tag{4}$$

式中，N 为线圈匝数；I_{dc}为直流电流；l 为磁路长度。

计算得到 5A 和 34.5A 对应的偏置磁场分别为 17.4A/m 和 120A/m。因此，针对 27QH085 牌号取向硅钢材料进行试验工况设计时，施加的偏置磁场 H_{dc}覆盖 5~120A/m，磁通密度最大值 B_{max} 取 1.7T，针对材料施加的模拟测试工况尽可能与大型电力变压器实际运行工况保持一致。

表 2 某变压器厂生产的单相三柱式升压变压器参数

Table 2 Parameters of single-phase three-column transformer of a transformer factory

变压器参数	数 值	变压器参数	数 值
额定容量	240MV · A	结构	单相三柱式
额定电压	$550/\sqrt{3}/22$kV	高压/低压绕组高度	2.05m/2.08m
铁心高/直径	3.5m/1.5m	高压/低压绕组匝数	508 匝/32 匝
窗口内高/内宽	2.25m/0.6m	高压/低压侧相电流	756A/12000A

5.2 测试结果与分析

直流偏磁条件下 27QH085 牌号磁畴细化高磁感取向硅钢的损耗及磁致伸缩系数直接关系到大型变压器铁心损耗及振动噪声水平。图 6 给出 0~120A/m 直流偏置磁场强度下 27QH085 取向硅钢的铁损值，随着偏置磁场强度 H_{dc} 的增大（对应励磁电流中直流分量增加），损耗明显上升，当 H_{dc} = 120A/m 时，铁损 $P_{1.7}$ = 1.007W/kg，较正常工况时上升 21.9%。

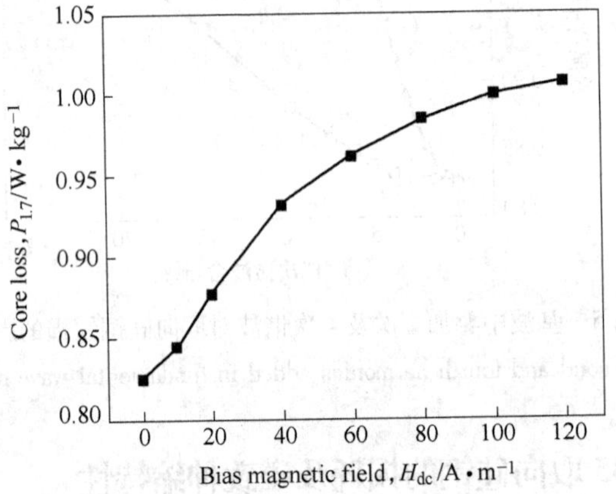

图 6 直流偏磁对 27QH085 取向硅钢损耗的影响

Fig. 6 Effect of DC bias on core loss of 27QH085 grade GO steel

图 7 给出 0~120A/m 直流偏置磁场强度下 27QH085 取向硅钢的磁致伸缩系数 $\lambda_{z\text{-}p,1.7T}$ 及 AWV 等效噪声值。其中，$\lambda_{z\text{-}p,1.7T}$表示磁极化强度从 0 增加至 1.7T 时，取向硅钢沿磁场方向的净应变量；AWV 为基于测得的磁致伸缩数据间接推导出的 A 计权速度级参数。磁致伸缩与 A 计权速度级之间的定量关系由 E. Reiplinger[17] 提出，后经 M. Ishida 等[18] 基于三相变压器叠片铁心模型扩展至 A 计权加速度级，现已被 IEC/TR 62581—2010 采用。由图可知，偏置磁场大于 60A/m 后，磁致伸缩系数 $\lambda_{z\text{-}p,1.7T}$由负转正且快速增大，$H_{dc}$ = 100A/m 时，应变量约为正弦波形磁场激励条件下的 3 倍，对应 AWV 噪声由正常工况的 52.9dB 增大至 66.8dB，振动噪声增加了近 14dB。

图 8 给出了不同偏置磁场条件下 27QH085 取向硅钢材料的蝴蝶曲线（磁致伸缩量随磁极化强度周期性变化），可知，随着偏置磁场强度的增加，曲线不再呈对称分布，应变幅度不断增大，蝴蝶曲线在第一象限发生畸变。当直流偏置磁场超过 60A/m 后，曲线畸变严重，对应变压器噪声及振动水平明显上升。

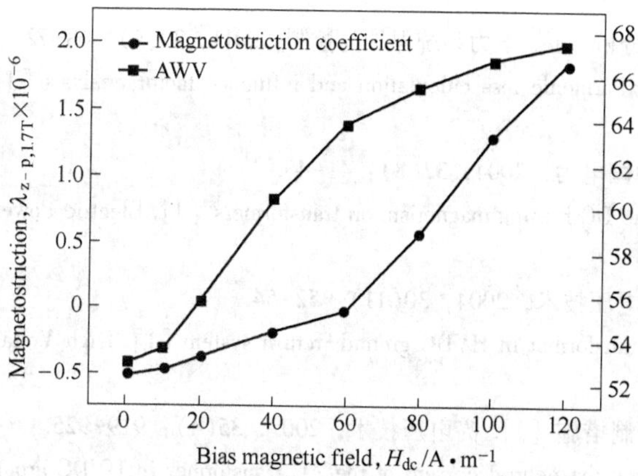

图 7　不同偏置磁场强度下 27QH085 取向硅钢的磁致伸缩系数及 AWV 噪声

Fig. 7　Magnetostriction coefficient and AWV of 27QH085 GO steel under different DC bias magnetic field

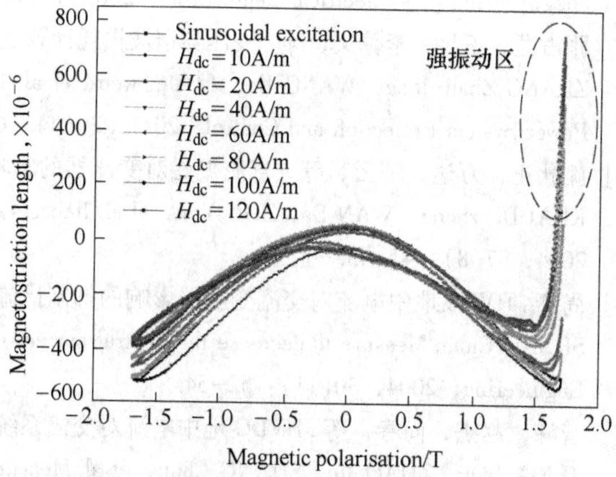

图 8　不同偏置磁场条件下 27QH085 取向硅钢的蝴蝶曲线

Fig. 8　Butterfly loops of 27QH085 grade steel under different DC bias magnetic field

取向硅钢的损耗、磁致伸缩及噪声不仅与外部电磁场环境相关，还与材料内部组织结构，如晶粒尺寸大小及均匀性、织构组分及强度、残余应力及涂层张力等因素密切联系。因此，针对直流偏磁条件下产生的铁心饱和、温升增大、振动加剧等不利影响，不仅可从工程上常用的变压器中性点接地方式[7]、绕组及铁心结构设计[19,20]的角度进行削弱，还可从变压器铁心材料选型的角度考虑不同特征参量取向硅钢的直流偏磁特性降低其不利影响。

6　结论

基于设计的试验工况条件，研究了特高压交、直流变压器铁心常用材料——27QH085 牌号高磁感取向硅钢在电网谐波及直流偏磁条件下的损耗、磁致伸缩及振动噪声特性，得到如下结论：

（1）相位差为 0°时，随着电压波形中谐波含量及谐波次数的增加，材料损耗逐渐上升；相位差为 180°时，随谐波含量的增加，奇次谐波损耗先下降、后上升，3 次、5 次、7 次谐波损耗最小值较正常工况时依次降低 4.4%、2.4%、1.6%，并确定了各奇次谐波条件下铁损下降的边界条件；偶次谐波损耗随含有率的增加呈单调上升趋势。

（2）直流偏磁条件下，27QH085 取向硅钢的铁损及磁致伸缩系数明显增大，直流偏置磁场 H_{dc} 超过 60A/m 时，磁致伸缩系数快速增大，蝴蝶曲线畸变严重，进入强振动区域，H_{dc} 增加至 100A/m 时，铁损较正常工况上升 21.9%，噪声增加约 14dB。研究规律可支撑复杂工况条件下大型电力变压器铁心材料选型与结构设计。

参考文献

[1] 陈甜甜，胡蓉，金祖祥，等. 临近直流输电落点的城市电网谐波传导特性分析 [J]. 电网技术，2015，39(10)：3000-3004.
CHEN Tian-tian，HU Rong，JIN Zu-xiang，et al. Analysis research on harmonic transmission characteristics of urban power network adjacent to UHVDC terminal location [J]. Power System Technology，2015，39(10)：3000-3004.

[2] GB/T 14549—1993《电能质量公用电网谐波》.
GB/T 14549—1993《Quality of electric energy supply & Harmonics in public supply network》.

[3] 刘成君，杨仁刚. 变压器谐波损耗的计算与分析 [J]. 电力系统保护与控制，2008，36(13)：33-36.
LIU Cheng-jun，YANG Ren-gang. Calculation and analysis of transformer's harmonic loss [J]. Power System Protection and Control，2008，36(13)：33-36.

[4] 汪彦良，岳智顺，王金全，等. 谐波附加损耗及其降损节能分析 [J]. 电气技术，2009(2)：15-19.
WANG Yan-liang，YUE Zhi-shun，WANG Jin-quan，et al. Analyzing the addition loss of harmonic and how to reducing it for

enegy-saving [J]. Electrical Engineering，2009(2)：15-19.

[5] 张占龙，王科，李德文，等. 变压器谐波损耗计算及影响因素分析 [J]. 电力系统保护与控制，2011，39(4)：68-72.
ZHANG Zhan-long，WANG Ke，LI De-wen，et al. Transformer harmonic loss calculation and influence factor analysis [J]. Power System Protection and Control，2011，39(4)：68-72.

[6] 蒯狄正，万达，邹云，等. 直流偏磁对变压器的影响 [J]. 中国电力，2004，37(8)：41-43.
KUAI Di-zheng，WAN Da，ZOU Yun，et al. Impacts of long-time DC biasing magnetism on transformers [J]. Electric Power，2004，37(8)：41-43.

[7] 尚春. HVDC 地中电流对交流变压器影响的抑制措施 [J]. 高电压技术，2004，30(11)：52-54.
SHANG Chun. Measure to decrease the neutral current of the AC transformer in HVDC ground-return system [J]. High Voltage Engineering，2004，30(11)：52-54.

[8] 曾嵘，赵杰，尚春，等. HVDC 地中电流对交流系统影响的抑制措施 [J]. 高电压技术，2009，35(4)：919-925.
ZENG Rong，ZHAO Jie，SHANG Chun，et al. Measures to restrain the neutral current of the AC transformer in HVDC ground return system [J]. High Voltage Engineering，2004，30(11)：52-54.

[9] IEC/TR 62383—2006. Determination of magnetic loss under magnetic polarization waveforms including higher harmonic components - Measurement，modelling and calculationmethods.

[10] IEC/TR 62581—2010. Methods of measurement of the magnetostriction characteristics by means of single sheet and epstein test speimens.

[11] 代志强，权铁龙，陆明，等. 特高压交直流电网谐波传播特性研究 [C]. 第七届电能质量研讨会，成都，2014：111-119.
DAI Zhi-qiang，QUAN Tie-long，LU Ming，et al. Study on harmonic propagation characteristics of UHV AC / DC power grid [C]. The 7th Symposium on Power Quality，Chengdu，2014：111-119.

[12] 雷秋芳. 变压器与高次谐波 [J]. 变压器，1989(4)：2-5.
LEI Qiu-fang. Transformer and higher harmonic [J]. Transformer，1989(4)：2-5.

[13] 李泓志，崔翔，刘东升，等. 直流偏磁对三相电力变压器的影响 [J]. 电工技术学报，2010，25(5)：88-96.
LI Hong-zhi，CUI Xiang，LIU Dong-sheng，et al. Influence on three-phase power transformer by DC bias excitation [J]. Transactions of China Electrotechnical Society，2010，25(5)：88-96.

[14] 杨富尧，程灵，马光，等. 复杂电磁条件下不同取向硅钢的铁损性能 [J]. 机械工程材料，2016，40(10)：85-88.
YANG Fu-yao，CHENG Ling，MA Guang，et al. Iron loss of different oriented silicon steels under complex electromagnetic condition [J]. Materials for Mechanical Engineering，2016，40(10)：85-88.

[15] DL/T 605—2012《高压直流接地极技术导则》.
DL/T 605—2012《Technical guide of HVDC earth electrode system》.

[16] 曾连生. 直流输电接地极电流对电流变压器的影响 [J]. 电力建设，2004，25(12)：22-24.
ZENG Lian-sheng. Influence of DC transmission ground electrode current on power transformers [J]. Electric Power Construction，2004，25(12)：22-24.

[17] E. Reiplinger. Assessment of grain-oriented transformer sheets with respect to transformer noise [J]. Journal of Magnetism and Magnetic Materials，1980(21)：257-261.

[18] M. Ishida，S. Okabe，K. Sato. Analysis of noise emitted from three-phase stacked transformer model core. Kawasaki Steel Technical Report，39 (1998)：29-35.

[19] 朱林，韦晨，余洋. 单相变压器的直流偏磁励磁电流问题及其对保护的影响分析 [J]. 电力系统保护与控制，2010，38(24)：158-162.
ZHU Lin，WEI Chen，YU Yang. Analysis of DC bias exciting current of the single-phase transformer and its effect on protection [J]. Power System Protection and Control，2010，38(24)：158-162.

[20] 赵志刚，刘福贵，程志光，等. 直流偏磁条件下叠片铁心的磁性能模拟 [J]. 电工技术学报，2010，25(9)：14-19.
ZHAO Zhi-gang，LIU Fu-gui，CHENG Zhi-guang，et al. Magnetic property modeling of laminated core under DC-biased condition [J]. Transactions of China Electrotechnical Society，2010，25(9)：14-19.

含铋取向硅钢中铋收得率的实验室研究

谭清元，项　利，仇圣桃

（钢铁研究总院连铸技术国家工程研究中心，北京 100081）

摘　要：本文从保温时间、温度、添加形式（纯铋、铋锰、铋硅、铋硅铁）、加入量等方面对取向硅钢中铋的收得率问题进行了实验室研究，分析了不同条件下铋收得率的变化规律，对后续工业化实验有一定的参考作用。

关键词：取向硅钢；铋；收得率

Study on the Yield of Bismuth in Oriented Silicon Steel

Tan Qingyuan，Xiang Li，Qiu Shengtao

（National Engineering and Research Center for Continuous Casting Technology，Central Iron and Steel Research Institute，Beijing 100081，China）

Abstract：In this paper，the research on the yield of bismuth in oriented silicon steel was carried out from the aspects of holding time，temperature，adding form（pure bismuth，bismuth manganese，bismuth silicon，bismuth ferrosilicon） and adding amount. The change rule of bismuth yield under different conditions was analyzed，and it will be a reference to the following industrialization experiment.

Key words：oriented silicon steel；bismuth；yield

1　引言

从 1994 年开始，新日铁、浦项制铁、川崎制铁等企业先后提出加铋可明显提高取向硅钢 B_{800}值。据统计，新日铁、JFE 加铋生产高磁感取向硅钢的发明总数已超过百项，加铋后，磁感达到 1.90T 以上，最高时达到 1.99T，可以采用低温板坯加热后工序氮化，也可以采用高温板坯加热[1]。

目前国内对取向硅钢中加铋的研究仅见于武钢专利[2,3]，通过加铋可提高 B_{800}值到 1.95T 以上，但铋元素在取向硅钢中的冶金行为少有研究，国内也只是在易切削钢等少数钢种上研究过铋，而且钢中铋的收得率都不理想，北科大学者向 NiCrMoV 钢液中加入纯铋时铋的收得率为 7.54%[4]，首钢贵阳特钢生产 1214Bi 在 LF 精炼后期加入铋的复合包芯线收得率达到一度也只有 30%~40%[5]。要工业化生产含铋取向硅钢，如何让铋留在钢中并实现尽可能高的收得率，成为首先要解决的问题。本文通过从保温时间、温度、添加形式（纯铋、铋锰、铋硅、铋硅铁）、加入量等方面对取向硅钢中加入铋的收得率问题进行了实验室研究。

2　实验材料及方法

实验钢种为取向硅钢，成分如表 1 所示。

表 1　实验用取向硅钢成分　（质量分数，%）

C	Si	Mn	P	S	Cu	Als	N
0.042	3.35	0.04	0.010	0.003	0.1	0.025	0.0051

实验方法为：试样均为切成小块的取向硅钢 300g，用管式炉实验铋在铁液中的溶解平衡；用公称容量 2kg 的真空感应炉实验不同保温时间、温度、加入方式、加入量下铋的收得率，实验中使用到的铋的添加剂有纯铋、铋锰合金、铋硅、铋硅铁等，其中铋的纯度为 99.99%，铋锰合金在纯度 99.9% 以上，铋硅、铋硅铁是用纯铋分别和纯硅、75 硅铁粉按 2∶1 比例混合成均匀粉末后用压片机压制成形，并置入电阻炉中，在 270℃下烧结而成。其成分如表 2 所示，试样熔化全程氩气保护，铋添加剂加入方式为将其用薄铁皮包裹绑在钼丝上从投料口插入炉内刚玉坩埚中钢液的底部。实验得到的试样取中心部位屑样用 ICP 法测定铋含量。

表 2 不同铋添加剂种类成分 （质量分数，%）

铋的种类	Bi	Mn	Si	Fe
纯铋	>99.99	—	—	—
铋锰	80	20	—	—
铋硅	67	33	—	—
铋硅铁	67	—	25	8

3 实验结果与分析

3.1 铋在取向硅钢中的溶解平衡

将 3g 纯铋和提前切割好的取向硅钢块 160g 一同放入刚玉坩埚中，再同刚玉坩埚一起放入带盖的石墨坩埚中并密封（石墨坩埚纯度大于 99.95%，氧化铝坩埚纯度大于 99.5%），置于管式炉下部高温区，全程氩气保护，设置平衡温度为 1600℃，分别平衡 2h 和 4h 后，断电随炉冷却，分别取样测定 Bi 元素在取向硅钢中的含量。平衡 2h 的试样钢中铋含量为 0.0001%，平衡 4h 的试样钢中铋含量小于 1ppm，为痕迹。对两个试样上中下三个部位分别取样测试，结果均一样。

实验结果显示，同取向硅钢一并熔化质量分数高达 1.84% 的铋在 1600℃的高温下平衡 2h 后只剩下极少的 0.0001%，而 4h 后为痕迹，即取向硅钢中几乎没有铋元素存在了。分析原因，铋是一种高蒸气压元素，在 1450 ~ 1550℃的钢中蒸气压高达 1mmHg(0.133kPa) 以上[6]，在钢水中的饱和溶解度仅仅 20ppm，北京科技大学宋波教授曾做过完全密封条件下的铁液中铋蒸气的溶解平衡实验，在不同 C、Al、Si、Cu、Cr 含量的铁液中铋的平衡浓度在 0.07% ~ 0.32% 之间[7]。铋极不容易进入钢中，很难与取向硅钢固溶。同时铋又是一种低沸点金属，沸点约 1560℃，低于实验中钢液的 1600℃，绝大多数的铋形成蒸气逸出钢液，有的冷凝在石墨坩埚上壁，由于石墨坩埚不是绝对密封，有的逸出到密闭的石墨坩埚外部，在石墨坩埚外表面能看到铋白点的存在，如图 1 所示，由于实验过程全程氩气保护，未见黄色的铋氧化物。

图 1 石墨坩埚外表面铋的白点

3.2 保温时间对铋收得率的影响

实验中将真空感应炉中钢液温度稳定在 1600℃后，充入氩使腔体保持在 1 个大气压，将事先准备好的用薄铁皮包裹绑在钼丝上的纯铋粒、铋锰合金颗粒投入，分别保持 30s、2min 和 5min，断电，打开腔体，取出试样空冷。结果如图 2 所示。加入纯铋时，从 30s、2min、5min 收得率依次为 7.83%、3.83%、2.58%；加入铋锰合金时，从 30s、2min、5min 收得率依次为 5.56%、3.68%、2.9%。

从实验结果来看，取向硅钢中加入纯铋、铋锰合金收得率随着停留时间的延长而降低，当停留时间较长时（5min），加铋锰合金比纯铋收得率高；而停留时间 2min 时，加纯铋略大于铋锰合金；在 1600℃仅仅停留 30s 时，加纯铋的收得率比加铋锰合金高出不少。在高于铋沸点温度下插入纯铋、铋锰合金，有

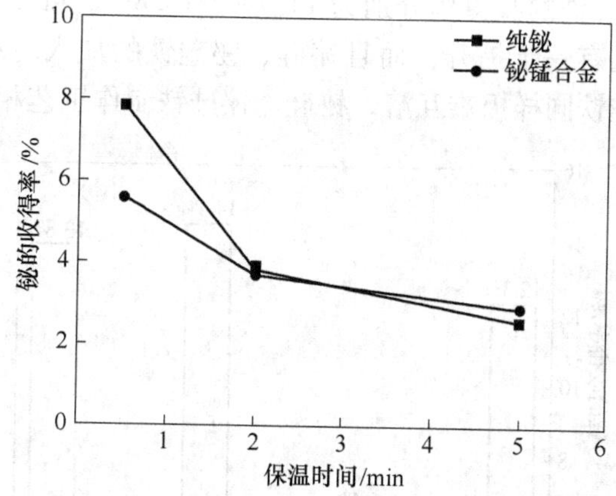

图2 不同保温时间下取向硅钢中铋的收得率

比较明显的喷溅，过程持续时间较长达3s，不排除有一部分的铋随着钢液被喷溅出导致收得率很低。从结果可以看出，虽然Bi80%Mn20%的铋锰合金熔点高达1043℃[8]，比纯铋熔点（271℃）高，但和纯铋作为添加剂时收得率区别并不明显，甚至收得率还更低。

3.3 温度对铋收得率的影响

实验用真空感应炉将钢液温度分别稳定在1600℃、1570℃、1550℃和1530℃，分别加入纯铋和铋锰合金，均保温30s后断电，打开腔体，取出试样空冷。

测试结果显示，在1600℃、1570℃、1550℃、1530℃四个温度下，加入纯铋后铋的平均收得率为：7.83%、12.2%、12.3%、35.1%，加入铋锰合金后铋的平均收得率为：5.56%、7.61%、7.97%、38.5%，如图3所示，其中1530℃时实验结果试样中铋的分布不均匀，取平均值。随着加入时钢液温度的降低铋的收得率升高。不过，当钢液温度为较低的1530℃时，试样各部位的Bi含量不均匀，分析原因可能是铁皮包裹的纯铋、铋锰合金在钢液底部熔化后还没来得及在钢中扩散均匀，尤其是在钢液上部表现较为明显。

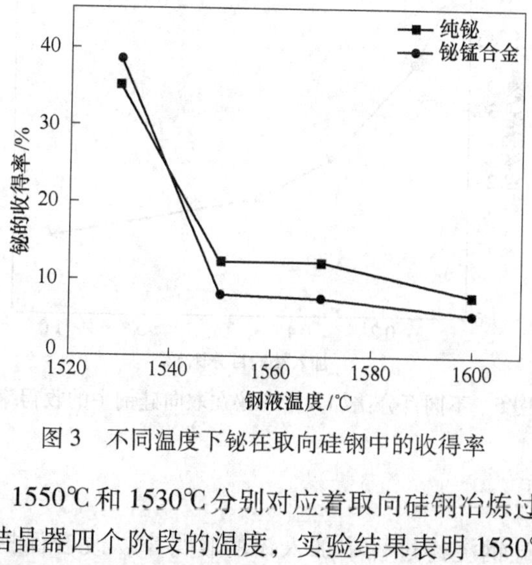

图3 不同温度下铋在取向硅钢中的收得率

实验中，1600℃、1570℃、1550℃和1530℃分别对应着取向硅钢冶炼过程中的RH精炼过程中、钢包上连铸平台前、中间包、连铸结晶器四个阶段的温度，实验结果表明1530℃左右保温30s条件下，仅有20℃的过热度，再加上铋加入过程中对熔池温度的降低，不足以让铋元素在钢液中分布均匀。而铋的沸点在1560℃，所以铋的加入温度尽量控制在1530~1560℃之间。

3.4 铋的添加形式对铋收得率的影响

在温度（1550℃）和保温时间（30s）相同的条件下，实验室研究了纯铋、铋锰合金、压片烧结而成的铋硅和铋硅铁在取向硅钢中的收得率，结果如图4所示，加入纯铋的收得率为12.3%，加入铋锰合金的收得率为6.4%，加入铋硅、铋硅铁的收得率分别为14.4%、13.8%。可以看出，加入铋硅、铋硅铁后铋的收得率和纯铋、铋锰合金相比有一定提升，而且铋硅、铋硅铁的加入对取向硅钢成分影响不大，不过也有缺点，纯铋和硅，纯铋和硅铁同样极难互溶，铋硅、铋硅铁制作工艺相对较复杂。

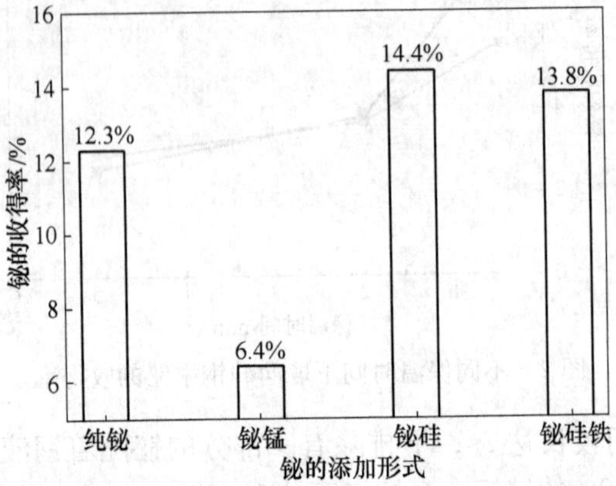

图4 不同添加形式下铋在取向硅钢中的收得率

3.5 加入量对铋收得率的影响

实验主要目的是研究铋不同的加入百分比含量对取向硅钢中铋的收得率的影响。在温度（1550℃）和停留时间（30s）相同的条件下，向取向硅钢中加入不同质量分数的纯铋，实验结果如图5所示，加入量为1%时，收得率为11.3%；加入量为0.5%时，收得率为16.9%；加入量为0.33%时，收得率为25.5%；加入量为0.13%时，收得率为36.3%；加入量为0.066%时，收得率约为44.26%。可见，随着加入比例的降低，铋的收得率明显上升。当收得率达到44.26%时，钢中铋含量为0.03%，接近文献中新日铁取向硅钢中的铋含量（0.008%~0.02%）[9,10]，不过与韩国浦项取向硅钢中铋含量（0.07%）[11]有差距。加入量还要根据最终取向硅钢中所要求的铋含量和对应的收得率来确定。

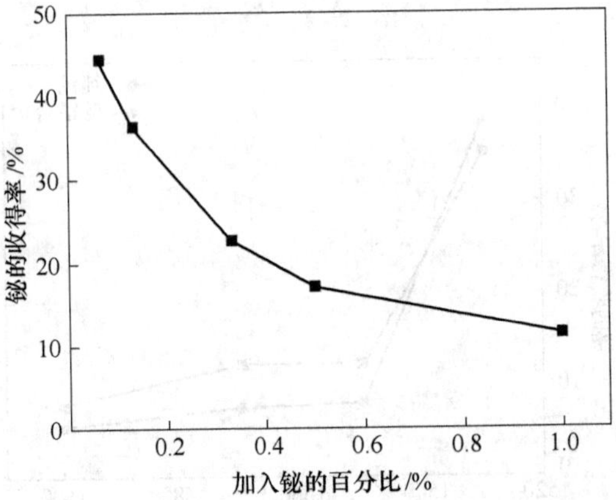

图5 不同百分比加入量下铋在取向硅钢中的收得率

3.6 保护渣对铋收得率的影响

实验主要目的是模拟取向硅钢浇铸过程中加入铋的收得率，改变保护渣的加入量60g、40g、30g和10g，同时也与不加保护渣的结果做一个对比，研究其对收得率的影响。实验用保护渣成分如表3所示。

表3 实验用保护渣成分 （质量分数,%）

CaO	SiO_2	Al_2O_3	MgO	Na_2O	F	C
30.85	35.8	7.21	2.07	6.65	4.19	1.45

实验中将钢液温度稳定在1550℃后，将保护渣通过漏斗加入到钢液中，待保护渣充分熔化后（加

60g、40g、30g、10g 保护渣分别在 1550℃下保温 16min、12min、10min、6min，渣层厚度分别为 1.4cm、0.9cm、0.7cm、0.2cm 左右），再投入纯铋，1550℃保温 30s 后断电。

实验结果如图 6 所示，不加保护渣时，铋的收得率为 22.6%；加入 10g、30g、40g、60g 保护渣时，收得率分别为 25.7%、28.5%、25.5%和 23.4%。随着保护渣添加越多，保护渣层越厚，铋的收得率先增加后降低。

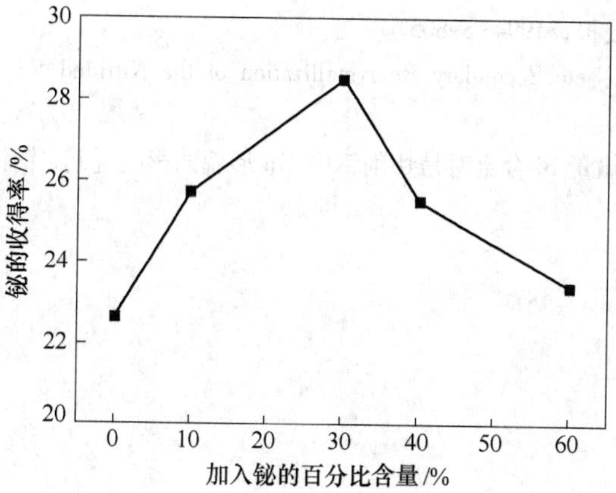

图 6　加入不同量保护渣下铋在取向硅钢中的收得率

分析表 4 中实验结果保护渣中铋的含量，可以看出随着保护渣层的增厚，铋在保护渣中的含量有增高的趋势，分析认为，铋在空气中容易和氧反应产生稳定存在的 Bi_2O_3 与铋共存，一定量的保护渣有防止铋氧化并阻止铋从钢液逸出的作用，但保护渣层越厚，大量的铋又进入渣中从而降低了钢液中的含量[12]。

表 4　实验结果保护渣试样中铋的含量

保护渣加入量/g	渣中 Bi 含量/%	保护渣加入量/g	渣中 Bi 含量/%
60	0.77	30	0.049
40	1.62	10	0.014

4　结论

（1）铋元素在取向硅钢液中溶解平衡试验表明，铋很难与取向硅钢互溶，长时间处于高于铋沸点温度（1560℃）的 1600℃高温下，铋几乎不能存在于钢液中。

（2）铋在取向硅钢中的收得率随着钢液温度的降低有增高的趋势。高温（1600℃）下，取向硅钢中加入纯铋、铋锰合金收得率非常低；在低温（1530℃）下，取向硅钢中铋的收得率高但分布不均匀。铋的加入温度最好控制在 1530~1560℃之间。

（3）取向硅钢中加入纯铋、铋锰合金后，随着在钢液中高温段停留时间的增加，收得率降低。

（4）铋锰合金作为铋的添加剂收得率同纯铋相比区别不大，加入铋硅、铋硅铁后铋的收得率有一定提升，不过增幅并不明显。

（5）随着取向硅钢中加入铋添加剂百分比含量的降低，铋的收得率有增加趋势。当铋的添加百分比只有 0.066%时，收得率达到 44.3%，钢中铋含量为 0.03%。

（6）模拟取向硅钢连续浇铸过程中加铋，加入适量保护渣可以提高铋的收得率，但随着保护渣添加越多，保护渣层越厚，铋的收得率先增加后降低。

参考文献

[1] 卢凤喜．日本高磁感取向硅钢连铸坯生产技术［J］．冶金技术导刊，2009，2：39.
[2] 孙亮．一种含 Bi 高磁感取向硅钢冶炼中加入 Bi 的方法：中国，105506220A［P］，2016-04-20.
[3] 李大明．含铋合金钢中铋元素的弥散均匀分布方法：中国，103667592A［P］，2014-03-26.
[4] 于月光，陈伯平，王玉刚，等．真空感应熔炼过程中微量 Bi 的挥发［J］．北京科技大学学报，1994，16(6)：522.

[5] 刘春堂，唐道文，周英豪. 低碳硫 Bi 易切削钢的生产工艺实践［J］. 炼钢，2012，28(6)：22.
[6] 阿部宪人ほか. 日本公开特许公报，1996-243700.
[7] 宋波，赵保东，韩其勇，等. Fe 液中 Bi 蒸气溶解平衡及第三组元的影响［J］. 北京科技大学学报，1997，19(2)：213.
[8] 许健. 高熔点铋合金的研制［J］. 稀有金属与硬质合金，1993，(113)：125.
[9] 高嶋邦秀ほか. 日本公开特许公报，1994-88174.
[10] 高嶋邦秀ほか. 日本公开特许公报，1994-89805.
[11] Jong SooWOO, Chan-HeeHAN, etc. Secondary Recrystallization of the Nitrided Fe-3% Si Alloy［J］. ISIJ International, 1998, 38 (10): 1114.
[12] 林腾昌，朱荣，王成杰，等. 微量 Bi 合金对易切削钢中 Mn 形貌的影响［J］. 钢铁，2013，48(9)：77.

两级别高磁感取向硅钢磁性能和晶粒比较分析

裴大荣[1]，周 涛[1]，邱 忆[2]，徐利军[2]

（1. 武钢硅钢部，湖北 武汉 430083；2. 武钢质检中心，湖北 武汉 430083）

摘 要：对0.23mm的A和B两级别高磁感取向硅钢产品，使用500mm×500mm单片、0.5kg爱卜斯坦方圈和30mm×300mm小单片测试B_{800}和$P_{1.7/50}$，对两牌号产品磁性能进行比对；观察了两牌号产品的二次再结晶晶粒。试样沿板宽方向的磁性和二次再结晶晶粒都是不均匀的；要通过减少铁损$P_{1.7/50}$来提升牌号，就必须把B_{800}提升到1.92T以上，即必须提升板宽方向各区域的B_{800}值，使其有较多区域的B_{800}≥1.92T；特大二次再结晶晶粒因B_{800}较高而铁损较低，可对这种横向柱状晶的形成及其作用进行探讨。

关键词：高磁感取向硅钢；磁性能；二次再结晶晶粒；分析

Analysis of Magnetic Properties of Two Kinds of Grain Oriented Silicon Steel with High Magnetic Inductivity

Pei Darong[1], Zhou Tao[1], Qiu Yi[2], Xu Lijun[2]

(1. Silicon Steel Division, Wuhan Iron & Steel Co., Ltd., Wuhan 430083, China;
2. Quality Inspection Center, Wuhan Iron & Steel Co., Ltd., Wuhan 430083, China)

Abstract: In this paper, two grades of oriented silicon steel with high magnetic inductivity A and B were analyzed, the core loss $P_{1.7/50}$ and magnetism induction B_{800} were tested and compared using three kinds of sample by 500mm×500mm SST、0.5kg Epstein and 30mm×300mm SST; it was found that the magnetic and secondary recrystallization in the plate width direction were not uniform, in order to achieve the goal of elevating the brand, the sample magnetism induction B_{800} must be reached above 1.92T and the width of the magnetic field in each region is as uniform as possible. The large secondary recrystallization grains have a greater improvement in magnetic properties, and the formation and action of this columnar crystals can be further explored.

Key words: high magnetic orientation oriented silicon steel; magnetic properties; secondary recrystallization; analysis

1 分析材料和方法

对公称厚度0.23mm、经激光刻痕的A和B级别高磁感取向硅钢产品，各两卷号取板宽×700mm试样，标记为A1、A2、B1和B2。按所需分析的方法裁剪试样，如示意图1。500mm×500mm单片测试完成后，把每试样的SST-1样和SST-2样合起来裁剪出一付0.5kg爱卜斯坦方圈样，进行消除应力后测试。最后，对组成爱卜斯坦方圈样的32片30mm×300mm小单片测试B_{800}、$P_{1.7/50}$（这些值只能作为小单片之间的相互比较）和观察各试样的二次再结晶晶粒状况。

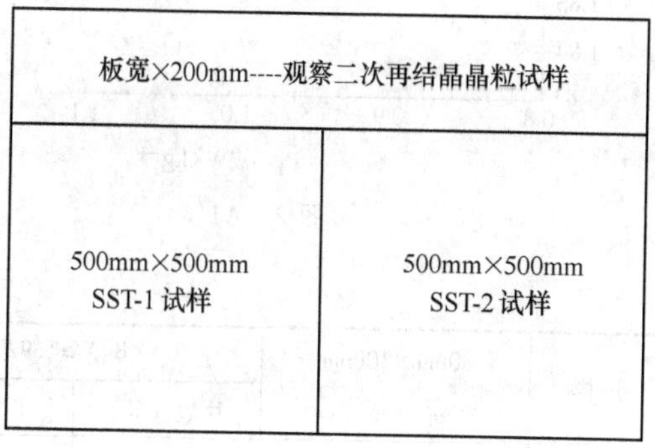

图1

2　测试观察结果及讨论

2.1　磁性测试

（1）500mm×500mm 单片测试：按照 GB/T 13789—2008 制备试样和测试，结果见表 1。

表 1

试样		重量/g	$P_{1.5/50}$/W · kg^{-1}	$P_{1.7/50}$/W · kg^{-1}	B_{800}/T	B_{2500}/T
A1	SST-1	416	0.528	0.719	1.941	1.981
	SST-2	416	0.550	0.758	1.928	1.975
A2	SST-1	417	0.558	0.778	1.922	1.975
	SST-2	418	0.533	0.721	1.943	1.985
B1	SST-1	418	0.587	0.831	1.904	1.972
	SST-2	419	0.586	0.830	1.903	1.971
B2	SST-1	418	0.571	0.802	1.915	1.974
	SST-2	418	0.570	0.801	1.913	1.973

（2）0.5kg 爱卜斯坦方圈测试：按照 GB/T 3655—2008 制备试样，即把每试样的 SST1 样和 SST2 样合起来裁剪出一副 0.5kg 爱卜斯坦方圈样，进行消除应力后测试，结果见表 2。

表 2

试样	重量/g	$P_{1.5/50}$/W · kg^{-1}	$P_{1.7/50}$/W · kg^{-1}	B_{800}/T	B_{2500}/T
A1	477	0.601	0.813	1.927	1.962
A2	479	0.626	0.854	1.920	1.960
B1	479	0.653	0.924	1.911	1.959
B2	480	0.649	0.918	1.913	1.959

（3）30mm×300mm 小单片测试：对组成爱卜斯坦方圈样的 32 片 300mm×30mm 小单片测试 B_{800} 和 $P_{1.7/50}$，结果如下散点图 2、图 3 和表 3。

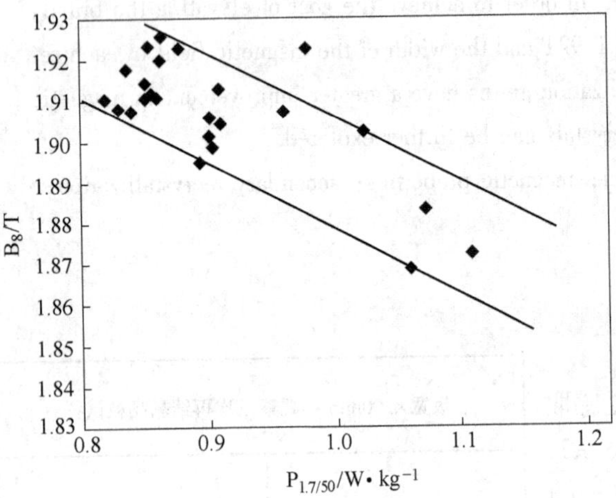

图 2　A1

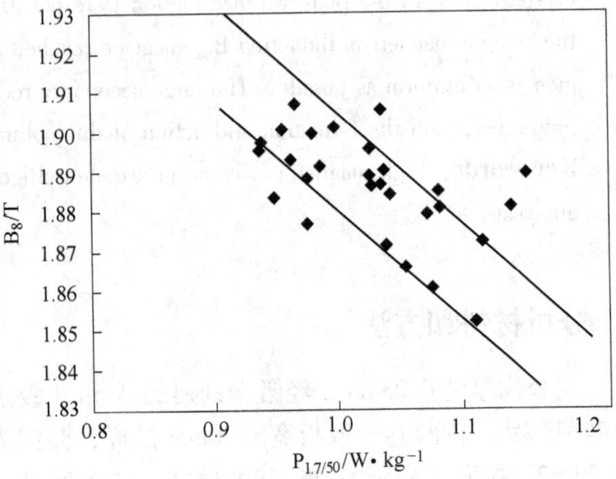

图 3　B1

表 3

试样	30mm×300mm min$P_{1.7/50}$/B_{800}	B_{800}≥1.92T		B_{800}≥1.90T		B_{800}<1.88T	
		片数（%）	$P_{1.7/50}$范围	片数（%）	$P_{1.7/50}$范围	片数（%）	$P_{1.7/50}$范围
A1	0.730/1.917	8(25%)	0.730~0.977	29(91%)	0.73~1.023	2(6%)	1.061~1.109

续表 3

试样	30mm×300mm $minP_{1.7/50}/B_{800}$	$B_{800}\geq1.92T$		$B_{800}\geq1.90T$		$B_{800}<1.88T$	
		片数（%）	$P_{1.7/50}$范围	片数（%）	$P_{1.7/50}$范围	片数（%）	$P_{1.7/50}$范围
A2	0.821/1.919	8(25%)	0.821~0.889	20(63%)	0.821~1.083	7(22%)	0.952~1.105
B1	0.938/1.900	0		8(25%)	0.938~1.036	10(31%)	0.975~1.292
B2	0.904/1.924	1(3%)	0.904	7(22%)	0.904~1.194	13(41%)	1.011~1.114

从以上测试结果可以看出：试样沿板宽方向的磁性都是不均匀的，波动较大。要通过减少铁损 $P_{1.7/50}$ 来提升牌号，就必须把 B_{800} 提升到 1.92T 以上，即必须提升板宽方向诸区域的 B_{800} 值，使其有较多区域的 $B_{800}\geq1.92T$。

2.2 二次再结晶晶粒观察和对铁损的影响

（1）图 4 依次是 A1、A2、B1 和 B2 沿板宽方向的二次再结晶晶粒照片。

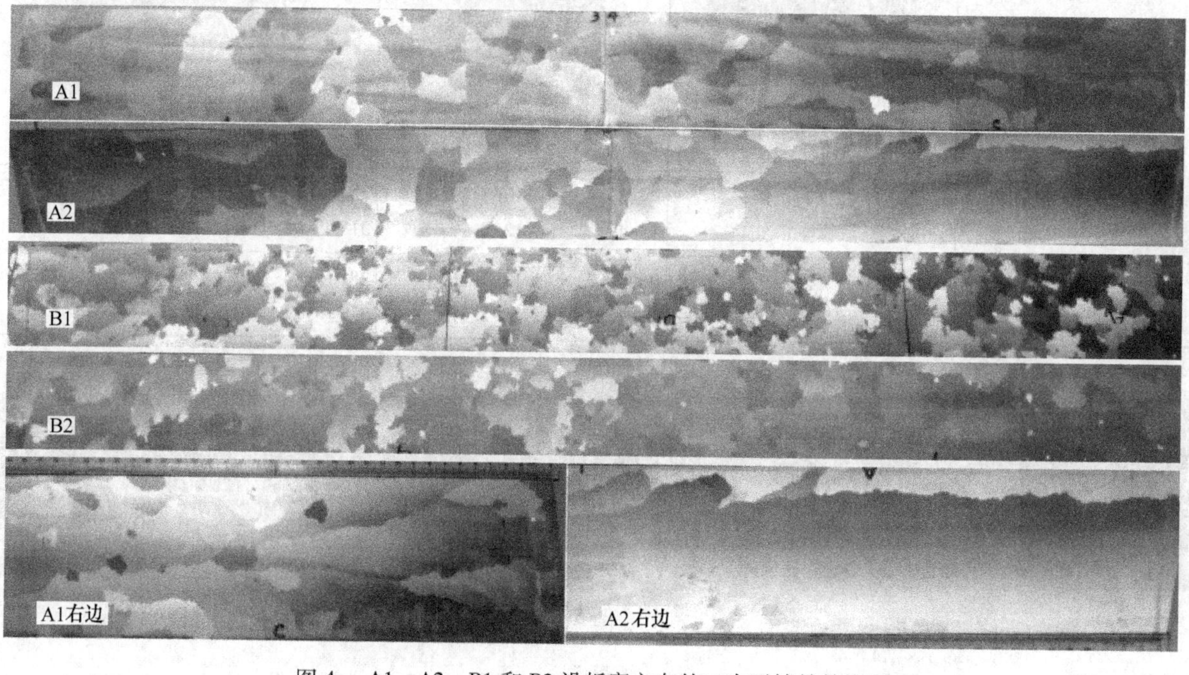

图 4　A1、A2、B1 和 B2 沿板宽方向的二次再结晶晶粒图

可以看出，A1 和 A2 沿板宽方向的二次再结晶晶粒很不均匀，边部大且为柱状晶，特别是 A2 右边，晶粒长度约 1/3 板宽。B1 和 B2 的二次再结晶晶粒大小悬殊，细粒晶较多，B2 的二次再结晶比 A1 要大些。定性看，A1 和 A2 的二次再结晶平均晶粒应是 B1 和 B2 的数倍以上；A1 和 A2 比 B1 和 B2 高一个牌号，显然大的二次再结晶晶粒没对铁损造成影响。

（2）表 4 是 A2 三部位的 30mm×300mm 小单片二次再结晶晶粒和磁性值。

比较三区域可看出：有特大柱状晶粒的右边部磁性最优，有柱状晶粒的左边部磁性次之，等轴晶粒的中部磁性最差。

（3）讨论：再举一例来判定特大二次再结晶晶粒没有对铁损造成不利影响。

有一卷露晶的高磁感取向硅钢，其两边部为沿板宽方向长大的柱状晶（约 250mm），板中部为等轴晶，见下照片。我们在钢带两边和中间沿轧制方向裁剪了 4 副爱卜斯坦方圈样（中间等轴晶区域宽，可裁剪 2 副），经消除应力退火后测试磁性，结果见表 5。

显然，钢带左右两边柱晶区域的磁性优于钢带中部，特大二次再结晶晶粒没有对铁损造成不利影响。

（4）B1 和 B2 的二次再结晶晶粒大小悬殊，细粒晶较多，表 6 列出它们中较典型的 30mm×300mm 小单片的二次再结晶晶粒和磁性值。

表 4

试样部位	左边部	中部	右边部
二次再结晶晶粒	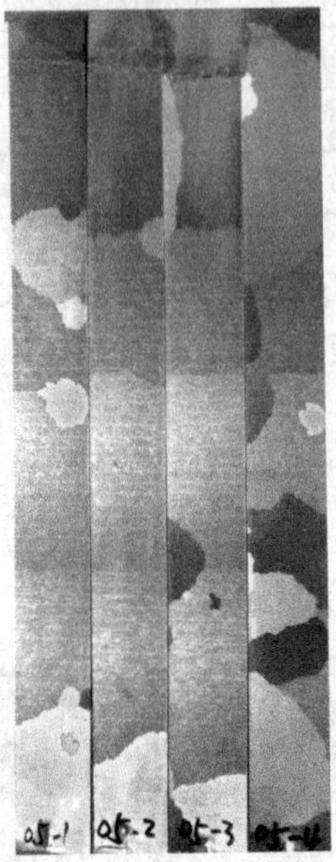	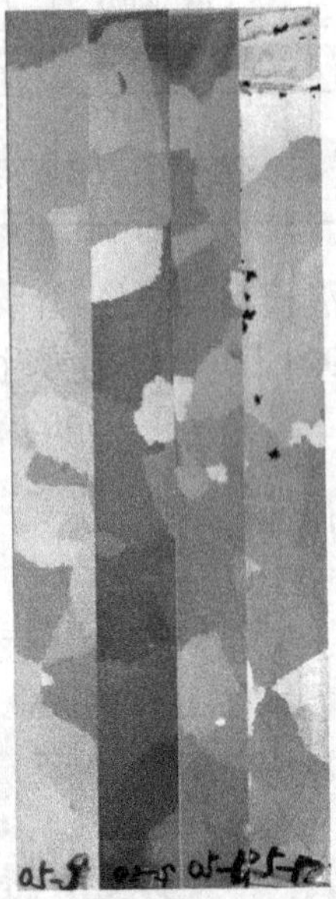	
$P_{1.7/50}$/W·kg^{-1}	1-1.083　2-0.878 3-0.852　4-0.864	9-0.934　10-1.105 11-1.131　12-0.997	28-0.827　29-0.850　30-0.848 31-0.821　32-0.831
B_{800}/T	1-1.901　2-1.921 3-1.914　4-1.903	9-1.886　10-1.869 11-1.888　12-1.876	28-1.924　29-1.922　30-1.920 31-1.919　32-1.923

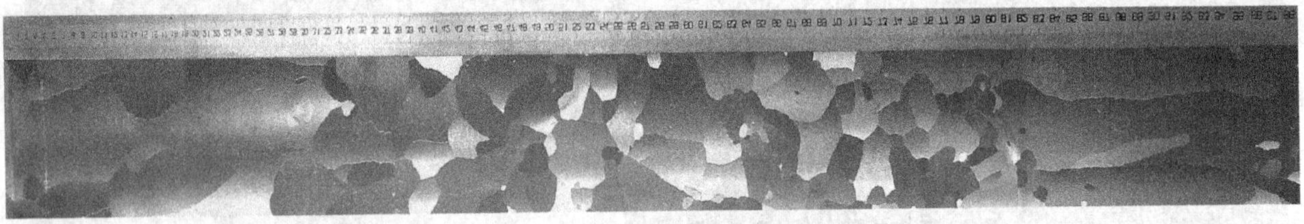

图 5

表 5

试样部位	左边部	中部 1	中部 2	右边部
$P_{1.5/50}$/W·kg^{-1}	0.680	0.804	0.818	0.704
$P_{1.7/50}$/W·kg^{-1}	0.930	1.140	1.160	0.985
B_{800}/T	1.921	1.865	1.847	1.893
B_{2500}/T	1.955	1.923	1.908	1.942

很明显，细小晶粒多的试样，其铁损高磁感低。

（5）从以上观察可以看出，二次再结晶晶粒与沿板宽方向的磁性有一定的对应，即二次再结晶晶粒大的磁性好；同时，特大二次再结晶晶粒对铁损没有负面影响。要指出，讨论二次再结晶晶粒尺寸对铁损的影响时，必须将晶粒的大小和其晶粒位向结合成一体进行考量。这里虽然没对晶粒的取向度进行测量，但从特大二次再结晶晶粒区域的 B_{800}值大多数≥1.92T 看，特大二次再结晶晶粒区域应具有优良的高斯取向。

至于大的二次再结晶晶粒与激光刻痕减少铁损的关系，可把表 1 和表 2 的测量数据结合如表 7 来分析。

表 6

试样部位	85A		85B
二次再结晶晶粒			
$P_{1.7/50}$/W · kg^{-1} (B_{800}/T)	5-1. 154(1. 826) 25-0. 977(1. 897) 27-1. 044(1. 907) 29-1. 049(1. 873)	6-1. 231(1. 805) 26-0. 906(1. 894) 28-1. 012(1. 908) 30-0. 922(1. 901)	1-102 (1. 889) 11-0. 939 (1. 897) 25-1. 236 (1. 797) 30-1. 292 (1. 827)

表 7

试样	两单片样均值		爱卜斯坦方圈样值		$\Delta P_{1.7/50}$		ΔB_{800}	
	$P_{1.7/50}$/W · kg^{-1}	B_{800}/T	$P_{1.7/50}$/W · kg^{-1}	B_{800}/T	%		%	
A1	0. 739	1. 934	0. 813	1. 927	9. 10	↓	0. 4	↑
A2	0. 750	1. 932	0. 854	1. 920	12. 18	↓	0. 6	↑
B1	0. 831	1. 903	0. 924	1. 911	10. 07	↓	0. 4	↓
B2	0. 802	1. 914	0. 918	1. 913	12. 64	↓	0. 05	↑

从表中所得数据对着它们沿板宽方向的二次再结晶晶粒照片看，4 付样中晶粒大的 A2、B2 比晶粒相对小的 A1 和 A2，其铁损均减少幅度大约 3 个百分点；B_{800}值变化不大。

但考虑这里仅两个牌号的 4 付样，且没分析涂敷绝缘涂层工艺的波动等因素，故尚不能断定较大二次再结晶晶粒经激光刻痕后会使铁损减少较多。

3 结语

（1）要通过减少铁损 $P_{1.7/50}$来提升牌号，就必须把 B_{800}提升到 1. 92T 以上，即必须提升板宽方向各区域的 B_{800}值，使其有较多区域的 $B_{800} \geqslant 1.92$T。

（2）讨论二次再结晶晶粒尺寸对铁损的影响时，必须将晶粒的大小和晶粒位向结合考虑；特大二次再结晶晶粒因 B_{800}较高而铁损较低，应对这种横向柱状晶的形成及其作用加以研究。

参考文献

[1] 熊小涛．冷轧取向硅钢片的织构与磁感强度的定量关系［J］．冶金物理测试，1985(5)．
[2] 何忠治，赵宇，等．电工钢［M］．北京：冶金工业出版社，2012.

晶粒取向纯铁的国内外发展情况及最新研究进展

荣 哲，项 利，刘 磊，付 兵，仇圣桃

（钢铁研究总院连铸技术国家工程研究中心，北京 100081）

摘 要： 晶粒取向纯铁是一种具有{110}<001>织构的电磁纯铁，因具有高饱和磁感应强度、低矫顽力的直流磁性，常被用于制作磁屏蔽、电磁铁，特别是高磁场下工作的变压器和电机。本文总结了国内外晶粒取向纯铁研究及生产情况，分析了不同研究成果及生产厂家的生产技术特点，综合目前关于晶粒取向纯铁的报道，其磁感应强度 B_{800} = 1.80~1.91T，仅新日铁的一篇专利 B_{800} 达到 1.92~2.03T。着重介绍了本课题组的近阶段的最新研究成果，对晶粒取向纯铁典型工序的组织、织构、析出物特征和成品磁性能进行了讨论和分析。

关键词： 晶粒取向纯铁；高饱和磁感应强度；低矫顽力；生产技术

Development of Grain-oriented Pure Iron and Latest Research Status

Rong Zhe, Xiang Li, Liu Lei, Fu Bing, Qiu Shengtao

(National Engineering Research Center of Continuous Casting Technology, Central Iron and Steel Research Institute, Beijing 100081, China)

Abstract: The grain-oriented prue iron is a kind of magnetic iron with {110} <001> texture. Since its more higher magnetic induction, lower coercive force and higher DC magnetic, it is widely used to manufacture magnetic shield, electromagnets, especially, the transformers and motors that work under high magnetic field. In this paper, the production and technology of grain-oriented pure iron all over the world was summarized, and the production technical characteristics of different manufacturers were also analyzed. A comprehensive analysis of current data about grain-oriented pure iron reveal that its magnetic induction is B_{800} = 1.80~1.91T, and a patent held by Nippon Steel reports B_{800} = 1.92~2.03T. This paper focused on presenting our latest research status, discussing and analyzing structure, texture and precipitate feature of typical processes and magnetic property of grain oriented pure iron.

Key words: grain-oriented pure iron; high magnetic saturation; low coercive force; technology

1 引言

晶粒取向纯铁是一种合金含量极低、具有锋锐{110}<001>织构的铁基软磁材料。其具有直流磁性优异的特点，常被用于制作磁屏蔽、电磁铁、继电器，特别是高磁场下工作的变压器和电机[1]。目前，常用的磁屏蔽材料主要有硅钢、工业纯铁以及坡莫合金等[2~5]，以前通用的强磁场的磁屏蔽材料为电工纯铁热轧厚板，弱磁场的磁屏蔽材料为 Ni-Fe 坡莫合金或取向硅钢，高能加速器电磁铁采用 0.5~1.5mm 厚冷轧电工纯铁或低硅钢制造。一般的电工纯铁（一种含铁量在 99.5%以上的优质钢，电工钢的一种）热轧板和冷轧板的纯度>99.5%，在板厚和磁性方面已不能满足上述的强磁场磁屏蔽和电磁铁要求，而用作弱磁场磁屏蔽的坡莫合金成本则过高[6~10]。

晶粒取向纯铁的磁滞回线和高磁感取向硅钢的磁滞回线极为相似，初始磁导率较高，其矫顽力高于高磁感取向硅钢但低于无取向硅钢的矫顽力，在相同磁场磁化条件下，晶粒取向纯铁的磁通密度远高于无取向硅钢，且相较于普通电工纯铁，晶粒取向纯铁在磁导率、矫顽力方面都具有较大优势。晶粒取向纯铁这种材料的工业用量虽低于传统的取向硅钢、工业纯铁，研究开发程度也不及硅钢和工业纯铁，但其优异的磁性能将在工业应用中发挥重要作用。基于以上分析，本文结合国内外研究人员及生产厂家在此领域的研究及生产情况，分析了晶粒取向纯铁生产技术的研究现状，并介绍了本课题组近阶段的一些研究成果，以期能带动行业研究热情，并为研究人员提供些许参考。

2 晶粒取向纯铁的国内外发展情况

纵观国内外，关于晶粒取向纯铁的公开研究资料十分罕见，大部分以国外专利及企业快报的形式出现，我国的研究报道则更为稀少。目前大多数国外资料集中于报道晶粒取向纯铁的化学成分、工艺路线及成品性能，而相关的理论基础研究（组织、织构、析出物等）更是目前全世界的空白。

2.1 我国晶粒取向纯铁的研究现状

尽管对晶粒取向纯铁的研究和报道仍以国外企业为主（日本和美国为代表），但最早关注纯铁二次再结晶行为的却是我国的老一辈研究者。早在 1958 年，我国著名冶金学家、磁学家戴礼智教授在实验室对纯铁经过轧制和热处理后的行为进行了研究[12,13]。采用工业纯铁为原料，不添加其余合金元素，成分如表 1 所示，1 号实验样采用热轧处理后，一次冷轧至 0.17mm，冷轧压下率为 98.8%，分别经 650℃×30min、1000℃×10min 氢气气氛处理。针对 2 号实验样，设计了四种试验处理方法，经热轧处理后，A：采用一次冷轧法将样品冷轧至 0.35mm，压下率为 65%；B：二次冷轧，由 1mm 冷轧至 0.78mm，经 700℃中间退火，再由 0.78mm 轧制至 0.35mm，压下率 55%；C：二次冷轧，由 2.7mm 冷轧至 1mm，压下率约为 60%，经 700℃中间退火，再由 1.0mm 轧制至 0.35mm，压下率 65%；D：二次冷轧，由 3.7mm 冷轧至 1mm，压下率约为 70%，经 850℃中间退火，再由 1.0mm 轧制至 0.35mm，压下率 65%，并将 2 号样所有试验样品在氢气气氛中经 870℃×10h 处理，并以 60℃/h 的冷却率将样品冷却至室温。

表 1 工业纯铁化学成分

编号 \ 元素	C	Si	Mn	S	P
1	0.02	残余	0.030	0.017	0.004
2	0.038	<0.05	0.018	0.021	0.005

经 X 射线衍射仪分析后得出，1 号样品中织构主要为{100}<110>、{111}<112>织构。同时，研究发现经 1000℃×10min 热处理，样品可得到较高的初始磁导率 μ_0 以及最大磁导率值 μ_m，温度为 650℃时，晶粒细小，最大磁导率为 4700G/Oe，1000℃时，晶粒长大，最大磁导率为 5300G/Oe。采用磁转矩法对 2 号样进行了织构测定，主要织构类型为（110）［001］、（100）［110］织构，组织大部分已发生二次再结晶，其中试样 A 发生了完善的二次再结晶，晶粒较大，磁导率较高。

戴先生以国产工业纯铁为原料分别进行一次冷轧和二次冷轧，施以对应的热处理工艺，得到了初次结晶组织和二次再结晶组织，尽管当时二次再结晶晶粒尺寸并不大，但成品的磁导率已大幅提升，但当时并未引起相关研究者的关注，自戴先生之后，我国鲜有研究人员对晶粒取向纯铁进行报道。

2.2 国外晶粒取向纯铁的研究现状

1973 年，新日铁提出采用 AlN+MnS 作抑制剂制成 1mm 厚 0.8%Si 取向纯铁，并在八番厂成功生产 1000t，提供给日本高能物理所用以制作 12GeV 质子同步加速器电磁铁。成分为 0.045%C，0.8%Si，0.15%Mn，0.008%S，0.02%Als 和 0.006%N 的 3.5mm 厚热轧板，经 950℃×2min 常化，冷轧到 1mm 厚板，再经 850℃×20s 脱碳退火，涂 MgO，于干 H_2 中 950℃×20h 退火（相变点为 970℃），经平整退火和涂层，当 B>1.6T 磁场下，磁性好，磁导率 $\mu(2.0T)=725$，是 3%Si 取向硅钢的 3 倍，是普通低碳钢的 10

倍以上，矫顽力 $H_c(1.8T)=17.5A/m$。在中、高磁化强度下具有极高的磁化特性，将此应用于质子同步加速器上可将主环的饱和磁通密度提高约50%[11]。

1974年，西屋电气开发了适用于变压器铁芯材料的低合金取向纯铁[14]，此材料以纯铁为基础，并含合金成分如下：≤0.03%C，≤1.0%Mn，≤2.0%Si，≤2.0%Cr，≤3.0%Co，采用两次冷轧或三次冷轧的方法，并在最后一次冷轧时采用中等压下率将材料轧制至规定厚度，同时，产品在最终退火时（退火温度在 $\alpha\rightarrow\gamma$ 相转变点温度以下）获得具有{110}<001>织构的磁性材料，这种纯铁的特点是具有{110}<001>织构以及晶粒正常长大的初次再结晶组织。采用两次冷轧工艺得到取向纯铁 $B_{800}=1.81T$、$B_{10000}=2.04T$、$H_c=17.51A/m$，采用三次冷轧工艺得到的纯铁 $B_{800}=1.83T$、$B_{10000}=2.07T$、$H_c=15.92A/m$。

1979年，西屋电气又提出了一种采用三次冷轧工艺生产取向纯铁的新方法[15]，不以AlN、MnS作为抑制剂，仅通过轧制工艺和退火工艺的合理组合来制造取向纯铁，纯铁在≥800℃进行热轧，随后进行第一次冷轧，冷轧压下率为60%~75%，冷轧后的样品在700~825℃的还原性气氛中保温20~60min再结晶退火，第二次冷轧，冷轧压下率为60%~75%，冷轧后的样品在700~825℃的还原性气氛中保温5~50min退火，第三次冷轧，冷轧压下率为60%~75%，将冷轧样品在850~900℃还原性气氛中保温50~200h进行最终退火，经初次再结晶得到了具有高（110）［001］织构强度磁性材料，测试分析表明这种材料的饱和磁感达到了1.8T。

1984年，住友金属公开了一种取向纯铁的制造方法[16]，公开了热轧板成分为≤0.01%C，≤1.0%Si，≤1.0%Mn，≤0.2%P，0.003%~0.015%Als，0.001%~0.010%N，采用一次冷轧或两次冷轧+中间退火的方法轧制最终厚度，随后将冷轧板在α相区温度范围内（≥800℃）进行退火，此方法指出最优的中间退火工艺条件为在α相区温度范围内（≥700℃）保温10s~10h。同时，住友公开了一种类似的取向纯铁的生产方法[17]，成分范围为≤0.01%C，≤4.0%Si，≤1.0%Mn，≤0.2%P，≤0.030%S，0.003%~0.015%Als，0.001%~0.010%N，卷取温度≤600℃，冷轧后将冷轧板以加热速率大于5℃/s的方式加热到700~950℃保温≤10min退火，并在α相区温度范围内≥800℃进行退火，并在实施例中对其工艺进行了详细的叙述。

随后，住友在前面两件专利的基础之上，提出了新的取向纯铁生产技术[18,19]，成分为C≤0.01%，Si=0.05%~4.0%，Mn=0.26%~0.48%，P=0.015%~0.1%，S=0.003%~0.015%，Als=0.001%~0.010%，N=0.001%~0.010%，板坯或铸坯经1270℃加热热轧，650~900℃终轧，高于600℃卷取，2.3mm热轧板一次冷轧到0.5mm厚，以大于5℃/s快速升温，在干 N_2 中800~850℃×30s初次再结晶退火，再在干 N_2 中850~890℃×8~10h二次再结晶退火，$B_{800}=1.80\sim1.88T$，$P_{15}=2.8\sim3.8W/kg$；0.3mm厚板 $B_{800}=1.85T$，$P_{15}=1.34W/kg$。随后提出将Mn量降低至0.10%~0.15%，低于1270℃加热，650~750℃终轧和低于600℃卷取。以AlN为主抑制剂，少量的MnS为辅助抑制剂以及控制终轧温度（若Mn>0.2%，加热温度就要高于1270℃，否则MnS不固溶）。0.35mm厚0.2%Si取向纯铁 $B_{800}=1.89T$，$P_{15}=2.95W/kg$；0.8%~1.0%Si钢 $B_{800}=1.91T$，$P_{15}=1.36W/kg$，合适的硫含量为0.003%~0.015%[16~19]。

20世纪90年代初期，NAKAMURA YOSHIO等人[20~22]提出以AlN作为抑制剂的0.02%~0.06%C，0.10%~0.15%Mn，0.004%~0.007%S，0.02%~0.03%Al，0.006%~0.009%N的2.3mm厚铝镇静钢热轧板不经常化或预退火，经60%冷轧到约0.8mm厚和800~830℃×2min中间退火，再经50%~75%冷轧到0.28mm厚，830℃×5min脱碳退火和在干的0%~40%N_2+60%~100%H_2 中890℃×10~40h二次再结晶退火，B_{800}可达1.92~2.03T，H_c 为14.3~20A/m，晶粒尺寸达到20~40mm。

成分对最终的磁性能会产生一定的影响，如表2中的热轧板经一次冷轧，压下率50%→830℃×2min中间退火→二次冷轧，压下率65%→830℃×5min(湿氢气氛）脱碳退火→890℃×10h(干氮、氢气氛）二次再结晶退火，结果显示，C组 B_{800} 最高，达到2.01T。0.05%C，0.18%Mn，0.007%S，0.024%Al，0.009%N的热轧板，经一次冷轧，压下率60%→830℃×2min中间退火→二次冷轧，压下率65%→850℃×5min(湿氢气氛）脱碳退火→二次再结晶退火，890℃×20h(干氮、氢气氛)，当气氛为100%H_2，$B_{800}=2.00T$，气氛为25%N_2+75%H_2，$B_{800}=2.01T$，气氛为40%N_2+60%H_2，$B_{800}=1.99T$，二次压下率为50%、60%、65%、70%，B_{800}分别为1.93T、1.95T、2.05T、1.94T[21]。

表 2 热轧板成分及成品磁性能[20]

编号	C	Mn	S	Als	N	B_{800}/T
A	0.05	0.15	0.016	0.020	0.0055	2.00
B	0.05	0.15	0.007	0.024	0.009	1.92
C	0.05	0.14	0.004	0.020	0.009	2.01

随后，日本又在多篇专利中针对晶粒取向纯铁的噪声防护[23]、精轧摩擦系数[24,25]、精轧应变速率[26,27]等应用方面的问题进行了解决方案的描述。

3 晶粒取向纯铁的最新研究成果

钢铁研究总院连铸中心电工钢课题组经过对国内外文献资料的细致总结和分析，在实验室和中试基地，对晶粒取向纯铁进行了实验室和半工业化的试制，取得了阶段性的成果和宝贵的实践经验，并对其制造过程中的反应原理和重要工艺参数有了一定的理解和掌握。本节介绍一些实验室得到的晶粒取向纯铁的部分工序组织、织构及析出物特征。

表 3 实验室两炉晶粒取向纯铁的化学成分及成品磁性能

样品	C	Si	Mn	S	Als	N	P	磁感强度，B_{800}
A	0.020	0.094	0.098	0.0067	0.010	0.0055	0.004	1.939
B	0.054	0.105	0.101	0.0069	0.025	0.022	0.006	1.996

表 3 是实验室获得的两组晶粒取向纯铁样品的化学成分及成品磁性能。其中，A 组采用二次冷轧法进行制备，而 B 组采用一次冷轧法。工艺路线分别为：A. 真空感应炉冶炼→水冷铜模模铸→均热→热轧→卷取→一次冷轧→中间退火→二次冷轧→初次再结晶退火→涂层→最终退火；B. 真空感应炉冶炼→水冷铜模模铸→均热→热轧→卷取→常化→冷轧→脱碳退火→涂层→最终退火。

最终退火后得到的样品，线切割成 30mm×100mm 规格，采用单片法测量样品的轧向磁性 B_{800}。采用金相显微镜观察退火板组织，采用 X 射线衍射仪测量退火板和成品板的织构，采用透射电镜 TEM 观察退火板的析出物。图 1~5 分别为样品 A、B 的初次再结晶组织、成品宏观组织、初次再结晶织构、成品织构及成品的（200）极图。

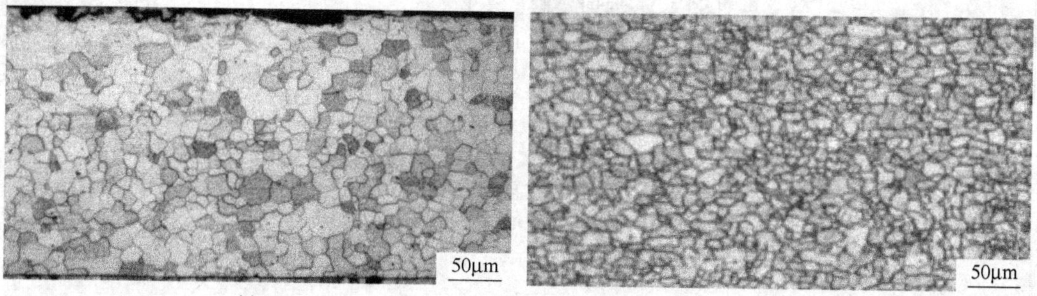

(a) A (b) B

图 1 A、B 脱碳退火板的初次再结晶组织

从图 1 中可以看到，在相同的退火制度下，A、B 两组样品的初次再结晶组织均为单一的等轴铁素体。其中，A 组样品退火组织的平均晶粒尺寸明显大于 B 组样品，这是由于两组样品化学成分中的抑制剂元素（如 Al、N、Mn、S）含量不同。A 中的酸溶铝 Als 和 N 含量显著低于 B，A 中抑制剂粒子对初次再结晶晶粒长大的钉扎抑制作用明显弱于 B。图 2 中可以发现，经过最终退火后，A 和 B 的成品中均发生了异常长大，且通过肉眼即可观察到清晰的二次再结晶组织。A 和 B 的成品组织最大区别在于晶粒尺寸：A 组样品成品中的平均晶粒尺寸较小，但分布均匀，而 B 组样品成品中的平均晶粒尺寸则明显更大，但分布不均匀。两者的平均晶粒尺寸分别为 5.6mm 和 41.2mm。可以看到，二次再结晶晶粒尺寸与初次再结晶晶粒尺寸呈相反的趋势。

(a) A　　(b) B

图 2　A、B 最终退火后的成品宏观组织

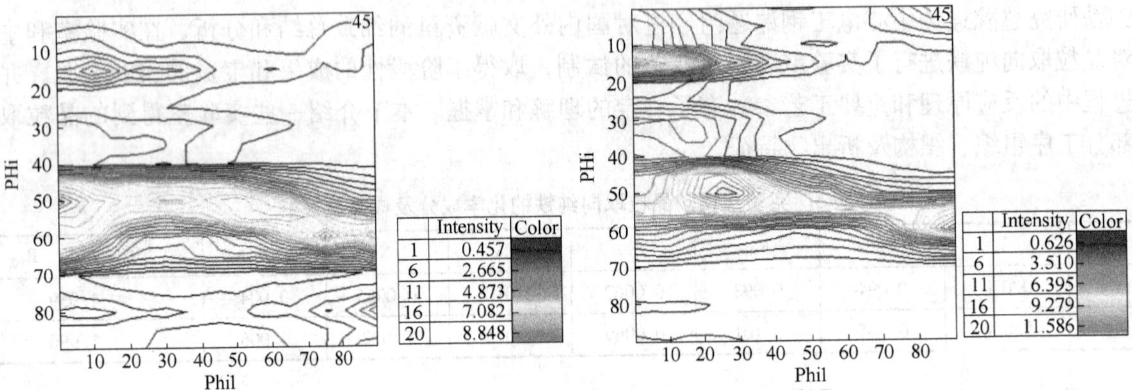

(a) A　　(b) B

图 3　A、B 的初次再结晶织构 ODF 图

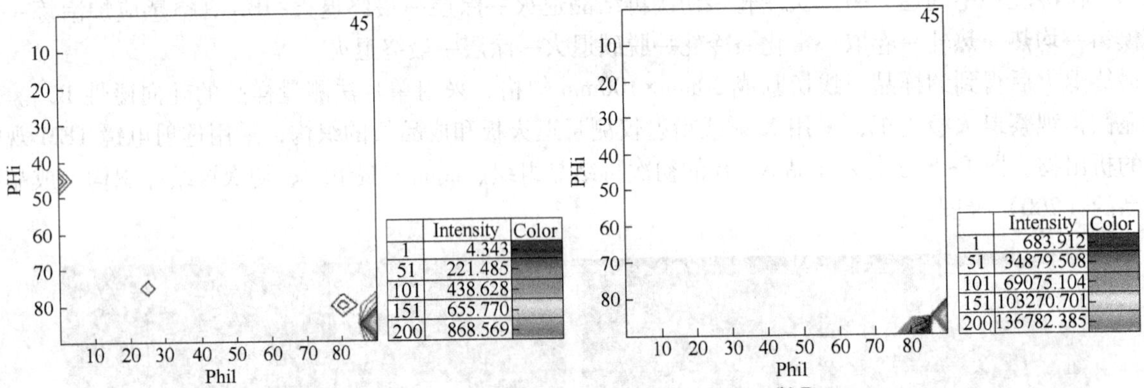

(a) A　　(b) B

图 4　A、B 的二次再结晶织构 ODF 图

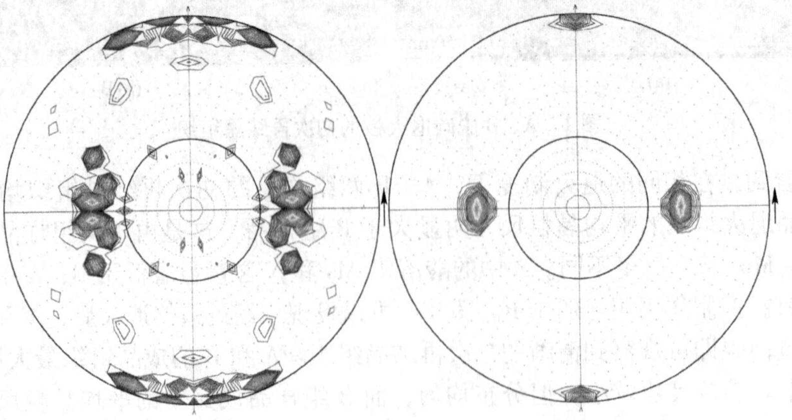

(a) A　　(b) B

图 5　A、B 的二次再结晶织构（200）极图

从图 3 中可以看到，不同冷轧工艺的初次再结晶组织存在几个区别。A 组样品的初次再结晶织构中，以 γ 纤维织构组分为主，其中{111}<110>最强；其他的织构类型如{411}<148>和{110}<001>则较弱。B 组样品的初次再结晶织构中，γ 纤维织构已很强，但最强点位于{111}<112>和{111}<123>；值得注意的是，还可发现很强的{411}<011>和稍弱的{411}<148>。与 A 明显区别的是，B 中并未出现{110}<001>高斯织构。这与 CGO、HiB 取向硅钢的初次再结晶织构特征类似。

从图 4 和图 5 中可以发现，A 和 B 成品中均为较为锋锐的{110}<001>高斯织构，但仍存在一些较弱的杂质织构，尤其是 A 中，杂质织构多于 B 中，在图 5 的极图中更为明显。

图 6 和图 7 为 A、B 两组样品脱碳退火板中的析出物分布情况和析出物能谱分析。可以看到，两组样品的脱碳退火板中，较为典型的析出物均为 AlN，尺寸存在很大区别，A 样品中的 AlN 粒子明显小于 B 中的，在表 4 的析出相平均直径、体积分数和 Zener 因子的统计情况体现得更为清晰明了。

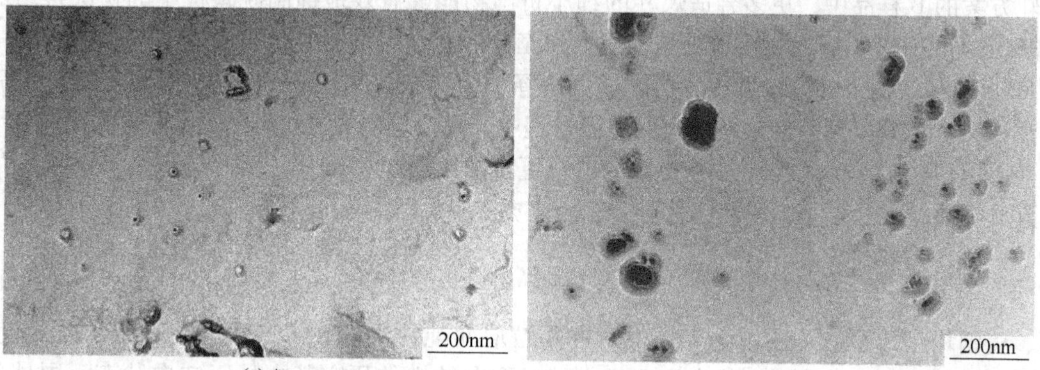

(a) A (b) B

图 6　A、B 脱碳板中的析出物分布状态 TEM 照片

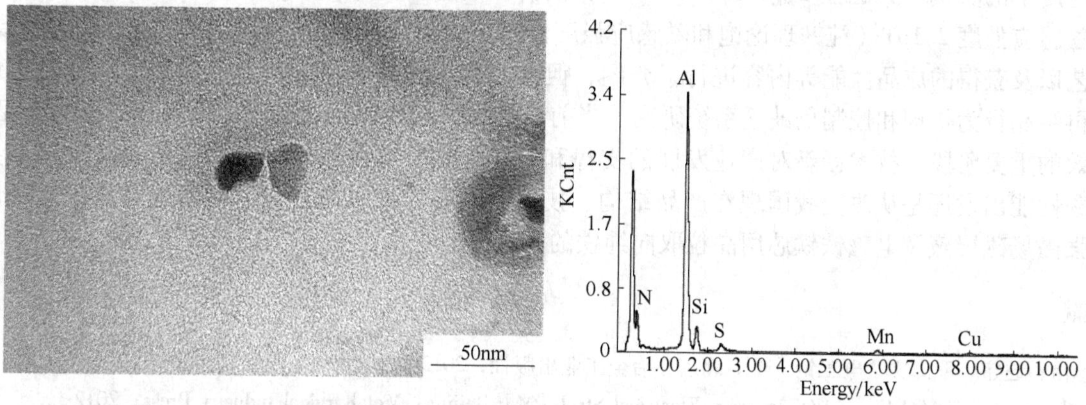

(a) A

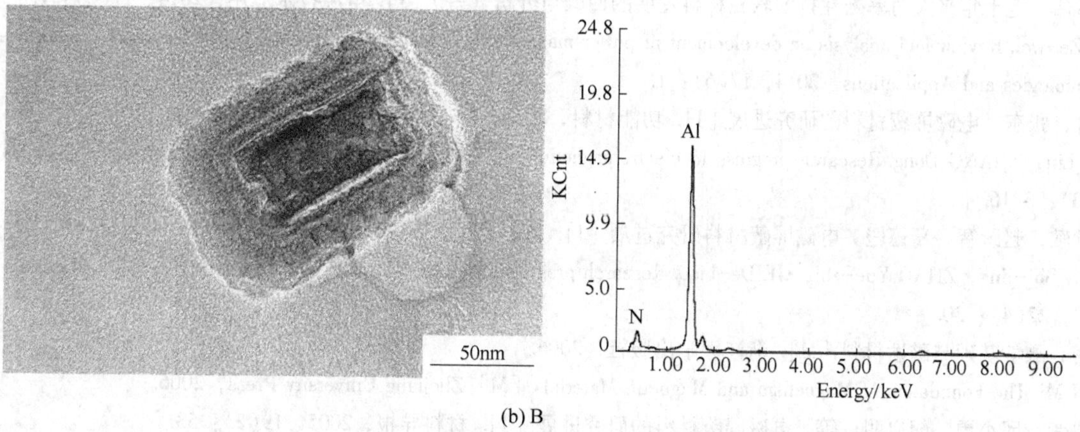

(b) B

图 7　A、B 脱碳板中的析出物类型 TEM 照片及能谱分析结果

表4 A、B脱碳板中的析出物分布统计及抑制能力计算结果

样品	平均直径/nm	体积分数/%	Zener 因子
A	22.57	0.17	56.4
B	31.28	1.02	244.6

4 讨论分析

从上述的晶粒取向纯铁的制备过程可以发现，抑制剂元素的含量（Als 和 N）、抑制剂粒子的分布、最终退火前后的织构与成品的磁性能有着较强的相关性。通过对比析出物和织构的特征、脱碳板和成品板的组织，可以看出更高的抑制剂元素含量意味着更多数量的抑制剂析出物以及更强的抑制能力。因此，在一次冷轧方案的B样品中，更多合适尺寸的细小析出物能够有效地抑制脱碳板中的初次再结晶晶粒的长大。高斯织构{110}<001>在初次再结晶阶段得到充分抑制，同时在此阶段由于 AlN 第二相的强烈抑制作用，{411}<148>织构组分得以迅速发展。这就解释了为何在A样品的脱碳板中可以观察到高斯织构，而在B样品中则无法观察到。在最终退火的高温过程中，高斯位向的二次再结晶晶核能够吞噬诸如{111}<112>和{411}<148>的基体。然而，脱碳板中出现更多的高斯织构组分，反而导致了成品板中的高斯位向更弱，且成品晶粒尺寸更小，成品磁性更差，反之亦然。

5 结语

日本、美国均已开发出了适用于工业生产的晶粒取向纯铁生产技术，并成功运用于电器设备制造、基础科学研究设备的制造。我国自戴先生之后，针对取向纯铁的研究基本处于空白状态，国外新日铁等厂家虽进行了研究并工业化量产，但其采取了技术封锁、专利保护。上述各文献主要报道了晶粒取向纯铁科研生产中的实例，其磁性 B_{800} = 1.80~1.91T，仅新日铁的一篇专利 B_{800} 达到 1.92~2.03T，相比纯铁的饱和磁感应强度 2.16T（纯铁理论饱和磁感应强度值）仍有较大的提升空间。对取向纯铁的大致成分、生产工艺以及获得的成品性能等内容进行了介绍，但是对各工序的详尽工艺参数、原理特征乃至最关键的二次再结晶行为机理和控制仍缺乏系统研究。当前，我国钢铁行业正处在适应新常态，进入转型升级、提质增效的重要阶段，技术创新对产业发展的支撑和引领作用日益突出。因此，无论是从材料本身优异的直流磁性能出发还是从改变我国现在产品结构、技术创新等方面考虑，我国科研人员应积极开展适用于直流强磁场磁屏蔽及电磁铁铁芯用晶粒取向纯铁的研究。

参考文献

[1] 何忠治，赵宇，罗海文. 电工钢 [M]. 北京：冶金工业出版社，2012.
HE Zhong-zhi，ZHAO Yu，LUO Hai-wen. Electrical Steel [M]. Beijing：Metallurgical Industry Press，2012.

[2] 徐泽玮. 近十年来大功率磁性技术软磁材料发展的回顾与分析（一）[J]. 电源技术应用，2014，17(6)：1.
XU Ze-wei. Review and analysis on development of power magnetics soft magnetic materials in last ten years [J]. Power Supply Technologies and Applications，2014，17(6)：1.

[3] 刘琳，张东. 电磁屏蔽材料的研究进展 [J]. 功能材料，2015，46(3)：3016.
LIU Lin，ZHANG Dong. Research progress in electromagnetic shielding materials [J]. Journal of Functional Materials，2015，46(3)：3016.

[4] 丁世敬，赵跃智，葛德彪. 电磁屏蔽材料研究进展 [J]. 材料导报，2008，22(4)：30.
DING Shi-jing，ZHAO Yue-zhi，GE De-biao. Research progress in electromagnetic shielding materials [J]. Materials Review，2008，22(4)：30.

[5] 严密. 磁学基础与磁性材料 [M]. 浙江大学出版社，2006.
YAN Mi. The Foundation of Magnetism and Magnetic Materials [M]. Zhejiang University Press，2006.

[6] 古映莹，邱小勇，胡启明，等. 电磁屏蔽材料的研究进展 [J]. 材料导报，2005，19(2)：53.
GU Ying-ying，QIU Xiao-yong，HU Qi-ming，et al. Development of electromagnetic shielding material [J]. Materials Review，2005，19(2)：53.

[7] 高双，宋庆斌．高性能电磁部件用纯铁软磁性材料［J］．武钢技术，2007，45(2)：58.
GAO Shuang，SONG Qing-bin. The soft magnetic iron of h-performance electromagnetic component［J］. WISCO TECHNOLOGY，2007，45(2)：58.
[8] 万刚，李荣德．电磁屏蔽材料的进展［J］．安全与电磁兼容，2003，(1)：40.
WAN Gang，LI Rong-de. Developments and applications of electromagnetic shielding materials［J］. SAFETY & EMC，2003，(1)：40.
[9] 王成德，陈国钧．高清晰度彩色显像管用的金属电子材料［J］．金属功能材料，1997，4(5)：193-197.
WANG Cheng-de，CHEN Guo-jun. Metallic electronic materials for high- def inition chromatron［J］. Metallic Functional Materials，1997，4(5)：193-197.
[10] 李炳南．正负电子对撞机磁铁用电工钢板 J23 的研制［J］．武钢技术，1989，(5)：14.
LI Bing-nan. Research on magnetelectrical steel J23 of electron-positron collider［J］. WISCO TECHNOLOGY，1989，(5)：14.
[11] Wada T，Takashima K，Kawashima M.（110）［001］Textured 0. 80% Si-Fe for the Proton Synchrotron［C］. MAGNETISM AND MAGNETIC MATERIALS—1973：Nineteenth Annual Conference，1974. AIP Publishing.
[12] 戴礼智．工业纯铁的再结晶与磁性［J］．金属学报，1958，3(3)：227.
DAI Li-zhi. The recrystallization and magnetic properties of armco iron［J］. Acta metallurgica sinica，1958，3(3)：227.
[13] 戴礼智，张信钰．国产纯铁的轧制与再结晶织构［J］．物理学报，1958，14(1)：17.
DAI Li-zhi，ZHANG Xin-yu. The rolling and recrystallization textures of armco iron［J］. Acta Physica Sinica，1958，14(1)：17.
[14] Thornburg D R. Method of producing primary recrystallized textured iron alloy member having an open gamma loop［P］：US. 3，892，605. 1975.
[15] Blaugher R D，Hopkins R H. Development of grain-oriented iron sheet for electrical apparatus［P］：US. 4，265，683. 1981.
[16] Hiroyoshi Y，Masashi T. Manufacture of grain oriented electrical steel sheet［P］：Japan. 61-091329. 1986.
[17] Hiroyoshi Y，Atsuki O. Production of grain oriented electrical steel sheet［P］：Japan. 62-83421. 1987.
[18] Hiroyoshi Y，Teruo K. Production of grain-orientedmagnetic steel sheet［P］：Japan. 1-309923. 1989.
[19] Hiroyoshi Y，Teruo K. Grain-orientedmagnetic steel sheetand its production［P］：Japan. 01-309924. 1989.
[20] Yoshio N，Yasuo O. Production of unidirectionally oriented electrical steel sheet having high magnetic flux density［P］：Japan. 3-47920. 1991.
[21] Yoshio N，Yasuo O. Production of grain-oriented electrical steel sheet having high magnetic flux density［P］：Japan. 4-13811. 1992.
[22] Yoshio N，Yasuo O. Grain-oriented pure iron excellent in magnetic permeability and coercive force in coil-width dirction and its production［P］：Japan. 04-301052. 1992.
[23] Yoshio N，Yasuo O，Tadao N，et al. Grain-oriented silicon steel sheet having excellent magnetostrictive characteristic［P］：Japan. 07-062501. 1995.
[24] Ryutaro K，Takeaki W. Production of grain-oriented silicon steel sheet with extremely high magnetic flux density［P］：Japan. 11-50151. 1999.
[25] Ryutaro K，Takeaki W. Production of grain-oriented silicon steel sheet extremely high in magnetic flux density［P］：Japan. 10-298651. 1998.
[26] Ryutaro K，Takeaki W. Manufacture of grain oriented silicon steel sheet having stable and extremely high magnetic flux densityin longitudinal direction of coil［P］：Japan. 10-306318. 1998.
[27] Ryutaro K，Takeaki W. Manufacture of grain oriented silicon steel sheet having extremely high magnetic flux density［P］：Japan. 10-306319. 1998.

取向硅钢极薄带制备工艺的研究

杨佳欣，吴章汉，骆忠汉，胡守天，郭小龙，申明辉

（国家硅钢工程技术研究中心，湖北 武汉 430080）

摘　要：利用高磁感取向硅钢成品制备极薄带，900℃×30min 退火工艺的成品磁感明显优于 1100℃×30min 退火工艺，两种退火工艺试样各频率下（1K 及以下）的损耗值则有一定的交叉。为探究其原因，对试样的组织和织构进行了分析，结果发现：在完成 900℃×30min 的退火后，随着冷轧压下率的提高，晶粒尺寸逐渐增大，随着退火温度提高，经 1100℃×30min 的退火后，晶粒尺寸进一步长大、粗化；随着冷轧压下率或退火温度的提高，晶粒尺寸长大、粗化，织构演变的“遗传”效应逐步消失，Goss 织构比例降低，极薄带成品的取向度降低，磁感值下降。组织和织构两因素导致两种退火工艺试样的性能差异。

关键词：高磁感；制备；极薄带；组织；织构

Investigation of Trial Manufacture Process for Ultra-thin Grain-oriented Silicon Steel Strips

Yang Jiaxin，Wu Zhanghan，Luo Zhonghan，Hu Shoutian，Guo Xiaolong，Shen Minghui

（National Engineering Research Centre for Silicon Steel，Wuhan 430080，China）

Abstract：Using high permeability product for ultra-thin grain-oriented silicon steel strips，the final product permeability of 900℃×30min was obviously better than that of 1100℃×30min anneal process，but different frequency core loss（≤1K）of two processes overlapped. For the reason，structure and texture of samples was investigated. And the results showed that grain sizes increase along with the raise of cold rolling reduction rate after 900℃×30min anneal，as well as grains grow up further after 1100℃×30min anneal. Besides，in pace with the raise of cold rolling reduction rate or anneal temperature，grains grew up，texture inheritance evolution law disappeared gradually，Goss texture proportion fell，leading to lower orientation and permeability of ultra-thin grain-oriented silicon steel strips. In general，the differences of structure and texture resulted in different magnetic properties of two anneal processes.

Key words：high permeability；trial manufacture；ultra-thin grain-oriented silicon steel strips；structure；texture

取向硅钢极薄带是指厚度≤0.10mm 含 3wt%Si 的{110}<001>取向硅钢，它是军工和电子工业中的一种重要材料[1]。减少用于工作频率≥400Hz 的高频变压器、脉冲变压器、脉冲发电机和大功率磁放大器等电器元件单位损耗的最重要的一个途径就是生产和使用厚度更薄的硅钢板，因此制备取向硅钢极薄带引起了广大研究者的兴趣[2,3]。本文利用取向硅钢成品板为原料，制备了 0.062～0.072mm 厚度的极薄带，并对合适的制备工艺进行了探讨。

1　试验材料与方法

以 0.27mm 厚度的高磁感取向硅钢成品为原料，剪切后利用 250mm 宽度的直拉式轧机轧制到

0. 062mm、0. 066mm、0. 069mm 和 0. 072mm 四种厚度规格，剪切成 30mm×300mm 标样并进行表面清洗，然后分别进行 900℃和 1100℃保温 30min 的退火，退火气氛为 50%H_2+50%N_2，最后进行试样的磁性测量、金相及表面织构分析。

2 试验结果

轧制、剪切、清洗并完成退火后，对各组试样进行磁性测量，磁性结果如下图所示。从磁感值来看，900℃×30min 退火工艺的成品磁感明显优于 1100℃×30min 退火工艺，同时，900℃×30min 退火工艺的成品磁感与冷轧压下率（成品厚度）有一定的关联性。同时，频率为 1K 及以下的铁损值，两种退火工艺不同厚度的试样结果有一定的交叉（除 $P_{1.5/400}$结果为 900℃×30min 工艺结果明显优于 1100℃×30min 工艺）。

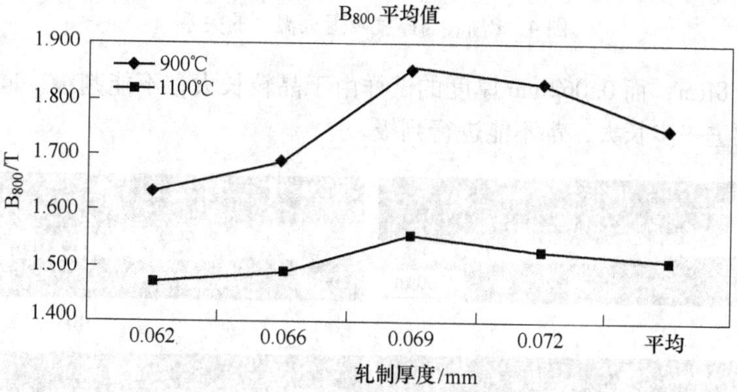

图 1 磁感值 B_{800}与厚度及退火温度的关系

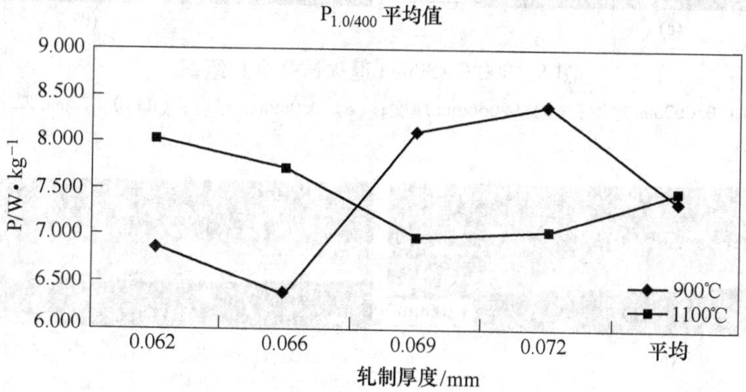

图 2 $P_{1.0/400}$与厚度及退火温度的关系

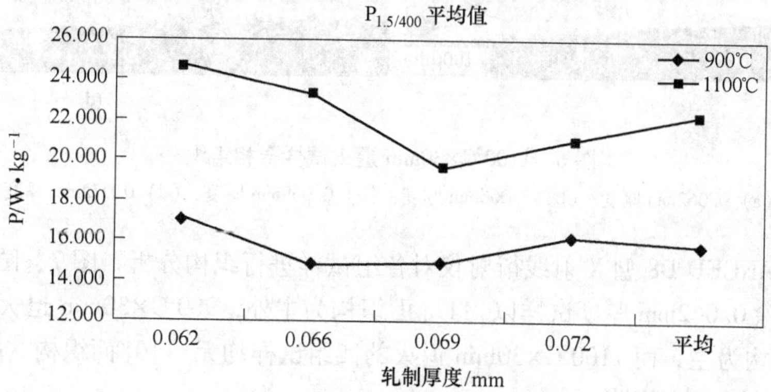

图 3 $P_{1.5/400}$与厚度及退火温度的关系

图 5、图 6 为各组退火试样的金相组织。由图可见，在完成 900℃×30min 退火后，0. 066mm、0. 069mm 和 0. 072mm 厚度三组试样晶粒较细小均匀，依次为 6. 5 级、6. 5 级和 7 级，对应晶粒直径为

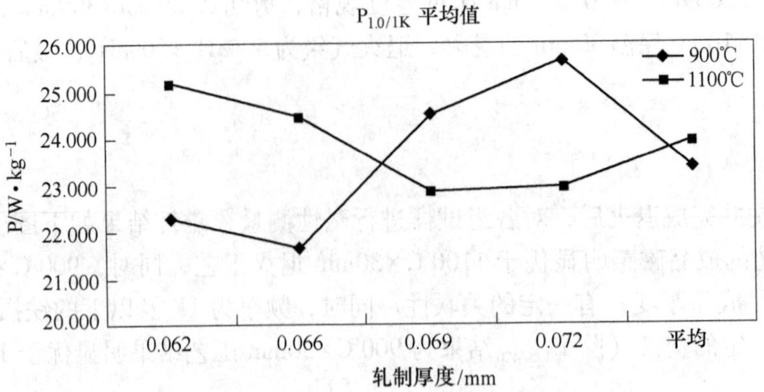

图 4　$P_{1.0/1K}$与厚度及退火温度的关系

37.8μm、37.8μm、31.8μm，而 0.062mm 厚度的试样由于晶粒长大，不能判级。同理，1100℃×30min 退火的四组试样由于晶粒进一步长大，都不能进行判级。

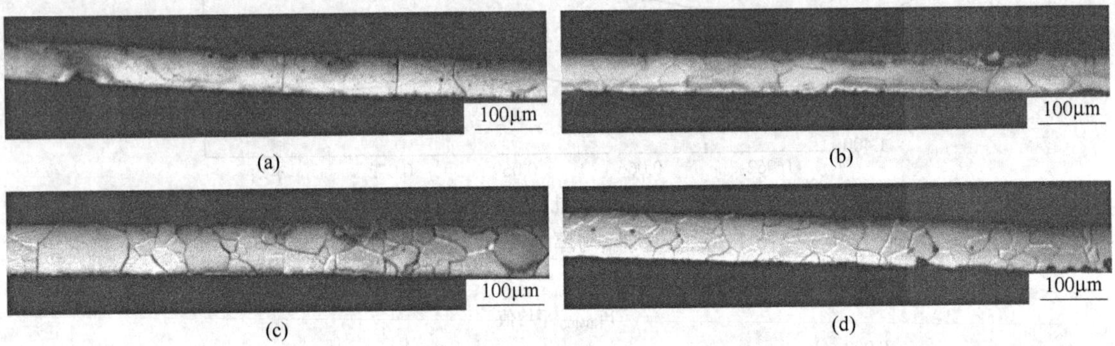

图 5　900℃×30min 退火试样金相组织

（a）0.062mm 厚度；（b）0.066mm 厚度；（c）0.069mm 厚度；（d）0.072mm 厚度

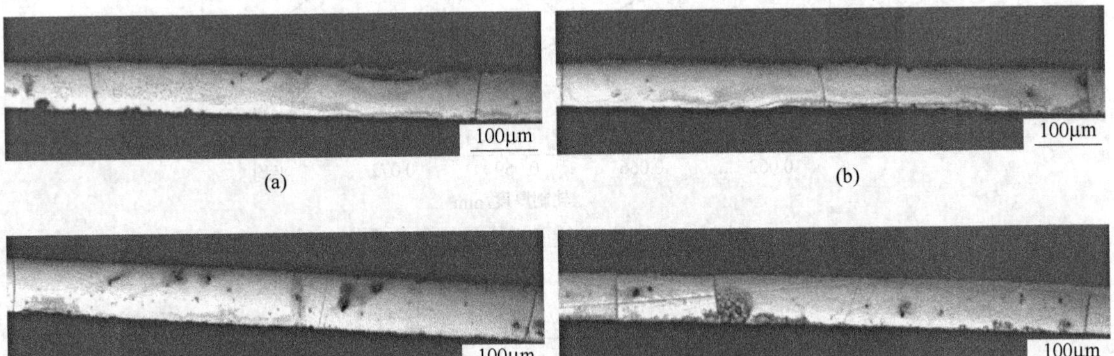

图 6　1100℃×30min 退火试样金相组织

（a）0.062mm 厚度；（b）0.066mm 厚度；（c）0.069mm 厚度；（d）0.072mm 厚度

利用布鲁克 ADVANCED D8 型 X 射线衍射仪对各组试样进行织构分析，图 7、图 8 为各组退火试样的反极图。由图可见，除 0.062mm 厚度试样以{111}面织构为主外，900℃×30min 退火的其他三组试样均以{110}或近{110}面织构为主，而 1100℃×30min 退火的四组试样均无{110}面织构，除 0.072mm 厚度试样外，其余三组试样均以{111}面织构为主。

图 9、图 10 为各组退火试样的 ODF 截面图。由图可见，900℃×30min 退火的四组试样均存在高斯织构或近高斯织构，其中 0.062mm 和 0.066mm 厚度的两组试样同时存在其他织构组分，1100℃×30min 退火 0.062mm、0.066mm 和 0.069mm 厚度的三组试样均以 γ 纤维织构为主，同时存在其他织构组分。

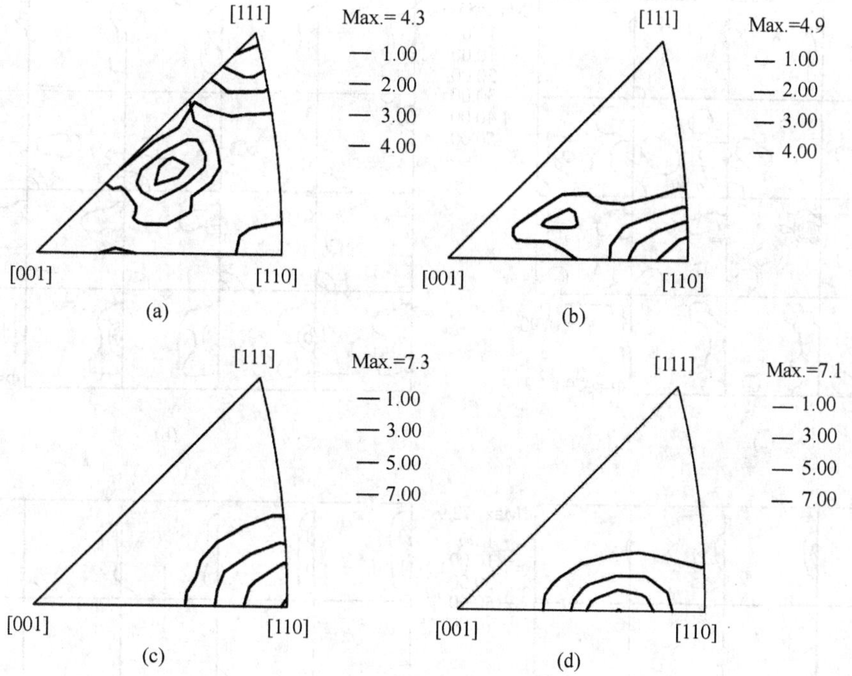

图 7 900℃×30min 退火试样的反极图（ND 方向）

（a）0.062mm 厚度；（b）0.066mm 厚度；（c）0.069mm 厚度；（d）0.072mm 厚度

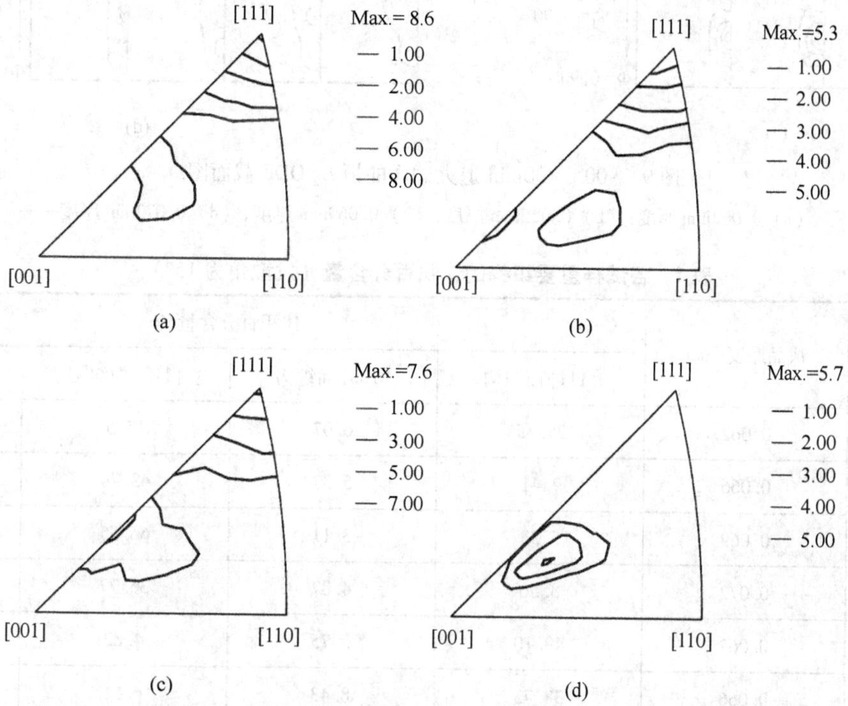

图 8 1100℃×30min 退火试样的反极图（ND 方向）

（a）0.062mm 厚度；（b）0.066mm 厚度；（c）0.069mm 厚度；（d）0.072mm 厚度

同时对各试样重要织构组分的体积百分含量进行了定量分析，结果如表 1 所示。由表可见，900℃×30min 退火的 0.066mm、0.069mm 和 0.072mm 厚度三组试样的｛110｝面织构和高斯织构体积百分含量较高，0.062mm 厚度试样的｛111｝面织构体积百分含量较高。而 1100℃×30min 退火的四组试样中，高斯织构的体积百分含量均较低，0.062mm、0.066mm 和 0.069mm 厚度三组试样的｛111｝面织构含量较高。

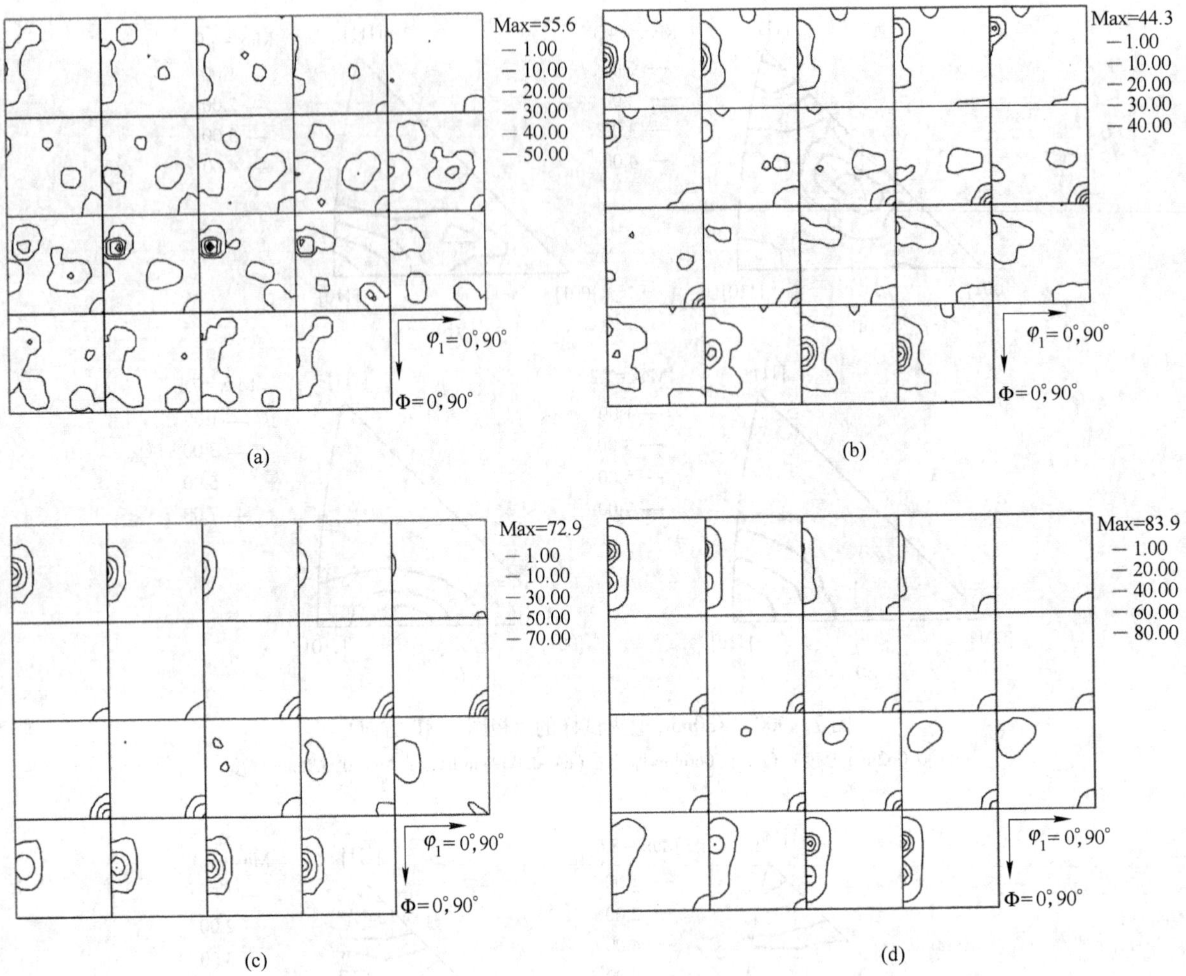

图 9　900℃×30min 退火试样的恒 φ_2 ODF 截面图

（a）0.062mm 厚度；（b）0.066mm 厚度；（c）0.069mm 厚度；（d）0.072mm 厚度

表 1　各试样重要织构的体积百分含量（发散角为 15°）

退火工艺	成品厚度/mm	体积百分含量/%			
		{111} 面织构	{100} 面织构	{110} 面织构	Goss 织构
900℃×30min	0.062	25.35	6.07	15.5	8.73
	0.066	7.41	5.37	43.74	33.70
	0.069	5.33	3.11	66.55	56.02
	0.072	3.56	4.87	36.77	28.57
1100℃×30min	0.062	49.10	3.75	4.82	1.10
	0.066	38.73	8.43	6.61	1.05
	0.069	40.10	6.72	6.70	1.13
	0.072	8.13	8.55	9.52	1.09

将退火试样制成透射电镜薄膜样，在 JEM-2100F 型透射电镜中进行观察，以分析试样中是否还有残存的析出相，并用 INCA 能谱仪对析出相进行成分分析，结果如图 11 所示。由图可见，试样经高温退火和极薄带成品退火后，尺寸<100nm 的析出相已全部分解、固溶，析出数量极少，仅存极少数尺寸>100nm 的残存析出物，经能谱分析为 N 和 Ti 的析出。

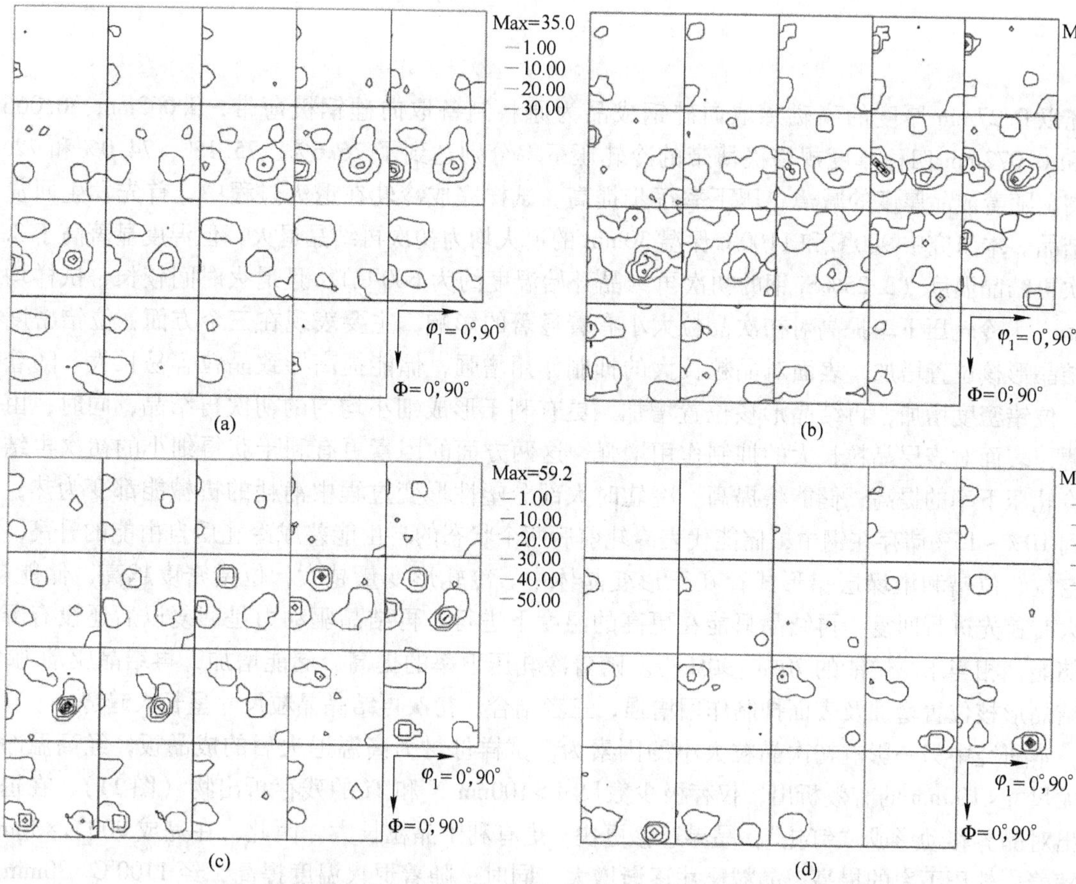

图 10　1100℃×30min 退火试样的恒 φ_2 ODF 截面图

（a）0.062mm 厚度；（b）0.066mm 厚度；（c）0.069mm 厚度；（d）0.072mm 厚度

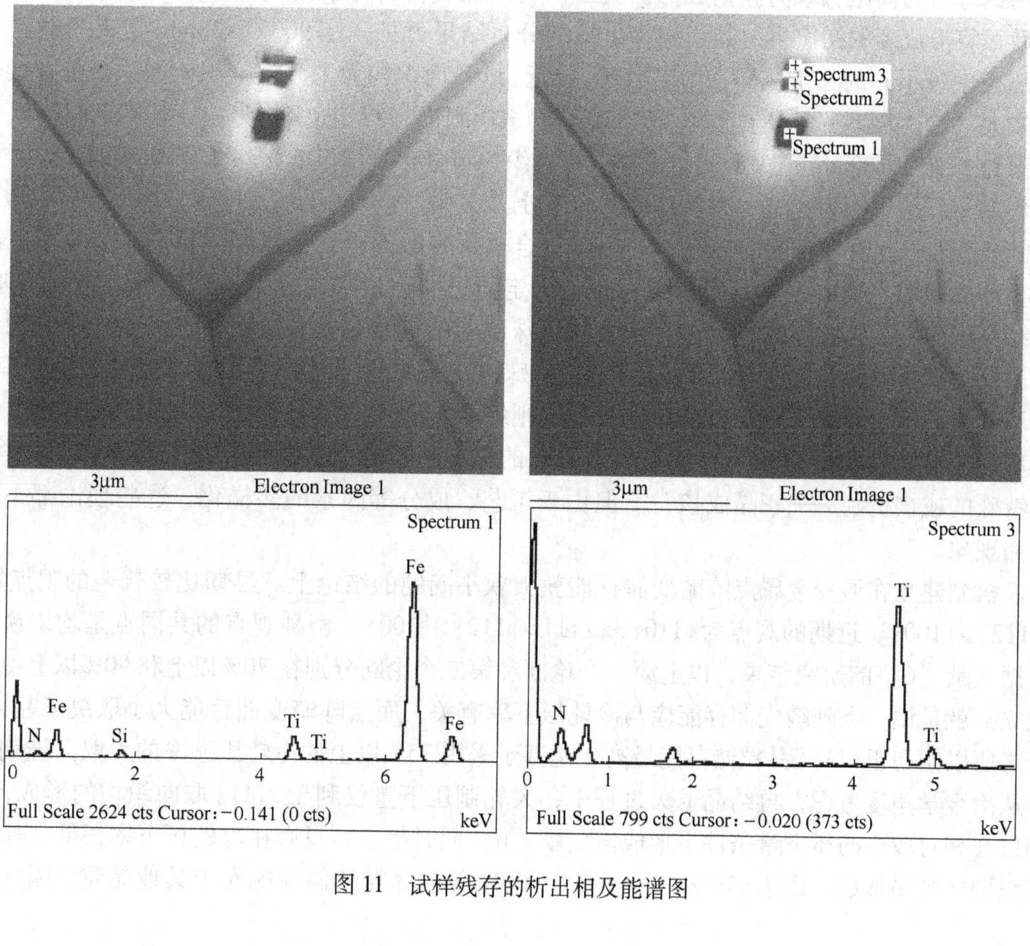

图 11　试样残存的析出相及能谱图

3 讨论

本研究以0.27mm厚度的高磁感取向硅钢成品为原料制备取向硅钢极薄带，0.062mm、0.066mm、0.069mm和0.072mm四种厚度规格极薄带的冷轧压下率分别达到了76.6%、75.1%、74.0%和72.8%，压下率较高，随着成品厚度的减薄，压下率逐步提高。试样完成冷轧在退火过程中，首先发生回复，然后发生再结晶。本研究中900℃和1100℃保温30min的退火均为初次再结晶退火，但温度显著高于3.25%Si钢的初次再结晶温度（3.25%Si钢的初次再结晶开始温度约为600℃），且退火时间较长，试样均完成初次再结晶[4]。冷轧压下率提高对初次晶粒大小有着显著的影响，主要表现在三个方面：位错密度提高导致的再结晶形核位置增加，表面对晶粒长大的抑制作用增强，储能提高导致晶粒容易长大。随着压下率的提高，位错密度增加，再结晶形核位置增加，更有利于形成细小均匀的初次再结晶，同时，由于成品厚度减薄，表面对表层晶粒长大的抑制作用增强，这两方面的因素更有利于获得细小的初次再结晶晶粒。由于冷轧压下率的提高，储能将提高。冷轧时大部分塑性形变过程中消耗的机械能都变为热，只有百分之几到10%~15%储存在钢中，储能代表冷轧前后两个状态的自由能差或冷轧后自由能的升高。储能主要是以空位、位错和堆垛层错形式存在于形变晶体中。冷轧形变量越大，位错密度越高，储能越高。冷轧板退火时首先进行回复，再结晶只能在更高的温度下进行。再结晶驱动力是回复以后还没有释放的那一部分储能，相当于总储能的70%~90%[5]。随着冷轧压下率的提高，储能增加，再结晶驱动力增大，但同时再结晶形核位置增加及表面抑制作用增强，三者结合，初次再结晶晶粒尺寸呈长大趋势。

此外，本研究中另一影响初次晶粒大小的因素为，试样母材为高温退火后的成品板，经高温净化后钢板内已无尺寸<100nm的有效析出，仅存极少数尺寸>100nm N和Ti的残存析出物（图11），在退火中无有效析出对晶界移动形成“钉扎”，晶界迁移更快，更有利于晶粒长大。因此，在完成900℃×30min的退火后，随着冷轧压下率的提高，晶粒尺寸逐渐增大。同时，随着退火温度提高，经1100℃×30min的退火后，晶粒尺寸进一步长大、粗化。

试验用钢母材为高磁感取向硅钢成品，其二次再结晶织构为锋锐的高斯织构，磁感值较高，但经冷轧及退火后，将形成新的初次再结晶织构。由织构分析结果可见，经900℃×30min退火晶粒尺寸相对较小（冷轧压下率较小）的三组试样，均以{110}或近{110}面织构为主，Goss织构体积百分含量较高，而晶粒尺寸较大（冷轧压下率最高）的0.062mm厚度试样则以{111}面织构为主，其高斯织构组分含量相对较低。而经1100℃×30min退火的四组试样，高斯织构组分含量均极低，除0.072mm厚度试样外，其余三组试样均以γ纤维织构为主，并存在其他织构组分。

织构的演变轨迹蕴藏着丰富的内涵，它揭示了合金形变后的再结晶机制。目前，为大家广泛接受的再结晶织构形成理论主要有三种：定向成核理论、定向长大理论和选择生长理论。定向成核理论认为，最终的再结晶织构由最先成核的具有储存能高的特殊取向的再结晶晶粒决定。定向生长理论则认为，再结晶晶粒成核时随机取向，但与变形晶粒间具有特殊取向关系的晶核晶界因其移动能力高于其他晶界，从而决定了最终的再结晶织构组成。选择生长理论则综合了上述两种理论，认为再结晶开始时是定向成核的，随后一些与周围变形晶粒具有特殊取向关系的晶核快速长大，决定了最终的再结晶织构。此外，还有一种特殊的成核机制——孪晶成核[4]。但由于工艺、成分等因素的多样化，这些理论都不能解释所有的再结晶现象。

再结晶机制建立在形变金属点阵畸变储存能孰大孰小问题的结论上。早期比较普遍的观点是{111}>{110}>{112}>{100}，近期的观点为{110}>{111}>{112}>{100}。两种观点的共同点是均未说明冷轧压下率。根据文献［6］的研究结果，以上第一个论断和第二个论断分别在70%以上和90%以上冷轧压下时才可能成立。就是说，点阵畸变储存能应与冷轧压下率有关，而点阵畸变储存能大小取决于晶体的取向。早期观点之所以倾向于{111}晶粒储存能最高，是基于采用75%以上的冷轧压下率的无取向硅钢和汽车板的结果。从冶金学角度考虑，再结晶退火过程中，大轧制压下量仅利于{111}取向织构的形成，而{001}取向织构仅在相对较小的压下量条件下形成。文献［6］同时指出，只有在冷轧压下率很低，如10%的条件下立方织构才容易形成，因为<10%的压下率，{001}位向晶粒的储存能大于其他晶粒，因此退火后产

生{001}织构。

同时，研究表明，取向硅钢不同工序中，其织构演变规律有一定的“遗传”效应，如通常认为 Goss 取向晶粒最早起源于热轧板的次表层（距表面 1/5~1/4 厚度处最强），并且该晶粒的二次晶核发源于粗大形变晶粒内部各形变带之间的过渡带处，次表层的高斯晶粒在冷轧基体中最先发生回复和再结晶，这些晶粒经过后续的处理会继承下来[7,8]。在本研究中，经 900℃×30min 退火晶粒尺寸较小（冷轧压下率较小）的三组试样，仍以高斯织构为主，因此其磁感值较高，而随着压下率的提高，初次晶粒长大，高斯织构含量降低，{111}位向晶粒比例提高。同理，随着退火温度提高到 1100℃×30min，晶粒尺寸进一步长大、粗化，高斯织构含量进一步降低，{111}位向晶粒占主导地位。由此可见，随着冷轧压下率或退火温度的提高，晶粒尺寸长大、粗化，织构演变的“遗传”效应逐步消失，极薄带成品的取向度降低，磁感值下降[9,10]。

关于两组退火试样性能，900℃×30min 退火工艺的成品磁感明显优于 1100℃×30min 退火工艺，其磁感值差异由织构的差异所致，同时 900℃×30min 退火工艺的成品磁感与冷轧压下率（成品厚度）有一定的关联性。而两种退火工艺试样各频率下（1K 及以下）的损耗值则有一定的交叉（除 $P_{1.5/400}$ 结果为 900℃×30min 工艺结果明显优于 1100℃×30min 工艺），这主要由取向度和晶粒尺寸大小差异所致。

4 结论

（1）利用高磁感取向硅钢成品制备极薄带，在完成 900℃×30min 的退火后，随着冷轧压下率的提高，晶粒尺寸逐渐增大，随着退火温度提高，经 1100℃×30min 的退火后，晶粒尺寸进一步长大、粗化；

（2）随着冷轧压下率或退火温度的提高，晶粒尺寸长大、粗化，织构演变的“遗传”效应逐步消失，Goss 织构比例降低，极薄带成品的取向度降低，磁感值下降；

（3）900℃×30min 退火工艺的成品磁感明显优于 1100℃×30min 退火工艺，其磁感值差异由织构的差异所致，两种退火工艺试样各频率下（1K 及以下）的损耗值则有一定的交叉，主要由取向度和晶粒尺寸大小差异所致。

参考文献

[1] 高秀华，齐克敏，邱春林．硅钢极薄带三次再结晶退火过程中的组织演化［J］．材料热处理学报，2006，27(4)：91-94.

[2] 林希峰，刘静，陈朝阳，等．冷轧压下量对取向硅钢极薄带显微组织的影响［J］．金属热处理，2012，37(11)：76-78.

[3] 高秀华，齐克敏，邱春林，等．热处理参数对异步轧制硅钢极薄带三次再结晶的影响［J］．东北大学学报（自然科学版），2005，26(1)：55-58.

[4] 何忠治．电工钢［M］．北京：冶金工业出版社，1996.

[5] 余永宁．金属学原理［M］．北京：冶金工业出版社，2000.

[6] 李长一，周顺兵，张新仁，等．冷轧低碳钢带中各晶体学位向的点阵畸变储能［J］．理化检验，物理分册，2006，42(12)：595-598.

[7] Lin P，Palumbo G，Harase J．Coincidense Site Lattice（CSL）Grain Boundaries and Goss Texture Development in Fe-3%Si Alloy．Actamater，1996，(12)：4677-4683.

[8] 李志超，杨平，崔凤娥，等．取向硅钢二次再结晶行为分析［J］．电子显微学报，2010，29(1)：48-54.

[9] 王慧敏，杨平，崔凤娥，等．二次冷轧法与三次冷轧法制备取向硅钢薄带的织构演变规律［J］．中国体视学与图像分析，2013，18(4)：348-355.

[10] 薄丹青，李明杰．国内外电工钢薄带生产及市场需求分析［C］．2012 年第十二届中国电工钢年会学术论文集，2012：219-223.

取向硅钢带冷轧板形控制浅析

何 冰

（新万鑫（福建）精密薄板有限公司，福建 仙游 351200）

摘 要： 取向硅钢（CGO）带进行冷轧时存在板形控制难的问题，本文通过对带钢轧制时的原料、辊系、轧制力、张力、乳化液、套筒等方面的因素进行简要分析，以期能找出更好的办法解决板形的问题。

关键词： 取向硅钢；冷轧；辊型；板形

Simple Analysis of Cold Rolled Oriented Silicon Steel Shape Control

He Bing

（New Wanxin（Fujian）Precision Small Board Co.，Ltd.，Xianyou 351200，China）

Abstract: Oriented silicon steel（CGO）with cold rolling is the difficult problem of shape control，based on the strip rolling material，roll，rolling force，tension，emulsion，factors and other aspects of the sleeve is analyzed briefly，in order to find a better way to solve the problem of shape.

Key words: oriented silicon steel；cold rolling；roll shape；shape of steel plate

1 引言

取向硅钢（CGO）是一种难轧的 Fe-Si 合金带材，热轧料规格厚度 2.30mm，第一次冷轧（简称一轧）的压下量：

$$2.30\text{mm}-0.62\text{mm}=1.68\text{mm}$$

脱碳后，第二次冷轧（简称二轧）的压下量：

$$0.62\text{mm}-0.27\text{mm}=0.35\text{mm}$$

钢带在二十辊轧机的冷轧过程中，时常发生钢带横向同板厚度差大，即板形浪，分为单边浪、双边浪、中间浪、1/4 浪。轧制时如果产生单边浪（也叫松紧边），会给后续工序的生产带来不利影响；如果单边浪或中间浪过大时会出现勒辊断带，给生产带来了极大的困难。

2 板形分析

2.1 原料的影响

冷轧取向硅钢（CGO）原料规格为 2.30×1300×C，卷重 23000kg，将硅钢卷分切成 650mm 宽度的四个卷，其中 6500kg 重 2 个卷（定义为 A、B 卷），4500kg 重 2 个卷（定义为 C、D 卷）。

又经过盐酸洗掉表面氧化层，这样，出现冷轧来料横截断面为楔形板，钢带一侧偏厚，另一侧偏薄，如 A、C 卷类同，B、D 卷类同，然而在轧制过程中钢带横向受力不均，板形不容易控制。

硅钢卷分切，如图 1 所示。

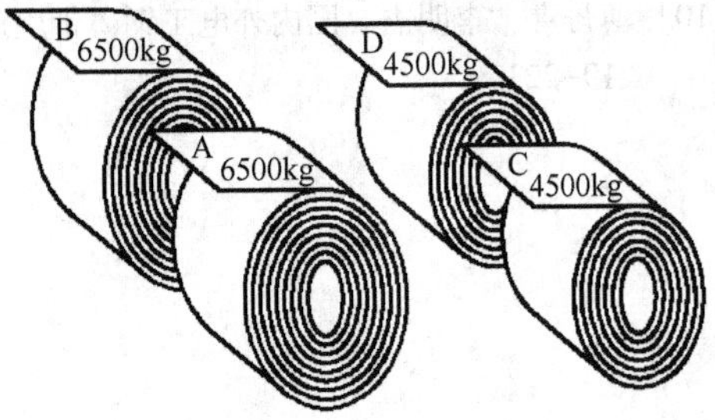

图 1

2.2 辊系的影响

板形不良主要体现在二十辊轧机的辊系各环节上的调整，分别为工作辊、一中间辊、二中间辊、背衬轴承。森吉米尔轧机型号为ZR23，塔型为1-2-3-4。

工作辊表面粗糙度，上下辊粗糙度越小轧制力相应减小，然而在道次等同变形率下的轧制力也小，轧制力的大小直接影响轧制的板形。

一中间辊窜辊，上下辊的锥度倒角的长度和高度、窜辊的位移量决定边浪的大小。窜辊量的大小轧制过程在线调节，是控制板形的关键环节。

一中间辊锥度倒角，如图2所示。

二中间辊椭辊凸度，上下辊的凸度大小，决定中间浪的大小。

背衬轴承T值，ABCD、EFGH辊的轴承组合，每辊由四个轴承组合而成，按中凸进行布置，中凸值的大小决定中间浪的大小。

As-u凸度，BC辊上分u1、u2、u3、u4、u5五点调节控制，此五点凸度值的调节是在线补偿原始辊型凸度的不足，是控制板形的关键环节。As-u凸度机构，如图3所示。

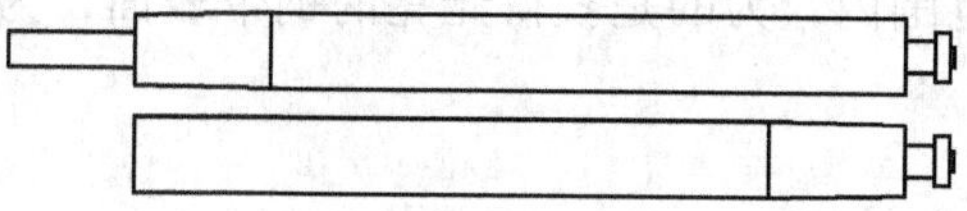

图2

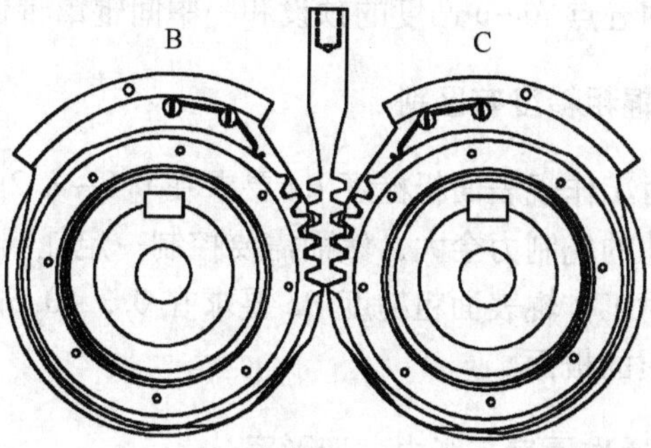

图3

2.3 轧制力的影响

根据轧制理论与原理，要获得良好的板形，必须减小轧制力。轧制力的差异会造成板形的优劣，钢带受力不均匀时板形不佳。

因酸洗热轧板带表面较为粗糙，故一轧第1道次轧制力相应比第2道次及其他道次的轧制力会大。

2.4 张力的影响

钢带轧制时设定张力十分关键，后张力是保证钢带能够顺利平直居中地进入辊缝，前张力是确保钢带轧制板形。

道次轧制张力取值，与材料本身强度有着重要的关系，张力越大板形越得到良好的改善，但是张力过大会导致钢带轧制后宽度被拉窄，或者被拉断。

2.5 乳化液的影响

轧制时工艺润滑，是硅钢冷轧重要指标，工艺润滑包含了润滑与冷却两个方面。

工艺润滑采用了乳化液，乳化液供液分为两条线路，一是轧制区辊缝，二是背衬轴承。

乳化液的温度越高轧制板形越良好，但温度过高反而出现板面的油烧斑痕等缺陷。

2.6 套筒的影响

套筒在长期使用过程中，钢带轧制时张力较大，由于钢卷产生的巨大内应力，套筒将发生变形而中间发生收缩。

当钢带卷取在套筒上时，如果钢带不在套筒双曲凹面的中心位置，则钢带在套筒直径大的一侧受到较大的张力。

套筒变形状态，如图4、图5所示。

图4 套筒变形前

图5 套筒变形后

3 应对措施

3.1 原料归类轧制

一轧原料是从分切、酸洗后运来的，为了建立批次轧制规律，将楔形状态归类进行批次轧制，如A卷和C卷为一类厚薄楔形的钢卷，B卷和D卷又是另一类厚薄楔形的钢卷。这样做的目的是便于配辊，更为重要的五点As-u凸度的预设和一中间辊窜辊位置的预设。

3.2 工作辊粗糙度有区别

一轧时工作辊表面粗糙度Ra要求在0.8~1.2μm范围内，是为下一工序之脱碳提供较粗糙的钢带表面，此一轧的轧制力会大，然而需要控制一定轧制速度。

二轧时工作辊表面粗糙度Ra要求在0.3~0.5μm范围内，为的是获得光亮的钢带表面，为氧化镁涂层提供优质的板面。

3.3 轧制道次厚度与张力、变形率

3.3.1 一轧轧制道次变形分配

一轧的轧制道次按四个道次编排，为能在可逆换向轧制时确保辊缝轧制力，确定了轧制变形抗力系数：

$$\triangle=(2.30/0.62)^{\wedge}(1/4)=1.38782$$

出口厚度等于入口厚度除以轧制变形抗力系数，道次相对变形率总和等于100%，轧制道次变形分配；道次的张力取决于材料本身的屈服强度值，如取其屈服强度值的2/3。一轧轧制道次变形分配情况，如表1所示。

表1 一轧轧制道次变形分配情况

轧制道次	入口		出口		相对变形率/%
	厚度/mm	张力/kN	厚度/mm	张力/kN	
1	2.300	30.00	1.657	323.17	38.26
2	1.657	323.17	1.194	232.86	27.57
3	1.194	232.86	0.860	167.79	19.86
4	0.860	167.79	0.620	120.90	14.31

3.3.2 二轧轧制道次变形分配

二轧的轧制道次按两个道次编排，为能在可逆换向轧制时确保辊缝轧制力，确定了轧制变形抗力系数：

$$\triangle=(0.62/0.27)^{\wedge}(1/2)=1.51535$$

出口厚度等于入口厚度除以轧制变形抗力系数，道次相对变形率总和等于100%，轧制道次变形分

配；道次的张力取决于材料本身的屈服强度值，如取其屈服强度值的2/3。二轧轧制道次变形分配情况，如表2所示。

表2 二轧轧制道次变形分配情况

轧制道次	入口		出口		相对变形率/%
	厚度/mm	张力/kN	厚度/mm	张力/kN	
1	0.620	120.90	0.409	79.78	60.24
2	0.409	79.78	0.270	52.65	39.76

3.4 保持有利的道次卷取张力

钢带轧制过程中，张力起到了平稳轧制的作用，而较大的前张力有利于改善轧制板形。然而在实际生产中，钢带的边部有裂口或微裂口，在高速轧制时很容易被振动的应力集中而拉断，所以需要根据生产的原材料边部状态给出合理的截面单位张力。

3.5 保证轧辊辊型

工作辊、一中间辊、二中间辊是通过磨床将轧辊修磨来改善轧辊的辊型，保证二中间辊四支驱动辊的辊面直径相同，预设一中间辊窜辊锥度，如ϕ0.30mm×130mm。

三十二个背衬轴承是通过检测轴承T值来分成八组，每组四个轴承保持中凸的原则来组合装配。

在轧制时保持钢带横向截面的受力平衡，从而获得理想的板形。

3.6 乳化液温度范围

轧制油在乳化液占体积比为3.0%~3.5%，在连续生产轧制过程中乳化液温度随着时间而升高，所以要给乳化液降温，要求乳化液的温度在45~55℃之间。

3.7 禁止使用有变形的套筒

卷取上增加厚壁碳钢套筒，一是硬质难熔金属在轧制时需要较大的卷取张力，才能保证轧辊辊缝平稳通过材料抗变能力，二是钢带在轧制出口需要大张力来改善潜在延伸而获得较良好的板形。

套筒在使用过程中会被钢卷内在较大的应力巨压而中部收缩变形，而变形的套筒在使用时会使得板形不断的左右倾斜，在目视及敲棒时很容易被假象误导，因此不能使用变形的套筒，所以变形的碳钢套筒需要重新做车削修复后方可使用。

4 结束语

取向硅钢（CGO）带轧制过程中，造成板形不良的因素有很多种，本文通过对原料、辊系、轧制力、张力、乳化液、套筒等方面的合理控制，有效解决了边浪、边裂问题。

取向电磁钢板高温退火初期采用 Ar 气作为保护气氛对镁橄榄石被膜质量的影响

（日本 JFE）大久保智信，今村猛
王　杰，潘　妮（译、摘、编）

摘　要：高温退火低保温期，采用惰性气体作保护气体能改善被膜质量。惰性气体 Ar 与 H_2、N_2 相比黏度高，Ar 气难于侵入钢卷的各层间挤压出水分子，水分子就在钢板层间保持下来，将会进一步促进被膜的生成。之后导入氢气，促进了退火隔离剂 MgO 的表面活化性，由于钢板层间是湿氢保护气氛，钢板表面的富氧化层中难于被还原的 Fe_2SiO_4，将与 MgO 发生反应，生成 $Fe_{2-x}Mg_xSiO_4$，又继续形成完善的 Mg_2SiO_4 镁橄榄石被膜，在这种条件下所生成的被膜将吸收隔离涂层中的 Ti，增强了被膜的强度。

关键词：高温退火；惰性气体；镁橄榄石被膜；高磁感

The Effect of Ar Gas which was Used as the Protective Atmosphere in the Initial Stage of High Temperature Annealing on the Membrane Quality of Magnesium Peridot

Japanese JFE

Wang Jie，Pan Ni（translation，extraction，editing）

Abstract：In the low heat preservation period of high temperature annealing，using inert gas as a protective gas can improve the quality of the glass film. The inert gas Ar is more viscous than H_2 and N_2. The Ar gas is difficult to penetrate the layers of the steel to squeeze the water molecules. The water molecules will remain in the steel plate layer and will further facilitate the formation of the membrane. Then the hydrogen was introduced to promote the surface activation of the annealing isolation agent MgO. Due to the wet hydrogen protection atmosphere between the steel plate layers，Fe_2SiO_4 is difficult to be restored in the oxide layer on the surface of the steel plate，which will react with MgO to generate $Fe_{2-x}Mg_xSiO_4$，and then continue to form the perfect Mg_2SiO_4 magnesium film. The membrane produced under such conditions will absorb Ti in the isolation coating and enhance the strength of the membrane.

Key words：high temperature annealing；the inert gas；magnesium film；high magnetic induction

1　以氮化物为抑制剂的取向电磁钢板技术进步

取向电磁钢板的磁性能主要是由（110)<001>方位晶粒，即高斯方位晶粒的取向度所决定的，而高斯方位晶粒是在高温退火工序发生二次再结晶而生成的。二次再结晶时，高斯方位以外的晶粒大多被抑制剂所抑制，特别是对高斯晶粒取向度要求极高的场合，氮化物抑制剂的效果最为显著。主要的氮化物抑制剂有 AlN、Si_3N_4 和 BN 等，抑制剂在钢中弥散析出，在二次再结晶之前抑制了一次晶粒长大提高了高斯晶粒的取向度，从而提高了磁感强度。

但是使用氮化物作为抑制剂，往往会出现偏离（110)<001>方位的二次晶粒，使磁性能恶化。这是因为二次再结晶时钢板表面被氮化，使表层的抑制剂强度发生了变化，在二次再结晶之前，其抑制力不能控制钢板表层正常晶粒成长。

为了控制高温退火时钢板表层的抑制剂强度，只有调整好高温退火的保护气氛才有效，而且是调整钢板表层附近的保护气氛，对表层氮化物的生成、分解、消失加以控制，也就控制了二次再结晶的变化，于是就能获得与轧制方向高度一致的高斯方位二次再结晶晶粒。

为了达到以上目的，有许多文献报道了一些新方法，例如有专利提出了高铝取向电磁钢板高温退火时，升温到850~950℃时将氮气分压控制在20%以下，二次再结晶从开始到终了的温度区间内氮气分压控制在5%以下。还有专利提出含铝取向电磁钢板的二次再结晶从开始到完了的区间内增加氮气的分压。又有专利提出了以氮化物和偏析元素共同作为抑制剂，在到达净化温度点之前升温过程中改变通入的保护气氛，或者至少在低于二次再结晶温度150℃至二次再结晶开始的温度点之间切换为含氢浓度90%以上的保护气氛，继续到二次再结晶完成。

2 取向电磁钢板镁橄榄石被膜生成控制的难点和对策

该发明者经调查发现上述方案虽然能改善高斯方位的取向度，但是钢板表面的镁橄榄石被膜的附着性和均匀性却不好。为了解决以上问题提出了新的方案，可以兼顾磁性能和被膜性能。

该发明将以试验加以说明。

2.1 试验1

以质量百分比计，C：0.05%；Si：3.4%；Mn：0.08%；Al：0.020%；N：0.006%；Sn：0.05%，将上述成分的板坯加热到1410℃，热轧至板厚为2.4mm的热轧板，经1000℃×60s的常化处理，冷轧到1.8mm中间板厚，再经1050℃×120s的中间退火。接着是二次冷轧，冷轧的时效温度为180℃，最终板厚为0.22mm。然后是脱碳退火，退火的工艺条件为820℃×60s，气氛为50%H_2+50%N_2，露点为58℃，脱碳退火的升温阶段，在500~700℃阶段采用感应加热（Induction Heating）升温速度为100℃/s，脱碳退火后涂布以MgO为主剂的退火隔离剂，MgO为100质量份，TiO_2为4质量份，然后添加表1所示的药品（附添加物）。然后按图1所示的条件高温退火（罩式炉退火），图1中，A为第一加热段，B为第二加热段，C为第三加热段，D的前半区是净化钢质的均热区，后半区及E区为冷却区。

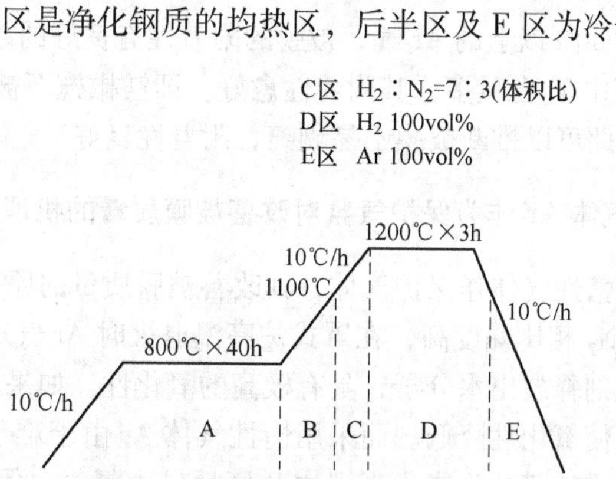

图1 高温退火温度曲线各区划分示意图

然后对磁性能和被膜性能加以评价。

磁性能试样分别在钢卷的头部，中间和尾部各取一付艾卜斯坦方圈试样，单片试样尺寸为30mm×280mm，试样质量为500kg。测定出B_{800}和$W_{1.7/50}$，以上述三者中最差的性能代表该钢卷的磁性能，其B_{800}=1.910T，$W_{1.7/50}$=0.900W/kg以下。

关于钢卷被膜外观的评价，在机组的出侧观察钢卷的全长，判断有无不良的被膜，被膜均匀记为（○），有部分变色或缺陷记为（△），钢卷全长变色或有缺陷记为（×），如果是（○）与（△）的中间状况记为（△~○）。

关于被膜的附着性的检测，采用直径差为5mm的圆柱体组作为检测工具，以被膜不剥落的最小弯曲直径来评价被膜的附着性。

上述检测结果列于表1。

表1

No.	高温退火气氛		退火隔离剂付添加物（相对 MgO100 质量份）/质量份	被膜特性		磁性能		备注
	A区	B区		剥离直径/mm	外观	$W_{1.7/50}$ /W·kg^{-1}	B_{800}/T	
1	N_2	H_2	SnO_2: 5	30	△	0.842	1.936	比较例
2	Ar : N_2 = 5 : 5	H_2	SnO_2: 5	30	△	0.851	1.932	比较例
3	Ar : N_2 = 7 : 3	H_2	SnO_2: 5	30	△	0.832	1.933	比较例
4	Ar : N_2 = 9 : 1	H_2	SnO_2: 5	20	△~○	0.846	1.938	发明例
5	Ar	H_2	SnO_2: 5	15	○	0.831	1.935	发明例
6	Ar	Ar : N_2 = 95 : 5	SnO_2: 5	15	○	0.862	1.926	发明例
7	Ar	Ar : N_2 = 75 : 25	SnO_2: 5	15	○	0.878	1.921	发明例
8	Ar	Ar	SnO_2: 5	40	×	0.872	1.923	比较例
9	Ar	H_2	无	25	△~○	0.845	1.936	发明例
10	Ar	H_2	SnO_2: 1	20	△~○	0.842	1.932	发明例
11	Ar	H_2	SnO_2: 3	15	○	0.833	1.941	发明例
12	Ar	H_2	SnO_2: 7	15	○	0.839	1.937	发明例
13	Ar	H_2	SnO_2: 10	20	△~○	0.849	1.934	发明例
14	Ar	H_2	SnO_2: 12	30	△	0.862	1.931	比较例
15	Ar	H_2	Sb_2O_3: 3	15	○	0.833	1.941	发明例
16	Ar	H_2	$Ca(OH)_2$: 2	25	△~○	0.862	1.929	发明例
17	Ar	H_2	$Na_2B_4O_7$: 3	25	△~○	0.856	1.934	发明例

从表1可以得出以下结论：

（1）A区保护气氛为含有80%以上的Ar气，被膜的附着性有良好的趋向；

（2）从分析结果上看被膜中Ti含量多，其附着性愈好。即镁橄榄石被膜中Ti含量高，其被膜物理性能将发生变化使强度增高，由此可以推断被膜不易剥离，附着性良好。

2.2　高温退火初期应用惰性气体Ar作为保护气氛对改善被膜质量的机理

高温退火初期采用稀有的惰性气体作保护气体，其改善被膜质量的原理可作如下推断：

稀有惰性气体Ar与H_2、N_2相比黏度高，在罩式炉高温退火时Ar气难于侵入钢卷的各层间，此时由各钢板层间的氧化镁退火隔离剂释放出水分子，具有极高的氧化性。如果此时保护气氛是N_2+H_2，会将钢卷层间的水分子挤压除去，而使氧化性降低。而采用惰性气体Ar由于难于挤压水分子，水分子就在钢板层间保持下来，将会进一步促进被膜的生成。当到达B区后导入氢气，促进了退火隔离剂MgO的表面活化性，也就促进了镁橄榄石被膜的生成反应，特别是A区导入惰性气体Ar时，钢板层间水分子较多，一旦转入B区，钢板层间将暂时是湿氢保护气体，在这种条件下钢板表面中、难于被还原的付氧化层Fe_2SiO_4，此时将与MgO发生反应，促进了$Fe_{2-x}Mg_xSiO_4$的生成反应，此后形成完善的Mg_2SiO_4镁橄榄石被膜，在这种条件下所生成的被膜将吸收隔离涂层中的Ti，从而增强了被膜的强度。

以前的文献中提出高温退火初期通入的是N_2+H_2的保护气体，是一种还原性气体，使钢板层间氧化性极低，不能发生使被膜增强的反应。如果在A区完全导入N_2气，N_2也可以将钢板层间释放的H_2O分子挤出，在其后的加热区（B区），钢板层间的气氛氧化性也不会很高，难于发生上述被膜生成的增强反应。只有在A区通入含有80%以上惰性气体Ar的保护气氛，而在B区通入H_2气才能获得良好的被膜。这就是该发明的最重要的观点。

此外，退火隔离剂中添加SnO_2，或者Sb_2O_3将会使惰性气体气氛发挥更大的效果。SnO_2和Sb_2O_3在

750~900℃时会分解出氧，提高钢板层间的气氛氧化性，以利于生成良好的镁橄榄石被膜。

2.3 试验 2

以质量百分比计，C：0.05%；Si：3.4%；Mn：0.08%；Al：0.020%；N：0.006%；Sb：0.05%，将上述成分的板坯加热到 1410℃，热轧至板厚为 2.1mm 的热轧板，经 1000℃×60s 的常化处理，冷轧到 1.6mm 中间板厚，再经 1130℃×120s 的中间退火。接着是二次冷轧，冷轧的时效温度最高为 220℃，最终板厚为 0.22mm。然后是脱碳退火，退火的工艺条件为 840℃×80s，气氛为 50%H_2+50%N_2，露点为 60℃，脱碳退火的升温阶段，在 500~700℃阶段采用感应加热（Induction Heating）升温速度为 200℃/s，脱碳退火后涂布以 MgO 为主剂的退火隔离剂，MgO 为 100 质量份，TiO_2 为 11 质量份，SnO_2 为 4 质量份。然后按图 1 所示的条件高温退火（罩式炉退火），图 1 中，A 区为 Ar 气保护气氛，B 区为 H_2 气保护气氛（发明例），以及 A 区为 N_2 气保护气氛，B 区为 H_2 气保护气氛（比较例）。

在成品钢卷上选择外观良好部位，而且被膜剥落直径小于 15mm 的部位取样，在试验室分别采用各种条件的电子束照射以细化磁畴，接着测定磁性能。对照射部位目视观察和电镜观察。从中可以看到，A 区采用 N_2 气保护气氛的试样显现出照射痕迹，这种照射痕迹易使被膜剥离。而采用惰性气体 Ar 的试样没有显出照射痕迹，采用弯曲剥离试验，虽然宏观指标不能进一步判别被膜特性有何区别，但是对于采用惰性气体为保护气氛的被膜特性也同样优良。但是没有显现出照射痕迹，可以不用二次涂层，在降低成本方面很有价值。

3 实施例

3.1 例 1

按表 2 所示的成分板坯，经 1400℃加热后，热轧成板厚为 2.3mm 的热轧板，其后经 1020℃×60s 的常化处理，第一次冷轧至 1.5mm 厚，接着中间退火，其工艺是 1130℃×60s。二次冷轧，最终板厚为 0.22mm。然后是脱碳退火，工艺是 850℃×120s，气氛是 50%H_2+50%N_2，露点为 60℃，并涂布以 MgO 为主剂的退火隔离剂。脱碳退火的加热采用感应加热，在 500~700℃时的加热速度为 100℃/s。退火隔离剂中 MgO 为 100 质量份，TiO_2 为 8 质量份，SnO_2 为 4 质量份。之后是按图 1 和表 3 所示的条件施以高温退火（罩式退火）。在图 1 中的 C 区要按表 3 所示的条件实施。高温退火完成后，涂布以磷酸镁和硅溶胶为主剂的绝缘涂层，经 N_2 气氛、820℃×30s 拉伸热平整退火。接着将产品钢板经电子束（EB）照射实施磁畴细化处理。

表 2

No.	板坯化学成分/wt%							
	C	Si	Mn	Sol. Al	N	Sb	Sn	其他元素
1	0.052	3.34	0.06	0.019	0.009	0.04	痕迹	无
2	0.058	3.25	0.05	0.022	0.008	0.06	痕迹	无
3	0.062	3.21	0.04	0.024	0.007	0.05	痕迹	无
4	0.059	3.16	0.09	0.022	0.008	0.03	痕迹	无
5	0.043	3.21	0.06	0.018	0.006	0.03	痕迹	无
6	0.068	3.32	0.08	0.024	0.008	0.08	痕迹	无
7	0.069	3.29	0.07	0.026	0.007	0.04	痕迹	无
8	0.061	3.35	0.08	0.019	0.006	0.05	痕迹	无
9	0.065	3.52	0.08	0.028	0.007	0.06	痕迹	无
10	0.071	3.42	0.05	0.015	0.006	痕迹	0.06	S：0.02
11	0.062	3.36	0.08	0.025	0.007	0.04	0.01	Se：0.02
12	0.086	3.21	0.14	0.022	0.006	痕迹	1.1	P：0.09

续表 2

No.	板坯化学成分/wt%							
	C	Si	Mn	Sol. Al	N	Sb	Sn	其他元素
13	0.081	2.86	0.04	0.018	0.006	0.1	痕迹	Bi：0.02
14	0.089	2.99	0.11	0.032	0.009	0.05	0.05	B：0.002
15	0.064	3.20	0.06	0.028	0.008	痕迹	1.35	Nb：0.008
16	0.045	3.02	0.04	0.026	0.007	痕迹	0.07	V：0.005
17	0.066	3.45	0.08	0.027	0.007	痕迹	0.03	Mo：0.02
18	0.072	3.86	0.16	0.023	0.006	0.09	痕迹	Cu：0.04
19	0.061	3.62	0.09	0.021	0.007	0.06	痕迹	Ni：0.15
20	0.056	3.56	0.09	0.026	0.008	0.03	痕迹	Cr：0.05
21	0.010	3.49	0.08	0.042	0.004	0.06	0.07	无
22	0.130	3.21	0.26	0.036	0.009	1.51	痕迹	无
23	0.052	1.50	1.2	0.021	0.007	1.12	痕迹	无
24	0.076	2.87	2.5	0.012	0.005	0.04	0.02	无
25	0.092	3.11	0.09	0.005	0.008	0.02	0.04	无
26	0.084	3.89	0.09	0.06	0.006	痕迹	1.3	无
27	0.066	2.65	0.25	0.023	0.003	0.01	0.06	无
28	0.081	3.19	0.05	0.036	0.006	痕迹	痕迹	无

测定钢板的磁性能以及调查被膜的外观，被膜弯曲剥离性能，及被膜照射痕迹的有无。对于磁性能的测定，要在钢卷的头部，中部和尾部各取一套试样，以磁性能最差的代表该钢卷的磁性能。被膜的弯曲剥离性能也分别在钢卷的头、中、尾取样，并且分别在钢卷上、中、下各取一片试样，共计 9 片试样，以最差的性能代表该钢卷的被膜剥离性能。测定结果如下：

(1) 磁性能：采用 0.5kg 的艾卜斯坦方圈测定，测定磁感 B_{800} 和铁损 $W_{1.7/50}$，其结果 B_{800} 在 1.910T 以上，$W_{1.7/50}$ 在 0.900W/kg 以下，性能良好。

(2) 外观：用目视观察来评价，被膜均匀记为（○），有部分变色或缺陷记为（△），钢卷全长变色或有缺陷记为（×），如果是（○）与（△）的中间状况记为（△~○）。

(3) 被膜附着性：关于被膜的附着性的检测，采用直径差为 5mm 的圆柱体组作为检测工具，以被膜不剥落的最小弯曲直径来评价被膜的附着性。该发明被膜不剥落的最小弯曲直径均在 25mm 以下。

(4) EB 照射痕迹：以目视来评价照射痕迹，照射部能见到因被膜剥离露出的金属光泽记为［显著］，能见到 10%以上长度的照射痕迹的记为［有］，能见到 1%~10%长度的照射痕迹记为［几乎无］，1%以下的记为［无］是最好的结果。

以上试验结果列于表 3。

表 3

No.	高温退火各区段的保护气氛			被膜特性		磁性能		EB 照射痕迹	备注
	A 区	B 区	C 区	弯曲剥离直径/mm	外观	$W_{1.7/50}$ /W·kg^{-1}	B_{800}/T		
1	N_2	H_2	$H_2:N_2=7:3$	30	△	0.742	1.934	有	比较例
2	$Ar:N_2=7:3$	H_2	$H_2:N_2=7:3$	30	△	0.743	1.933	有	比较例
3	$Ar:N_2=8:2$	H_2	$H_2:N_2=7:3$	20	△~○	0.736	1.935	几乎无	发明例
4	Ar	H_2	$H_2:N_2=7:3$	15	○	0.732	1.935	无	发明例
5	Ar	$H_2:N_2=8:2$	$H_2:N_2=7:3$	15	○	0.741	1.929	无	发明例

续表3

No.	高温退火各区段的保护气氛			被膜特性		磁性能		EB照射痕迹	备注
	A区	B区	C区	弯曲剥离直径/mm	外观	$W_{1.7/50}$ /W·kg^{-1}	B_{800}/T		
6	Ar	$H_2:N_2=5:5$	$H_2:N_2=7:3$	15	○	0.889	1.904	无	发明例
7	Ar	H_2	$H_2:N_2=7:3$	40	×	0.824	1.919	显著	发明例
8	Ar	H_2	$H_2:N_2=9:1$	20	△~○	0.749	1.931	几乎无	发明例
9	Ar	H_2	H_2	40	△	0.834	1.923	有	比较例
10	Ar	H_2	$H_2:N_2=7:3$	15	○	0.728	1.936	无	发明例
11	Ar	H_2	$H_2:N_2=7:3$	15	○	0.721	1.941	无	发明例
12	Ar	H_2	$H_2:N_2=7:3$	15	○	0.729	1.937	无	发明例
13	Ar	H_2	$H_2:N_2=7:3$	15	○	0.725	1.939	无	发明例
14	Ar	H_2	$H_2:N_2=7:3$	15	○	0.729	1.938	无	发明例
15	Ar	H_2	$H_2:N_2=7:3$	15	○	0.728	1.937	无	发明例
16	Ar	H_2	$H_2:N_2=7:3$	15	○	0.729	1.936	无	发明例
17	Ar	H_2	$H_2:N_2=7:3$	15	○	0.73	1.937	无	发明例
18	Ar	H_2	$H_2:N_2=7:3$	15	○	0.731	1.934	无	发明例
19	Ar	H_2	$H_2:N_2=7:3$	15	○	0.722	1.941	无	发明例
20	Ar	H_2	$H_2:N_2=7:3$	15	○	0.726	1.936	无	发明例
21	Ar	H_2	$H_2:N_2=7:3$	15	○	1.251	1.862	无	比较例
22	Ar	H_2	$H_2:N_2=7:3$	15	○	0.934	1.936	无	比较例
23	Ar	H_2	$H_2:N_2=7:3$	15	○	0.962	1.926	无	比较例
24	Ar	H_2	$H_2:N_2=7:3$	15	○	0.993	1.918	无	比较例
25	Ar	H_2	$H_2:N_2=7:3$	15	○	1.532	1.753	无	比较例
26	Ar	H_2	$H_2:N_2=7:3$	15	○	0.926	1.892	无	比较例
27	Ar	H_2	$H_2:N_2=7:3$	15	○	1.112	1.782	无	比较例
28	Ar	H_2	$H_2:N_2=7:3$	15	○	0.924	1.892	无	比较例

3.2 例2

以质量百分比计，C：0.08%；Si：3.7%；Mn：0.06%；Se：0.02%；Al：0.025%；N：0.008%；Sn：0.02%，将上述成分的板坯加热到1420℃，热轧至板厚为2.4mm的热轧板，经1100℃×60s的常化处理，冷轧到1.8mm中间板厚，再经1080℃×40s的中间退火。接着是二次冷轧，冷轧的时效温度最高为250℃，最终板厚为0.22mm。然后是脱碳退火，退火的工艺条件为830℃×60s，气氛为50%H_2+50%N_2，露点为59℃，脱碳退火的升温阶段升温速度如表4所示，在500~700℃阶段采用感应加热（Induction Heating）控制升温速度。脱碳退火后涂布以MgO为主剂的退火隔离剂，MgO为100质量份，添加的添加剂成分如表4所示。然后按图1所示的条件高温退火（罩式炉退火），图1中，A区为Ar气保护气氛，B区为H_2气保护气氛，C区为70%H_2+30%N_2混合气体，D区为H_2气氛，E区为Ar气氛。高温退火完成后涂布以磷酸镁和硅溶胶为主剂的绝缘涂层，经N_2气氛、820℃×30s拉伸热平整退火。将产品钢板经电子束（EB）照射实施磁畴细化处理。接着测定钢板的磁性能以及调查被膜的外观，被膜弯曲剥离性能，及被膜照射痕迹的有无，其调查方法与例1相同，其结果列于表4。符合该发明条件的都获得优良的磁性能和良好的被膜附着性，也没观察到照射痕迹。

此外符合该发明的升温速度范围 50～300℃/s 磁性能和被膜性能均比该发明之外的 No. 10、No. 13 要好得多。

表 4

No.	脱碳退火的升温速度 /℃ · s^{-1}	隔离剂的添加剂的质量份	被膜特性		磁性能		EB 照射痕迹	备注
			弯曲剥离直径/mm	外观	$W_{1.7/50}$ /W · kg^{-1}	B_{800}/T		
1	90	无	50	×	0. 862	1. 909	显著	比较例
2	100	TiO_2：7	25	△	0. 742	1. 937	几乎无	发明例
3	120	TiO_2：11、SnO：4	15	○	0. 736	1. 942	无	发明例
4	80	TiO_2：6、SnO：5	15	○	0. 738	1. 938	无	发明例
5	200	TiO_2：10、$Sn(OH)_2$：4	15	○	0. 732	1. 941	无	发明例
6	150	TiO_2：10、$SnSO_4$：6	15	○	0. 739	1. 936	无	发明例
7	180	TiO_2：12、Sb_2O_3：3	15	○	0. 745	1. 938	无	发明例
8	60	TiO_2：7、$Sb_2(SO_4)_3$：3	15	○	0. 742	1. 939	无	发明例
9	140	TiO_2：8、$Sb(OH)_3$：3	15	○	0. 738	1. 936	无	发明例
10	20	TiO_2：11、SnO：3	15	○	0. 784	1. 919	无	发明例
11	50	TiO_2：11、SnO：3	15	○	0. 751	1. 929	无	发明例
12	300	TiO_2：11、SnO：3	15	○	0. 736	1. 935	无	发明例
13	400	TiO_2：11、SnO：3	15	○	0. 796	1. 912	无	发明例
14	120	TiO_2：11、SnO：3、$Ca(OH)_2$：3	15	○	0. 741	1. 934	无	发明例
15	200	TiO_2：11、SnO：3、$Sr(OH)_2$：2	15	○	0. 737	1. 936	无	发明例
16	170	TiO_2：11、SnO：3、$Ba(OH)_2$：2	15	○	0. 739	1. 937	无	发明例
17	120	TiO_2：11、SnO：3、$CaSO_4$：2	15	○	0. 748	1. 932	无	发明例
18	200	TiO_2：11、SnO：4、$SrSO_4$：2	15	○	0. 745	1. 934	无	发明例
19	170	TiO_2：11、SnO：4、$BaSO_4$：4	15	○	0. 738	1. 935	无	发明例

3.3　例 2

以质量百分比计，C：0. 07%；Si：3. 2%；Mn：0. 07%；Se：0. 03%；Al：0. 023%；N：0. 007%；Sn：0. 05%，将上述成分的板坯加热到 1400℃，热轧至板厚为 2. 2mm 的热轧板，经 1100℃×90s 的常化处理，冷轧到 1. 6mm 中间板厚，再经 1120℃×80s 的中间退火。接着是二次冷轧，冷轧的时效温度最高为 220℃，最终板厚为 0. 22mm。然后是脱碳退火，退火的工艺条件为 830℃×60s，气氛为 50%H_2+50%N_2，露点为 59℃，退火均热的后半部露点为 10℃。脱碳退火的升温阶段采用直接通电加热，在 300～700℃阶段升温速度为 120℃/s。脱碳退火后涂布以 MgO 为主剂的退火隔离剂，MgO 为 100 质量份，添加 TiO_2 为 11 质量份。然后按图 1 所示的条件高温退火（罩式炉退火），图 1 中，A 区为表 5 所示的条件，B 区从 A 区的均热温度完了到 1100℃（只有 No. 9 到 1080℃）止，为 H_2 气保护气氛，C 区按表 5 所示条件，D 区按图 1 所示条件通入保护气氛，并以 C 区终了温度开始保温。E 区按图 1 所示条件进行。高温退火完成后涂布以磷酸镁和硅溶胶为主剂的绝缘涂层，经 N_2 气氛、820℃×30s 拉伸热平整退火。将产品钢板经电子束（EB）照射实施磁畴细化处理。接着测定钢板的磁性能以及调查被膜的外观，被膜弯曲剥离性能，及被膜照射痕迹的有无，其调查方法与例 1 相同，其结果列于表 5。符合该发明条件的都获得优良的磁性能和良好的被膜附着性，也没观察到照射痕迹。

表 5

No.	A 区			C 区				被膜特性		磁性能		EB 照射痕迹	备注
	均热温度/℃	均热时间/h	保护气氛	开始温度/℃	终了温度/℃	历经时间/h	保护气氛	弯曲剥离直径/mm	外观	$W_{1.7/50}$/W·kg^{-1}	B_{800}/T		
1	740	20	Ar=100%	1100	1200	10	$H_2:N_2=7:3$	30	△	0.753	1.982	有	比较例
2	770	20	Ar=100%	1100	1200	10	$H_2:N_2=7:3$	15	○	0.732	1.938	无	发明例
3	880	20	Ar=100%	1100	1200	10	$H_2:N_2=7:3$	15	○	0.728	1.937	无	发明例
4	910	20	Ar=100%	1100	1200	10	$H_2:N_2=7:3$	40	△	0.762	1.923	有	比较例
5	820	8	Ar=100%	1100	1200	10	$H_2:N_2=7:3$	30	△	0.741	1.932	有	比较例
6	800	11	Ar=100%	1100	1200	10	$H_2:N_2=7:3$	15	○	0.712	1.943	无	发明例
7	800	190	Ar=100%	1100	1200	10	$H_2:N_2=7:3$	15	○	0.729	1.941	无	发明例
8	810	210	Ar=100%	1100	1200	10	$H_2:N_2=7:3$	30	△~○	0.801	1.912	几乎无	比较例
9	800	20	Ar=100%	1080	1200	20	$H_2:N_2=7:3$	15	○	0.815	1.909	无	比较例
10	810	40	Ar=100%	1100	1200	4	$H_2:N_2=7:3$	30	△	0.729	1.938	有	比较例
11	850	40	Ar=100%	1100	1200	6	$H_2:N_2=7:3$	15	○	0.718	1.936	无	发明例
12	840	60	Ar=100%	1100	1200	20	$H_2:N_2=7:3$	15	○	0.725	1.939	无	发明例
13	820	30	Ar=100%	1100	1200	10	$H_2:N_2=95:5$	30	△	0.722	1.936	有	比较例
14	800	20	$Ar:N_2=70:30$	1100	1200	10	$H_2:N_2=7:3$	30	△~○	0.728	1.934	有	比较例

4 主要结论

（1）高温退火初期采用稀有的惰性气体作保护气体，能改善被膜质量。稀有惰性气体 Ar 与 H_2、N_2 相比黏度高，在罩式炉高温退火初期，Ar 气难于侵入钢卷的各层间，此时由各钢板层间的氧化镁退火隔离剂释放出水分子，惰性气体 Ar 由于难于挤压出水分子，水分子就在钢板层间保持下来，将会进一步促进被膜的生成。当到达 B 区后导入氢气，又促进了退火隔离剂 MgO 的表面活化性，特别是 A 区导入惰性气体 Ar 时，钢板层间水分子较多，一旦转入 B 区，钢板层间将暂时是湿氢保护气体，在这种条件下钢板表面的付氧化层 Fe_2SiO_4 很难被还原，而 MgO 能与 Fe_2SiO_4 将发生反应，促进了 $Fe_{2-x}Mg_xSiO_4$ 的生成反应，此后形成完善的 Mg_2SiO_4 镁橄榄石被膜，在这种条件下所生成的被膜将吸收隔离涂层中的 Ti，从而增强了被膜的强度。

（2）退火隔离剂中添加 SnO_2，或者 Sb_2O_3 将会使惰性气体气氛发挥更大的效果。SnO_2 和 Sb_2O_3 在 750~900℃时会分解出氧，提高钢板层间的气氛氧化性，以利于生成良好的镁橄榄石被膜。

（3）在脱碳退火加热阶段，即在 500~700℃区间采用快速加热，例如感应加热，加热速度达到 100℃/s 以上，对提高磁性能更有效。

薄规格取向硅钢二次再结晶组织中“岛晶”的初步分析

孟　利[1]，何承绪[2]，杨富尧[2]，马　光[2]，韩　钰[2]，陈　新[2]

（1. 钢铁研究总院，北京 100081；
2. 国家电网公司全球能源互联网研究院有限公司电工新材料所，北京 102211）

摘　要：“岛晶”是取向硅钢二次再结晶中一种常见的组织特征，在薄规格取向硅钢制备过程中更常出现。本文利用 EBSD 技术对薄规格取向硅钢二次再结晶退火组织中“岛晶”的形貌和取向开展分析，讨论了“岛晶”的形成原因。结果表明，薄规格取向硅钢二次再结晶组织中“岛晶”形成的可能主要原因是“岛晶”的尺寸优势。另一方面，在忽略元素晶界偏聚的前提下，晶界因素主要表现在二次再结晶前期阶段，并非“岛晶”形成的主导因素，这与传统厚规格取向硅钢中“岛晶”的形成过程不同。“岛晶”的取向源于 Goss、偏 Goss 以及黄铜取向晶粒的异常长大速度，当 Goss 取向晶粒异常长大速率高于偏 Goss 和黄铜取向晶粒时，偏 Goss 和黄铜取向晶粒容易残留下来形成“岛晶”，反之 Goss 取向晶粒易形成“岛晶”。

关键词：薄规格取向硅钢；岛晶；Goss 取向晶粒；二次再结晶；异常长大；EBSD

A Preliminary Analysis on Island Grain in the Secondary Recrystallization of Thin-gauge Grain-oriented Silicon Steel

Meng Li[1], He Chengxu[2], Yang Fuyao[2], Ma Guang[2], Han Yu[2], Chen Xin[2]

(1. Central Iron & Steel Research Institute, Beijing 100081, China;
2. Institute of New Electrical Materials of Global Energy Interconnection Research Institute Company Limited, State Grid Corporation of China, Beijing 102211, China)

Abstract: The island grain is a common microstructural characteristic in the secondary recrystallization of grain-oriented silicon steel, which is more frequently occurring during the preparation of thin-gauge grain-oriented (TgGO) silicon steel. In this paper, the morphologies and orientations of island grains in the secondary recrystallization in thin-gauge grain-oriented silicon steels were detected by EBSD technique, and the forming reason of island grain is discussed. Results show that the main reason for the formation of island grains in the secondary recrystallization of TgGO silicon steel is the size advantage of the island grain. On the other hand, in the premise of ignoring the grain boundary segregation, the grain boundary factor is mainly manifested in the early stage of secondary recrystallization, which is not the dominant factor of island grains formation, so thatis different from the formation process of the island grains in the traditional thick-gauge grain-oriented silicon steel. The orientations of the island grains derive from the growth rate of Goss, deviated-Goss and Brass oriented grains, when the Goss oriented grains abnormal growth rate is higher than the deviated-Goss and Brass oriented grain, deviated-Goss and Brass oriented grain easily reserve island grains, otherwise Goss oriented grains form island grains.

Key words: thin-gauge grain-oriented silicon steel; island grain; Goss oriented grain; secondary recrystallization; abnormal grain growth; EBSD

1 引言

取向硅钢指合金成分为3%硅以及微量合金元素的铁硅合金，其沿着轧制方向（<100>//RD）具有优异的磁性能，主要用于制作变压器铁芯。随着取向硅钢制备工艺的不断改进完善，对性能的要求（尤其铁损）也不断的提升，以达到满足降低能耗节能减排的需求。取向硅钢厚度的减薄可大幅降低涡流损耗，提高能源利用率，因此薄规格取向硅钢的研发成为未来高性能取向硅钢的主要发展方向之一。但取向硅钢片厚度减薄也极大增加了工业生产难度，与之相关的制备工艺和组织、织构的演化规律也明显不同于传统取向硅钢[1,2]。在当前工业条件下，降低取向硅钢成品板厚度，需提高冷轧压下率来获得，导致初次再结晶组织中Goss取向晶粒（{110}<001>）急剧减少，而偏Goss（{110}<227>）和黄铜（{110}<112>）取向晶粒增多[3]。另外，薄规格取向硅钢在高温退火过程中抑制剂粒子的熟化速度更加难以控制，偏Goss和黄铜取向晶粒也容易发生二次再结晶，恶化磁性能[4]。通常取向硅钢二次再结晶完成后晶粒尺寸通常可达到2~5cm，但同时也会出现少量很难消除的细晶粒组织，这些细晶粒组织大多呈孤岛状存在于异常长大的Goss晶粒内部，因此也被称作为“岛晶”。关于“岛晶”的形成在传统取向硅钢中已经有了相关的研究。一方面，Kumano等[5]和Rajmohan等[6]从实验角度进行了观察，发现大多“岛晶”与Goss晶粒之间呈小于20°或大于45°晶界关系，不满足高能晶界HEGB理论[7~9]，难以被Goss晶粒吞噬而残留下来形成“岛晶”。另一方面，Hwang等[10]从模拟计算角度对二次再结晶行为进行了分析研究，也认为“岛晶”的形成是由于晶界迁移率和晶界能的差异造成。综上所述，在传统取向硅钢中“岛晶”的形成主要是由于晶界特征所引起。薄规格取向硅钢与传统取向硅钢既有相似性也有差异性，其二次再结晶组织中也会形成少量的“岛晶”，但原始成分体系、制备工艺路线、成品板厚度等与传统取向硅钢存在明显的差异[11~13]，对二次再结晶过程均产生重要的影响。目前，有关薄规格取向硅钢中“岛晶”的研究鲜有公开报道，其形成机制也尚不清楚。本文对0.18mm薄规格取向硅钢初次再结晶和二次再结晶组织进行了观察，并分析了二次再结晶样品中“岛晶”的形貌和取向分布特征，力图阐明薄规格取向硅钢“岛晶”的形成机制。

2 实验方法

选取低温热轧板+渗氮技术制备冷轧0.18mm薄规格取向硅钢初次再结晶和二次再结晶初期中断样品分别进行EBSD分析。同时，选取制备获得的磁感B_8值分别为1.95T和1.84T两种性能的薄规格取向硅钢二次再结晶退火样品（二次再结晶后期）进行宏观组织观察，并在两种样品中分别选取25个“岛晶”进行EBSD分析，同时对二次再结晶初期和二次再结晶后期“岛晶”与周围晶粒的晶界分布特征也进行比较分析。

3 结果与讨论

薄规格取向硅钢初次再结晶组织分布特征如图1（a）所示，主要以{411}<148>、{111}<112>、{100}<025>三种取向组织为主，相同取向的晶粒大多数以聚集簇拥的形式存在，而{110}<uvw>取向晶粒（主要指Goss、黄铜、偏Goss）存在的比例非常少，且以分散的形式存在。偏Goss取向和黄铜取向晶粒与Goss取向晶粒具有相似性，与周围相邻的晶粒多呈20°~45°取向差分布，而{411}<148>、{111}<112>、{100}<025>取向晶粒由于多与自身相同的取向相邻，两者之间易呈小角度取向差，大部分取向差并不在20°~45°范围内，因此在{110}<uvw>取向晶粒周围的20°~45°取向差分布频率明显高于其他取向晶粒，如图1(c)所示。根据HEGB理论模型[7~9]，大角度晶界是快速扩散通道，粒子优先熟化，{110}<uvw>取向晶粒周围取向差在20°~45°晶界拥有的频率越高，在二次再结晶退火过程中{110}<uvw>取向晶粒越容易发生长大。

图2为性能（磁感B_8）分别为1.95T(图2(a))和1.84T(图2(d))的两组二次再结晶退火样品宏观组织及对应的“岛晶”取向分布。从图2（a，d）中可以看出两组样品大尺寸的晶粒内部都存在少量的“岛晶”，大多数“岛晶”尺寸达到毫米级。从“岛晶”的尺寸角度分析，性能优异的样品中尺寸大小为0.5~1.5mm范围内的“岛晶”其取向主要为偏Goss取向（图2(b)），尺寸大小超过3mm的“岛晶”其

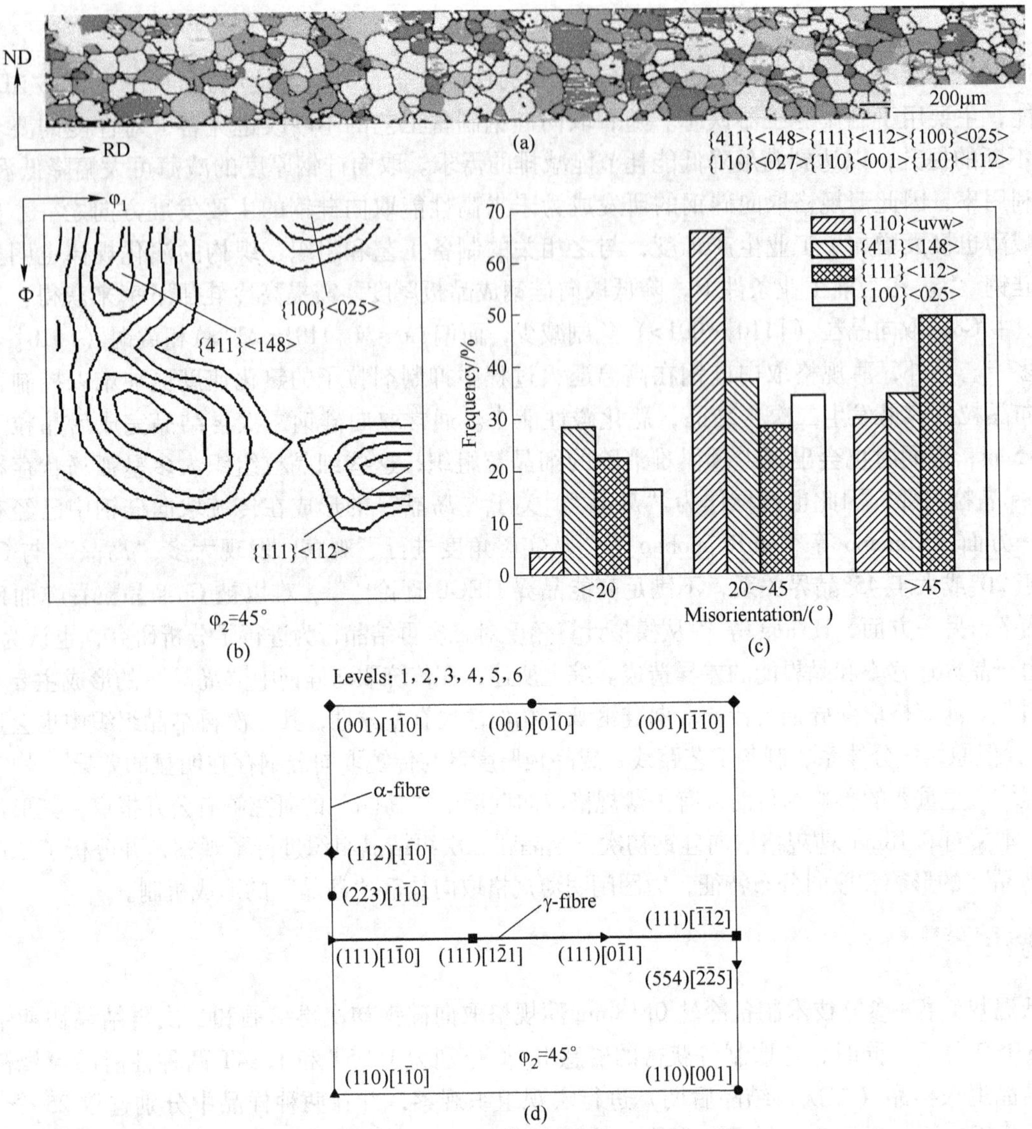

图 1　薄规格取向硅钢初次再结晶的 EBSD 分析

（a）样品全厚侧面的取向成像图；（b）取向分布函数 ODF 图（$\varphi_2=45°$）；（c）不同取向晶粒周围的取向差分布；（d）取向分布函数 ODF 特征取向位置示意图

Fig. 1　EBSD analysis on primary recrystallization of thin-gauge oriented silicon steel

（a）OIM on the full-thickness profile of the sample；（b）ODF（$\varphi_2=45°$）；（c）orientation distribution around different oriented grains；（d）characteristic orientation position in ODF

取向主要为黄铜取向（图 2(c)），此类“岛晶”尺寸的差异应与不同取向晶粒长大的速度以及周围环境有关。而性能差的样品中“岛晶”的尺寸大小与取向之间的对应关系并不明显，其取向分布特征均表现为偏 Goss 和 Goss 取向（图 2(e，f)）。三种晶粒均属于具有异常长大能力的{110}取向晶粒，在二次再结晶过程中处于相互竞争的关系，但发生二次再结晶的开始温度[14]和晶粒长大速度[15]存在差异。当 Goss 取向晶粒长大速度远超过黄铜和偏 Goss 取向晶粒时，偏 Goss 和黄铜取向晶粒容易被包裹在大的 Goss 取向晶粒内部形成孤岛状的晶粒，反之，Goss 取向晶粒易形成“岛晶”。因此从“岛晶”的取向分析，{110}<uvw>取向晶粒比{111}<112>、{411}<148>、{100}<025>取向晶粒更容易残留下来，而最终“岛晶”的取向则取决于高温退火过程中三种{110}取向晶粒的生长速度。

二次再结晶初期（图 3(a，c)）和后期（图 3(b，d)）（二次再结晶退火完成后）不同阶段 Goss 取向晶粒与其内部“岛晶”晶界的取向差分布特征。二次再结晶初期“岛晶”大多与 Goss 取向晶粒之间取

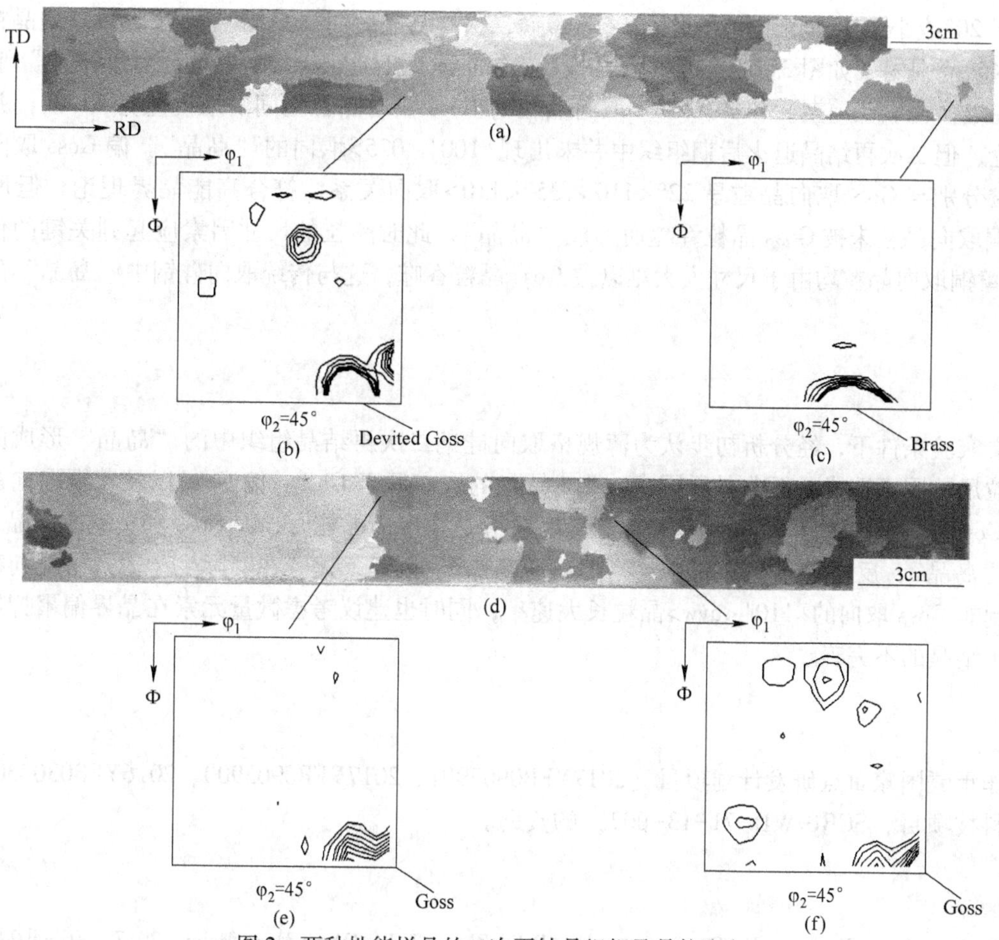

图 2 两种性能样品的二次再结晶组织及晶粒取向

（a）性能优异样品的宏观组织及（b，c）“岛晶”的取向分布；（d）性能差样品的宏观组织及（e，f）“岛晶”的取向分布

Fig. 2 Microstructures of secondary recrystallization and grain orientations of two samples with different properties

(a) Macrostructure of the sample with excellent property and (b, c) orientation distributions of island grains; (d) Macrostructure of the sample with poor property and (e, f) orientation distributions of island grains

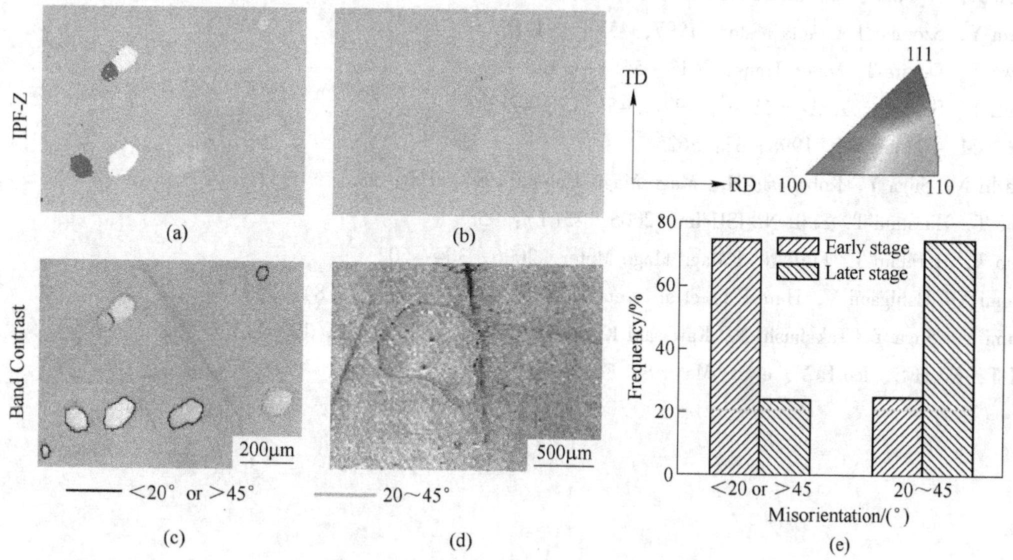

图 3 二次再结晶不同阶段 Goss 取向晶粒内“岛晶”的 EBSD 分析

（a），（c）二次再结晶初期；（b），（d）二次再结晶后期；（e）取向差统计

Fig. 3 EBSD analysis of the island grains in Goss grains in different stages of secondary recrystallization

(a), (c) Early stage of secondary recrystallization; (b), (d) Late stage of secondary recrystallization; (e) Misorientation statistic

向差呈大于 20°或小于 45°取向差（如图 3(c)），而二次再结晶后期“岛晶”多与 Goss 取向晶粒之间取向差在 20°~45°范围内（如图 3(d)）。因此，从取向差的分布可以推断，晶界特征对“岛晶”形成的作用主要表现在二次再结晶前期。{100}<025>取向晶粒与 Goss 取向晶粒之间的取向差为 51.2°，并不满足高能晶界理论，但二次再结晶退火后期组织中并未出现{100}<025>取向的“岛晶”。偏 Goss 取向晶粒和黄铜取向晶粒分别与 Goss 取向晶粒呈 22°<110>、35°<110>取向关系，符合高能晶界理论，但尺寸大的偏 Goss 和黄铜取向晶粒未被 Goss 晶粒吞噬而形成“岛晶”，此时晶粒的尺寸因素应起到关键的作用，导致偏 Goss 和黄铜取向晶粒均由于尺寸太大难以被 Goss 晶粒吞噬，这与传统取向硅钢中“岛晶”的形成机制不同[6, 16]。

4 结论

在本文实验条件下，经分析初步认为薄规格取向硅钢二次再结晶组织中的“岛晶”形成的主要原因是由于晶粒尺寸因素造成，而非晶界因素。“岛晶”的取向源于 Goss、偏 Goss 以及黄铜取向晶粒的长大速度，当 Goss 取向晶粒的异常长大速率高于偏 Goss 和黄铜取向晶粒时，偏 Goss 和黄铜取向晶粒容易残留下来形成“岛晶”，反之 Goss 取向晶粒容易形成“岛晶”。因此，建议在实际生产薄规格取向硅钢过程中应注意控制非 Goss 取向的{110}<uvw>晶粒长大速率，同时也建议考虑微量元素在晶界偏聚抑制晶界迁移导致二次再结晶的不完善。

致谢

本工作承蒙国家重点研发计划项目（2017YFB0903901、2017YFB0903900、2016YFB0300300）和国家电网公司科技项目（SGRI-WD-71-13-002）的资助。

参考文献

[1] He C X, Yang F Y, Meng L, Ma G, Chen X, Hou P F, Zhang W K. JMagn Magn Mater, 2017, 397-402: 439.
[2] He C X, Yang F Y, Meng L, Ma G, Chen X, Mao W M. Acta Metall Sin, 2016, 52(9): 1063.
[3] Harase J, Shimizu R, Magn. J Magn Mater, 2000, 215-216: 89.
[4] Nakashima S, Takashima K, Harase J. J Jpn Inst Met, 1991, 55: 898.
[5] Kumano T, Ushigami Y. ISIJ Int, 2007, 47(6): 890.
[6] Rajmohan N, Szpunar J A. Scripta Mater, 2001, 44: 2387.
[7] Hayakawa Y, Szpunar J A. Acta Mater, 1997, 45(3): 1285.
[8] Hayakawa Y, Omura T. Mater Trans, 2013, 54(1): 14.
[9] Hayakawa Y, Szpunar J A. Acta Mater, 1997, 45(11): 4713.
[10] Hwang N M. J Mater Sci, 1998, 33: 5625.
[11] Takahashi N, Suga Y, Kobayashi H. J Magn Magn Mater, 1996, 160: 98.
[12] Kumano T, Haratani T, Fujll N. ISIJ Int, 2005, 45(1): 95.
[13] Kumano T, Haratani T, Fujll N. J Magn Magn Mater, 2006, 304: 602.
[14] Yoshitomi Y, Ushigami Y, Harase J, et al. Acta Metallet Mater, 1994, 42(8): 2593.
[15] Ushigami Y, Suga Y, Takahashi N, Kawasaki K, et al. J Mater Eng, 1991, 13: 113.
[16] Park J T, Ko H S, Joo H Y, et al. Mater Sci Forum, 2013, 753: 530.

无取向电工钢

WUQUXIANG DIANGONGGANG

不同频率下变频电机硅钢片的磁性能研究

王立涛，夏雪兰，施立发

（马钢技术中心，安徽 马鞍山 243000）

摘 要：根据变频电机的运转特性，研究分析了变频电机对硅钢片磁性能的特殊要求。研究结果表明：变频电机的频率变化对硅钢片的磁损耗中的涡流损耗的比例具有显著的影响，而且退火处理后，退火时间对工频和高频段磁滞损耗的影响呈不同的规律。高频（400Hz）频率条件下，涡流损耗在总损耗中所占的比例显著高于工频（50Hz）时涡流损耗占总损耗的比例。对于退火温度而言，在980℃退火，工频频率的铁损最低，而高频频率，退火温度的升高会导致铁损的增加。随退火时间的延长，表现出有利于减少高频条件下的磁滞损耗，但会增加工频条件下的磁滞损耗。上述结果为变频电机硅钢片磁损耗的控制提供了研究基础。

关键词：变频；电机；硅钢；磁特性

Study of Magnetic Property of Silicon Steel for Variable Frequency Motor in Different Frequency

Wang Litao, Xia Xuelan, Shi Lifa

(Technology Center, Maanshan Iron and Steel Co., Ltd., Maanshan 243000, China)

Abstract: Frequency motor' s demand of magnetic property of silicon steel is analyzed. The results show that frequency of motor has obviously effect on ratio of eddy current loss to total iron loss. Effect of annealing time on power frequency and high frequency hysteresis loss is different. Ratio of eddy current loss to total iron loss is higher in high frequency than that in low frequency. Power frequency iron loss is lowest when annealing time is 980℃, while high frequency iron loss increases with the rising of annealing temperature. Elongation of annealing time favors degreasing of hysteresis loss in high frequency, which makes hysteresis loss in power frequency. the above experiment results provides research foundation for controlling of iron loss of silicon steel for variable frequency motor.

Key words: variable frequency; motor; silicon steel; magnetic property

随着变频技术发展的不断成熟，变频电机的使用领域也越来越广泛。20 世纪 90 年代以来，越来越多的研究者将主要精力投入到变频电动机的设计研究中[1~5]。硅钢片作为制造电机铁芯的主要材料，其在变频条件下的磁损耗规律与变频电机的综合质量存在直接关系。国内外对变频电机所使用的硅钢片的磁损耗性能进行了一些研究工作[6~10]。但是，不同产品由于生产流程和生产设备等因素的作用，可能造成其磁损耗变化规律的差异。本文以工业生产的变频电机用硅钢片为研究对象，对硅钢片在高频（400Hz）和工频（50Hz）的磁损耗性能进行了分析研究，并探讨了退火过程中退火温度和时间对不同频率条件下磁损耗的影响规律。

1 实验材料和方法

实验所选用的硅钢片为工业生产的冷硬板，其典型成分如表 1 所示。成分采用超低 C、超低 S 的设计，保证硅钢材料尽可能少的杂质元素，避免由杂质元素带来的硅钢磁性恶化现象。

表 1 试验用硅钢典型的成分（%）

Table 1 Component of silicon steel for trial（%）

元素	C	Si	Mn	P	S	Al
含量	≤0.0030	2.00~2.50	0.21	0.015	≤0.0030	0.65~0.90

钢板的生产过程为：经顶底复吹转炉冶炼，并浇铸成连铸坯，然后热轧到 2.3mm 的热轧板，中间经常化处理后，冷轧到 0.35mm 厚；实验试样的退火温度处于 900~1040℃范围内，退火时间变化范围为 35~50s 之间。

试验中所有磁性能的测量采用日本 SK300 交直流磁性测量仪，16 片艾泼斯坦方圈试样进行测量。

2 实验结果和讨论

2.1 铁损随退火温度的变化

图 1 是不同频率下铁损 $P_{1.5/50}$ 与 $P_{1.0/400}$ 随退火温度的变化情况。从图 1 可以明显看到，当退火温度低于 980℃时，$P_{1.5/50}$ 随着退火温度的升高而降低；当退火温度高于 980℃时，$P_{1.5/50}$ 随着退火温度的升高又呈现升高。而 400Hz 时，在 900~1040℃温度范围内，铁损 $P_{1.0/400}$ 随着退火温度的升高都呈增加趋势。这是由于随温度变化铁损中磁滞损耗和涡流损耗的变化不同所形成的结果。

冷轧无取向硅钢的铁损 P 主要由磁滞损耗 Ph 和涡流损耗 Pe 组成。P 既取决于材料本身化学成分，也取决于该材料在交变磁场中的工作频率 f。Ph 与 f 成正比，Pe 与 f^2 成正比，故 $P=af+bf^2$，a 和 b 是与 f 无关的常数。随着频率的提高，Pe 在 P 总铁损的比重增加，因此，和低频率铁损相比，高频铁损中 Pe 的比重将随着频率的升高而逐渐增加，如图 2 所示。

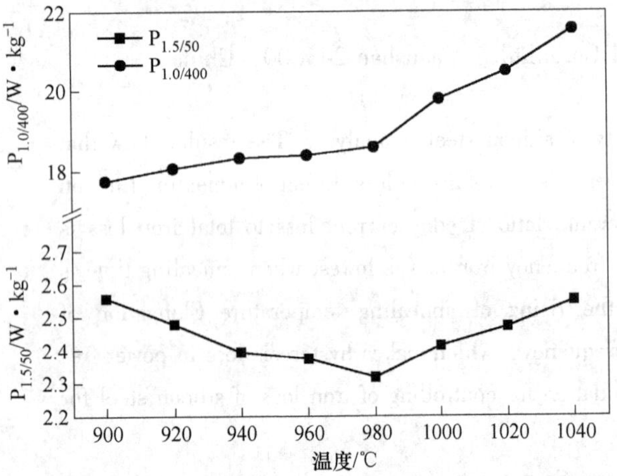

图 1 铁损 $P_{1.5/50}$ 与 $P_{1.0/400}$ 随退火温度的变化

Fig. 1 Relation of iron loss $P_{1.5/50}$, $P_{1.0/400}$ and annealing temperature

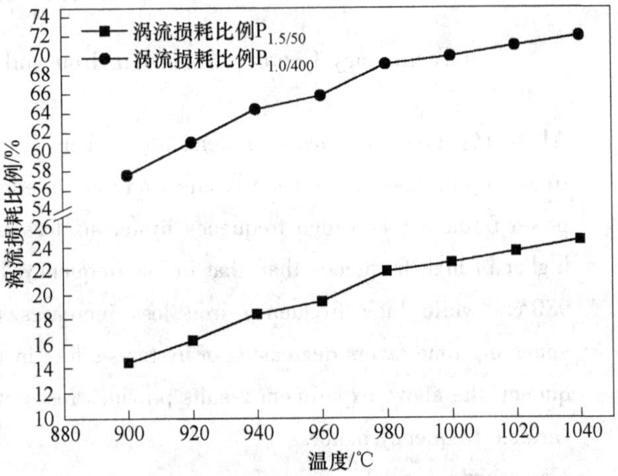

图 2 涡流损耗占总损耗的比率

Fig. 2 Ratio of eddy current loss to total iron loss

图 3 与图 4 分别是 50Hz 和 400Hz 下磁滞损耗和涡流损耗的变化规律。由图可以看出，退火温度每升高 20℃，50Hz 下磁滞损耗随着退火温度的升高而降低；而在 400Hz 下，当退火温度低于 960℃时，磁滞损耗随着退火温度的升高而降低，但当退火温度高于 980℃时，磁滞损耗随着退火温度的升高而出现升高的趋势，所以硅钢片的总损耗随着退火温度的升高呈快速升高的趋势。

2.2 磁滞损耗和涡流损耗随退火时间的变化

图 5 给出了不同退火时间对低频 $P_{1.5/50}$ 和高频 $P_{1.0/400}$ 磁滞损耗和涡流损耗变化的规律。由图可以明显看到，低频下 $P_{1.5/50}$ 总损耗中，磁滞损耗为主，随着退火时间的增加，磁滞损耗呈增加趋势，而涡流损耗

呈降低趋势。高频下 $P_{1.0/400}$ 总损耗中，涡流损耗为主，随着退火时间的增加，涡流损耗呈增加趋势，而磁滞损耗呈降低趋势。

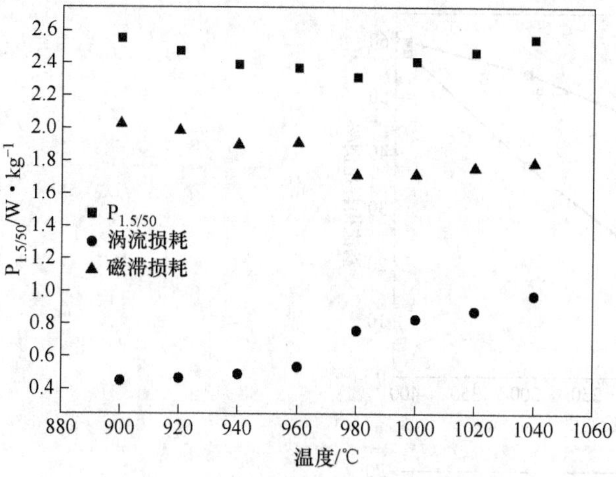

图 3 50Hz 下磁滞损耗和涡流损耗

Fig. 3 Eddy current loss and hysteresis loss in 50Hz

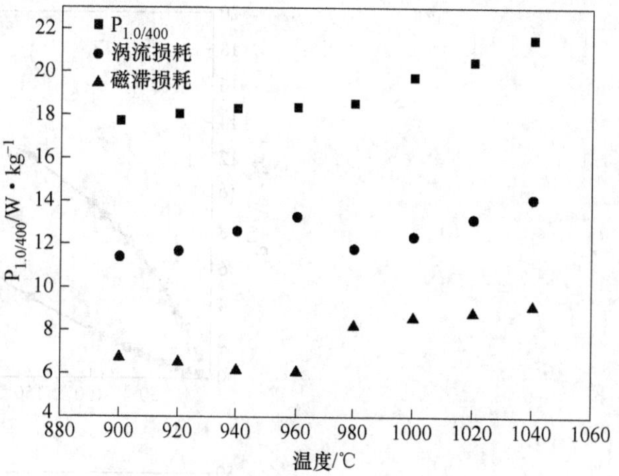

图 4 400Hz 下磁滞损耗和涡流损耗

Fig. 4 Eddy current loss and hysteresis loss in 400Hz

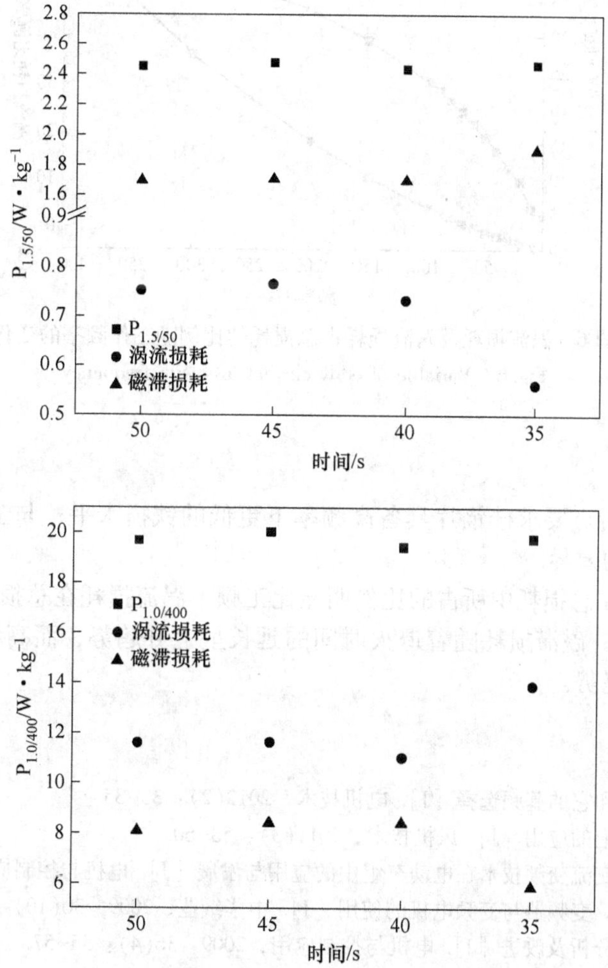

图 5 磁滞损耗和涡流损耗随退火时间的变化

Fig. 5 Relation of Eddy current loss, hysteresis loss and annealing time

2.3 硅钢在不同频率下铁损的变化规律

图 6 是硅钢在不同频率下铁损的变化规律。由图 6 可见，随着频率的提高，涡流损耗明显增加，涡流

损耗 Pe 在 P 总铁损的比重明显增加，频率从 50Hz 提高到 400Hz 时，涡流损耗占总损耗比例从 10%提高至 50%以上。因此，和低频铁损相比，高频铁损中 Pe 的比重将随着频率的升高而急剧增加。

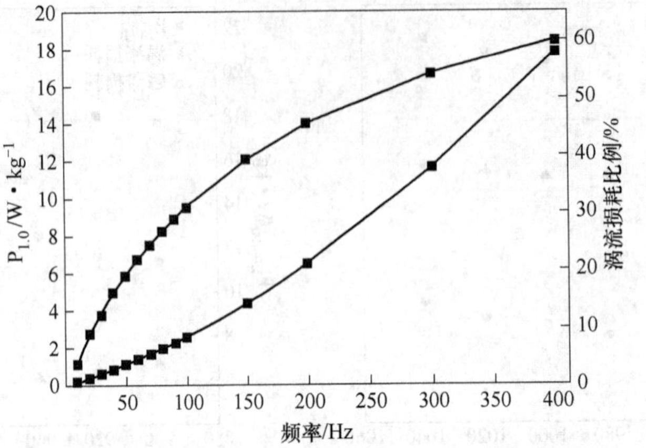

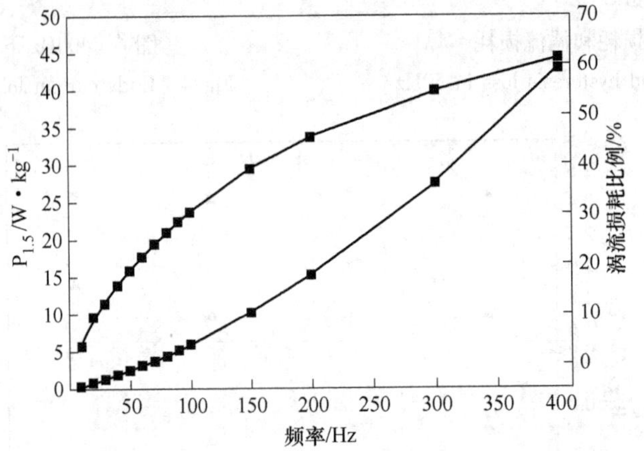

图 6　涡流损耗及涡流损耗占总损耗的比例随工作频率的变化

Fig. 6　Variable of eddy current loss with frequency

3　结论

（1）变频电机的运转特点要求硅钢片具备高频率下更低的铁损水平；与工频比，高频条件下硅钢片的铁损变化规律呈现明显的差异。

（2）高频下涡流损耗在总损耗中所占的比例明显比工频下涡流损耗在总损耗中所占的比例高。

（3）工频（50Hz）下，磁滞损耗随着退火时间的延长呈上升趋势，而高频（400Hz）下磁滞损耗随着退火时间的延长呈下降趋势。

参考文献

[1] 华铭．压缩机用变频电机和它的基频选择［J］．电机技术，2012(2)：33-35.

[2] 黄华．变频技术在压缩机上的应用［J］．风机技术，2011(3)：58-60.

[3] 陶生桂，杜宏武，胡兵．变流变频技术在电动车组中的应用与发展［J］．电机与控制应用，2006，33(7)：3-8.

[4] 游丙军，董智光，李成福．变频器与变频电机的使用［J］．中华纸业，2009，30(10)：94-95.

[5] 李广．变频电机电磁噪声分析及改进［J］．电机与控制应用，2009，36(4)：55-57.

[6] 王爱华，电工钢极薄带生产现状及市场应用［J］．轧钢，2011，28(4)：42-45.

[7] 赵亚慧，朱国辉，王立涛，等．退火温度对 CSP 生产薄规格无取向电工钢性能的影响［J］．金属功能材料，2012(2)：18-22.

[8] 裴英豪，王立涛，施立发，等．常化工艺对 CSP 流程薄规格无取向电工钢组织和性能的影响［C］．2012 第十二届中国电工钢学术年会论文集：86-90.

[9] 董浩．高磁性能冷轧无取向硅钢薄带的研制［D］．博士学位论文，东北大学，2009.

[10] 方瑞明，马宏忠．高速变频电机仿真中硅钢片材料特性预测研究［J］．微特电机，2004(3)：7-8.

叠片压力对电机定子铁损的影响

杜 军，裴英豪，王立涛

（马鞍山钢铁股份有限公司技术中心，安徽 马鞍山 243000）

摘 要：本文研究了叠片压力对铁芯叠压系数以及冲片层间电阻的影响，分析了定子铁芯损耗随叠片压力变化而变化的规律。结果表明：随着叠片压力的增加，铁芯的叠压系数逐渐升高，层间电阻逐渐减小，当叠片压力超过 10t 时冲片间的层间电阻急剧下降；叠压过程中铁芯损耗的变化是叠片间隙导致的漏磁和层间电阻导致的涡流损耗两者共同作用的结果，随着叠片压力的增加，铁损呈先下降后上升的趋势，在叠片压力为 7t 时铁损最低。

关键词：叠片压力；叠压系数；层间电阻；铁损

Effect of Stack Pressure on Iron Loss of the Motor Stator

Du Jun，Pei Yinghao，Wang Litao

（Technical Center，Maanshan Iron and Steel Co.，Ltd.，Maanshan 243000，China）

Abstract：The effect of stack pressure on the stack factor and interlayer resistance were studied，which also gave the reason to the change of iron loss on the stator under the condition of changeable stack pressure. The results showed that with the increasing of stack pressure，lamination factor increases，inter-layer resistance decreases. When the stack pressure is more than 10t，interlayer resistance decreased rapidly. Furthermore，the change of magnetic leakage in the laminated gap and the eddy current loss of the interlayer resistance are two main reasons to affect the iron loss of the stator during pressing process. With the increase of stack pressure，iron loss decreased firstly and then increased. The lowest iron loss can be found under the stack pressure of 7t.

Key words：stack pressure；stack factor；interlayer resistance；iron loss

1 引言

无取向硅钢产品主要用于各种压缩机电机、工业电机、发电设备以及驱动电机等领域，其电磁性能直接影响着电机的效率[1,2]。A. Schoppa[3]等人的研究表明冲片、剪切、叠压、焊接、弯曲、铆接等铁芯加工制造过程中的工艺不同会恶化无取向硅钢的电磁性能，并重点研究了冲片过程中的磁性能恶化情况。张晃清[4]等人研究了叠压压力对自铆铁芯铁损的影响，指出随着叠压压力的增大，叠片系数逐渐升高，铁损逐渐升高。忻尚君[5]等人的研究表明随着铁芯的叠片高度越来越高，叠装系数成为提升电机效率的主要制约因素；铁芯的叠压系数越高，其冲片间的间隙越小，则电机定、转子因冲片间隙所产生的漏磁就越少，电机的转矩和功率密度就会相应地提高。但上述的研究中对加工工艺与铁芯损耗之间的影响机理的分析甚少。

GB/T 19289 对全工艺无取向硅钢产品的叠装系数进行了相关规定[6]：

$$f = \frac{m}{\rho_m \cdot H \cdot b \cdot l} \tag{1}$$

式中，f 为叠装系数；l 为试样的平均长度，m；b 为试样的平均宽度，m；ρ_m 为试样的密度，kg/m^3；H 为试样叠装高度，m；m 为试样的质量，kg。从式中可以看出质量、密度、尺寸的测量精度都会影响计算叠装系数的准确性，此外，对于自铆式的电机铁芯，由于铆扣的存在会对叠片间隙产生一定的影响，不能简单地将无取向硅钢的叠装系数直接与铁芯的叠压系数等同，所以为了提高检测效率和精度，电机铁芯的工业化生产中一般不采用这种称重的方法，而是用高度测量的方式进行铁芯叠压系数的计算[7]：

$$f = \frac{\text{冲片的理论叠度}}{\text{冲片的理论叠度} + \text{叠片间隙}} = \frac{\text{铁芯理论高度}}{\text{铁芯实测高度}} \tag{2}$$

显然，叠片压力对叠片间隙的影响较大，从理论上分析：叠片压力越大，叠片间隙越小，铁芯的叠压系数越高，冲片间隙所产生的漏磁就越小，电机效率就越高。但在实际生产中经常会出现铁芯损耗不随叠片压力的增加而呈单调变化的现象，进而导致电机设计者无法预估电机的效率变化规律，所以本文通过实验检测的方式来研究叠片压力对铁芯叠压系数、冲片间的层间电阻的影响，进而分析铁芯损耗随叠片压力变化的原因，为电机的设计和生产提供一定的指导依据。

2　试验材料及方法

选取 50W600 无取向硅钢产品在同一高速冲床上完成定转子的冲片，然后随机选取定子冲片 100 片在定子专用压力机上进行自扣铆接，通过调整压力机的压力大小，检测不同压力下的叠高和铁损。依据 GB/T 2522[8] 的相关规定，并借助硅钢专用剪板机进行试样加工，用于层间电阻的测量。对试样采用与定子加工相同的加压方式进行加压，卸压后取出试样进行层间电阻的检测。冲片和试样的厚度均为 0. 50mm，叠片数为 100 片，相应试验及编号见表 1，为了保证实验结果的准确性，每个压力下进行四组重复性试验，然后求四组检测值的平均值。

表 1　试验材料及对应编号

Table 1　Experimental material and correspondent number

<table>
<tr><td>叠片压力</td><td colspan="4">0t</td><td colspan="4">5t</td><td colspan="4">10t</td><td colspan="4">15t</td></tr>
<tr><td>编号</td><td>1#</td><td>2#</td><td>3#</td><td>4#</td><td>5#</td><td>6#</td><td>7#</td><td>8#</td><td>9#</td><td>10#</td><td>11#</td><td>12#</td><td>13#</td><td>14#</td><td>15#</td><td>16#</td></tr>
<tr><td>冲片厚度</td><td colspan="16">0. 50mm</td></tr>
<tr><td>叠片数量</td><td colspan="16">100 片</td></tr>
</table>

3　结果与讨论

铁芯损耗 P_T 由磁滞损耗 P_h、涡流损耗 P_e 和剩余损耗 P_c 组成[9]。本文选取相同牌号的无取向硅钢作为试验材料在同一高速冲床上完成冲片，磁滞损耗 P_h 基本相同，毛刺大小以及冲片表面粗糙度基本相当；而涡流损耗 P_e 的大小主要取决于冲片表面绝缘涂层层间电阻的大小；叠片间隙的大小则会对剩余损耗 P_c 有较大影响。

表 2 和表 3 分别给出了叠片压力对铁芯叠压系数以及冲片层间电阻的影响关系，从表中可以看出：随着叠片压力的增大，叠压系数不断升高，叠片高度逐渐减小，主要是由于叠片压力使得冲片过程中产生的轻微变形以及细小的毛刺重新被压平，叠片间隙减小。5t 的叠片压力下层间电阻与不加压时的基本相当，说明此时叠片间隙较大，冲片之间未发生严重的接触挤压而使层间电阻减小；随着叠片压力的增大，叠压系数的增加速率越来越缓慢，说明叠片间隙越来越小；当叠片压力增大到 10t 时，冲片间的接触面积进一步增加，对绝缘涂层的挤压更大，层间电阻开始减小；当叠片压力进一步增大至 15t 时，层间电阻急剧减小，主要是因为绝缘涂层间的严重挤压造成绝缘涂层的破坏。

表 2　叠片压力对叠装系数的影响

Table 2　Influence of the stack pressure to stacking factor

<table>
<tr><td>编号</td><td>1#</td><td>2#</td><td>3#</td><td>4#</td><td>5#</td><td>6#</td><td>7#</td><td>8#</td><td>9#</td><td>10#</td><td>11#</td><td>12#</td><td>13#</td><td>14#</td><td>15#</td><td>16#</td></tr>
<tr><td>实测叠高</td><td>51. 28</td><td>51. 23</td><td>51. 25</td><td>51. 26</td><td>50. 73</td><td>50. 77</td><td>50. 79</td><td>50. 69</td><td>50. 56</td><td>50. 50</td><td>50. 61</td><td>50. 58</td><td>50. 48</td><td>50. 45</td><td>50. 50</td><td>50. 42</td></tr>
<tr><td>叠装系数</td><td>97. 50%</td><td>97. 60%</td><td>97. 56%</td><td>97. 54%</td><td>98. 56%</td><td>98. 48%</td><td>98. 44%</td><td>98. 64%</td><td>98. 90%</td><td>99. 01%</td><td>98. 80%</td><td>98. 86%</td><td>99. 05%</td><td>99. 11%</td><td>99. 01%</td><td>99. 17%</td></tr>
<tr><td colspan="2">均值</td><td colspan="4">97. 55%</td><td colspan="4">98. 53%</td><td colspan="4">98. 89%</td><td colspan="3">99. 08%</td></tr>
</table>

表 3 叠片压力对层间电阻的影响

Table 3 Influence of the stack pressure to interlayer resistance

编号	1#	2#	3#	4#	5#	6#	7#	8#	9#	10#	11#	12#	13#	14#	15#	16#
层间电阻	325	342	337	332	330	326	329	318	280	286	275	273	140	130	137	132
均值	334				326				279				135			

图 1 是不同叠片压力下定子铁芯铁损的检测值，从表中可以看出：不加压力时铁芯的铁损平均值为 4.3W/kg，高于 50W600 的铁损典型值（$P_{1.5/50}$=3.90W/kg），铁损升高的主要原因是钢卷在分条和冲片过程带来的剪切或冲裁应力导致的，这与 Daisuke Miyagi[10] 和 Ken-ici Yamamoto[11] 等人的研究结果基本吻合。随着叠片压力的增加，叠片间隙减小，漏磁减少，铁芯的损耗减小，但是随着叠片压力的增加，冲片表面绝缘涂层的层间电阻减小，铁芯的涡流损耗增大导致铁损增加，所以铁芯最终的铁损值是漏磁减小以及涡流损耗增大两者综合作用的结果。

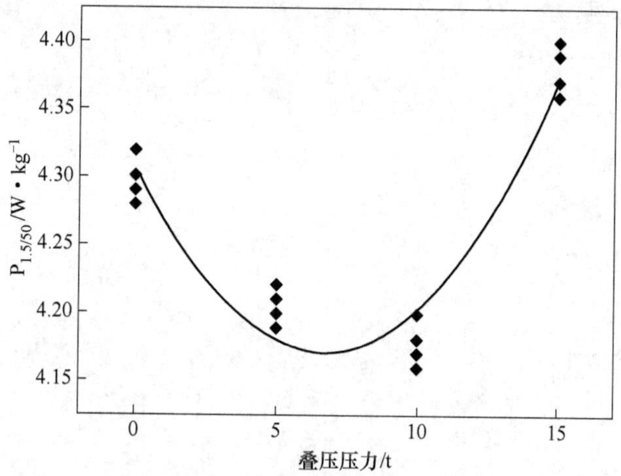

图 1 叠片压力对铁损的影响

Fig. 1 Influence of the stack pressure to iron loss

从本文的研究结果来看，随着叠片压力的增加铁损呈先下降后上升的趋势；对铁损的测试结果进行拟合，叠片压力为 7t 时铁损最低，叠片压力小于 7t 时铁损下降的主要原因是叠片间隙的减小导致片间漏磁减少同时冲片绝缘涂层的层间电阻下降较小，而叠片压力大于 7t 时铁损急剧上升的主要原因是叠片间隙基本不变的情况下层间电阻急剧下降导致涡流损耗增加。

4 结论

本文研究了叠片压力对铁芯叠压系数、冲片间的层间电阻的影响，分析了铁芯损耗随叠片压力变化的原因，得出了以下结论：

（1）随着叠片压力的增加，铁芯叠压系数逐渐增大，但增加的速率越来越缓慢；

（2）随着叠片压力的增加，层间电阻逐渐减小，减小的速率越来越快，压力超过 10t 以后层间电阻急剧下降；

（3）叠压过程中铁芯铁损的变化是叠片间隙导致的漏磁和层间电阻导致的涡流损耗两者共同作用的结果；随着叠片压力的增加，铁损呈先下降后上升的趋势，叠片压力 7t 时铁损最低。

参考文献

[1] H. Toda, K. Senda, M. Ishida. Effect of Material Properties on Motor Iron Loss in PM Brushless DC Motor [J]. IEEE Transactions on magnetics, 2005, 41(10): 3937-3939.

[2] H. Toda, K. Senda, et al. Influence of Various Non-oriented Electrical Steels on Motor Efficiency and Iron Loss in Switched Reluctance Motor [J]. IEEE Transactions on magnetics, 2013, 49(7): 3850-3853.

[3] A. Schoppa，J. Schneider，et al. Influence of the Manufacturing Process on the Magnetic Properties of Non-oriented Electrical Steels [J]. Magnetic Material，2000，74(1)：215-216.

[4] 张晃清，熊海芳．叠压系数对自铆定子铁芯的铁损影响 [J]. 理论与设计，2015，6(1)：13-15.

[5] 忻尚君．Y3 系列三相异步电动机设计——冷轧硅钢片铁心压装 [J]. 中小型电机，2004，(31)：46-47.

[6] 中华人民共和国国家标准．GB/T 19289—2003 电工钢片（带）的密度、电阻率和叠装系数的测量方法 [S]. 北京：中国标准出版社，2003.

[7] 刘刚．圆形冲片定子铁心结构类型及压装工艺 [J]. 电机技术，2012，(6)：53-56.

[8] 中华人民共和国国家标准．GB/T 2522—2007 电工钢片（带）表面绝缘电阻、涂层附着性测试方法 [S]. 北京：中国标准出版社，2007.

[9] 何忠治，赵宇，罗海文．电工钢 [M]. 北京：冶金工业出版社，2012. 52-53.

[10] Daisuke Miyagi，Kohei Miki，et al. Influence of Compressive Stress on Magnetic Properties of Laminated Electrical Steel Sheets [J]. IEEE Transactions on magnetics，2010，46(2)：318-321.

[11] Ken-ichi Yamamoto，Eiji，et al. Effects of External Stress on MagneticProperties in Motor Cores [J]. Electrical Engineering in Japan，1988，123(1)：15-22.

低牌号无取向钢柱状晶连铸坯相变法处理后的组织与织构

杨　平，顾　晨，王金华，毛卫民

（北京科技大学材料学院，北京 100083）

摘　要：相变法可显著粗化成品板晶粒尺寸和提高有利织构{100}、{110}的强度，虽然通过相变法在实验室冶炼的合金中制备出强{100}或{110}织构，但在成分相近的商用低牌号无取向钢中尚未尝试。本文以工业1300牌号电工钢连铸坯为原料，考察原始{100}柱状晶组织在不同轧制工艺下经相变法处理后的组织、织构演变规律。目的是考察{100}柱状晶初始组织在相变条件下的遗传情况以及在工业成分1300电工钢中相变法的有效性。

关键词：相变法；电工钢；织构；轧制；退火

The Phase Transformation Microstructure and Texturein 1300 Grade Non-oriented Electrical Steel with Initial Columnar Grains

Yang Ping，Gu Chen，Wang Jinhua，Mao Weimin

（School of Materials Science and Engineering，University of Science and Technology Beijing，Beijing 100083，China）

Abstract：Phase transformation can significantly coarsen grain size and improve the intensities of the favorable {100} and {110} textures in the steels melt in laboratory. However，the commercial low gradenon-oriented electrical steelhas not been reportedto be treated by phase transformation method. In this paper，the evolutions of microstructure and texture of 1300 grade non-oriented electrical steel with initial columnar grains under different rolling routinesand phase transformation annealing are investigated. This work aims toinvestigate the phenomenon of texture memory during phase transformation and the effectiveness of phase transformation treatment in commercial low grades non-oriented electrical steel.

Key words：phase transformation；electrical steel；texture；rolling；annealing

1　引言

目前的商用无取向钢都是通过形变与再结晶工艺的优化控制组织和织构的，此时有利的{100}织构很有限，一般不超过20%体积分数；对于有相变的低牌号电工钢，如1300到800牌号，如果不常化，通常在成品板中得到强{111}织构的细小晶粒组织，相应的磁性能较低，特别是铁损值较高。采用基于表面效应诱发原理的相变法可显著提高有利织构{100}或{110}的比例，同时可显著粗化并控制晶粒尺寸。但已有的相变法研究主要采用的实验室冶炼的较纯净的电工钢，没有考虑强度、冲片性和板型的要求[1,2]，其成分与商用低牌号无取向钢有较大差异，后者通常含铝和磷。文献[3]虽报道用工业中低硅样品制备成品板柱状晶组织并优化织构的研究，但其含有0.05%C并使用脱碳退火法，这也不是常规商用低牌号电工钢的超低碳成分特征。本文使用商用1300牌号无取向钢连铸坯，在实验室条件下进行热轧、冷轧和相变退火，一方面考察相变法改善商用低牌号无取向钢织构和粗化晶粒尺寸的效果；另一方面考察低牌号电工钢柱状晶{100}初始组织在相变过程中能否保留。据文献[4]报道，800 牌号在最终退火时，若在高于相变点处理，最终晶粒尺寸细化，磁性能更差。

2　实验材料与方法

采用商用 1300 牌号无取向钢连铸坯，成分大致为 Fe-0.002C-0.35Si-0.13Mn-0.14P；利用膨胀法测得其相变点，其中升温速率为 200℃/s，降温速率为 300℃/h，测得 A_{c1} = 980℃，A_{c3} = 1090℃；A_{r1} = 938℃，A_{r3} = 973℃。低倍下连铸坯组织主体为柱状晶，按铸坯的 ND 与轧板的 ND 一致的方式进行热轧和冷轧。实验室热轧温度 1100℃，保温 30min，热轧总压下率 80%，分 3 道次轧制，轧后水冷，热轧板厚度 2.27mm；终轧温度约 800℃，即在铁素体区完成终轧。采用两个冷轧压下量，70% 和 90%，对应 2 个厚度，约 0.20mm 和 0.60mm；最终相变退火在 1100℃，样品到温入炉，保温 5min，以 8L/min 的 H_2 流量和 300℃/h 冷速冷却，900℃后推出空冷。

使用扫描电镜下的电子背散射衍射 EBSD 技术进行组织和晶粒取向分析。采用机械抛光法制备样品。

3　实验结果与分析

3.1　连铸坯组织

图 1 为 1300 牌号连铸坯低倍组织。长度方向为连铸坯厚度；长条柱状晶经 EBSD 检测证实是<100>取向，但粗大柱状晶内部有约 30%的经相变 K-S 关系产生的细小等轴晶。

图 1　1300 连铸坯组织水平方向为连铸坯板厚度方向 ND，厚度 230mm

3.2　热轧板组织

图 2 为热轧板侧面半厚高度的 EBSD 取向成像图。上侧为表层区，下侧为中心层区。可见，因终轧温度低，奥氏体转变的铁素体又被轧成长条铁素体，基本没有再结晶组织。表层的剪切织构也不明显。表层晶粒稍小，中心层晶粒较大。从取向分布看，接近轧制取向，但又不完全相同。其差异有两点，一是还有弱的{100}织构，而不是 α 线织构；二是存在欧拉角（10°，60°，45°）的织构组分，这也不是典型的轧制织构。

3.3　冷轧板组织

图 3 为热轧后冷轧压下率 70%样品侧面（半厚）的 EBSD 取向成像图。此时累加的形变量更大，上表层为旋转立方取向晶粒，中心层为{112}<110>取向晶粒，γ 线取向晶粒较少，此时形变量已远超过商用 1300 牌号样品的冷轧压下量。

图 4 为热轧后冷轧压下率 90%样品侧面（半厚）的 EBSD 取向成像图。织构特征与 70%冷轧样品相似，织构增强。

图 5 为连铸坯直接冷轧压下率 70%样品侧面（半厚）的 EBSD 取向成像图。冷轧前样品厚度只有约 2mm，{100}粗大的柱状晶会穿过板厚。从图中看出，该区域为一个大柱状晶内部，取向接近{113}<110>。内部细长条{111}取向的晶粒可以是原始柱状晶内部的相变小等轴晶，也可能是轧制时晶粒碎化出现的孪晶和形变不均匀区，因形变的继续而看不出准确的孪晶关系。从菊池带衬度图看出，细晶形变后内部形变储能高于粗晶。

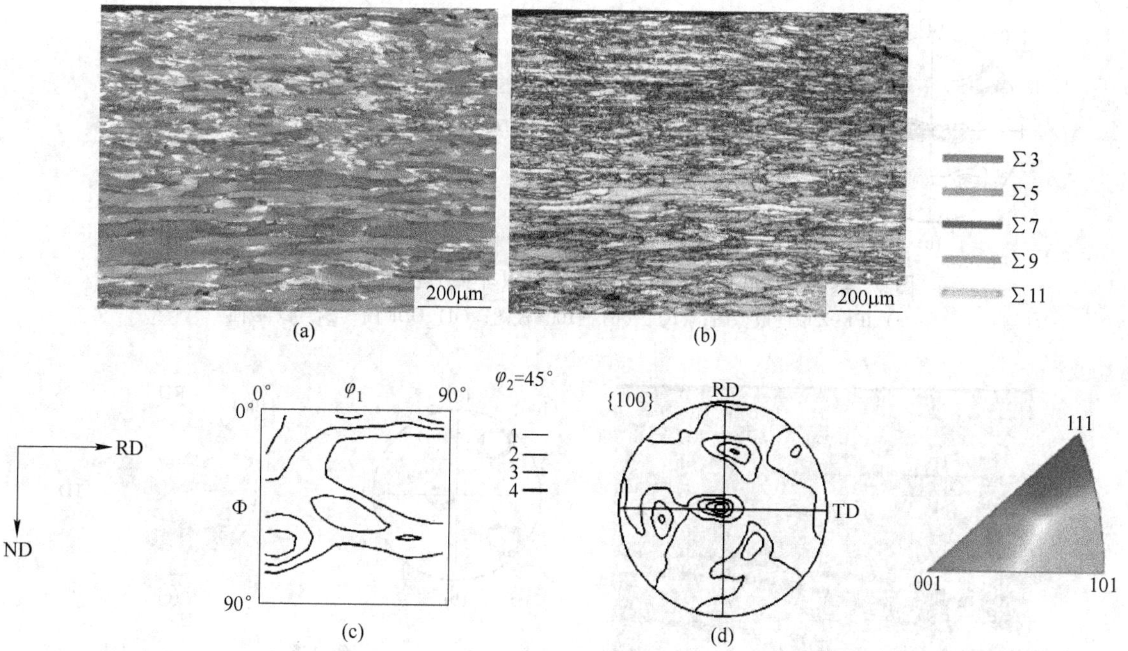

图 2　1300 牌号热轧板侧面（半厚）的 EBSD 取向数据图

（a）热轧后水冷样品的 IPF-Z 取向成像图；（b）热轧后水冷样品菊池带衬度图；
（c）热轧后水冷样品 ODF 图（φ_2 = 45°截面）；（d）{100}极图

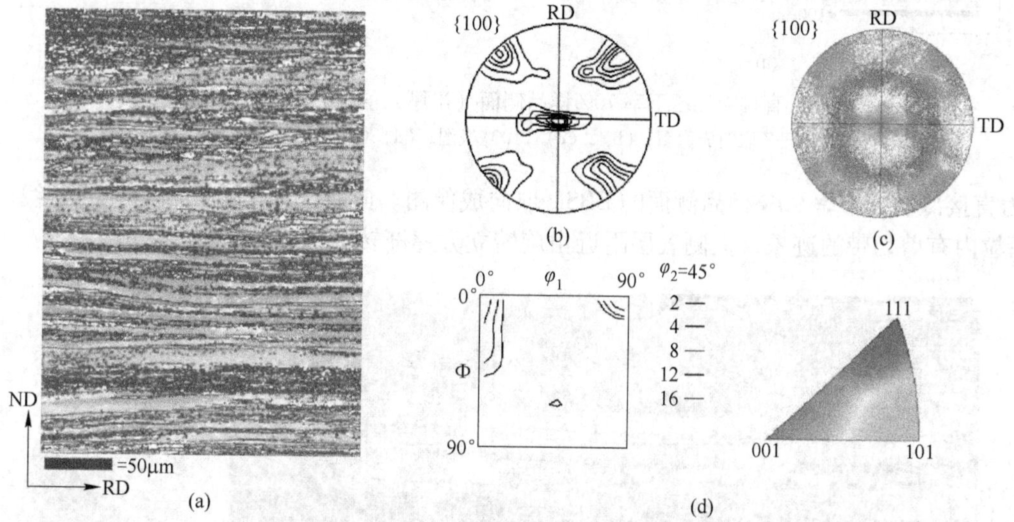

图 3　热轧后冷轧压下率 70%样品侧面（半厚）的 EBSD 取向成像图

（a）IPF-Z 取向成像图；（b），（c）{100}极图；（d）ODF 图（φ_2 = 45°截面）

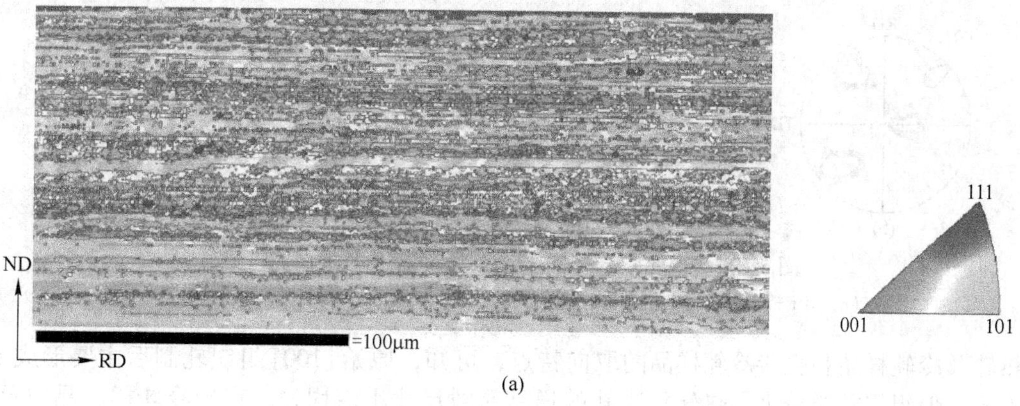

(a)

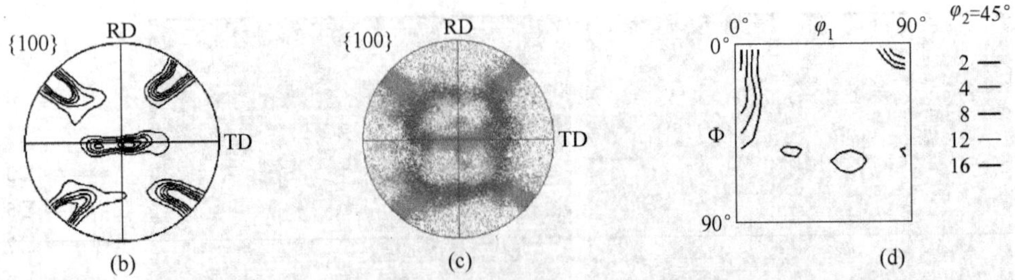

图 4　热轧后冷轧压下率 90%样品侧面（半厚）的 EBSD 取向成像图

（a）IPF-Z 取向成像图；（b），（c）{100}极图；（d）ODF 图（$\varphi_2=45°$截面）

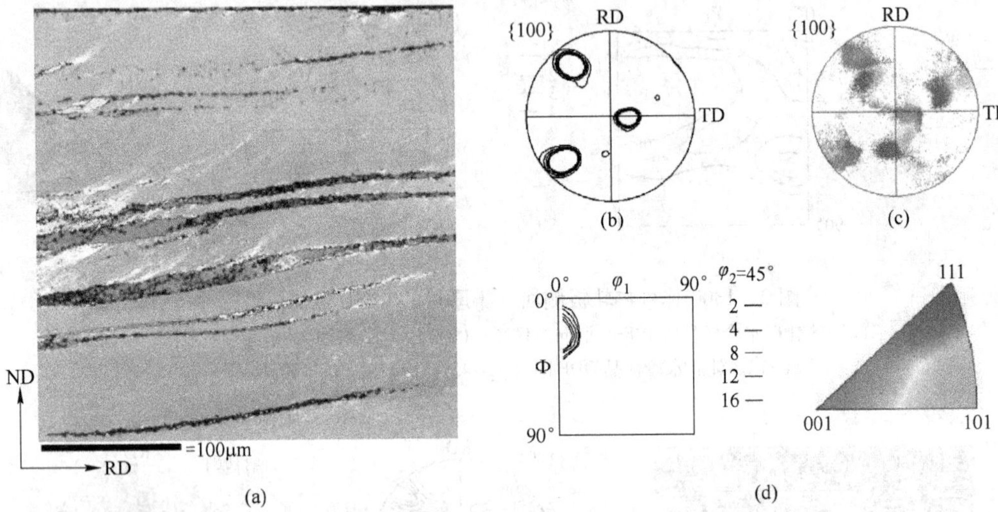

图 5　直接冷轧压下率 70%样品侧面（半厚）的 EBSD 取向成像图

（a）IPF-Z 取向成像图；（b），（c）{100}极图；（d）ODF 图（$\varphi_2=45°$截面）

图 6 为直接冷轧压下率 90%样品侧面的 EBSD 取向成像图。此时出现了沿轧向对称的 α 线取向。细晶及{111}晶粒内有剪切带的迹象，上侧表层附近由旋转立方逐渐转到{112}<110>位置。

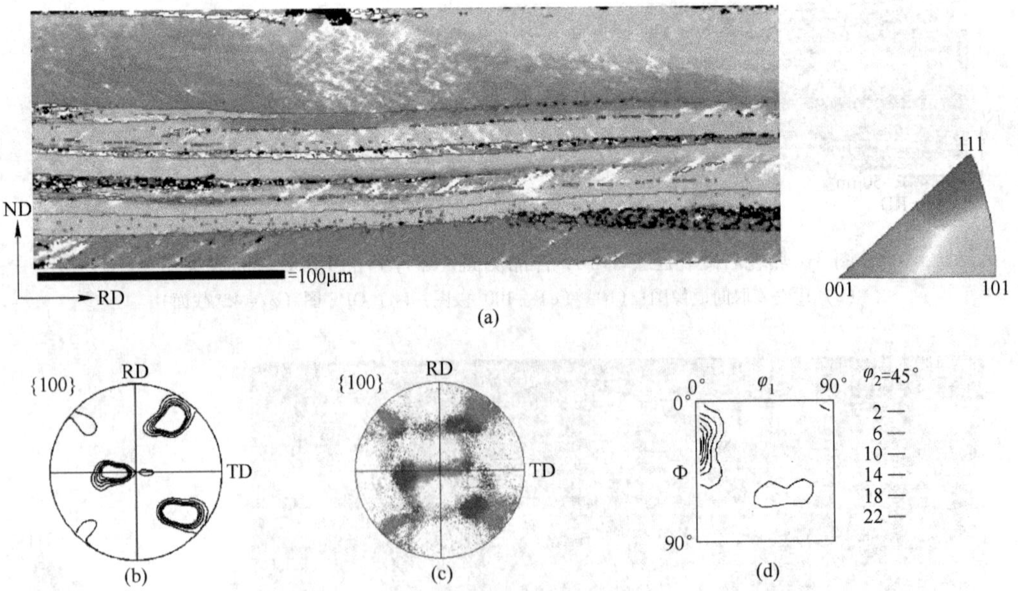

图 6　直接冷轧压下率 90%样品侧面的 EBSD 取向成像图

（a）IPF-Z 取向成像图；（b），（c）{100}极图；（d）ODF 图（$\varphi_2=45°$截面）

比较热轧及冷轧样品和直接冷轧样品的取向特点，可知，原始{100}组织轧制后主要形成 α 线织构。织构差异不大，但组织差异较大。热轧加冷轧的样品晶粒尺寸小而均匀，直接冷轧样品晶粒尺寸很不均匀，内部形变不均匀区多。

3.4 相变退火组织

图 7 为热轧、冷轧（压下率为 70%）后经 1100℃ 加热 5min 相变处理的 EBSD 取向成像图（冷却速率 300℃/h）。虽然没有形成柱状晶组织，但晶粒尺寸明显粗化，{100} 取向晶粒较多，占 27%；{111} 取向晶粒少。与实验室冶炼的高纯净度电工钢相比，Σ3 晶界明显减小。织构仍为再结晶类型。平均晶粒尺寸 66.86μm。

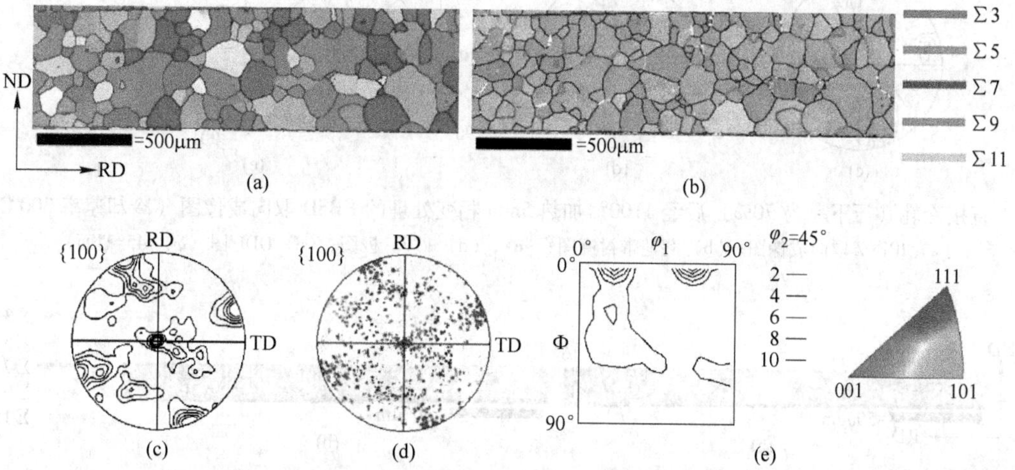

图 7 热轧、冷轧（压下率为 70%）后经 1100℃ 加热 5min 相变处理的 EBSD 取向成像图（冷却速率 300℃/h）
（a）IPF-Z 取向成像图；（b）菊池带衬度图；（c），（d）{100} 极图；（e）ODF 图（φ_2=45°截面）

图 8 为热轧、冷轧（压下率为 90%）后经 1100℃ 加热 5min 相变处理的 EBSD 取向成像图（冷却速率 300℃/h）。也没有出现典型的柱状晶组织，晶粒粗化，但比 70% 轧制的样品晶粒尺寸小。{100} 晶粒少，{114}、{111} 晶粒多，仍是再结晶织构类型。平均晶粒尺寸 44.89μm。

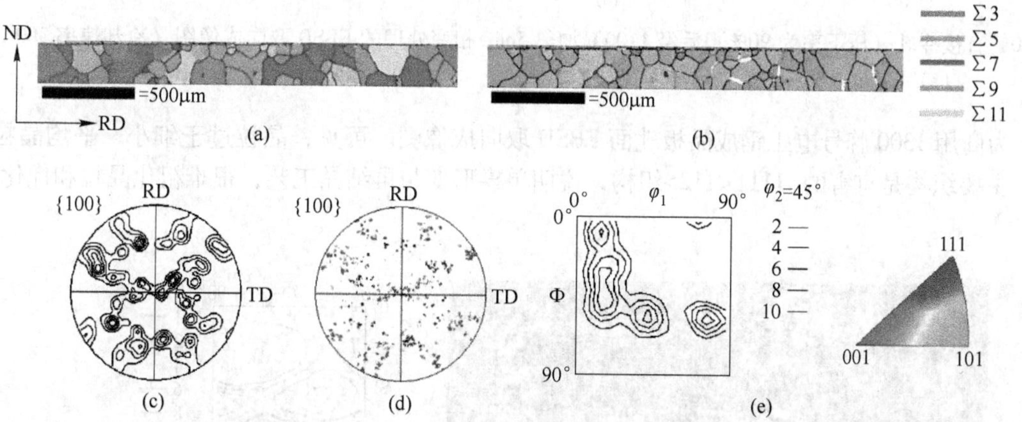

图 8 热轧、冷轧（压下率为 90%）后经 1100℃ 加热 5min 相变处理的 EBSD 取向成像图（冷却速率 300℃/h）
（a）IPF-Z 取向成像图；（b）菊池带衬度图；（c），（d）{100} 极图；（e）ODF 图（φ_2=45°截面）

图 9 为直接冷轧（压下率为 70%）后经 1100℃ 加热 5min 相变处理的 EBSD 取向成像图（冷却速率 300℃/h）。此时织构特征完全不同于热轧加冷轧的样品。晶粒尺寸很不均匀，晶粒取向也很不规则，近似为随机取向，其原因在于冷轧组织很不均匀的缘故。此时 Σ3 晶界也很少。平均晶粒尺寸 59.67μm。

图 10 为直接冷轧（压下率为 90%）后经 1100℃ 加热 5min 相变处理的 EBSD 取向成像图（冷却速率 300℃/h）。除晶粒尺寸粗大外，大晶粒的尺寸达到板厚的程度。此时的 Σ3 晶界仍较少。晶粒取向分布近似随机，{111} 晶粒很少。平均晶粒尺寸 47.61μm。相变法处理没能得到强 {100} 柱状晶组织的原因可能是 P 在表层的偏析降低表面能力，导致相变在整个板厚均匀发生，而不是先在表层形核、然后长入中心层的过程。

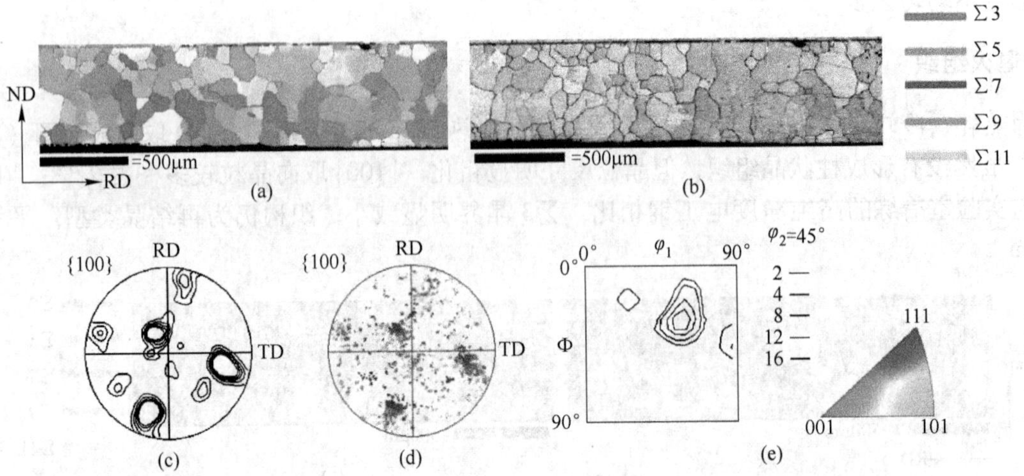

图 9　直接冷轧（压下率为 70%）后经 1100℃加热 5min 相变处理的 EBSD 取向成像图（冷却速率 300℃/h）

（a）IPF-Z 取向成像图；（b）菊池带衬度图；（c），（d）{100}极图；（e）ODF 图（φ_2 = 45°截面）

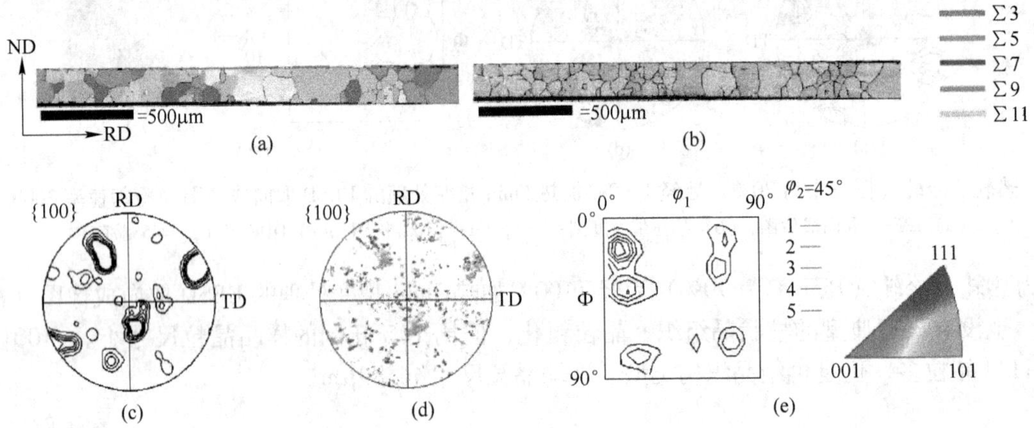

图 10　直接冷轧（压下率为 90%）后经 1100℃加热 5min 相变处理的 EBSD 取向成像图（冷却速率 300℃/h）

（a）IPF-Z 取向成像图；（b）菊池带衬度图；（c），（d）{100}极图；（e）ODF 图（φ_2 = 45°截面）

图 11 为商用 1300 牌号电工钢成品板轧面 EBSD 取向成像图。可见，晶粒过于细小，平均晶粒尺寸只有约 20μm，主要织构是有害的{111}<112>织构，说明单靠形变与再结晶工艺，很难粗化晶粒和优化织构。

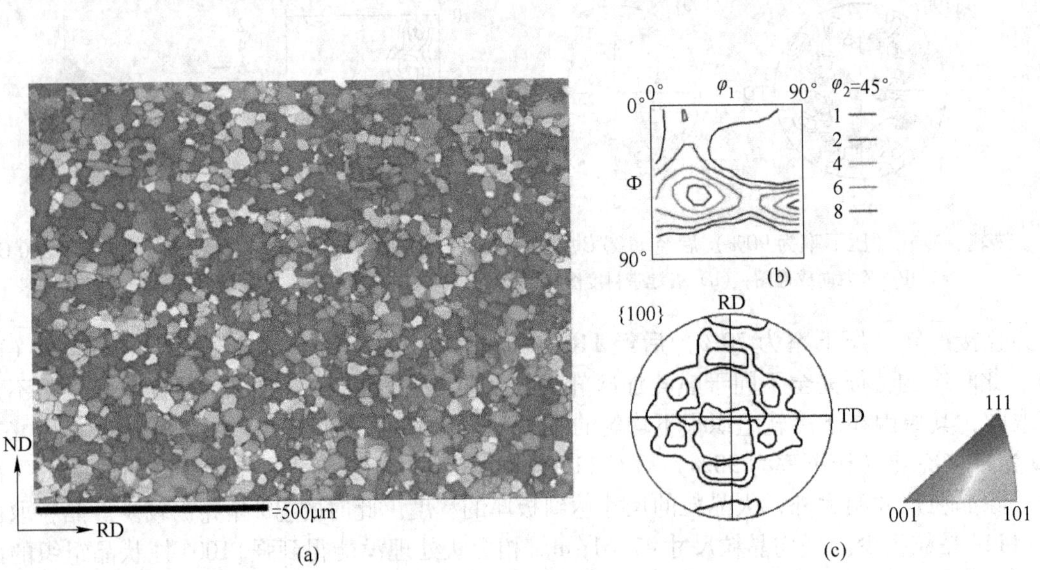

图 11　商用 1300 牌号无取向钢的 EBSD 取向成像图

（a）IPF-Z 取向成像图；（b）ODF 图（φ_2 = 45°截面）；（c）{100}极图

4 结论

（1）在本文采用的热轧、冷轧及相变退火工艺下，未能有效将铸坯原始柱状晶{100}有利织构保留下来；即使将柱状晶初始组织直接中等形变量冷轧，也没有在相变法中遗传下强{100}织构和得到完善的柱状晶组织。但相变法处理商用1300牌号无取向钢可显著粗化成品板晶粒并减少{111}织构的强度。

（2）不同轧制工艺下的相变法得到的织构显著受初始组织和形变量的影响，基本都是再结晶织构的特点。冷轧组织中残留的{100}或{110}晶粒越多，相变后相近取向的晶粒也多。因此直接冷轧样品的相变织构优于热轧加冷轧的样品。

（3）70%和90%两个不同形变量或0.6及0.2mm样品厚度的样品组织与织构差异不大。热轧比冷轧的组织均匀，形变量大的杨平退火后晶粒尺寸比形变量小的更均匀。

致谢

感谢国家自然科学基金（51771024）的资助。

参考文献

[1] J. K. Sung, D. N. Lee, D. H. Wang, Y. M. Koo. Efficient generation of cube-on-face crystallographic texture in iron and its alloys. ISIJ Int. 2011, 51: 284-290.

[2] L. Xie, P. Yang, N. Zhang, C. Zong, D. S. Xia, W. M. Mao. Formation of {100} textured columnar grain structure in a non-oriented electrical steel by phase transformation. J. Magn. Magn. Mater. 2014, 356: 1-4.

[3] F. Kovac, M. Dzubinsky, Y. Sidor. Columnar graingrowth in non-oriented electrical steels. JMagnMagn Mater. 2004, 269: 333-340.

[4] 董瑞峰，樊立峰，陆斌，刘智良，刘书明．退火工艺对50W800电工钢微观组织的影响．国产高性能电工钢生产技术与应用研讨会论文集．2016年8月，济南：121-125.

渗氮层对无取向电工钢磁性能的影响

李　明[1,2]，任　强[1]，张立峰[1]，王嘉毅[1]，程　林[2]，胡志远[2]

（1. 北京科技大学冶金与生态工程学院，北京 100083；
2. 首钢股份公司迁安钢铁公司，河北 迁安 064404）

摘　要： 本文针对磁性能差异较大的无取向电工钢退火板，分别分析了织构类型、晶粒尺寸和析出物特征，验证了渗氮层对于无取向电工钢磁性能的恶化作用。退火板中的织构类型主要为{111}<112>，晶粒尺寸为57μm。织构类型和晶粒尺寸不是造成磁性能差异的原因。采用ASPEX自动扫描电镜对退火板截面析出物进行分析，不仅可以准确判断析出物的类型，还可以了解析出物的分布，并且还能够衡量渗氮层的严重程度。退火板中的析出物类型主要为AlN和AlN-MnS。AlN和AlN-MnS在退火板截面上沿厚度方向分布不均匀。在退火板内部，AlN-MnS的数密度达100个/mm^2，纯AlN的数密度<20个/mm^2。在退火板边部，AlN-MnS的数密度达260个/mm^2，AlN的数密度则与样品的渗氮层有关，对于渗氮层严重的样品达到160~220个/mm^2，而渗氮层较轻的样品仅为20~40个mm^2。

关键词： 无取向电工钢；析出物；渗氮层

Effect of Nitriding Layer on the Magnetic Properties of Non-oriented Electrical Steel

Li Ming[1,2], Ren Qiang[1], Zhang Lifeng[1], Wang Jiayi[1], Cheng Lin[2], Hu Zhiyuan[2]

(1. Metallurgical and Ecological Engineering, University of Science and Technology Beijing, Beijing 100083, China; 2. Qian'an Iron & Steel Co., Ltd., Shougang Group, Qian'an 064404, China)

Abstract: In the current study, the texture type, grain size and precipitates of two electrical steel sheets with different magnetic properties were studied. The detrimental effect of the nitriding layer was verified. The texture type is{111}<112> and the grain size is 57 μm for both of the two samples. The type, amount and size of the precipitates were analyzed using automatic scanning electrical microscope ASPEX. AlN and AlN-MnS are the dominating precipitates and show an aneven distribution along the thickness of the steel sheets. In the interior, the number density of AlN and AlN-MnS is 100 #/mm^2 and <20 #/mm^2 seperately. In the edge of steel sheets, the number density of AlN-MnS is 260 #/mm^2. However, the number densiyt of AlN is ditermined by the presence of nitriding layer. The number density of AlN is 160~220 #/mm^2 for the sample with severe nitriding layer while 20~40 for the lighter one.

Key words: non-oriented electrical steel; precipitates; nitriding layer

1　引言

无取向电工钢是广泛应用于电力、电机行业的一种软磁材料。一般要求无取向电工钢磁感应强度高和铁芯损耗低。影响磁性能的主要因素有化学成分、晶粒尺寸、织构、夹杂物和杂质元素等[1]。然而渗氮层对无取向电工钢磁性能影响的报道相对较少。Geiger[2]和Saxena[3]都研究了退火过程发生吸氮现象对无取向电工钢磁性能的影响，但是研究都集中在脱碳退火的湿气氛条件下。Yoshihiko[4]发现不同S含量对退火板表面吸氮有重要影响，对于S=4ppm的超低硫钢在退火过程中会更容易吸氮。但是S含量不仅只影响渗氮层，还直接影响着钢基体内的MnS析出。本文通过分析化学成分一致的两个样品，全面分析了织构、晶粒尺寸、析出物的种类、数量和分布，最终验证了渗氮层对无取向电工钢磁性能的影响，并验证了采用ASPEX自动扫描电镜分析退火板截面析出物分布的准确性。

2 实验方法

本文以化学成分一致两片无取向电工钢退火板为分析对象，其主要合金元素和杂质元素见表1。编号分别为dw和ew，$P_{1.5/50}$分别为3.23 W/kg和3.29 W/kg，B_{5000}分别为1.71T和1.69T。采用XRD分析退火板厚度四分之一处的织构类型。对样品截面进行打磨抛光后，使用ASPEX对截面析出物进行分析。之后使用4%硝酸酒精，对截面进行浸蚀，使用光学显微镜观察截面组织形貌，并使用Image-Pro Plus分析晶粒尺寸。为了保证晶粒尺寸分析的准确性，每个样品至少统计300个晶粒求其尺寸的平均值作为样品的平均晶粒尺寸。

表1 主要合金和杂质元素含量

(wt.%)

C	Si	Mn	S	Al	T.O.
<0.002	0.5~1.5	0.5~1	<0.003	0.2~0.8	<0.002

3 织构与晶粒尺寸

织构类型是影响无取向电工钢磁性能的重要因素之一。由于在无取向电工钢中无法形成很强的有利织构，因此尽量减弱不利织构是无取向电工钢织构控制的主要思路。图1所示为两个样品织构类型的对比。可以看到对于dw和ew两个样品中的主要织构类型都为{111}<112>织构，并且密度水平相差不大，不会是引起磁性能的主要原因。图2所示为两个样品晶粒尺寸分布的对比。dw和ew的平均晶粒尺寸分别为57.2μm和56.9μm。晶粒尺寸也几乎一致。不会导致磁性能上表现出显著的差异。

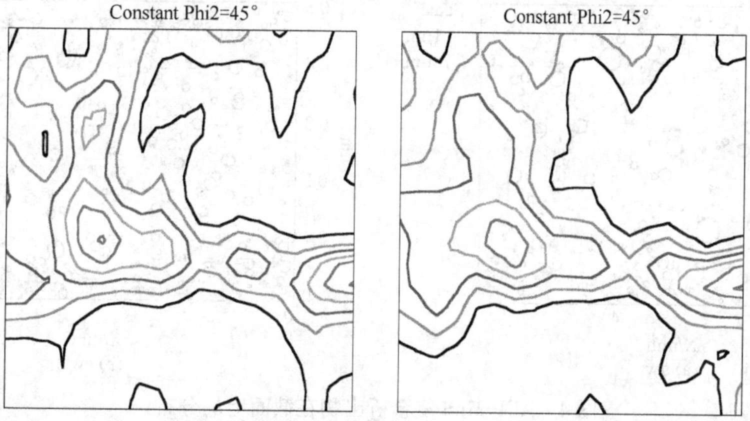

(a) dw (b) ew

图1 织构类型对比（密度水平为1，2，3，4，5，5.8）

4 析出物种类、数量和分布

对钢中的析出物类型进行分析，发现主要为AlN和AlN-MnS复合析出物类型，其他类型数量较少，暂且忽略不计。其典型形貌如图3所示。为了定量化研究析出物在横截面上的分布，采用ASPEX自动扫描电镜对整个横截面的析出物进行定量分析。图4和图5所示分别为横截面上AlN-MnS和AlN的析出物分布。可以看到，对于AlN-MnS复合析出物而言两个样品差别不大。都表现出边部较多，中心相对较少的分布规律。但是对于AlN在横截面上的分布规律相差较大。在dw样品中，纯AlN的数量较少。而ew样品内部存在少量的AlN析出物，边部存在一层细小的AlN层。这是退火气氛中的N_2渗入，与钢基体中的Al元素反应生成AlN所致。

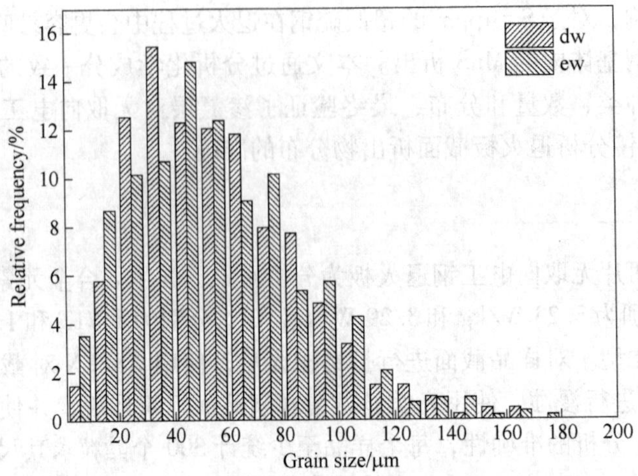

图 2　晶粒尺寸分布对比

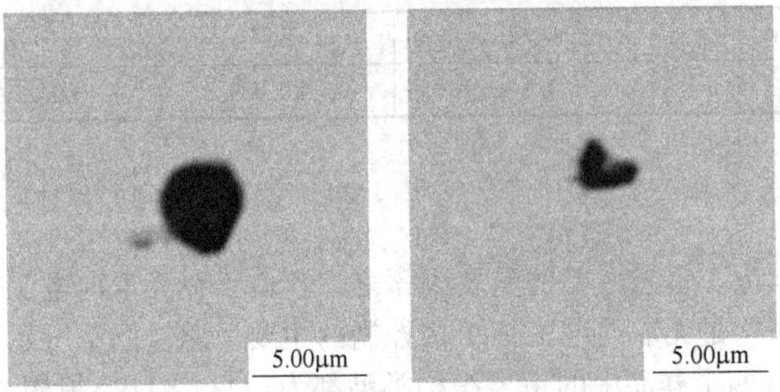

(a) AlN　　(b) AlN-MnS

图 3　析出物种类和形貌

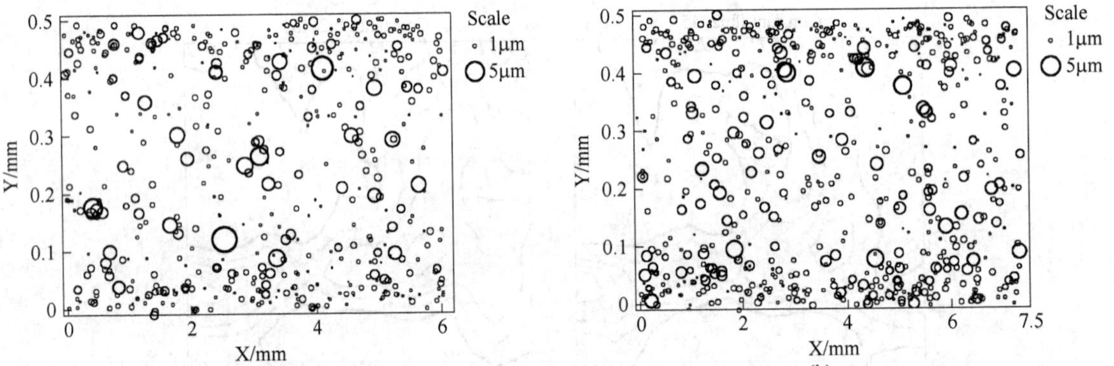

(a) dw　　(b) ew

图 4　AlN-MnS 复合析出物在截面上的分布

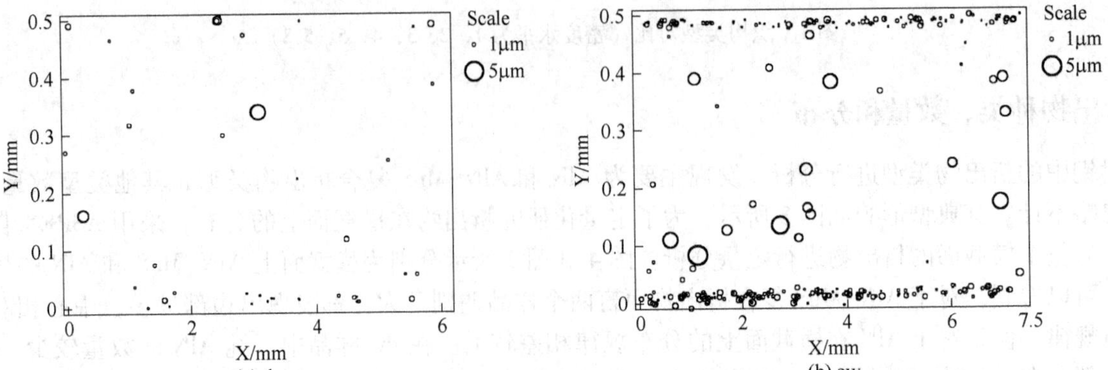

(a) dw　　(b) ew

图 5　AlN 在截面上的分布

图 6 所示为两个样品截面上不同位置 AlN 和 AlN-MnS 数密度对比结果。可以看到对于 AlN-MnS 复合析出物，dw 和 ew 的数密度基本一致，边部的数密度达到 270 个/mm^2，中心的数密度达到 100 个/mm^2。而对于 AlN，dw 边部在<40 个/mm^2，而 ew 样品边部约为 200 个/mm^2。图 7 所示为两个样品在截面边部的组织形貌图。可以看到 dw 在边部的渗氮层要远小于 ew 样品。这也进一步验证了 ASPEX 对截面上析出物分布规律的准确性。可见采用 ASPEX 自动扫描电镜，不仅可以准确了解析出物在截面上的分布，还可以定量化衡量析出物在截面上不同位置的数密度差别。

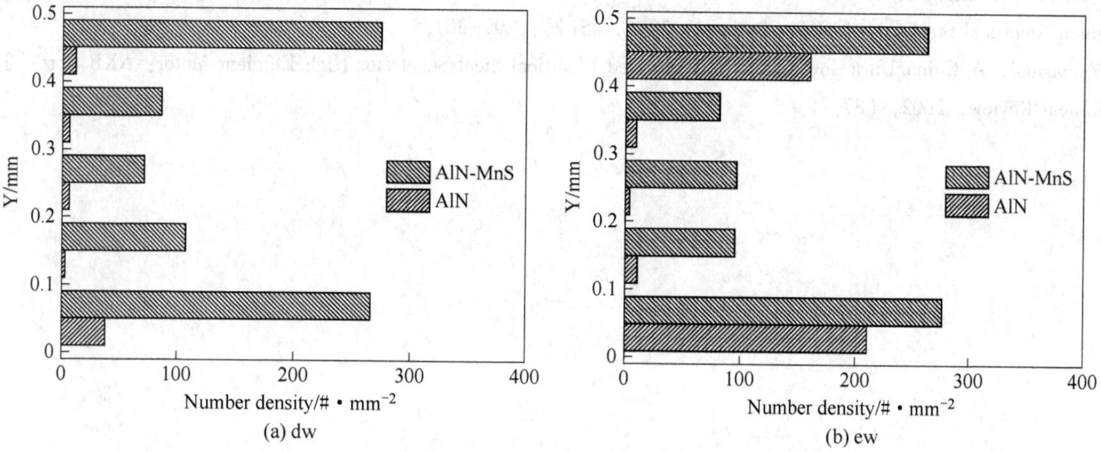

图 6 截面上不同位置析出物数密度的对比

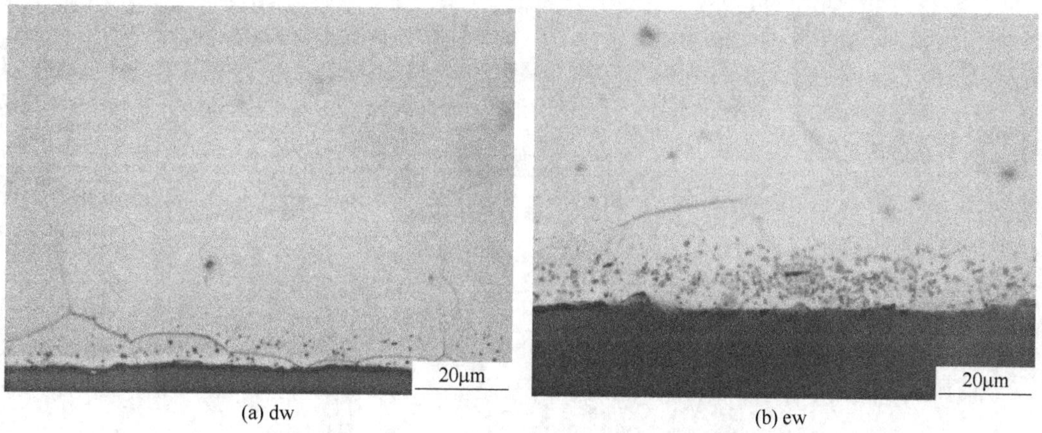

图 7 AlN 在退火板截面边部的分布对比

5 结论

（1）无取向电工钢中的析出物类型主要为 AlN 和 AlN-MnS 复合析出物。AlN-MnS 复合析出物的数量要多于纯 AlN 的数量。AlN 和 AlN-MnS 在退火板厚度方向分布是不均匀的。在退火板内部，AlN-MnS 的数密度达 100 个/mm^2，纯 AlN 的数密度<20 个/mm^2。在退火板边部，AlN-MnS 的数密度达 260 个/mm^2，AlN 的数密度则与样品是否有渗氮层有关，对于渗氮层严重的样品达到 160~220 个/mm^2，而渗氮层较轻的样品仅为 20~40 个 mm^2。

（2）本文还验证了渗氮层也是影响无取向电工钢磁性能的重要因素之一。采用 ASPEX 自动扫描电镜不仅可以了解析出物在退火板截面上的种类和分布，还可以很好的表征渗氮层的严重程度。

致谢

本文作者感谢中国自然科学基金（资助号：51274034、51604023 和 51504020）、稀贵金属绿色回收与提取北京市重点实验室（GREM）、北京科技大学绿色冶金与冶金过程模拟仿真实验室（GPM²）和北京科技大学高品质钢研究中心（HQSC）的资助。

参考文献

[1] Y. Shimoyama, K. Miyoshi, M. Tanino. Development of Non-oriented Silicon Steel Sheet with very Low Core Loss [J]. IEEE Transactions on Magnetics, 1983, 19(5): 2013-2015.

[2] A. Geiger. Effects of Internal Oxidation and Nitridation on the Magnetic Properties of Non-Oriented Electrical Steels [J]. Journal of Applied Physics, 1979, 50(B3): 2366-2368.

[3] A. Saxena, A. Sengupta, S. Chaudhuri. Effect of Absorbed Nitrogen on the Microstructure and Core Loss Property of Non-oriented Electrical Steel [J]. ISIJ International, 2006, 45(2): 299-301.

[4] N. Yamagami, A. Chino. Ultra-low-sulfur Non-oriented Electrical Steel Sheets for High Efficient Motor: NKB Core [J]. Nkk Technical Review, 2002, (87).

无取向硅钢中的织构特点和控制方法

杨 平，王 宁，顾新福，毛卫民

（北京科技大学材料科学与工程学院，北京 100083）

摘 要：成分（含纯净度）、晶粒尺寸和织构是影响无取向硅钢磁性能的三个主要因素，其中织构的控制水平要低于其他两个因素，但织构的影响程度应该是最大的，且现有的织构表征准确度尚存在一定问题。本文通过对若干商用无取向硅钢成品板（含有相变的中低牌号和无相变的高牌号）中织构的检测，分析现有企业控制织构的现状和可能优化的途径，特别是通过现有经验公式定量确定织构优化途径和磁性能提高幅度的关系。

关键词：无取向硅钢；织构；组织；工艺

The Texture Characteristics and the Control Methods of the Non-oriented Silicon Steel

Yang Ping，Wang Ning，Gu Xinfu，Mao Weimin

（Beijing University of Science and Technology，College of Materials Science and Engineering，Beijing 100083，China）

Abstract：The composition（including purity），the grain size and the texture are the three main factors affecting the magnetic properties of the non-oriented silicon steel. The control level of the texture is lower than the other two factors. But the influence degree of the texture should be the biggest. There are some problems in the accuracy of the existing texture characterization. In this paper，the current situation and possible optimization methods of the existing enterprise control texture were analyzed by means of the detection of the texture of a number of commercial non-oriented silicon steel finished plates（containing the phase change of medium and low grade silicon steel and no phase change of high grade silicon steel）. In particular，the relationship between the method of texture optimization and the amplitude of magnetism was determined by the existing empirical formula.

Key words：the non-oriented silicon steel；texture；organization；technology

1 无取向电工钢织构控制的重要性和难点

按目前企业的生产工艺，各牌号无取向硅钢中都存在织构，且众所周知，无取向硅钢希望有强的{100}面织构，同时尽可能少的{111}织构。但目前尚没有产品能做到这一点，从这个方面来说，无取向钢的织构控制水平远低于取向硅钢。对无取向钢织构的工艺控制水平也远低于取向硅钢。在成分（含纯净度）、晶粒尺寸和织构三个主要影响无取向钢磁性能的因素中，织构的控制水平要低于其他两个因素，但织构的影响程度应该是最大的。成品板中不同类型的织构都有其特定的形成规律及原因，通过织构特征不仅可指导大致的磁性能水平，也可以推测其大致工艺过程，即织构有一定的遗传性；比如连铸坯中柱状晶和等轴晶在热轧、冷轧及退火后织构就不同，常化与不常化的成品板织构不同，一次轧法与二次轧法的织构不同，冷轧前粗晶、细晶样品在冷轧退火后的织构也不同，不同压下量的退火板织构不同，退火温度高低的织构不同，热轧板表层再结晶与中心层形变晶粒冷轧退火后的织构也不同（称存在织构梯度）。织构控制难度较大的另一个原因是织构测定中存在可靠性问题，在织构定量计算上也存在问题。国内对无取向硅钢研究的较多，如分别对中低牌号[1~10]和高牌号[11~15]无取向硅钢的织构与工艺参数的关系进行了研究，但综合考虑各类无取向钢织构共性与差异的文章还很少。

无取向钢分成两大类，一是有相变的低中牌号，二是无相变的中高牌号，大约以 470 牌号为分界线；前者一般采用不常化的一次轧法，后者采用常化工艺加一次轧法；虽然两次轧法磁性能远高于一次轧法，但因工艺繁琐、成本高，国内企业较少采用。作者在检测了一些国内厂家的成品板织构，分析了其特征并讨论了可能优化的途径。

2　无取向电工钢织构的基本特征

图 1 给出硅钢典型退火织构分布图，除二次再结晶织构外，取向钢与无取向钢的退火板织构类型基本相同，都是{111}<112>，{114}<481>，{100}<021>、{110}<001>，各自比例不同。立方织构{100}<001>在一次轧法下基本不会出现。{111}<112>退火织构一般是中高形变量下{111}<110>织构的退火产物，{114}<481>、{100}<021>织构一般与柱状晶或 α 取向线旋转立方到{112}<110>轧制织构的退火产物，形变量越小，{114}<481>织构越弱、{100}<021>织构较强；{110}<001>高斯织构一般是{111}形变晶粒内剪切带形核的退火产物。使用传统的 α 线、γ 线织构表达退火织构会丢失信息。

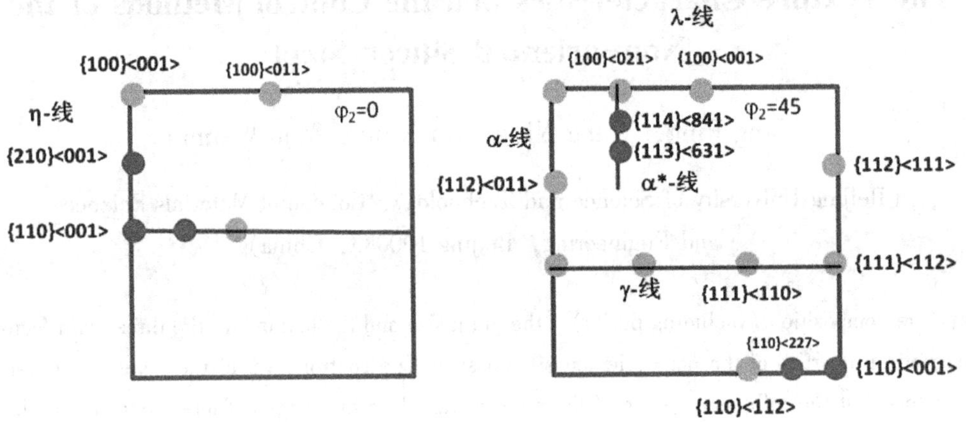

图 1　硅钢典型退火织构分布图

3　国产无取向电工钢织构现状

虽然无取向电工钢种类繁多，但可大致分为有相变的低中牌号（1300~600）和无相变的中高牌号（470~230），虽然成分在一定程度上影响织构，但难以彻底改变织构特征。以下按两类电工钢和三个厂家的产品进行比较。

图 2 为检测的 A 厂家 1300、800 及两种 600 低中牌号成品板织构，可见 1300 牌号是{111}<112>织构及细晶组织，这是冷轧前热轧板组织为细晶的结果，此时初始的有利{100}织构基本不起作用，冷轧大压下量下形成{111}<110>织构，退火后形成{111}<112>织构；800 牌号也基本是这种织构，见图 2b，其更强的{111}<112>应对应比 1300 牌号更大的冷轧压下量；推测 800 牌号的纵横向磁各向异性大于 1300 牌号。图 2c、2d 的两个 600 牌号织构有很大差异，前者最强的是{114}<481>织构，后者是典型的{111}<112>织构，与 1300 和 800 牌号相似。显然，图 2c 对应 600 牌号磁性能高于图 2d。

图 3 是 4 个经常化的高牌号无取向钢的成品板织构，分别为 470、400、350、270 牌号；可见织构并不一致，有的是很有利的{100}型织构，见 470 和 270 牌号样品；另一些是不利的{111}<112>织构，见 400 和 350 牌号样品。但{111}织构强于{114}织构时，应该说样品的磁性能没有充分发挥。与不常化的 1300 和 800 牌号样品相比，经常化的 400 和 350 牌号虽然{111}<112>较强，但有利织构{100}、{114}或{110}都有一定强度，见图 3b，3c；从 4 个同类硅钢的织构可提出一个问题，为何都经过了常化，却有不

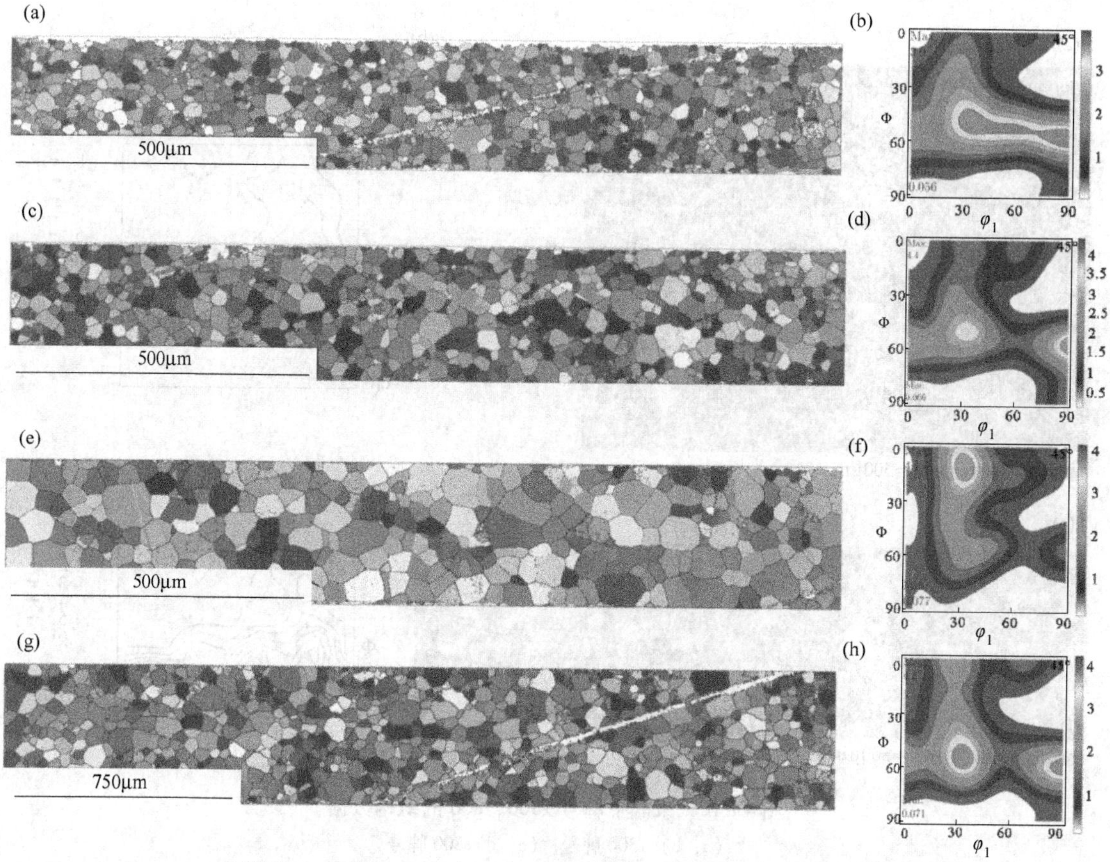

图 2　A 厂家 1300、800、600 低中牌号成品板织构，0.50mm

（a，b）1300 牌号；（c，d）800 牌号；（e，f）600 牌号；（g，h）600 牌号

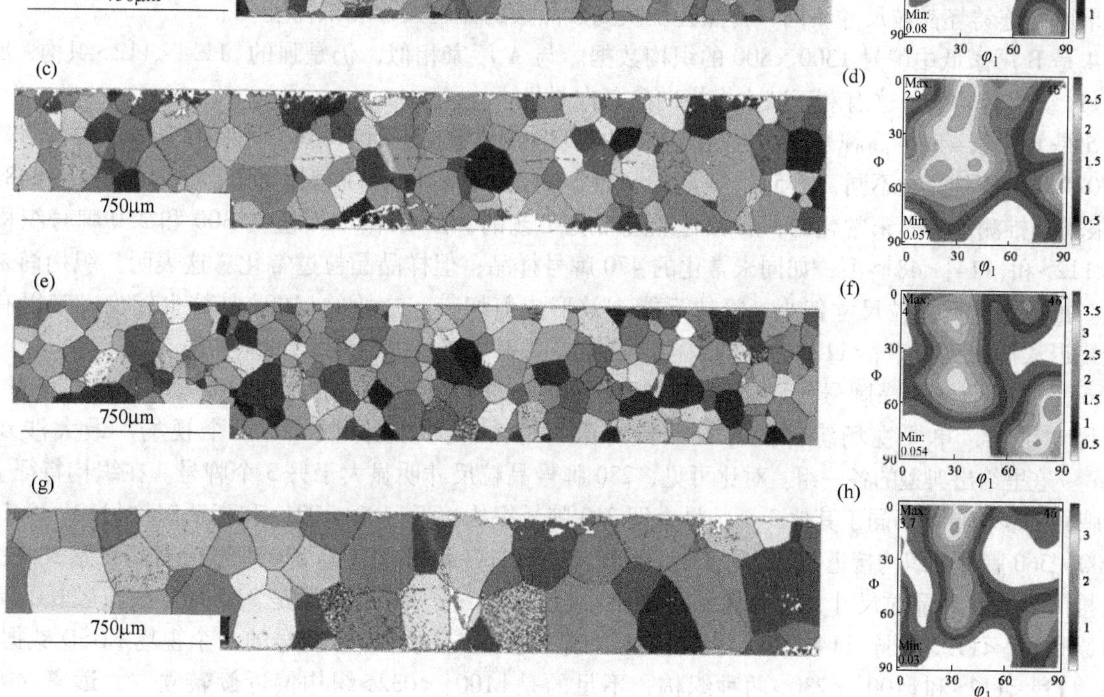

图 3　A 厂家高牌号无取向钢的 EBSD 数据，0.50mm

（a，b）470 牌号；（c，d）400 牌号；（e，f）350 牌号；（g，h）270 牌号

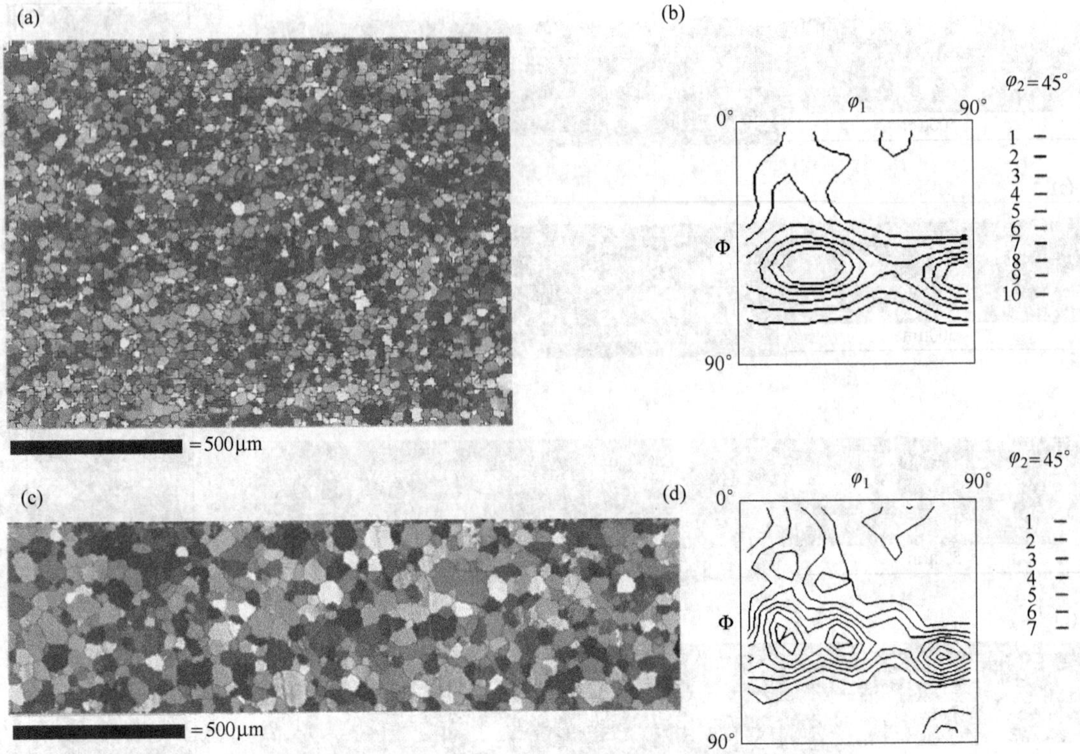

图 4　B 厂家低中牌号 1300、800 的织构数据

(a，b) 1300 牌号；(c，d) 800 牌号

同的成品板织构？虽然各厂家各牌号的成分体系略不同，有些可能添加而微量偏析元素以抑制{111}织构，但通常不会彻底改变织构类型。最重要的还应是原始组织。虽然不同取向晶粒轧制稳定性不同，但一般都有一定的织构遗传性。细晶一定有利于{111}织构，粗晶一定有利于{100}类或高斯织构。常化虽然有使晶粒尺寸均匀的作用，更主要的是粗化晶粒导致的织构变化。如果是强{111}粗大初始组织，轧制退火后将形成{111}和高斯织构。

如果原始连铸坯晶粒尺寸不同，自然会反映到成品板的晶粒尺寸和织构上。

图 4 是 B 厂家低中牌号 1300、800 的织构数据。与 A 厂家相似，仍是强的{111}<112>织构，800 牌号的{111}织构较均匀，这有利于减小纵横向磁各向异性。

图 5 是 B 厂家 4 种中高牌号无取向钢成品板的 EBSD 织构数据，即 470 牌号两种和 300、250 牌号。可见两种 470 牌号的织构完全不同，图 5a 为典型的{111}<112>和{114}<481>型，而图 5b 为强{114}<481>型，{111}很弱。推测前者是未常化的，后者是经过常化工艺的。图 5c、5d 对应的 300 和 250 牌号织构同为{111}<112>和{114}<481>型，如同未常化的 470 牌号样品；但样品晶粒过常化。这表明，织构尚未有效地优化。推测常化后晶粒尺寸偏小，冷轧不能有效形成剪切带，初始的{100}晶粒也较少，难以有效保留，最终退火后得到{111}<112>为主的织构。这组中高牌号样品中，图 5b 的织构最有利。

图 6 是 C 企业 4 个高牌号无取向钢成品板侧面获取的织构信息，分别为 230、300、310、360 牌号；因晶粒尺寸很大，单一视场统计的晶粒数目有限，每个样品分别测了 2～4 个视场，最大涉及面积 4.56mm^2。这里给出典型的各一组。对比可见，230 牌号晶粒尺寸明显大于另 3 个牌号。在织构特征上，只有 310 牌号的织构特征不同于其他 3 个牌号，即 310 牌号织构接近{100}<021>和高斯织构{110}<001>，而 230、300、360 牌号的织构接近常见的强{111}<112>和弱{114}<481>织构。310 牌号应有高磁感，低铁损的特点。推测是常化后晶粒尺寸大，冷轧压下量稍小造成的；另一种可能性是 310 牌号晶粒较长的高温退火，由原{111}<112>和弱{114}<481>织构演变而成。进一步分析，230 牌号的 4 个视场 EBSD 数据表明，主要是{111}<112>和{100}<230>两种织构，不足的是{100}<032>织构偏近旋转立方，远离立方织构{100}<010>，这使轧向和侧向的磁性能下降。300 牌号仍是{111}<112>和{100}<012>两种织构。2 个视

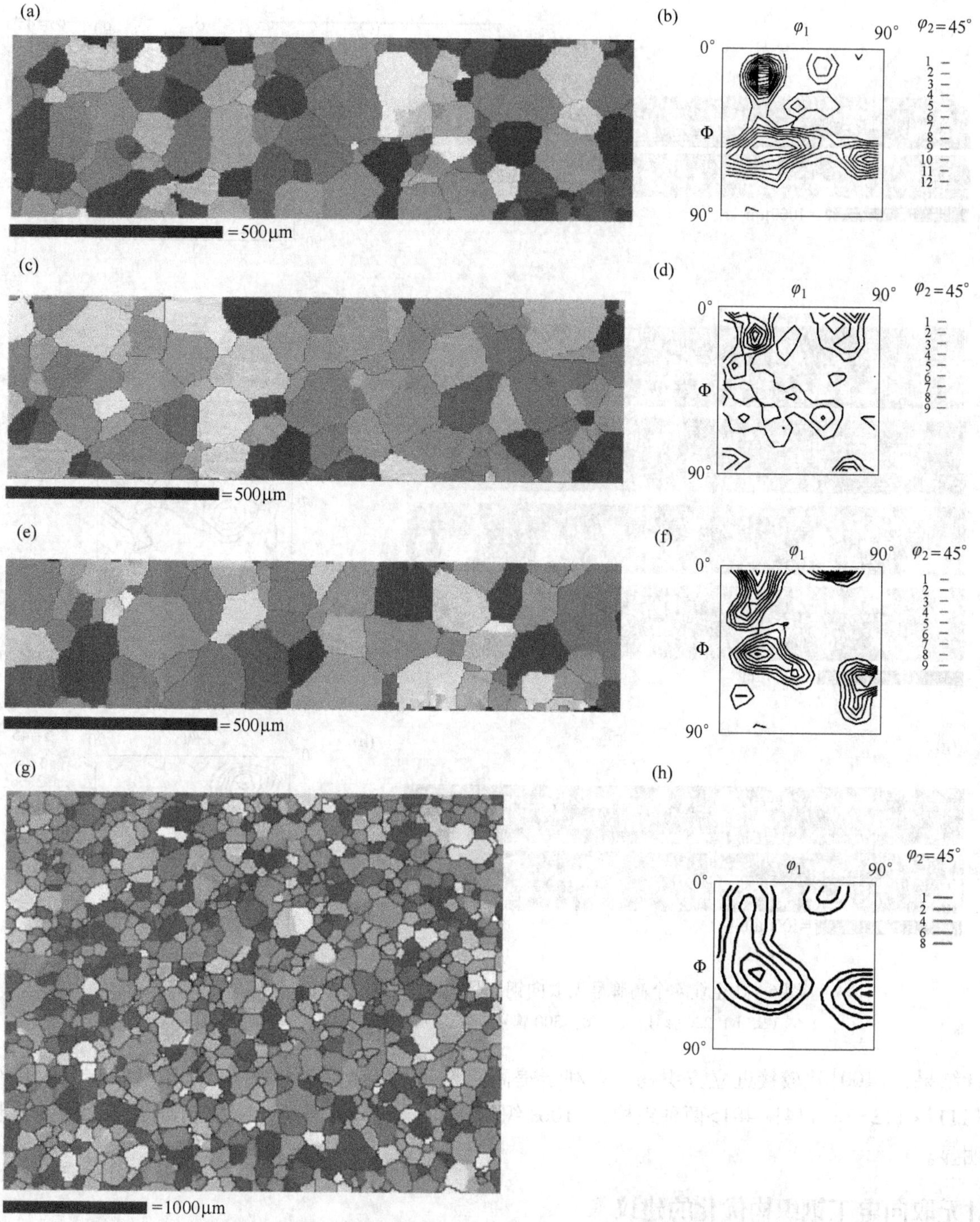

图 5　B 厂家高牌号无取向钢成品板的 EBSD 织构数据，250 为 0.35mm，其余 0.50mm

（a，b）470 牌号；（c，d）470 牌号；（e，f）300 牌号；（g，h）250 牌号

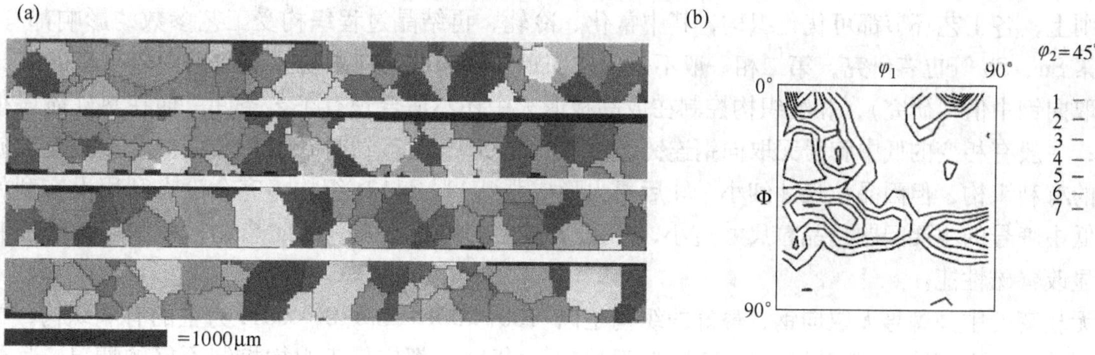

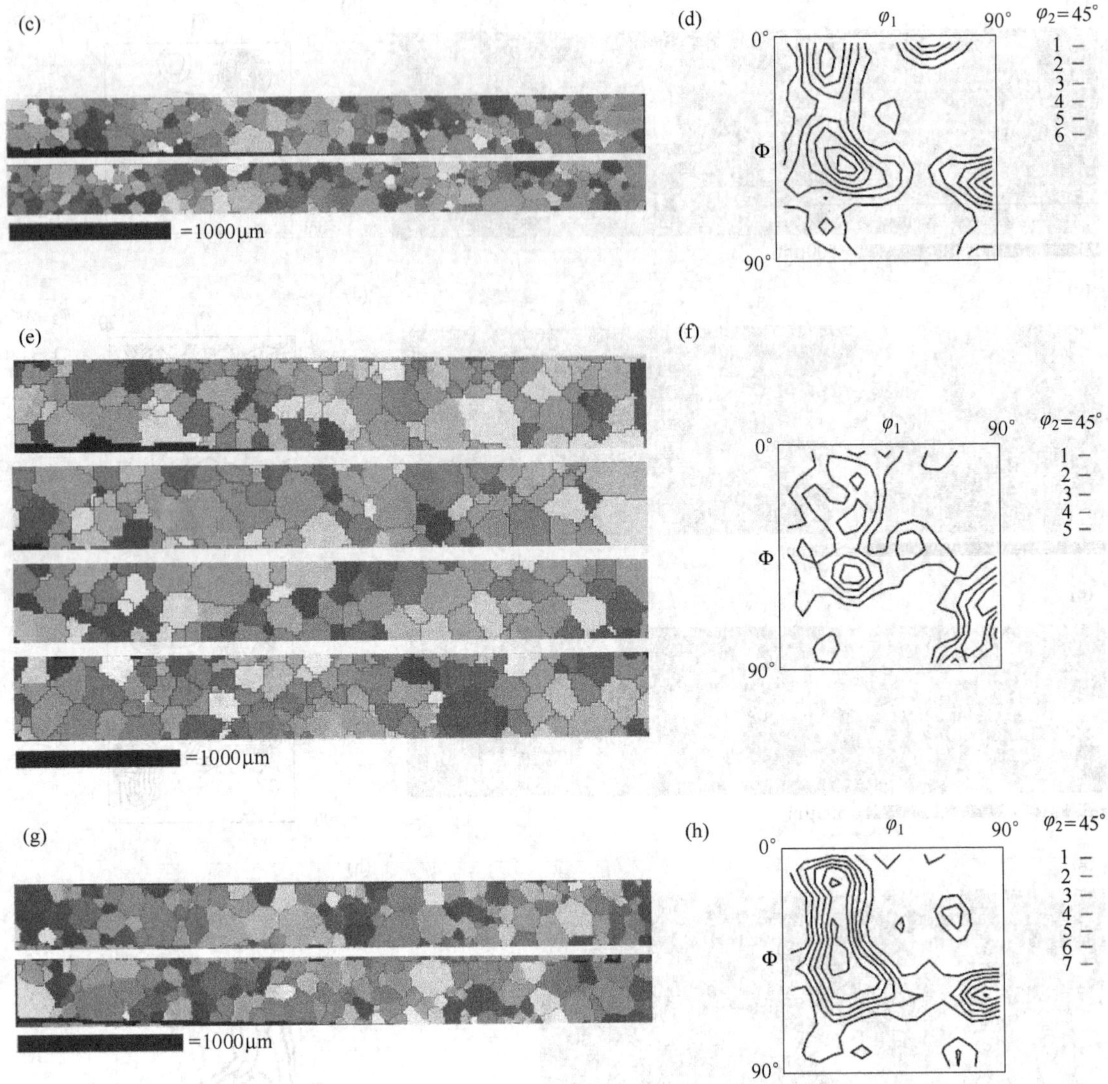

图 6　C 企业 4 个高牌号无取向钢成品板侧面获取的织构信息，0.35mm
(a，b) 230 牌号；(c，d) 300 牌号；(e，f) 310 牌号；(g，h) 360 牌号

场统计结果，{100}比较接近立方织构，有利于提高磁性。360 牌号 2 个视场的 EBSD 数据显示，存在典型的{111}<112>和{114}<481>两种织构，{100}织构很弱，应织构等高线变化较圆滑，认为晶粒长大效应不明显。

4　对无取向电工钢织构优化的建议

4.1　定性的建议

原则上，各工艺环节都可优化织构，其中常化、冷轧、再结晶过程织构受工艺参数的影响都有研究，偏析元素 Sn、Sb 等也有研究，第二相一般不是无取向钢所期望的，在常规无取向钢中较少有研究（在高强度无取向钢中值得研究），相变织构控制在成品板退火中还不适合现有工艺条件，而在热轧阶段很少进行研究；一般有相变的低中牌号无取向钢连铸坯为柱状晶组织，有强的{100}织构，热轧板也是以旋转立方为主的有利织构，但因晶粒尺寸细小，轧后退火形成强{111}<112>织构，完全没有利用上有利的初始织构。低中牌号的主要问题是晶粒尺寸过小，不利于磁性的织构太强。因此热轧组织和织构的控制最有希望明显改善磁性能。

对无相变的中高牌号无取向钢，最好的织构是以{100}<021>、{110}<001>为主的有利织构，或尽量单一的{114}<481>织构。如果{111}<112>强于{114}<481>，都应属于织构控制不好的情况。另外，应合理配比{100}<021>和{110}<001>织构，高斯织构虽是有利织构，但显著加重纵横向磁各向异性，因此不能过度提高高斯织构的比例，即不能通过常化粗化晶粒，提高冷轧样品中剪切带的密度；应该在一定程度上加强保留柱状晶的{100}织构。但应认识到，在一次轧法的条件下，通过形变与再结晶工艺的组合，基本没有可能做到单一的{100}织构或立方织构。

低牌号有相变的电工钢最大问题是两个，一个是晶粒尺寸小，铁损高，另一个是强{111}<112>织构，磁感低、铁损高。相变控制是企业研究较少的方面，一般认为相变会细化晶粒，对磁性更不利[1]，工业上尽量避免在相变区调控织构；这导致低牌号的连铸坯内有很强的{100}织构，却不能为后续工艺所利用。图7给出用相变法对工业1300钢处理后的组织和织构特点。可见，虽然无法向实验室纯净钢{100}织构及柱状晶那么显著，至少粗化了晶粒尺寸，也明显削弱了{111}织构。

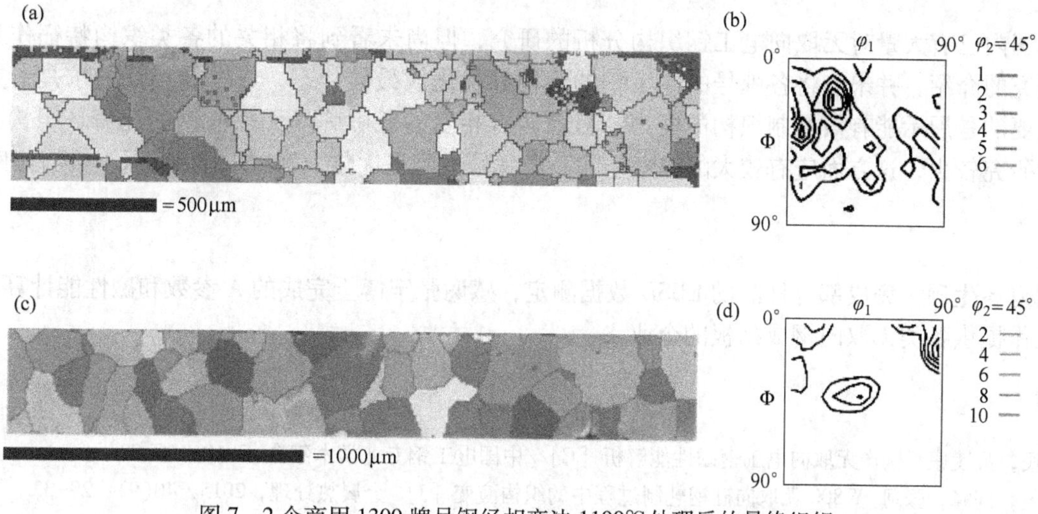

图7　2个商用1300牌号钢经相变法1100℃处理后的最终组织

（a，b）D企业；（c，d）A企业

4.2　定量的建议

在织构控制的大方向清晰的情况下，通过定量计算认识各织构组分微量变化能够引起磁性能多大程度的提高十分重要。可以利用文献［16］给出的回归经验关系如式1，其中2.19是纯铁饱和磁感值，A是磁晶取向参数，是所有晶粒与轧向最小的<100>方向的平均夹角，A越小越好，最低的是立方取向和高斯取向；D是晶粒直径，Si_{eq}是硅当量，由Si和Al含量组成。如果确定了各织构组分的体积百分比，就可算出A值。各典型织构组分绕RD转动时与A值的关系见文献［16］。

$$B_{50}=2.19-0.013\times A-0.27/d-0.03\times Si \tag{1}$$

式中，d为平均晶粒尺寸 =150μm。

举几个例子说明各织构组分的变化对磁性能影响程度的理论值。计算下列几种组合，哪个磁性能好？分别考虑RD和TD方向的差异B_{50}；以检查磁各向异性的程度。情况1：强{114}<481>或{113}<631>组分对应晶粒占60%，弱{111}<112>织构相应晶粒占20%，随机取向晶粒占20%；情况2：强{111}<112>组分对应晶粒占60%，弱{100}<021>织构组分对应晶粒占20%，随机取向晶粒占20%；情况3：单一组分{100}<021>、{100}<041>、{114}<481>与{111}<112>织构组分的A参数及对磁性B_{50}影响的差异（设3%Si和150m的平均晶粒尺寸），计算结果见表1。

表1　不同织构组分对磁性能B_{50}影响的计算数据

	1：114481×60%+1111112×20%+random×20%	2：111112×60%+100021×20%+random20%	10002 (20，0，45)	100041 (30，0，45)	114481 (20，20，45)	111112
A-RD	29.52	32.38	25	15	35	35
A-TD	33.36	38.38	25	15	45	45

续表 1

	1：114481×60%+1111112×20%+random×20%	2：111112×60%+100021×20%+random20%	10002 (20, 0, 45)	100041 (30, 0, 45)	114481 (20, 20, 45)	111112
B50-RD	1.714	1.677	1.773	1.903	1.643	1.643
B50-TD	1.665	1.599	1.773	1.903	1.513	1.513

若是{100}<031>，则可计算出 RD 与 TD 方向的 $B_{50}=1.84T$。可见，提高立方织构强度、立方取向晶粒比率最有效。

5 结语

虽然国内已有大量对无取向电工钢织构分析的研究，但尚未看到将相关的各类织构特征作为整体系统分析研究的介绍，并未能将各牌号的电工钢的织构都优化成最佳状态。成本及市场需求是一方面的原因，更重要的是展示能有效控制织构的能力。目前对有相变的低中牌号无取向钢的连铸坯织构、热轧织构控制的研究较少，这方面应有较大的探索空间。高牌号主要是优化{100}织构和高斯织构的比例。

致谢

感谢夏冬生硕士完成部分样品的 EBSD 数据测定，感谢张宁博士完成的 A 参数和磁性能计算工作；感谢为本工作提供各类无取向钢成品板的企业。

参考文献

[1] 毛卫民，吴凌康．国产无取向电工钢磁性能解析［C］//中国电工钢专业学术年会．2010：16-22.
[2] 董登超，许峰，张珂．W800 无取向硅钢轧制过程中的织构演变［J］．金属热处理，2015，40(9)：29-32.
[3] 万勇，吴绍杰，陈伟庆．终轧温度对 50W600 无取向硅钢组织、织构和电磁性能的影响［J］．金属热处理，2015，40(9)：135-140.
[4] 米振莉，孙强，李志超，等．W600 无取向硅钢的动态相变对织构和析出相的影响［J］．材料热处理学报，2016，37(1)：138-144.
[5] 朱志勇，王锋，李化龙．0.8%Si 无取向硅钢织构及其对磁性能的影响［J］．金属热处理，2016，41(2)：58-62.
[6] 胡少东，项利，赖朝彬，等．组织和织构对中低牌号无取向电工钢磁性能的影响［J］．冶金丛刊，2012(1)：8-10.
[7] 董瑞峰，樊立峰，陆斌，刘智良，刘书明．退火工艺对 50W800 电工钢微观组织的影响．国产高性能电工钢生产技术与应用研讨会论文集，2016，大连：121-125.
[8] 许峰，李化龙，岳重祥．Fe-1%Si 无取向硅钢全流程微结构和织构演变［J］．金属热处理，2015，40(9)：16-20.
[9] 唐伟，项利，仇圣桃，等．50W600 无取向硅钢在轧制与退火工序间的织构演变［J］．机械工程材料，2014，38(8)：28-32.
[10] 金自力，任慧平，李伟，等．热轧组织对冷轧无取向硅钢退火织构及组织的影响［J］．材料热处理学报，2012，33(2)：122-126.
[11] 黄望芽、张明、陈浩、莫志英。卷曲温度对无取向电工钢电磁性能和板型的影响。第九届全国电工钢专业学术年会论文集，2006，8-12.
[12] 黄望芽．锑、锡、硼等合金对高牌号无取向电工钢电磁性能的影响［C］//全国电工钢专业学术年会，2006.
[13] 谢利，王立涛，裴英豪，等．常化温度对无取向电工钢织构和磁性能的影响［C］//2015 中国电工钢学术年会．2015.
[14] 李长一，张新仁，谢晓心，等．2%Si 无取向电工钢织构的演变［J］．电工材料，2008(3)：14-19.
[15] 唐伟，项利，仇圣桃，等．CSP 流程试制 50W270 高牌号无取向硅钢织构的演变［J］．北京科技大学学报，2014(9)：1189-1194.
[16] Gomes E，Schneider J，Verbeken K，et al. Correlation Between Microstructure，Texture，and Magnetic Induction in Non-oriented Electrical Steels［J］. IEEE Transactions on Magnetics，2010，46(2)：310-313.

常化和退火温度对 2.4%Si 冷轧无取向硅钢组织和织构的影响

汪　勇[1,2]，朱诚意[2]，Jürgen Schneider[3]，周博文[1,4]，李光强[1,2]，刘　昱[1,2]，侯若谷[1,2]

（1. 武汉科技大学耐火材料与冶金省部共建国家重点实验室，湖北 武汉 430081；
2. 武汉科技大学钢铁冶金及资源利用省部共建教育部重点实验室，湖北 武汉 430081；
3. Institute of Metal Forming，Technische Universität Bergakademie Freiberg，Bernhard-von Cotta-Str. 4，D-09596 Freiberg，Germany；4. 柳州钢铁集团有限公司技术中心，广西 柳州 545000）

摘　要：利用超高温激光共聚焦显微镜在线观察了经过常化与未常化的冷轧板在退火过程中的组织演变过程，研究了常化和退火温度对 2.4%Si 冷轧无取向硅钢组织和织构演变的影响。研究结果表明：常化热处理和提高退火温度，平均晶粒尺寸增大，有利于铁损的降低，但退火温度对晶粒尺寸的影响更大。提高退火温度，对未常化冷轧板来说，（$X_{\{100\}}$+$X_{\{110\}}$）/$X_{\{111\}}$比值显著增大，有利于磁性能的改善，对常化冷轧板则不利；常化有利于高斯织构强度的提高，但高斯织构在退火过程中难以得到发展。

关键词：无取向硅钢；常化；退火；晶粒尺寸；织构

Effect of Normalizing and Annealing Temperature on Microstructure and Texture of 2.4%Si Cold-rolled Non-oriented Silicon Steel

Abstract: Microstructure evolution of cold-rolled sheet with or without normalization during the annealing process was observed by high-temperature confocal laser-scanning microscope (HTCLSM), and the effect of normalizing and annealing temperature on microstructure and texture of 2.4% Si cold-rolled non-oriented silicon steel was studied. The results show that average grain size increases with normalization and increasing annealing temperature, which is beneficial to decrease iron loss, but the annealing temperature has more influence on grain size. The ratio of ($X_{\{100\}}$+$X_{\{110\}}$)/$X_{\{111\}}$ significantly increases with annealing temperature increases, which is favorable to improve magnetic property for cold-rolled sheet without normalization, as for cold-rolled sheet with normalization, it's adverse. And normalization is favorable to increase the Goss texture, but it's hard to develop during the process of annealing.

Key words: non-oriented silicon steel; normalization; annealing; grain size; texture

1　引言

无取向硅钢拥有优异的磁性能，通常要求具有高的磁感和低的铁损，广泛用于制作各种电动机和发电机的铁芯。无取向硅钢理想的织构组分为易于磁化的{100}面织构[1]。化学成分、析出物、晶粒尺寸和织构等因素对无取向硅钢磁性能有显著影响，在无取向硅钢成分确定的情况下，理想的组织结构需要借助适当的生产加工流程和相应的工艺参数获得。无取向硅钢生产过程主要包括精炼、连铸、热轧、常化、冷轧和退火等工艺，每个工艺段都会对最终产品的晶粒和织构产生重要影响，直接影响最终产品磁性能[2]。

前人对无取向硅钢生产工艺进行了大量的研究，发现常化工艺和冷轧板退火温度对无取向硅钢的磁性能有重要影响。其中常化处理主要通过影响无取向硅钢热轧板的组织结构和析出物的变化引起的晶粒尺寸改变来影响成品磁性能，而退火工艺对再结晶组织和织构的演变过程有显著影响[3~7]。国内外有关常化热处理与冷轧板退火温度单独对无取向硅钢性能影响的报道较多，而对于两者共同影响无取向硅钢磁性能的研究较少。本文利用超高温激光共聚焦显微镜对冷轧试样的退火过程进行了模拟，在线观察了试样退火阶段的组织演变过程，并运用电子背散射衍射技术（EBSD）对退火后试样的组织织构进行了表征，分析讨论了不同工艺条件下组织和织构的演变规律，为优化实际生产过程中的常化和退火工艺提供了参考。

2　实验材料和方法

实验试样选用的是硅含量为2.4%的两块无取向硅钢热轧板，厚度为2mm。其中一块在850℃下进行常化，常化时间为20min，然后以70%的压缩变形量冷轧至0.6mm，另一块不经常化处理，直接以70%的压缩变形量冷轧至0.6mm。在冷轧硅钢上截取7mm(轧向)×3mm(横向）的试样，经打磨抛光后，置于超高温激光共聚焦显微镜中进行模拟退火，在线观察退火过程中组织演变过程，退火工艺如图1所示，试样过程中以5℃/s的升温速率升至指定温度，保温10min，然后以5℃/s的降温速率降至室温，退火过程通氩气保护。采用安装在Nova 400 Nano场发射扫描电镜（FE-SEM）上的电子背散射衍射系统（Electron Back-Scattered Diffraction）对所得退火试样进行EBSD分析，分析其组织结构。再将退火试样镶嵌打磨抛光后，用4%硝酸酒精腐蚀15s，将腐蚀后的试样放在光学显微镜下观察金相组织，用图像分析软件Image-Pro Plus统计退火试样平均晶粒尺寸。

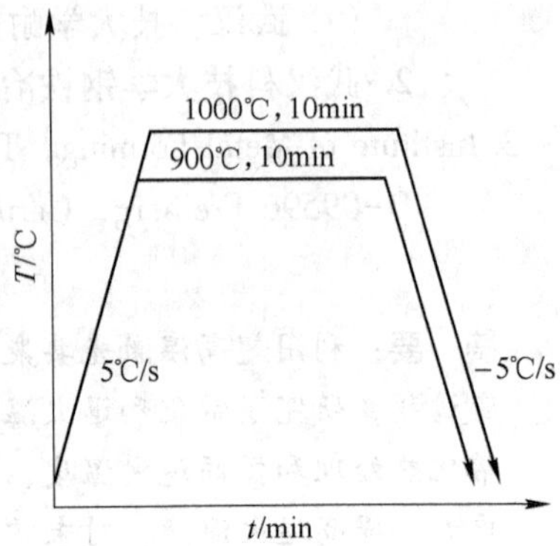

图1　未常化冷轧板和常化冷轧板退火工艺图

3　实验结果

3.1　原位观察退火阶段组织演变过程

本文利用超高温激光共聚焦显微镜模拟了无取向硅钢冷轧板的退火过程，结果如图2所示。从图中可以观察到，未常化冷轧板在900℃和1000℃分别保温400s、375s后未观察到明显变化；常化冷轧板在900℃和1000℃分别保温395s、385s后未观察到明显变化。研究结果表明在保温10min后织构得到了充分发展，因此本实验仅考虑常化处理和退火温度对退火组织和织构的影响。

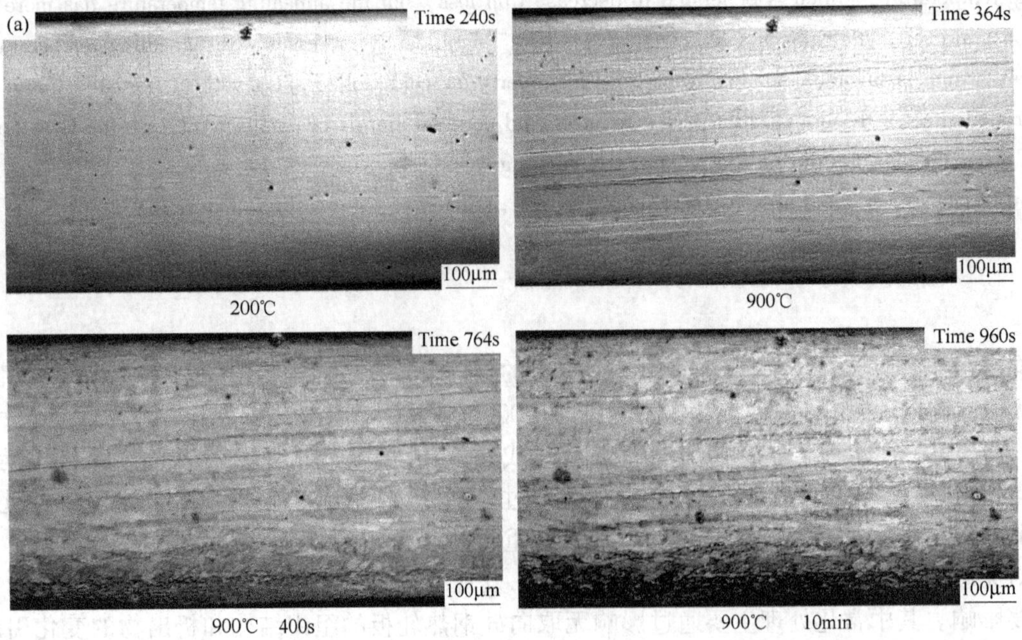

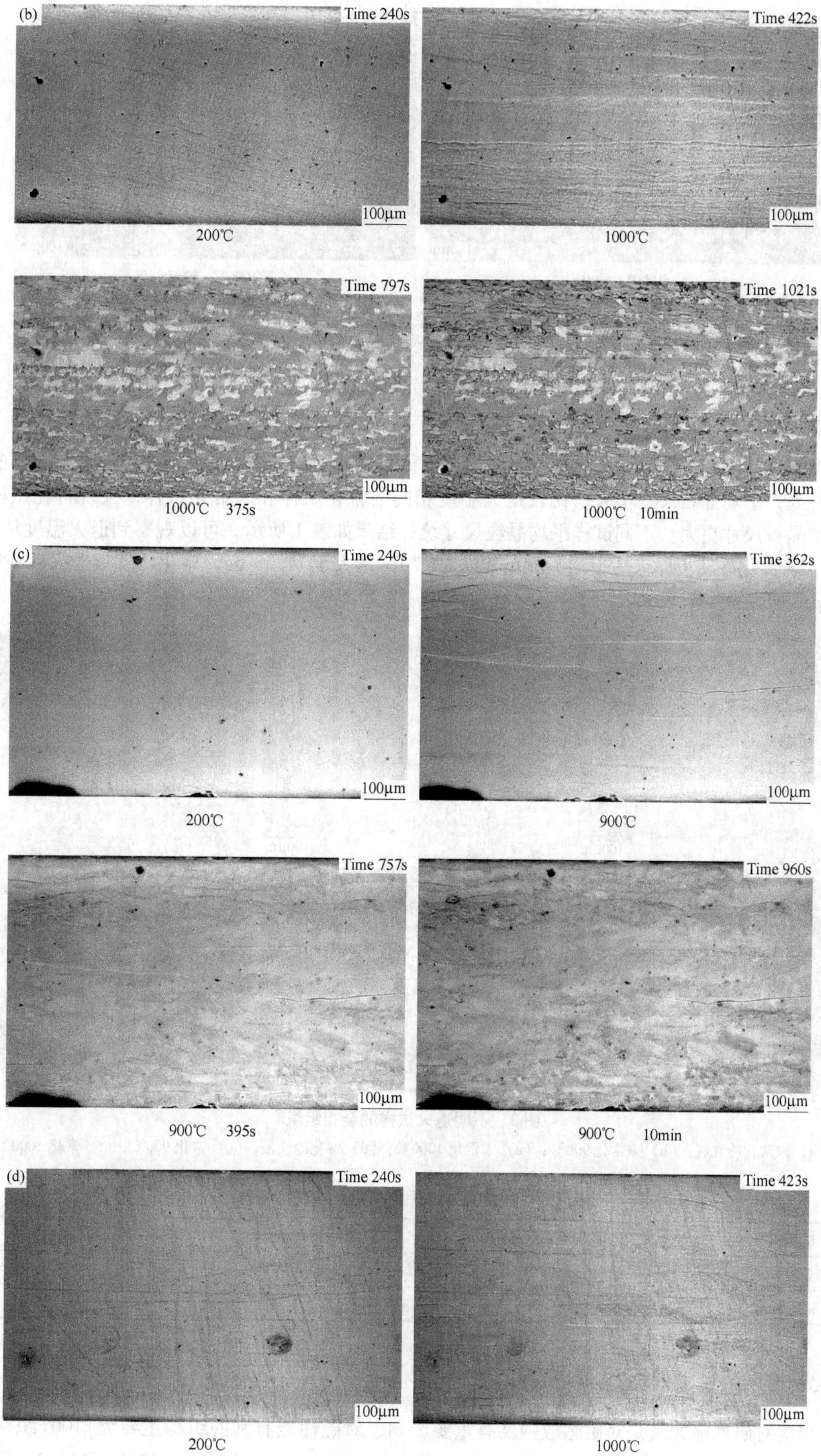
(b)
Time 240s
100μm
200℃
Time 422s
100μm
1000℃
Time 797s
100μm
1000℃ 375s
Time 1021s
100μm
1000℃ 10min
(c)
Time 240s
100μm
200℃
Time 362s
100μm
900℃
Time 757s
100μm
900℃ 395s
Time 960s
100μm
900℃ 10min
(d)
Time 240s
100μm
200℃
Time 423s
100μm
1000℃

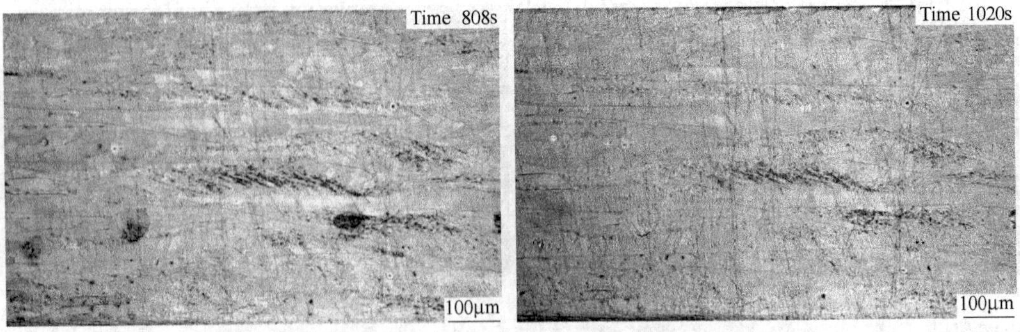

图 2　不同退火试样原位观察退火组织演变

（a）未常化 900℃；（b）未常化 1000℃；（c）常化 900℃；（d）常化 1000℃

3.2　常化和退火温度对晶粒尺寸的影响

图 3 为未常化冷轧板和常化冷轧板在不同退火条件下的金相组织。从图中可以观察到在相同条件下，退火温度升高，平均晶粒尺寸增大；比较退火温度相同的常化试样和未常化试样，发现常化试样比未常化试样平均晶粒尺寸更大。不同试样平均晶粒尺寸统计结果如表 1 所示，可以观察到退火温度从 900℃升至 1000℃，未常化冷轧板退火后平均晶粒尺寸从 60.7μm 增大至 117.3μm，常化冷轧板退火后平均晶粒尺寸从 73.8μm 增大至 122.2μm。

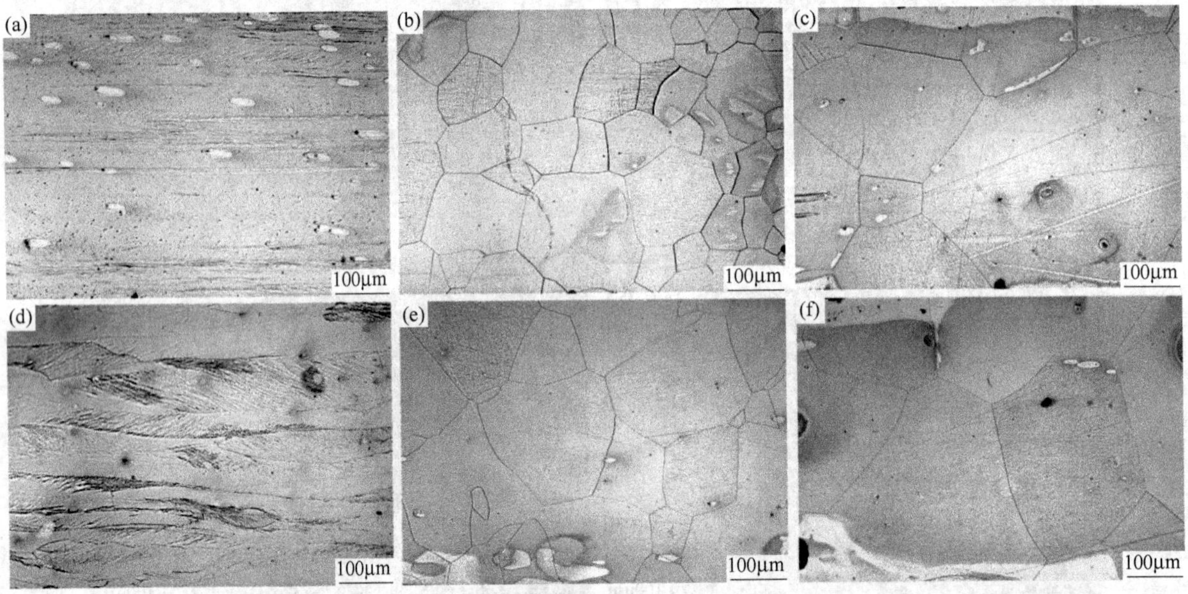

图 3　不同退火试样的金相组织

（a）未常化冷轧板；（b）未常化 900℃；（c）未常化 1000℃；（d）常化冷轧板；（e）常化 900℃；（f）常化 1000℃

表 1　不同退火试样平均晶粒尺寸统计结果

试样编号	平均晶粒尺寸/μm	试样编号	平均晶粒尺寸/μm
未常化 900℃	60.7	未常化 1000℃	117.3
常化 900℃	73.8	常化 1000℃	122.2

3.3　常化和退火工艺对织构的影响

退火织构对磁性能尤其是对磁感应强度有重要影响，对磁性能有利的织构主要为{100}织构和{110}织构，对磁性能产生不利影响的织构通常为{111}织构[1]，因此主要对{100}、{110}和{111}面织构进行了研究。图 4 为 4 个试样退火后的 OIM 图。分别对四个试样中与准确的{100}、{110}和{111}面织构偏离 10°以内的织构进行了统计，结果如表 2 所示。对于未常化试样而言，随着退火温度从 900℃升高至 1000℃，{100}和{110}面织构占有率分别从 4.31%和 0.1%增加至 8%和 7.47%，而{111}面织构占有率则从 7.64%降低到 0.00216%，数量明显减少，未常化试样中有利织构与不利织构的（$X_{\{100\}}+X_{\{110\}}$）/$X_{\{111\}}$比值显著增大。对于经过常化的试样而言，随着退火温度从 900℃升高至 1000℃，{110}和{111}面织构占有率分别从 7.59%和 4.64%增加至 18.8%和 10.3%，而{100}面织构占有率由 6.75%降低到 0，有利于磁性能的{100}面织构占有率明显降低，常化试样中的有利织构与不利织构的（$X_{\{100\}}+X_{\{110\}}$）/$X_{\{111\}}$比值显著减小。

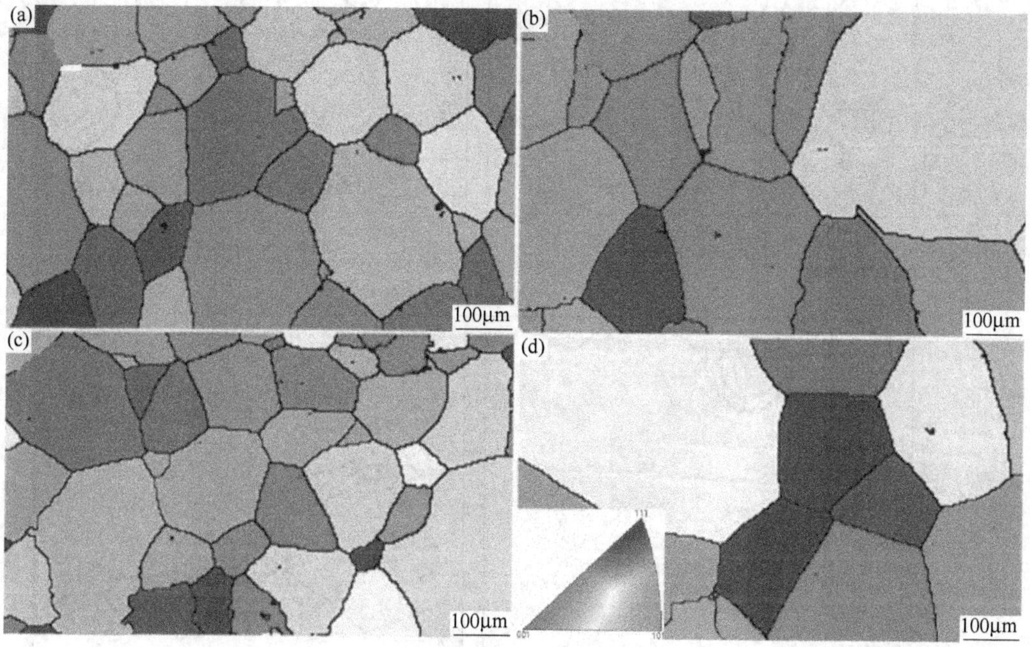

图 4　不同退火试样的微观组织

（a）未常化 900℃；（b）未常化 1000℃；（c）常化 900℃；（d）常化 1000℃

表 2　不同退火试样的织构占有率统计

试样编号	织构占有率/%			（$X_{\{100\}}+X_{\{110\}}$）/$X_{\{111\}}$
	{100}	{110}	{111}	比值
未常化 900℃	4.31	0.10	7.64	0.58
未常化 1000℃	8.00	7.47	0.00	∞
常化 900℃	6.75	7.59	4.64	3.09
常化 1000℃	0.00	18.8	10.30	0.00

图 5 为 4 个试样的 $\varphi_2=45°$的 ODF 截面图，可以观察到随着退火温度从 900℃升高到 1000℃，γ 线上织构有所增强。图 6 为不同试样的 α 取向线和 γ 取向线上织构分布图，可以发现对于未常化冷轧板来说，随着退火温度的升高，α 取向线上织构强度变化不大，γ 取向线上织构强度降低，{110}<110>织构强度从 0 增加到 0.25，而{111}<110>织构强度从 0.77 降低到 0.55，{111}<112>织构强度大幅度降低，从 1.19 降低至 0.59。对于常化冷轧板来说，随着退火温度的升高，α 取向线和 γ 取向线上织构强度都有一定程度的增加，其中 γ 取向线上织构的强度增加的更加明显，{110}<110>织构强度从 0 增加到 0.87，{111}<110>织构强度从 0 增加到 1.8，{111}<112>织构强度从 2.7 增加到 2.9。同时可以观察到，在相同退火条件下，常化处理后的冷轧板退火后的高斯强度较未常化处理的冷轧板退火后的高，但高斯织构强度均不高。从图 5 中可以看到，在 1000℃退火温度下，高斯织构强度由 0.0586 提高到 1.52。

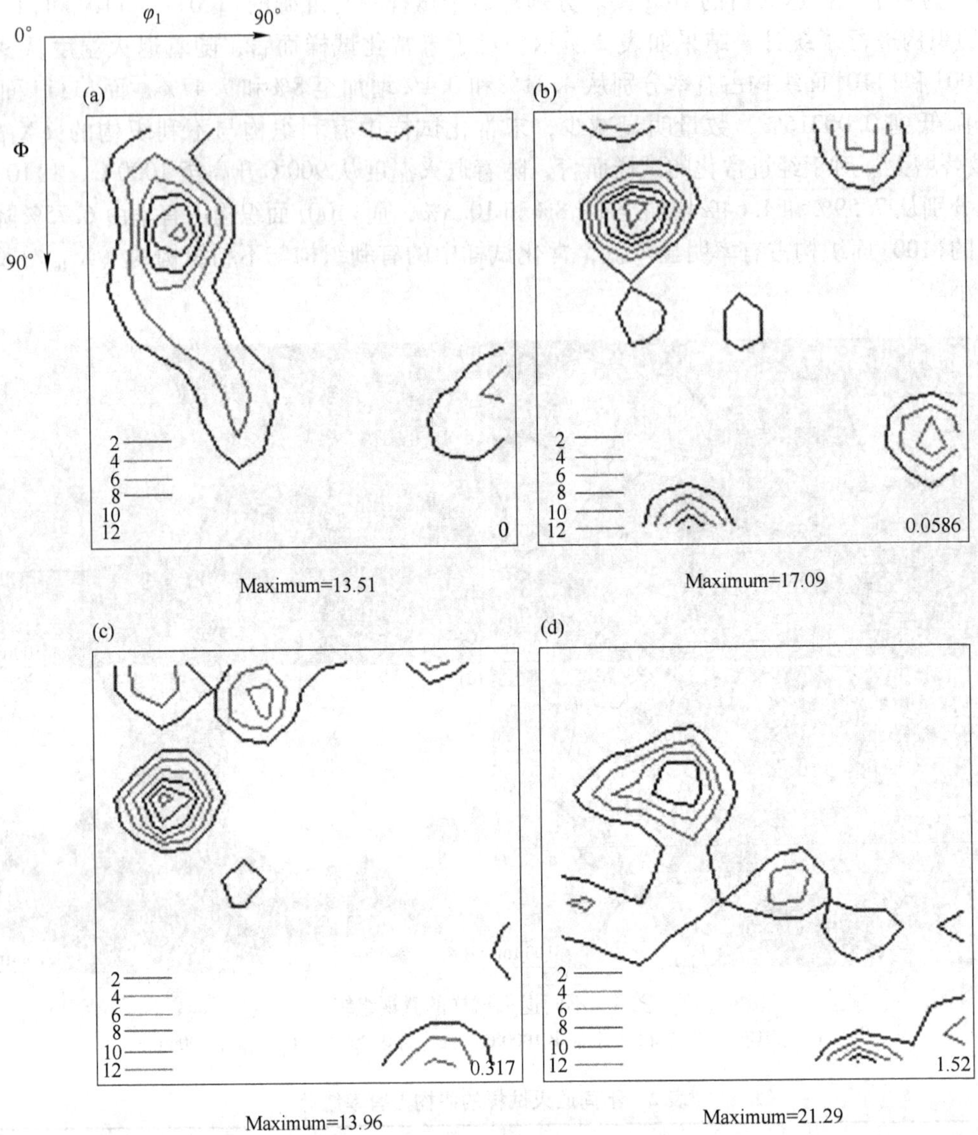

图 5　不同退火试样 $\varphi_2=45°$ 截面图

（a）未常化 900℃；（b）未常化 1000℃；（c）常化 900℃；（d）常化 1000℃

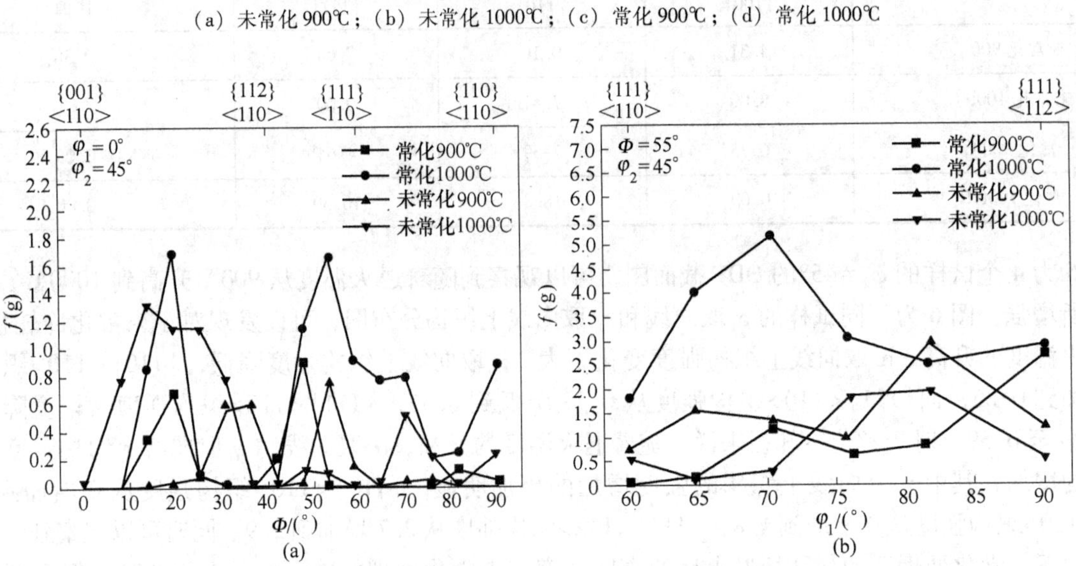

图 6　不同试样的 α 取向线（a）和 γ 取向线（b）上织构分布

4 讨论

无取向电工钢的铁损以磁滞损耗为主，晶粒尺寸是影响磁滞损耗的主要因素之一。晶界对磁化有阻碍作用，晶界越多，磁滞损耗越大，因此无取向硅钢粗大的晶粒可以使晶粒边界减少，进而对磁化的阻碍作用减小，降低铁损，最终改善无取向硅钢的磁性能[8]。通过表1可以观察到，对未常化冷轧板和常化冷轧板，随着退火温度的升高，平均晶粒尺寸明显增大。在相同退火条件下，常化处理也能增大平均晶粒尺寸，可见常化处理和提高退火温度均有利于增大晶粒尺寸，降低铁损，改善无取向硅钢的磁性能。同时也能观察到，退火温度从900℃升高到1000℃，未常化冷轧板和常化冷轧板退火后晶粒尺寸分别增加了56.6μm和48.4μm，而在900℃和1000℃退火温度下，常化处理使平均晶粒尺寸分别增加了13.1μm和4.9μm，可见退火温度对平均晶粒尺寸的影响更明显。

经张文康等[9]研究发现，在850~1050℃范围内对热轧板作常化处理，随常化温度的升高，热轧板晶粒尺寸会增加，而热轧板晶粒尺寸越大，冷轧形变组织中剪切带的分布密度越高，由于剪切带有较高的储能，再结晶晶粒优先在剪切带内形核，再结晶退火时剪切带中更容易形成高斯取向的晶核。本文所用热轧板钢样在850℃下进行20min常化处理，常化后热轧板晶粒尺寸增大，因此，常化后的冷轧板退火后高斯织构强度比未常化冷轧板退火后的高。然而Park J T进一步研究发现这些在剪切带组织中形成的Goss取向晶粒不具备明显的尺寸优势[10]，不能最终长大，因此观察到实验中退火板的Goss织构强度并不高。

再结晶形核和晶粒生长速率与冷轧变形晶粒的形变储能有关，不同取向形变晶粒的储能不同，形变晶粒储能越大退火时越优先成核。无取向硅钢冷轧后不同位向的储能大小顺序为：$E_{\{110\}} > E_{\{111\}} > E_{\{112\}} > E_{\{100\}}$，具有{110}、{111}取向的形变晶粒储能最大，在退火时该组分位置优先成核并向基体的近{111}方向长大[11]。退火过程中，冷轧试样的{111}<110>、{111}<112>取向晶粒形变储能较大，优先发生回复和再结晶，而{100}<110>、{112}<110>取向晶粒形变储能低，较难再结晶，因此如图6(a)所示，{110}<110>、{111}<110>织构强度较高。董廷亮等[12]研究发现，随常化温度的升高，γ取向线上织构不断增强，因此经过常化热处理的冷轧板退火后，其γ取向线上织构强度较未经过常化热处理的退火板高，如图6(b)所示。对比未常化与常化的试样可以发现，随着退火温度从900℃升高至1000℃，未常化试样中有利织构与不利织构的（$X_{\{100\}}+X_{\{110\}}$）/$X_{\{111\}}$比值显著增大，而常化试样中的有利织构与不利织构的（$X_{\{100\}}+X_{\{110\}}$）/$X_{\{111\}}$比值显著减小。因此，对常化冷轧板而言，提高退火温度不利于磁性能的改善。同时可以发现，在退火温度1000℃条件下，未常化冷轧板退火后，不利于磁性能的{111}面织构占有率为0，有利于磁性能的{100}和{110}面织构占有率均较高，（$X_{\{100\}}+X_{\{110\}}$）/$X_{\{111\}}$比值最大。

综上所述，常化热处理对平均晶粒尺寸的增大影响不明显，且在退火过程后有利织构与不利织构的（$X_{\{100\}}+X_{\{110\}}$）/$X_{\{111\}}$比值较低，而未经过常化热处理的冷轧板在在1000℃退火后，平均晶粒尺寸大，有利织构与不利织构的（$X_{\{100\}}+X_{\{110\}}$）/$X_{\{111\}}$比值最大，最有利于降低铁损，改善磁性能。

5 结论

（1）提高退火温度和进行常化热处理有利于冷轧板退火过程中晶粒长大，但常化工艺对晶粒尺寸的影响不大，退火温度起着主要作用。

（2）随着退火温度从900℃升高至1000℃，未常化试样中有利织构与不利织构的（$X_{\{100\}}+X_{\{110\}}$）/$X_{\{111\}}$比值显著增大，而常化试样中（$X_{\{100\}}+X_{\{110\}}$）/$X_{\{111\}}$比值显著减小。

（3）常化热处理有利于高斯织构强度的提高，但高斯织构难以在退火过程中得到发展。

（4）在1000℃下退火保温10min，未常化冷轧板退火后，其组织和织构更有利于磁性能的改善，因此在生产中可考虑去除常化工序，在退火工序中适当提高退火温度。

参考文献

[1] 何忠治，赵宇，罗海文．电工钢［M］．北京：冶金工业出版社，2012.
[2] 毛卫民，杨平．电工钢的材料学原理［M］．北京：高等教育出版社，2013.
[3] 邹翔，项利，仇圣桃，等．50W470无取向硅钢热轧板的组织与织构演变［J］．金属热处理，2017，42(02)：7-11.

[4] Pedrosa J S M, Paolinelli S D C, Cota A. Influence of initial annealing on structure evolution and magnetic properties of 3.4% Si non-oriented steel during final annealing [J]. Journal of Magnetism & Magnetic Materials, 2015, 393(1): 146-150.
[5] 王玉峰，金自力，任慧平，等. 冷轧无取向硅钢再结晶退火过程的EBSD分析 [J]. 电子显微学报，2009，28(1)：39-42.
[6] 匡元辉，李建军，岳尔斌，等. 退火对TSCR生产低碳低硅无取向硅钢的影响 [J]. 钢铁钒钛，2010，31(03)：25-29.
[7] 郭海荣，李化龙. 退火工艺对1.8%Si冷轧无取向硅钢组织与磁性能的影响 [J]. 热加工工艺，2016(16)：181-185.
[8] 金自力，王玉峰，任慧平. 冷轧无取向硅钢的实验研究 [J]. 包头钢铁学院学报，2003，22(3)：252 -254.
[9] 张文康，毛卫民，王一德，等. 热轧板常化后的晶粒尺寸对无取向硅钢织构和磁性能的影响 [J]. 钢铁，2007，42(2)：64-67.
[10] Park J T, Szpunar J A. Evolution of recrystallization texture in nonoriented electrical steels [J]. ActaMaterialia, 2003, 51(11): 3037-3051.
[11] Urabe T, Jonas J J. Modeling Texture Change during the Recrystallization of an IF Steel [J]. ISIJ International, 1994, 34(5): 435-442.
[12] 董廷亮，岳尔斌，李建军，等. 常化温度对TSCR流程制备低碳低硅无取向硅钢组织和性能的影响 [J]. 机械工程材料，2011，35(3)：15-17.

热轧工艺对高速冲床用50BW600冷轧无取向硅钢组织和性能的影响

李毅伟

（本钢产品研究院，辽宁 本溪 117000）

摘 要：高速冲床用50BW600产品硬度和强度指标与普通产品相比，硬度指标要达到125Hv以上，抗拉强度要达到415MPa以上，同时要求具有优良的电磁性能，铁损值要求小于4.2W/kg。热轧工艺对产品的组织和性能具有重要影响，在合理的化学成分设计和冷轧工艺基础上，通过不同热轧工艺方案的试验，得到最佳的热轧工艺参数，保证产品的力学性能和电磁均达到最佳。

关键词：Hv硬度；铁损；力学性能

The Influence of the Hot Rolling Process on the Microstructure and Properties of High Speed Punch 50BW600 of Non-oriented Silicon Steel

Li Yiwei

(Product Research Institute of BX Steel, Benxi 117000, China)

Abstract: Due to hardness and strength of the high hardness of 50BW600 for high speed punch have higher requirements , the Hv index of hardness required more than 125, the tensile strength is required to reach more than 415MPa, At the same time, the iron loss indicators also has high requirements, the iron loss is less than 4.2W/kg. Through chemical composition design and process design to meet performance requirements. Under the constant condition of other process. Through the experiment of different hot rolling process to obtain the optimal parameters of the hot rolling process, ensure the mechanical properties and electromagnetic products are the best.

Key words: Hv hardness; iron loss; stamping performance

高速冲床用高硬度50BW600无取向硅钢产品专门为无取向硅钢高速冲床设计，对力学性能和电磁性能均有较高要求，无取向硅钢生产过程中随着力学性能提高，电磁性能有下降的趋势，如何提高力学性能而不损失电磁性能，是开发的难点。由于组织遗传性的影响，热轧工艺对于成品硅钢的组织和性能有重要的影响，通过热轧工艺控制来解决产品力学性能和电磁性能的矛盾，使产品的综合性能达到最佳平衡，是生产工艺控制的一项重要措施。由于组织遗传性的影响，最终产品的组织性能由铸坯组织、热轧组织和冷轧组织演变过程共同决定，前部工序的组织结构决定了后面工序产品的组织性能。热轧组织对冷轧钢板组织性能有重要影响，因此需要通过不同热轧工艺实验，得到理想的热轧组织，确定最佳的热轧生产工艺。本钢高速冲床用高硬度50BW600产品开发过程中，通过对不同的热轧生产工艺的设计，分析不同热轧工艺条件下钢板的显微组织，获得最优的产品性能，最终确定合理的热轧生产工艺，得到了满足用户加工和使用要求的无取向硅钢产品。

1 试验材料与方法

本钢高速冲床用50BW600的热轧原料在薄板坯连铸连轧生产线生产，热轧工艺参数为：板坯的加热温度：1100℃；加热时间：25min；开轧温度：1050～1090℃；终轧温度和卷取温度试验两种温度组合：870℃与720℃和850℃与650℃。对于不同工艺条件下的热轧、冷轧和连退钢板组织进行取样分析，研究不同热轧工艺条件下，钢板的组织结构及转变规律，以确定最佳的热轧工艺制度，提高钢板的电磁性能和力学性能指标。

生产过程中对不同热轧工艺制度各组织两炉生产，各炉钢为一个浇次生产，化学成分接近，成分的波动对性能影响可不计。化学成分见表1。

表1 高速冲床用50BW600的化学成分

Table 1 Chemical composition of 50BW600

元素	Si	Mn	Als	N	O
成分范围/%	1.20～1.50	0.40～0.75	0.25～0.55	≤0.0040	≤0.0025

2 显微组织分析与性能检验

对热轧、冷轧和退火钢板分别取样进行光学显微镜的金相组织检验，对退火后的钢板进行拉伸、硬度和电磁性能检验，分析热轧卷取温度对产品的组织与性能影响。

2.1 热轧组织

不同热轧卷取温度下，热轧板组织的变化如图1所示。

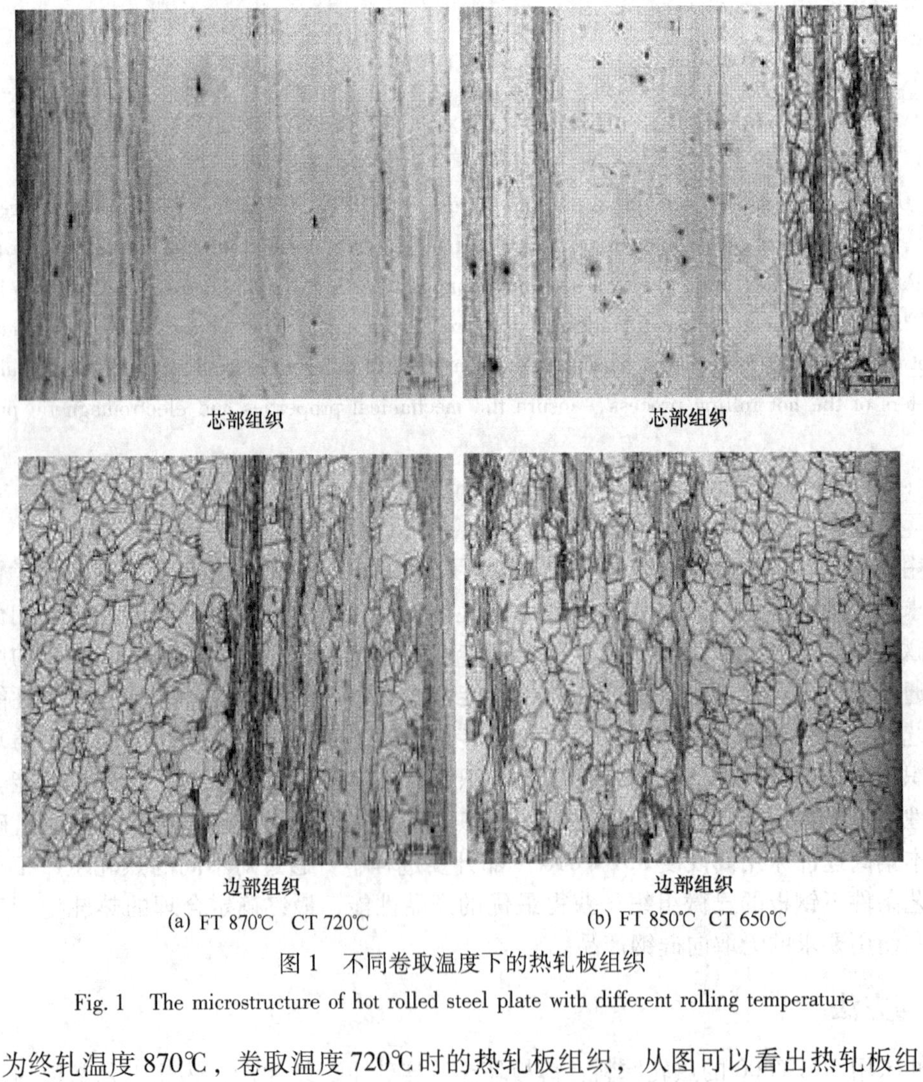

芯部组织 芯部组织

边部组织 边部组织

(a) FT 870℃ CT 720℃ (b) FT 850℃ CT 650℃

图1 不同卷取温度下的热轧板组织

Fig. 1 The microstructure of hot rolled steel plate with different rolling temperature

图1(a) 为终轧温度870℃，卷取温度720℃时的热轧板组织，从图可以看出热轧板组织的芯部组织

与边部组织具有明显的梯度变化，芯部为粗大的沿轧制方向的纤维组织，边部为较细小的热轧组织。这是由于无取向硅钢 50BW600 铸坯组织的特点（见图 2）决定，从图 2 铸坯组织可以看出，沿铸坯厚度方向为粗大的柱状晶组织，表面没有明显的等轴晶区，因此，在热轧温度较高的 720℃卷取，芯部组织基本没有发生再结晶，组织以粗大的沿板厚方向的粗大纤维组织为主，由于组织遗传性的影响，会对冷轧和退火组织产生不利影响。

图 1(b) 为终轧温度 850℃，卷取温度 650℃时的热轧板组织，从图可以看出，与终轧温度 870℃，卷取温度为 720℃的热轧板组织相比，芯部的纤维组织具有明显的沿轧制方向的条带状分层，与粗大的纤维组织相比，在冷轧和退火过程中，会形成更多的再结晶形核点，保证再结晶的均匀性，使成品钢板具有更均匀的电磁性能和力学性能，获得良好的力学性能同时不降低电机的电磁特性。

图 2 高硬度 50BW600 铸坯组织

Fig. 2 The macrostructure of high hardness 50BW600

从热轧显微组织分析，采用较低的终轧和卷取温度，可以更好地破碎 50BW600 硅钢铸坯组织中粗大的柱状晶组织，在热轧板组织中形成较多的条带状纤维组织，冷轧后退火过程中产生更多的形核点，使成品组织更加均匀，有利于成品的电磁性能和力学性能。

2.2 冷轧板组织

从冷轧钢板显微组织可看出，终轧温度 850℃和卷取温度 650℃的热轧钢板经过冷轧 80%的压下率后，与终轧温度 870℃和卷取温度 720℃的冷轧钢板组织相比，在纤维组织中形成了更多的形核点，对于后面退火过程中均匀形核有利，有利于再结晶晶粒的均匀长大。

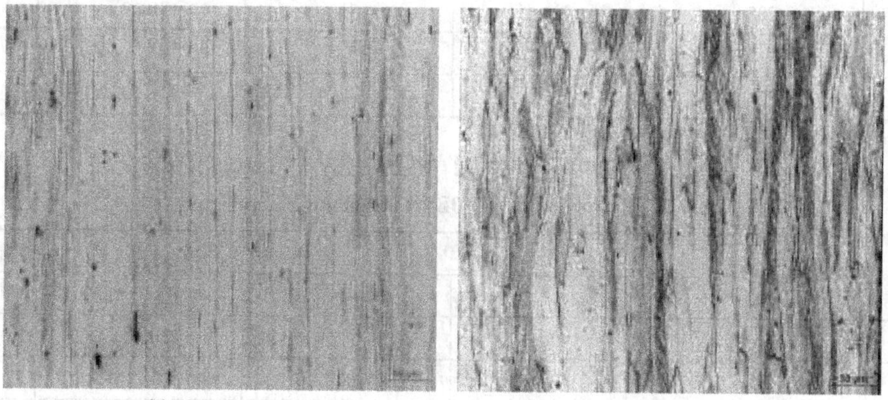

(a) FT 870℃ CT 720℃ (b) FT 850℃ CT 650℃

图 3 不同热轧工艺下的冷轧板组织

Fig. 3 Cold rolled sheet microstructure

2.3 成品组织

无取向硅钢成品组织受化学成分、钢板组织、退火工艺的影响，由于组织遗传性，热轧组织决定成品钢板的组织。在较低的热轧终轧与卷取温度条件下，形成了更多的形核点，因此成品组织更加均匀，对于产品的力学性能和电磁性能也更加有利。

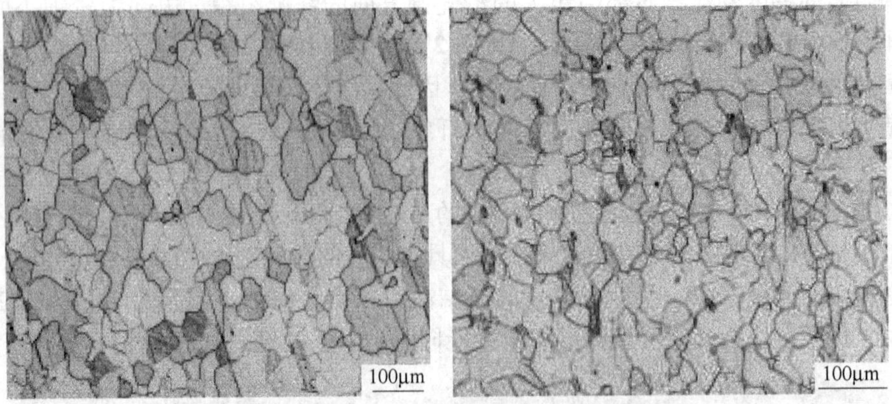

(a) FT 870℃　CT 720℃　　(b) FT 850℃　CT 650℃

图 4　不同热轧工艺下的连退钢板组织

Fig. 4　Microstructure of annealing steel strip

2.4　性能检验

两种热轧生产工艺的成品电磁性能与力学性能见表 2 和表 3。

表 2　高速冲床用 50BW600 性能（热轧工艺：FT870℃；CT720℃）

Table 2　Performance of 50BW600 for high speed punch

卷号	拉伸试验			电磁性能	
	屈服强度/MPa	抗拉强度/MPa	延伸率/%	铁损/W · kg^{-1}	磁感/T
1	215	403	50	4.19	1.68
2	220	412	48	4.02	1.68
3	230	418	43.5	4	1.68
4	230	412	42.5	4.14	1.68
5	235	421	51	4.1	1.67
最大值	235	421	51	4.19	1.68
最小值	215	403	42.5	4	1.67
平均值	226	413.2	47	4.09	1.678

表 3　高速冲床用 50BW600 性能（热轧工艺：FT850℃；CT650℃）

Table 3　Performance of 50BW600 for high speed punch

卷号	拉伸试验			电磁性能	
	屈服强度/MPa	抗拉强度/MPa	延伸率/%	铁损/W · kg^{-1}	磁感/T
1	270	420	49.5	4.15	1.68
2	270	424	51	4.1	1.67
3	265	426	51.5	4.1	1.68
4	265	422	52	4.1	1.68
5	275	430	50.5	4.13	1.68
最大值	275	430	52	4.15	1.68
最小值	265	420	49.5	4.1	1.67
平均值	269	424.4	50.9	4.116	1.678

对力学性能和电磁性能检验分析，低的热轧终轧温度和卷取温度对于提高产品的力学性能有明显作用。同时低的热轧温度连退后成品的晶粒组织较均匀，因此成品的力学性能和电磁性能波动较小，可以

提高产品的性能稳定性。

3 结论

通过不同热轧工艺条件下的高速冲床用 50BW600 无取向硅钢生产试验，对各工序产品的显微组织和最终成品性能结果分析，确定最佳的热轧终轧温度和卷取温度，得到良好的显微组织的热轧钢板，经过冷轧和连退后获得力学性能和电磁性能优良的无取向硅钢产品。

参考文献

[1] 邵媛媛，丁磊，等. 热轧温度对含柱状晶的电工钢形变、再结晶织构的影响. 第十二届中国电工钢学术年会论文集，2012 年.

高硅电工钢轧制性能改善的实验研究

曾　春[1]，骆忠汉[1]，李昊泽[2]，王项龙[2]，黄景文[1]，吴章汉[1]

（1. 国家硅钢工程技术研究中心，湖北 武汉 430080；
2. 东北大学轧制技术与连轧自动化国家重点实验室，辽宁 沈阳 110819）

摘　要：基于“形变诱导无序”工艺原理，研究确定了6.5%Si 钢合适的温轧温度和温轧变形量，使其获得一定室温韧性，通过制定合理的热/温/冷轧制工艺，实现了6.5%Si 钢室温冷轧，制备出宽度≥180mm，厚度0.1mm6.5%Si 钢成品薄带。

关键词：6.5%Si 钢；形变诱导无序；塑性变形；有序相

Experimental Research for Rolling Property Improvment of High Silicon Electrical Steel

Zeng Chun[1], Luo Zhonghan[1], Li Haoze[2], Wang Xianglong[2], Huang Jingwen[1], Wu Zhanghan[1]

(1. National Engineering Research Center for Silicon Steel, Wuhan 430080, China;
2. State Key Laboratory of Rolling and Automation, Northeastern University, Shenyang 110819, China)

Abstract: The proper warm rolling temperature and amount of deformation of Fe-6.5%Si steel are determined based on the process theory of deformation induced disordering, thus room-temperature ductility of Fe-6.5%Si steel is acquired. Room-temperature cold rolling of Fe-6.5%Si steel can be realized through reasonable hot/warm/cold rolling process, and prepared Fe-6.5%Si steel strip product which width greater than 180mm and thickness of 0.1mm.

Key words: 6.5%Si steel; deformation induced disordering; plastic deformation; ordered phase

1　引言

6.5%Si 钢在冷却时会发生高温无序结构转变为低温有序结构的相变过程，包括无序→有序转变（A2→B2，约750℃）和有序→有序转变（B2→DO3，约600℃），如图1所示。有序相的产生使6.5%Si 钢屈服强度和抗拉强度急剧下降，室温脆性大，无法进行常规冷轧。可见，6.5%Si 钢批量化生产的难点主要在于加工工艺。目前市场上主要是日本JFE公司利用CVD（化学气相沉积）快速渗硅法实现的6.5%Si 钢产业化产品，但也存在对设备腐蚀，环境污染等缺陷[1~3]。

形变诱导无序（DID）工艺的原理是，当有序的基体发生足够大的塑性变形时，内部有序相将会被部分超位错“切割”成许多小块以至消失，从而使有序的基体变为无序的基体。图2所示为Fe-Si 合金中不同结构的{110}面原子排列及位错伯氏矢量，{110}面是体心立方结构的主要滑移面，<111>方向是位错的伯氏矢量方向。为确保变形后材料的原子排列不被打乱，B2和DO3有序相的伯氏矢量将会增长。从图2可看出，B2有序结构柏氏矢量的全位错长度约为A2结构的两倍，DO3有序结构柏氏矢量的全位错长度约为A2结构的四倍。增长后的伯氏矢量变得不稳定，导致全位错解离成两个小型单位错，即超位错对。塑性变形时超位错对滑移，使有序相被切割，导致单个有序相体积减小直至消失，材料内部有序度降低直至变成无序态，即产生了DID效应。

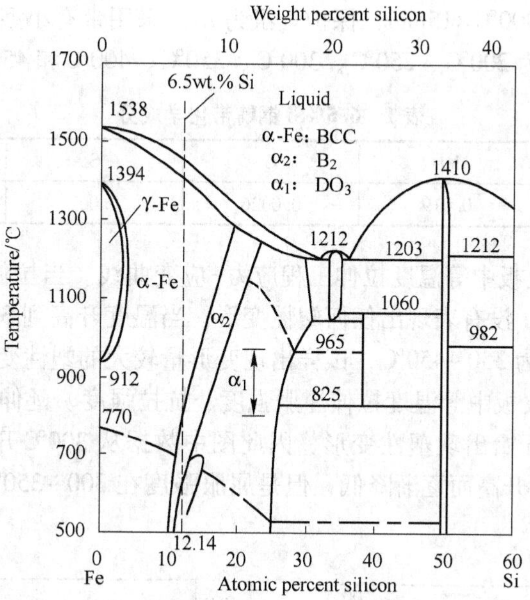

图 1　Fe-Si 二元相图

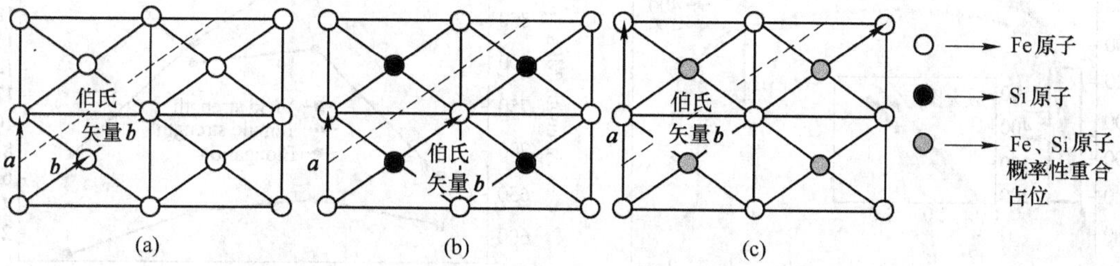

图 2　Fe-Si 合金中不同结构的{110}滑移面及位错伯氏矢量

（a）A2 结构；（b）B2 结构；（c）DO3 结构

本文基于“形变诱导无序”工艺原理，通过试验研究确定合适的温轧温度和温轧变形量，使 6.5%Si 钢获得一定室温韧性，实现了采用热轧+温轧+室温冷轧的工艺制备出 6.5%Si 钢成品薄带。

2　试验过程及分析

对 6.5%Si 钢而言，轧制温度过低不能产生塑性变形，轧制温度过高使成品磁性能变差；轧制压下率过低不足以充分地降低材料内部有序度，轧制压下率过高则材料内部加工硬化程度剧烈升高。因此，确定合适的温轧温度和压下率是通过形变诱导无序提升 6.5%Si 钢室温塑性的关键技术[4~6]。

2.1　温轧温度的确定

以双辊薄带铸轧试验机生产出的 2.5mm 厚 6.5%Si 钢铸带为原料，在 1050℃ 下轧制成 1mm 厚的热轧板，铸带形貌及其成分见图 3 和表 1 所示。将热轧板线切割成拉伸试样，然后对拉伸试样进行再结晶退

图 3　2.5mm 厚、180mm 宽的 6.5%Si 钢铸带形貌

火，空冷至室温，退火制度为900℃×15min，保护气氛为Ar。采用带有小型加热炉的拉伸机进行中等温度拉伸试验，拉伸温度分别设定为200℃、250℃、300℃、350℃、400℃和450℃。

表1　6.5%Si 钢铸带化学成分　　（质量分数,%）

元素	Si	Mn	C	S	N	Fe
含量	6.55	0.019	0.0026	0.003	0.0027	其余

图4为6.5%Si钢热轧退火板中等温度拉伸工程应力-应变曲线。当拉伸温度为200℃和250℃时，试样拉伸时在弹性阶段发生断裂，没有表现出任何塑性变形；当温度升高到300℃时，试样开始出现变形量很小的塑性变形；拉伸温度在为350~450℃，试样出现变形量较大的塑性变形。

图5为6.5%Si钢热轧退火板中等温度拉伸屈服强度、抗拉强度、延伸率和拉伸温度的演变关系，由于试样在300℃以上拉伸时才开始出现塑性变形，因此图中数据从300℃开始计算得到。可以明显发现，6.5%Si钢抗拉强度随着温度的升高而逐渐降低，但是屈服强度在300~350℃呈现出一定的上升趋势，在350~450℃呈现出下降趋势。

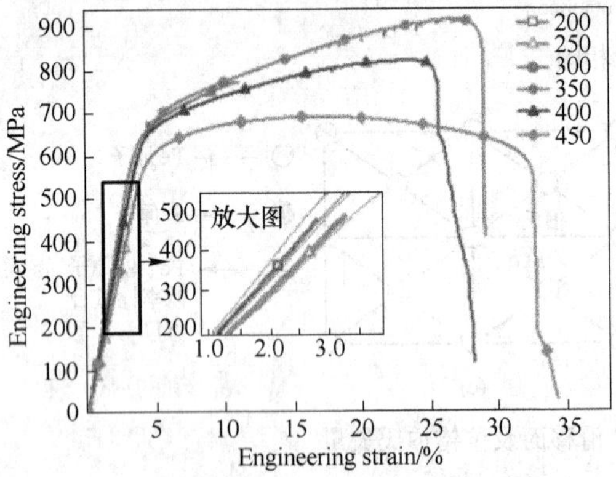

图4　6.5%Si 钢热轧退火板的中等温度拉伸应力-应变曲线

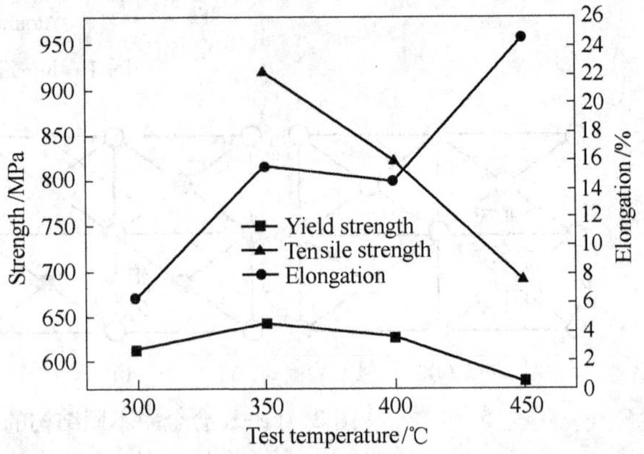

图5　6.5%Si 钢热轧退火板拉伸屈服强度、抗拉强度、延伸率和拉伸温度的演变关系

通过研究温轧温度对退火板磁性能影响的研究，发现随着温轧温度升高，易磁化的λ织构逐渐减弱，不易磁化的γ织构逐渐增强，使磁感逐渐下降；同时再结晶组织逐渐粗大，铁损指标（$W_{10/50}$）逐渐降低，如图6所示。

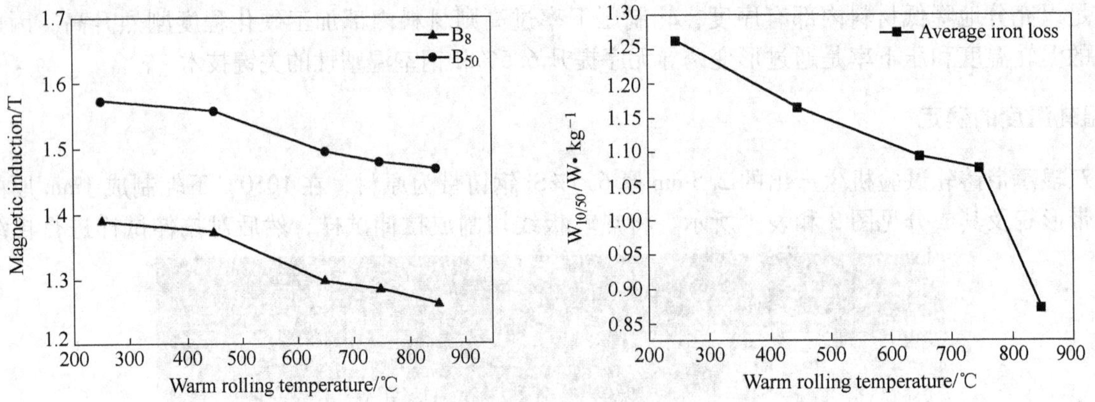

图6　温轧温度对退火板磁性能的影响

综合温轧温度对可轧性和磁性的影响可以确定：6.5%Si钢可行的温轧温度是300~450℃之间。

2.2　温轧压下量的确定

将2.5mm厚的6.5%Si钢铸带在1050℃下分别热轧成厚度1mm、0.77mm、0.64mm、0.54mm、

0.47mm 和 0.41mm 的热轧板，然后温轧至厚度 0.35mm，温轧压下率分别为 65%、55%、45%、35%、25%和 15%。将温轧板切割成弯曲试样，并在室温下对高硅钢温轧板进行弯曲，对试样进行硬度、弯曲性能检测，以及有序相观察。

图 7 为 6.5%Si 钢在不同温轧压下率时的宏观硬度变化，图中呈现三个阶段。阶段一，当温轧压下率为 15%~35%时，温轧板宏观硬度迅速升高。阶段二，当温轧压下率增加到 45%时，温轧板的硬度降低，表现出一定程度的软化效应。阶段三，随着温轧压下率的继续增加，温轧板的宏观硬度开始逐渐升高。因此，当温轧压下率为 45%~65%时，6.5%Si 钢温轧板可以表现出一定量的软化。图 8 为 6.5%Si 钢温轧板室温弯曲应力-应变曲线，可以明显看出，当温轧压下率为 15%~35%时，温轧板在弹性变形阶段发生弯曲断裂。当温轧压下率为 45%时，温轧板出现少量的塑性变形，且随着温轧压下率的增加，塑性变形量增加。当温轧压下率为 65%时，温轧板表现出非常明显的塑性变形。

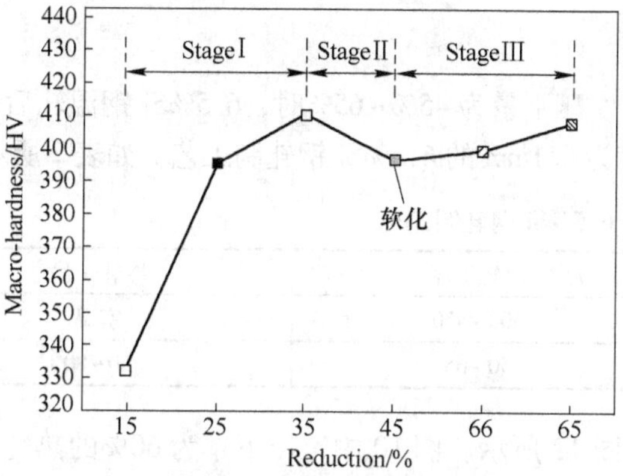

图 7　6.5%Si 钢温轧板宏观硬度

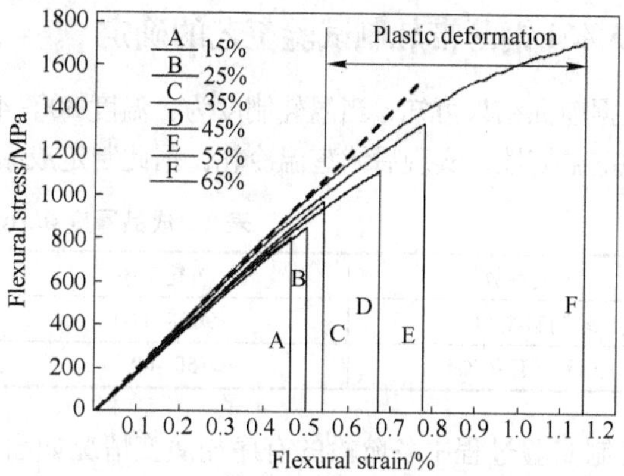

图 8　6.5%Si 钢温轧板室温弯曲应力-应变曲线

为研究 6.5%Si 钢温轧过程中“形变诱导无序”的效果，采用 TEM 观察 6.5%Si 钢在不同下温轧压下率下的有序相演变情况，如图 9 所示。当温轧压下率为 15%和 25%时，试样内部还存在有较大块的 B2 相，同时有带状反相畴界（APB）。当温轧压下率继续增加时，内部大块 B2 相体积逐渐变小，只留下较小的 B2 相，同时带状 APB 也逐渐消失。当温轧压下率为 65%时，如图 9(f) 所示，内部 B2 相完全消失，只能从明场像下观察到大量的位错，可见温轧压下率对有序相的形貌和体积具有很大影响。同时可以看出，随着温轧压下率增加，(200) 衍射斑强度逐渐减弱，压下率为 65%时，(200) 衍射斑完全消失，基体变成无序态。

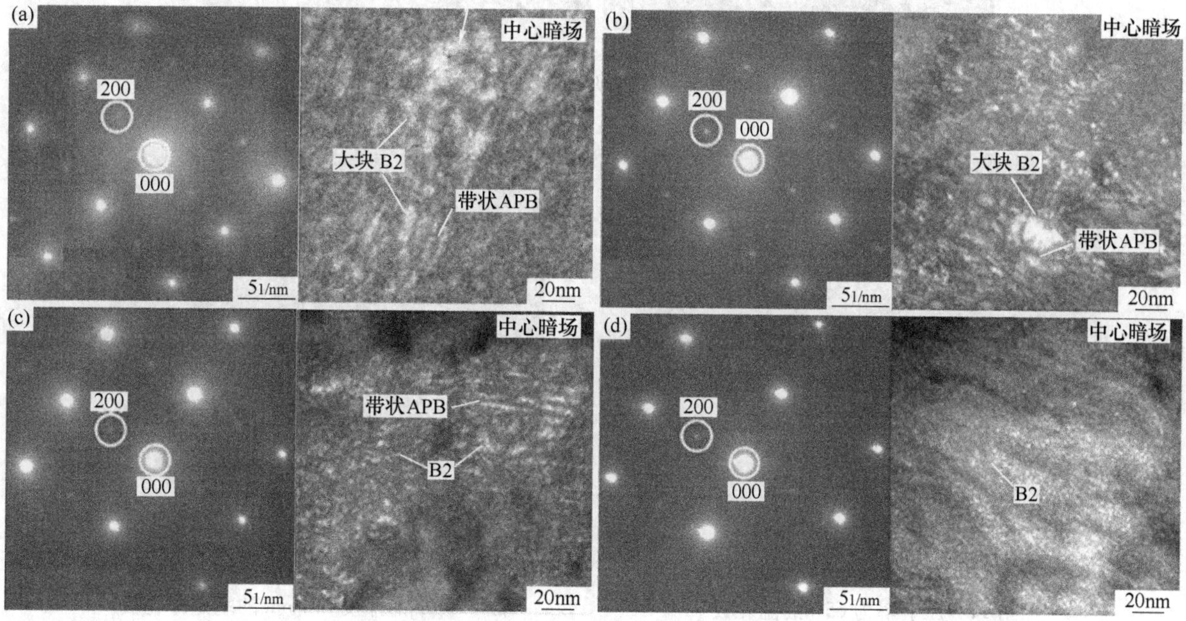

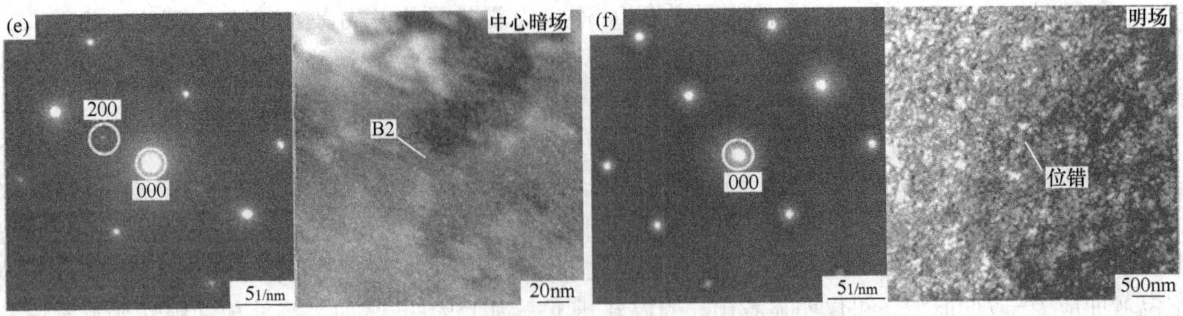

图 9　6.5%Si 钢温轧板有序相 TEM 观察

(a) 15%；(b) 25%；(c) 35%；(d) 45%；(e) 55%；(f) 65%

3　6.5%Si 钢薄带轧制试验工艺的确定

根据前面结果可知，当温轧制度为：温度 300~450℃，压下量为 45%~65%时，6.5%Si 钢温轧后可获得一定的室温韧性，实现后续室温冷轧，据此制定成品厚度为 0.1mm 的 6.5%Si 钢轧制工艺，如表 2 所示。

表 2　成品厚度 0.1mm 的 6.5%Si 钢轧制工艺

工艺参数	热轧工序	温轧工序	冷轧工序
轧制温度/℃	900~1000	300~450	室温
工序压下率/%	50~60	50~65	60~80

轧制实验过程中各阶段的有序相演变情况如图 10~图 12 所示。图 10 中，压下率为 60%的热轧板内存

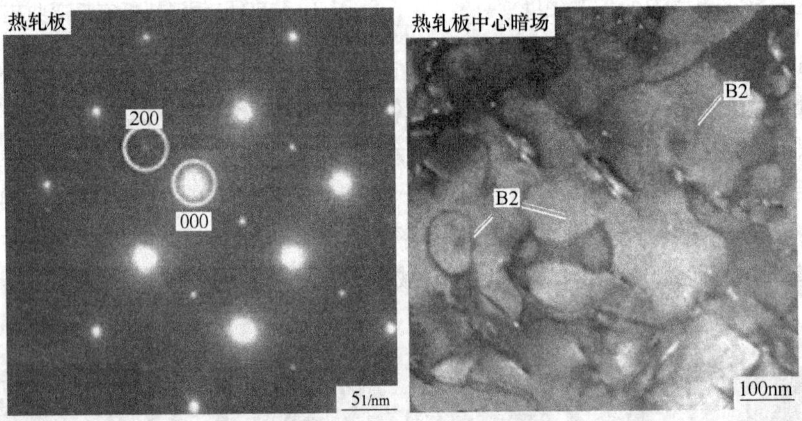

图 10　压下率为 60%的热轧板

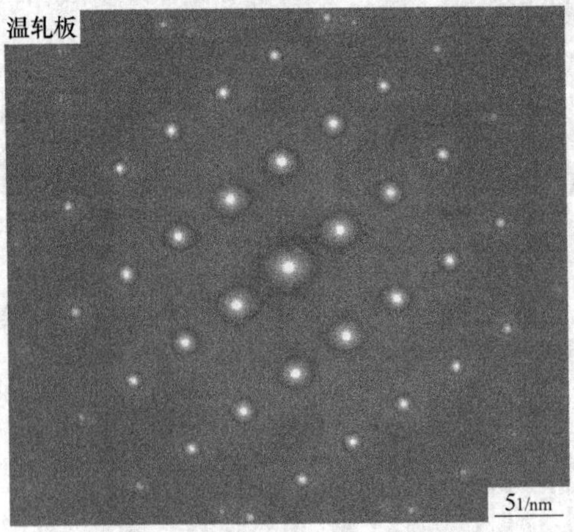

图 11　压下率为 65%的温轧板

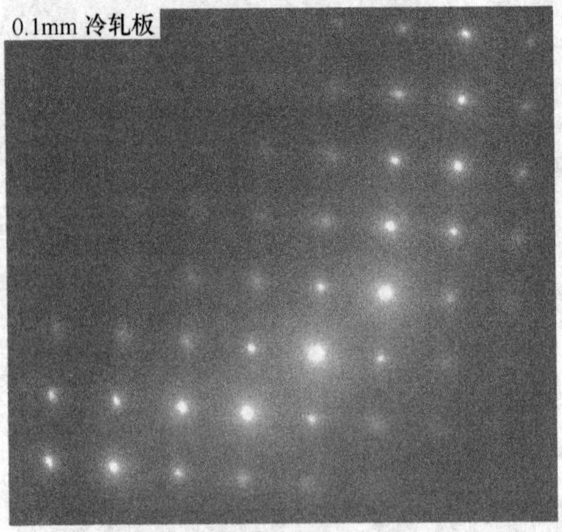

图 12　成品厚度 0.1mm 的室温冷轧板

在 B2 有序相，并观察到 B2 有序相的组织形貌，其尺寸大小为 70~210 nm。图 11 中，压下率为 65%的温轧板中的 B2 有序相已完全消失。图 12 中，对无序相的温轧板进行室温冷轧至 0. 1mm，观察不到有序相衍射斑。说明经过温轧和冷轧变形后，6. 5%Si 钢内部有序相消失，基体变成无序态。

图 13 为应用上述工艺成功制备出的宽度≥180mm、厚度 0. 1mm 的 6. 5%Si 钢冷轧薄板。可以看出，冷轧薄板成品的板型优良，具有金属光泽，且边裂程度非常微小。

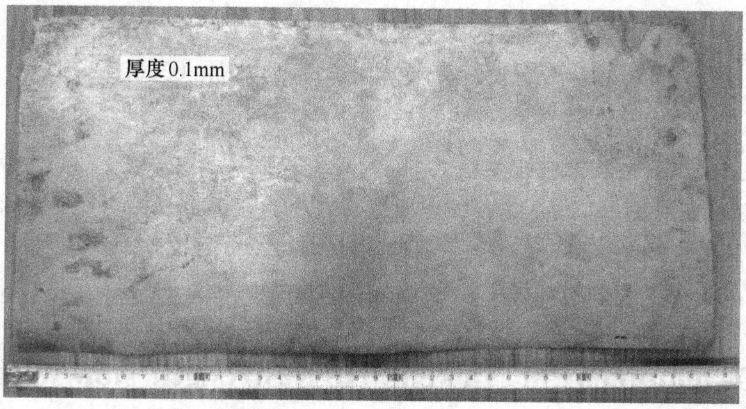

图 13 宽度≥180mm、厚度 0. 1mm 的 6. 5%Si 钢冷轧薄板

4 结论

（1）6. 5%Si 钢热轧退火板在 300℃以上才开始出现塑性变形，随着温轧温度升高，其抗拉强度逐渐降低，但同时磁感逐渐下降。综合温轧温度对可轧性和磁性的影响可以确定：6. 5%Si 钢可行的温轧温度是 300~450℃之间。

（2）基于“形变诱导无序”原理软化 6. 5%Si 钢，当温轧压下率为 45%，6. 5%Si 钢温轧板表现出一定量的软化，随着温轧压下率增加，则表现出非常明显的塑性变形，提高了 6. 5%Si 钢室温韧性。相应地，内部大块 B2 相体积随压下率增加而逐渐变小，压下率为 65%时，B2 相完全消失，基体变成无序态。

（3）基于前述实验结果，制定合理的热/温/冷轧制工艺，制备出宽度度≥180mm，厚度 0. 1mm 的 6. 5%Si 钢薄带，实现了 6. 5%Si 钢室温冷轧，验证了“形变诱导无序”工艺制备高硅钢薄带的可行性。

参考文献

[1] 何忠治，赵宇，罗海文．电工钢 [M]. 北京：冶金工业出版社，2012.

[2] 毛卫民，杨平．电工钢的材料学原理 [M]. 北京：高等教育出版社，2013.

[3] 林均品，叶丰，陈国良．6. 5wt%Si 高硅钢冷轧薄板制备工艺、结构和性能 [J]. 前沿科学，2007，2(2)：13-26.

[4] Hao-Ze Li，Zhen-Yu Liu，Yi Liu. Tensile properties of strip casting 6. 5 wt% Si steel at elevated temperatures [J]. Materials science & engineering A. 639 (2015) 412-416.

[5] Hai-Tao Liu，Hao-Ze Li，Hua-Long Li. Effects of rolling temperature on microstructure，texture，formability and magnetic properties in strip casting Fe-6. 5 wt% Si non-oriented electrical steel [J]. Journal of Magnetism and Magnetic Materials. 391 (2015) 65-74.

[6] 李慧，梁永锋，贺睿琦．快速凝固 Fe-6. 5% Si 合金有序结构及力学性能研究 [J]. 金属学报，2013，49(11)：1452-1456.

实验室研制含 Ni 高强度无取向电工钢

潘振东，林　媛，侯鹏飞，谢恩敬

（太钢不锈钢股份有限公司，山西 太原 030003）

摘　要： 模拟大生产流程，在固溶强化基础上，通过细化成品板晶粒，试制高强度无取向电工钢。分析了 Ni 和晶粒直径对高强度无取向电工钢性能的影响。对于 Fe-3%Si-0.8%Al 基体，同含量的 Ni 与 Mn 相比，Ni 固溶强化能力更强。且添加适量 Ni 可以提升磁感。

关键词： 高强度无取向电工钢；固溶强化；细化晶粒；Ni

The Development of Nickelic High Strength Non-Oriented Electrical Steel in the Lab

Pan Zhendong，Lin Yuan，Hou Pengfei，Xie Enjing

（Shanxi Taigang Stainless Steel Co.，Ltd.，Taiyuan 030003，China）

Abstract： On the basis of solution strengthening，high strength non-oriented electrical steel was developed by simulating scale-up batchand refining grains of the finished plate. The Effect of Ni and grain diameter on high strength non-oriented electrical steel properties was analyzed. Ni have the better solution strengthening effect to the Fe-3%Si-0.8%Al matrix compared with the same content of Mn. Adding moderate amount of Ni can improve the magnetic induction of the product.

Key words： high strength non-oriented electrical steel；solution strengthening；refining grain size；Ni

电工钢是电力、电子和军事工业中不可缺少的重要软磁合金[1]。无取向电工钢的研发重点主要是如何获得更优异的磁性能，所以对其力学性能的研究并不多[2]。但是近年来，高度重视环保，对混合动力汽车（HEV）及电动汽车（EV）的需求日益高涨。HEV、EV 的心脏是驱动电机，永磁体内置于转子的 IPM(Interior permanent magnet) 电机已被广泛的利用[3]。形状复杂的转子在高速旋转时有可能因应力集中而导致变形及疲劳破坏，这类转子的铁芯材料需兼顾磁性能和强度[4]。此外，超高速电机的转子铁芯材料也需使用高强度无取向电工钢。原新日铁于 2002 年公布了高强度无取向电工钢产品[5]，新日铁住金于 2012 年公布了最新的高强度无取向电工钢产品[6]。

转子铁芯材料比定子铁芯材料容许的铁损大很多。在高强度无取向电工钢的相关专利中，各种强化方法（固溶强化、细晶强化、析出强化、位错强化）都有被用及，且都在确保铁损不严重劣化。本试验在实验室模拟大生产，在高的 Si、Al 含量基础上，通过添加 Ni 固溶强化元素，并通过减小退火板晶粒直径，试制高强度无取向电工钢，研究了 Ni 元素和成品板晶粒直径及织构对高强度无取向电工钢性能的影响。

1　试验材料及方法

试验模拟大生产试制高强度无取向电工钢。主要工序为：真空冶炼→浇注铸坯→铸坯均热→热轧→卷取→常化酸洗→冷轧→退火→磁性能和力学性能检测。冶炼得到试验钢的化学成分见表 1，其中 2#、3# 成分为对比成分。

表 1 试验钢的主要化学成分（质量分数）

Table 1 Chemical composition of experimental steel（massfraction） (%)

编号	C	Si	Al	Mn	Ni	P	S	N
1#	0.0024	3.02	0.8	0.20	2.0	0.0103	0.0035	0.0019
2#	0.0028	3.00	0.8	2.0	0	0.0096	0.0038	0.0019
3#	0.0028	3.01	0.8	0.20	0	0.0091	0.0035	0.0039

冶炼完成后浇注成横截面为 50mm×100mm 的铸坯，立即送入 1180℃的均热炉内保温 300min。热轧采用二辊可逆轧机 5 道次轧至约 2.3mm，切取一段热轧板并将其送入温度为 650℃的马弗炉保温 1h 后随炉冷却。然后对热轧板进行 950℃×5min 常化，气氛为 100%氮气。将常化板酸洗并冷轧至 0.5mm。对冷轧板进行剪裁、修磨后，分别以 800、900、1000℃进行 4min 退火，气氛为 30%氢气与 70%氮气的混合气。

观察了成品板的金相组织；并采用型号为 ZEISS · SUPRA-55VP 的扫描电镜上配备的 TSL · OIM · EBSD 系统，对 1#成分退火板进行了表层织构的检测。利用交流磁性测量仪测量退火板铁损 $P_{15/50}$、$P_{10/400}$、$P_{10/800}$、$P_{10/1000}$ 和磁感应强度 B_{50}。依据 GB/T228[7]，如图 1 所示制样并进行拉伸试验，测试其屈服强度 $R_{p0.2}$、抗拉强度 R_m 和断后伸长率 A。性能结果采用多片测量后的平均值。

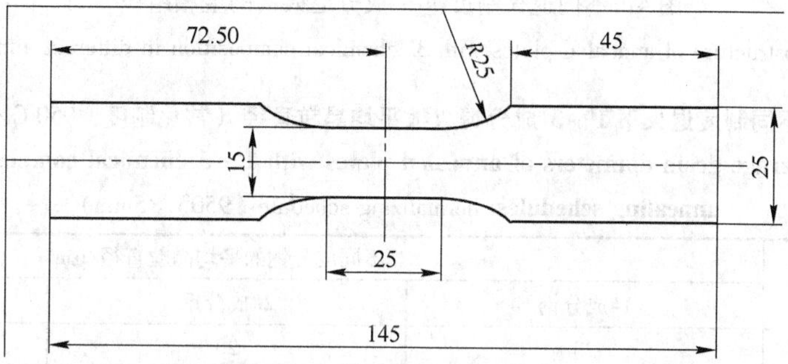

图 1 拉伸试验制样规格（mm）

Fig. 1 The dimension specification of samples used in the tensile test(mm)

2 试验结果和分析

2.1 退火板的组织

不同退火制度下，1#~3#成分退火板 ND-RD 截面组织如图 2~图 4 所示。依据 GB/T 6394[8]，采用直线截点法测量的平均晶粒直径结果见表 2。三个成分的冷轧板在不小于 800℃的温度进行 4min 退火后，退火板的组织都为完全再结晶组织。总体来看，2#成分钢晶粒尺寸较小，可能是由于 Mn 含量较多，导致 MnS 析出物量较大，对晶界的抵制力较强。

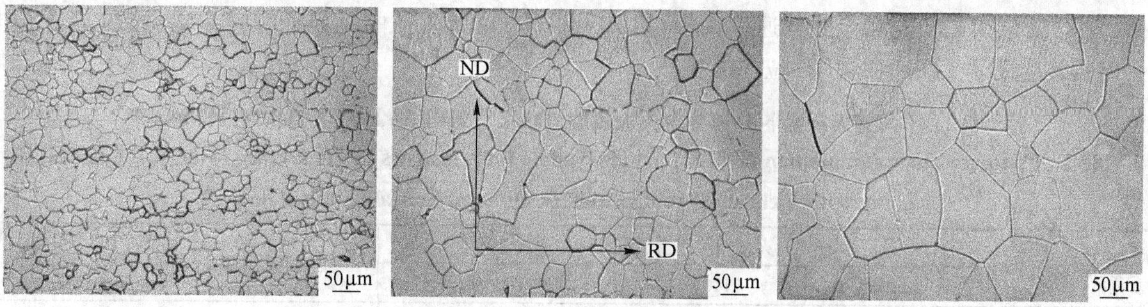

图 2 不同退火制度下 1#成分退火板的金相组织

Fig. 2 The microstructure of annealed plates with 1# chemical composition in different annealing schedules

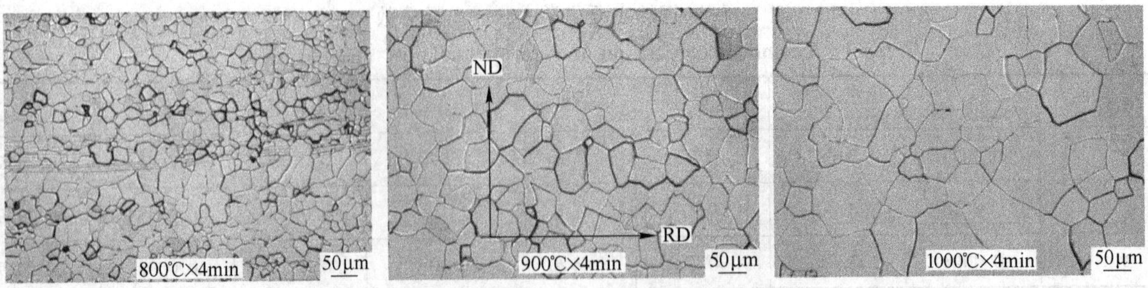

图 3　不同退火制度下 2[#] 成分退火板的金相组织

Fig. 3　The microstructure of annealed plates with 2[#] chemical composition in different annealing schedules

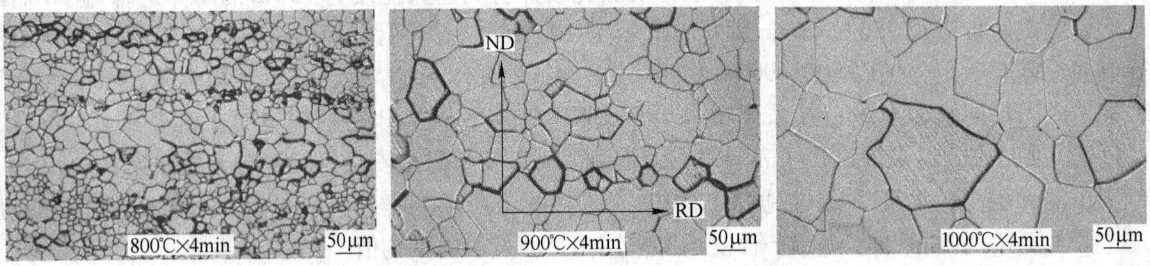

图 4　不同退火制度下 3[#] 成分退火板的金相组织

Fig. 4　The microstructure of annealed plates with 3[#] chemical composition in different annealing schedules

表 2　不同制度退火下 1[#]～3[#] 成分退火板平均晶粒直径（常化制度：950℃×5min）

Table 2　The average grain diameters of annealed plates with 1[#]～3[#] chemical compositionin different annealing schedules(normalizing schedule：950℃×5min)

退火制度	不同成分钢的平均晶粒直径/μm		
	1#成分钢	2#成分钢	3#成分钢
800℃×4min	20	20	20
900℃×4min	42	39	46
1000℃×4min	98	64	81

2.2　退火板的织构及分析

针对 1[#] 试验成分，检测了不同退火制度下的成品板表层织构，ODF 图如图 5 所示。

单一织构的强弱不能决定成品板整体的磁性能。目前，常用{100}<001>与{110}<001>织构的含量之和与{111}面织构含量的比值，衡量织构对成品板磁性能的影响[9]。所以，根据 EBSD 扫描所得 *.osc 文件，使用 OIM-Analysis 数据处理软件计算了三类面织构的百分含量，结果见表 3。随着退火温度的升高，{111}面织构的含量变多，{110}<001>织构含量变少，{100}<001>织构含量先变大后减小。{110}和{100}面织构的含量变少。这是因为随着退火温度的升高，退火板的平均晶粒直径逐渐变大，而晶粒长大过程中，{111}位向晶粒的晶界迁移速率大于{110}和{100}位向晶粒的晶界迁移速率，导致{111}位向晶粒会一定程度上吞并{110}和{100}位向晶粒。

表 3　不同退火制度下 1#成分退火板表层{111}、{110}、{100}织构的百分含量

Table 3　The percentage composition of {111}, {110} and {100} textures in the surface layer of the annealed plates with 1[#]chemical composition in different annealing schedules

退火制度	退火板织构百分含量/%			({110}<001>+{100}<001>)/{111}
	{111}	{110}<001>	{100}<001>	
800℃×4min	23.4	11.1	7.6	0.800
900℃×4min	26.3	10.2	8.0	0.692
1000℃×4min	29.5	10.1	7.7	0.603

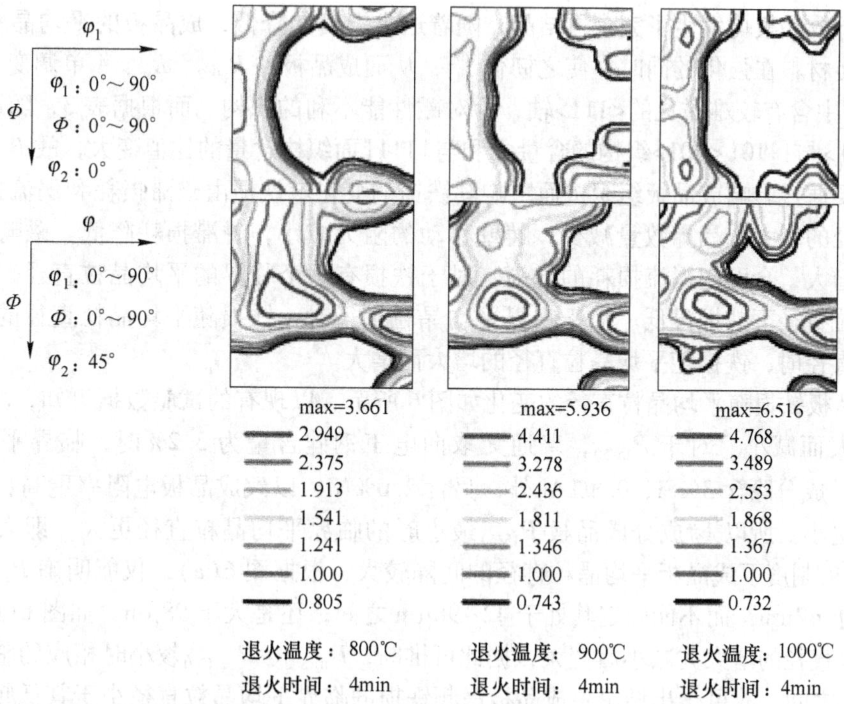

图 5　不同退火制度下 1# 成分退火板表层取向分布函数图

Fig. 5　The ODF figure of the surface layer of the annealed plates with 1# chemical composition in different annealing schedules

2.3　退火后成品板的性能及分析

2.3.1　各成分电工钢不同退火制度下的成品板性能

普通无取向电工钢一般只重视低频铁损 $P_{15/50}$。但根据高强度无取向电工钢的使用环境，认为还应重视其高频铁损。目前常用 $P_{10/400}$、$P_{10/800}$ 和 $P_{10/1000}$ 来作为衡量高频铁损的指标。而高的磁感可以提升电机的转矩并降低电机的铜损。因此我们关注并检测了成品板的 $R_{p0.2}$、R_m、A、$P_{15/50}$、$P_{10/400}$、$P_{10/800}$、$P_{10/1000}$ 和 B_{50} 值。不同退火制度下的成品板性能见表 4。退火制度为 800℃×4min 时，各成分电工钢的强度都分别最大。本试验所得成品的最大屈服强度为 500MPa（1# 试验成分）。

表 4　各成分钢的性能检测结果

Table 4　The property results of the steels with different chemical compositions

成分	退火制度 /℃×min	$R_{p0.2}$ /MPa	R_m /MPa	A/%	B_{50}/T	铁损/W · kg^{-1}			
						$P_{15/50}$	$P_{10/400}$	$P_{10/800}$	$P_{10/1000}$
1#	800×4	500	653	35	1.707	4.35	34.2	99.6	155.2
1#	900×4	455	600	26	1.706	3.26	33.3	97.1	146.0
1#	1000×4	411	560	5	1.705	2.82	31.8	98.3	147.5
2#	800×4	430	585	39	1.678	4.14	33.9	101.5	145.6
2#	900×4	400	550	37	1.673	3.34	32.2	98.9	143.1
2#	1000×4	378	530	27	1.671	3.02	30.7	99.6	146.6
3#	800×4	399	574	42	1.680	4.38	35.8	105.2	150.6
3#	900×4	372	530	36	1.674	3.12	32.0	98.0	143.1
3#	1000×4	356	514	27	1.673	2.84	31.7	103.9	152.7

2.3.2　退火制度对成品性能的影响分析

根据表 4，随退火温度的降低，1#～3# 成分成品板 $R_{p0.2}$、R_m、A、B_{50}、$P_{15/50}$、$P_{10/400}$ 单调变大，$P_{10/800}$、

$P_{10/1000}$先减小后变大。

各退火制度下成品板均发生了完全再结晶，随着退火温度的降低，成品板的平均晶粒直径单调减小，而细化晶粒可以使材料在强化的同时并使之韧化[10]，从而成品板的 $R_{p0.2}$、R_m、A 单调变大。

{111}面织构中含有较难磁化的<111>轴，为对磁性能不利的织构。而根据表 3，随退火温度的降低，成品板{100}<001>与{110}<001>织构的含量之和与{111}面织构含量的比值变大，故 B_{50}单调变大。

退火温度主要通过影响成品板组织进而影响其铁损的变化。铁损由磁滞损耗和涡流损耗两部分组成。随着平均晶粒直径的增大，晶界数量减少，畴壁移动的阻力减小，磁滞损耗降低。磁畴尺寸随着平均晶粒直径的增大而增大，会引起涡流损耗的升高。对于铁损有一个临界的平均晶粒直径，其是一个理想直径，临界平均晶粒直径下铁损最低。小于临界平均晶粒直径时，铁损随平均晶粒直径的增大而减小；大于临界平均晶粒直径时，铁损随平均晶粒直径的增大而增大。

1#试验钢成品板铁损随平均晶粒直径的变化如图 6 所示。以现有的试验数据可知，$P_{15/50}$和 $P_{10/400}$随平均晶粒直径的增大而减小。对于 $P_{15/50}$，普通无取向电工钢硅含量为 3.2%时，临界平均晶粒直径约为 150μm[1]。由于 1#成分除含 3%Si、0.8%Al 外，另含 2.0%Ni，以致成品板电阻率更高，相同平均晶粒直径下，涡流损耗更小。所以 1#成分成品板 $P_{15/50}$最小时的临界平均晶粒直径更大，即大于 150μm。对于 $P_{10/400}$，由于各退火制度下成品板平均晶粒直径的间隔较大，根据图 6(a)，仅能明确 $P_{10/400}$较小时相应的临界平均直径大于 42μm，而不能确定其处于 42~98μm 之间，还是大于 98μm。如图 6(b) 所示，$P_{10/800}$、$P_{10/1000}$随平均晶粒直径的增大先减小后变大，据此可推断，$P_{10/800}$、$P_{10/1000}$较小时相应的临界平均晶粒直径都处于 20~98μm 之间。故可得出结论：成品板高频铁损的临界平均晶粒直径小于其低频铁损的临界平均晶粒直径。这与 M. F. De Campos 等提出的模型[11]，即铁损较小对应的合适晶粒尺寸随电工钢使用频率的增高而减小相一致。

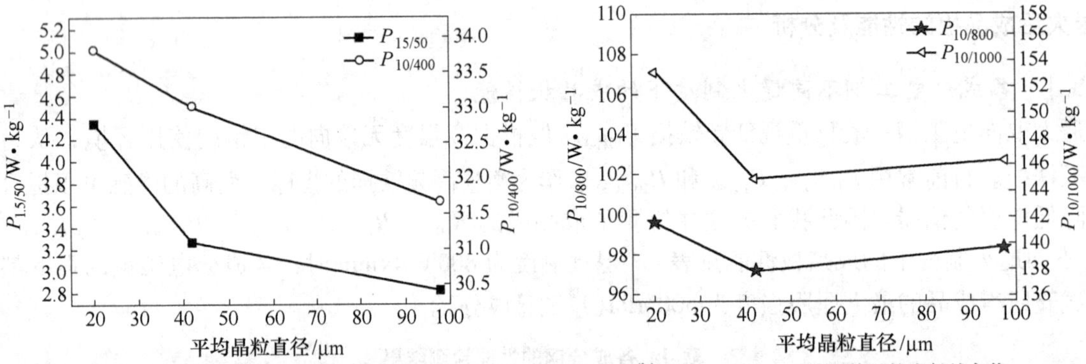

(a) $P_{15/50}$、$P_{10/400}$随平均晶粒直径的变化　　(b) $P_{10/800}$、$P_{10/1000}$随平均晶粒直径的变化

图 6　成品板铁损随平均晶粒直径的变化（1#成分）

Fig. 6　The variation of the finished product iron loss according to the average grain diameters (1#chemical compositions)

2.3.3　Ni 元素对成品性能的影响分析

2.3.3.1　Ni 合金元素对强度的影响

为了研究 Mn、Ni 合金元素对成品强度的影响，根据表 2、表 4 中相关的强度和平均晶粒直径数据，按照 Hall-Petch 关系式，对各成分电工钢强度和平均晶粒直径的关系进行了拟合。关于屈服强度和抗拉强度的 Hall-Petch 公式如式 1、式 2 所示。

$$YS = YS_0 + k_y \frac{1}{\sqrt{d}} \tag{1}$$

$$TS = TS_0 + k_T \frac{1}{\sqrt{d}} \tag{2}$$

式中，YS 和 TS 分别为屈服强度和抗拉强度；d 为平均晶粒直径；YS_0、k_y、TS_0、k_T 为常数。各成分电工钢屈服强度-平均晶粒直径 Hall-Petch 拟合曲线、抗拉强度-平均晶粒直径 Hall-Petch 拟合曲线分别如图 7 (a)、(b) 所示。

由图 7 可知，相同平均晶粒直径下，Ni、Mn 含量较高的 1#、2#成分成品板强度都明显大于 Ni、Mn 含量较少的 3#成分成品板，说明当铁基体含约 3%Si、0.8%Al 时，Ni、Mn 合金元素仍对其具有高的固溶强化作用。且相同平均晶粒直径下，约含 2%Ni 的 1#成分成品板的屈服强度明显大于含约 2%Mn 的 2#成分成品板，1#成分成品板的抗拉强度明显大于 2#成分成品板。这表明当忽略其他微量元素对强度的影响时，Ni 与同含量 Mn 相比，Ni 对含约 3%Si、0.8%Al 的铁基体的固溶强化作用更大。

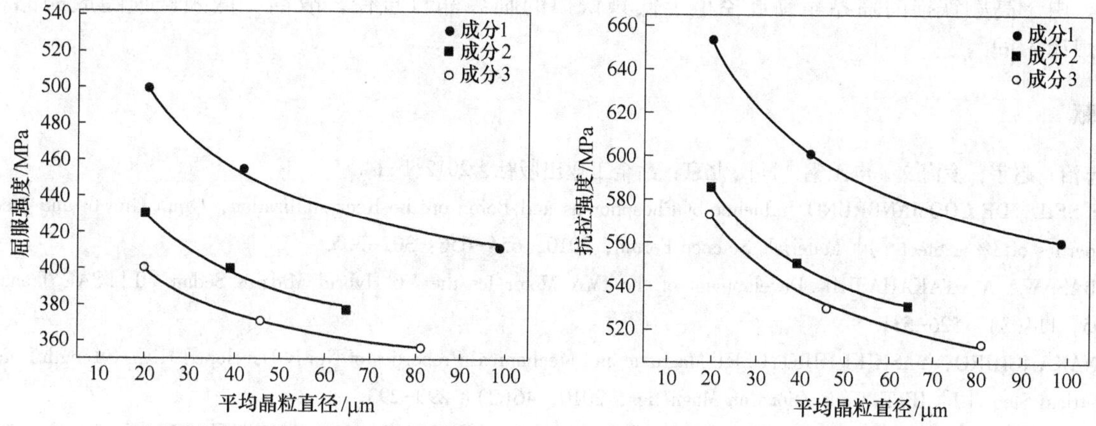

(a) 屈服强度–晶粒尺寸的 Hall-Petch 曲线 (b) 抗拉强度–晶粒尺寸的 Hall-Petch 曲线

图 7 不同成分钢的 Hall-Petch 曲线

Fig. 7 The Hall-Petch curve of the steels with different chemical compositions

2.3.3.2 Ni 元素对磁感的影响

如图 8 所示，同一退火制度下各成分电工钢的 B_{50} 有明显的差别。以 Mn、Ni 含量较少的 3#成分电工钢的 B_{50} 为分界线，含 2%Ni 的 1#成分电工钢的 B_{50} 最高，而含 2%Mn 的 2#成分电工钢 B_{50} 较低。铁磁性材料一般在小于数千安/米的磁场中就可以达到饱和磁化状态，Mn、Ni 合金元素对 B_{50} 的影响与其对饱和磁感应强度 B_s 的影响基本一致。B_s 取决于铁磁性元素每个原子的磁矩数（玻尔磁子数）μ_B，铁原子的磁矩数为 $2.2\mu_B$，纯铁 $B_s = 2.158T$[1]。根据斯莱特-泡令曲线，在纯铁中添加 Mn 会使平均原子磁矩减小，而添加适量 Ni 则会使平均原子磁矩变大[12,13]。故合金 B_s 会随 Mn 含量的增加而变小，当含适量 Ni 时 B_s 会变大。除化学成分外，成品织构也是影响磁感的主要原因，Mn、Ni 合金元素对织构的影响仍有待深入研究。

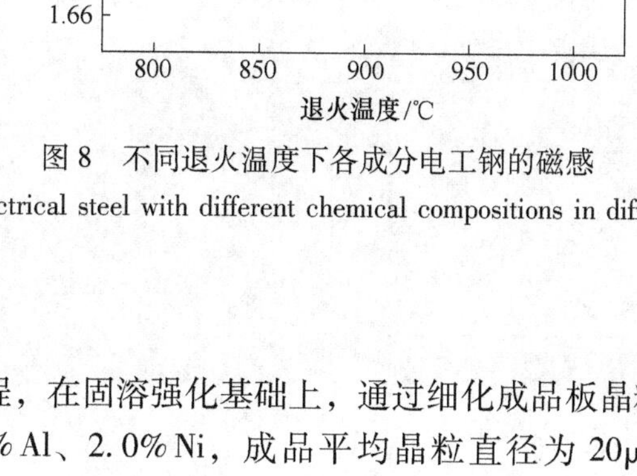

图 8 不同退火温度下各成分电工钢的磁感

Fig. 8 The B_{50} of the electrical steel with different chemical compositions in different annealing schedules

3 结论

（1）实验室模拟大生产流程，在固溶强化基础上，通过细化成品板晶粒，试制高强度无取向电工钢。主合金元素含量为 3% Si、0.8% Al、2.0% Ni，成品平均晶粒直径为 20μm 时，$R_{p0.2}$ 为 500MPa，R_m 为

653MPa，$P_{15/50}$ 为 4. 35W/kg，$P_{10/400}$ 为 34. 2W/kg，$P_{10/800}$ 为 99. 6W/kg，$P_{10/1000}$ 为 155. 2W/kg，B_{50} 为1. 707T。

（2）对于 Fe-3%Si-0. 8%Al 基体，相同含量的 Ni 与同含量 Mn 相比，Ni 固溶强化能力更强；添加适量 Ni 可使成品磁感变高，添加 Mn 会降低成品磁感。

（3）成分 Fe-3%Si-0. 8%Al-2%Ni 试验硅钢，随着晶粒的减小，成品强度、断后伸长率、磁感呈变大趋势。由于高频铁损的临界晶粒直径小于低频铁损的临界晶粒直径，故高、低频铁损随成品晶粒直径的变化规律不同。

参考文献

[1] 何忠治，赵宇，罗海文．电工钢［M］. 北京：冶金工业出版社，2012. 1-14.

[2] LEE SEIL，DE COOMANBRUNO. Influence of Phosphorous and Boron on the Recrystallization，Grain Growth and Mechanical Properties of 3%Si Steel［J］. Materials Science Forum，2010，654-656：302-305.

[3] KABASAWA A，TAKAHASHIK. Development of the IMA Motor for the V6 Hybrid Midsize Sedan［J］. SAE Transactions，2005，114(3)：526-531.

[4] TANAKA ICHIRO，YASHIKI HIROYOSHI. Magnetic and Mechanical Properties of Newly Developed High-Strength Nonoriented Electrical Steel［J］. IEEE Transactions on Magnetics，2010，46(2)：290-293.

[5] 久保田猛，佐藤浩明，東根和隆，等．薄手高周波用無方向性電磁鋼板シリーズの開発［J］. まてりあ，2003，42(3)：242-244.

[6] 新日铁住金株式会社．电工钢板［EB/OL］.［2012-10-05］. http：//www. nssmc. com/product/catalog_ download/pdf/D003jec. pdf.

[7] 中华人民共和国国家质量监督检验检疫总局．GB/T 228—2002 金属材料室温拉伸试验方法［S］. 2002-07-01.

[8] 中华人民共和国国家质量监督检验检疫总局．GB/T 6394—2002 金属平均晶粒度测定方法［S］. 2003-06-01.

[9] CHANG SAM KYU. Effects of Co，Mo，and Ni on Magnetic Properties in 3Si-0. 1Sn-0. 08Sb Alloyed Non-Oriented Electrical Steels［J］. Journal of Materials Science，2006：41：7380-7386.

[10] 雍岐龙．钢铁材料中的第二相［M］. 北京：冶金工业出版社，2006：6-15.

[11] DE CAMPOSM F，TEIXEIRAJ C，LANDGRAFF J G. The Optimum Grain Size for Minimizing Energy Losses in Iron［J］. Journal of Magnetism and Magnetic Materials，2006，301(1)：94-99.

[12] 近角聪信．铁磁性物理［M］. 兰州：兰州大学出版社，2002：141-147.

[13] 戴道生，铁昆明．铁磁学（上册）［M］. 北京：科学出版社，1987：320-351.

单机架可逆轧机轧制中牌号无取向硅钢 50BW600 的工艺优化

李毅伟，李德君

（本钢产品研究院，辽宁 本溪 117000）

摘　要：无取向硅钢随着含硅量的提高，常温下塑性变差，冷轧过程中变形抗力明显提高，如果存在原料质量或生产工艺问题，极易发生断带事故，造成轧机设备损坏，影响生产，降低硅钢冷轧过程的成材率和生产效率。通过生产实践对中牌号无取向硅钢 50BW600 的冷轧工艺参数优化，在单机架可逆轧机生产中提高了冷轧生产的稳定性。通过合理分配冷轧各道次压下量和轧制速度，保证了轧制过程的稳定，大幅度降低了冷轧断带事故的发生。

关键词：无取向硅钢；冷轧压下率；轧制力；断带

Optimization of Cold Rolled Process of Non-oriented Silicon Sheet of Middle and Low Grade

Li Yiwei，Li Dejun

（Product Research Institute of BX Steel，Benxi 117000，China）

Key words：Non-oriented silicon steel，especially in the low and middle grade，with the increase of silicon content，plasticity is poor at room temperature，rolling force in cold rolling process significantly improved . If there is the quality defect of raw materials ，easily sheet is rolling off. Affect finished product rate and production efficiency in process of cold-rolled silicon steel. Through optimization of cold rolled process parameter，improve the stability of cold-rolling process. through reasonable distribute the pass and rolling speed，to ensure the stability of the rolling process，significantly reduces the accidents of cold rolling.

Key words：non-oriented silicon sheet；cold rolling reduction；rolling force；rolling off

1　引言

本钢从 2010 年 6 月份开始生产中低牌号无取向硅钢，目前能生产 50BW600、50W800 和 50W1300 等牌号无取向硅钢，成品的电磁性能和力学性能达到了较高水平，产品在江苏西门子、白雪集团、格力电器等多家大型电器制造厂家应用。

目前采用的生产工艺路线是：转炉冶炼→炉外精炼（RH 炉）→薄板坯连铸→1880 连轧→卷取→酸洗→单机架冷轧→连退→涂层→分卷，热轧原料厚度为 2.55mm，经过 4～6 道次冷轧压下后达到成品厚度 0.5mm。

本钢 50BW600 牌号无取向硅钢的硅含量在 1.0%～1.6%之间，随着含硅量的增加，轧制过程虽变形抗力明显提高，冷轧机组轧制力可以达到 12000kN 以上。如果工艺参数设定不合理，冷轧工艺过程发生波动，极易发生轧制断带事故，造成轧机设备损坏，影响轧机的生产和硅钢的成材率。经过生产实验数据分析，对冷轧工艺进行优化，有效地减少了断带事故的发生。

2　硅钢单机架冷轧设备

轧机设备见图 1。

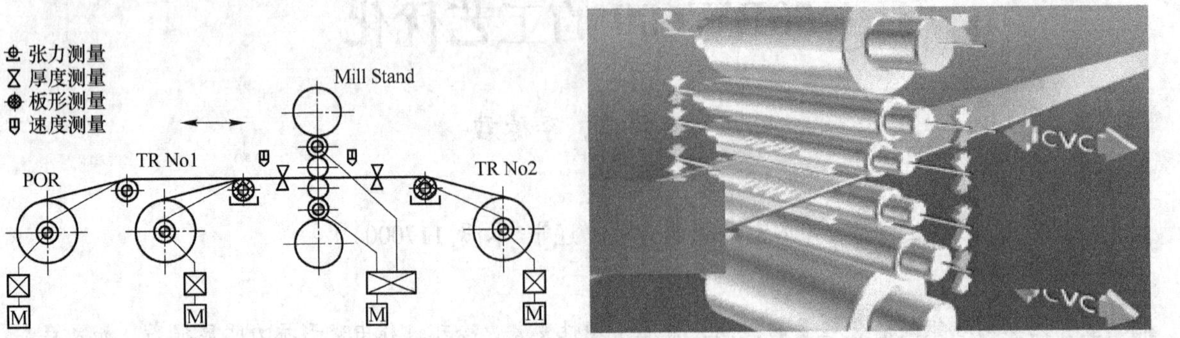

图 1　冷轧可逆轧机示意图

Fig. 1　Structure of reversible cold mill

硅钢冷轧机为两台单机架 CVC6 辊可逆轧机，年设计产能 54 万吨，轧机由德国 SMS-DEMAC 公司设计制造，可以轧制包括取向硅钢在内的各级别硅钢产品及冷轧系列产品，设计最薄轧制厚度规格为 0. 16mm。可逆轧机采用了多项轧制新技术，包括“CVC——连续变化凸度”中间辊窜动技术和工作辊 HS 水平稳辊技术，同时在轧机的入、出口设有板形仪、X 射线测厚仪、激光测速仪等先进检测仪器。具有边降控制功能，最大 1000m/min ，厚度公差：小于± 0. 9%，平直度公差 ：小于 9IU。

3　影响冷轧过程稳定的因素及优化措施

3. 1　热轧原料影响

热轧原料的厚度、板形、表面质量、力学性能等因素对冷轧过程有较大影响。

热轧原料头部和尾部的厚度和板形在热轧时处于卷取机建张过程和失张过程，精度波动较大，在冷轧过程中会造成轧制参数的过度波动，最大时可达到 20% 以上，引起断带，在冷轧过程适当降低头尾部轧制速度，可提高冷轧过程中的稳定性。

原料的表面质量对冷轧有影响，特别是中牌号硅钢由于硅含量高，酸洗后表面容易出现酸洗不净的情况，引起冷轧过程中的前滑值等参数波动，造成轧制过程不稳定。

热轧原料的热轧工艺参数波动会引起原料钢板的变形抗力变化，钢板的力学性能同板差波动较大，特别是中牌号硅钢随着硅含量的提高，波动幅度提高，冷轧过程不稳定。

3. 2　冷轧工艺参数影响

3. 2. 1　冷轧压下率

热轧原料厚度影响冷轧各道次的压下率，对于不同的热轧原料厚度，冷轧要采用不同的道次压下率，保证冷轧过程中各道次的轧制力保持最佳。以热轧原料厚度为 2. 55mm 和 2. 30mm，经过冷轧首道次压下后厚度为 1. 75mm 为例，轧制力分别为:

各道次压下率的分配决定了轧制过程中的轧制力，对轧制过程稳定性有较大影响。热轧原料厚度为 2. 55mm，对于不同的压下率，轧制力会随着压下率的增加而提高，压下率为 24%→2. 55→1. 749mm 时轧制力 7498kN，从 2. 3→1. 651mm(压下率 28%) 时轧制力 8591kN，2. 3→1. 564mm(压下率 32%) 时轧制力 9405kN ，随着压下率的提高，轧制力分别提高了 8. 65% 和 20. 3%。轧制力与压下率关系见表 1。

表 1　50W600 轧制力与压下率关系

Table 1　Dependence of roll force and reduce ratio

钢种	原料厚度/mm	轧后厚度/mm	压下率/%	轧制力/kN	轧制速度/$m \cdot min^{-1}$
50W600	2. 55	1. 70	32. 5	9515	230. 8
50W600	2. 3	1. 70	25. 2	8395	235. 1

从压下率与轧制力关系可以看出，随着压下率的提高，轧制力明显提高。压下率从 25.2% 提高到 32.5%，轧制力提高了 1124kN，因此对道次压下量的合理分配，会有效降低道次的轧制力，保证各道次轧制的稳定性。

由于硅钢变形抗力随温度变化的特点，常温下变形抗力大，而随着温度的提高，变形抗力明显下降。因此对冷轧压下率进行优化，由于前面两个道次轧制过程带钢的温度较低，因此减小前两个道次的压下量，而后面道次由于累积变形热的增加，带钢的变形抗力下降，可以适当增加后面道次的压下量。

3.2.2 轧制速度的影响

在轧制状态下，CVC 调节速度与轧制速度的比值和轧制力大小关系如图 2 所示，窜辊速度取决于轧制速度、轧辊最高允许轴向力和实际的轧制力，一般为相应轧制速度的 1/2000~1/4000 之间。另外当轧制力增高时，CVC 的调节速度需要减慢，要降低轧制速度。中牌号硅钢的轧制力大，应当适当降低轧制速度，保证窜辊的调节。

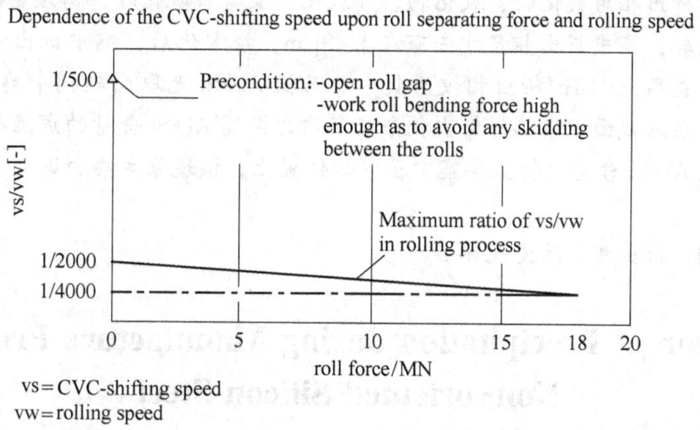

图 2 轧辊窜动速度与轧制速度和轧制力的关系

Fig. 2 Dependence of the CVC-shifting speed upon roll force and rolling speed

3.2.3 材料物理参数的影响

钢板泊松比、热比容、弹性模量和热导率等物理参数在轧制模型中的设定，影响带钢轧制过程的稳定性和板形控制。材料的物理参数随化学成分的变化而变化，因此对于不同化学成分的材料，需要对材料的物理参数进行测定。生产过程中由于缺乏物理参数的测定，一般参考低碳钢的物理参数进行设定，由于硅钢的物理参数值与低碳钢有较大差别，特别是中牌号 50BW600 硅钢，物理参数与低碳钢相差较大，以热导率为例，低碳钢 DC01 热导率常温下为 52.3W/(m·℃)，而中牌号硅钢 50W600 的常温热导率只有其 1/3 左右。因此轧制模型根据热导率计算的冷却水量和前滑值等参数与按低碳钢的物理参数进行的计算值相比有较大差距，在轧制过程中易出现轧制过程稳定和板形质量不好等问题。

4 结论

由于无取向硅钢产品常温下较脆，冷轧时易发生断带事故，最优的工艺参数控制才能保证冷轧过程的顺利进行。通过提高热轧原料和酸洗后钢板表面质量及板形质量，轧制时合理分配各道次压下量和轧制速度，优化轧制模型中材料的物理参数等手段，保证了轧制过程的稳定性，最大程度地减少了断带的发生，提高了冷轧硅钢的成材率和轧机生产效率。

参考文献

[1] 本钢冷轧厂硅钢工程轧机工艺技术规程 . 2010.
[2] 王占学 . 塑性加工金属学 . 东北大学，1989.

无取向硅钢在工艺过程中析出相演变规律

赵艳宇，罗 艳，任 强，张立峰

（北京科技大学冶金与生态工程学院，北京 100083）

摘 要：本文对两种不同Al+Si含量的无取向硅钢进行了工艺过程中的析出相对比分析。采用ASPEX自动扫描电镜和辉光光谱分析法得出无取向硅钢在工艺过程中析出相的演变规律。结果表明：高Al+Si无取向硅钢中典型析出相为氮化物、氧化物、氮氧化物及氮氧硫化物，铸坯中析出相的平均尺寸大于3μm。从铸坯到热轧，钢中析出相尺寸分布在1~3μm，经常化后，钢中析出相尺寸分布较为均匀且有长大趋势，最终成品中<1μm析出相较为集中。而低Al+Si无取向硅钢中典型析出相为氮化物、硫化物及氮硫化物。在纵截面上成品样析出相分布不均匀，高Al+Si含量的成品样中细小的析出相多半集中在表层，而低Al+Si含量的样主要集中在中心位置上；该现象主要由退火制度和AlN的粗化速率所决定。

关键词：无取向硅钢；析出相；演变规律

Evolution of Precipitation during Manufacture Process in Non-oriented Silicon Steel

Zhao Yanyu，Luo Yan，Ren Qiang，Zhang Lifeng

(Metallurgical and Ecological Engineering，University of Science and Technology Beijing，Beijing 100083，China)

Abstract: In the current study，the evolution of precipitation in non-oriented silicon steel during the manufacture process was analyzed by ASPEX and glow spectrometry. It was shown that nitrides，oxides and complex nitrides were the tipical precipitates in non-oriented silicon steel with high aluminum and silicon. The size distribution of precipitates from slab to hot rolled sheet ranged from 1 to 3μm. Precipitates in sheet after normaliztion treatment grew up and coarsed. The size of particles in product focused on below 1 μm. The typical precipitation in silicon steel with low aluminum and silicon were nitrides，sulfides and complex nitrides. The distribution of small precipitation in product in high aluminum and silcion and low aluminum and silicon focused on the surface layer and centre at cross-section，respectively. It depended on the annealing system and the coarsening rate of AlN.

Key words: non-oriented silicon steel；precipitation；evolution

1 引言

硅钢中的析出相主要有氧化物、硫化物、氮化物以及它们的复合物。大多数情况下Al_2O_3呈不规则的细小颗粒，少数呈粗大颗粒；铸态成群集聚，热轧后呈链、串状；SiO_2呈不规则粗大颗粒形貌或孤立析出物；$3Al_2O_3 \cdot 2SiO_2$多为三角形和针状，分布无规律；AlN呈六棱柱、三角形、长方形，成群分布；MnS呈椭圆形或条状，分布无规律。此外，还有一些AlN复合析出相，如AlN与MnS复合析出相、AlN与氧化物复合析出相、AlN与氧硫化物复合析出相[1]。

2 研究方法

本研究选用两种无取向硅钢作为试样，其（Al+Si）= 3.5%无取向硅钢的生产工艺为转炉—真空精炼—连铸—热轧—常化—冷轧—退火。而（Al+Si）= 1.25%无取向硅钢的生产工艺除了没有常化工艺外，其他工艺跟（Al+Si）= 3.5%无取向硅钢一样。为了分析凝固及冷却过程中析出相的演变规律，现场按照同一炉次的连铸铸坯至轧制板坯分别进行取样。钢样样品为 1200mm×90mm 铸坯或板坯，然后在铸坯或板坯的 1/2 处取出 15mm×15mm 的试样，用于 ASPEX 检测分析。

3 生产过程中析出相行为分析

3.1 生产过程中析出相演变规律

图 1 是当（Al+Si）= 3.5%时同一炉次的铸坯至成品样中析出相的数密度变化。（Al+Si）= 3.5%的无取向硅钢中主要析出相为氮化物、氧化物、氮氧化物和氮氧硫化物。在凝固或冷却过程中，除了成品样钢中氮化物数密度>氮化物与氧化物复合析出相数密度>氮化物与氧硫化物析出相数密度。在轧制工艺中氧化物数密度维持在 4.0~5.8 个/mm^2，而除了成品样，氮化物数密度等于氮化物与氧硫化物复合析出相加氮化物与氧化物复合析出相数密度之和，其最大数密度为 9.2 个/mm^2。从铸坯到常化，钢中析出相数密度变化不到，但经过常化后除了氧化物数密度变小外其他类型的析出相数密度都有所增加，这说明常化处理后为析出相形成和生长提供优越的条件。经过退火至成品样中除了氮化物数密度减少外，其他类型析出相都呈增加趋势。析出相最大变化是氮氧化物的数密度从 4.9 个/mm^2 增加到 23.5 个/mm^2，因此最终成品中的析出相主要为氮氧化物。

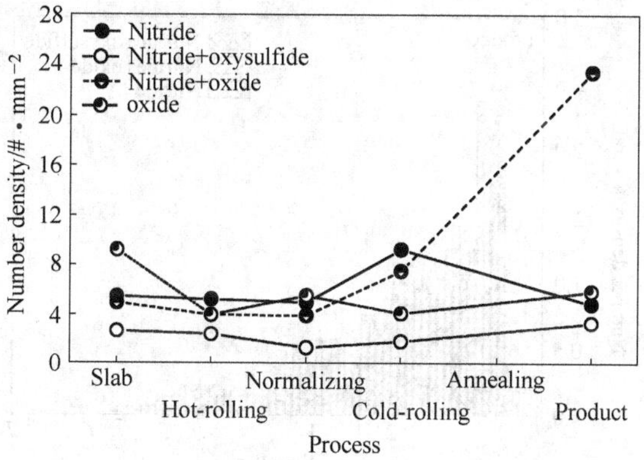

图 1 铸坯至成品样中析出相的数密度变化

图 2 是当（Al+Si）= 3.5%时同一炉次的铸坯至成品中不同类型的析出相数密度与尺寸分布的关系。从不同类型氮化物来看，铸坯中除了氧化物集中在 1~2μm 外，其他类型析出相尺寸分布较均匀且尺寸明显大于氧化物，这主要由于铸坯尺寸较大（长×宽×厚：1200mm×90mm×230mm），在凝固和冷却过程中有足够的时间让氮化物和复合氮化物长大、粗化。随后铸坯经热轧后除了氧化物数密度和尺寸分布不变外，氮化物和复合氮化物主要集中在 1~2μm，同时较大尺寸的氮化物和复合氮化物的数量明显减少，小尺寸的氮化物及其复合析出相数量显著增加，这主要是热轧前铸坯在保温炉中要进行 24h 的高温加热及热轧过程中轧制温度较高使得氮化物固溶、再析出。随后经常化处理后氮化物和复合氮化物的尺寸分布较均匀且尺寸有明显长大的趋势，以达到常化处理的目的——促进析出相长大、均匀化。板坯再次经冷轧处理后，发现钢中氮化物及复合氮化物的尺寸比常化要更细小，最后薄板坯经退火处理后，发现钢中细小的氮化物和复合氮化物数量明显增加，这可能是退火过程中采用氮气气氛，使得氮气扩散到钢表面与钢中铝反应生成细小的氮化物。

图 3 是当（Al+Si）= 1.25%时同一炉次中冷轧板到成品样中不同类型的析出相数密度与尺寸分布的关系。（Al+Si）= 1.25%的无取向硅钢中主要析出相为氮化物、硫化物和氮硫化物。冷轧板中析出相主要集

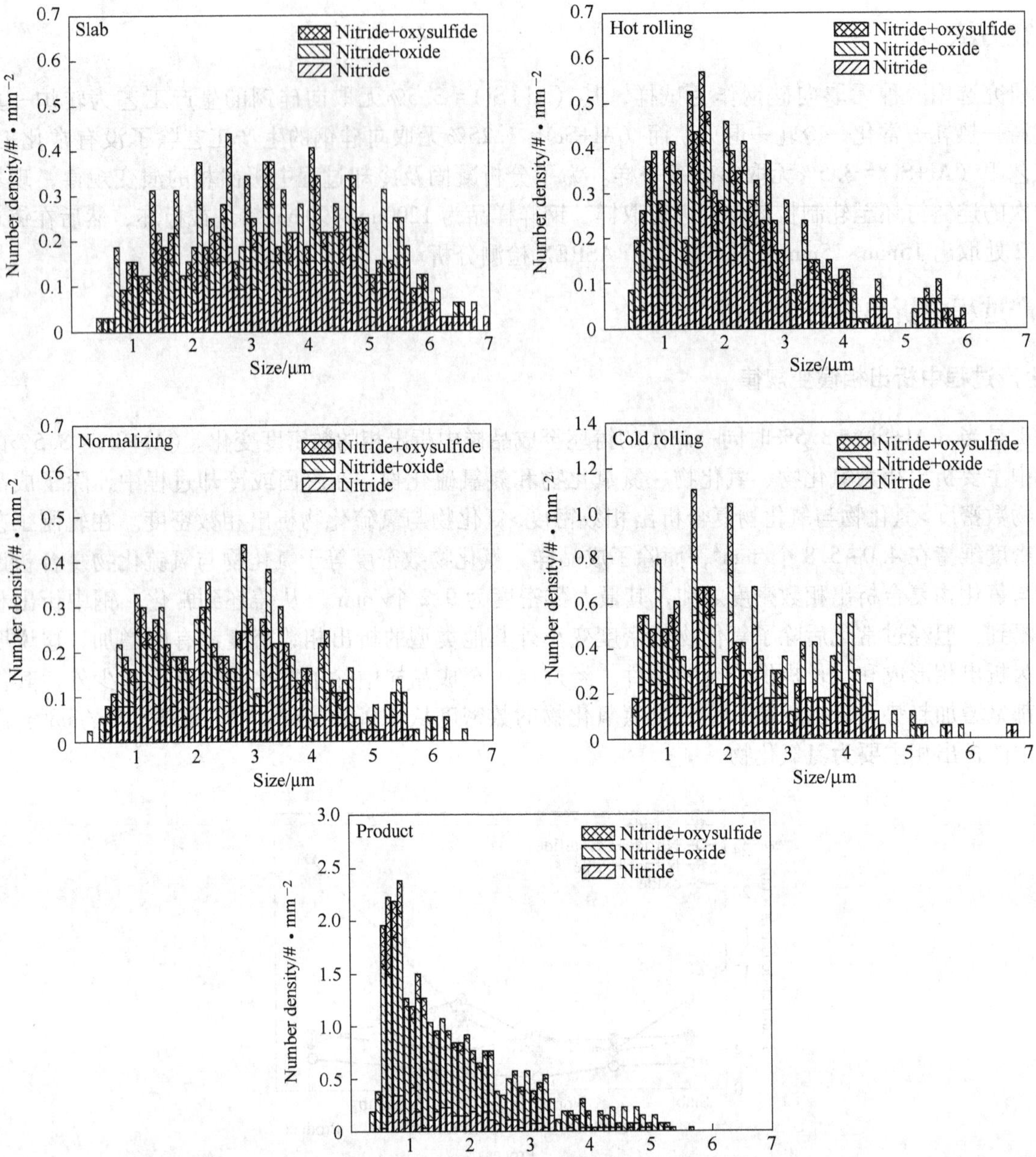

图 2　(Al+Si) = 3.5%时铸坯至成品样中析出相数密度与尺寸的关系

中在<1.5μm 的氮化物，其平均数密度约为 20 个/mm^2；而经过退火处理后的成品样的析出相主要集中在<1.5μm 的氮化物，其氮化物数量更多集中在<1.0μm，氮硫化物的数密度明显增加。

3.2　无取向硅钢在纵截面上析出相变化

图 2、图 3 中成品样都存在析出相细小化的现象，为了理解其原因，分析不同 Al+Si 含量的无取向硅钢成品样在纵截面上析出相分布，如图 4 所示。在纵截面上成品样中析出相分布不均匀，高 Al+Si 含量的成品样中析出相分布不均匀细小的析出相多半集中在表层，而低 Al+Si 含量的成品样中细小的析出相主要集中在中心位置上。该原因主要是在退火工艺中，退火温度较高且在高氮气氛，高 Al+Si 含量更容易跟氮反应在表层生成氮化物，该证明可以使用辉光分析验证，如图 5 所示；而低 Al+Si 含量细小析出相主要是退火制度造成，在 900℃下 AlN 的粗化速率为 18.06nm/$s^{1/3}$[2]，由于其粗化速率较低，其析出相形核临界尺寸很小，因而有很多细小的析出相析出。此外，高 Al+Si 的成品样中析出相尺寸比低 Al+Si 的成品样中析出相要大，其尺寸差异主要是低 Al+Si 的无取向硅钢的生产工艺没有常化处理，该处理主要目的将促进析出相长大、均匀化。

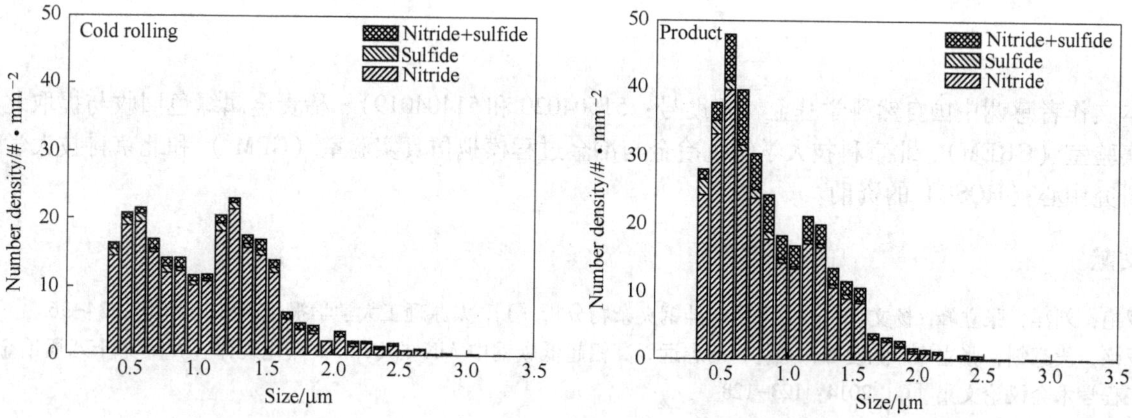

图 3 (Al+Si) = 1.25%时冷轧板至成品样中析出相数密度与尺寸的关系

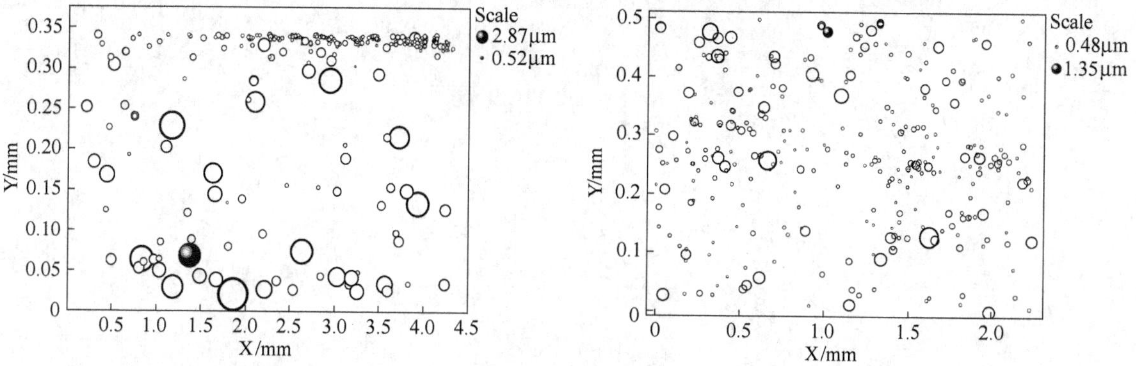

(a) (Al+Si) = 3.5%　　(b) (Al+Si) =1.25%

图 4 无取向硅钢成品样在纵截面上析出相分布

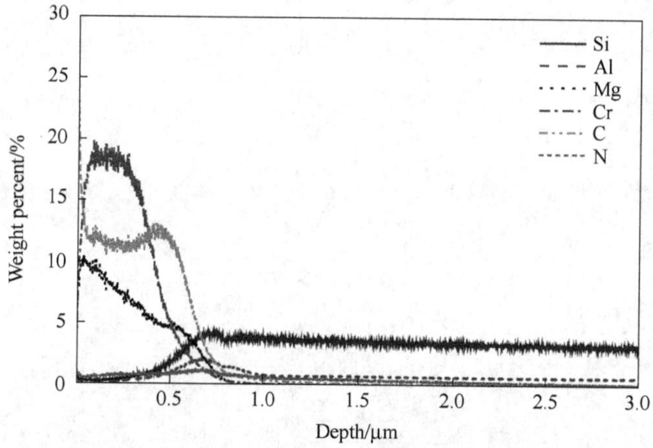

图 5 (Al+Si) = 3.5%无取向硅钢成品样表层元素分布

4 结论

(1) (Al+Si) = 1.25%无取向硅钢中主要析出相为氮化物、硫化物及氮硫化物，铸坯中析出相的平均尺寸大于 3μm。从铸坯到热轧，钢中析出相尺寸分布在 1~3μm，经常化后，钢中析出相尺寸分布较为均匀且有长大趋势，最终成品中<1μm 析出相较为集中。而 (Al+Si) = 3.5%无取向硅钢中主要析出相为氮化物、氧化物、氮氧化物及氮氧硫化物。

(2) 由于高 Al+Si 含量的无取向硅钢有常化工艺，因而经冷轧处理后的钢中氮化物尺寸明显比低 Al+Si 含量的无取向硅钢要大。成品样中在纵截面上析出相分布不均匀，高 Al+Si 含量细小的析出相多半集中在表层，而低 Al+Si 含量的细小的析出相主要集中在中心位置上。该现象主要由退火制度和 AlN 的粗化速率所决定。

致谢

本文作者感谢中国自然科学基金（资助号：51504020 和 51404019）、稀贵金属绿色回收与提取北京市重点实验室（GREM）、北京科技大学绿色冶金与冶金过程模拟仿真实验室（GPM^2）和北京科技大学高品质钢研究中心（HQSC）的资助。

参考文献

[1] 罗艳，刘洋，张立峰，杨文，张莹．无取向硅钢夹杂物分析［J］．太原理工大学学报，2014，45(1)：34-36.

[2] 罗艳，段豪剑，张立峰，陈凌峰，程林，胡志远．高铝超低碳钢中 AlN 的 Ostwald 熟化规律［A］．第十八届冶金反应工程学术会议论文集［C］．2014：123-128.

新能源汽车驱动电机用 0.27mm 无取向硅钢的研制

吕　黎，陈圣林，冯大军，李秀龙，杨　光，詹东方，石文敏，李　准

（国家硅钢工程技术研究中心，湖北 武汉 430083）

摘　要：本文在现有高牌号无取向硅钢基础上，保持硅铝总量不变，通过添加铝和锡、并采用一次冷轧法实现减薄厚度的方法，研制出无取向硅钢 27WGP1400（$P_{1.0/400}$≤14.0W/kg），可作为新能源汽车驱动电机用的铁芯材料。

关键词：驱动电机；无取向硅钢；铁损

Development of Non-oriented Silicon Steel with 0.27mm for Traction Motor Use in Electric Vehicles

Lv Li，Chen Shenglin，Feng Dajun，Li Xiulong，Yang Guang，
Zhan Dongfang，Shi Wenmin，Li Zhun

(National Engineering Research Center for Silicon Steel,
Wuhan Iron & Steel Co., Ltd., Wuhan 430083, China)

Abstract: A 0.27mm non-oriented silicon steel (27WGP1400) is developed in this paper. The new steel is developed on the basis of the conventional med & high silicon content non-oriented silicon steel by increasing the proportion of Al and Sn and decreasing the proportion of Si. Moreover, the amount of Al and Si is not changed during this process, and $P_{1.0/400}$ of the new steel is less than 14.0W/kg. The thickness of the new steel is made through one pass cold forging. That makes it be applied as the traction motor used in the electric vehicles.

Key words: traction motor; non-oriented silicon steel; iron loss

1　引言

电动/混合动力汽车电机铁芯材料所需电工钢应具备高磁通密度、高频率低铁损、高疲劳强度、高导热等性能，才能满足新能源汽车用驱动电机的要求[1]。电工钢板的铁损由磁滞损耗和涡流损耗构成，涡流损耗与频率的平方成正比，是铁损的主要部分。可通过减薄板厚和增加固有电阻两种方法减少涡流损耗。减薄板厚的方法由于不会导致饱和磁化强度下降，是降低高频铁损的较好方法。增加固有电阻的方法一般需要提高硅含量。但是当 $w(Si)>3.5\%$时会导致冷轧断带、导热性变差和降低磁感应强度等问题。谢晓心[2]等研究发现，Al 作为影响磁性的主要元素之一，其降低铁损幅度比 Si 大，恶化磁感的幅度比 Si 小，且随着 $w(Si)$ 的提高 Al 的有利作用愈明显，因而添加或提高 $w(Al)$ 对改善磁性尤其是极低铁损高牌号无取向电工钢磁性十分有利。

现有研究成果表明，化学成分对无取向硅钢的磁性能、力学性能、导热性能和冲片加工性能等都具有决定性的影响。硅是提高电阻率的最有效元素，随硅含量的增加，电阻率明显增加，达到降低涡流损耗的目的。铝与硅的作用相似，也可以提高电阻率、缩小 γ 区，促使晶粒长大，降低铁损。锰与硫形成 MnS，可防止沿晶界形成低熔点的 FeS 所引起的热脆，同时改善组织和织构，增加有利织构组分，改善磁

性能。Sn 是一种偏聚元素，在晶界处的偏聚能够降低晶界能。在冷轧无取向硅钢再结晶过程中，{111} 面织构更容易在原始晶界处形核，由于 Sn 的晶界偏聚直接影响了{111}组分的形核和长大，从而使成品钢带中{111}组分的强度大幅降低。{111}面织构是对硅钢磁性能有害的织构组分，降低它的比例能够提高无取向硅钢磁性能。Sn 含量偏低时，Sn 在各个晶界处的偏聚量不均匀，对{111}面织构的抑制力不强，Sn 含量过高时，在再结晶和晶粒长大过程中，除了抑制{111}面晶粒在原始晶界处的形核和晶粒长大外，还对其他有利织构组分的晶粒长大过程中也有一定程度的抑制作用，从而导致了铁损的增加[3]。

硅含量高的无取向电工钢可采用一次冷轧法或带有中间退火处理的二次冷轧工艺进行生产。纯净度高，且热轧板经过常化处理的电工钢，采用一次冷轧法就能获得性能较好的高牌号产品，而且由于采用较大的压下率，电工钢的磁各向异性较小[4]。

一般说来，无取向硅钢的铁损（P_t）中，磁滞损耗（P_h）约占 55%~80%，涡流损耗（P_e）占约 10%~40%。磁滞损耗与磁滞回线面积（A_h）成正比，影响 P_h 的主要因素有晶体织构、杂质和夹杂物、内应力、晶粒尺寸、钢板厚度、钢板表面状态和主要化学成分[5]。本文的出发点之一就是要降低磁滞损耗，采取的具体措施有：(1) 将钢板厚度减薄；(2) 增加铝含量，提高电阻率；(3) 通过常化改善织构，促使夹杂物粗化；(4) 通过成品退火完成再结晶并减少内应力。影响 P_e 的主要因素有工作频率、工作磁感以及材料的电阻率、板厚和成品晶粒尺寸。冷轧板退火时发生明显的回复、再结晶和晶粒长大过程。为尽快的发生再结晶和晶粒长大，应快速升温至规定退火温度，这样可以使晶粒粗化，改善织构和磁性能。退火温度必须在相变点以下，因为相变可产生大小混合晶粒，破坏有利织构组分，并降低磁性能[6]。

因此，本文在现有高牌号无取向电工钢基础上，通过保持硅铝总量不变，增加铝和锡的含量、并采用一次冷轧实现减薄厚度的方法，研制出 0.27mm 厚的无取向硅钢 27WGP1400（$P_{1.0/400}\leq 14.0$W/kg）。实验结果表明，该电工钢具有较好的磁性能，可作为新能源汽车驱动电机用的铁芯材料。

2　实验方案

2.1　试样制备

由于电工钢中基体 Fe 原子半径（r=0.156nm）大于固溶于（置换式固溶体）基体点阵中的溶质原子 Al 的半径（r=0.118nm），因此溶质原子嵌在基体点阵中产生弹性畸变能。为了降低弹性畸变能，Al 原子向晶界偏聚。由于不同晶界两侧溶剂原子排列的情形有所不同，导致不同晶界处的晶界能存在差异，从而溶质原子在不同晶界上的偏聚程度及所产生的效应可能存在明显差别[7]。

本文将通过添加硅、铝、锰、锡四种主要合金元素，充分发挥各元素的冶金作用，达到降低铁损提高磁感、改善导热性能的目的。以不同成分经同类成品性能进行对比，最终确定试制的成分与工艺。

2.2　实验方案

试验钢 1#为低硅高铝，2#为高硅低铝（常规材），具体成分如表 1 所示。实验时采用 50kg 真空感应炉冶炼并浇铸为钢锭，将钢锭进行 1100~1150℃×30min 加热，在 800mm 轧机上进行开坯，轧成 35mm 厚的方坯。热轧在 350mm 轧机上进行，钢坯加热温度为 1100℃，控制终轧温度在 800℃以上，目标厚度按 2.2mm 控制。热轧板在全 N_2 气氛的高温电阻炉中加热，常化温度分别为 920℃、950℃、980℃并保温 150s。经酸洗、冷轧至 0.27mm。成品退火在连续退火炉中进行，成品退火工艺为 930℃×90s，退火气氛为 $H_2+N_2(H_2/N_2=1/3)$。

表 1　试验钢的化学成分　　（wt%）

编号	C	Si+Al	Mn	P	S	Sn	N	备注
1#	0.0022	4.0	0.29	0.023	0.0008	0.05	0.0015	低硅高铝
2#	0.0020	4.0	0.30	0.025	0.0007	—	0.0012	高硅低铝

实验完成以后，将样品沿纵向冲剪为 30mm×300mm 的试料，在德国 MPG-100D 型磁性能测试仪上测

量铁损 $P_{1.0/400}$和磁感 B_{5000}；按照 GB/T 228—2012 标准，在 Instron-1185 电子拉伸材料试验机上测试力学性能 R_{el}、R_m 和 A；硬度 HV_5 采用 HV-1000 显微硬度计测试。

试样的金相微观组织观察部位是与轧制方向平行的横截面，浸蚀剂为3%的硝酸-乙醇溶液，在 OLYMPUS GX71 型金相显微镜下观察常化板和成品板的金相组织，并估算其平均晶粒尺寸。取 30mm×30mm 的试样，经表面抛光制样后在日本 RIGAKU D/max-2500PC 型 X 射线衍射仪上测定 ODF 图。

3 实验结果及分析

3.1 磁性能分析

常化温度对无取向硅钢磁性能的影响如图1所示。从图中可以看出，铁损 $P_{1.0/400}$随着常化温度的升高先减小而后增大，磁感 B_{5000}却随着常化温度的升高而增加。当常化温度为950℃时试验钢（纵向试样）的磁性能达到最好水平，即 $P_{1.0/400}=12.2W/kg$，$B_{5000}=1.705T$，比常规材的铁损低约5%，而磁感高约0.2%。因为实验室条件下无法轧制出300mm宽的横向试样，通常情况下可通过各向异性计算出横向性能。若按纵横向的各向异性为10%，计算得横向试样的铁损 $P_{1.0/400}=14.9W/kg$，常规材为15.8W/kg。纵横向的平均铁损分别为：1#试样 $P_{1.0/400}=13.6W/kg$；2#试样 $P_{1.0/400}=14.3W/kg$。由此可见，1#试验钢的铁损达到27WGP1400($P_{1.0/400}\leqslant 14.0W/kg$) 牌号要求。

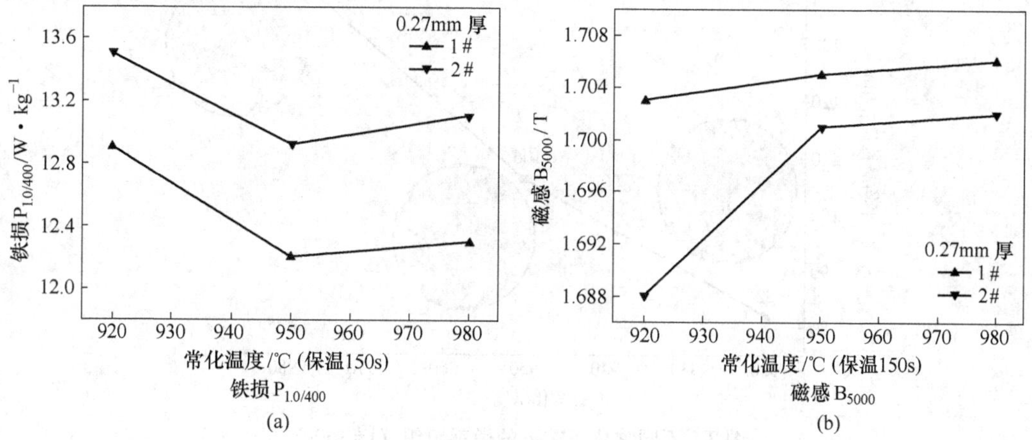

图1 常化温度对磁性能的影响

3.2 力学性能

试验钢的力学性能如表2所示。可以看出，实验材比常规材的抗拉强度要低约1.4%，但延伸率增加3%，硬度也略低。

表2 试验钢的力学性能

编号	厚度/mm	屈服强度/MPa	抗拉强度/MPa	延伸率/%	硬度 HV_5
1#	0.27	406	508	19	186
2#		418	515	16	192

3.3 导热性能

试验钢的导热性能如图2所示。从图中可以看出，导热系数随着温度的升高而增大，实验材比常规材拥有相对较高的导热系数。

3.4 常化板的金相组织

常化的目的一是使热轧板组织均匀，但会导致晶粒和析出物粗化，钢板强度略有下降；二是改善热

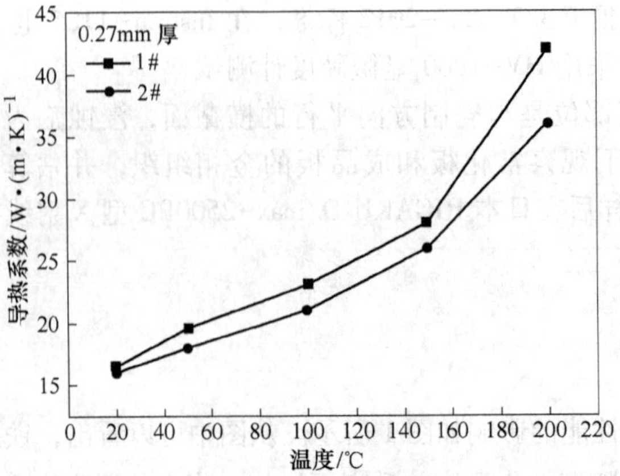

图 2　试验钢的导热性能比较

轧板织构，加强{100}和{110}组分，并减弱{111}组分，从而提高磁性能。不同常化工艺下的热轧板组织如图 3 所示。从图中可以看出，随着常化温度的升高，平均晶粒尺寸增加。

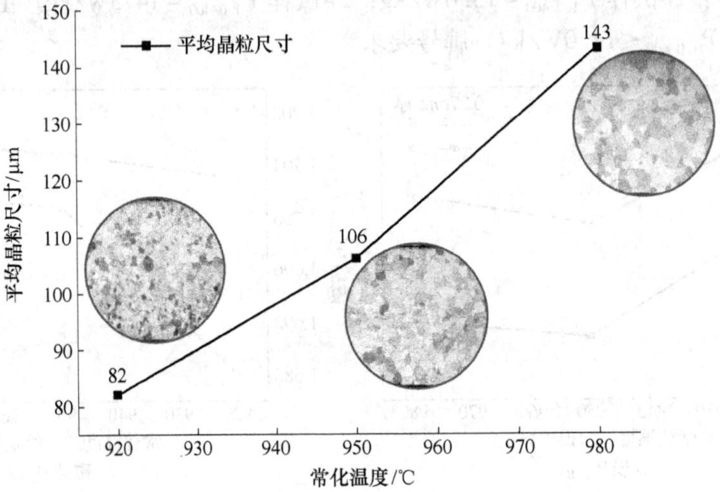

图 3　不同常化工艺下的微观组织（t=150s）

由此可见，常化温度对热轧板的金相组织具有较大影响。

3.5　成品板的组织和织构

对无取向硅钢而言，硅含量越高，最佳晶粒尺寸越大，同时由于硅原子半径比铁的大，在冷轧时易引起严重的加工硬化，产生较大的残余应力，因而硅含量高时应适当提高钢的退火温度。

生产中常见的晶粒度在 1~8 级范围内，其中 1~3 级（ϕ250~125μm）为粗晶，4~6 级（ϕ88~44μm）为中等晶粒，7~8 级（ϕ31~22μm）为细晶[8]。相同退火工艺不同常化温度下的成品板组织如图 4 所示。

如表 3 所示，成品板的晶粒组织差别较大，说明成分和常化工艺对金相组织产生了较大的影响。

表 3　试验钢成品板

试样编号	常化工艺	退火工艺	晶粒尺寸 /μm
1#	920℃×150s	930℃×90s	105
2#			126
1#	950℃×150s		109
2#			187

退火后的成品板表层织构 ODF 图如图 5 所示，可以看出 1#试样具有很强的近立方织构，γ 纤维织构较弱；2#试样也具有较强的近立方织构，但 γ 纤维织构较 1#明显要强。

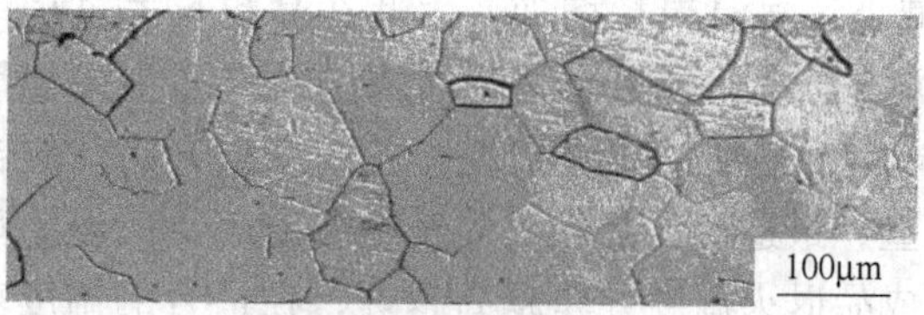

1# 试样，920℃×150s 常化
约105μm

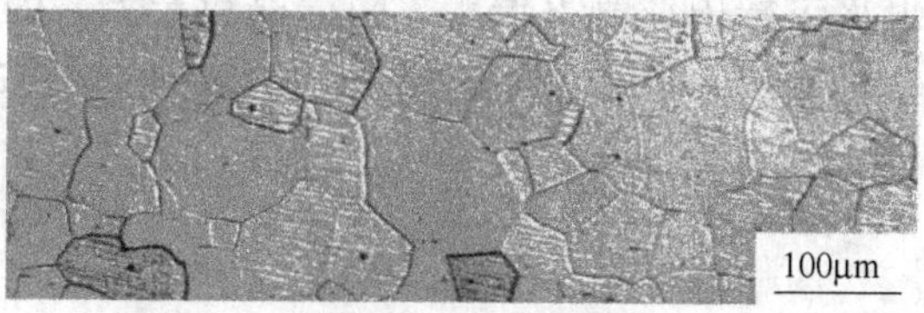

1# 试样，920℃×150s 常化
约109μm

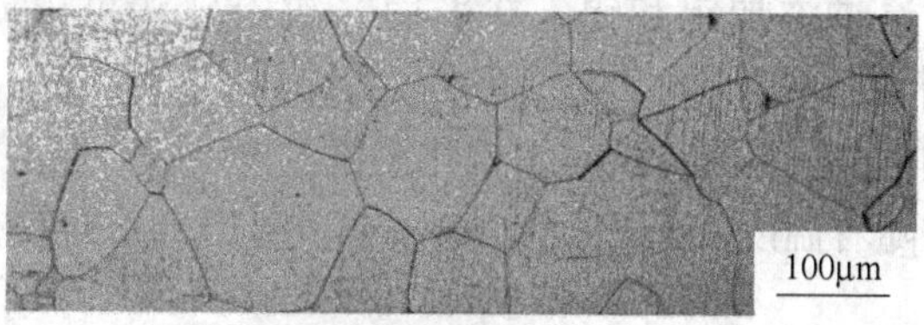

2# 试样，920℃×150s 常化
约126μm

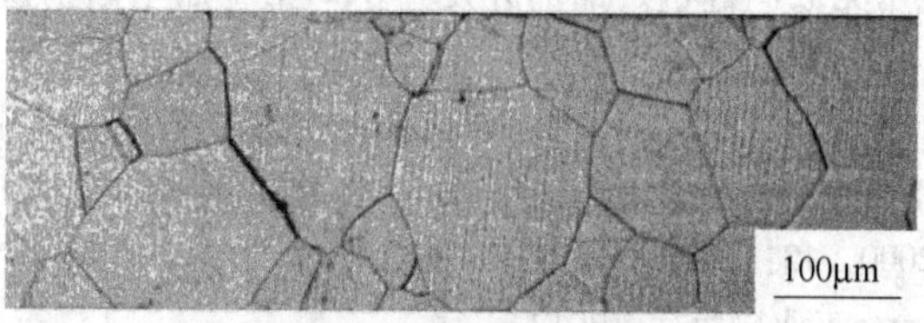

2# 试样，920℃×150s 常化
约187μm

图 4　同一退火工艺不同常化温度时的成品板组织

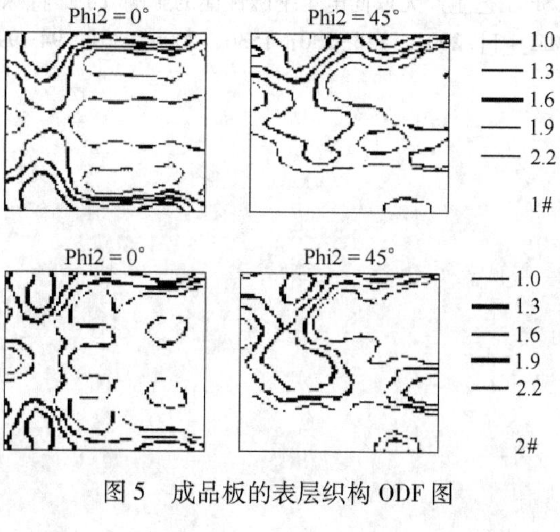

图 5　成品板的表层织构 ODF 图

3.6　磁性差异的分析

从提高生产效率的角度考虑，一般选用高温短时间退火的方法。低温退火时，晶粒长大慢，晶粒尺寸小，铁损高；高温退火时，晶粒长大快，晶粒尺寸大，铁损、磁感均降低。晶粒尺寸是影响铁损的首要因素。晶界处的原子排列混乱，较晶粒内疏松，存在许多空位和位错等缺陷，点阵排列和应力状态畸变，阻碍磁畴移动，同时引起晶界处的电阻率远大于晶粒内部的电阻率。随晶粒尺寸增加，晶界长度减小，磁畴尺寸增加，磁滞损耗减小，涡流损耗增加。因此在晶粒长大过程中，当减少的磁滞损耗与增加的涡流损耗差值最大时，成品的铁损会达到最小值，而该晶粒尺寸为最佳尺寸，当晶粒尺寸大于最佳晶粒尺寸增加时，减少的磁滞损耗小于增加的涡流损耗，总的铁损升高。硅含量越高，最佳晶粒尺寸也越大[9]。根据 M. F. De Campos 模型，最适合的晶粒尺寸是随着电工钢的电阻率减小或使用频率增高或者板厚增大而减小[10]。也即是说，成品退火温度并非越高越好，在适合的温度获得的最佳晶粒尺寸才能获得最佳的磁性水平。这一点对于降低高频铁损 $P_{1.0/400}$ 尤为重要。在相同工艺条件下，与 2#试验钢相比，1#试验钢因为添加了 Sn，在成品退火过程中在晶界偏析，阻碍晶粒长大，因而具有相对较小的晶粒组织。但是，正是因为 1#试验钢的成品晶粒大小更接近最佳尺寸，使得 400Hz 时的涡流损耗相对较小，所以总铁损 $P_{1.0/400}$ 更低。

4 结论

综上所述，得出以下结论：

（1）在常规材的基础上，通过添加铝和锡，并采用一次冷轧法可以研制出 0.27mm 的无取向硅钢 27WGP1400，其磁性能比常规材的铁损低约 5%，而磁感高约 0.2%。

（2）通过常化工艺对磁性能的影响研究发现，常化温度为 950℃、保温时间为 150s 比较适宜。

（3）试验钢 1#的导热系数随着温度的升高而增大，与 2#钢相比，拥有相对较高的导热系数。

参考文献

[1] 陈晓，等．电动汽车驱动电机用无取向硅钢产品的开发［C］．第十届中国钢铁年会暨第六届宝钢学术年会论文集．2015.

[2] 谢晓心，等．主要成分和工艺对极低铁损高磁感无取向电工钢磁性的影响［J］．钢铁研究，2003，134(5)：52-58.

[3] 董浩，等．锡含量对无取向硅钢薄带铁损和织构的影响［J］．金属功能材料，2008(4).

[4] 小松原道郎．CAMP-ISIJ［J］．2000，13：1206.

[5] 何忠治．电工钢［M］．北京：冶金工业出版社，2012.

[6] 豆成，等．退火工艺和成分对冷轧无取向电工钢性能的影响［C］．第八届（2011）中国钢铁年会论文集．2011.

[7] 周顺兵，等．Al 在无取向电工钢晶粒长大过程中对织构及晶界变化的影响［J］．电工材料，2010(1)．

[8] 翁宇庆．超细晶钢的组织细化理论与控制技术［M］．北京：冶金工业出版社，2003：4-9.

[9] 孙颖，等．常化和退火对模拟 CSP 工艺生产无取向电工钢磁性能的影响［J］．特殊钢，2008，29(2)：11.

[10] De Campos M F，et al. J. of MMM［J］．2001，226-230：1536；2006，301：94-99；IEEE Trans. Mag. 2006，MAG-42(10)：2812-2814.

再结晶组织比例对冷轧无取向硅钢性能的影响

林　媛[1]，张文康[2]

（1. 山西太钢不锈钢股份有限公司技术中心，山西 太原 030003；
2. 山西太钢不锈钢股份有限公司冷轧硅钢厂，山西 太原 030003）

摘　要：冷轧无取向硅钢（%：0.003C，0.58Si，0.20Mn，0.01P，0.0022S，0.25Al，0.0030N）2.6mm 热轧板冷轧至 0.50mm 薄板。研究了 390～820℃ 退火温度范围内再结晶组织比例对磁性能、抗拉强度和硬度的影响。结果表明：未发生再结晶时，退火温度对抗拉强度和硬度的影响很小；当再结晶组织比例≥70%时，降低退火温度能够有效提高抗拉强度，同时不显著恶化磁性能，但对硬度没有影响；当再结晶组织比例<70%时，降低退火温度使磁性能剧烈恶化，但能够大幅提高抗拉强度和硬度；再结晶完全、晶界平直后，晶粒随着退火温度的增加迅速长大。

关键词：冷轧无取向硅钢；再结晶组织比例；磁性能；抗拉强度；硬度

Effect of Recrystallization Texture Ratio on Properties of Cold-rolled Non-oriented Silicon Steel

Lin Yuan[1], Zhang Wenkang[2]

(1. Technical Center, Shanxi Taiyuan Iron and Steel (Group) Co., Ltd., Taiyuan 030003, China;
2. Cold-rolled Electrical Factory, Shanxi Taiyuan Iron and Steel (Group) Co., Ltd., Taiyuan 030003, China)

Abstract: The cold-rolled non-oriented silicon steel (%: 0.003C, 0.58Si, 0.20Mn, 0.01P, 0.0022S, 0.25Al, 0.0030N) is cold - rolled to 0.35mm sheet from 2.6mm hot - rolled plate. The effect of recrystallization texture ratio with annealing temperature at 390～820℃ on magnetic properties, tensile strength and hardness is studied. Results show that annealing temperature has little influence on tensile strength and hardness before recrystallization; with reducing annealing temperature tensile strength increases effectively and magnetic properties doesn't deteriorate sharply when recrystallization texture ratio is equal or greater than 70%, but it has no effect on hardness; with reducing annealing temperature magnetic properties deteriorates sharply when recrystallization texture ratio is less than 70%, but tensile strength and hardness increase substantially; with increasing annealing temperature grains grow up quickly after complete recrystallization and grain boundary is straightness.

Key words: cold - rolled non - oriented silicon steel; recrystallization texture ratio; magnetic properites; tensile strength; hardness

近年来，高速电机应用领域越来越广泛，高速电机转子因其转速高对铁芯用冷轧无取向硅钢的强度和硬度都有很高的要求[1]，考虑到成本和设计因素，对磁性能要求一般比较宽松。在不过分恶化磁性能的前提下，尽量提高力学性能成为高速电机转子用硅钢的研发热点。固溶强化是目前提高硅钢力学性能最有效的方法，但会显著增加冷轧生产难度和生产成本[2]，前期也曾通过细化晶粒来提高冷轧无取向硅钢的力学性能[3]，但由于退火温度均在 800℃ 以上，退火组织均为再结晶组织，抗拉强度最多提高 30～40MPa，增幅有限。本文将退火温度设定在 390～820℃ 的相对低温区，系统研究再结晶前、后和完全再结晶后晶粒长大等三个阶段，再结晶组织比例对冷轧无取向硅钢抗拉强度、硬度和磁性能的影响规律，为转子用高强电工钢工业化生产提供理论支持。

1 试验方法

试验用无取向硅钢采用大生产冷轧板，成分（%）：0.003C，0.58Si，0.20Mn，0.01P，0.0022S，0.25Al，0.0030N。热轧板厚度为2.6mm，一次冷轧至0.50mm。将冷轧板裁成30mm×300mm的试料，插入试料架中，放置在箱式电加热炉内模拟大生产退火，退火气氛为100%N_2，退火时间2 min，共设计17组退火试验，退火温度如表1所示。

表1 试料退火温度

Table 1 Annealing temperature of samples

样品编号	1#	2#	3#	4#	5#	6#	7#	8#	9#
退火温度/℃	390	420	450	480	500	520	540	560	580
样品编号	10#	11#	12#	13#	14#	15#	16#	17#	
退火温度/℃	600	620	650	680	720	750	780	820	

试验结束后，采用爱泼斯坦方圈检测每套成品试样的磁性能，其中每套试料包含横向、纵向各10片。另外，每组成品试样各取1片抗拉试样（30mm×240mm，横向），1片硬度试样（45mm×45mm，维式硬度）和1片金相试样（观察面为轧相，光学显微镜）进行力学性能和组织的检测与分析，并利用图像分析软件统计再结晶比例和晶粒尺寸（尺寸大小通过统计3张金相图片平均后得出）。

2 试验结果

2.1 组织

图1为各退火温度对应的冷轧无取向硅钢样品的组织形貌，图2为各退火温度样品断面组织的再结晶比例和晶粒平均尺寸。当退火温度在390℃至480℃范围时，随着退火温度的升高，显微组织几乎没有变化，整个断面均为冷轧形变组织，未发生再结晶，见图1(a)~(d)。

当退火温度升高至500℃时，局部形变带上开始出现再结晶颗粒。随着退火温度的增加，再结晶比例迅速增长：退火温度由500℃升至520℃时，再结晶比例由5%增长至40%，增幅最高；之后随着退火温度的增加，再结晶比例增幅渐缓。再结晶位置呈现出“先表面，后中间”的顺序。已发生再结晶的晶粒尺寸随退火温度的升高缓慢增大，但整体较小，平均尺寸小于20μm，见图1(e)~(j) 和图2(b)。

当退火温度升高至620℃时发生完全再结晶，但断面中间位置仍有部分颗粒呈拉伸变形状态，而且晶粒尺寸不均匀，见图1(k)~(m)。当退火温度升高至720℃时，晶界恢复平直，晶粒尺寸均匀，平均晶粒尺寸30μm，见图1(n)和图2(b)。

晶界恢复平直后，退火温度由720℃升高至820℃区间，晶粒迅速长大：退火温度由800℃升至820℃时，晶粒平均尺寸由52μm增长至112μm。该退火温度区间晶粒尺寸再次变得不均匀，局部出现非常大的晶粒，见图1(p)和(q)。

2.2 抗拉强度和硬度

图3(a) 和（b）显示了退火温度和再结晶比例对样品抗拉强度和硬度的影响规律。再结晶开始前，断面均为冷轧变形组织时，样品的抗拉强度和硬度都非常高。退火温度小于500℃时，随着退火温度的增加，再结晶比例均为零，抗拉强度随着退火温度的增加逐渐降低：390℃和420℃时样品抗拉强度为845MPa和850MPa，450℃时抗拉强度降低至825MPa，480℃时降低771MPa；样品的硬度在再结晶前基本没有变化，分布在220~230范围内。

退火温度升高至500℃时再结晶开始，样品的抗拉强度剧烈降低至590MPa，和420℃时相比平均降低250MPa，和480℃时相比平均降低180MPa。完全再结晶前，随着再结晶比例的增加，抗拉强度继续下降：

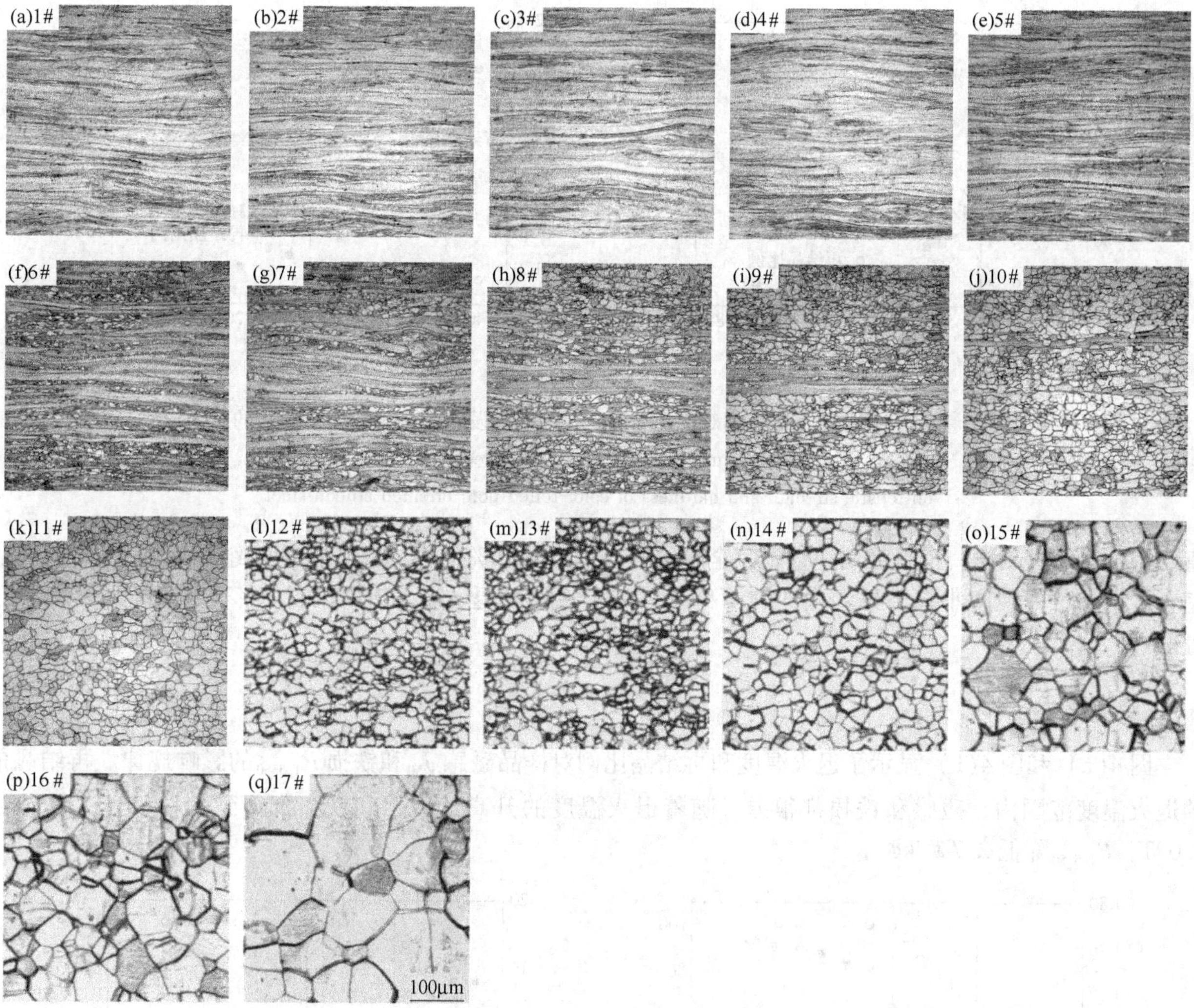

图 1　不同退火温时冷轧无取向硅钢的组织形貌

Fig. 1　Grain morphology of cold-rolled non-oriented silicon steel with different annealing temperature

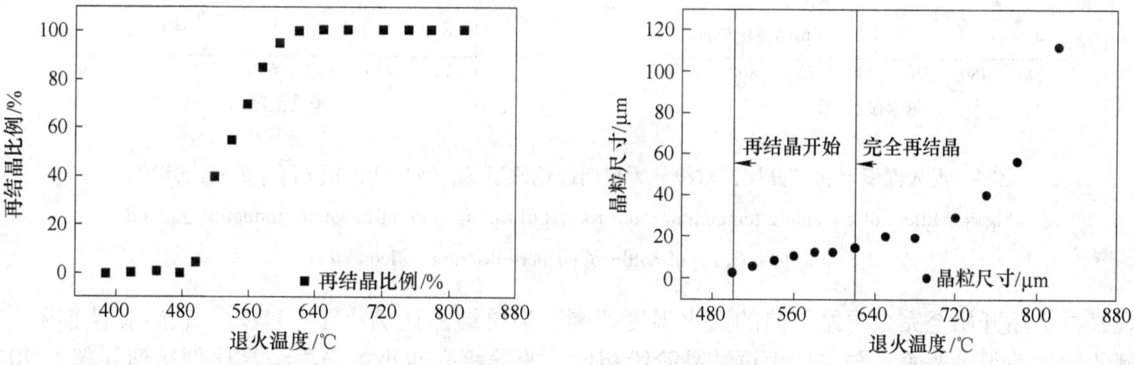

图 2　退火温度对冷轧无取向硅钢再结晶比例（a）和晶粒尺寸（b）的影响

Fig. 2　Effect of annealing temperature on recrystallization ratio and grain size of cold-rolled non-oriented silicon steel

每升高 20℃，抗拉强度平均下降 37MPa，再结晶比例达到 95%时，抗拉强度降低至 400MPa。完全再结晶时，抗拉强度 404MPa。随着退火温度的增加，抗拉强度以非常小的幅度下降，进入平台期。因此，95%的再结晶比例是再结晶后抗拉强度的转折点。

再结晶比例为 5%和 40%时，与再结晶前相比，硬度未发生变化；再结晶比例增加至 55%时，硬度由 230 剧烈降低至 163；再结晶比例增加至 70%时，硬度小幅跌至 140；随着再结晶比例的继续增加，硬度

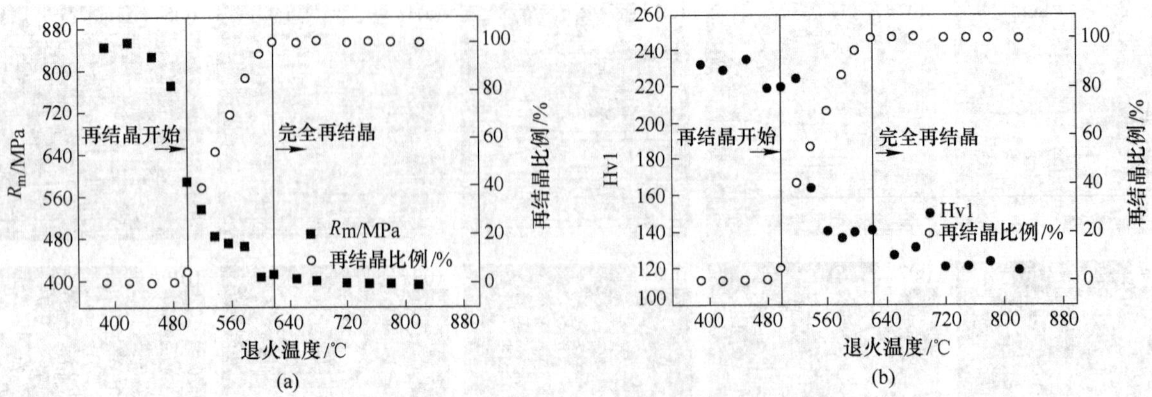

图 3　退火温度和再结晶比例对冷轧无取向硅钢抗拉强度（a）和硬度（b）的影响

Fig. 3　Effect of annealing temperature and recrystallization ratio on tensile strength and hardness of cold-rolled non-oriented silicon steel

值保持不变，进入第一个平台期，直到完全再结晶。因此，70%的再结晶比例为再结晶后硬度的转折点。完全再结晶时，硬度小幅下跌：由 139 下降至 126，并随着退火温度的增加保持不变，进入第二个平台期。

2.3　磁性能

图 4(a) 和图 4(b) 显示了退火温度和再结晶比例对样品磁感 J_{50} 和铁损 $P_{1.5/50}$ 的影响规律。再结晶前的退火温度范围内，磁感和铁损都很差，随着退火温度的升高，磁感和铁损都得到大幅改善：J_{50} 增加 0.09T，$P_{1.5/50}$ 降低 2.7W/kg。

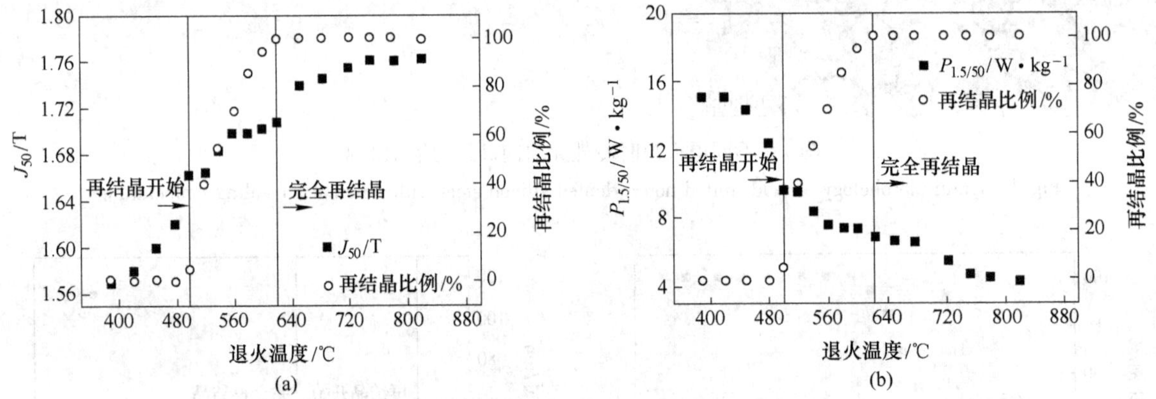

图 4　退火温度和再结晶比例对冷轧无取向硅钢磁感 J_{50}（a）和铁损 $P_{1.5/50}$（b）的影响

Fig. 4　Effect of annealing temperature and recrystallization ratio on magnetic induction J_{50} and iron loss $P_{1.5/50}$ of cold-rolled non-oriented silicon steel

观察再结晶开始至完全再结晶前的退火温度范围，当再结晶比例小于 70%时，磁感和铁损随着再结晶比例的增加而得到改善；与未发生再结晶阶段相比，改善幅度减小；当再结晶比例达到并超过 70%后，随着再结晶比例的增加，磁感和铁损的改善幅度继续减少并趋于平缓，分别进入各自的第一平台期：J_{50} 增幅不足 0.01T，$P_{1.5/50}$ 降幅 0.7W/kg。因此，70%的再结晶比例为再结晶后磁性能的转折点。

完全再结晶初期，磁感随着退火温度的升高由 1.71T 快速增加至 1.76T，铁损则随着退火温度的升高而继续下降；当退火温度升高至 720℃时，磁感和铁损随着退火温度的继续升高改善幅度很小：J_{50} 一直保持在 1.76T 左右，$P_{1.5/50}$ 由 4.7W/kg 缓慢降低至 4.3W/kg，降幅仅有 0.4W/kg，进入磁感和铁损的第二平台期。

3　讨论

冷轧无取向硅钢最终退火工艺的目的是通过再结晶消除冷轧过程中产生的应变，并促使晶粒长大，以保证磁性能满足用户要求，另外，通过退火的小张力控制可以保证钢带更加平整。冷轧板退火分三个阶段依次进行：回复、再结晶和晶粒长大过程。

回复阶段即未发生再结晶的阶段，它是空位迁移消失、位错聚合、互相抵消的过程[4]。其特点是没有孕育期，光学显微镜组织并未发生改变，如图 1(a) ~ (d) 形貌图所示。经冷加工变形的金属通常在较低的温度范围就开始回复，冷轧板中点缺陷（空位）和加工应变通过低温回复能够基本消除[5]，但由于机械性能对点缺陷不敏感，而且再结晶开始前位错密度因退火温度的增加降幅不大，所以该阶段抗拉强度和硬度虽有所下降，但下降不大或基本保持不变，见图 3(a) 和 (b)。回复阶段冷轧板大部分应力得以消除，使得硅钢磁性能得到大幅改善，见图 4(a) 和 (b)。

再结晶阶段是热激活过程，通过晶粒的形核和长大吞食形变和回复的基体。常观察到有孕育期，在一些有利位置上优先形成晶核。再结晶驱动力是回复以后还没有释放的储能，与亚晶内的位错密度及温度有关，而位错密度主要受到冷轧变形方式和变形量的影响。钢板在轧制过程中，表层到中心区域变形是不同的：表层主要是通过剪切发生变形，中间部分则只是受到压缩[4]，因此，表层区域位错密度大，储能高；另外退火时表层区域优先受热；因此，再结晶时首先在表层附近区域形核，中心区域形核要稍晚一些，见图 1(e) ~ (j)。完全再结晶前，由于产品中仍有冷轧变形组织，与完全再结晶相比，产品力学性能都较高；但随着再结晶比例的增加，产品力学性能与完全再结晶时趋于一致。再结晶比例不超过70%时，能同时获得比较高的抗拉强度和硬度，见图 3(a) 和 (b)。再结晶后，由于产品内部仍有残余应力，同时晶粒缺陷多且晶粒拉长变形，和再结晶前相比，磁感和铁损将随着退火温度的升高继续得到改善，并随着应力和晶粒缺陷的减少，改善幅度趋于平缓直至完全再结晶，其中 70%的再结晶比例为磁性能平台开始点，见图 4(a) 和 (b)。

再结晶完全后进一步退火，彼此相碰的晶粒平均晶粒尺寸变大，见图 2(b)。当退火温度升高至720℃时，变形颗粒消失，晶界恢复平直，晶粒大小分布均匀，晶粒变形缺陷完全消失，磁性能均达到再结晶后的最优值。随着退火温度的继续增加，晶粒开始长大，磁滞损耗降低，铁损 $P_{1.5/50}$降低。由于这个阶段，晶粒缺陷和应力已基本消除，所以铁损降幅有限；磁感的大小主要与织构和成分相关，晶粒尺寸对其影响较小，而且本实验最高温度仅 820℃，所以本实验样品完全再结晶、晶界平直后，磁感波动很小。

高速电机转子用高强电工钢对磁性能要求不高，综合考虑再结晶比例对力学性能和磁性能的影响，认为再结晶比例为 70%时为最佳选择，该点为抗拉强度和磁性能的转折点：抗拉强度 R_m 为 470MPa，硬度 Hv1 为 140，铁损 $P_{1.5/50}$为 7.5W/kg，磁感 J_{50}为 1.70T。当再结晶比例小于 70%时，强度和硬度大幅增高，但磁性能也急剧恶化；当再结晶比例大于 70%时，磁性能改善，但强度也快速降低。

4 结论

（1）未发生再结晶时，抗拉强度随着退火温度的降低缓慢下降，但降幅很小，硬度基本不变。

（2）当再结晶组织比例≥70%时，降低退火温度能够有效提高抗拉强度，同时不显著恶化磁性能；当再结晶组织比例<70%时，降低退火温度使磁性能剧烈恶化，但能够大幅提高抗拉强度和硬度。

（3）再结晶完全、晶界平直后（本试验为 720℃），晶粒随着退火温度的增加迅速长大。

参考文献

[1] 王凤翔．高速电机的设计特点及相关技术研究 [J]．沈阳工业大学学报，2006，28(3)：259.
[2] 龚坚，罗海文．新能源汽车驱动电机用高强度无取向硅钢片的研究与进展 [J]．材料工程，2015，43(6)：104.
[3] 林媛，苗晓．常化和退火工艺对冷轧无取向硅钢高频磁性能和强度的影响 [J]．特殊钢，2014，35(3)：65-67.
[4] 张正贵．无取向硅钢织构与性能的研究 [D]．沈阳：东北大学，2007：31-105.
[5] 何忠治．电工钢 [M]．北京：冶金工业出版社，2012：77-110.

中包过滤器在硅钢生产中的应用试验

余小琴[1]，冷光荣[1]，裴　伟[1]，王　华[1]，徐李军[2]

（1. 新余钢铁集团有限公司，江西 新余 338001；2. 钢铁研究总院，北京 100081）

摘　要：针对新钢公司生产的无取向电工钢因 Al_2O_3 类夹杂物造成的孔洞缺陷降级比例较高，在中间包使用钙质过滤器，有效去除钢水中 Al_2O_3 类夹杂物，提高了钢水的纯净度。使用中包过滤器后，冷轧无取向电工钢的铁损有了一定程度的降低，因孔洞缺陷造成的降级率大大减少，效果显著。

关键词：中包过滤器；无取向电工钢；Al_2O_3 夹杂

Application Test of Tundish Filter in Silica Steel Production

Yu Xiaoqin[1], Leng Guangrong[1], Pei Wei[1], Wang Hua[1], Xu Lijun[2]

(1. Xinyu Iron & Steel Group Co., Ltd., Xinyu 338001, China;
2. Central Iron & Steel Research Institute, Beijing 100081, China)

Abstract: Non - oriented electrical steel hole defect degradation rate is high, caused by Al_2O_3 inclusions. Calcium filter, using in the tundish, can effectively remove the the Al_2O_3 inclusions, improve the purity of molten steel. After using the tundish filter, the iron loss of the cold-rolled non-oriented electrical steel has been reduced to a certain extent, and the product degradation rate caused by hole defect is greatly reduced. The use of tundish filters is significant.

Key words: tundish filter; non-oriented electrical steel; Al_2O_3 inclusions

钢中夹杂物对无取向电工钢质量有严重的影响，其中氧化铝夹杂物容易导致电工钢冷轧卷表面出现翘皮或孔洞缺陷，新钢公司有一段时间的无取向电工钢孔洞降级率一直居高不下。为了减少电工钢孔洞的发生，在中间包内使用钙质过滤器，吸附去除钢水中的夹杂物，过滤器主要由氧化钙和氧化镁制作的，在钢包中安装结构见图 1。试验工作在新钢公司的冷轧无取向电工钢上进行，研究中间包过滤器对无取向电工钢中氧化铝夹杂物的控制效果以及对电工钢质量的影响。

图 1　试验中间包结构图

1 试验研究

1.1 夹杂物检测方法

1.1.1 夹杂物分析方法（Aspex 分析法）

试验采用 Aspex 自动扫描电镜分析法对钢样进行检测分析，通过夹杂物总量、夹杂物粒径及夹杂物分布等特征对试验结果进行评价。该设备除具备常规扫描电镜的基本功能外，还能够对较大尺寸试样（最大检测尺寸为 80mm×10mm）进行自动分析，得到检测区域夹杂物的信息。如图 2 所示，Aspex 设备的检测原理[1]如下：（1）图 2(a) 中网格点覆盖区域表示试样的检测区域，阴影区域表示夹杂物；较大黑点表示搜索点，其包围区域为搜索网格；较小黑点表示测量点，其包围区域为测量网格。首先电子射束采用较大步长即搜索网格进行移动扫描。（2）当发现夹杂物后，改用较小步长，即测量网格，使用旋转弦算法寻找特征的中心并以 22.5°为间隔绘制 8 条通过中心的弦，如图 2(b) 所示，从而得到夹杂物的计量参数，包括平均值、最大和最小直径、方位和质心。（3）如果所测数值通过了用户定义的形态接受标准（如要求检查夹杂物尺寸>1μm），则使用 EDS，以该夹杂物为中心采集 EDS 光谱并进行量化。（4）对检测区域重复此过程，最终得到夹杂物的数量、尺寸、位置、组成等信息。

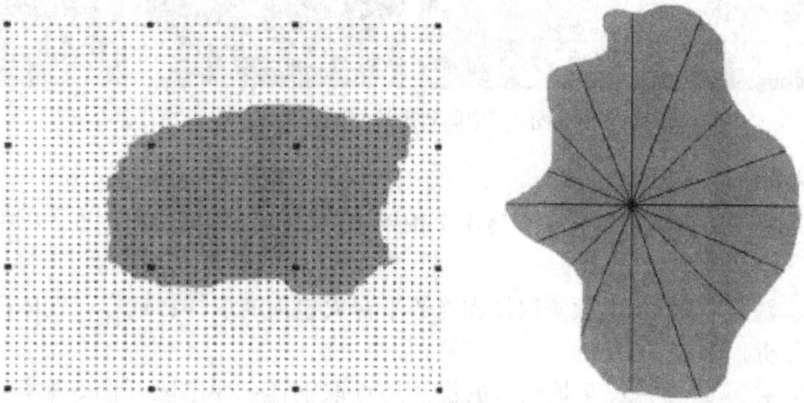

(a) 搜索网格和测量网格　　(b) 典型的夹杂物特征图像

图 2　Aspex 扫描电镜工作原理示意图

1.1.2 氧氮分析方法

由于钢中氧主要以非金属夹杂物的形式存在，分析总氧含量（T. O.）可反映钢中非金属夹杂物的总量，同时基于氮含量的变化，可判断冶炼过程中吸气量和钢液二次氧化的程度（保护浇注的优劣）。钢中的氧氮分析结果既能提供钢产品的质量信息，又能提供冶炼工艺改进的依据，已成为评价产品质量的重要指标。

1.2 试验方案

中间包净化钢液用过滤器形式主要有泡沫型和直通孔型两种。泡沫过滤器具有很强的捕捉 30μm 以下夹杂物的能力，过滤效率高，然而它在连铸过程中很容易堵塞孔眼，即使是 3~5ppi 的泡沫过滤器也仅限于浇铸通钢量很少的情况。直通孔型过滤器孔径多在 20~60mm 之间，捕捉夹杂物的能力特别是捕捉细小夹杂物的能力明显减弱，过滤效率低。为此，我们在中间包结构优化的基础上，开发了通道式中间包过滤器，通过通道的特殊结构和材质来吸附 Al_2O_3 等小颗粒脱氧产物，从而进一步提高中间包内夹杂物的去除率。

1.2.1 试验方案

中间包过滤器的安装方法如图 3 所示，中间包过滤器的结构如图 4 所示。第一次试验在新钢公司生产的 XG470WG 中进行，在第二炼钢厂 1#连铸机上开展了一次中间包过滤器生产试验，其余冶炼、热轧、常化、酸洗、冷轧和退火工艺参数都不变。试验中间包挡墙、过滤器中心线离中间包中间线的距离分别为

1100mm 和 1200mm，抑湍器的内部结构尺寸为 340mm，过滤器通道的直径为 60mm。

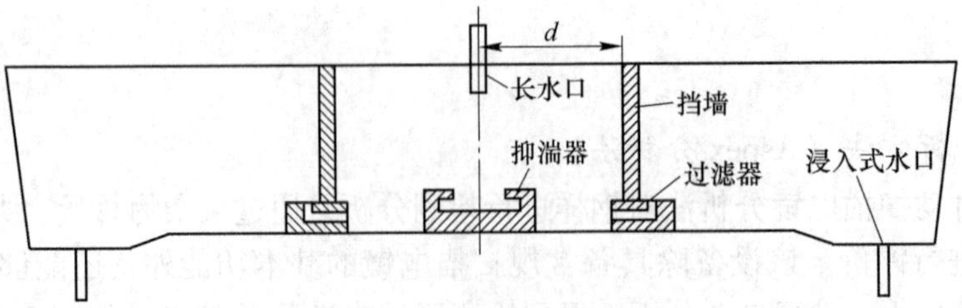

图 3　中间包过滤器控流装置

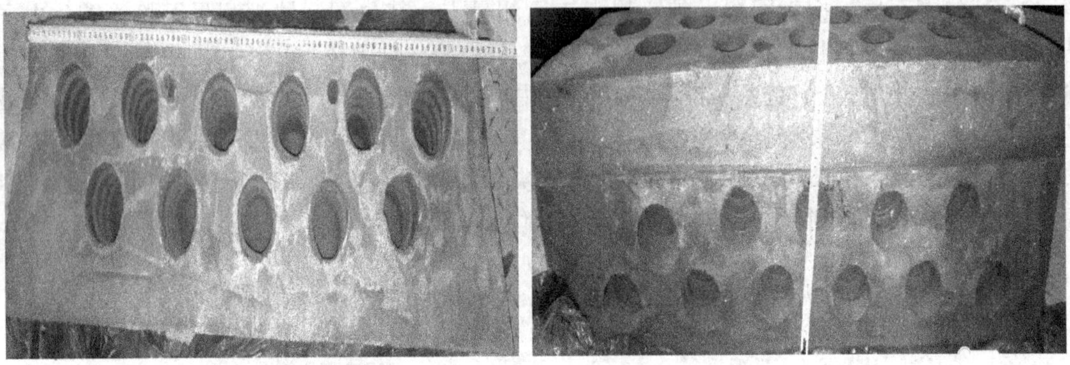

图 4　中间包过滤器的结构图

1.2.2　取样计划

根据现场生产情况，第一次试验为一个浇次 7 炉钢连浇，分别对第 1、3、5、7 炉的钢水、钢包顶渣进行取样。

（1）钢包取样。渣样：RH 出站顶渣取样和连铸平台大包顶渣取样；钢样：气体样（球拍样）、提桶样（夹杂物 Aspex 分析）。

（2）中包取样。在第 1、3、5、7 炉钢水的浇注终点取钢样：冲击区（图 5 取样位置 1）取提桶样、浇注区（图 5 取样位置 2）取球拍样与提桶样。

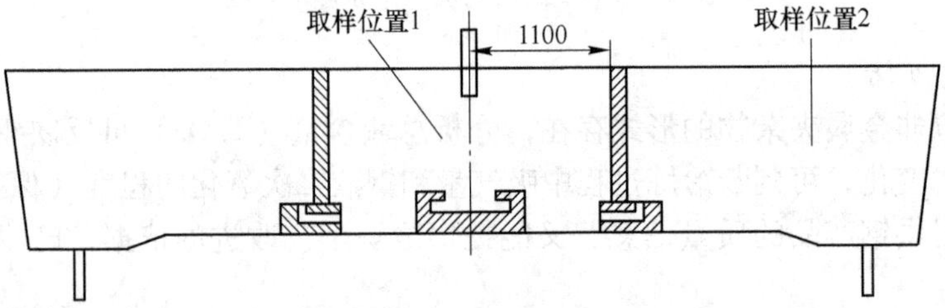

图 5　中间包取样位置

2　试验结果讨论

2.1　Als 成分与渣样分析

试验坯断面 230mm×1250mm，拉速 1.0m/min，中间包液位为 1.0m。试验过程中间包冲击区与浇注区两侧液位差较小，最大差值为 80mm。钢包顶渣成分见表 1，浇注后的中包过滤器通道内的填充物如图 6 所示。

试验钢的过程成分 RH 出站 Als 与中间包钢水中 Als 含量如表 1 所示。由表 1 可以看出，从真空出站到连铸浇注 Als 损失偏大，最大达到了 0.049%。由钢包 RH 出站顶渣结果看出（见表 2），渣中 $\sum$(FeO+MnO) 较低（第 1、3、5、7 炉钢水 RH 出站时分别为 4.92%、4.69%、3.21%、4.28%），说明钢渣的氧化性较低。RH 出站至钢包内 Als 损失偏大、N 含量增量不大，说明连铸保护浇注做得较好，主要原因是

图 6 试验结束后的过滤器滤芯

渣中的氧通过渣钢界面进入到钢水中，造成二次氧化生成 Al_2O_3 夹杂。

表 1 中包过滤试验炉 RH 出站和中间包钢水中 Als 含量 (%)

炉号	1-6462	1-6463	1-6464	2-7644	1-6467	1-6468	1-6469
RH 出站 Als	0.495	0.530	0.478	0.453	0.476	0.452	0.494
中间包 Als	0.449	0.513	0.453	0.429	0.443	0.403	0.459
Als 损失	0.046	0.017	0.025	0.024	0.033	0.049	0.035

表 2 中包过滤试验炉 RH 出站渣样检测结果 (%)

炉号	MnO	P_2O_5	CaO	Al_2O_3	SiO_2	FeO	TFe	MgO
1-6462	1.68	0.346	46.06	27.52	8.04	3.24	2.52	9.14
1-6464	1.32	0.165	48.68	31.49	5.00	3.37	2.62	7.79
1-6467	1.08	0.311	48.85	24.97	4.84	2.13	1.66	6.53
1-6469	1.16	0.245	47.66	28.32	6.54	3.12	2.44	8.16

由图 6 过滤器滤芯断面可以看出，每个滤芯的两层钢之间都包裹着白色的 Al_2O_3 夹杂，说明过滤器有较强的吸附 Al_2O_3 类夹杂物效果，同时整个浇注过程中塞棒没有涨杆、水口没有堵塞也说明中间包过滤器在控制 Al_2O_3 类夹杂物方面起到了重要作用，减少了钢液中夹杂物残留、提高了钢液的洁净度。

2.2 钢水中全氧分析

试验炉次钢水在 RH 出站、连铸平台时钢包和中间包钢液中全氧含量见表 3。从表 3 中可以看出，钢包从 RH 出站到达平台时，钢水的二次氧化现象比较严重，全氧含量最大值达到了 53ppm。但经过中间包过滤器的过滤后，中间包浇注区的全氧含量分别为 25、30、25、40ppm，从过滤器对氧化物夹杂的去除效果较好，但是到了浇注后期（尾炉）效果逐渐减弱。

表 3 过程钢水中的全氧、氮含量

炉号	浇次顺序	工序	T[O]/%	N/%
1-6462	1	RH 出站	0.0020	0.0018
		连铸平台	0.0036	0.0019
		中间包浇注区	0.0025	0.0023
1-6464	3	RH 出站	0.0038	0.0018
		到连铸平台	0.0053	0.0020
		中间包浇注区	0.0030	0.0022

续表 3

炉号	浇次顺序	工序	T[O]/%	N/%
1-6467	5	RH 出站	0.0026	0.0020
		连铸平台	0.0045	0.0019
		中间包浇注区	0.0025	0.0022
1-6469	7	RH 出站	0.0032	0.0018
		连铸平台	0.0050	0.0018
		中间包浇注区	0.0040	0.0020

2.3 Aspex 分析

对连铸中包冲击区和浇注区提桶样近表面处取样加工制成金相样，采用 Aspex explorer 自动扫描电镜与能谱仪对金相样进行大面积扫描和分析，得到夹杂物的成分、尺寸（包括最大直径 D_{max}，最小直径 D_{min}，平均直径 D_{ave} 等）、数量等特征，该浇次试验仅讨论其中一炉钢水 Aspex 分析的夹杂物最大粒子直径（面积大小）和成分组成。

对冲击区试样和浇注区试样分别选取面积为 28.32 mm^2 和 24.78 mm^2 的区域进行非金属夹杂物自动分析检测，分别检测到 1246 和 543 个夹杂物，试样中夹杂物数量密度分别为 44.00 和 21.91 个/mm^2，两个试样中夹杂物分类数量统计的结果如图 7 所示。夹杂物的分析检测说明，冲击区检测试样中的夹杂物主要分三类：（1）氧化类夹杂物 578 个，其中 Al 含量占 74%；（2）Al_2O_3 类夹杂物 310 个；（3）以 Al_2O_3 为核心的 Al_2O_3-MgO 夹杂物 299 个，含有少量的 MnS、CaS 等复合夹杂物。浇注区检测试样中夹杂物类别与冲击区基本一样，以 Al_2O_3 为核心的 Al_2O_3-MgO 夹杂 208 个、氧化类夹杂 189 个、Al_2O_3 类夹杂 68 个，并含有少量的以 MnS、CaS 为核心的氧化物夹杂。通过分析结果发现，通过使用中包过滤器后，钢水中夹杂物数量密度降低了一半，主要为 Al_2O_3 类和以 Al_2O_3 为核心的絮状夹杂物去除较明显。从夹杂物的大小来看，冲击区试样和浇注区试样中最大粒径长度分别为 29.74μm 和 21.10μm，最大夹杂物面积分别为 450.88 μm^2 和 97.06 μm^2，说明铸坯中大颗粒的夹杂物非常少，过滤器对吸附大颗粒以 Al_2O_3 为核心的夹杂物效果较为显著。

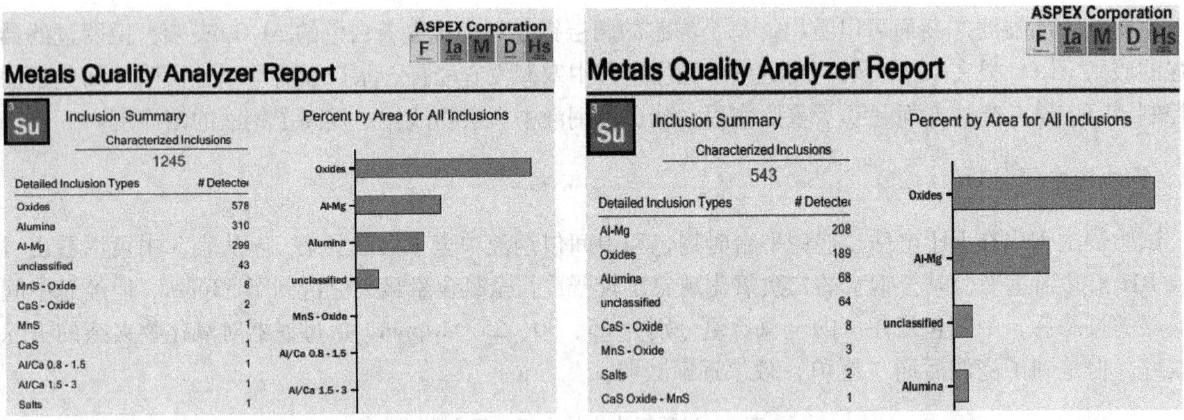

(a) 冲击区夹杂物检测结果　　(b) 浇注区夹杂物检测结果

图 7　Aspex 夹杂物分析检测结果

2.4 成品电磁性能与表面缺陷情况

2.4.1 成品电磁性能

第一次中包过滤试验板坯共计 65 块，热轧、常化、酸洗、冷轧、退火等工艺参数与原工艺保持不变，并在常化后每炉钢取样做金相夹杂物检测，检测结果见表 4。退火后试验卷头、尾部磁性能见表 5。

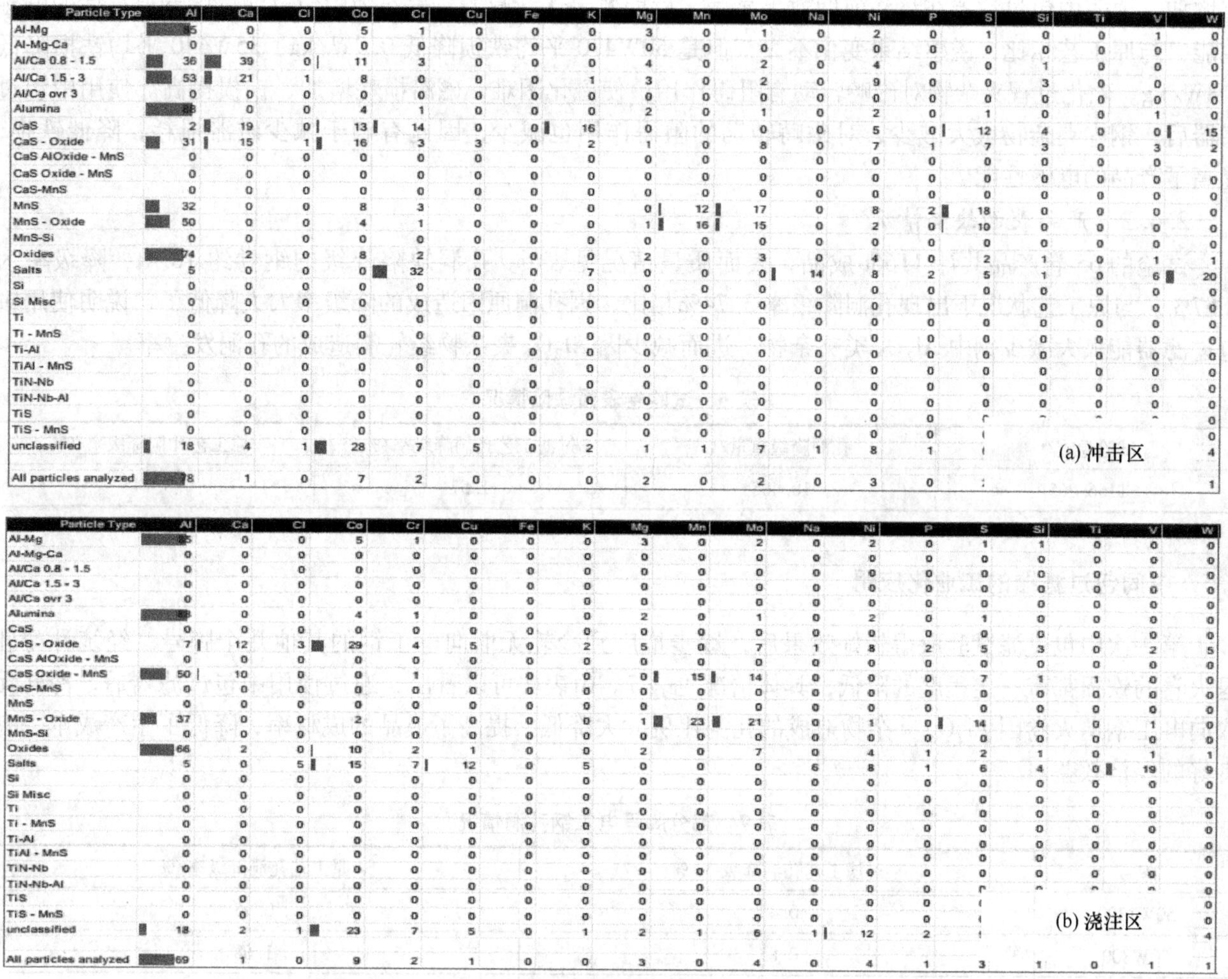

图 8 夹杂物成分组成

表 4 XG470WG 中包过滤试验卷常化后取样检测结果

铸坯号	晶粒度	夹杂物级别				
		A	B	C	D	Ds
J71-6462A030	3.5	0.5	0	0	0.5	
J71-6463A030	3.0	0.5	0	0	0.5	
J71-6464A030	4.0	0.5	0	0	0.5	
J72-7644A030	3.0	0.5	0	0	0.5	
J71-6467A030	3.5	0.5	0	0	0.5	
J71-6468A030	3.5	0.5	0	0	0.5	
J71-6469A030	4.0	0.5	1.5e	0	0.5	1.0

表 5 XG470WG 中包过滤试验卷与原工艺卷连退后电磁性能比对

成品牌号	过滤试验卷						原工艺卷①	
	$P_{1.5/50}$/W · kg^{-1}			B_{5000}/T			$P_{1.5/50}$/W · kg^{-1}	B_{5000}/T
	T	W	最大值	T	W	最小值	最大值	最小值
50W470	2.92	2.91	2.92	1.728	1.729	1.728	3.01	1.726
35W440	2.53	2.55	2.55	1.707	1.706	1.706	2.63	1.706

①原工艺卷即与中包过滤器试验成分和工艺参数相同，但没有使用中包过滤器的产品。

由表 4 试验卷常化后金相夹杂物检测结果可以看出，该试验浇次夹杂物含量较少，浇注尾炉夹杂物稍有增加，说明中包过滤器在浇注前期效果显著，后期效果逐渐减弱。表5为中包过滤试验卷退火后的电磁性能，与原工艺相比，磁感结果变化不大，但是50W470平均铁损降低0.9W/kg，35W440平均铁损降低0.8W/kg。磁化过程夹杂物对磁畴转动有阻碍作用，使磁化困难，磁滞损耗增加，铁损提高。使用中包过滤器后，钢中夹杂物大大减少，对磁畴转动的阻碍作用也减少，因此有利于减少磁滞损耗，降低铁损，提高了产品的电磁性能。

2.4.2 产品表面缺陷情况

试验的65卷产品共计1166t成品，表面质量情况见表6。孔洞缺陷降级的钢卷约18.4t，降级率为1.57%。与原工艺状况下出现孔洞降级率3.74%相比，因孔洞原因造成的降级率大大降低了，说明使用中包过滤器能大大减少钢中Al_2O_3类夹杂物，进而减少因Al_2O_3夹杂物经轧制造成的孔洞发生率。

表6 试验卷表面缺陷情况

试验卷重/t	孔洞降级重量/t	过滤工艺孔洞降级率/%	原工艺孔洞降级率/%
1166.065	18.405	1.57	3.74

2.5 中间包过滤器的工业化应用

第一次中包过滤试验取得较好效果后，逐步推广到冷轧无取向电工钢的其他几个牌号，经统计冷轧退火卷的铁损都有一定程度的降低，具体情况见表7。由表7可以看出，通过使用中包过滤器后，冷轧无取向电工钢退火卷因Al_2O_3夹杂物造成的孔洞比例大大降低，提高了成品的成材率，降低了生产成本，有良好的经济效益。

表7 部分牌号电工钢孔洞情况

牌号	过滤工艺孔洞降级率/%	原工艺孔洞降级率/%
50W1300	0.47	0.95
50W800	0.85	1.68
50W600	1.06	2.13
50W470	1.57	3.74

3 结论

（1）中包过滤试验结果表明，使用中包过滤器生产冷轧无取向电工钢，能有效去除钢水中Al_2O_3类夹杂物的含量，提高钢水的洁净度，成品卷孔洞降级比例与原工艺相比大大降低。

（2）使用中包过滤器减少钢水中的夹杂物，有利于降低冷轧无取向电工钢的铁损，对磁感性能影响不大。

参考文献

[1] Wang X H, Li X G, Li Q, et al. Control of string shaped nonmetallic inclusions of CaO-Al_2O_3 system in X80 pipeline steel plates. Acta Metallurgica, 2003, 49(5): 553.

新型高效冰箱压缩机用电工钢的研制与应用

陆天林[1]，孟淑娟[2]，战廷栋[2]，王立涛[1]

（1. 马钢技术中心，安徽 马鞍山 243000；2. 天津市机械工业物资总公司，天津 300050）

摘　要：本文从传统半工艺电工钢和新型电工钢制造工艺流程、产品性能及在冰箱压缩机上的应用效果进行对比。结果表明，新型电工钢较半工艺电工钢硬度低、板形好、易加工；在750℃氮气保护条件下消除应力退火后，其电磁性能更优，压缩机电机效率和COP指标更优，完全满足高效冰箱压缩机的要求。

关键词：高效；压缩机；电工钢；电磁性能

Development of Silicon Steel for Newly High Efficiency Compressor

Lu Tianlin[1]，Meng Shujuan[2]，Zhan Tingdong[2]，Wang Litao[1]

（1. Technology Center，Maanshan Iron and Steel Co.，Ltd.，Maanshan 243000，China；
2. Tianjin Machinery Industry Materials General Corporation，Tianjin 300050，China）

Abstract：Development of silicon steel for newly high efficiency compressor was introduced. Semi-process silicon steel and full-process silicon steel were compared in process，property and appliance. The results show that full-process silicon steel have low hardness、good flatness and easy to process. The property of full-process silicon steel was better after 750℃，N_2 for two hours and the compressor have the advantage of high efficiency and COP；The full-process electrical steel can fully meet the requirements of high efficiency compressor.

Key words：high efficiency；compressor；silicon steel；magnetic property

1　引言

地球温室化等环保问题越来越引起人们关注，对节能高效化的要求越发高涨[1]。我国目前面临能耗高、能源利用率低的问题，为此，国家在“十三五”期间，将电机系统节能工程列为十大重点节能工程之一[2]，为了倡导企业开发应用高效节能的机电产品，政府将实施新的高效节能法规、电机配套设备能效标准、家电产品能效标识制度，推出节能减排和节能补贴政策[3]。在此形势下，冰箱厂家纷纷开发高能效冰箱，冰箱压缩机市场快速扩大，同时，市场对压缩机的性能要求也越来越高[4]。

要提高电机的效率，主要是降低电机运行过程中自身发热所造成的电能消耗[5]。电机发生的损耗大致可分为铜损和铁损（涡流损耗、磁滞损耗），降低铜损可通过提高转矩常数、降低发生转矩所必须的电机电流、降低绕线阻抗来实现；而提高电工钢磁通密度有利于降低电机电流，减少漆包线发热而产生的铜损；降低电机铁损可通过采用低铁损高磁通密度的电工钢材料来实现[5]。

制备压缩机心脏的电工钢材料品质的高低对压缩机效率起到非常重要的作用。冰箱压缩机铁芯制备常采用半工艺电工钢加工成铁芯后，用户再通过消除应力退火和发蓝处理来完成，但半工艺电工钢由于其制造工艺特点，其本身硬度高、板型较差，随着电机用户的高效自动化程度提升，高速冲床加工效率要比全工艺低，且加工后的定子需要进行发蓝处理，以提升表面绝缘性能。随着全工艺电工钢制造成本下降，半工艺电工钢与全工艺的价格差距很小，且高效电机的性能要求和广阔的市场前景，电工钢制造企业根据市场需求，不断开发具备易加工、低成本的新型全工艺电工钢，具备低铁损和较高磁通密度的优良电磁性能，以满足高效电机的品质要求。本文简要介绍了一种新型全工艺电工钢在某压缩机用户的应用及与半工艺电工钢的对比，为研发高效电工钢提供技术支撑和借鉴。

2　电工钢产品的研制

2.1　生产流程对比

新型全工艺电工钢和半工艺电工钢的生产流程[6]如图 1 所示。半工艺电工钢直接采用电工钢冷轧卷经过罩退和平整工艺后不进行涂层，其罩式退火温度在 700~800℃；而新型全工艺电工钢直接采用电工钢冷轧卷经过连续退火和涂层，其连续退火温度通常≥800℃。

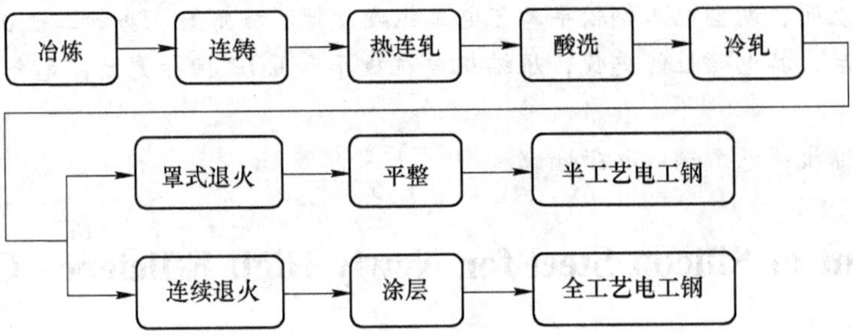

图1　生产工艺流程对比

2.2　合金成分对比

表 1 是半工艺电工钢和新型全工艺电工钢成分对比，1#为半工艺电工钢，2#为新型全工艺电工钢，主要差别体现在硅和铝含量的不同，新型全工艺电工钢的硅含量要高 0.2%左右，铝含量略高 0.1%。

表 1　两种电工钢成分设计对比　（wt%）

钢种	C	Si	Mn	P	S	Als
1#	≤0.0080	0.50~1.30	≤0.25	≤0.03	≤0.005	0.1~0.50
2#	≤0.0050	0.70~1.50	≤0.25	≤0.03	≤0.005	0.2~0.60

2.3　产品性能对比

表 2 为两种类型电工钢出厂前和消除应力退火后电磁性能对比。从表 2 可以看出，1#电工钢在经过消除应力退火前后都比 2#电工钢铁损高，消除应力退火后磁通密度略低于 2#电工钢；2#电工钢主要体现在主要合金成分不同，从而使材料的电阻率差异较大，进而表现出不同的电磁性能，2#电工钢板形更好。从力学性能对比来看（表 3），1#电工钢的硬度和强度明显高于 2#电工钢。

表 2　两种电工钢电磁性能对比

钢种	出厂性能			消除应力退火后性能	
	铁损 $P_{1.5/50}$/W · kg^{-1}	磁通密度 B_{50}/T	同板差/μm	铁损 $P_{1.5/50}$/W · kg^{-1}	磁通密度 B_{50}/T
1#	9.168	1.704	11~13	3.530	1.707
2#	3.829	1.727	7~9	3.318	1.717

表 3　两种电工钢力学性能对比

钢种	取样方向	$R_{p0.2}$/MPa	R_m/MPa	屈强比/%	A_{50}/%	HV1
1#	L	290	422	69	36	160
	C	292	431	68	38	

续表 3

钢种	取样方向	$R_{p0.2}$/MPa	R_m/MPa	屈强比/%	A_{50}/%	HV1
2#	L	254	395	64	37	131
	C	251	403	62	39	

2.4 消除应力退火工艺对电磁性能影响规律

为了研究消除应力退火对电工钢电磁性能的影响规律，对 1#电工钢和 2#电工钢经过不同温度下的消除应力退火试验，结果如图 2 所示。随着消除应力退火温度的提高，1#电工钢和 2#电工钢的铁损整体呈下降趋势，但在 770℃开始，温度的升高，对铁损的继续下降没有明显的促进作用。随着二次退火温度的升高，磁通密度也呈下降趋势，磁通密度的变化对温度的敏感性相对较小，在 750℃出现急剧下降的趋势。

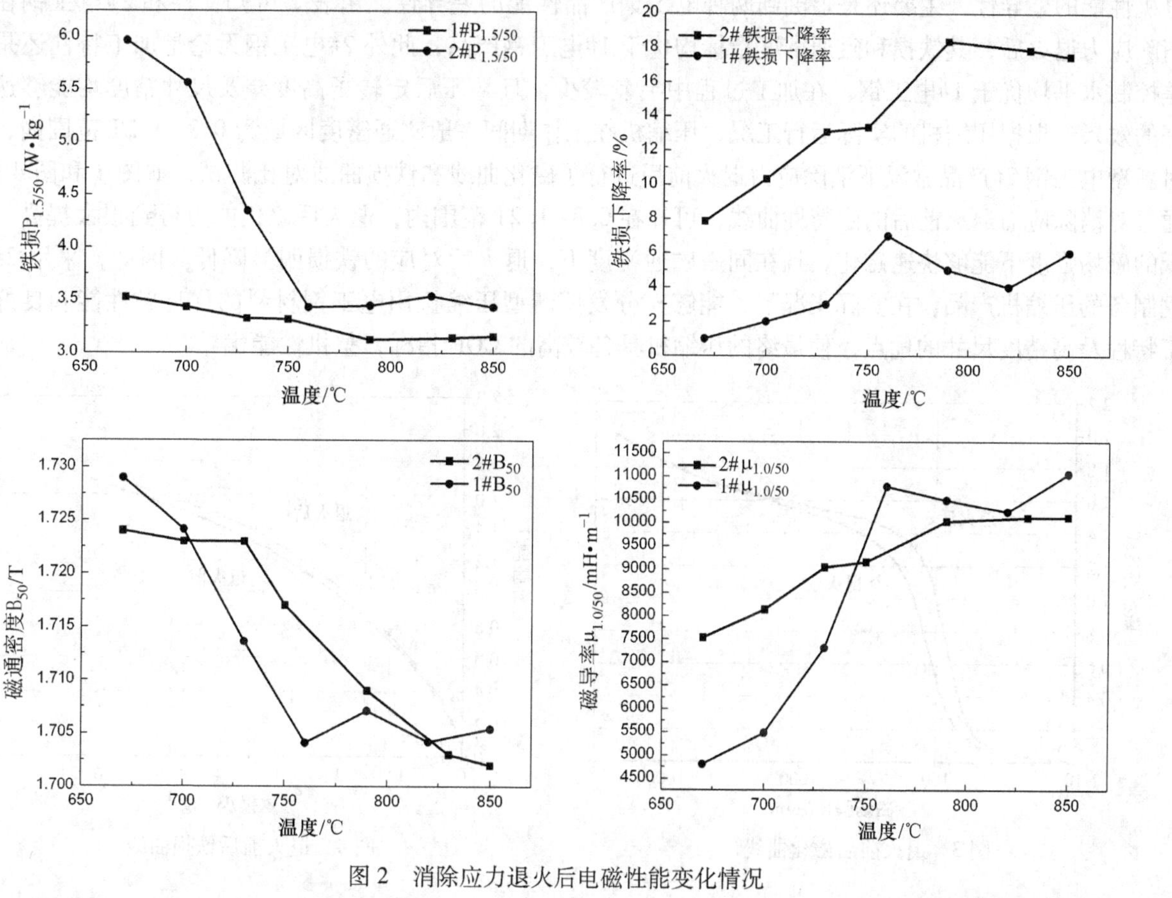

图 2 消除应力退火后电磁性能变化情况

铁损和磁通密度是表征电工钢材料磁性能的基本指标，两者之间存在矛盾[7]。要取得较好的磁性能，需综合考虑磁通密度和铁损的最佳点，温度在 770~790℃性能最好，消除应力退火温度应为 780℃。

3 两种类型电工钢应用于压缩机的性能对比

采用 1#电工钢和 2#电工钢制备成同一款压缩机的铁芯，并应用在同一型号压缩机上。电工钢在铁芯制造厂冲剪加工，装配成铁芯后，进行消除应力退火，且 1#电工钢需要增加发蓝工艺处理。消除应力退火工艺为在氮气保护下 750℃处理 2h。在实际分条和高速冲床冲压过程中，1#电工钢加工速度为≥220 次/min，2#电工钢加工速度为≥300 次/min，1#电工钢对磨具损耗较大，且毛刺比 2#电工钢略大。

上述两种电工钢产品在某压缩机制造厂制造成同一种类型的压缩机。表 4 为采用 1#电工钢和 2#电工钢制造的压缩机的对比情况；从表 4 中可以看出，2#电工钢应用的压缩机其电机电流小、COP 高，其整机性能优异。

表 4 1#和 2#电工钢制造的压缩机性能对比

数字	电机数	冷却电容器/W	能量输入/W	COP	电流/A	起初/V
1#	第一台	138.0	88.9	1.55	0.46	148
	第二台	139.2	91.1	1.53	0.45	146
2#	第一台	135.0	88.3	1.70	0.44	130
	第二台	134.5	85.0	1.90	0.44	128

4 分析与讨论

两种类型电工钢产品在同一款压缩机上应用，其制备的定子和转子及绕线均一致，其对应的压缩机电机性能的差异性，主要还是追溯到两种电工钢产品性能的差异性。由表 2 可知，1#和 2#电工钢在经过消除应力退火后，其铁损和磁通密度指标均优于 1#电工钢产品；此外 2#电工钢无论是加工特性还是同板差控制水平均优于 1#电工钢，在加工过程中毛刺较少，且叠压后定转子高度差及尺寸精度均能够达到较好的效果。根据压缩机的实际运行工况，压缩机在工作期间一般磁通密度区域为 0.8~1.2T 范围内，为此对新型电工钢 2#产品常温下消除应力退火前后进行了磁化曲线和铁损曲线对比测试，如图 3 和图 4 所示。通过对消除应力退火前后的磁特性曲线，可知在 0.8~1.2T 范围内，退火后磁化能力得到很大提高，在较低的磁场强度下能够快速磁化，且在同一磁通密度下，退火后对应的铁损明显降低。因此，采用 2#电工钢制备的压缩机产品，在实际工况下，能够充分发挥新型压缩机用电工钢材料的优良磁性能和良好的加工特性及高精度尺寸的优点，使最终的压缩机具备较高的 COP 指标，整机性能优异。

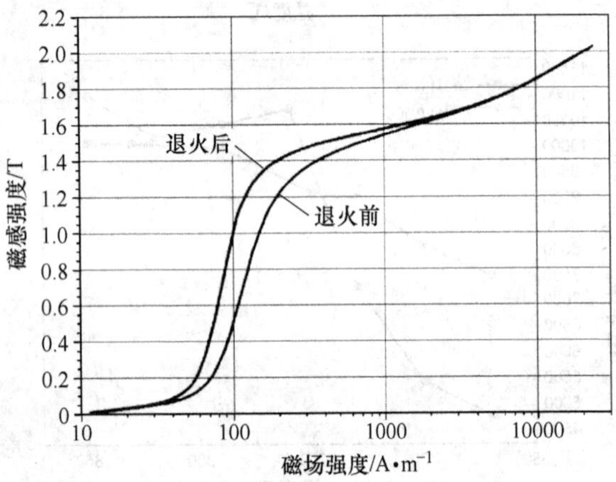

图 3 退火前后磁化曲线

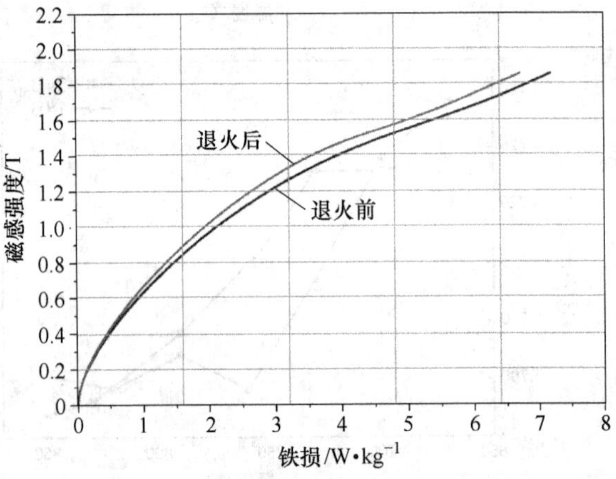

图 4 退火前后铁损曲线

5 结论

（1）新型压缩机用电工钢具备低硬度、易加工的优良加工特性和良好的尺寸精度，比半工艺电工钢更适宜高速冲床自动化加工模式。

（2）采用新型压缩机用电工钢，用户在 750℃氮气保护条件下进行消除应力退火可以获得最佳的磁性能。

（3）采用新型压缩机用电工钢制备的压缩机整机性能指标优异，COP 指标高且启动电流降低。

参考文献

[1] 龟田芳雄．电机（驱动系统）的高效化［J］．国外技术，2006(5)．

[2] 国家发改委．节能中长期专项规划［J］．中国经贸导刊，2004(23)：24-31.

[3] 邢一均，傅志华，陈坚，等．冰箱制冷压缩机电机的发展历程及其高效化［J］．电机技术，2013(5)：34-41.

[4] 余寒峰，陈晓，陈凌峰，等．宝钢高效无取向电工钢的发展与应用 [J]．宝钢技术，2008(4)：12-14.

[5] 尾田善彦．极低硫系高效电工钢板的开发与应用 [J]．世界钢铁，2002(5)：67-69.

[6] 何忠志．电工钢 [M]．北京：冶金工业出版社，2012：285-290.

[7] 邹而联．电工钢的节能技术 [J]．太钢译文，2002(3)：81-86.

剪切应力对硅钢片磁性能的影响

刘青松，夏雪兰，王立涛，裴英豪，占云高

（马鞍山钢铁股份有限公司技术中心，安徽 马鞍山 243000）

摘　要： 为探索剪切应力对硅钢片磁性能的影响，通过改变爱泼斯坦方圈试样应力分布状态，分析不同剪切应力作用下不同牌号硅钢片组织、磁性能和硬度的变化规律。结果表明：剪切应力存在使硅钢片的铁损明显恶化，随着磁感应强度的增加铁损恶化率逐渐降低；高牌号硅钢对剪切应力敏感性较强，样片宽度为5mm时铁损 $P_{1.5/50}$ 恶化率达到42.1%；0.5mm厚度硅钢片剪切后边部加工硬化区宽度约为0.65mm。

关键词： 剪切应力；铁损；磁感；硬度

Effect of Shear Stress on Magnetic Properties of Silicon Steel Sheet

Liu Qingsong, Xia Xuelan, Wang Litao, Pei Yinghao, Zhan Yungao

(Technology Center, Maanshan Iron and Steel Co., Ltd., Maanshan 243000, China)

Abstract: In order to explore the effect of shear stress on the magnetic properties of silicon steel sheet, the microstructure, magnetic properties, and hardness of silicon steel sheets under different shear stress are analyzed, by changing the stress distribution of Epstein frame. The results show that the existence of shear stress deteriorates the iron loss of silicon steel sheet significantly, and the deterioration rate decreases with the increase of magnetic induction. The high grade silicon steel has strong sensitivity to shear stress, the deterioration rate of iron loss $P_{1.5/50}$ reaches 42.1% when the width of sample is 5mm; The width of the processing hardened zone of the 0.5mm silicon steel sheet is about 0.65mm.

Key words: shear stress; iron loss; magnetic induction; hardness

硅钢作为电工领域的一种软磁性材料，被广泛应用于电力、电子、军事、航天等领域[1]。由于应用领域的不同，硅钢片通常被加工成不同形状、尺寸的样片，然后进行叠片组装[2]。在剪切过程中，硅钢片边部受到冷变形作用产生大量位错形成应力平衡的应力场，边部应力的增加势必会引起硅钢片磁性能的改变[3,4]。当定转子样片齿部加工尺寸较小时，剪切应力对磁性能的影响往往会被忽略，特别是在大尺寸多齿数电机铁芯制造中[5,6]。针对剪切应力对硅钢片磁性能的影响，通过增加剪切边数量来改变爱泼斯坦方圈试样应力分布状态，测试不同剪切应力分布下各牌号硅钢片磁感以及铁损的变化规律，并借助X射线应力测定仪对边部应力值进行测试，为硅钢片冲片加工提供技术支撑和理论参考。

1　试验材料与方法

1.1　实验材料

分别选取0.5mm厚度低、中、高三种不同牌号无取向硅钢试样，具体成分信息如表1所示。每个牌号中合金元素含量会存在明显差异，尤其是Si+Al的含量，牌号越高Si+Al总量越高，该牌号钢种硬度与强度就会越高，采用相同的冲裁工艺加工后，试样边部的应力状态就会存在明显差异。

表 1 试验材料化学成分 (%)

试样编号	牌号类别	C	Si	Mn	P	S	Als
试样 1	低	≤0.003	0.95	0.3	0.055	≤0.004	0.25
试样 2	中	≤0.0025	1.50	0.45	≤0.02	≤0.003	0.6
试样 3	高	≤0.0020	3.05	0.2	≤0.01	≤0.001	1.0

1.2 试验方法

利用意大利 Gasparini 高精度剪板机，将 30mm×300mm 的样片纵向分别平均分为 2 片、3 片、4 片、5 片、6 片，等分的片数越多样片上应力分别就越复杂，以此模拟样片上应力分布的复杂程度，具体尺寸如表 2 所示。将等分后的样片再重新用透明胶带拼接成 30mm×300mm 尺寸的爱泼斯坦方圈试样。如图 1 所示，从 a 到 f 依次为样片等分 1 至 6 片。

表 2 试样尺寸规格

片数（横纵各半）	等分后样片宽度/mm	长度/mm
8	30.0	300.0
16	15.0	300.0
24	10.0	300.0
32	7.5	300.0
40	6.0	300.0
48	5.0	300.0

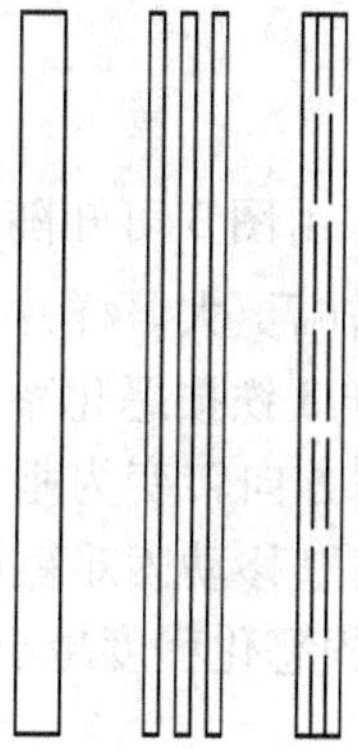

(a) 样片加工与拼接示意图（等分为3片）

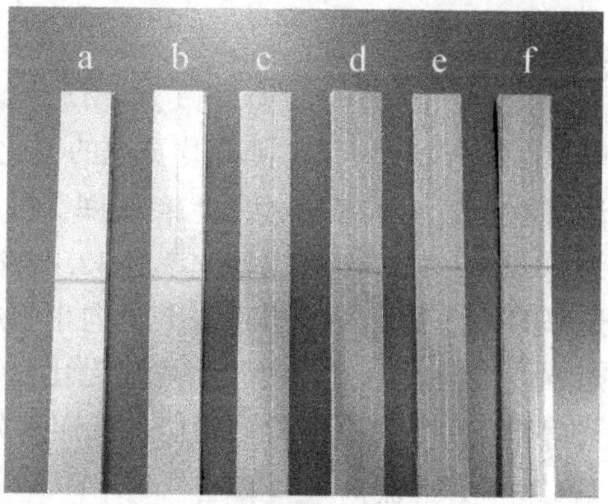

(b) 拼接后的爱泼斯坦方圈样片

图 1 样片加工与拼接示意图

采用日本 SK300 磁测仪对样片磁性能进行测试，HV-30 维氏硬度计测试距边部不同距离硬度 HV1，并借助荷兰帕纳科的 PRO MRD 型 X 射线应力测定仪，测试不同牌号硅钢片边部 1mm 内平均残余应力和距边部 5mm 以上平均残余应力值。

2 试验结果与讨论

为准确描述剪切应力对硅钢片磁性能的影响，以 30mm 宽的试样磁性能指标作为标准点，分别按下式 1 和 2 计算各牌号试样加工后的磁性能恶化程度[7]。

$$C_1 = \frac{B_{(30)} - B_{(a)}}{B_{(30)}} \times 100\% \tag{1}$$

$$C_2 = \frac{P_{(a)} - P_{(30)}}{P_{(30)}} \times 100\% \tag{2}$$

式中，C_1 为磁感恶化率,%；C_2 为铁损恶化率,%；a 为样片宽度，mm；B 为频率在 50Hz 时的磁感，T；P 为频率在 50Hz 时的铁损，W/kg。

2.1　剪切应力对硅钢磁感的影响

图 2 为不同牌号硅钢片磁感 B_{50} 随样片宽度的变化曲线。由图可以看出，随着样片宽度的减小剪切应力分布越复杂，各牌号硅钢片磁感均呈下降趋势，从试样 1 到试样 3 磁感下降幅度逐渐增加。样片被等分为 5mm 宽度时，样片 1 的磁感恶化率为 0.81%，试样 2 磁感恶化率为 1.10%，试样 3 磁感恶化最为严重，恶化率达到 1.62%。这是因为随着样片宽度的减小，剪切边总长度增加，边部剪切变形区域所占比例增加使总应力分布区域面积增加，磁感恶化率逐渐增加。该实验结果表明，与底牌号相比，剪切应力对高牌号硅钢磁感的恶化作用更明显。

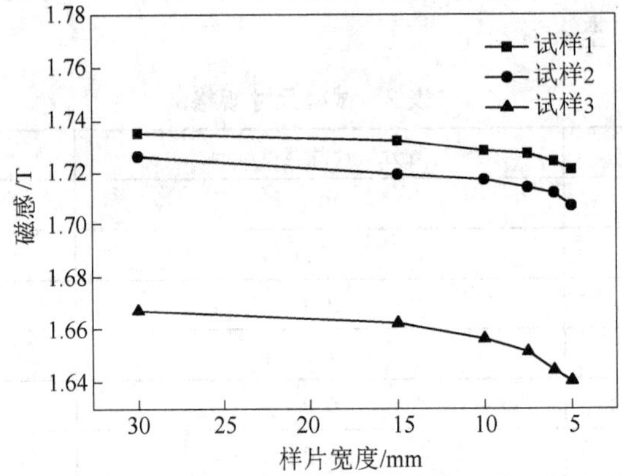

图 2　剪切应力对不同牌号硅钢磁感的影响

2.2　剪切应力对硅钢铁损的影响

图 3 给出了不同牌号硅钢片铁损 $P_{1.5/50}$ 随样片宽度的变化曲线。由图 3 可知随着样片宽度的减小，各牌号硅钢片铁损均逐渐增加，但试样 3 比试样 1 和试样 2 的铁损增幅更大。样片被等分为 5mm 宽度时，试样 1 的铁损恶化率为 25.2%，试样 2 铁损恶化率为 32.47%，试样 3 铁损恶化率达到 42.1%。由于硅钢片在剪切过程中由于边部的塑性变形，使边部磁畴方向由平行轧制方向转变为垂直轧制方向，致使磁化难度增加[8]。而变形过程产生的内用力，使硅钢片在磁化过程中畴壁移动困难磁弹效应明显，进而导致磁滞损耗增加和总损耗增加。与对磁感的影响相似，试样越宽，铁损恶化程度越小。

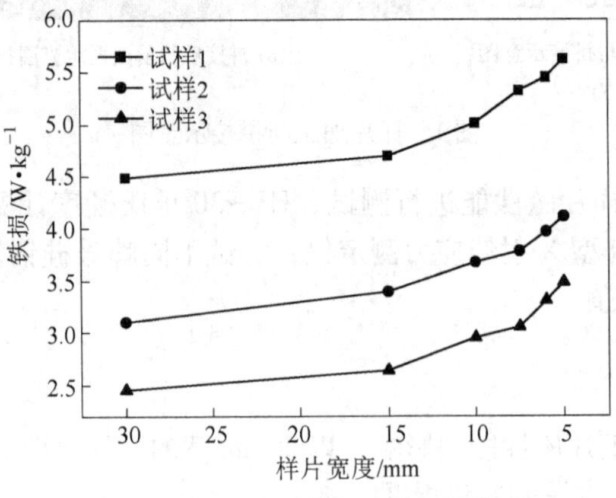

图 3　剪切应力对硅钢片铁损的影响

为研究剪切应力在不同磁感应强度下硅钢铁损的变化规律，分别对样片施加不同强度的磁场，计算不同磁感应强度下样片宽度为 5mm 时铁损恶化率，如图 4 所示。

由图 4 可以看出随着磁感应强度的增加，三种试样铁损恶化率均呈降低趋势，且从试样 1 到试样 3 铁

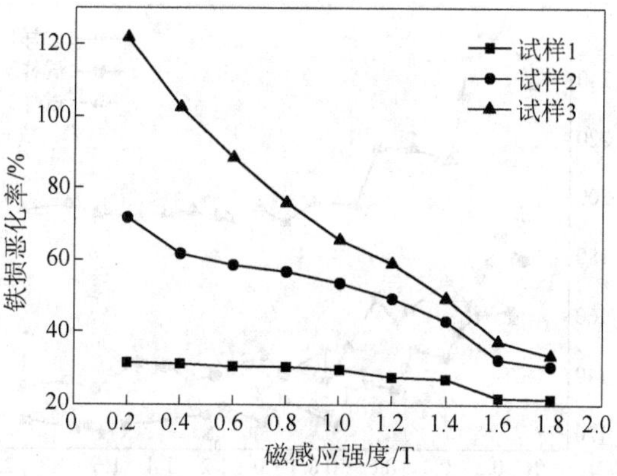

图4 剪切应力对不同磁感应强度下硅钢铁损的影响

损恶化率的降低幅度逐渐增加。磁感应强度从 0.2T 增加到 1.8T，试样 1 铁损恶化率由 31.37%降低到 21.21%，试样 2 的铁损恶化率由 71.6%降低到 30.31%，试样 3 铁损恶化率降幅最大，由最初的 121.67%降低到 33.35%。当磁感应强度较小时，涡流损耗在总损耗中占比也小，剪切应力的存在导致磁滞损耗升高使得硅钢片总损耗升高明显，而随着磁感应强度的增加，涡流损耗在总损耗中的占比增加[9]，磁滞损耗所占的比例下降，剪切应力对硅钢片总损耗的影响降低。随着硅含量的增加涡流损耗减小，剪切应力对总损耗的影响更加明显，因此高牌号硅钢的铁损受剪切应力的影响更明显。

2.3 试样边部剪切应力分析

硅钢片剪切过程中，不均匀冷变形势必会引起边部组织发生改变，图 5 给出了三种试样垂直剪切面的组织形貌。

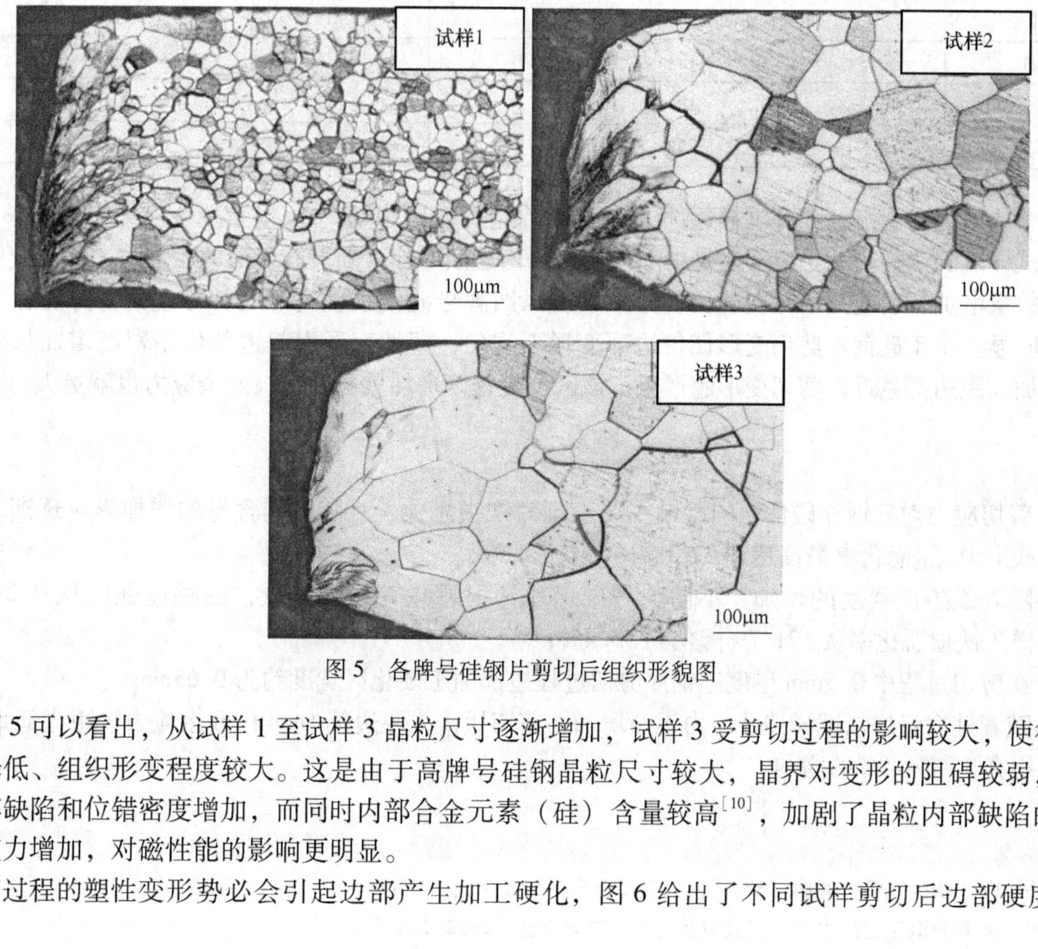

图5 各牌号硅钢片剪切后组织形貌图

由图 5 可以看出，从试样 1 至试样 3 晶粒尺寸逐渐增加，试样 3 受剪切过程的影响较大，使得边部尺寸精度降低、组织形变程度较大。这是由于高牌号硅钢晶粒尺寸较大，晶界对变形的阻碍较弱，使晶粒内部点阵缺陷和位错密度增加，而同时内部合金元素（硅）含量较高[10]，加剧了晶粒内部缺陷的数量使变形内应力增加，对磁性能的影响更明显。

剪切过程的塑性变形势必会引起边部产生加工硬化，图 6 给出了不同试样剪切后边部硬度的分布情况。

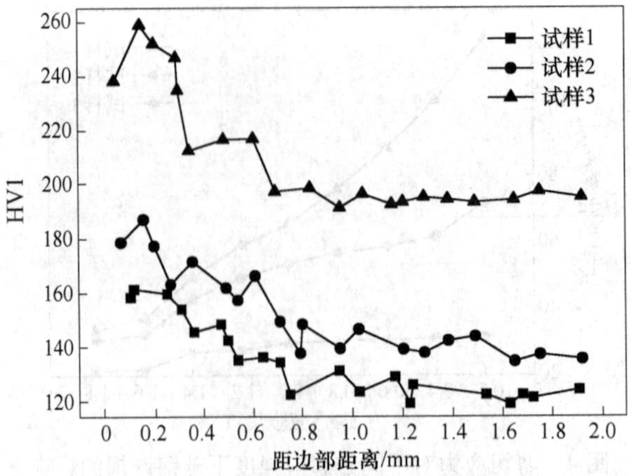

图 6　硅钢片剪切后边部硬度分布

由图 6 可以看出，随着距边部距离的增加三种试样的硬度均呈先下降后趋于稳定的走势；在距边部距离超过 0. 65mm 时，硬度均趋于稳定。随着距离的增加试样 1 的硬度从 161 下降到 122，降幅 32. 6%；试样 2 硬度降低了 33. 7%，试样 3 的硬度降低了 34. 7%。由于剪切过程边部塑性变形程度随距边部距离的增加而降低，变形产生的加工硬化程度也随之减小所致。当距边部距离超过 0. 65mm 时，剪切加工所引起的塑性变形基本消失，试样的硬度变化也趋于稳定。因此硅钢片厚度为 0. 5mm 时，剪切过程对硅钢片边部变形的影响深度约为 0. 65mm。

为准确确定试样边部剪切应力值，借助 PRO MRD 型 X 射线应力测定仪对试样边部和中部残余应力进行测试，表 3 给出了不同试样距边部 1mm 内平均残余应力和距边部 5mm 以上平均残余应力测试结果。

表 3　剪切后试样残余应力值

试样牌号	距边部 1mm 内残余应力/MPa	距边部 5mm 以上残余应力/MPa
试样 1	−133	−95
试样 2	−186	−132
试样 3	−259	−198

由表中数据可以看出，三种试样边部 1mm 内残余应力较距边部 5mm 以上残余应力均有 30%～40%的增加，从试样 1 到试样 3 无论边部还是中部残余应力均逐渐增加。随着硅含量的增加，晶格中硅原子置换铁原子的数量增加，引起晶格畸变的比例增加，所以高牌号硅钢强度高于底牌号硅钢，剪切加工后产生的应力也明显。由于硅钢片剪切变形使得边部变形不均匀，塑性变形引起边部位错密度增加从而使得残余应力增加。距边部越近，剪切变形越严重，该区位置密度增加就更明显，残余应力也就更大。

3　结论

（1）剪切应力对硅钢片磁性能的影响主要表现为铁损恶化，且随着硅含量的增加影响逐渐增大，高牌号硅钢铁损 $P_{1.5/50}$ 恶化率最高达到 42. 1%；

（2）随着磁感应强度的增加，不同牌号硅钢片铁损恶化率逐渐降低，磁感应强度从 0. 2T 增加到 1. 8T，试样 3 铁损恶化率从 121. 7%降低到 33. 4%；

（3）在剪切过程中 0. 5mm 厚度硅钢片剪切过程边部加工硬化区宽度约为 0. 65mm；

（4）随着硅含量增加试样残余应力逐渐增加，剪切后试样距边部 1mm 内残余应力较距边部 5mm 以上残余应力均有 30%～40%的增加。

参考文献

[1] 何忠治．电工钢的现状与展望（续）[J]．中国冶金，2001(5)：15-17.
[2] 吴开明．无取向电工钢的生产工艺及发展 [J]．中国冶金，2012(1)：1-5.

[3] Takeshi Omura. Effect of Hardness and Thickness of Nonoriented Electrical Steel Sheets on Iron Loss Deterioration by Shearing Process [J]. Iieee Transactions on Magnetics, 2015, 51(11): 1.
[4] 黄力明. 冲剪加工对冷轧硅钢片磁性能影响的试验研究 [J]. 中小型电机, 2004, 31(3): 10-13.
[5] Shi Wenmin, Liu Jing. Effect of Cutting Techniques on the Structure and Magnetic Properties of a High-grade Non-oriented Electrical Steel [J]. Journal of Wuhan University of Technology-Mater. Sci. Ed., 2014, 29(6): 1246-1251.
[6] 韩志磊. 冲剪加工对无取向硅钢边缘组织和磁性能的影响 [J]. 材料热处理学报, 2014, 35(1): 154-159.
[7] 向前, 方泽民. 冲剪应力对不同尺寸电机铁芯磁性能的影响 [J]. 理化检验, 2015, 51(10): 693-697.
[8] 何忠治, 赵宇, 等. 电工钢 [M]. 北京: 冶金工业出版社, 2012: 57-58.
[9] 毛为民, 杨平. 电工钢的材料学原理 [M]. 北京: 高等教育出版社, 2013: 88-90.
[10] 胡庚祥. 材料科学与基础 [M]. 上海: 上海交通大学出版社, 2001: 74-78.

无取向硅钢轧制工艺及表面缺陷对磁性能的影响

罗石念

（宁波钢铁有限公司，浙江 宁波 315807）

摘　要： 本文研究揭示了无取向硅钢轧硬卷表面“油斑”缺陷的产生机制。通过优化 DG01 硅钢冶炼成分与 1780mm 热连轧机组的轧制工艺参数，分别研究钢种硅含量及热轧终轧温度、卷取温度对成品冷轧带钢磁性能的影响规律，得出合理控制连铸坯出炉温度及精轧温度、卷取温度十分有助于提高无取向硅钢产品的磁性能；从而在大生产条件下，开发了一种高磁感 DG01 无取向电工钢，磁感应强度 B_{50} 值达到 1. 75T 以上，受到用户好评。

关键词： 无取向硅钢；油斑；磁性能；红铁皮；轧制工艺

Influence of Rolling Parameters and Surface Defect on the Magnetic Property of Non-oriented Silicon Steel

Luo Shinian

（Ningbo Iron & Steel Co.，Ltd.，Ningbo 315807，China）

Abstract： Mechanism of the “oil speckle” defect on the cold- rolled non-oriented electrical steel sheet has been revealed in this thesis. Optimizing the composition of steel and the heat rolling processing parameters of DG01，Ninggang has developed a kind of higher magnetic flux non-oriented electrical steel sheet which B_{50} value reached more than 1. 75T. Besides the optimized silicon content，by controlling proper slab reheating，finishing rolling and coiling temperatures，the magnetic property（including lower iron loss and higher magnetic flux）can be enhanced a lot，which is popular with the customers.

Key words： non-oriented electrical steel；oil speckle；magnetic property；red scale；rolling parameters

1　引言

无取向硅钢多用于制造旋转电机如马达和发电机的铁芯，目前仍是产量和需求最大的电工钢品种。近年来，高速马达不断朝向高效化和小型化方向发展，为此需大力开发生产低铁损、高磁感应强度的无取向硅钢[1]。

宁钢装备有 1780mm 热轧带钢生产线，年生产能力为 440 万吨，目前尚不具备生产取向硅钢的能力；本文以宁钢生产量最大的某牌号超低碳无取向硅钢 DG01 实际生产中发现的质量问题为例，就其表面缺陷及对相关磁性能的影响进行分析研究。

本文发现了无取向硅钢轧硬卷表面“乳化液油斑”一种新的形成机制；前期通常认为该类斑迹系乳化液吹扫不净而残留的结果，对退火成品性能无明显影响，但本文的研究得出了不同的结论。

2　宁钢无取向硅钢 DG01 表面缺陷及其对磁性能影响

2.1　无取向硅钢 DG01 表面“油斑”缺陷

无取向硅钢 DG01 的几大主要元素控制范围如表 1 所示。

表 1　无取向硅钢 **DG01** 化学成分范围　　（质量分数/%）

C	Si	Mn	P	S	Als	N
≤0.005	≤1.2	≤0.4	≤0.10	≤0.01	≤0.5	≤0.004

DG01 硅钢热轧卷供某冷轧薄板公司，在其酸洗-冷连轧机组轧制，工作辊采用光辊，轧硬卷表面出现明显“油斑”缺陷，但无手感，如图 1 所示。

图 1　DG01 硅钢轧硬卷表面“油斑”

在退火生产线后工序的检查台上用频闪灯检查，带钢上对应区域的不良缺陷表现为凹坑、凸点，该缺陷在板面上随机分布。针对“油斑”问题，冷轧薄板公司生产车间内部进行了多次的工艺方案调整，酸轧线先后调整了拉矫机、酸液浓度、酸液温度、酸洗速度、轧制乳化液浓度、温度，但反复调整酸洗、轧制工艺均未见明显效果。

取样分析缺陷部位表面形貌，“油斑”位置明显较正常位置粗糙，对比列于图 2 中。

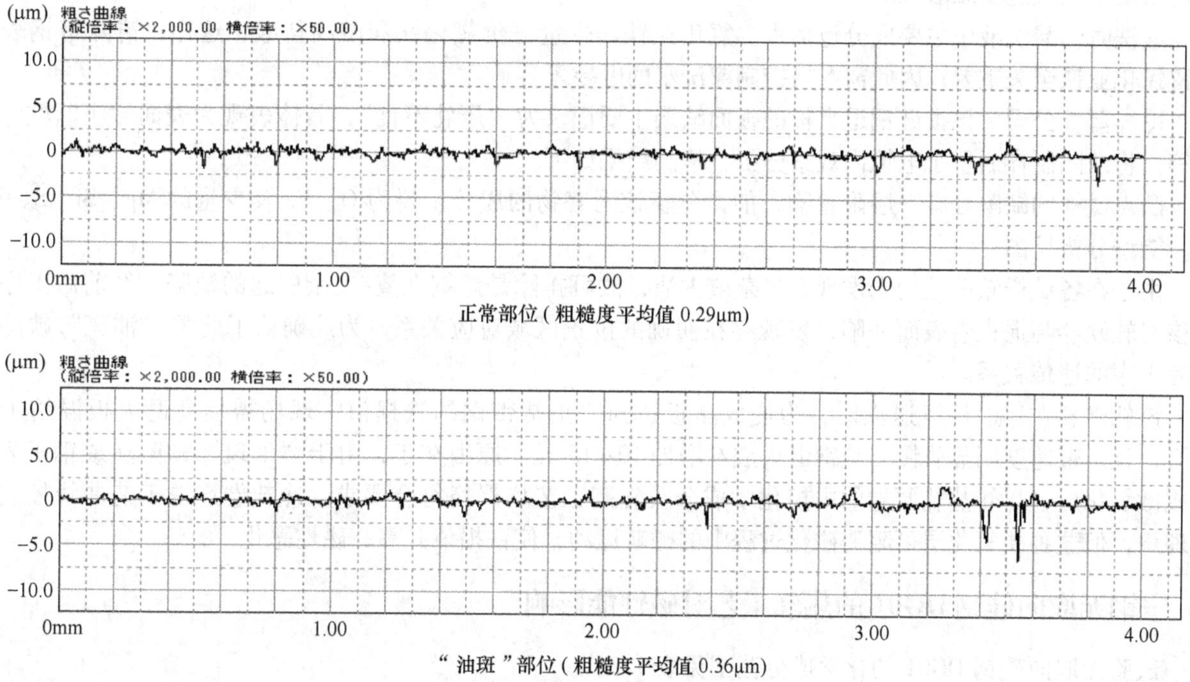

图 2　正常位置与“油斑”区域的表面粗糙度检测结果

2.2　“油斑”缺陷产生机理的研究及其对磁性能影响

经过现场详细跟踪并核对库存热卷原料表面质量情况，发现热轧原料卷在酸洗前表面锈斑严重，如图 3 所示。

现场多次跟踪生产情况并对比发现，轧硬卷表面的“油斑”缺陷与热轧原卷表面的锈斑缺陷位置有显著的相关对应关系，锈蚀部位经酸洗冷轧后表面粗糙度大于未锈蚀部位，与高倍下看到的形貌吻合；为此，认定热卷表面锈蚀是产生轧硬卷“油斑”的主要原因。

仔细调查后发现，热卷产生表面锈蚀的主要原因为热卷原料露天存放时间长，且为当地高温多雨的

5~7月间存放，雨水浸入钢卷层与层之间，更易加剧锈蚀程度。

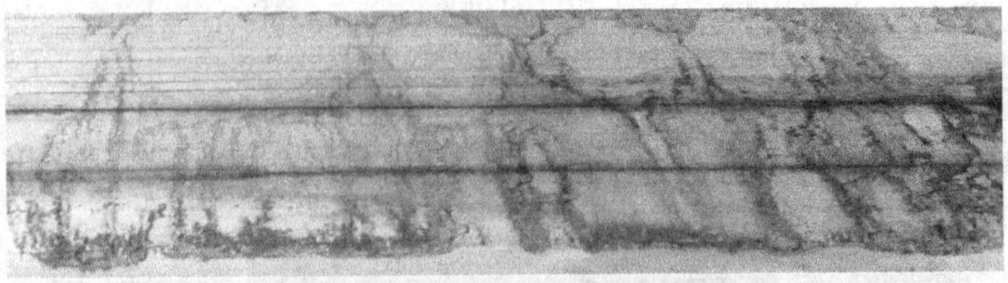

图 3 酸洗开卷机后带钢表面锈斑及水渍

分析认为，硅钢冷轧时，尽量减少轧硬卷表面氧化铁皮及 C-H 化物至关重要。

冷轧中，因摩擦力、剪切应力都很大，带钢表面产生应变纹、麻点、折痕、微裂纹和剥落的钢屑。经冷连轧，出口带钢表面温度达 100℃以上，这些细小的钢屑部分氧化，并同含碳的乳化液的残液强烈结合。因轧制时轧机封闭，不能将轧制变形区附近的乳化液阻挡在出口板面之外，造成乳化液随板面附着，形成乳化液斑痕。

冷轧后，带钢表面微细的铁屑颗粒易于吸附残存的油膜成为混合体，受压缩乳化液中的水分在较高温度下形成水蒸气与微铁屑发生化学反应形成复合氧化物，构成较疏松的氧化铁层，在退火过程中，这些氧化剂又可阻碍带钢表面残存乳化液中的水分、油气蒸发，水膜、油气排不出而进入氧化铁层，形成退火板面乳化液斑。因此，要抑制形成板面乳化液斑，就首先必须尽量减少甚至消除热轧、冷轧板面的残 C、残铁、灰分等；此外，热轧原卷中，尽量减少不易于与盐酸反应的微量元素如硅等的富集，并抑制氧化铁皮中生成过多难酸洗的 Fe_3O_4、Fe_2O_3。

酸洗时，酸洗液中主要成分包括水、氯化亚铁、少量三价氯化铁和游离盐酸，这样，清除带钢表面残留氯化亚铁至关重要；因此需严格控制漂洗水的电导率。

冷轧薄板公司对该批硅钢退火板的板面缺陷主要记录为“压轧不良”，具体表现为表面微小凹坑、凸点等。将缺陷制样后置于电镜内观察分析，检测结果如下。

凸点试样的缺陷处有一层附着物，能谱分析该附着物的成分主要为 O、Fe 及少量的 Mg、Si、S、Mn 等，能谱分析见图 4。

由于在各试样缺陷处均未发现有夹杂或夹渣，故可排除是炼钢夹渣/夹杂引起的缺陷。经前后工序仔细核对轧硬卷与退火卷表面缺陷，发现存在明确的位置区域对应关系，为此确认了此类“油斑”缺陷与前后工序的遗传关系。

该轧硬卷在连退机组退火时，为使成品板达到原正常带钢的铁损值，现场需提高退火板温约 15~20℃，且走带速度明显放慢，吨钢退火成本增加 10~15 元。原因在于，由于“油斑”缺陷造成钢板表面形成微氧化层，尽管热轧原卷的内控化学成分及轧制工艺均严格符合要求，冷轧卷连退工艺曲线控制也较理想，但这种微氧化层可阻碍磁化过程中的磁畴运动，使铁损值升高，磁性恶化。

3 宁钢无取向硅钢 DG01 的热轧工艺对磁性能影响

试验无取向硅钢 DG01 的化学成分范围见表 1。

在一定范围内分别改变 DG01 硅钢的硅含量及其热轧带钢的板坯均热温度、粗轧除鳞温度、精轧终轧温度、卷取温度，进行相同的冷轧及处理、涂层加工，对比检测成品硅钢片的磁感应强度 B_{50} 及铁损值 $P_{1.5/50}$，分析热轧工艺参数对硅钢磁性能的影响规律。另一方面，通过系统分析公司设备工艺及 DG01 无取向硅钢物理特性的影响规律，在规模化大生产条件下解决其磁性能的改善问题。

3.1 优化 DG01 成分及热轧工艺试验结果

重点研究了 DG01 电工钢的硅含量与精轧终轧温度对成品硅钢片磁感应强度 B_{50} 的影响规律，试验结果绘入图 5、图 6 中。

图 5 显示，随硅含量降低，磁感应强度 B_{50} 值呈现明显升高趋势。

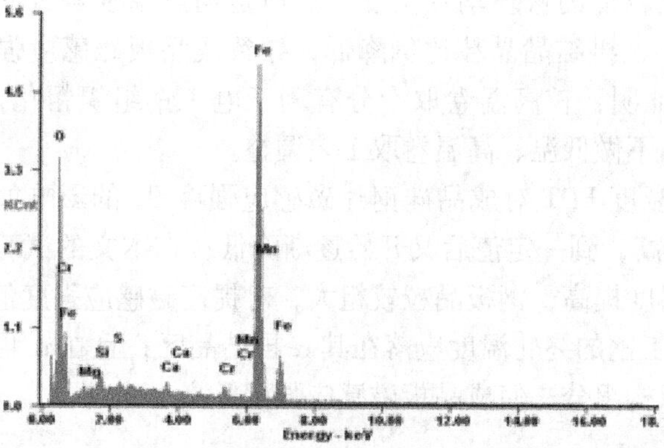

Element	Wt%	At%
OK	20.43	46.34
MgK	00.66	00.99
SiK	01.49	01.92
SK	00.35	00.40
CaK	00.76	00.69
CrK	01.58	01.10
MnK	00.47	00.31
FeK	74.25	48.24
Mntrix	Correction	ZAF

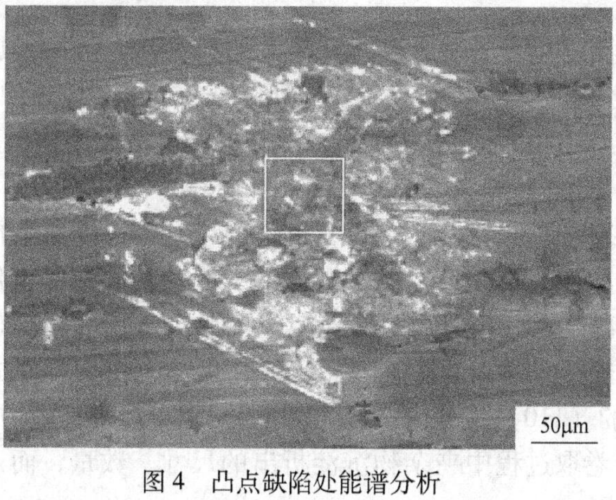

图 4　凸点缺陷处能谱分析

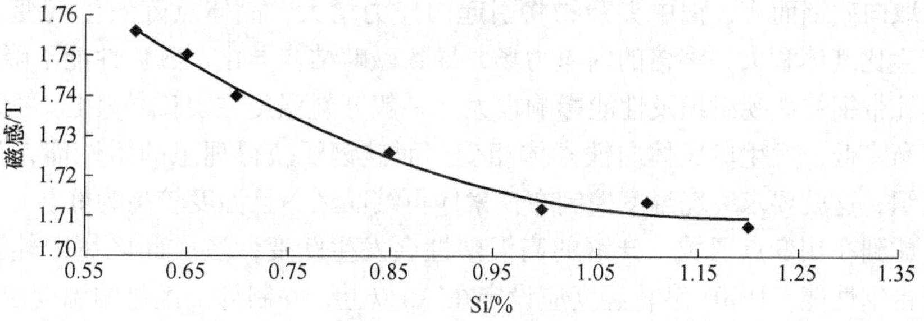

图 5　硅含量对 DG01 磁感应强度 B_{50} 的影响

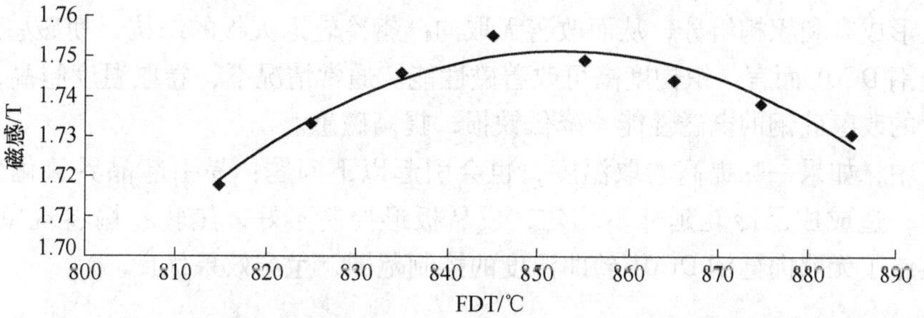

图 6　终轧温度对 DG01 磁感应强度 B_{50} 的影响

值得注意的是，一般而言，当钢中硅含量逐渐走低时，电工钢的铁损值会有所上升；但我们通过添加适量铝，即可抵消掉这种铁损值升高的负面影响。在本文的试验范围内，得出为兼顾 DG01 无取向电工钢的铁损值控制水平，其硅含量的优化值为 0.6%~0.7%。

电工钢的板坯均热温度、终轧和卷取温度对终端成品磁性能有重要影响。通常而言，板坯均热温度较高时，钢中 MnS、Al 大量固溶，在后续热轧过程中这些二次相弥散析出，冷轧后退火过程中晶粒长大受阻，钢板铁损值升高，因此一般要求控制较低的板坯均热温度[2]。但是均热温度若过低，则精轧终轧温度难于保证，易使热轧带钢晶粒组织细小，再结晶晶粒比例降低，导致成品板磁感应强度降低。至于卷取温度的影响，鉴于长期的生产经验均证明，较高温卷取十分有利于电工钢组织粗化，提高磁感值，故本文亦维持常用的中高温卷取工艺不变，不做低温、高温卷取工艺调整。

根据试验结果，DG01 电工钢精轧终轧温度 FDT 对成品硅钢片磁感应强度 B_{50}的影响如图 6 所示。随着 FDT 的升高，磁感应强度 B_{50}值先迅速升高，到一定值后又开始逐渐降低；在本文的试验条件下，得出理想的终轧温度范围为 840~860℃。终轧温度提高，钢板晶粒较粗大，对提高磁感应强度值十分有利。为得到均匀、粗大的热轧晶粒组织，DG01 电工钢的终轧温度应落在其 α 再结晶区；且在 α 再结晶区内，提高终轧温度，可粗化热轧晶粒组织并改善织构组分，使成品板磁感应强度升高。

3.2　热轧工艺参数影响机制的分析

相关研究表明，成品磁性能与铸坯加热温度有较大的相关性，随铸坯加热温度降低，磁性能得到明显改善，不但磁感应强度得到了提高，而且铁损也有所降低；反之，铸坯加热温度增高，磁性能恶化[3]。

终轧温度对无取向硅钢 DG01 成品磁性能的影响主要有两种方式：

（1）影响着热轧板的再结晶。

在相同的工艺条件下，终轧温度高，卷取温度相应也高，热轧板发生再结晶的驱动力大，有利于热轧板再结晶的发生及再结晶晶粒的长大；相反，终轧温度低，卷取温度也低，再结晶的驱动力小，再结晶不充分，晶粒较小。因为冷轧无取向硅钢的磁性能主要取决于成品的晶粒尺寸和织构，而热轧板的再结晶情况对成品组织及磁性能具有很大的影响作用，热轧板晶粒粗大可使成品退火织构中不利的（222）和（211）组分减少，有利的（110）组分增多，而（110）组分能提高轧向的磁感应强度。

（2）终轧温度还影响着卷取过程中夹杂物沉淀析出的尺寸、数量，而这些因素对成品退火过程中的晶粒长大及织构也有较大的影响。

对中低牌号无取向硅钢而言，钢中夹杂物将引起内应力增大，晶体点阵发生畸变，且夹杂物区域位错密度增高[4]，产生比其体积大许多倍的内应力场，导致磁畴结构异化，磁化性能下降。

终轧温度对热轧带钢的微观组织及性能影响很大。一般开轧温度在奥氏体相区，随后的轧制过程中，随着带钢温度的逐渐降低，发生奥氏体向铁素体相变。而硅钢要获得理想的磁性能，其热轧带钢应为均匀、粗大的晶粒组织，这就要求终轧温度控制在铁素体再结晶区，且温度较高为好。

另一方面，考虑到在相变点区域，硅钢的高温塑性会发生跃变，造成此区域内轧制力不稳定，故综合考虑设备能力与带钢性能，DG01 终轧温度应设定在 A_{r3}以上，并制订了优化的温度控制区间。

关于卷取温度，对于热轧带钢组织、性能亦有很大影响。较高的卷取温度可为热轧带钢硅钢成品板的发生再结晶提供驱动力，并促使再结晶晶粒粗化，这样冷轧时变形组织中剪切带增多，后续再结晶退火时，在剪切带上形成有利织构组分，从而改善无取向硅钢冷轧退火板的织构，使磁感应强度升高。

对于无取向硅钢 DG01 而言，织构度高可改善磁性能。通常情况下，卷取温度越高，越有利于晶粒的粗大化，能够有效的改善硅钢的电磁性能，降低铁损，提高磁感。

但在实际生产中，如果一味提高卷取温度，也会引起以下问题：易引起晶界氧化，造成冷轧酸洗困难，影响成品磁性；造成成品冷轧延伸不均匀，成品板形控制不好，热轧卷塌卷现象；综合以上因素，本文优化制定并实施了无取向硅钢 DG01 卷曲温度的控制范围，生产效果优良。

3.3　无取向硅钢 DG01 表面质量及磁性能的改进

去除无取向硅钢 DG01 轧硬卷“油斑”缺陷的关键在于防止热卷生成厚的红氧化铁皮；除防止热卷露天过久存放以外，关键还要在热轧时抑制带钢红铁皮的生成。

随着钢中硅含量的增加，DG01 钢热轧前连铸坯在均热炉中高温加热时，易生成低熔点的 Fe_2SiO_4，这是因为局部氧化铁皮发生熔化，液相包裹住钢基表面的活性 FeO；后期随着板坯温度的降低，因共晶效应而形成 Fe_2SiO_4-FeO 共晶体，牢牢钉扎于钢板表面。这种低熔点的 Fe_2SiO_4 的形成，是造成后续带钢表面红铁皮的主要原因。

图 7 列出了两种烧钢-出钢制度对带钢表面红铁皮的影响，生产实践表明，低温（≤1130℃）出钢可显著抑制红铁皮发生，无明显红铁皮出现；而若在 1170~1180℃出钢，由于板坯表面的 Fe_2SiO_4 熔点约为 1173℃左右，受 Fe_2SiO_4-FeO 共晶产物的影响，则极易产生显著的红铁皮缺陷。

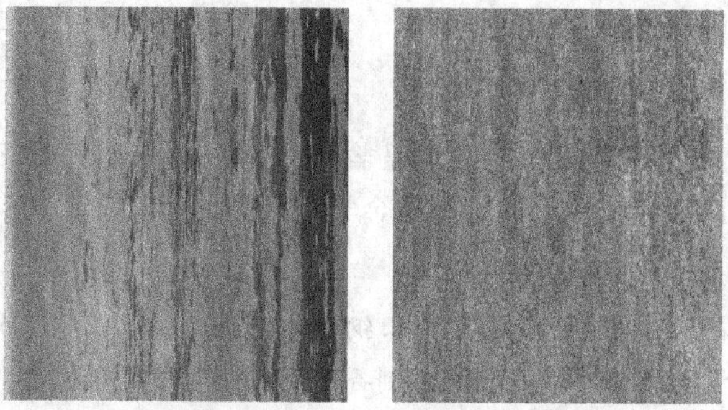

1180℃出钢　　1120℃出钢

图 7　两种热轧加热工艺对带钢表面红铁皮的影响

生产中，为应对硅钢氧化铁皮控制问题，具体改进措施列入表 2。

表 2　硅钢 DG01 去除氧化铁皮的工艺改进措施

影响工序	改进措施
板坯温度	按热直装板坯集中轧制；若有冷坯，集中轧制
轧制计划	采用合理的硬度、宽度、厚度、温度过渡；大于 30 块的轧制计划中间安排备用烫辊材
加热时间	优化生产质量计划；设定减少加热时间，降低炉内氧化气氛，从而减少表面氧化物生成量
加热温度	优化炉内各段加热温度、出炉温度并拟订执行板坯加热作业区相关规定
粗轧	提高一次除鳞水压力
精轧开轧温度	优化开轧工艺，并按生产质量计划严格执行
精轧机组	投入二次除鳞；合理投入机架间冷却水，减少二次氧化铁皮的生成；投入辊缝喷淋，改善轧辊氧化膜剥落及压入
磨辊间	及时更换工作辊，避免轧辊氧化膜的压入
卷取机组	优化设计卷取温度；按生产质量计划参数目标值严格执行

在工业化大生产条件下，通过改进并实施优化的工艺措施后，宁钢 DG01 硅钢质量改进效果显著。经现场大规模生产应用，DG01 实物性能得到明显提高，已生产十余万吨，质量亦非常稳定，得到了用户的肯定。

4　结论

（1）本文研究得出，无取向硅钢轧硬卷表面“乳化液油斑”系由热轧卷红铁皮经酸洗未洗净的斑痕而致；它可引起冷轧板铁损值升高，导致退火温度须升高 15~20℃。

（2）研究并实施抑制硅钢红铁皮形成的工艺参数优化方案，生产应用效果优异，实现红氧化铁皮质量异议为“零”的目标。

（3）通过合理控制化学成分与轧制工艺，并结合硅钢 DG01 精轧相变规律分析，开发了一种高磁感（>1.75T）的超低碳无取向硅钢，并实现新品产量与质量的同步、稳定提升。

参考文献

[1] 陈凌峰，等．无取向硅钢磁性能提升技术进步及其发展动向［J］. 电工材料，2013，(3)：41-45.
[2] 周世春．热轧工序温度对中低牌号无取向硅钢磁性性能的影响［J］. 宝钢科技，2004，(2)：15-16.
[3] 冯绍强，等．热轧无取向低硅钢的研制开发及生产［J］. 四川冶金，2012，(2)：36-37.
[4] 安治国，等．低铁损高磁通密度无取向硅钢的应用与生产技术进展［J］. 热加工工艺，2013，(7)：6-7.

复合型高硅电工钢软磁铁芯的制备及性能研究

江 志[1]，梁 鹏[1]，吴朝阳[1]，罗自贵[2]，樊希安[2]，李 杰[1]

（1. 安徽工业大学冶金工程学院，安徽 马鞍山 243032；
2. 武汉科技大学材料与冶金学院，湖北 武汉 430081）

摘 要： 本文以构建高磁感、低铁损高硅电工钢铁芯为出发点。通过采用流化气相原位沉积（FCVD）结合放电等离子烧结（SPS）工艺成功制备了高硅钢软磁复合铁芯，并系统研究了制备的高硅钢软磁复合铁芯的微观结构与电磁性能的关系。研究表明，在制备的高硅钢软磁复合铁芯中 Fe-6.5wt.%Si 颗粒被 SiO_2 绝缘层均匀并且致密的包围，制备的高硅钢软磁复合铁芯具有高磁感、高电阻率、良好的频率稳定性、低矫顽力以及低铁损等优异的电磁特性：饱和磁感为 175emu/g，矫顽力为 15Oe，相对磁导率为 350(80kHz)，电阻率为 $8.6\times10^{-5}\Omega\cdot m$，0.2T、5kHz 外场下铁损仅为 11.8W/kg。

关键词： 高硅钢；流化气相原位沉积；放电等离子烧结；电磁性能

The Preparation and Performance Study of the Multiplex High-silicon Electrical Steel Core

Jiang Zhi[1], Liang Peng[1], Wu Zhaoyang[1], Luo Zigui[2], Fan Xi'an[2], Li Jie[1]

(1. The Institute of Metallurgical Engineering, Anhui University of Technology, Maanshan 243032, China;
2. The School of Materials and Metallurgy, Wuhan University of Science and Technology, Wuhan 430081, China)

Abstract: This paper started from the construction of high magnetic susceptibility and low iron loss silicon steel core. By using fluidized gas phase deposition (FCVD) combined with discharge plasma sintering (SPS) process, high silicon steel soft magnetic composite core was successfully prepared, and the relationship between the microstructure and the electromagnetic properties of the high silicon steel soft magnetic composite core was studied. The study showed that the Fe-6.5wt.%Si particles in the high silicon steel composite iron corewere evently and dense surrounded by the SiO_2 insulation layer. The high - silicon steel composite core had high magnetic susceptibility, high resistivity, good frequency stability, low coercive force, and low iron loss: the saturated magnetic induction was 175emu/g, the coercive force was 15Oe, the relative permeability was 350 (80kHZ), the resistivity was $8.6\times10^{-5}\Omega\cdot m$, under the 0.2T, 5kHz field the iron loss was only 11.8W/kg.

Key words: high silicon steel; fluidized gas phase deposition; discharge plasma sintering; the electromagnetic performance

1 引言

电工钢是一类重要的软磁材料，电力和电子工业在制造电机、变压器、互感器、电抗器及其他电器仪表时都离不开它[1]。近年来，随着节能减排政策的推进和高效电机的推广应用，未来中小型电机和微电机领域对高牌号无取向电工钢的需求将会显著增加。另外，随着主流电机变频控制模式的普及以及高速转动马达的开发，对无取向电工钢提出了高频、高磁感和低铁损的要求。而高硅电工钢（特别是 Fe-

6.5wt.%Si 高硅钢）具有低铁损、高磁感、高导磁和低磁滞伸缩等优异的软磁特性，是电-磁转换装备实现低能耗、低发热、微小型化、低噪声、高稳定和绿色环保的关键。

但高硅电工钢中硅含量的提高易引起 B_2 和 DO_3 等有序相的出现，致使其塑韧性急剧下降，延伸率近乎为零，轧制、冲裁和成型异常困难，生产与应用受到制约[2]。所以，研究开发既可以避开其脆性，又能满足高频化应用需求的高硅电工钢非常必要，这也是当前高硅电工钢研究的热点与难点。目前，在世界范围内只有日本 JFE 公司采用化学气相沉积-扩散退火技术实现了高硅电工钢薄板的规模化生产[3]，而其他技术如以轧制技术为代表的热轧-温轧-冷轧工艺[4,5]、以单辊甩带[6]和双辊铸轧[7]为代表的近终成形技术，以粉末冶金为基础的喷射成形-轧制方法[8]和粉末轧制技术[9]等或因成本较高、或因受环境制约、或因工艺成熟度不够、或因材料利用率较低等问题而制约了其进一步应用。因此，在完善上述工艺技术的同时，开发新的高硅电工钢的制备工艺非常必要。

另一方面，众所周知，用作电磁转换装置的高硅电工钢铁芯在运行的时候，会因为周围磁场的变化产生涡流，为了将涡流限制在每一层高硅电工钢薄板内，减少铁芯的热损耗，需要在高硅电工钢薄板表面涂覆绝缘涂层，以防止高硅电工钢叠片间发生短路而增大涡流损耗，烧毁电器设备[10]。

为了解决制造高硅电工钢薄板及其在应用中所面临的上述问题，本文以构建高磁感、低铁损高硅电工钢铁芯为出发点，提出以 Fe-6.5wt.%Si 合金粉末为原料，以正硅酸乙酯为绝缘层前驱体，采用流化气相原位沉积（FCVD）工艺制备 SiO_2 包覆 Fe-6.5wt.%Si 的核壳结构复合粉末，后续利用放电等离子烧结（SPS）工艺将复合粉末一步成型制备高硅电工钢软磁复合铁芯，并系统研究了其微观结构与电磁性能的关系。

2 实验

以中州合金材料有限公司生产的气雾化 Fe-6.5wt.%Si 合金粉末（-100+300 目，纯度≥99.9%）为原料，将 50g 的 Fe-6.5wt.%Si 原料合金粉末置于管式炉中加热至680℃，以 Ar 为保护气，并持续通入 Ar 使原料合金粉末处于流化态。当到达设定温度后，将正硅酸乙酯通过液态蒸发器由 150mL/min 的 Ar 为载气输运到管式炉中，持续时间 1h，反应完成后随炉冷却，获得 Fe-6.5wt.%Si/SiO_2 核壳结构复合粉末，实验流程示意图如图 1 所示[11]。将上述 Fe-6.5wt.%Si/SiO_2 复合粉末装入 ϕ30mm×ϕ20mm×10mm 的石墨模具中，在 950℃下进行放电等离子烧结，升温速率为 50℃/min，保温 8min，烧结时 Ar 保护，施加单轴向压力 20MPa，烧结完成后随炉冷却，获得高硅电工钢软磁复合铁芯。对烧结后的高硅电工钢软磁复合铁芯在 800℃进行等温退火 2h。

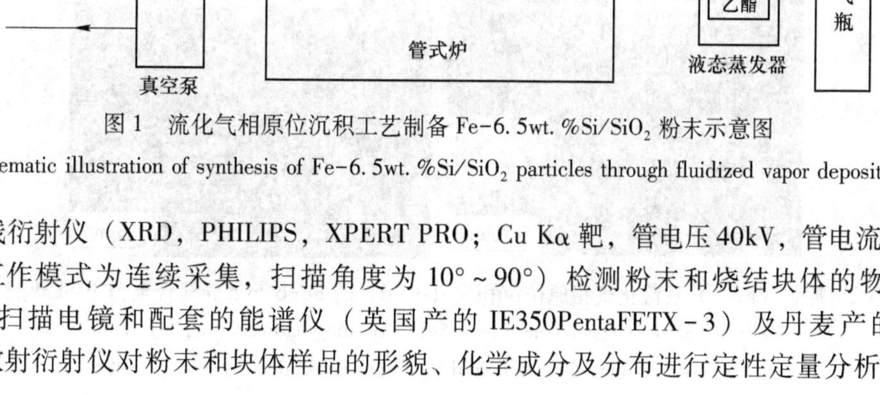

图 1 流化气相原位沉积工艺制备 Fe-6.5wt.%Si/SiO_2 粉末示意图

Fig. 1 Schematic illustration of synthesis of Fe-6.5wt.%Si/SiO_2 particles through fluidized vapor deposition process

采用 X 射线衍射仪（XRD，PHILIPS，XPERT PRO；Cu Kα 靶，管电压 40kV，管电流 40mA，采集步长为 0.017°，工作模式为连续采集，扫描角度为 10°～90°）检测粉末和烧结块体的物相组成。采用 Nova400 场发射扫描电镜和配套的能谱仪（英国产的 IE350PentaFETX-3）及丹麦产的 HKL Channel 5EBSD 电子背散射衍射仪对粉末和块体样品的形貌、化学成分及分布进行定性定量分析。采用 JDAW-

2000D 振动样品磁强计在室温下测量粉末和块体样品的磁滞回线，直接读出样品的饱和磁感应强度和矫顽力，扫场速度为 100Oe/s，测试外场范围为 ~10000Oe，测试时振荡频率为 40Hz，精度不低于 1%。采用四点探针法测量磁粉芯的电阻率，利用阻抗分析仪（HIOKI3532－50 LCR HiTESTER）测量磁粉芯的电感（L）（恒压 0.3V，频率范围 50Hz～1000kHz）。根据测试出的电感（L）计算出烧结后块体样品的相对磁导率（μ_r），其计算公式为：

$$\mu_r = \frac{\bar{l}L}{\mu_0 N^2 A} \tag{1}$$

式中，$\bar{l}$ 表示磁路的平均长度；N 表示感应器的匝数；A 表示磁路的有效面积；μ_0 表示真空磁导率，其值为 $4\pi\times10^{-7}$H/m。铁芯的损耗由软磁合金交流测量装置（MATS-2010SA）完成测试。

3　结果与分析

3.1　Fe-6.5wt.%Si/SiO_2 复合粉末微观结构分析

原始及流化气相原位沉积后的 Fe-6.5wt.%Si 合金粉末微观形貌 SEM 照片（二次电子相模式）分别如图 2 所示。从图 2(a) 中可以看出，原料 Fe-6.5wt.%Si 合金粉末形状基本规则，大部分呈均匀球形或近似球形，尺寸分布均匀，平均颗粒尺寸为 ~65μm。放大后可以观察到原料合金粉末表面有在雾化后凝固过程中由过热度及气流压力共同作用导致的纹路（图 2(a)）。相比之下，经流化气相原位沉积后的 Fe-6.5wt.%Si 合金粉末（图 2(c)）的形状和尺寸基本保持不变，但粉末表面粗糙。由图 2(d) 中局部放大图可知，流化气相原位沉积后的 Fe-6.5wt.%Si 合金粉末表面纹路变浅，且粉末表面沉积了一层均匀而致密的纳米级包覆层。表 1 列出了流化气相原位沉积工艺前后 Fe-6.5wt.%Si 合金粉末表面的 EDS 成分分析结果。在原料 Fe-6.5wt.%Si 合金粉末表面只有 Fe 和 Si 两种元素，Fe 元素和 Si 元素质量百分含量分别为 92.77wt.%和 7.23wt.%，非常接近名义原料配比。而在流化气相原位沉积后 Fe-6.5wt.%Si 合金粉末表面存在 Fe、Si 和 O 三种元素，同原料 Fe-6.5wt.%Si 合金粉末相比，在流化气相原位沉积后，Fe 元素的含量有明显下降，从 92.77wt.%下降至 82.68wt.%，但同时伴随着 Si 元素和 O 元素含量的增加，Si 元素和 O 元素的平均原子比接近但略小于 1∶2，这表明沉积在 Fe-6.5wt.%Si 合金粉末表面的沉积层由 SiO_2 组成。

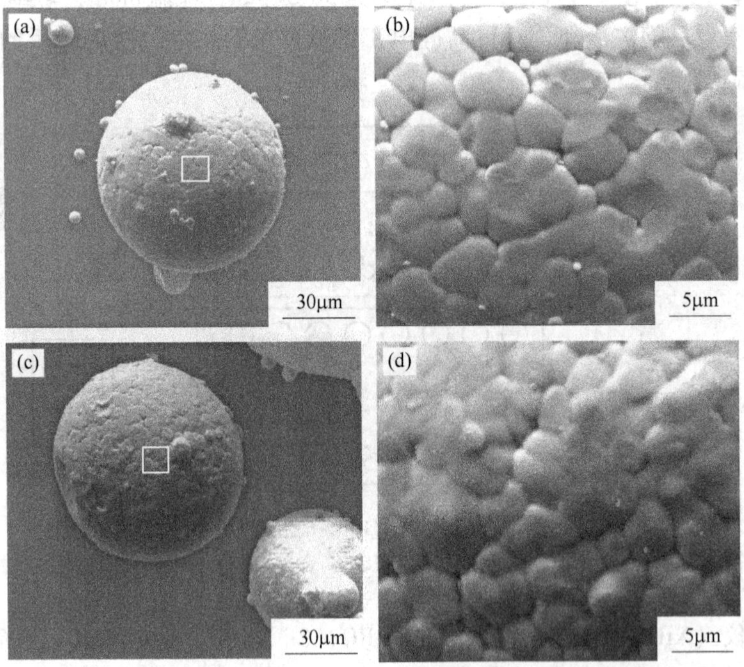

图 2　原料（a，b）及流化气相原位沉积后（c，d）的 Fe-6.5wt.%Si 合金粉末 SEM 照片

Fig. 2　SEM images of raw Fe-6.5wt.%Si alloy particles（a，b）and Fe-6.5wt.%Si particles after fluidized vapor deposition process（c，d）

表1 原料及流化气相原位沉积后的 Fe-6.5wt.%Si 合金粉末表面成分

Table 1 Component distribution of raw Fe-6.5wt.%Si alloy particles and Fe-6.5wt.%Si particles after fluidized vapor deposition process

元素	原料		流化气相原位沉积后	
	wt.%	at.%	wt.%	at.%
Fe	92.77	86.58	82.68	63.72
Si	7.23	13.42	8.89	13.63
O	0	0	8.42	22.66
总计	100		100	

Fe-6.5wt.%Si 合金粉末在流化气相原位沉积前后的 XRD 图谱如图 3 所示。在原料 Fe-6.5wt.%Si 合金粉末的 XRD 图谱（图 3(1)）中可以观察到在 2θ 角为 44.87°、65.46°和 82.87°出现了三个衍射峰，分别对应体心立方结构的 α-Fe(Si) 相的（110）、(200)、(211) 晶面（国际衍射数据中心（ICDD）给出的 No.96-900-6608 号卡片，晶体的空间群为 $Im3m$(229)）。三个衍射峰都有轻微的向高角度偏移，这是因为在原料 Fe-6.5wt.%Si 合金粉末中尺寸较小的 Si 原子（1.11Å）以固溶的形式替代了部分大尺寸的 Fe 原子（1.56Å）以形成 α-Fe(Si) 固溶相。相比于原料 Fe-6.5wt.%Si 合金粉末，在流化气相原位沉积后的 Fe-6.5wt.%Si 合金粉末的 XRD 图谱（图 3(2)）中除了可以观察到 α-Fe(Si) 相的三个衍射峰外，还出现一个极其明显的非晶态特有的“馒头峰”，这些结果与文献报道的实验结果相似[12-14]。结合 SEM 和 XRD 分析结果，可以推段出通过流化气相原位沉积工艺可以成功制备出以 Fe-6.5wt.%Si 合金颗粒为核，非晶态纳米级 SiO_2 沉积层为壳的具有核壳结构的 Fe-6.5wt.%Si/SiO_2 复合粉末。

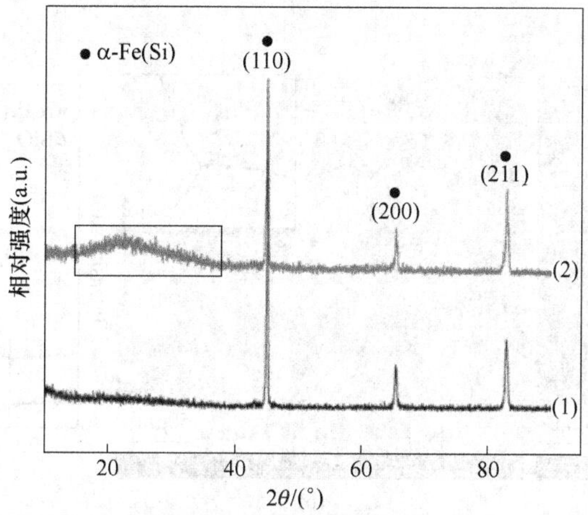

图 3 Fe-6.5wt.%Si 合金粉末在流化气相原位沉积前（1）后（2）的 XRD 图谱

Fig. 3 XRD profile of Fe-6.5wt.%Si particles before (1) and after (2) fluidized vapor deposition process

首先，正硅酸乙酯（TEOS）作为流化气相原位沉积工艺中 SiO_2 在 Fe-6.5wt.%Si 粉末表面沉积的硅源，在其被液态蒸发器中被 Ar 载气输送进入管式炉前发生了预分解，分解产物为 $Si(OH)(OC_2H_5)_3$，如反应式（2）和（3）所示：

$$Si(OC_2H_5)_4 \longrightarrow Si(OH)(OC_2H_5)_3 + C_2H_4 \tag{2}$$

$$Si(OC_2H_5)_4 + H_2O \longrightarrow Si(OH)(OC_2H_5)_3 + C_2H_5OH \tag{3}$$

分解产物 $Si(OH)(OC_2H_5)_3$ 会继续与后续 TEOS 发生醇化反应（反应式（4））和水解反应（反应式（5）），生成 $O(Si(OC_2H_5)_3)_2$：

$$Si(OH)(OC_2H_5)_3 + Si(OC_2H_5)_4 \longrightarrow C_2H_5OH + O(Si(OC_2H_5)_3)_2 \tag{4}$$

$$Si(OH)(OC_2H_5)_3 \longrightarrow H_2O + O(Si(OC_2H_5)_3)_2 \tag{5}$$

随后，TEOS 及分解产物 $Si(OH)(OC_2H_5)_3$ 被带入 680℃的管式炉中被处于流化态的 Fe-6.5wt.%Si 合金粉末吸附在表面，继而在合金粉末表面发生反应，如 $Si(OH)(OC_2H_5)_3$ 和 TEOS 表面的乙氧基($—OC_2H_5$)的热分解反应，乙氧基(—OC_2H_5)与羟基（—OH）之间的醇化反应以及羟基（—OH）与羟基（—OH）之间的脱水缩合反应，这些反应持续不间断的进行直至$Si(OH)(OC_2H_5)_3$和TEOS表面的乙氧基（—OC_2H_5）转换为O—Si—O键（后续为书写方便以G代替O—Si—O键），SiG_3OH为上述反应的最终产物。最后，后续继续通入的TEOS与在Fe-6.5wt.%Si合金粉末表面吸附的SiG_3OH发生脱水缩合反应，生成非晶态的SiO_2，如反应式（6）所示：

$$Si(OC_2H_5)_4 + SiG_3(OH) \longrightarrow SiO_2(D) + SiGE_3 + C_2H_5OH \tag{6}$$

在脱水缩合后，非晶态的纳米级SiO_2就完成了在流化状态下的Fe-6.5wt.%Si合金粉末表面的气相原位沉积过程。

3.2 Fe-6.5wt.%Si/SiO_2软磁铁芯的微观结构分析

图4是在相同的950℃条件下烧结得到的无SiO_2包覆Fe-6.5wt.%Si软磁铁芯和Fe-6.5wt.%Si/SiO_2软磁复合铁芯截面的SEM面扫描照片。结果表明，烧结后的两种软磁铁芯，结构密实、空隙较少、致密度较高。但是也有明显的不同之处，与无SiO_2包覆Fe-6.5wt.%Si软磁铁芯相比较而言，Fe-6.5wt.%Si/SiO_2软磁复合铁芯的截面有两种颜色分布，黑色区域将白色区域紧密包围。图4(c)为在950℃条件下烧结得到Fe-6.5wt.%Si/SiO_2软磁复合铁芯的XRD图谱，为了方便比较，同时列出了在相同条件下烧结制备的无SiO_2包覆Fe-6.5wt.%Si软磁铁芯的XRD结果。由图可知，在无SiO_2包覆Fe-6.5wt.%Si软磁铁芯中只有体心立方结构的α-Fe(Si)相的衍射峰（与图3结果相吻合）。而在Fe-6.5wt.%Si/SiO_2软磁复合铁芯中除了α-Fe(Si)相之外还在2θ角为26.39°和41.83°出现了SiO_2的衍射峰（国际衍射数据中心（ICDD）给出的No.01-089-8940号卡片）。上述XRD和SEM分析结果证实已经成功制备具有核壳异质结构的Fe-6.5wt.%Si/SiO_2高硅电工钢软磁复合铁芯，且在Fe-6.5wt.%Si颗粒之间存在厚度为1~2μm的SiO_2绝缘层。

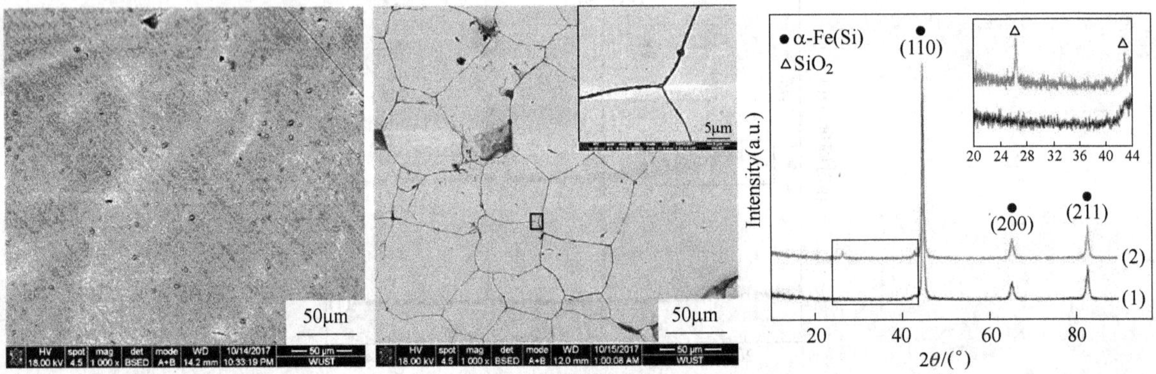

(a) (b) (c)

图4 无SiO_2包覆Fe-6.5wt.%Si软磁铁芯和Fe-6.5wt.%Si/SiO_2软磁铁芯截面的SEM照片（a）和（b）；（c）为XRD图谱（(1)和(2)）

Fig.4 SEM images and XRD profiles (c) of the corss-section for Fe-6.5wt.%Si blocks (a, 1) and Fe-6.5wt.%Si/SiO_2 composite blocks (b, 2)

3.3 Fe-6.5wt.%Si/SiO_2软磁铁芯的电磁性能分析

图5是退火后的无SiO_2包覆Fe-6.5wt.%Si软磁铁芯和Fe-6.5wt.%Si/SiO_2软磁复合铁芯在常温下的磁滞回线。由图可以看出，两种软磁铁芯均具有软磁材料的特征：高的饱和磁感应强度（M_s）、低的矫顽力（H_c）和剩磁，同时均在外场强度达到8000Oe时磁感应强度达到饱和。对比两条磁滞回线，无SiO_2包覆Fe-6.5wt.%Si软磁铁芯的M_s值为187emu/g，而Fe-6.5wt.%Si/SiO_2软磁复合铁芯的M_s值为175 emu/g，约下降了6.5%。除此之外，无SiO_2包覆Fe-6.5wt.%Si软磁铁芯的H_c值为12Oe，而Fe-6.5wt.%Si/SiO_2软磁复合铁芯的H_c值为15Oe，略有升高，但从H_c的数值来看，两种软磁铁芯都是属于优质的软磁材料。

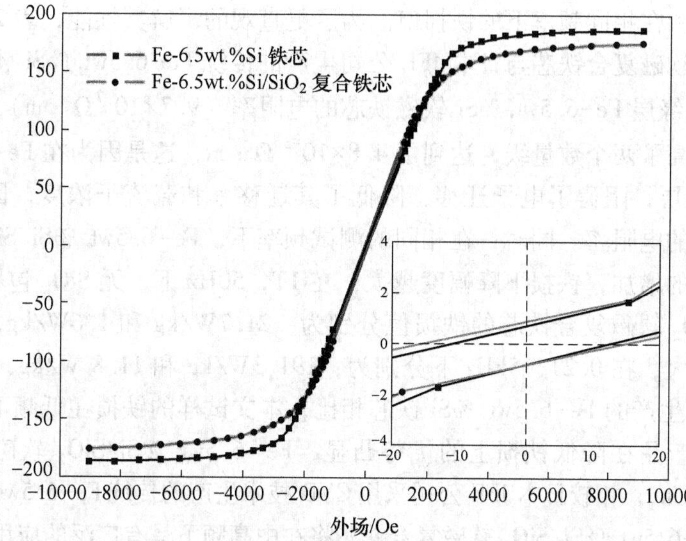

图 5　退火后的无 SiO_2 包覆 Fe-6. 5wt. %Si 软磁铁芯和 Fe-6. 5wt. %Si/SiO_2 软磁复合铁芯磁滞回线

Fig. 5　VSM of Fe-6. 5wt. %Si compacts and Fe-6. 5wt. %Si/SiO_2 composite compacts

图 6 是退火后的无 SiO_2 包覆 Fe-6. 5wt. %Si 软磁铁芯和 Fe-6. 5wt. %Si/SiO_2 软磁复合铁芯的相对磁导率（μ_r）随测试频率的变化趋势。由图可以看出，无 SiO_2 包覆 Fe-6. 5wt. %Si 软磁铁芯和 Fe-6. 5wt. %Si/SiO_2 软磁复合铁芯的相对磁导率（μ_r）都随测试频率的升高而减小，最后近似趋于恒定。当测试频率为 50Hz 时，Fe-6. 5wt. %Si/SiO_2 软磁复合铁芯的相对磁导率（μ_r）值为 7×10^3，远远低于无 SiO_2 包覆 Fe-6. 5wt. %Si 软磁铁芯的高达 1.9×10^4 的相对磁导率（μ_r），这可能由于将具有绝缘作用的 SiO_2 层的引入，降低了 Fe-6. 5wt. %Si/SiO_2 软磁复合铁芯中磁性粒子 Fe-6. 5wt. %Si 相对含量。除此之外，Fe-6. 5wt. %Si/SiO_2 软磁复合铁芯中的 SiO_2 层增大了磁性粒子 Fe-6. 5wt. %Si 的间距，从而减弱磁性粒子间的交互耦合作用。从图中还可以观察到当测试频率升高到 8kHz 以上时，Fe-6. 5wt. %Si/SiO_2 软磁复合铁芯的相对磁导率值（350）几乎不随测试频率的升高而减小；相较而言，无 SiO_2 包覆 Fe-6. 5wt. %Si 软磁铁芯，只有在测试频率升高到 13kHz 以上后，才能基本保持相对磁导率值（400）的稳定。上述结果表明，实验制得的 Fe-6. 5wt. %Si/SiO_2 软磁复合铁芯具有优良的中高频稳定性，适合在中高频（0. 3~30MHz）器件中推广使用。

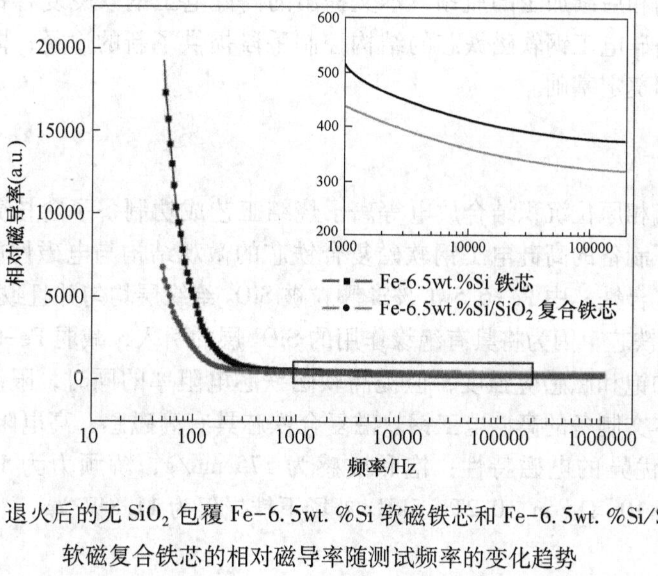

图 6　退火后的无 SiO_2 包覆 Fe-6. 5wt. %Si 软磁铁芯和 Fe-6. 5wt. %Si/SiO_2 软磁复合铁芯的相对磁导率随测试频率的变化趋势

Fig. 6　Variations of relative permeability with frequency for Fe-6. 5wt. %Si compacts and Fe-6. 5wt. %Si/SiO_2 composite compacts

表 2 列出了无 SiO_2 包覆 Fe-6. 5wt. %Si 软磁铁芯和 Fe-6. 5wt. %Si/SiO_2 软磁复合铁芯的电磁性能，主

要包括两种铁芯电阻率和在相同频率下的铁损值。为了更直观的了解其性能，表 2 同时比较了本实验制备的 Fe-6. 5wt. %Si/SiO_2 软磁复合铁芯与日本 JFE 公司生产的传统 Fe-6. 5wt. %Si 软磁铁芯在相同频率下的铁损值。相比无 SiO_2 绝缘层 Fe-6. 5wt. %Si 软磁铁芯的电阻率（$9.7\times10^{-7}\Omega\cdot m$），Fe-6. 5wt. %Si/$SiO_2$ 软磁复合铁芯的电阻率提高了两个数量级，达到了 $4.8\times10^{-5}\ \Omega\cdot m$，这是因为在 Fe-6. 5wt. %Si/$SiO_2$ 软磁复合铁芯中存在 SiO_2 绝缘层，阻碍了电子迁移，降低了其迁移率和载流子浓度，因此 Fe-6. 5wt. %Si/SiO_2 软磁复合铁芯具有更高的电阻率。同时，在相同的测试频率下，Fe-6. 5wt. %Si/SiO_2 软磁铁芯具有更低的铁损，且随着测试频率的增加，铁损下降幅度越大，在 1T，50Hz 下，无 SiO_2 包覆 Fe-6. 5wt. %Si 软磁铁芯和 Fe-6. 5wt. %Si/SiO_2 软磁复合铁芯的铁损值分别为：21. 7W/kg 和 1. 6W/kg，随着测试频率的增加，二者差距更是进一步增大，在 0. 2T，5kHz 下分别为：191. 3W/kg 和 11. 8 W/kg，下降了约 94%。与日本 JFE 公司采用 CVD 技术生产的 Fe-6. 5wt. %Si 铁芯相比，本文试样的铁损在低频下几乎与之相当，但当测试频率超过 400Hz，本产品在降低铁损上的优势凸显，Fe-6. 5wt. %Si/SiO_2 软磁复合铁芯铁损在 0. 5T，2kHz 下铁损只有 22. 4W/kg，相较日本 JFE 公司采用 CVD 技术生产的传统 Fe-6. 5wt. %Si 铁芯（29. 1W/kg），下降了约 1/4，表明 Fe-6. 5wt. %Si/SiO_2 软磁复合铁芯将在中高频下具有广泛的应用前景。

表 2　无 SiO_2 包覆 Fe-6. 5wt. %Si 软磁铁芯和 Fe-6. 5wt. %Si/SiO_2 软磁复合铁芯电磁性能比较

Table 2　Comparison of electric and magnetic characteristics of Fe-6. 5wt. %Si compacts, Fe-6. 5wt. %Si/SiO_2 composite compacts, and Fe-6. 5wt. %Si alloy core of JFE

分　类	厚度/mm	电阻率 /Ω · m	铁损/W · kg^{-1}				
			$W_{10/50}$	$W_{10/400}$	$W_{10/1k}$	$W_{5/2k}$	$W_{2/5k}$
无 SiO_2 包覆 Fe-6. 5wt. %Si 软磁铁芯	10	9.7×10^{-7}	21. 7	108. 2	358. 4	248. 2	191. 3
Fe-6. 5wt. %Si/SiO_2 软磁铁芯（本实验）	10	8.6×10^{-5}	1. 6	11. 2	36. 8	22. 4	11. 8
传统 Fe-6. 5wt. %Si 软磁铁芯（JFE）	—	—	1. 2	14. 5	51. 6	29. 1	17. 9

上述 Fe-6. 5wt. %Si/SiO_2 软磁复合铁芯的结构和性能结果表明，一方面，通过流化气相原位沉积工艺可以在 Fe-6. 5wt. %Si 颗粒表面包覆一层均匀而致密的 SiO_2 绝缘层，在提高软磁铁芯电阻率的同时，将涡流限制在 SiO_2 绝缘层包覆的 Fe-6. 5wt. %Si 颗粒内部，有望大幅降低铁芯的涡流损耗。另一方面，经过放电等离子体烧结后可一步成形制造 Fe-6. 5wt. %Si/SiO_2 软磁复合铁芯，在高温烧结过程中，SiO_2 作为绝缘层没有发生破损或破损很少，为提高高硅电工钢铁芯的电阻率和降低铁损提供了有利保证，且同时可避开高硅电工钢难以轧制和后续加工的瓶颈。本文提出的高硅电工钢软磁复合铁芯制备工艺为丰富高磁感、高导磁、低损耗的高硅电工钢软磁铁芯的结构控制手段提供了新的途径，同时也可为开发新型高硅电工钢软磁铁芯及其应用奠定基础。

4　结论

本文通过采用流化气相原位沉积结合放电等离子烧结工艺成功制备了含核壳结构的高硅电工钢软磁复合铁芯，并系统研究了制备的高硅电工钢软磁复合铁芯的微观结构与电磁性能的关系。结果表明，在制备的高硅电工钢软磁复合铁芯中 Fe-6. 5wt. %Si 颗粒被 SiO_2 绝缘层均匀并且致密的包围。相比于无绝缘层的 Fe-6. 5%wt. Si 软磁铁芯，因为将具有绝缘作用的 SiO_2 层的引入，减弱 Fe-Si 磁性粒子间的交互耦合作用，略微减弱了铁芯的饱和磁感应强度，但提高软磁铁芯电阻率的同时，限制了涡流的运转半径，大幅度降低铁芯的铁损。本文制备的高硅电工钢软磁复合铁芯具有高磁感、高电阻率、良好的频率稳定性、低矫顽力以及低铁损等优异的电磁特性：饱和磁感为 175emu/g，矫顽力为 15Oe，相对磁导率为 350（80kHz），电阻率为 $8.6\times10^{-5}\Omega\cdot m$，0. 2T、5kHz 外场下铁损仅为 11. 8W/kg。

参考文献

[1] Takashi D, Hironori N. High silicon steel sheet realizing excellent high frequency reactor performance [C]. Applied Power Electronics Conference and Exposition. IEEE, 2005: 1740-1746.

[2] 杨琨，梁永锋，叶丰，等. Nb 微合金化 $Fe_{14}Si_2$ 高硅钢温轧板织构演变规律 [J]. 金属学报，2013，49(11)：1411-1415.

[3] Fu, Huadong, Zhang, et al. Effects of boron on microstructure and mechanical properties of Fe-6.5; wt. %Si alloy fabricated by directional solidification [J]. Intermetallics, 2013, 35(2): 67-72.

[4] Wang D, Zhou C, Xu G, et al. Heat transfer behavior of top side-pouring twin-roll casting [J]. Journal of Materials Processing Technology, 2014, 214(6): 1275-1284.

[5] Xie J, Fu H, Zhang Z, et al. Deformation twinning feature and its effects on significant enhancement of tensile ductility in columnar-grained Fe-6.5wt. %Si alloy at intermediate temperatures [J]. Intermetallics, 2012, 23(23): 20-26.

[6] 田广科，孙勇，孔令刚，等. PVD 法渗 Si 制备 6.5%Si 高硅钢过程组织结构与性能演化研究 [J]. 功能材料，2015，46(1)：1117-1120.

[7] 龙琼，钟云波，李甫，等. 稳恒磁场对 Fe-Si 复合电镀层形貌及 Si 含量的影响 [J]. 金属学报，2013，49(10)：1201-1210.

[8] 马良，项利，仇圣桃，等. 正火对双辊薄带连铸 5.28%Si-1.11%Al 无取向高硅钢磁性能的影响 [J]. 金属热处理，2013，38(6).

[9] Li R, Shen Q, Zhang L, et al. Magnetic properties of high silicon iron sheet fabricated by direct powder rolling [J]. Journal of Magnetism & Magnetic Materials, 2004, 281(2-3): 135-139.

[10] Wu Z, Fan X, Wang J, et al. Core loss reduction in Fe-6.5 wt. %Si/SiO_2, core-shell composites by ball milling coating and spark plasma sintering [J]. Journal of Alloys & Compounds, 2014, 617: 21-28.

[11] 吴朝阳，江志，樊希安，罗自贵，李光强，周乐君，许坤. 一种基于喷吹流化的异质复合粉末的制备装置及制备方法，中国专利，CN201710804617.2 [P]，2017.

[12] Fan X A, Wu Z Y, Li G Q, et al. High resistivity and low core loss of intergranular insulated Fe-6.5 wt. %Si/SiO_2, composite compacts [J]. Materials & Design, 2016, 89: 1251-1258.

[13] Zhang J, Zhang X, Li G, et al. Densification of hBN with the as-coated SiO_2 nanolayer by rotary chemical vapor deposition [J]. Journal of the Ceramic Society of Japan, 2015, 123(1437): 423-427.

[14] 柳井，秀仁，川添，圭祐，桑水流，康記，et al. 真空紫外光 CVD による薄膜形成技術における難気化原料使用の可能性の検討 [J]. 宮崎大學工學部紀要，2015，44.

首钢股份公司高效无取向电工钢工艺研究

张保磊，刘　磊，胡志远，王付兴，刘中华，李　盈，朱江波，刘玉金，于浩渺

（北京首钢股份公司电工钢事业部，河北 迁安 064404）

摘　要：通过优化退火工艺、提高热轧终轧温度和减少{111}类有害织构或提高{100}织构比例，使高效电工钢的磁性能获得 $P_{1.5} \leq 3.4$W/kg，磁感 $B_{5000} \geq 1.7$T，达到或超过市场同类产品性能，产品综合竞争力将大幅提高。

关键词：高效无取向电工钢；终轧温度；织构

Study on Process of High Performance NGO in Shougang Iron & Steel Company

Zhang Baolei，Liu Lei，Hu Zhiyuan，Wang Fuxing，Liu Zhonghua，
Li Ying，Zhu Jiangbo，Liu Yujin，Yu Haomiao

（Shougang Co.，Ltd.，Silicon Career Department，Qian'an 064404，China）

Abstract：The magnetic property of the high performance NGO can obtain $P_{1.5} \leq 3.4$W/kg，$B_{5000} \geq 1.7$T，by optimizing annealing process and improving the FDT of hot rolling which can reduce the harmful texture of {111} or increase the proportion of {100} texture，reaching or surpassing the market similar products，and the comprehensive competitiveness will be greatly improved.

Key words：high performance NGO；FDT；texture

作为软磁材料的重要一类，无取向硅钢是制造家用电器及中小型电机、工业电机、大型电机必要材料，其用量很大，据中国金属学会统计，仅 2015 年国产电工钢产量就达到 836.08 万吨，高效高牌号产品达到 116.22 万吨[1]。

2010 年颁布的 G/BT 25046—2010《高磁感冷轧无取向电工钢钢带》更对高磁感高效电工钢提出了更高的铁损与磁感要求[2]。长期以来制备高效无取向电工钢均采用常化热处理、轧制和连续热处理工艺制备高效无取向电工钢，该类制备方法存在工艺流程长、制造成本高、产线利用率低等问题，给高效工业化生产带来不利影响。

北京首钢股份有限公司作为京津冀一体化先行试点单位，无取向电工钢产销量自 2012 年以来始终保持全国前三的行业地位，并积极推进更加高效、更加节能产品、更低成本的电工钢产品，从而推动电工钢全产业链乃至国家节能降耗的工作。常化工艺往往作为高效无取向电工钢制造的必备工艺，其主要目的是使热轧板晶粒粗大且均匀，再结晶晶粒增多，促进 MnS 和 AlN 等析出物聚集粗化，通过碳化物固溶增加固溶碳量，提高成品的{100}和{110}有利织构组分，降低{111}等有害织构组分，达到提高电磁性能特别是磁感应强度的目的。一般常化制度采用（800~1000)℃×(2~5)min[3,4]。

由于高效电工钢制造的流程的常化工序成本颇高，且首钢常化机组一般在生产无取向高效产品的同时，还需要进行取向硅钢的常化，为了提质增效、降低成本、转变产品结构，为取向硅钢的生产提供产能支撑，提高高效产品的制造能力，首钢一直致力于高效无取向硅钢产品的研究和应用工作，并着力推广高效非常化产品硅钢铁损 $P_{1.5/50} \leq 3.4$W/kg，$B_{5000} \geq 1.7$T 水平。最终达到铁损指标 $P_{15/50}$降低 0.1W/kg，磁感 B_{5000}水平与常化工艺生产水平相当，并具备大规模推广应用的技术基础。

1 实验过程

通过转炉冶炼、RH 精炼使硅钢成分控制在一定范围，随后采用连铸工艺制造铸坯；在步进式加热炉加热，利用 7 机架 4 辊热连轧轧机轧制到目标厚度的热轧板。冷却到室温后，利用酸连轧机组进行酸洗和轧制，轧制到目标厚度 0.5mm，最后利用不同的退火工艺进行生产，最终成卷，并进行性能检测，具体如下。

1.1 热轧过程

热轧加热炉采用步进式加热炉，分为预热段、一加热段、二加热段和均热段，粗轧两轧机轧制，并利用 7 机架 4 辊热连轧轧机轧制到目标厚度，控制终轧温度为高、低两种工艺进行对比，经过层流冷却，并利用卷取机进行卷取作业，下线后的钢卷空冷至室温。

1.2 冷轧过程

钢卷冷却到室温后，进行冷轧轧制，利用 TEMIC 焊机进行焊接，实现连续化生产作业；使用拉矫机进行破鳞，并利用紊流式酸洗去除带钢表面热轧时产生的氧化铁皮；通过具备工作辊窜辊的 5 机架六辊轧机轧制到目标厚度；随后连续退火机组采用高温低速和低温高速两种工艺进行退火，退火后涂敷绝缘涂层，并最终得到退火后的无取向高效电工钢卷。

1.3 检测过程

采用 CARL ZEISS Axio Observer. D1m 光学显微镜观察热轧、退火板的金相组织，利用帕纳科 pert pro X 射线衍射仪进行织构检测，采用 X pert Texture 软件进行织构数据分析，做出织构分布的 ODF 图。磁性能测试采用爱泼斯坦方圈样测试，从退火后的钢板中沿纵横向切取 30mm×300mm 的试样各 8 条，在 1.5T 和 50Hz 条件下测量铁损 $P_{1.5/50}$，在磁场强度为 5000A/m 条件测量磁感应强度 B_{5000}。

2 实验结果

采用工艺 a 的铁损更低，磁感适中，铁损 3.2W/kg，磁感 1.7T；而采用工艺 d 铁损偏高，磁感同样略高。表 1 给出了不同工艺下的磁性能。

表 1 不同工艺下的磁性能

工艺	终轧温度/℃	连退工艺	铁损 $P_{15/50}$/W · kg^{-1}	磁感 B_{5000}/T
a	高	高温低速	3.2	1.72
b	高	低温高速	3.35	1.71
c	低	高温低速	3.32	1.69
d	低	低温高速	3.41	1.71

3 讨论

3.1 晶粒对磁性能的影响

3.1.1 晶粒检测对比

图 1 为不同热轧终轧温度获得的热轧工序产品次表层的金相图片，从图中可以看出在不同终轧温度情况下，热轧的晶粒组织存在一定变化。终轧温度较高时，表层存在细小的等轴晶粒，次表层以下仍以纤维状组织形态存在。而终轧温度较低时，带钢表层至中心层均为纤维织构。

如图 2 给出了不同退火工艺的晶粒状态；表 2 给出了不同工艺下的晶粒尺寸。

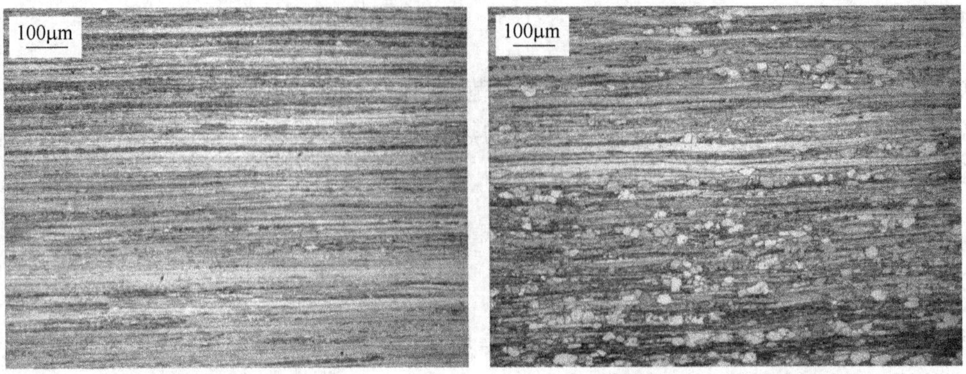

(a) 低终轧温度热轧卷金相照片　(b) 高终轧温度热轧卷金相照片

图 1　不同终轧温度热轧晶粒

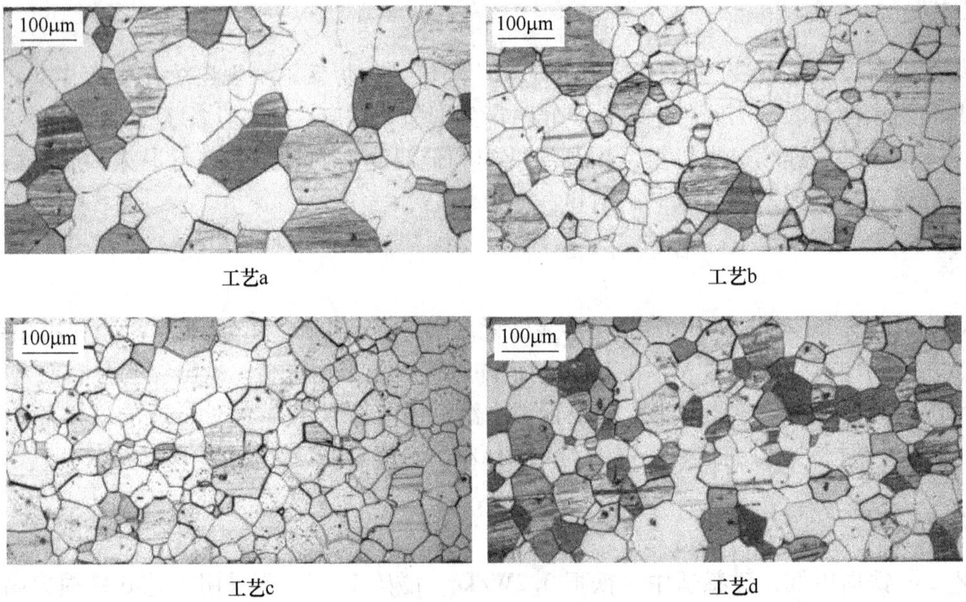

图 2　不同退火工艺下的晶粒状态

表 2　不同工艺条件下的晶粒尺寸

工艺	晶粒尺寸/μm	工艺	晶粒尺寸/μm
a	60.2	c	39.2
b	43.9	d	36.2

3.1.2　晶粒对性能的影响

晶粒跟终轧温度和退火温度有着明显的对应关系，终轧温度越高、退火温度越高，成品晶粒越大，原因是较高的终轧温度下，热轧轧制速度更快，在后段冷却的前面是缓慢冷却，热轧板的晶粒容易形核长大，在经过冷轧后，带钢的晶粒更细小，更容易形核长大，所以在高温退火后晶粒更大。

退火温度的影响：分别对退火温度进行不同对比，在同样的工艺条件下，工艺温度提高，铁损逐渐降低，磁感变化不大，表 2 给出了不同退火温度下的晶粒尺寸情况。

退火温度对成品磁性能的影响与成品晶粒的尺寸大小有关。无取向硅钢的铁损主要由磁滞损耗（Ph）和涡流损耗（Pe）组成，且 Ph∶Pe≈3∶2。成品的晶粒尺寸大，晶粒内单位面积的晶界数量相对减少，畴壁移动和磁畴转动所受的阻力就小，从而成品的磁滞损耗减小，铁损降低。退火温度升高，为晶粒长大提供了足够的驱动力，晶界移动速度快，从而促进晶粒长大，铁损降低。试验结果表明，晶粒尺寸随退火温度升高而增大，这是铁损逐渐降低的主要原因[4,5]。

退火时间的影响：由于采用了连续退火工艺，在同样的退火温度条件下，增加退火时间，晶粒的再结晶能增加；加热保温时间越长，原子扩散移动越充分，越有利于再结晶晶粒的形核和生长，使再结晶温度降低，表 2 给出了不同退火时间下的晶粒尺寸情况。

3.2 织构对产品性能的影响

3.2.1 织构检测分布

对无取向硅钢来说，织构组分对磁性能产生了重要影响。其中{100}面织构对磁性能最有益，这是因为在{100}晶面上有两个易磁化的<001>晶轴[4]。而{111}和{112}织构因晶面上存在难磁化的晶轴，则为对磁性能有害的织构组分。本文中提到的织构易害比指的是{100}面织构的体积分数与{111}和{112}面织构体积分数和的比值。

对各工艺下的成品织构状态分析发现：在热轧终轧温度进一步提升后，织构益害比有相应的提高，产品的磁感也进一步提高，如表 3 所示为不同工艺的织构益害比。图 3 给出了织构益害比与磁感应强度的关系图，从图中可知，织构利害比和磁感应强度有明显线性对应关系。对于铁损数据，这种对应关系则并不明显。

表 3 不同工艺对应的织构益害比

工艺	有益织构{100}面织构	有害织构{111}+{112}面织构	益害比
a	18.51	78.39	0.236
b	17.92	77.90	0.230
c	15.00	83.71	0.179
d	16.62	77.76	0.213

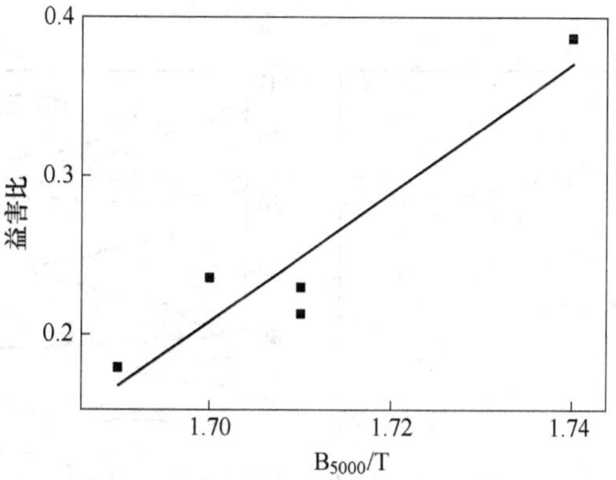

图 3 织构益害比与磁感之间的关系

通过较高的终轧温度试验得到表层再结晶织构，晶粒尺寸较大，在经过后续冷轧、退火再结晶长大后得到更有利的{100}织构，降低不利织构组分的占比，使最终产品磁感更高；而影响铁损的原因更为复杂，除了织构因素外，通过采用低温出炉后段冷却，减少了板坯中有害夹杂的固溶和冷却过程中的析出，从而降低了热轧板中的对磁性能不利的有害夹杂数量，使最终产品铁损更低、磁感更高。

3.2.2 终轧温度对织构和性能的影响

提高终轧温度可以促进热轧再结晶，使热轧板表面剪切晶粒增加，增加成品中有利织构组分，提高磁感。图 4 给出了不同终轧温度条件下得到的磁感值。

当终轧温度位于奥氏体区或两相区时，由于相变，热轧板组织是细小的完全再结晶等轴晶粒；当终轧温度在 A_{r1} 与 A_{r1} ~ 100℃之间时，由于形核率较低，热轧板组织是较粗大的再结晶晶粒，终轧温度越接近 A_{r1}，晶粒越大。当终轧温度小于 A_{r1} ~ 100℃时，热轧板组织是由伸长变形的铁素体和再结晶的铁素体晶粒组成的混合组织，终轧温度越低，热轧后再结晶越困难，再结晶率越小，再结晶晶粒越小。终轧温度越高，热轧板的晶粒尺寸越大，冷轧前初次成品中{110}<001>和{100}<110>组分随终轧温度的提高而加强。$P_{1.5/50}$ 和 B_{5000} 随热轧工艺参数的变化与成品中的夹杂物大小和分布、晶粒大小和织构组分随热轧工

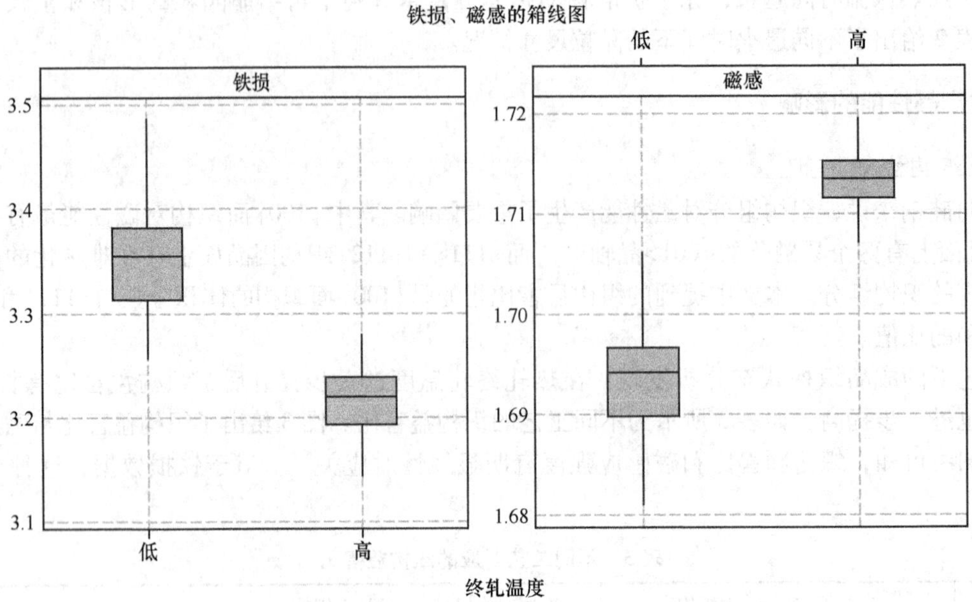

图 4　不同终轧温度下的产品磁感值

序温度的变化有关。从试验结果可知，提高终轧温度有利于增加{110}<001>和{100}<110>织构组分，因此，随着终轧温度或卷取温度的提高，$P_{1.5/50}$降低，B_{5000}增加。

本次试验时选择的 2 个终轧温度都位于铁素体相区。在大于 A_{r1} ~100℃时，热轧板的表层存在部分再结晶组织，但仍存在纤维状组织。在小于 A_{r1} ~100℃时，热轧板几乎均为纤维组织。对不同热轧终轧温度进行织构分析，具体如图 5 所示。

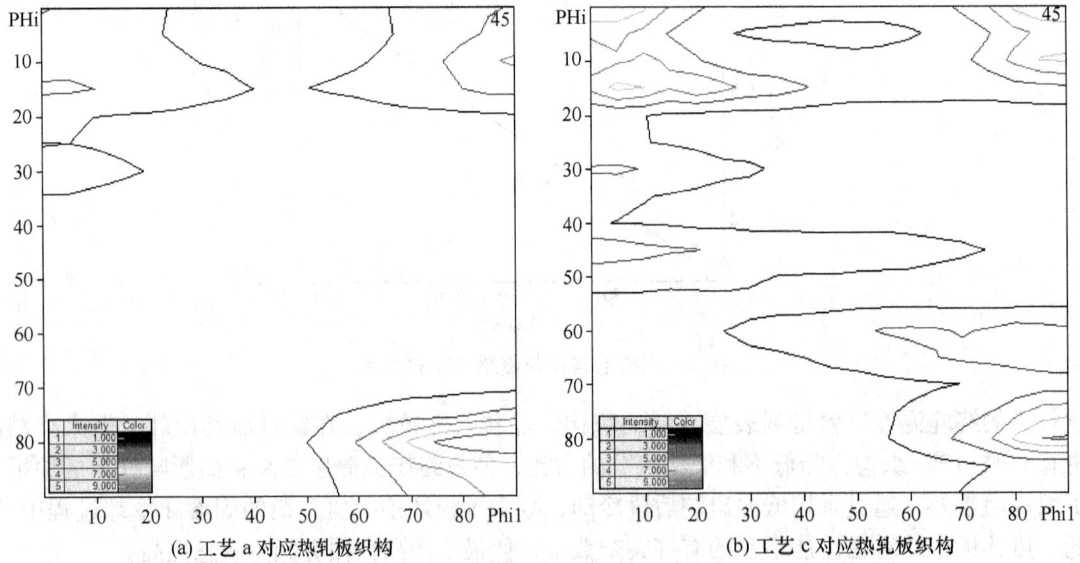

(a) 工艺 a 对应热轧板织构　　(b) 工艺 c 对应热轧板织构

图 5　不同终轧温度的热轧板织构

根据上述取向分布函数图（ODF 图）可知，在不同的终轧温度下热轧四分之一层的织构均为典型的热轧织构，其共同特制是包括{110}<001>、{112}<110>、{110}<112>三种典型剪切织构和{100}<011>等轧制变形织构。而随着热轧终轧温度的升高，表层再结晶组织增多，再结晶晶粒增大，即表层的剪切织构增强，形变织构强度减弱。由于形变织构中存在一定量的{111}织构，如果终轧温度较低，形变织构将进一步增强，导致{111}织构也有所增强，则会增强后续冷轧和退火后的{111}织构，对磁性能产生不利影响。事实上，改变成品织构的手段之一就是提升冷轧前原始晶粒的尺寸，故提升终轧温度即可满足改善成品织构的目的。根据上文中的金相组织的观测结果可知，其与织构分析结果有着良好的对应关系。

在完成最终退火后，样品的织构状态为如图 6 所示。

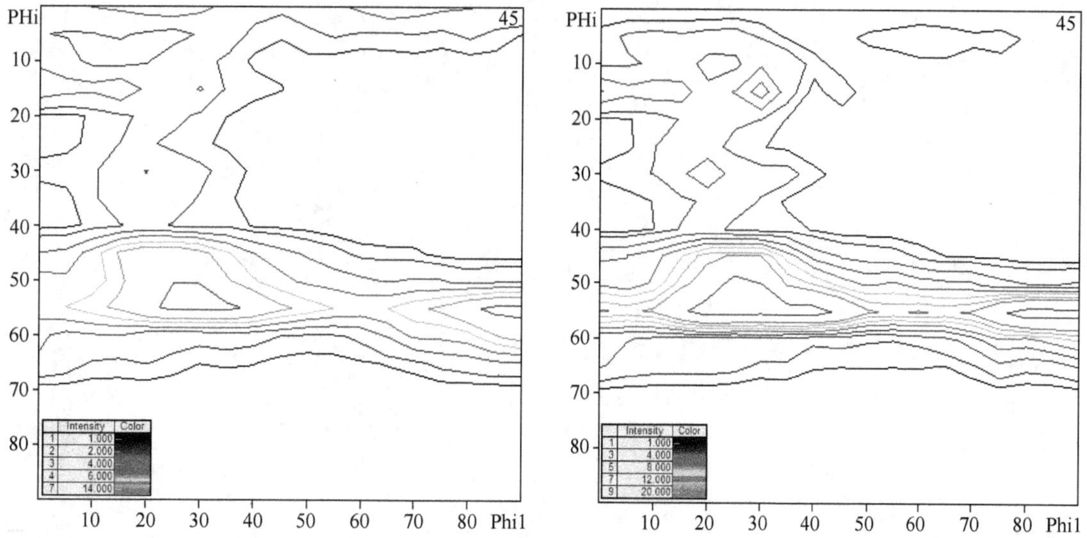

(a) 工艺 a 对应成品织构　　(b) 工艺 c 对应成品织构

图 6　不同工艺的退火板织构分布情况

结合 ODF 图可知，低终轧温度时，成品主要构成织构的种类是{111}面织构、{112}面织构，而高终轧温度时，除常见的{111}、{112}面织构外，成品中还出现了一定量的{100}织构，主要是 25°旋转立方{100}<021>和 45°旋转立方{100}<011>，且{111}织构明显降低。上述结果表明终轧温度的提升，促进了{100}有利织构的形成，降低了不利织构的强度，从而提升了产品的最终性能。

由于产线无法提供更高的终轧温度，在热轧加热炉出炉温度不变的情况，保证轧制稳定性的条件下尽可能选择更高的终轧温度更有利于最终磁感。

4　结论

（1）热轧终轧温度尽量提高，更有利于增加{100}<110>织构组分，从而 B_{5000} 提高。

（2）基于退火温度越高、退火时间越长，铁损越低，同时磁感也降低的规律，通过制定不同实验方案验证，找到热轧终轧温度和退火工艺的最佳平衡点，实现铁损 $P_{1.5/50} \leqslant 3.4$W/kg，$B_{5000} \geqslant 1.7$T 的水平。

参考文献

[1] 陈卓，孙竹 . 2016，电工钢产业的机遇和挑战［N］. 中国冶金报，2016-1-22(4) .

[2] 中华人民共和国国家标准 . GB/T 25046—2010. 高磁感冷轧无取向电工钢带（片）. 2010.

[3] 毛卫民，杨平 . 电工钢的材料学原理［M］. 北京：高等教育出版社，2013.

[4] 何忠治，赵宇，罗海文 . 电工钢［M］. 北京：冶金工业出版社，2012.

[5] 张文康，毛卫民，王一德，等 . 热轧工艺对无取向硅钢组织结构和磁性能的影响［J］. 钢铁，2006，4(41)：77-81.

[6] 张保磊，胡志远，刘磊，等 . 迁钢公司连续退火炉气氛控制与铁损改善研究［C］. 2015 年第十三届中国电工钢学术年会论文集 . 2015：96-99.

[7] 李永超，李娜，岳尔斌，等 . 高效电机用无取向硅钢退火板组织和析出物研究［J］. 钢铁钒钛，2011，4(32)：71-75.

[8] Jenkins K，Lindenmo M. Precipitates in electrical steels. J. magn. mater. , 2008，320：2423-2429.

涂层与表面

TUCENG YU BIAOMIAN

无取向电工钢退火板表面缺陷分析

王 宁，杨 平

（北京科技大学材料科学与工程学院，北京 100083）

摘 要：黑线缺陷是无取向电工钢生产中常见的一种表面质量缺陷。本文采用激光共聚焦显微镜及EBSD技术等，分析了退火板表面黑线产生原因，并通过常化工艺加以消除，同时研究了不同取向晶粒团簇与拉伸变形表面起皱行为的关系，为获得良好的成品表面质量提供思路。结果表明，退火板表面的黑线缺陷与{111}取向晶粒团簇有关，常化后{100}及高斯取向晶粒团簇取代{111}取向晶粒团簇从而消除了表面黑线；未经常化工序的退火板经拉伸后表面出现瓦楞缺陷，{111}取向晶粒团簇对应表面凸起条带；经常化工序后的退火板拉伸后因组织存在大晶粒而产生橘皮缺陷。

关键词：无取向电工钢；黑线缺陷；瓦楞；橘皮；{111}取向晶粒

Analysis of Surface Defects of Non-oriented Electrical Steels

Wang Ning，Yang Ping

（School of Materials Science and Engineering，University of Science and Technology Beijing，Beijing 100083，China）

Abstract：The so-called black linesare referred to a ‘surface defect’ that is often encountered in the surface of final annealing sheets of non-oriented steels. In this study，confocal laser scanning microscope（CLSM）and electric backscatter diffraction（EBSD）technique were used to analyze the causes of black lines defect. In order to obtain good surface quality，the correlation between grains orientation clustersand corrugation behaviorin the surface was also identified，and the black lines defect was successfully eliminated by normalizing annealing. The experimental results proved that the existence of grains orientation clusters in the central layer of sheets was related to the black lines on the surface. If the final annealing sheets were subjected tonormalizing annealing before cold rolling，the black lines defect of final sheets would be effectively avoided because the {111} oriented grains colonieswerereplaced by {100} and Goss oriented grains colonies. Sheets subjected to tensile testing by 20% deformation along the rolling direction can be used to evaluate the surface corrugation behavior. Analysis indicated that the existence of {111} oriented grains clusters in the center layer of the samples leads to severe ridging effect，whereaslarge sizes of grains dominated by {100} and Goss texture should be responsible for the orange peel defects on the surface.

Key words：non-oriented electrical steel；black lines defect；ridging；orange peel defect；{111} orientation grains colonies

在无取向电工钢的工业生产中，未经常化工艺的退火板表面有时会出现沿轧向分布的黑色线状缺陷（称为黑线），严重影响了退火板表面的美观并降低了客户使用产品的信任度。文献[1]报道无取向电工钢表面黑线是由于铁粉等异物在退火内炉辊上产生结瘤划伤表面，导致石墨嵌入基体被涂层覆盖而形成。但有时电工钢表面的黑线缺陷也会被认为是瓦楞缺陷。中高牌号的无取向电工钢表面瓦楞缺陷是由于原始柱状晶在热轧过程中绕着<100>轴转动成旋转立方织构形变带造成的[2,3]。对织构状态不同的无取向电工钢进行拉伸试验时，表面会出现瓦楞和橘皮两种表面缺陷状态。铁素体不锈钢在制品生产冲压或者拉伸过程中，表面也极易出现瓦楞缺陷。针对铁素体不锈钢瓦楞缺陷的研究也有几十年的进程，大量研究表明铁素体不锈钢的瓦楞缺陷基本都是由于{001}<110>和 γ 线取向晶粒团簇引起的[4~9]。而桔皮缺陷是由于较大尺寸晶粒引发的一种屈服行为[9,10]。

本文分析了无取向电工钢表面黑线缺陷的成因，并通过常化工艺加以消除，同时研究了拉伸变形时不同晶粒取向团簇引发的表面起皱行为，为生产高质量的无取向电工钢产品提供建议。

1 实验材料及方法

实验材料来自于工业生产的470牌号无取向电工钢板，板厚为0.5mm。本实验选取两种样品进行研究，分别为有黑线缺陷的470-1和没有黑线缺陷的470-2样品，两种样品都经过电磁搅拌，二者在工艺和成分方面唯一的不同就是470-2样品经过常化工艺。利用LEXT激光共聚焦显微镜测量退火板样品的表面起伏程度，利用ZEISS扫描电镜配备的牛津仪器公司背散射电子衍射EBSD系统进行退火板样品取向测定，并用EBSD软件HKL Channel manager处理数据。为了探讨特殊取向晶粒团簇的表面影响行为，退火板样品在室温条件下经拉伸试验机进行20%形变量的拉伸试验，然后再用LEXT激光共聚焦显微镜测量拉伸后样品的表面黑线起伏程度，并再次利用ZEISS扫描电镜配备的背散射电子衍射系统测定拉伸样品轧面1/2层的晶粒取向。

2 结果与讨论

2.1 表面黑线缺陷形貌

图1所示为工业生产的两种470牌号无取向电工钢的表面宏观照片。由图可以看出，未经常化的工业退火板表面存在有明显的沿着轧制方向（RD）的黑色条纹缺陷（如图1(a)所示箭头标记处），条纹TD方向的宽度大约在500~2000μm范围之内，缺陷处无明显手感，经过常化工艺之后最终退火板表面不存在黑色条纹缺陷（见图1(b)）。

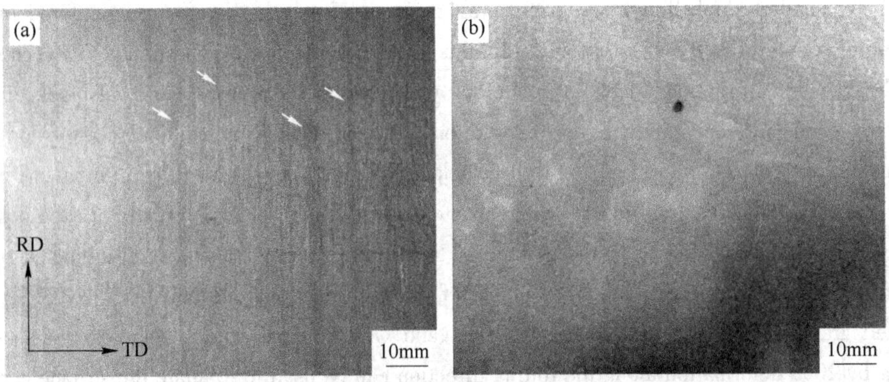

图1 470牌号无取向电工钢退火板表面宏观形貌

(a) 470-1；(b) 470-2

Fig. 1 Surface morphologies of the finally annealed sheets of 470 graded non-oriented electrical steels

(a) 470-1；(b) 470-2

2.2 黑线缺陷处的表面起伏分析

图2所示为利用激光共聚焦显微镜沿样品轧面TD方向测定的两种样品的表面轮廓线。根据预先标记的黑线所在位置，用虚线框在轮廓曲线上标出黑色条纹对应的曲线位置。由图2(a)可以看出，黑色条纹是凸起的，且凸起在2μm高度左右，这种程度的表面黑线凸起并不影响材料的叠片性能。而常化后的成品板样品470-2表面轮廓曲线整体上也存在2μm左右的起伏（见图2(b)），但黑线是逐渐凸起的，无黑线的只是表面高度的随机波动。

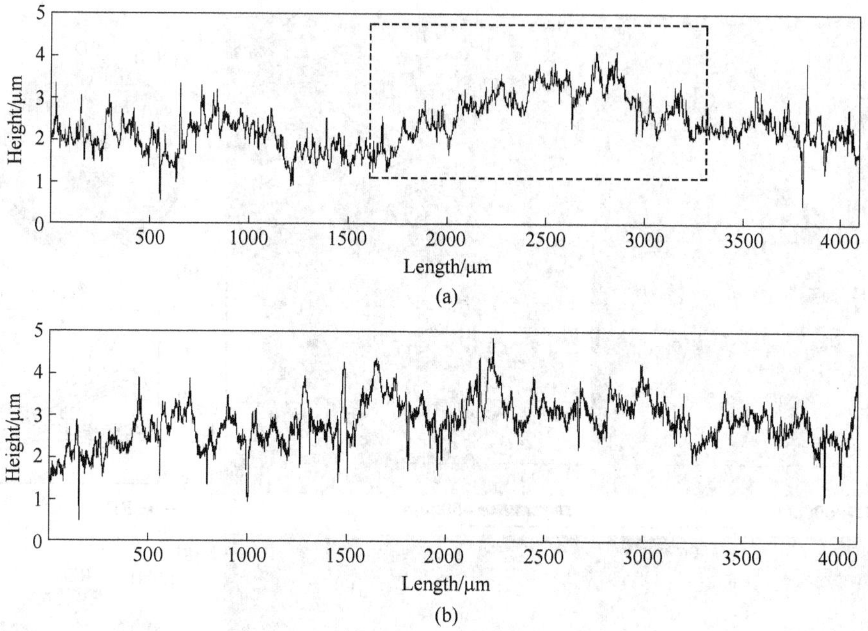

图 2　470 牌号无取向电工钢表面轮廓曲线
(a) 470-1；(b) 470-2

Fig. 2　Surface profiles of 470 grade non-oriented electrical steel
(a) 470-1；(b) 470-2

2.3　黑线缺陷处的晶粒取向分析

图 3 所示为 470-1 退火板轧面表层及中心层 EBSD 数据，表层晶粒尺寸较为均匀，织构主要是以{111}<11 $\bar{2}$>为主的 γ 线织构。为确定表面黑线所在位置的织构特征，采用线切割对样品黑线所在位置切割标记，其中红框标记表面黑线对应位置取向，经过对比表层黑线处与基体的取向，发现没有明显的区别，说明黑线缺陷并非由表层均匀分布的{111}织构引起的。轧面中心层的主要织构组分为较强的{111}<11 $\bar{2}$>织构以及弱的 α* 线织构。从轧面中心层对应的取向成像图可知，晶粒尺寸分布不均匀，平均晶粒尺寸 23.44μm，不同取向及不同尺寸晶粒形成的团簇沿 RD 方向分布，其中尤其是{111}取向主导的大晶粒沿着 RD 方向呈条带分布较为显著；相比基体取向分布，表面黑线对应的中心位置分布较多比例的{111}取向晶粒团簇。且此区域{111}<11 $\bar{2}$>织构与{111}<1 $\bar{1}$0>织构的强度差异很大。

图 4 所示为 470-2 退火样品轧面表层及中心层 EBSD 数据，晶粒尺寸不均匀，出现严重的混晶。对比图 3 未经常化的退火织构特征，常化后，有利于磁性能的高斯及{100}织构占比提高，γ 线织构弱化，这是因为常化可以粗化热轧板组织，提高冷轧后晶粒内部的形变不均匀程度，如增加剪切带、形变带和过渡带数量等，从而有效弱化易在晶界处形核的{111}不利织构的强度，提高{110}和{100}有利织构组分的占比，最终优化成品磁性能。值得注意的是，虽然轧面表层及中心层的高斯和{100}织构也是呈团簇状分布，且晶粒尺寸也不均匀，其中小晶粒都以{111}取向为主导，而大晶粒多以高斯及{100}取向为主导，但是表面并没有形成黑线缺陷，所以可以判断尺寸不均匀并不是引起表面黑线的原因，而是与特定的取向晶粒团簇有关联。

通过对比两种表面状态退火板对应的晶粒取向特征，可以判断表面黑线的成因与中心层的{111}取向晶粒团簇有关系，常化可以有效消除表面黑线缺陷。分析原因，高温下退火时钢带在传送过程中可能受到较小的拉伸力，{111}取向晶粒沿轧向成簇分布造成表层对应位置凸起，表面凸起位置极易与石墨辊接触摩擦产生黑线缺陷。退火板中心层{111}取向晶粒团簇极有可能与热轧板中心层的{111}取向晶粒变形长条组织有关，因为常规工艺下无取向电工钢热轧组织厚度方向存在明显的组织及织构差异，热轧板中心层的{111} 形变长条晶粒冷轧后由于缺乏剪切带，{111}晶粒因具备充分的形核优势会大量形核长大形

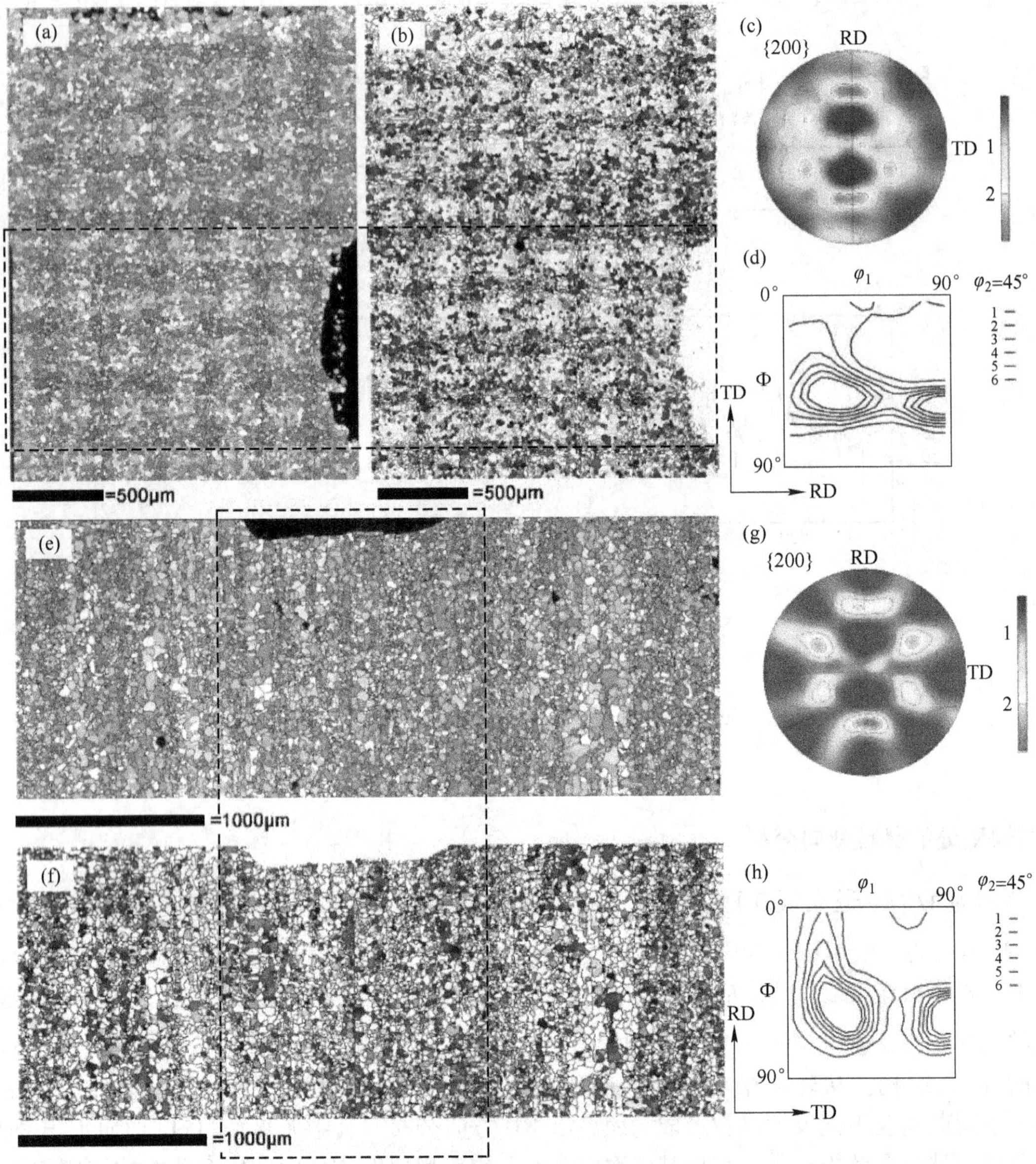

图 3　470-1 轧面表层（a）取向成像图，（b）{111}取向成像图，（c）{200}极图，（d）ODFφ_2=45°截面图；轧面中心层（e）取向成像图，（f）{111}取向成像图，（g）{200}极图，（h）ODFφ_2=45°截面图

Fig. 3　ND-IPF orientation images (a, b), pole figures (c) and φ_2=45° ODF section (d) of 470-1 sample's surface layer; ND-IPF orientation images (e, f), pole figures (g) and φ_2=45° ODF section (h) of 470-1 sample's central layer

成沿轧向分布的团簇，而热轧板中心层的旋转立方形变长条晶粒在后期组织及织构演变过程中，形成{111}取向晶粒为主且分布均匀并混有其他取向晶粒的组织特征。因此可以尝试提高卷曲温度、增加常化工序等，增加热轧板中心层的等轴晶率，改善表面黑线缺陷。

2.4　不同取向晶粒团簇造成的表面起皱行为

未经常化的无取向电工钢的退火织构具有较强的{111}//ND 取向，常化后退火织构具有一定占比的{100}和高斯有利织构组分。本文为研究不同取向晶粒团簇对无取向电工钢表面质量的影响成因，对两种试样进行了 20%形变量的拉伸试验。

图 5 所示为将 470-1 和 470-2 样品拉伸之后的表面宏观形貌。可以看出，未经常化的退火板在经过

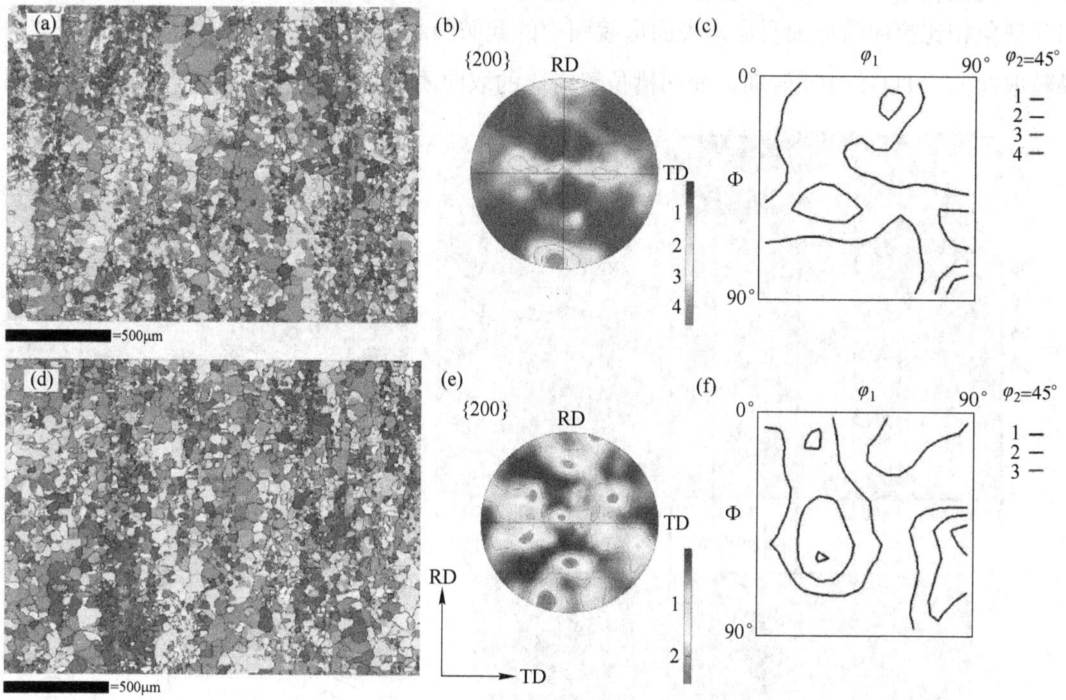

图 4　470-2 轧面表层（a）取向成像图，（b）{200}极图，（c）ODFφ_2=45°截面图；轧面中心层（d）取向成像图，（e）{200}极图，（f）ODFφ_2=45°截面图

Fig. 4　ND-IPF orientation images (a, b), pole figures (c) and φ_2=45° ODF section (d) of 470-2 sample's surface layer; ND-IPF orientation images (e, f) of 470-2 sample's central layer

20%形变量拉伸实验之后，表面起皱更加明显，表面隆起带的宽度较多在 500μm 左右，且起皱条带密度更大。而常化后的 470-2 样品表面没有出现瓦楞缺陷，而是出现了凹凸不平的橘皮状缺陷。

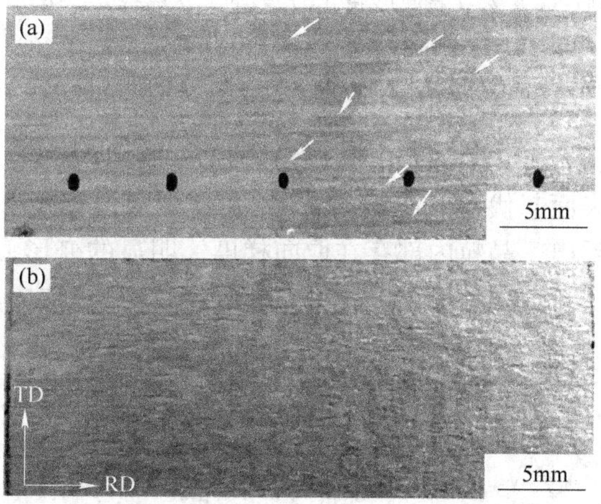

图 5　470 牌号无取向电工钢拉伸 20%后表面宏观照片
（a）470-1；（b）470-2

Fig. 5　Surface morphologies of the final annealing samples after tensile test by a strain of 20%
(a) 470-1; (b) 470-2

图 6 所示为 470-1 样品拉伸后的表面宏观形貌图、激光共聚焦测量的表面扫面形貌与粗糙度轮廓曲线的叠加图以及 EBSD 取向成像图。由图可以看出，激光共聚焦显微镜拍摄的表面形貌图中明显看到宏观表面起皱条带沿着 RD 方向相间分布，其中颜色相对亮的条带是凸起条带，从表面轮廓曲线可以看出，表

面凸起和凹槽高低相差 10~15μm。通过轧面做中心层 EBSD 取向成像图可以看出，不同取向晶粒沿着 RD 方向的团簇现象相比拉伸前更加明显，表面形貌图中的起皱凸起条带对应取向成像图中{111}取向晶粒团簇带，晶粒取向向{111}<1 $\bar{1}$0>转动，而凹槽位置对应的取向团簇多为高斯取向主导的小晶粒团簇。

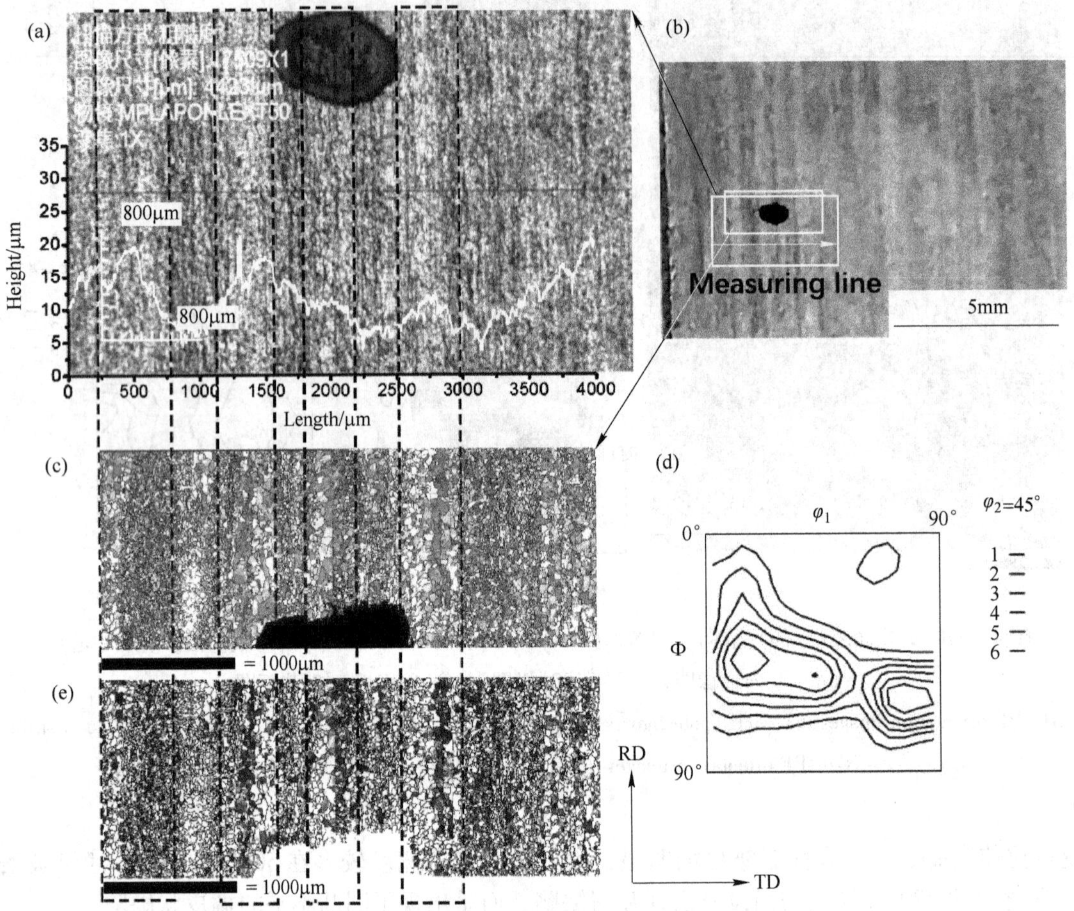

图 6　470-1 经 20%拉伸后（a）宏观表面形貌（b）表面起伏曲线（c~e）中心层 EBSD 取向成像图

Fig. 6　Surface profile (a), surface morphologies (b), ND-IPF mapping (c~e) and $\varphi_2 = 45°$ ODF section of central layer of the final annealing sample 470-1 after tensile test by a strain of 20%

图 7 所示为 470-2 样品经过拉伸之后表面起伏及中心层的 EBSD 数据。从拉伸后的表面轮廓线可知，表面存在的斑状橘皮缺陷造成表面起伏程度在 5~15μm，虽然浮凸也较大，但不构成沿轧向规律性的瓦楞缺陷。从图 8 的取向成像图可看出，晶粒内部存在取向梯度，明显的变形痕迹。晶粒尺寸不均匀，{100}和高斯取向晶粒团簇现象明显，且这两种取向晶粒都是大晶粒，{111}取向晶粒较少且细小。

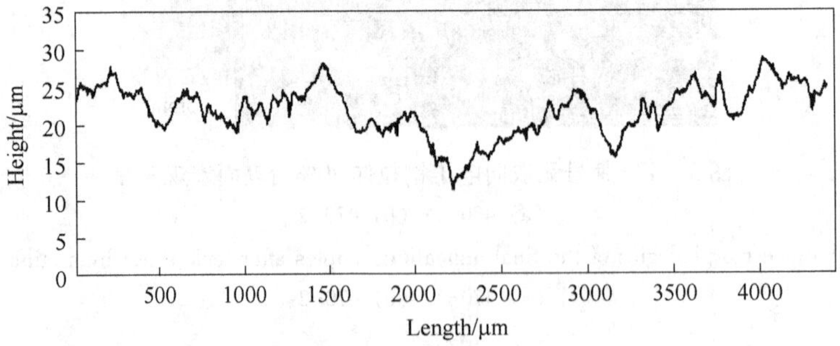

图 7　470-2 经 20%拉伸后表面起伏曲线

Fig. 7　Surface profiles of sample 470-2 strained 20% parallel to RD

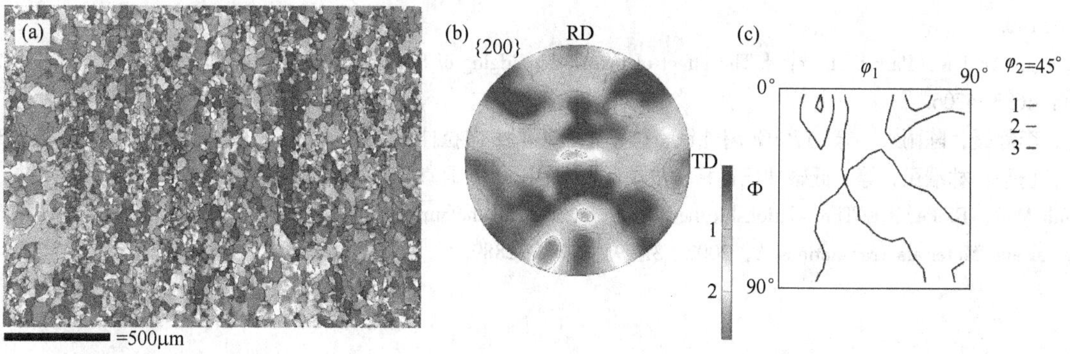

图 8 470-2 拉伸 20%后（a）EBSD 取向成像图（b）{200}极图（c）ODF$\varphi_2=45°$截面图

Fig. 8 ND-IPF mapping (a), {200} pole figure (b) and $\varphi_2=45°$ ODF section (c) of central layer of the final annealing sample 470-2 strained 20% parallel to RD

未经常化的样品，拉伸前后都有明显的沿着 RD 方向分布的取向团簇带，并且这种取向团簇带与宏观表面沿着 RD 方向分布起皱条带是一一对应的，由此可以认定是中心层的{111}取向团簇带引起了表面凸起。而常化之后的样品拉伸前后都存在少量的{111}取向以及大量的高斯和立方取向晶粒团簇，由于这些团簇并没有沿着 RD 方向呈条带分布，所以并没有引起表面黑线状缺陷，经过拉伸之后立方取向与高斯取向的泰勒因子值比较相近，这两种取向晶粒变形时应变协调性较好，不会引发表面出现瓦楞缺陷，较大尺寸的晶粒导致表面产生橘皮状缺陷。

3 结论

（1）瓦楞与黑线存在几何上的差异，瓦楞沿板侧向是逐渐上凸的，宽度大，类似房屋顶上使用的波浪形瓦片；黑线是宽度窄或上凸锋锐的线；两者都与沿轧向分布的{111}晶粒簇有关；黑线推测是在冷轧过程中因轧辊表面不平而形成，即轧辊表面凹进去时引起板材表面上凸，退火后被单侧的石墨辊擦出颜色，黑线的高度不会大，引起是在轧制时形成的。而瓦楞主要是在退火时受较大的张力造成，虽然所加张力并不大，但高温铁素体很软，造成均匀凸起的直线。

（2）瓦楞及黑线主要是成簇分布的{111}<11$\bar{2}$>织构造成的，而非均匀分布的{111}取向细晶所致。

（3）柱状晶会引起瓦楞，但并不对应初始的{100}<011>织构，而是大尺寸分布的{111}<11$\bar{2}$>。工业生产时 230mm 厚板坯的柱状晶轧制行为与实验室轧制 50mm 厚柱状晶轧制行为因形变量的巨大差异而产生完全不同的成品板织构状态。

（4）晶粒尺寸不均匀并不引起瓦楞，其对应的{100}和高斯晶粒簇长度短，轧制后是下凹的，而不是上凸的。粗大晶粒会造成橘皮表面缺陷，是常化工艺不正常造成的。较小的{111}晶粒当出现在因粗大柱状晶热轧后变为热轧板中心粗大长条形变晶粒时，冷轧退火后沿轧向成长而宽的{111}晶粒簇时，会造成上凸的瓦楞缺陷，瓦楞是中心层{111}晶粒簇造成而非表层{111}晶粒群造成，因热轧板表层一般是较小的再结晶晶粒。

参考文献

[1] 齐海峰，唐广波，王晓春，等. 无取向电工钢线状表面缺陷分析［J］. 钢铁钒钛，2012，33(04)：96-100.

[2] 荣哲，马良，项利，等. CSP 流程试制高牌号无取向硅钢瓦楞缺陷的织构分析［J］. 热加工工艺，2015(23)：1-5.

[3] 何忠治. 电工钢［M］. 冶金工业出版社，2012.

[4] Huh M, Lee J, Park S H, et al. Effect of Through - Thickness Macro and Micro - Texture Gradients on Ridging of 17%Cr Ferritic Stainless Steel Sheet [J]. Steel Research International, 2005, 76(11): 797-806.

[5] Park S H, Kim K Y, Lee Y D, et al. Evolution of Microstructure and Texture Associated with Ridging in Ferritic Stainless Steels [C] // Materials Science Forum. 2002: 100-105.

[6] Chao H C. Recent studies into the mechanism of ridging in ferritic stainless steels [J]. Metallurgical Transactions, 1973, 4(4): 1183-1186.

[7] Shin H J, An J K, Park S H, et al. The effect of texture on ridging of ferritic stainless steel [J]. Acta Materialia, 2003, 51 (16): 4693-4706.

[8] 方智，李静媛，陈雨来，等. 17%Cr超纯铁素体不锈钢不同方向拉伸起皱的研究 [J]. 金属学报，2016(1)：33-40.

[9] 李萧，杨平，林瑞民，等. 低碳冲压钢板橘皮缺陷的成因 [J]. 北京科技大学学报，2010，32(5)：589-594.

[10] Stoudt M R, Ricker R E. The relationship between grain size and the surface roughening behavior of Al-Mg alloys [J]. Metallurgical and Materials Transactions A, 2002, 33(9): 2883-2889.

克服零星点状表面漏晶的探讨

洪泉富

（新万鑫（福建）精密薄板有限公司，福建 莆田 351200）

摘 要：普通取向硅钢生产过程只要保证表面有良好的硅酸镁底层，同时保证钢带拉伸平整线均热炉内的炉底辊，不弯曲，不异常振动，辊表面没有尖锐的突出点，就能有效克服零星点状成品表面漏金缺陷。

关键词：良好的硅酸镁底层；炉底辊；不弯曲；异常振动；尖锐突出点；零星点状表面漏金

Discussion on Heating Process of Magnesium Oxid Production Line

Hong Quanfu

（New Wanxin（Fujian）Precision Sheet Co.，Ltd.，Putian 351200，China）

Abstract：In the production process of ordinary oriented silicon steel，should ensure the surface of magnesium silicate is good，while ensuring the hearth roll in strip tension leveling line in soaking pit without bending，no abnormal vibration，and no prominent sharp surface，can effectively overcome the point defects of finished surface leakage of gold.

Key words：good magnesium silicate bottom；bottom roller；non bending；abnormal vibration；sharp protruding point；sporadic spot surface leakage gold

1 概述

我们公司生产普通取向硅钢，平时成品表面检验发现有轻微漏金缺陷卷的比例在 1.3%。2017 年的二季度，漏金现象日益增多，6 月份漏金缺陷卷的比例达 60%。这里说到的是有漏金缺陷卷占总卷数的比例；就单一试片上的漏金现象，它不是连片的漏金，而是细小单个的零星点状漏金，并不怎么显眼，也不是很严重的那种。成品表面有漏金现象，我们内部层片电阻的合格率下降 8.6%，成品的卖相不好看，更有用户把万能电表的两个触头放在两个漏金点上测电阻，说我们产品的绝缘性能不合格，影响品牌形象。

为此我公司开展克服成品表面漏金的专项质量活动。成品表面漏金看到的现象：表面有若干的白亮的点。这些点的单个形状呈“正方形、长方形或长条形”，单个点的漏金面积多数在 0.5mm^2 至 1.5mm^2 之间。进行多个块样的表面仔细观察，98%的漏金出现在一个面上，而不是正反两个面都有。漏金分布在一个横向小带区域内（此区域宽约 100mm，区域长度是钢卷的带宽），然后这些“漏金横向小带区域”沿着带长度方向，每间隔 385mm 距离出现一次。就是说：漏金的小区域，沿着带长的方向有规律地出现（请见示意图 1）。另外约 2%的漏金，出现在两个面上，且漏金的出现没有规律性。

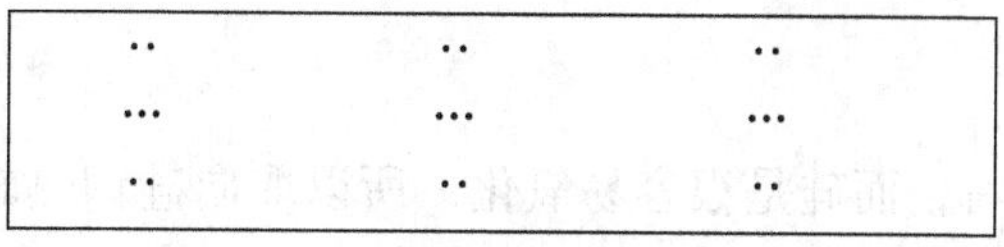

图 1　漏金横向小带区域沿着带长度方向有规律出现
（··和···代表细小单个的漏金点）

2　产生漏金原因的分析

2.1　漏金原因分析

大量零星点状漏金有规律出现在一个面上，这个面是成品剪切收卷时的正面，也就是拉伸平整线生产时的，均热炉内运行钢带的下表面。漏金每间隔 385mm 规律地出现，这 385mm 正好是拉伸平整线炉底辊的圆周长度。

初步认定是：拉伸涂层线某支或几支炉底辊存在问题：转速不一致？辊面有较多的结瘤点？辊子有弯曲？振动？辊子的圆度有大的偏差？的原因，造成表涂层的损伤，形成大量零星点状漏金有规律出现在一个面上。

另外：酸洗钢带表面的洁净度不够；0.635mm 厚的中间坯，在连续退火时，速度 15m/min 速度偏快，或许钢带的表面的 SiO_2+FeO 氧化膜层形成数量偏少；氧化镁涂层液的黏度偏低等原因，很有可能影响到硅酸镁底层形成不良。硅酸镁底层形成不良使得底层附着性不好，为漏金的出现提供了可能的条件。

2.2　采取的对策

拉伸涂层生产线现场检查，看看炉底辊是否有没转的；转速慢的；转动时声音不正常的，有异常跳动的；及其他不正常的炉底辊转动的现象。许可的情况下，立即更换掉。

拉伸涂层生产线停产检修，对炉底辊实施全面检查：更换掉弯曲的辊、有异常跳动的辊、表面异常粗糙的辊。对哪些不必更换的辊子，则用手提砂轮对表面清理，消除结瘤、凸点。

为提高酸洗后钢带表面的洁净度，在酸洗线上增加一对钢丝刷，增强刷洗能力。

在 0.635mm 中间坯的脱碳退火线上，调整工艺速度 15m/min 为 13~14m/min 的速度，增加 2FeO · SiO_2 层的厚度，为高温退火改善硅酸镁底层提供条件。

对质量不稳定氧化镁原料（水化性能较差），暂停使用，改善氧化镁涂层液的黏度。

3　攻关过程的状况对比、想法、结果

3.1　采取措施前后的相关状况、数值对比

采取措施前后的相关状况、数值对比见表 1。

表 1　采取措施前后的相关状况、数值对比

项　目	采用措施前	采用措施后
酸洗后钢带表面洁净度	酸洗线清洗用两对尼龙刷，一对钢丝刷钢带整体不白亮，浅黑、灰色条纹合计面积占钢带面积的 40%	酸洗线清洗用一对尼龙刷，两对钢丝刷钢带整体呈白亮，浅黑、灰色条纹合计面积占钢带面积的 8%以下
0.635mm 中间坯的脱碳退火线上退火	均热炉≥800℃的长度是 72m，工艺速度 15m/min，钢带在 810~840℃温度内停留时间 4.8min，脱碳后的钢带的含氧量（反映氧化膜厚度）405ppm	均热炉≥800℃的长度是 72m，工艺速度 13.5m/min，钢带在 810~840℃温度内停留时间 5.33min，脱碳后的钢带的含氧量（反映氧化膜厚度）520ppm
氧化镁涂层线的镁涂层液的黏度	采用氧化镁原料 A 厂的氧化镁，该氧化镁水化性能较差，氧化镁液偏稀，测得黏度值：9.5s	该用氧化镁原料 B 厂的氧化镁，该氧化镁水化性能优良，氧化镁液合适，测得黏度值：10.5s
拉伸平整线炉底辊状况	炉底辊总支数 48 支，弯曲的 3 支，异常振动的 2 支，辊子表面有结瘤，凸点的 8 支	炉底辊总支数 48 支，弯曲的 0 支，异常振动的 0 支，辊子表面有结瘤，凸点的 0 支

3.2　开展改善项目的想法

取向硅钢的硅含量在 3%左右，而硅是很容易氧化，所以取向硅钢热轧卷表面的氧化层都较厚。我们厂的酸洗线中，没有抛丸设备，产线前半部酸去除氧化皮的能力较差。为保证酸洗表面的洁净度，提升钢带出酸槽后的刷洗能力很有必要。钢丝刷去除表面氧化残留物的能力比尼龙刷的能力强，我们增加酸

洗的钢丝刷个数的想法有合理性，实践检验结果也印证此想法是正确的。增加钢丝刷数量后，酸洗表面洁净度较原工艺有明显提高。冷轧前，如果酸洗钢带有洁净的表面，则0.635mm的中间坯表面就较洁净，连续退火过程形成的氧化膜必定是颜色均匀的，表面层2FeO·SiO_2氧化膜里FeO与SiO_2的数量比例稳定。有利于过后工序里形成均匀的硅酸镁底层。

普通取向硅钢0.635mm的中间坯的连续脱碳退火，常规工艺，钢带在810~840℃温度内停留时间7~8min。如0.594mm的钢板，到7min时，中心层碳只剩下不到原始碳的20%[1]。民营企业也有采用5~8min。此温度区域内，其他条件不变的前提下，炉内停留时间长的，2FeO·SiO_2氧化膜层要相对厚一些。我公司中间坯的连续脱碳退火，平时多数用时间长短的下限区域，所以我公司2FeO·SiO_2氧化膜层要相对薄一些。连续退火后的中间坯，以前检验分析含氧量在400~435ppm范围内。有人分析指出：控在700ppm左右较好[2]。这次我们克服成品表面漏金缺陷的攻关，也采取了适当延长钢带在810~840℃温度内停留时间，争取获得较厚的2FeO·SiO_2氧化膜。支持后续高温退火获得良好的硅酸镁底层，创造克服漏金现象的条件。

克服成品表面漏金，首先要仔细观察漏金的宏观分布形态。漏金的宏观分布形态不同其形成的原因就有很大的差异。我们公司这次的成品表面漏金，不是成片的无底层漏金，而是在底层质量大体正常的情况下，表面有若干的零星点状漏金。这些零星漏金点单个面积不大，在0.5mm^2至1.5mm^2之间，绝大多数点宏观分布呈单面性，沿着带长方向，有规律地出现。攻关过程我们重点排查炉底辊系统有否异常。我们以前的生产过程，曾发现近乎没底层，连片的、伴随有拉伸平整线钢带运行过程表皮脱落的钢带两面都有的漏金，后来找到原因是钢带成分锡（Sn）含量0.02%~0.03%引起的。若酸溶铝成分含量偏高，与氮（N）搭配不合理，配氧化镁液时TiO_2加入量偏少，成品表面就会时常发现有：形状呈‘圆形、鸡蛋形、长条形’，单个面积多数在25mm^2至800mm^2之间的无底层或极薄的漏金区域。

3.3 克服成品表面漏金攻关项目验收情况

2017年7月上旬，措施实施完毕。

我们对7月15日~8月15日的成品钢带602个，随机检查150个。抽检比例24.92%。

表2

有漏金卷数/个	无漏金卷数/个	检验卷总数/个	有漏金卷比例/%
1	149	150	0.66

验收结果表示：

克服成品表面漏金的专项攻关的效果良好。

4 总结

取向硅钢成品漏金的表观形式多样化。我们针对表面有若干的零星白亮的点。这些单个面积不大，在0.5mm^2至1.5mm^2之间，宏观分布呈单面性，沿着带长方向，有规律地出现的一种表面漏金缺陷，分析了缺陷可能的产生原因，制定具体的改进措施，并把改进措施落实到位。

本次克服成品表面漏金现象的攻关取得了良好的效果，把漏金卷比例由原先的60%下降至现在的0.66%。细小单个的漏金，如果数量很少，偶然的出现，对成品的质量影响并不是很重大的，但如果此类漏金的比例较大，它会降低产品品牌形象，对成品的质量的影响就不能小视。

本文阐述的观点和方法，经过实践验证有效，对别厂克服类似缺陷可起到启发、示范作用。

参考文献

[1] 武钢硅钢通俗规程：126.
[2] 新万鑫院士专家工作站座谈会2015记录册：2.

影响电工钢无铬环保涂层几个主要因素研究

林　安[1]，齐慧滨[2]，张　弦[1]，方达经[1]，杨　淼[1]，刘　敏[1]

（1. 武汉大学资源与环境科学学院，湖北 武汉 430072；
2. 上海市腐蚀科学技术学会，上海 200020）

摘　要： 无取向电工钢无铬环保涂层研究方向从有机无铬涂层向无机无铬或半无机无铬涂层发展，但是，由于受到各方面条件的限制和无机涂层本身的属性，目前应用较多的仍然是半无机涂层。

关键词： 冲片性；热处理；硅元素；绝缘环保涂料

Study of Main Factors for the Chromium-Free Environmentally-Friendly Coating Used on Electrical Steel

Lin An[1], Qi Huibin[2], Zhang Xian[1], Fang Dajing[1], Yang Miao[1], Liu Min[1]

(1. School of Resource and Environmental Sciences, Wuhan University, Wuhan 430072, China;
2. Shanghai Society for Corrosion Science and Technology, Shanghai 200020, China)

Abstract: The research of chromium-free environmentally-friendly coating used on non-oriented electrical steel has been developed from organic chromium-free coating to inorganic or semi inorganic chromium-free coating. However, the most applied coating is the semi inorganic coating due to the limitation of conditions and its own properties. The structure, ratio between organic and inorganic components and how to increase inhesion ability of coating This study focus on the effect of main component factors of chromium-free environmentally-friendly coating on the preparation research of coating types. The opinion of research tendency of coatings has also been proposed.

Key words: stampability; heat treatment; silicon element; insulated environmentally-friendly coating

1　引言

电工钢具有优良的电磁性能，主要用作各种电机和变压器和镇流器铁芯以及各种电器元件，这就需要在产品表面涂敷一层很薄（0.5~5μm）的绝缘薄膜，以使得硅钢片具有较高的层间电阻率，使硅钢片层间功率损失降为最小，防止铁芯叠片间发生短路而增大涡流损耗，提高其电磁性能[1]。绝缘薄膜对于耐蚀性的要求也比较高，使电工钢片在储存、运输和使用过程中免受各种腐蚀介质的侵蚀，防止锈蚀[2]。

随着人们环保意识的增强，从大约20世纪90年代起，认识六价铬离子会对人们的身体健康产生危害并造成严重的环境污染，所以加强了对无铬环保型绝缘涂料的研究并取得了一些成果。欧盟已从2006年7月1日起停止使用含六价铬（Cr^{6+}）涂层的电工钢，传统的溶剂型硅钢片漆产生的有机溶剂挥发而带来的安全与污染问题也逐渐显现。

日本专利JP 7268641[2]涉及了一种耐蚀性好的磷酸盐-有机树脂绝缘涂层。美国Armocol公司在欧洲和中国等地申请的硅钢片无机/有机涂层发明专利[4]涉及了一种可以在无取向硅钢片涂覆的半无机无铬绝缘涂层水悬浊液，可以用于制造具有高层间电阻率的绝缘层。日本专利JP 2005240125[5]报道了一种水系绝缘涂层，该涂层无铬环保并且有优良的防锈性、附着性和绝缘性。佐志一道等人在其专利JP 2008127664、

JP 2008127674[6,7]涉及了几种相似的半无机绝缘涂层，该涂层的耐腐蚀性、耐掉粉性、耐划伤性较好。中国专利 CN 101486866A[8]提出了一种耐高温退火处理的单组分无铬水基硅钢片绝缘涂液，在经受高温应力退火后仍能保持良好的绝缘性能。韩国 POSCO 公司在其专利 WO 2009082088[9]、WO 2009084777[10]报道了两种无取向电工钢绝缘片漆，一种具有优越兼容性和表面光泽，另一种为含 $BaSO_4-TiO_2$ 体系的半无机涂层，具有良好的绝缘性和耐热性。宝钢在其专利 CN 1978563 中涉及了一种无铬环保的绝缘涂层，该涂料以无机成分为主，有机部分为环氧聚合物，用量少。无机部分为钛酸盐类、硼酸和硅酸盐类填料，以钛酸盐类为主体，解决了铬酸盐类的毒害问题和磷酸盐类的吸湿发粘问题[11]。武钢专利 CN 101168642 中涉及了一种无取向硅钢用环保涂料的制备方法。涂料组分包括 100 份磷酸盐，3~20 份钼酸盐，800~1500 份的水，20~50 份的有机树脂，0.5~5 份硅烷偶联剂，8~15 份的丙三醇。有机树脂为环氧树脂、丙烯酸树脂、苯丙树脂等的一种或几种。磷酸盐主要为磷酸铝、磷酸镁、磷酸锌的一种或几种[12]。

电工钢无铬涂层从极薄（0.2μm）涂层、薄涂层（1μm）、厚涂层（2~3μm）至极厚（6μm）涂层。但从涂层考核指标来分析较难是极薄涂层研究，虽然取得了一些成果，但几个主要影响因素，值得我们研究。

极薄电工钢表面绝缘涂层具有如下的基本性能：(1) 具有较高的层间电阻率，满足绝缘性能的要求；(2) 具有良好的附着性、表面力学性能和加工性能，外观均匀，表面硬度适中，在后加工过程中涂层不剥落、粉化，对加工模具磨损小；(3) 具有良好的耐热性能，经高温退火以及发蓝后仍具有较高的层间电阻率；(4) 有良好的耐化学药品性能和抗腐蚀性能；(5) 具有良好的焊接性能，能经受（750~800℃）消除应力退火和 600℃注铝温度等。

目前水溶性半无机/无机硅钢片漆成为研究的热点[13]，国内外研究成果已经取得了很大的进步，经过这些年的努力，宝钢、太钢有国内自己研制极薄、薄涂层的规模应用，取得了较好社会和经济效益。

作者就电工钢涂层主要技术指标研究难点的产生原因作一点分析，以便对今后电工钢涂层研究有所帮助。

2 冲片性能与退火的表面性能

2.1 冲片性影响因素

2.1.1 冲片性的重要性

冷轧电工钢主要用作电机、变压器等铁芯材料，用户对其主要加工方式是冲切加工，采用手工操作或者自动高速冲床连续冲片。由于带钢冲片性的优劣直接影响冲片质量和模具损耗，因此冲片性是用户最为关注的电工钢产品性能之一，用户对其要求也越来越高。

具有良好冲片性的冷轧电工钢可以提高模具寿命、保证冲片尺寸精度以及减少冲片毛刺，为最终成品电机或者变压器性能提供保证。

2.1.2 冲片性衡量标准

目前，对于冷轧电工钢的冲片性尚无统一标准和测试方法，一般是按在保证冲片质量的前提下，模具在相邻修磨周期内的冲切次数或者毛刺的数量和高度来衡量带钢冲片性的优劣。

2.1.3 冲片性影响因素

一般认为，影响冷轧电工钢冲片性的主要因素有冲模材料（硬度）、冲切间隙、冲片用润滑油、冲片形状、带钢的力学性能以及涂层种类和质量，前几项主要取决于用户的设备和工艺实际情况，而后两项在直接取决于带钢自身品质的适宜性。

2.1.4 冲片过程

根据冲剪理论，冲片过程分三个阶段。

第一阶段为弯曲阶段——正面磨损：冲头与钢板接触后钢板开始弯曲，并沿着冲具面滑动而产生磨损。在此阶段对模具的损耗主要是面磨损，磨损量与滑动量的大小和模具与钢板间摩擦系数的大小有关。

滑动量越小、摩擦系数越小，磨损量也会减小。而滑动量又与钢片的延展性有关，延展性越大，滑动量也越大，模具的面磨损也会加大。

第二阶段为冲切阶段——边缘磨损：在此阶段，冲头切入钢板，钢板受到严重加工硬化，使冲模边缘受到磨损。磨损程度与钢板加工硬化的程度有关，也即与冲头切入钢板量的百分数成正比关系。

第三阶段为断裂阶段——侧面磨损：钢板未被切入部分达到临界断裂应力时，发生断裂，在冲头和冲模间隙产生侧面（边部）的磨损。边部的磨损与模具间隙有关。

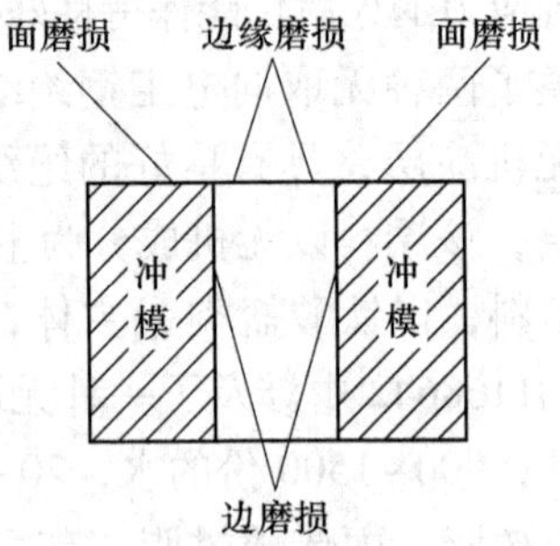

图 1　模具磨损类型示意图

2.1.5　模具磨损类型与分析

通过对冲片过程的分析可知，模具的磨损主要为正面磨损、边缘磨损和侧面磨损（见图 1），其中正面磨损和边缘磨损均与钢带的品质有关。

通过对损耗模具的统计分析，三种磨损方式所占比例见表 1。

表 1　三种磨损方式比例表

模具材质	冲片形状	模具磨损量/%		
		正面磨损	边缘磨损	侧面磨损
硬质合金	EI	10	70	20

2.1.5.1　正面磨损

根据以上分析，影响正面磨损的因素为带钢与模具间的摩擦系数的大小和带钢的延展性。

带钢与模具的摩擦系数决定于两个因素：第一为钢板表面绝缘涂层；第二位钢板表决粗糙度。

绝缘涂层主要通过其润滑作用来影响摩擦系数，由于有机成分的润滑作用要大大高于无机成分，因此半有机涂层冲片次数要比无机涂层高 10 倍以上。此外，带钢表面越粗糙，摩擦系数越大，对模具的磨损也越大。同时，带钢的延展性越低，冲切时钢板相对于模具的滑动量减小，因此会降低对模具的正面磨损。

降低正面磨损的主要措施有：

（1）增加涂层的润滑性。

（2）降低钢板表面粗糙度。

（3）改进热处理工艺或通过钢的成分调整降低钢板延伸率。

2.1.5.2　边缘磨损

影响边缘磨损的主要因素为带钢在冲切过程中的加工硬化，加工硬化越严重，边缘磨损越大，即边缘磨损主要与带钢的材质有关。

加工硬化的程度与钢板断裂前的切割百分数有关，切割百分数越高，加工硬化程度越大，导致的边缘磨损也就越严重。

带钢的切割百分数直接与钢板的力学性能有关，切割百分数与钢板延伸率的关系见图 2，延伸率越高（屈服强度越低），切割百分数越小。

综上所述，降低边缘磨损的有效手段是改善带钢的力学性能，即减小带钢延伸率，当带钢的延伸率控制在 30%～50%时，一次冲片次数可达 200 万次左右。

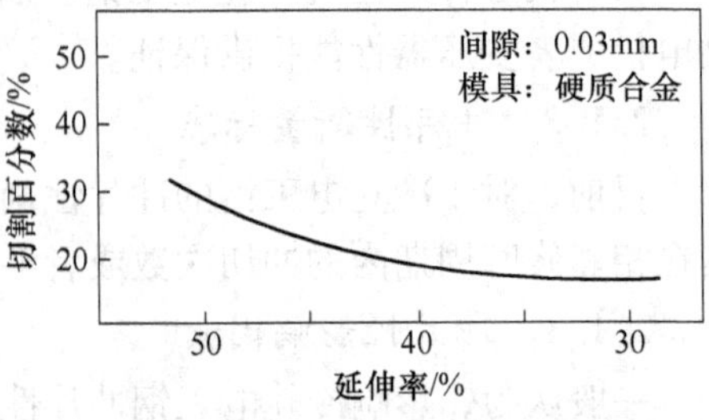

图 2　带钢切割百分数与延伸率之间的关系

2.1.5.3　侧面（边）磨损

边磨损只与冲模间隙有关，即与钢板的剪切断面质量有关。

间隙过小，上下剪切裂纹不能重合，剪切断面质量差，增大边磨损；间隙过大，断面撕裂严重，也会加大边磨损。另外，考虑到间隙对切割百分数的影响，断裂层越少，对模具的边磨损也会减弱，但间隙过小，又会增大切割百分数，导致边缘磨损增大。故综合考虑，模具间隙一般控制在钢板厚度的 5%～6%之间。

2.1.6 结论

（1）从冷轧电工钢板自身品质来讲，衡量冲片性的关键因素是能否减小对冲模的磨损，只有磨损小，冲片质量方可得以保证，同时会减少模具的修磨，延长模具寿命，降低成本。

（2）改善冷轧电工钢冲片性可从改进绝缘涂层和带钢的延伸率入手，尽量提高涂层的润滑性，降低带钢延展性。

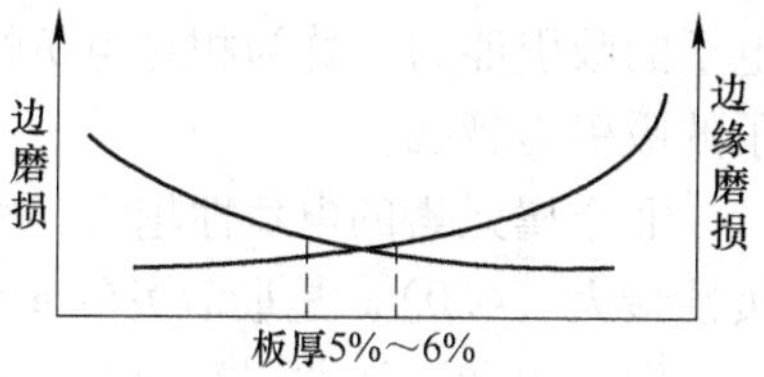

图 3 模具间隙与磨损量关系

（3）在冲切润滑油或者冲切间隙等方面做适宜性调整，以进一步提高冲切次数。

2.1.7 冲片性与涂层

绝缘涂层主要通过其润滑作用来影响摩擦系数，由于有机成分的润滑作用要大大高于无机成分，因此半有机涂层冲片次数要比无机涂层高 10 倍以上：这说明有机涂层冲片性有一定优势。

尽管有机涂层成膜性能良好，具有较好冲剪加工性，若有机树脂含量高涂层也存在着许多不可克服的缺点，比如：（1）涂层厚（10~15μm），焊接性差，铁芯叠装系数低；（2）涂层热收缩性大，铁芯易松动，尺寸稳定性差；（3）涂层硬度低，有机溶剂毒性大，价格高，易造成浪费和环境污染，影响操作人员的身体健康；（4）层间电阻随运行逐渐降低，若遇铁芯局部过热，易发生碳化，耐热性差。

2.2 保护性退火对绝缘涂层的影响：

退火是软化冷冲压工程中硬化了的钢带材质的工程。通过金属加热及急速冷却，生产深加工用钢及高张力钢，并采用装箱（罩退）退火与连续退火法。电工钢冲成铁心后，要对铁心进行消除应力退火，消除应力退火除了去掉冲剪应力恢复磁性外，还能使电工钢的晶粒长大，铁损进一步降低。绝缘涂层将硅钢板加工成铁芯时，为改善其加工性能并防止相当于钢板厚度自身的涡电流损失。

生产工艺流退火工艺最关键是退火温度，退火保护气体有纯氮或氮气加少量氢，当温度升至 300℃，经过一段时间的除油，通入保护气体，升至 750~800℃，保温 2h，降至 500℃，停止通保护气体，冷至 300℃，升温与降温速度为 200℃/h。

有研究表明[14]：电工钢绝缘涂层通过保护气体的退火，能提高电工钢产品的磁性能，涂层有机物的含量是影响电工钢表面电阻劣化率的重要因素，有机含量大于 20%以上，电阻的劣化率大于 90%；而且电工钢的含碳量增加 10^{-6}以上。说明电工钢有机物含量越高，热处理后性能下降就越多。也可以说明热处理过程渗碳多，影响产品磁性能越大。

研究小结：研究电工钢极薄、薄绝缘涂层的关键点是：有机树脂在涂料中的含量多少是平衡涂层的冲片性与热处理性能的要点。半有机绝缘环保涂层是目前制备无铬环保型涂层可行路径。

3 硅元素对涂料成膜的影响

硅是炼钢和生铁（铸铁）的脱氧剂，硅能更好地消除氧化铁（FeO）对钢的不良影响。硅和氧的亲和力仅次于铝和钛，而强于锰、铬和钒。所以在炼钢过程中，用作还原剂和脱氧剂。低硅含量对钢的抗腐蚀性能没有显著的增强作用。硅含量为 15%~20%的硅铸铁是很好的耐酸材料，对不同温度和浓度的硫酸和硝酸都很稳定。但在盐酸的作用下，稳定性很小；在氢氟酸中则不稳定。高硅铸铁之所以能抗腐蚀，是由于当开始腐蚀时，在其表面形成的致密的二氧化硅（SiO_2）薄层，阻碍着酸的进一步向内侵蚀。含硅的钢在氧化气氛中加热时，表面也将形成一层 SiO_2 薄膜，从而提高了钢在高温时的抗氧化性。硅含量超过 4%的钢材质脆，一般不宜锻轧加工，更不宜于冷变形加工。对焊接性的影响：硅可降低钢的焊接性，主要是硅与氧的亲和力比铁强，因此焊接时容易生成低熔点的硅酸盐，从而增加了熔渣和熔化金属的流动性而引起较严重的喷溅现象，影响焊缝的质量。由于导热性差，钢内外温差较大，焊缝容易有开裂危险。

硅钢表面的 SiO_2 薄膜形成对涂层成膜性有影响，对于硅钢绝缘涂层研究引入电负性概念。

电负性（简写 EN）（electronegativity），也译作电负度、负电性及阴电性，是综合考虑了电离能和电子亲和能，首先由莱纳斯·鲍林于 1932 年提出。它以一组数值的相对大小表示元素原子在分子中对成键电子的吸引能力，称为相对电负性，简称电负性。元素电负性数值越大，原子在形成化学键时对成键电子的吸引力越强。

非金属元素的电负性越大，非金属元素越活泼，金属元素的电负性越小，金属元素越活泼。氟的电负性最大（4.0），是最活泼的非金属元素；钫是电负性最小的元素（0.7），是最活泼的金属元素。

同一周期，从左到右元素电负性递增，同一主族，自上而下元素电负性递减，看看硅与几种硅钢元素比较，可以看出硅与什么元素结合力好。

几种元素的电负性：镁 1.31，铝 1.61，硅 1.90，铁 1.83，锰 1.5。以硅为中心，电负性差值如下：硅-铁=0.07，硅-铝=0.29 ，硅-镁=0.59，硅-锰=0.4。

极薄涂层的附着力是关键技术指标之一，硅是金属与非金属过渡元素，相对稳定，与铁几乎有相同电负性，相互吸引力不大，但与镁有 0.59 电负性，远大于硅-铁的电负性，说明涂层镁的加入，在一定条件下，破坏了 SiO_2 薄膜的稳定性，已生成硅-镁键，有利于增加涂层的附着力。因此，在涂料中适当加入镁、铝等元素有利于提高电工钢无铬涂层的附着力。

4 总结

影响电工钢无铬环保涂层研究的因素很多，但冲片性，热处理性能，硅表面特性研究是决定无铬电工钢涂层研究主要因素，这些因素相互之间关系理清楚，无铬环保涂层才能沿正确方向发展。

参考文献

[1] A. R. MARDER and E. T. STEPHENSON. Energy Efficient Electrical Steels，1980.

[2] 韩晓光，张墩明．无取向硅钢绝缘涂料的研究进展［J］. 科技信息 . 2008，（5）：376-377.

[3] Kobayashi H，Kosuge N，Komori Y. Silicon Steel Sheet with Electrically Insulating Coating Film Excellent in Corrosion Resistance［P］. JP，7268641，1995-10-17.

[4] 劳德米尔克 D S，布朗 J L. 无取向电工钢的无机/有机绝缘涂层［P］. CN 1161434C，2004-08-11.

[5] Takeda K，Ishizuka K，Arai S，et al. Non- Oriented Electromagnetic Steel Sheet with Insulating Layer Having Adeqate Properties［P］. JP，2005240125，2005-09-08.

[6] Sashi K，Shigekuni T，Kono M. Electromagnetic Steel Sheets Having Chromium Free Insulating Coatings［P］. JP，2008127664，2008-06-05.

[7] Sashi K，Shigekuni T，Kono M. Electromagnetic Steel Sheets Equipped with Electrically Insulating Coatings［P］. JP，200812767，2008-06-05.

[8] 张墩明，韩晓光，光红兵，等．耐高温退火处理的单组分无铬水基硅钢片绝缘涂液［P］. CN 101486866A，2009-2-20.

[9] HAN Min-Soo，KIM Jung-Woo，HAN Chan-Hee，et al. Coating Solution for Forming Insulating Film，Method for forming Insulating Film of Non-Oriented Electrical Steel Sheet and Non-Oriented Electrical Steel Sheet by using it［P］. WO 2009/082088 A1，2009-07-02.

[10] KIM Jung-Woo，HAN Min-Soo，KIM，Jae-Kwan，et al. Coating Solution for Non-Oriented Electrical Steel Sheet，Method of Coating Non-Oriented Electrical Steel Sheet Using the Same，and Coating Film of Non-Oriented Electrical Steel Sheet［P］. WO 2009/084777 A1，2009-07-09.

[11] 黄昌国，路林林，沈侃毅．一种环保型取向硅钢绝缘涂层［P］. CN 1978563，2007-06-13.

[12] 胡守天，杨皓，王向欣，等．冷轧无取向硅钢用环保型绝缘涂料及其涂层的制备方法［P］. CN 101168642，2008-04-30.

[13] 赵蕾，吴化军，罗翠锐，等．新型水溶性半无机硅钢片漆的研制［J］. 绝缘材料，2008，41(1)：1-2.

[14] 贾成义等．涂层种类对无取向电工钢消除应力退火后组织性能的影响［J］. 电工材料，2012(1)．

无取向电工钢环保半无机涂层的绝缘规律研究

段　辉[1]，李国明[2]，吴红兵[3]

（1. 淄博高新区耐火材料工程研究院，山东 淄博 250086；2. 海军工程大学理学院，湖北 武汉 430033；3. 湖北武洲新材料科技有限公司，湖北 鄂州 436000）

摘　要：半无机涂层被广泛地应用于电工钢片的涂敷，由于温度和压力等因素，使服役电机的绝缘性能下降，严重地影响了电机的使用效率。本文研究了电阻率与聚合物、无机物和涂层组成结构之间的关系，为控制涂层电性能提供了理论依据，其成果也将为电力能源工业的可持续化发展提供高性能绝缘材料技术支撑。

关键词：半无机涂层；电学性能

The Study on the Law of the Insulation of Semi-inorganic Coating for Electrical Steel

Duan Hui[1]，Li Guoming[2]，Wu Hongbing[3]

（1. Zibo Hi-tech Zone Refractory Material Engineering Research Institute，Zibo 250086，China；
2. School of Science，Naval University of Engineering，Wuhan 430033，China；
3. Hubei Wuzhou New Materials Technology Ltd.，Ezhou 436000，China）

Abstract：The semi-inorganic coating is widely used in electrical steel sheet of motor for its performance of insulation. However due to higher operating temperature and powder lead to insulation decreased of the motor，the efficiency of the motor is seriously affected. The project studies the microstructure and resistivity were investigated，the quantitative relationship between the insulation resistance and components of coating will be established. These studies will provide theoretical and applied basis for the semi-inorganic coating used in the large motors，the results will also provide sustainable development of high performance insulating materials for the electric energy industry.

Key words：semi-inorganic coating；electrical property

随着电机单机容量的不断提高，对大型电机定子铁芯的绝缘要求越来越高，涂层钢片叠装系数(≥95%)的要求限制了涂层的最大厚度一般为 5μm，在该厚度下，绝缘电阻需至少达到 1500Ω · cm^2/片。现有的半无机涂层不仅价格昂贵，而且，涂装生产线对涂层厚度的控制不精密，在涂层较薄的地方会失去绝缘性[1]。因此，研究无取向电工钢涂层的绝缘性规律，进一步提高其绝缘电阻，对电工钢产业的发展具有重大意义。

材料的电输送行为取决于散射，由于多种散射机制依赖于温度，因此，材料的电阻率是温度的复杂函数。至今尚未发现在大温区范围内电阻温度系数为零的固体材料，一般地，从液氦温度（~4K）到室温，固体材料的电阻率变化会相差几个数量级。通过复合材料的结构设计或电路的补偿机制，制备对温度不敏感材料，是当今特种材料性能研究的热点和关键核心技术。如最新的关于对组分调制的 Cu_3NPd_x 复合材料，在 5~240K 温度范围内，材料的电阻温度系数几乎为零，电阻率的相对方差≤1. 42×10^{-5}[2]，使得制备所需求电性能的材料成为可能。

1 实验

1.1 原材料和试剂

主要合成原料及试剂：

偏苯三酸酐（TMA）等多元酸：化学纯，江苏正丹化学工业股份有限公司；三羟甲基丙烷（TMP）等多元醇：化学纯，杭州源潮化工有限公司；1，3 间苯二甲酸双羟乙酯-5-磺酸钠（SIPE）：自制等。

涂层制备原料及试剂：

无取向电工钢片：M400-50A，0.5mm×100mm×200mm，武钢硅钢事业部；C6 级水溶性涂料：自制；丙酮，化学纯，山西同杰化学试剂有限公司；脱脂棉，华鲁卫生材料有限公司。

1.2 实验设备和检测仪器

SZCL-2 电热套：QXD 0-25 刮板细度计：天津顺诺仪器科技有限公司；LND-1 涂 4 黏度计：天津顺诺仪器科技有限公司；涂布棒：5μm，日本 OSP；SF-0.4 搅拌砂磨分散多用机，上海隆拓仪器设备有限公司；GT810F 磁性测厚仪：0~1250μm，分辨率：0.1/1，上海魅宇仪器设备有限公司；3541 型电阻测量仪：日本 HioKi 公司。MAGNA-IR 550 傅里叶红外光谱仪：美国赛默费世尔科技公司。

1.3 试样制备

（1）涂料的制备：按照配方将水性聚合物、无机粉料、助剂和去离子水高速分散砂磨，稳定化处理，调整基本参数，过滤备用。

（2）涂层硅钢试样的制备：将电工钢片碱洗、水洗，丙酮去油，滤纸吸干，涂装，烘烤，膜厚约 5μm。

2 结果与讨论

2.1 聚合物的电学性能

高分子聚合物一般都是绝缘体，具有卓越的电绝缘性，其介电损耗和电导率低，击穿强度高。根据能带理论[3]，聚合物的导电行为是通过电子在分子和固体结构中的流畅迁移实现的，这个过程的出现是由于聚合物大分子具有离域的不饱和的 π 电子结构。在大分子结构中，连接在一起的原子数目越多，相应的成键轨道和反键轨道的数量也越多。当分子的尺寸足够大时，成键轨道在能量水平上聚集，会形成一簇能量间隔很近的能级，这簇能级就是成键带（价带）。这些能级在空间上彼此很接近，电子在其中可以交换位置，能够在整个分子中自由运动，反之类似，反键轨道中能量相近的能级也会形成能带（导带），在价带和导带之间通常存在能量间隔（能隙）。而且，在外加电压或电场的作用下，高分子内的价电子或原子核发生相对位移，分子的骨架变形，电荷重新分布，使分子发生极化，分子极化的结果，相当于外电场在分子上引起一个附加偶极矩 μ：

$$\mu = \alpha E \tag{1}$$

式中，α 为极化率（电子、原子和取向）；E 为电场强度。

表现出聚合物对电能的储存和损耗，在聚合物中形成相对较弱的交变电场，电场增强的结果，导致击穿。部分化学键的键矩如表 1 所示。

表 1 键矩

键矩（D）			
C—C	0	C═N	1.4
C═C	0	C—F	1.81
C—H	0.4	C—Cl	1.86

续表 1

键矩（D）			
C—N	0.45	C＝O	2.4
C—O	0.7	C≡N	3.1

一般，$\mu=0D$，为非极性高聚物；$0<\mu\leqslant0.5D$，为弱极性高聚物；$0.5<\mu\leqslant0.7D$，为中等极性高聚物；$\mu>0.7D$，为强极性高聚物。

未改性的醇酸树脂一般主要含有 C—C、C＝C、C—H、C—O 和 C＝O 键等，其链节的偶极矩约为 $0.7D$，为中强极性高分子聚合物。

高分子聚合物的极性与化学键的极性有关，也与分子结构的对称性相关，如 PTFE 中的 C-F 键极性很大，但由于分子结构对称，使整个分子的极性几乎为零。

依据上述聚合物电学原理和分子结构对称设计，合成的改性醇酸树脂在键能和结构上优化。图 1 为醇酸树脂红外光谱图，3420cm^{-1}和 1075cm^{-1}处强的吸收峰是醇酸树脂中—OH 伸缩振动的特征吸收峰，圆钝形吸收为缔合羟基的特征，存在着氢键缔合。3075cm^{-1}是脂肪酸双键的特征峰，2860cm^{-1}和 2930cm^{-1}是结构中亚甲基特征峰，1732cm^{-1}是 C＝O 结构特征，1568cm^{-1}是结构中芳环的特征峰，1075cm^{-1}是—O—键的吸收峰。

图 2 为改性醇酸树脂红外光谱图，除醇酸特征谱外，3350cm^{-1}处强的吸收峰是 Si—OH 吸收峰，1050cm^{-1}和 1140 cm^{-1}是 Si—O—Si 的特征峰，1075cm^{-1}是 Si—O—C 特征吸收峰，改性后的树脂结构对称性增大。

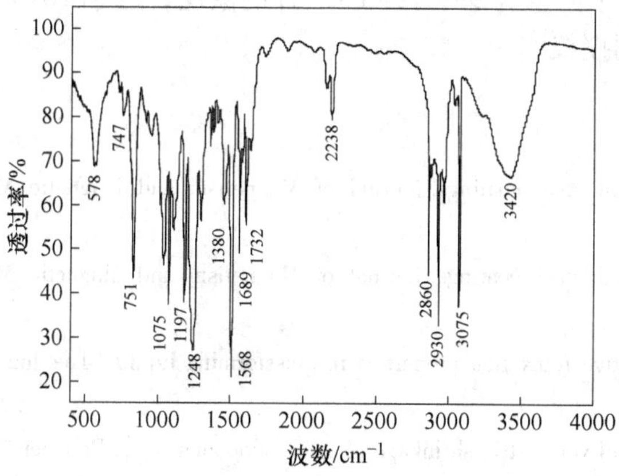

图 1　醇酸树脂红外光谱图

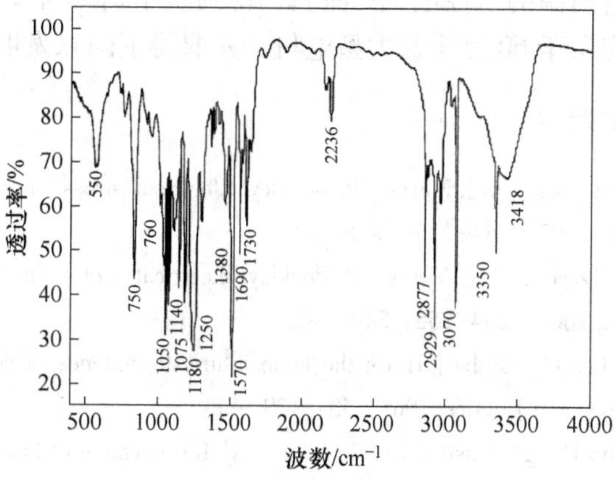

图 2　改性醇酸树脂红外光谱图

2.2　涂层的电性能

粉末的粒径对常态复合材料的电阻率影响不大。一般金红石型二氧化钛的电阻率约为 $10^{11}\Omega\cdot m$，云母的电阻率约为 $10^{13}\Omega\cdot m$ 等，无机粉体在交联的聚合物体系中的电阻率可采用粉末压片机压片测量[4]。按公式（2）计算粉末的体积电阻率：

$$\rho=R\frac{S}{h}=\frac{\pi Rd^2}{4h} \tag{2}$$

式中，R 为室温电阻值；d、S、h 分别为直径、面积和厚度。

图 3~图 5 分别为无机物的某一种类在无机物组分中含量变化、改性和未改性树脂含量变化以及改性和未改性树脂在不同温度下电阻率的变化规律。

由此可见，体系的电阻率与无机物种类的变化、聚合物分子的组成结构及其含量有关。

图 3　锆酸盐在无机组分中含量的变化

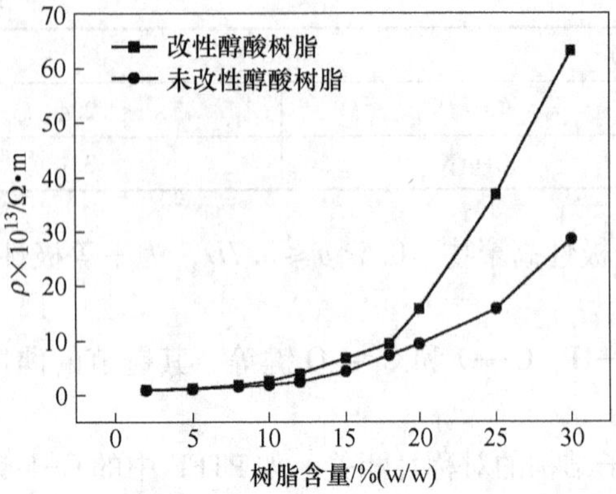

图 4　不同树脂在不同含量下的电阻率

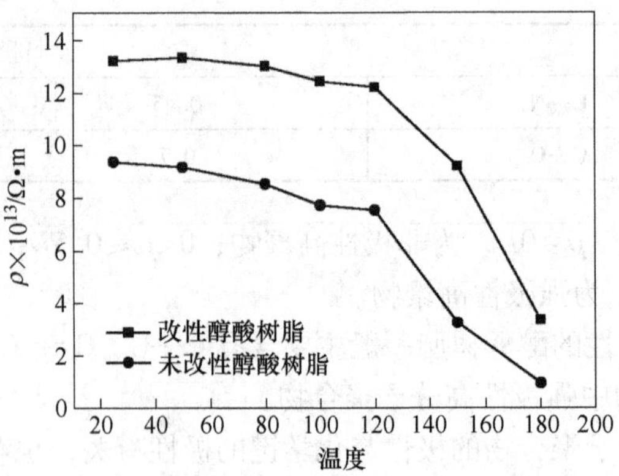

图 5　不同树脂在不同温度下的电阻率

3　结论、应用与展望

（1）高分子聚合物的组成结构及对称性与涂层电性能有一定关系，极性越小，对称性越高，聚合物的绝缘性越好；

（2）无机物的种类及在涂层中的组成对涂层的绝缘性有很大影响。

以上结论在一定程度下，揭示了制备高绝缘电阻的无取向电工钢半无机涂层的应用基础理论和关键制备技术。根据以上原理，我们合成了一种组成和结构对电性能优化的改性醇酸树脂，制备了一种高绝缘和耐高温的水性电工钢涂料，得到膜厚 5μm 下，层间电阻值为 $9999\Omega \cdot cm^2$/片的涂层，已于 2010 年成功地应用于 60 万千瓦大型电机，并取得了国家发明专利授权[5]。

参考文献

[1] G. Loisos, A. J. Moses, P. Beckley. Electrical stress on electrical steel coatings. Journal of Magnetism and Magnetic Materials. 2003, 254-255: 340-342.

[2] G. Loisos, A. J. Moses, P. Beckley. Electrical stress on electrical steel coatings. Journal of Magnetism and Magnetic Materials. 2003, 254-255: 340-342.

[3] Adam G, Gibbs J H. On the temperature dependence of cooperative relaxation properties in glassforming liquids. The Journal of Chemical Physics. 1965; 43: 139.

[4] Gao Hong, Suisu Qing, Lv Bo, *et al*. Investigation of kinetics and volumetric shrinkage of epoxy monomer [J]. Polymer Materials Science & Engineering, 2007, 23(4): 64-70.

[5] 段辉．一种电工钢环保高绝缘涂料．CN 105086695 A，2015.

氧化镁对取向硅钢底层质量影响的研究

蔡 伟，许洁滨，孟凡娜，林国城

（新万鑫（福建）精密薄板有限公司，福建 仙游 351200）

摘 要：取向硅钢的表面质量主要取决于硅酸镁底层的形成质量。在正常生产中，经常发生露晶、底层发黑、发红、发蓝、色差等硅酸镁底层缺陷。为提高底层质量，本文研究了氧化镁活性、氧化镁涂层工艺、脱碳时间对硅酸镁底层形成的影响规律，结果表明氧化镁活性越高，底层形成越好；氧化镁涂层的含水率需控制在一定的范围内，含水率过低，则会造成露晶缺陷的产生；脱碳时间的延长，有利于硅酸镁底层的形成。

关键词：取向硅钢；表面质量；底层；氧化镁

Effect of Magnesium Oxide on the Surface of Oriented Silicon Steel

Cai Wei, Xu Jiebin, Meng Fanna, Lin Guocheng

(New Wanxin (Fujian) Precision Small Board Co., Ltd., Xianyou 351200, China)

Abstract: The surface quality of oriented silicon steel mainly depends on the formation quality of the bottom layer of magnesium silicate. In normal production, The bottom layer of magnesium silicate often appears exposed grain, black, red, blue, color difference and other defects. In order to improve the quality of the bottom layer, the influence of Magnesium Oxide activity, Magnesium Oxide coating process and decarburization time on the formation of magnesium silicate substrate was studied. It was found that the higher the activity of Magnesium Oxide, the better the bottom formation. The moisture content of Magnesium Oxide coating needs to be controlled in a certain range, and the moisture content is too low, it will lead to the occurrence of grain defects. The extension of decarburization time is beneficial to the formation of magnesium silicate base.

Key words: oriented silicon steel; surface quality; bottom layer; magnesium oxide

1 引言

取向硅钢被称为钢中的艺术品，是一种具有高磁通密度的软磁合金，主要用于制作电机和变压器的铁芯[1]。目前在取向硅钢的生产工艺中，高温退火前需要在钢板表面涂敷氧化镁（MgO），在退火过程中 MgO 与钢板基体表层形成的氧化物反应生成硅酸镁底层。硅酸镁底层形成的好坏，直接影响成品绝缘性能和附着性能的好坏，而且还影响到表面外观质量。但是在生产过程中，由于对氧化镁的反应行为缺乏研究，经常出现露晶、底层发黑、发蓝、色差等缺陷，给企业造成较大的经济损失。经过与原料厂家共同合作研究，发现氧化镁活性和氧化镁干燥工艺对硅酸镁底层的形成质量影响显著。本文通过在生产过程中进行工艺试验，研究了氧化镁活性、氧化镁干燥工艺对底层质量的影响，同时还研究了不同脱碳时间对底层的影响。

2 实验部分

2.1 试验材料

本试验所选用的试验材料为生产线上随机选择的取向硅钢钢卷。每个钢卷约长 3km，宽 650mm。脱碳在炉时间为 5min。本试验选用的来自 A、B 两个不同厂家的硅钢专用氧化镁。

2.2　试验方法

本试验所用的氧化镁涂液由氧化镁和纯水按 1∶7 比例配置而成，加入一定含量的硼添加剂和二氧化钛添加剂。纯水电导率≤5μS/cm。氧化镁涂液通过辊涂法进行涂覆，涂辊压力为 1kPa。

涂覆完的钢带，经 500～650℃干燥炉进行干燥，随后卷取进入罩式炉高温退火。高温退火后的钢卷经拉伸平整线清洗表面氧化镁残留粉末，再进行绝缘涂层的涂覆和拉伸平整热处理。底层质量在拉伸平整线清除表面氧化镁残留粉末后目测观察。

本试验采用的测试氧化镁 CAA 值（柠檬酸活性）的方法为：准确移取 100.00mL 柠檬酸于 250mL 烧杯中，加入 2mL 酚酞指示剂，将其放入 30℃烘箱，用温度计测量达到 30℃时，取出，放入搅拌用磁力搅拌子置于恒温恒速磁力搅拌器上搅拌，开启秒表，在 5s 内加入称量好的试样，当试液由白色变成鲜红色时，迅速停止秒表，同时记下此时的时间，同时关闭磁力搅拌器，秒表计时的时间为氧化镁的柠檬酸活性。

2.3　试验方案

（1）为研究 A、B 厂家不同 CAA 值的氧化镁对硅酸镁底层形成的影响，本试验采取特制试验方案如表 1 所示。

表 1　A、B 厂家不同氧化镁 CAA 值对硅酸镁底层的影响规律的试验方案

方案	厂家	CAA 值（30℃）	涂层工艺
1	A	90～100	烘干温度 540℃，涂液温度 5～8℃，涂布量 5.5～7g/m²
2		110～120	
3		130～145	
4		150～170	
5		300～350	
6	B	90～100	

（2）为研究不同烘干温度和涂液温度对硅酸镁底层形成的影响，选取试验氧化镁为厂家 A，CAA 值为 150～170s 进行试验。制定试验方案如表 2 所示。

表 2　不同烘干温度和涂液温度对硅酸镁底层影响规律的试验方案

试　验	烘干温度/℃	涂液温度/℃	涂布量/$g \cdot m^{-2}$
试验一	560	5～8	5.5～7
试验二	540	5～8	
试验三	520	5～8	
试验四	540	8～12	
试验五	540	12～15	

（3）为研究不同脱碳时间对硅酸镁底层形成的影响，选取试验氧化镁为厂家 A，CAA 值为 150～170s 进行试验。制定试验方案如表 3 所示。

表 3　不同脱碳时间对硅酸镁底层质量影响的试验方案

试　验	脱碳时间/min	含水率/%
试验六	5	0.8～1.5
试验七	8	

3 结果与讨论

3.1 不同 CAA 值对硅酸镁底层质量和含水率的影响

表 4 为 A、B 厂家不同 CAA 值的氧化镁对硅酸镁底层质量和含水率的影响。从表中可以看出，随着 CAA 值的增加，氧化镁活性下降，底层质量也随之变薄。A 厂家的氧化镁 CAA 值达到 150~170s 时，硅钢表面即可发现肉眼可见的露晶现象。CAA 值达到 300~350s 时，露晶现象十分严重。从表中还可以看出，随着 CAA 值的增高，含水率不断下降。说明氧化镁的水化率与氧化镁的活性呈现直接的关系。

表 4 A、B 厂家不同 CAA 值氧化镁对硅酸镁底层质量和含水率的影响

方案	厂家	CAA 值（30℃）	表面情况	含水率/%
1	A	90~100	良好	2~3
2		110~120	良好	1.8~2.5
3		130~145	良好	1.8~2.5
4		150~170	露晶	1~2
5		300~350	严重露晶	0.8~1.5
6	B	90~100	露晶	0.8~1.5

对比 A、B 厂家的氧化镁，CAA 均为 90~100s，然而 B 厂家氧化镁形成的底层质量较差且出现露晶的现象，含水率也较低，仅为 0.8%~1.5%。钱宇伟、储双杰等人在《硅钢级氧化镁反应行为的研究》中提出，CAA 值评价氧化镁的反应性仍存在一定的局限性：（1）无法用于不同型号的 MgO 的反应性评价，因为不同型号的硅钢级氧化镁所用的原料、制备工艺、成分都可能不同。（2）CAA 法用于对硅钢级氧化镁反应性的评价属于间接评价，它的实质是表征氧化镁水解反应的活性，无法评估实际底层固相反应的活性。

为研究同一 CAA 值不同厂家氧化镁的区别，我司送样进行了扫描电镜的检测。检测结果如图 1、图 2 所示。

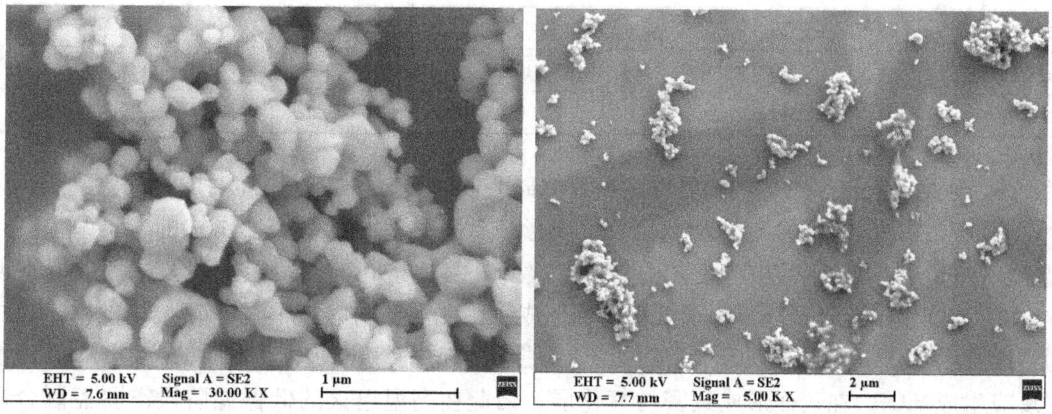

图 1 A 厂家氧化镁的显微形貌分析

从图 1、图 2 可以看出，A 厂家氧化镁的初始颗粒为球状或稍有棱角的球状，粒径分为两类，一类粒径比较小，100~150nm，另一类粒径比较大，300~350nm。颗粒之间有一定的团聚现象，但结构比较松散，在相同的超声分散条件下比 B 厂家氧化镁容易得到分散的颗粒。B 厂家氧化镁的初始颗粒为短棒状，棒长 150~200nm，棒径 50~90nm，颗粒大小比较均匀，颗粒团聚比较紧密，在相同的超声分散条件下比 A 厂家氧化镁难得到分散的颗粒。

MgO 的团聚程度与其初始颗粒形貌及粒径有关。A 厂家氧化镁初始粒径分大小两类，且更类似于球状，球状粒子容易分散，流动性好，团聚程度较小，导致其二次粒径较小；棒状 MgO 粒子不容易分散，流动性差，团聚程度较大，导致其二次粒径较大。二次粒径较大，势必导致 MgO 的活性和水化率有所降

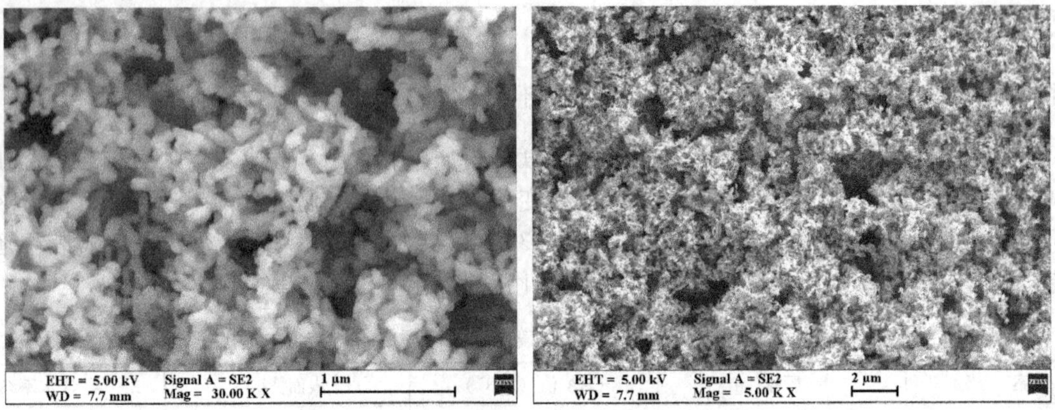

图 2　B 厂家氧化镁的显微形貌分析

低[3]。此外，由于 A、B 两个厂家粒径分布也不一样，A 厂家有较小和较大两种粒径，B 厂家粒径无明显粗细粒径的区别。

氧化镁粒径的分布情况和颗粒的形态均会对氧化镁的 CAA 值造成影响。因此，在 CAA 值相近的情况下，B 厂家氧化镁形成的底层质量仍然会与 A 厂家氧化镁形成的硅酸镁底层的质量存在明显的差异。

3.2　不同涂层工艺对底层质量和含水率的影响

表 5 为不同烘干温度和不同涂液温度对底层质量和含水率的影响规律。对比上述各组试验可以看出，一定的含水率提高有助于形成硅酸镁底层，含水率过低会造成底层偏薄。由此可见，氧化镁的含水率并非越低越好，而是要控制在一个合理的范围内。

表 5　不同烘干温度和涂液温度对硅酸镁底层的影响

试　验	烘干炉温度/℃	涂液温度/℃	含水率/%	表面情况
试验一	560	5～8	0.8～1.5	露晶
试验二	540	5～8	1～2	露晶
试验三	520	5～8	1.5～2	良好
试验四	540	8～12	1.5～2.5	良好
试验五	540	12～15	2～3	良好

文献［5］对此现象作了论述：想要得到良好的硅酸镁底层，就需要在高温退火升温到 1000～1100℃之前使钢带表面形成一层致密的 SiO_2 氧化层，而要形成致密的氧化层需要在湿式的气氛中控制合适的分压比和温度。在低温取向桂钢的生产工艺中，在二次冷轧之后进行的回复退火阶段采用的退火温度是在 550℃，这样的温度及干的气氛都不利于氧化层的形成。因此需要利用 MgO 中分解出来的水，在高温退火的前段通常在大约 650℃下进行较长时间的保温，并控制合适的气氛使钢板表面的 Si 与 MgO 中释放出来的水发生反应生成 SiO_2，在表面形成致密的氧化层。因此在高温退火的低保温阶段需要控制合适的温度及气氛，并且控制钢带的 MgO 涂层合适的含水率[5]。

对比试验二和试验三可以知道，通过降低烘干炉温度增加氧化镁里游离水的含量来提高涂层含水率，可以获得良好的底层质量。对比试验二和试验四可以知道，通过提高涂液温度增加氧化镁里化合水的含量来提高涂层含水率，在高温退火也后可以形成较完好的硅酸镁底层。由此可知，氧化镁涂层中的游离水和化合水对硅酸镁底层的形成有同样的好处。目前在正常生产中，通常控制含水率为 2%～3%。

3.3　不同脱碳时间对底层质量影响的研究

对比试验六和试验七可以发现，脱碳时间较长，底层较好。这是因为脱碳时间较长，有助于形成较厚的内氧化层。虽然在进行第二轧程的轧制时，钢板表面内氧化层将会遭到一定程度的破坏，在后续高温退火过程中，由于炉内含有一定的湿气和氢气，可以构成一个合适的分压比，可以使板面内氧化层得到修复和增厚。脱碳退火时形成较厚的内氧化层相比于薄的内氧化层得到修复和增厚所需的时间更短，从而在1000～1100℃时也容易与氧化镁反应形成较致密的底层。

表 6 不同脱碳时间对硅酸镁底层质量的影响

试验	脱碳时间/min	含水率/%	表面情况
试验六	5	0.8～1.5	露晶
试验七	8		良好

4 结论

（1）随着氧化镁活性的增加，氧化镁涂层含水率提高，硅酸镁底层质量变好；

（2）氧化镁涂层的含水率对底层质量影响显著，含水率越高，底层越厚，一般控制含水率2%～3%；

（3）同一CAA值不同厂家的氧化镁反应性差异较大，CAA值评价氧化镁的反应性存在一定的局限性；

（4）通过提高涂液温度和通过降低烘干温度提高氧化镁含水率所获得的效果无较大区别；

（5）脱碳时间越长，底层质量越好。

参考文献

[1] 何忠志，赵宇，罗海文．电工钢［M］．北京：冶金工业出版社，2012.

[2] 钱宇伟，储双杰，杨勇杰，吉亚明，黄杰．硅钢级氧化镁反应行为的研究［J］．宝钢技术，2014，(3)：40-45.

[3] 王晨，付骏，陈武山，罗朝林．氧化镁形貌对取向硅钢磁性能的影响［J］．磁性材料及器件，2015，46(3)：44-46.

[4] 胡志强，张文康，光红兵．影响取向硅钢隔离涂层质量的因素分析［J］．电工材料，2011，24(2)：68-70.

[5] 司华青．低温取向硅钢底层质量的研究［D］．东北大学，2013.

氧化镁线滑卷原因分析

戴东火，林国城，蔡　伟

（新万鑫（福建）精密薄板有限公司，福建 莆田 351200）

摘　要：本文从氧化镁涂层机组设备、工艺、氧化镁质量等多方面分析我厂氧化镁涂层机组滑卷产生的原因，并根据生产实际提出解决办法，提升钢卷卷取质量，为下道工序输送卷取整齐的产品。

关键词：滑卷；氧化镁；卷取

The Analyses of Slip-roll with MgO Wire

Dai Donghuo，Lin Guocheng，Cai Wei

（New Wanxin（Fujian）Precision Sheet Co.，Ltd.，Putian 351200，China）

Abstract：This passage mainly analyzes the reason that cause slip-roll in magnesium coating units on the basis of the equipment，technological parameter，quality of magnesium，personnel practices in the area of magnesium coating，leaving certain solution in reality and promoting the quality of curling of steel tubes，which provides orderly product for the following procedure endlessly.

Key words：turriform；magnesium；colling

1　引言

滑卷也称卷取塔形，是指钢卷在收卷过程中端面出现光滑过渡面、造成整卷不整齐的一种质量缺陷，如图 1 所示。取向硅钢氧化镁涂层线的滑卷缺陷不仅直接影响氧化镁涂层线的生产，造成成材率和作业率下降，在后续进行高温罩式退火时也会加剧钢卷边部变形、翘边、鼓包、裂边等现象，给取向硅钢板形质量带来严重的不良影响。我厂在氧化镁涂层生产过程中，不断经过摸索和实践，认真分析了滑卷缺陷的产生原因，使该缺陷得到了有效的控制。

图 1　钢卷滑卷

2　滑卷原因与控制

滑卷的主要原因为由于侧向力的存在，使带钢在卷取过程中产生了层间相对滑动。因此控制滑卷缺陷需要避免带钢表面摩擦系数下降和卷取侧向力过大。氧化镁涂层后，带钢表面附着有 5 ~ 8g/m^2 的氧化镁粉末，在生产过程中发现，氧化镁颗粒度大是造成带钢表面摩擦系数降低和滑卷比例增高的主要原因之一。此外，带钢卷取时受氧化镁涂布均匀性、氧化镁涂层辊张力等影响，会造成两侧带钢受力不均，并造成卷取侧向力过大，出现滑卷缺陷。

2.1　氧化镁颗粒度大

2.1.1　氧化镁原料颗粒度大

硅钢专用氧化镁通常要求氧化镁内含有一定比例的粗颗粒。粗颗粒的存在可以增加钢卷卷取后的间隙，便于钢卷在高温退火过程中释放出水分，有利于提高底层质量。经涂布的带钢表面，未烘干前，在反光下肉眼即可见到部分粗颗粒。

在生产中发现，有部分氧化镁厂家粗颗粒比例不当，涂布后表面可见到大量密密麻麻的粗颗粒，如图 2 所示。这种氧化镁涂布后的钢卷往往极难收齐，出现滑卷的概率极高。

2.1.2　集液槽、循环系统氧化镁结块

氧化镁涂液在流动速度慢和温度较高的区域易产生凝结，因此集液槽壁和循环系统壁上容易形成氧化镁结块，若未及时清理，结块容易掉入循环罐内并进入氧化镁涂液中。调入罐内的块状氧化镁经过搅拌变成小小的颗粒，涂覆在板上，出现明显的颗粒，导致滑卷缺陷的出现。

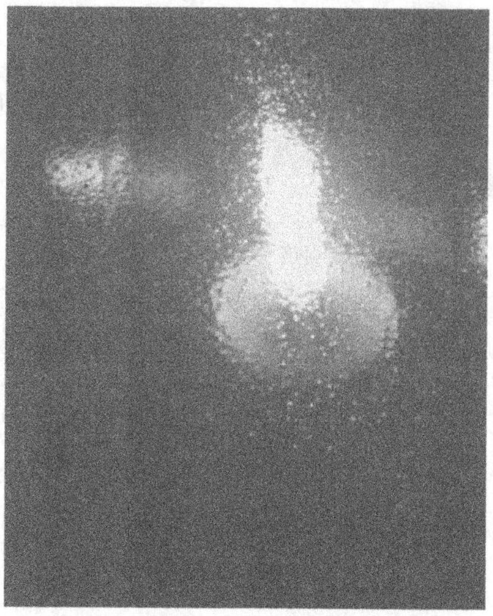

图 2　带钢表面明显可见大颗粒

2.1.3　涂液温度高与使用周期长

涂液的温度是影响氧化镁含水率合格率的重要因素之一。配液的温度越低越好，并尽量控制在 5℃以下，涂液放置的时间不能够超过 8h。温度高、时间长涂液中的 $Mg(OH)_2$ 的含量增高，这就导致涂液颗粒度大并无法再搅均匀，涂敷于板带后也有明显的颗粒感，卷取后摩擦力小最终导致滑卷。

2.1.4　氧化镁原料以及添加剂质量差

2013 年，我厂发生了因春季雨季空气潮湿，氧化镁和各添加剂存放时间过长，导致氧化镁，二氧化钛和硼原料批量结块的现象，造成大量滑卷的现象。后将氧化镁、二氧化钛以及硼都用筛子进行筛选，将块状物分离开，滑卷现象明显的好转。

2.2　带钢两侧受力不均

2.2.1　带钢两侧涂布不均

受板形、涂层辊等因素影响，带钢表面的氧化镁涂布偶尔会出现涂布不均的现象，钢卷卸卷后压在地面后用卷尺测量后两侧的高度，可见高度差，严重的甚至相差 15mm，见图 3。若在光线度良好的情况下，在收卷处可以明显的看出两侧板带涂布量的涂布情况，涂布厚的一侧呈深白色，薄的一侧则呈暗白色。这时应该及时调整涂层辊。

图 3　钢卷收卷后两侧出现高度差

2.2.2　涂层辊同心度偏差大

涂层辊的同心度是指涂层辊在磨完辊后芯轴与橡胶层的同心程度，若同心度过大则该辊越不圆。如果出现两侧的同心度相差较大，则会导致刻辊时出现辊齿倾斜并导致板带跑偏现象，收卷纠偏推板至中间位置的过程中出现一边紧一边松，最终导致两侧受力不均而滑卷。

3 总结

针对上述原因，我厂采取了系列措施，有效控制了滑卷缺陷的发生几率，取得了明显的效果。

参考文献

[1] 胡尚举，吕坚，邓小年．光亮退火线精密带钢卷取塔形的分析与控制．[J]．太钢科技，2013(2)：31-37.

[2] 何忠志，赵宇，罗海文．电工钢 [M]．北京：冶金工业出版社，2012.

[3] 杨佳欣，刘静，袁泽喜．氧化镁及其添加剂对取向硅钢成品的影响 [J]．冶金信息导刊，2007(6)：38-40.

检测与应用

JIANCE YU YINGYONG

H-Coil 法测量体系助力高性能电工钢发展

周新华[1]，徐　昱[2]，邹学良[1]，舒子奇[1]

（1. 长沙天恒测控技术有限公司，湖南　长沙 410100；2. 湖南计量检测研究院，湖南　长沙 410100）

摘　要：本文先介绍了电工钢铁损测量的现状，即采用电流测量法（M. C）的传统检测方法已难以满足高性能电工钢的发展。随后介绍了更加准确的磁场线圈法（H-Coil），分析了其与 M. C 法的优劣性，说明了推广该方法的难点所在，介绍了 H-Coil 法的测量体系。最后对未来进行了展望，得出了建立完善的 H-Coil 法测量体系将助推我国高性能电工钢快速发展的结论。

关键词：磁场线圈法（H-Coil）；测量体系；高性能电工钢

The Measurement System of H-Coil will Boost the Development of High Performance Electrical Steel

Zhou Xinhua[1], Xu Yu[2], Zou Xueliang[1], Shu Ziqi[1]

（1. Tunkia Co., Ltd., Changsha 410100, China;
2. Hunan Institute of Metrology and Test, Changsha 410100, China）

Abstract: The current situation of electric steel iron loss measurement is that, the current measurement method（M. C）has been difficult to meet the development of high performance electrical steel. The H-coil method is more accurate and more advanced, but more difficult to promote than M. C method. Finally, the prospect of the future is given, establishing a perfect measuring system of H-Coil method will boost the development of high performance electrical steel.

Key words: H-Coil; measurement system; high performance electrical steel

1　引言

电工钢是最重要的软磁材料之一，也是电力电子装备升级换代的关键材料，其广泛地用于变压器、电机铁心的制造。铁损是电工钢最重要的磁性能参数，其大小决定了电工钢牌号的高低，同时也直接决定了变压器或电机成品的功率损耗。目前在一些高端制造领域，对电工钢的性能要求越来越高，如在智能变电站中，使用高性能电工钢可减少损耗达 50%；在电动汽车里，铁心损耗越少，发动机效率越高，车辆的行驶里程也越长；在高铁系统中，损耗越低，运行一趟列车耗电也越低。然而多年来，我国电工钢制造技术与国外存在　定差距，也成为制约我国电力及机电行业发展的重要因素之一，国家每年都要拿出大量外汇进口高端电工钢产品，以满足相关行业快速发展的需求。因此，在十三五规划中，把研制高效率、低损耗的电工钢列为重点项目之一。

高性能电工钢不仅铁损越来越低，厚度也越来越薄，如今年国内某钢厂全球首发了 0. 18mm 规格、0. 65W/kg 级的硅钢。这不仅对生产工艺，也对检测技术提出了更高的要求。然而目前我国测量铁损仍遵循着多年前的老方法，其测量值与真实值间存在较大误差，会出现变压器的铁损比电工钢片的铁损还低的情况，会给钢厂带来了经济损失；另一方面老方法很难测量国际高水平电工钢的真实性能，复现其测量曲线也十分困难，这些都严重制约了我国电工钢、电力、机电等行业。因此，研究更先进的检测技术，制造更精密的检测仪器，来促进高性能电工钢的发展是十分必要的。

2　现状

2.1　铁损测量的基本原理

电工钢的铁损的主要来源——磁滞损耗是由材料本身的特性决定的，其大小取决于 B-H 磁滞回线内的面积，因此可通过以下公式计算比总损耗值：

$$P_s = \frac{P_c}{m_e} = \frac{f}{\rho}\int_{t=0}^{T} H(t)\,\frac{dJ(t)}{dt}dt$$

式中　P_s——比总损耗值；

P_c——总损耗值；

m_e——有效质量；

f——工作频率；

ρ——材料密度；

$H(t)$——t 时刻的磁场强度值；

$J(t)$——t 时刻的磁极化强度值。

通常 f 和 ρ 的值是已知的，而测量二次绕组的感应电压可准确得到 $dJ(t)/dt$ 的值，那么再测量磁场强度 $H(t)$ 即可得到比总损耗值。

2.2　现有的标准检测方法

目前，测量电工钢铁损的标准方法包括：爱泼斯坦方圈法、大单片法。这二者分别是 GB/T 3655—2008（等同采用 IEC 60404-2：1996）、GB/T 13789—2008（等同采用 IEC 60404-3：2002）中所描述的测量方法。目前国际主要的硅钢检测仪器生产厂家，均使用电流测量法（M. C），即根据安培环定律公式计算磁场强度值：

$$H = \frac{N_1 I}{L_e}$$

式中　N_1——一次绕组的匝数；

I——一次绕组的励磁电流值；

L_e——有效此路长度值。

通常电流法的有效此路长度 L_e 为约定值，但其真实值是随着电工钢磁性能的变化而改变，不同牌号的材料使用相同的方圈或磁导计，其 L_e 值也不尽相同。

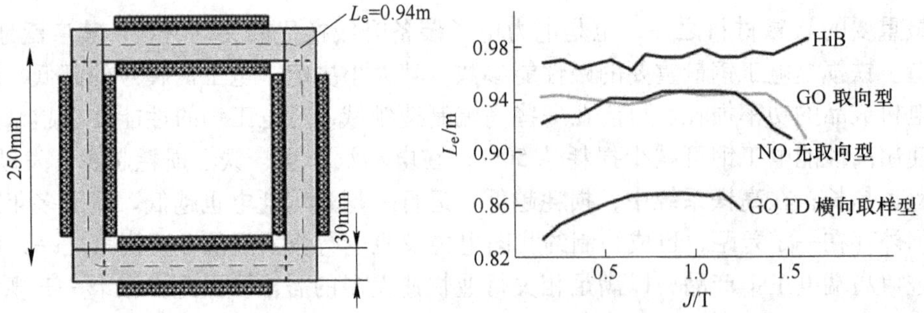

图 1　爱泼斯坦方圈结构（左）、J-L_e 典型曲线图（右）

2.2.1　方圈法

目前在 GB/T 3655—2008 和 IEC 60404-2 中，方圈法约定的 L_e 值为 0.94m。而根据上图可知，L_e 与 J_m 有关，传统电工钢仅在 J=1.0T 时，L≈0.94m，其他条件下为非固定值；特别是当 J>1.5T 时，磁路长度会引入较大误差，对于高磁导率和横向取样的钢片，差异则更为明显。

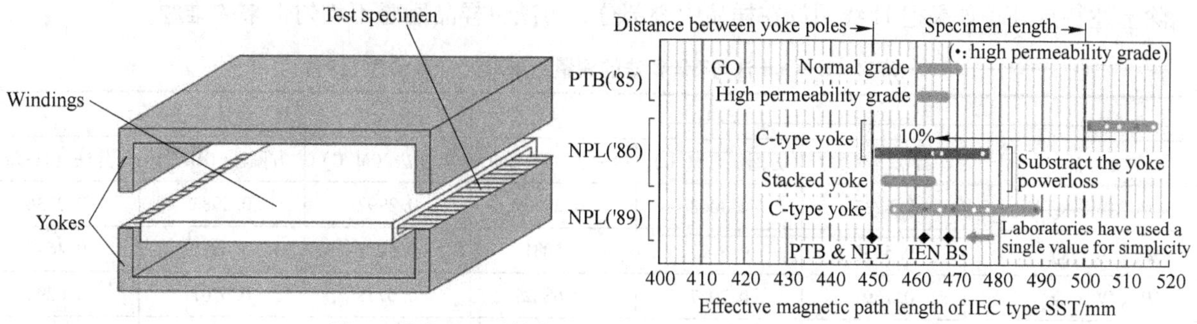

图 2　单片磁导计结构（左）、磁路长度分布图（右）

2.2.2　大单片法

目前在 GB/T 13789—2008 和 IEC 60404-3 中，单片法约定的 L_e 值为 0.45m，即磁轭极间的距离。而根据上图可知，常规和高性能硅钢片的 L_e 实际值均比 0.45m 大，那么使用电流法测量的 H 值比真实值要高，从而使得到的损耗值也偏高。此外，大单片的磁路长度与单片磁导计的磁轭气隙相关，也和磁轭材料的磁导率与损耗相关，这就导致使用不同厂家的磁导计测量同一种材料的数据会有差异，这也是大单片法测量误差较大的原因。

2.2.3　结论

从图 1 和图 2 可知，电工钢的真实磁路长度会随材料的不同而改变，也会随着 J 值的变化而改变。过去由于缺乏更有效的测量手段，人们只能将此方法暂定为标准方法。但经过实践发现，高牌号钢片的 L_e 值往往比约定值要大，导致的损耗值也偏大，最大偏差达 10%（在 2017 年 IEC/TC68 的巴黎会议，初步将 $P_{1.7}$ 的修正系数定为 0.925）。

未来，随着高性能电工钢的问世，若仍采用电流法来测量，容易出现“误判”，这不仅会给钢厂带来经济损失，同时也会制约电力及机电行业的发展。因此，针对 M.C 法的弊端，必须使用直接测量磁场强度 $H(t)$ 的方法，也就是更先进的磁场线圈法。

3　磁场线圈法（H-Coil 法）

磁场线圈法即在测量线框贴近电工钢片（带）的位置，增加一个 H 线圈，通过测量线圈的感应电压来实现磁场强度的直接测量，可完全避免电流法因磁路长度难以预设而带来的难题，大大提高铁损测量的准确度，可直接评定电工钢的牌号，其示意图如图 3 所示。

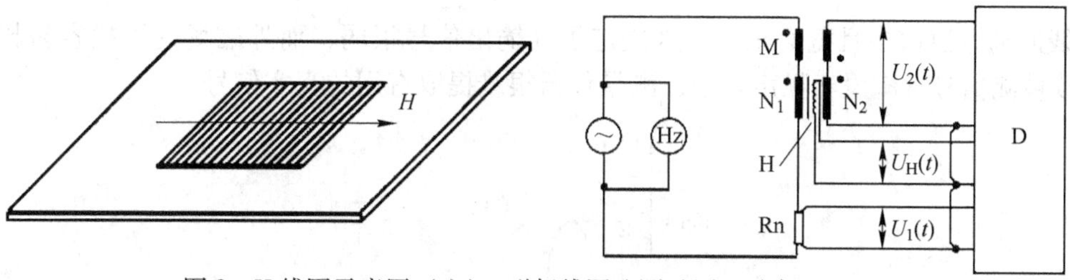

图 3　H 线圈示意图（左）、磁场线圈法测试原理示意图（右）

3.1　与 M.C 法对比

表 1　H-Coil 法与 M.C 法的优缺点对比

方　法	M.C 法	H-Coil 法
有效磁路长度	L_e 为约定值	测量结果与 L_e 无关
磁场测量	通过 $H=NI/L_e$ 公式计算	直接测量
损耗测量	偏离真实值	接近真实值
溯源性	溯源简单	溯源复杂
测量仪器制造难度	低	非常高

除上述特点外，如果把 H 线圈放在样品中心部分，可减少样品励磁不均匀带来的难题。

表 2　H-Coil 法与 M. C 法的测量结果对比（高磁感材料）

样　品	SP1			SP2		
方　法	单片法（M. C）	方圈法（M. C）	单片法（H-Coil）	单片法（M. C）	方圈法（M. C）	单片法（H-Coil）
$P_{1.0}$/W · kg^{-1}	0. 3235	0. 3068	0. 2957	0. 2992	0. 2983	0. 2736
$P_{1.3}$/W · kg^{-1}	0. 5435	0. 5197	0. 5031	0. 5037	0. 4982	0. 4643
$P_{1.5}$/W · kg^{-1}	0. 7391	0. 7067	0. 6882	0. 6755	0. 6701	0. 6292
$P_{1.7}$/W · kg^{-1}	1. 0417	0. 9908	0. 9768	0. 9383	0. 9244	0. 8859
H_m/A · m^{-1}，J=1. 0T	22. 18	19. 98	18. 21	21. 32	19. 71	17. 64
H_m/A · m^{-1}，J=1. 3T	27. 10	23. 58	21. 74	29. 53	23. 15	24. 49
H_m/A · m^{-1}，J=1. 5T	38. 52	31. 60	31. 11	44. 66	28. 14	39. 14
H_m/A · m^{-1}，J=1. 7T	100. 71	70. 21	92. 22	108. 59	60. 45	105. 56

表 3　H-Coil 法与 M. C 法的测量结果对比（激光刻痕材料）

方　法	单片法（M. C）	单片法（H-Coil）
$P_{1.0}$/W · kg^{-1}	0. 2934	0. 2645
$P_{1.3}$/W · kg^{-1}	0. 2935	0. 4487
$P_{1.5}$/W · kg^{-1}	0. 6650	0. 6103
$P_{1.7}$/W · kg^{-1}	0. 9148	0. 8470
H_m/A · m^{-1}，J=1. 0T	19. 43	15. 69
H_m/A · m^{-1}，J=1. 3T	26. 06	20. 43
H_m/A · m^{-1}，J=1. 5T	37. 58	30. 45
H_m/A · m^{-1}，J=1. 7T	84. 73	76. 99

从表 1 和表 2 中可看出，H-Coil 法与 M. C 法相比，所测得的 P_s 值均偏小，这也可以解释为什么变压器的损耗比材料标示的损耗要低。

3. 2　技术难点

（1）H 线圈通常匝数多且截面积小，这决定了其输出信号很弱，而外磁场的干扰容易超过被测信号的幅值，导致被测信号常淹没于噪声之中，测量仪器很难提取有用的真实信号。

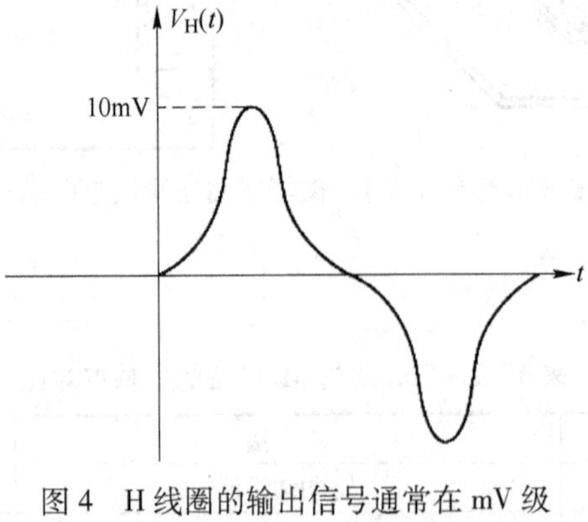

图 4　H 线圈的输出信号通常在 mV 级

（2）测量结果依赖线圈与样品表面的距离，故要求 H 线圈必须贴近样品，或通过两个或多个 H 线圈进行测量，以降低该影响，但这同时也增加了磁导计或方圈的加工难度。

（3）H 线圈与二次绕组的输出信号均为电压，对低功率因数下的有功功率进行溯源，其误差来源主要是相位移而非幅值，而对相位移进行溯源是一件难事。因此对 H-Coil 法的测量仪器进行溯源，需要使用高精度双路电压源（可调频、调幅、调相）和双路电压矢量分析仪，这也是 H-Coil 法难以推广的原因。

3.3 H-Coil 法测量体系

随着技术的发展，建立服务高性能电工钢的 H-Coil 法测量体系是势在必行的，该体系示意如图 5 所示。目前湖南省计量检测研究院和长沙天恒测控技术有限公司正开展相关的研究工作，还需要在以下几方面努力：

（1）H 线圈的匝面积的测量与技术标准；

（2）交流 mV 电压的溯源问题；

（3）相位移的溯源问题；

（4）双路电压的等同功率溯源。

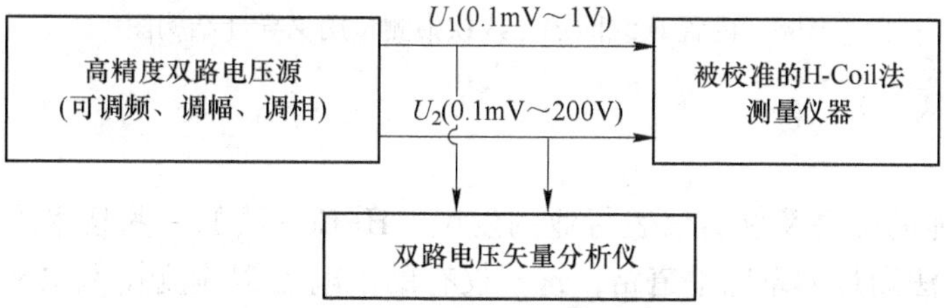

图 5 校准 H-Coil 法测量仪器的示意图

3.4 H-Coil 法的其他应用

3.4.1 铁基非晶单片测量

铁基非晶材料是电工钢中较特殊的门类，因其具有宽度窄、厚度薄（10～500μm）、损耗低等特点，以往采用环样法来测量，相对于方圈法和大单片法，该方法的 L_e 约定值更接近于真实值。但该方法对试样的尺寸范围有严格要求，且在绕制样品时易产生应力而使其磁性能恶化，测量前必须处理应力，使得测量过程变得复杂。

因此在国标 GB/T 19345.1—2017（10 月发布）和 IEC 60404-8-16（进入 FDIS 状态）标准中引入了工频下单片法测量，其使用带 H 线圈的单片磁导计，大大提高了铁损测量的准确性。

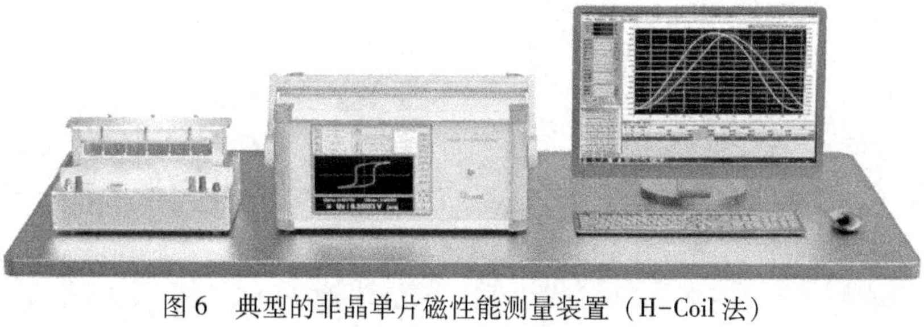

图 6 典型的非晶单片磁性能测量装置（H-Coil 法）

3.4.2 在线铁损测量

图 7 典型电工钢带铁损在线测量装置示意图

由于在线测量属于开磁路，钢带的厚度和速度均是动态变化，因此其 L_e 的真实值也是动态变化的，而传统的 M. C 法在线铁损测量装置采用的是通过方圈法或单片法校准的 L_e 值（若不校准，其误差会超过 100%），其磁滞回线也与真实曲线不同，使用仅作为考场钢带铁损波动情况的粗略估量手段。

目前，市场上已推出了采用 H-Coil 法的在线铁损测量装置，可得到钢带的真实性能，适用于直接评定电工钢的牌号。同时由于避免了预设磁路长度带来的难题，同时也不再需要方圈或单片法进行校准，其易用性也非常好。

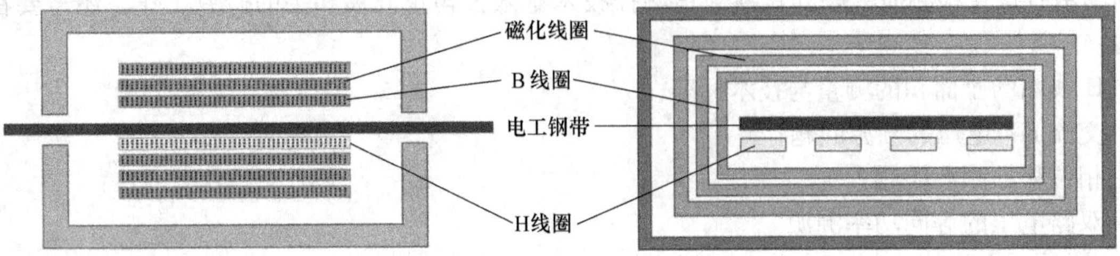

图 8　内置 H 线圈的在线铁损测量用磁导计结构图

4　展望

随着电子元器件性能的提高及仪器仪表行业的发展，H-Coil 法的一些技术难题已得到解决，这将为我国建立完善的 H-Coil 法测量体系铺平道路，这不仅有助于电工钢检测技术水平的提高，也是我国高性能电工钢快速发展的助推剂，非常符合中国制造 2025 强国战略中提出的“质量为先、绿色发展”的基本方针。

参考文献

[1] GB/T 3655—2008，用爱泼斯坦方圈测量电工钢片（带）磁性能的方法.
[2] GB/T 13789—2008，用单片测试仪测量电工钢片（带）磁性能的方法.
[3] Slawomir Tumanski（波兰）编著 . 赵书涛，葛玉敏译 . 磁性测量手册 . 北京：机械工业出版社，2013.

硅钢绝缘涂层膜厚在线检测系统

施振岩，徐　凯，朱子平，袁　焕，张晓峰，邵宇峰

（上海宝钢工业技术服务有限公司，上海 201900）

摘　要： 硅钢绝缘涂层膜厚在线检测需要，研发了硅钢绝缘涂层膜厚在线检测系统。系统主要由探头电控行走机构、探头装置、终端计算机装置等构成。系统采用红外线干涉法检测原理，来实现硅钢绝缘涂层膜厚在线实时检测。应用效果证明系统可检测涂层膜厚的种类较多，除硅钢绝缘涂层以外，还可检测电镀镀/热镀锌耐指纹膜厚和钝化膜厚和磷化膜厚和涂油量、彩涂板的底漆膜厚和面漆膜厚。系统具有很好的可靠性和检测精度。

关键词： 绝缘涂层膜厚；干涉法；在线检测系统；检测精度

Silicon Steel Insulation Coating Film Thickness Online Detection System

Shi Zhenyan，Xu Kai，Zhu Ziping，Yuan Huan，Zhang Xiaofeng，Shao Yufeng

（Shanghai Baosteel Industry Technological Service Co.，Ltd.，Shanghai 201900，China）

Abstract： For Silicon steel insulation coating film thickness online detection，we developed a silicon steel insulation coating film thickness online detection system. The system is mainly composed of a probe control walking mechanism，probe device，computer terminal device etc.，The system uses the infrared detection principle of the interferometric method to realize silicon steel insulation coating film thickness online real-time detection. The application results prove that the system can detect more types of coating film thickness，removing silicon steel insulation coating，can also detect electroplating / galvanized fingerprint resistant film thickness and the film thickness and the phosphating film thickness and Oil volume，and at the end of the film thickness and film thickness of paint coated board. The system has good reliability and accuracy.

Key words： insulation coating film thickness；interference method；the online detection system；the accuracy of detection

1　引言

硅钢生产机组由于生产连续性，需要对绝缘涂层膜厚进行实时监测，一旦发现偏离，马上作出调整，以保证生产过程稳定受控，从而降低制造成本、减少次品或废品发生概率，全面提升产品质量、减少用户异议率、增加企业效益。

硅钢绝缘涂层分为两种：有铬绝缘涂层和无铬绝缘涂层（也叫环保涂层）。目前，实验室采用 X 荧光仪检测铬和磷的含量，转换成绝缘涂层膜厚。在线检测采用 X 荧光仪检测铬的含量，得到有铬绝缘涂层膜厚。无铬绝缘涂层膜厚由于磷含量较低目前无法在线检测。

理论上硅钢绝缘涂层膜厚还可以采用 β 射线检测法，通过前后两次厚度之差，求得涂层膜厚。这种方法，需要前后二套在线测厚仪，成本很高。且由于前后检测位置不一致，检测精度很差。

干涉法硅钢绝缘涂层膜厚在线检测系统采用红外线干涉原理，对金属涂镀层膜厚进行有效的在线实时检测。干涉法涂层膜厚在线检测与涂层是否含特征谱线无关，与涂层是有机物还是无机物无关，且检

测系统对人体和环境无影响，同时系统还能同时检测多层，如同时检测彩涂板底漆膜厚和面漆膜厚，是目前已知的在线检测系统中相对理想的涂层膜厚在线实时非接触式检测方法。

干涉法涂层膜厚在线检测系统可以检测硅钢绝缘涂层膜厚，也可以检测电镀锌/热镀锌/镀铝锌耐指纹膜厚和钝化膜厚和磷化膜厚和涂油量，也可以同时检测彩涂板底漆膜厚和面漆膜厚。系统可靠性和检测精度均很好。

2　干涉法检测依据

2.1　单界面光谱反射率

当光穿过不同物质的界面时，反射就发生了。如图 1 所示，一部分光反射，一部分光透射，一部分光被物质吸收。反射光的多少取决于折射率 n 和消光系数 k。空气中物质的反射率 R 公式为：

$$R=((n-1)^2+k^2)/((n+1)^2+k^2)$$

式中，R 为反射率；n 为折射率；k 为消光系数。

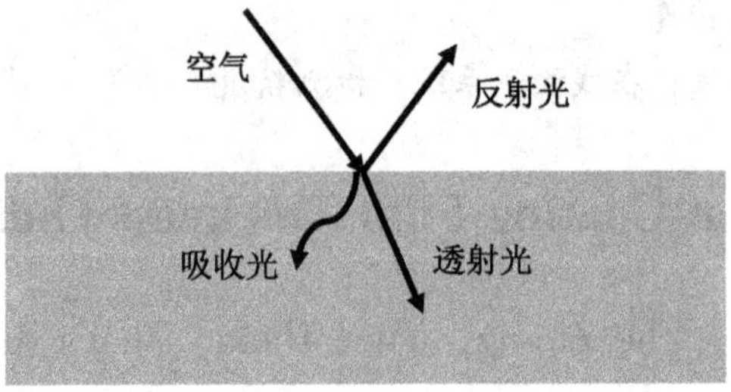

图 1　光入反射原理图

Fig. 1　Light incidence and reflection principle diagram

当 $k=0$ 时，即光未被物质吸收情况，反射率 R 公式为：

$$R=((n-1)/(n+1))^2$$

2.2　多层界面光谱干涉

先考虑涂有一层涂镀膜情况。当光入射到金属涂镀层表面时，如图 2 所示，一部分光反射，一部分光透射后再反射。这时，涂镀层的顶部和底部都存在反射光。总反射光量是这两部分反射光的叠加。由于光的波动性，这两部分反射光可能干涉相长（强度相加），或干涉相消（强度相减）。相长还是相减，取决于它们的相位关系。

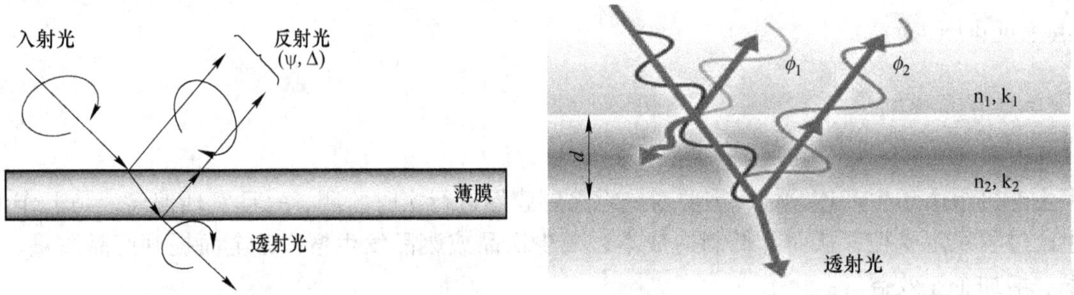

图 2　涂镀层干涉图

Fig. 2　Coating interference figure

相位关系取决于这两部分反射光的光程差，光程差又取决于涂镀层膜厚、光学常数（通常指折射率）和光波长。当涂镀层内光程等于光波长的整数倍时，即：$2nd=i\lambda$（n：折射率，d：涂镀层膜厚，i：整数，λ：光波长），两组反射光相位相同，此时干涉相长。当涂镀层内光程等于光波长的整数倍加半时，即：$2nd=(i+0.5)\lambda$（n：折射率，d：涂镀层膜厚，i：整数，λ：光波长），两组反射光相位相反，此时干涉相消。

反射率可以合成一个简单公式：$R=A+B\cos(4\pi/\lambda)$（R：反射率，A、B：拟合系数，λ：光波长）。从公式看出：涂镀层反射率随着光波长的倒数周期性地变化。在相同光波长下，较厚的涂镀层产生更多的振荡，较薄的涂镀层产生较少的振荡。

实际应用中，一定光波长范围内的折射率 n 和消光系数 k 由数学模型根据几个可调节参数模拟得出。涂镀层特性通过计算膜厚实验值 d 及折射率 n 与消光系数 k 模型参数的反射光谱来确定。不断调整这些数据，直到计算反射率和测量反射率相匹配。

3 干涉法硅钢绝缘涂层膜厚在线检测系统硬件组成

干涉法硅钢绝缘涂层膜厚在线检测系统，是一种金属涂镀层膜厚在线实时非接触性检测设备。利用本检测设备，实现对硅钢绝缘涂层膜厚在线实时非接触性准确检测。

干涉法硅钢绝缘涂层膜厚在线检测系统实物图如图 3 所示。

图 3 系统实物图

Fig. 3 System physical map

干涉法硅钢绝缘涂层膜厚在线检测系统由探头电控行走机构、探头装置、终端计算机装置组成。

探头电控行走机构（见图 4）控制探头左右移动，实现探头对带钢来回扫描检测。探头电控行走机构由探头支架和 PLC 控制装置组成。探头支架包括支架主体、导轨、坦克链、光电开关、马达、减速器和同步轴等。其中光电开关用于探头定位、探头位置纠偏和测量钢板宽度。同步轴的作用为控制上下探头同步移动。PLC 控制装置包括系统电源和 PLC 装置。系统电源将 220V 交流电源转换为 24V 稳定无干扰直流电流，用于系统检测和控制装置供电。PLC 装置控制整个探头电控行走机构按预先设计的方式和步骤运行。

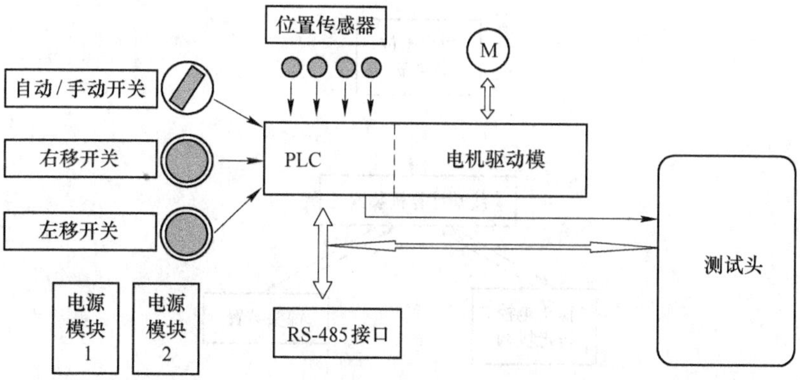

图 4 探头电控行走机构 PLC 控制装置构成图

Fig. 4 PLC electric control device for traveling probe structure

探头装置（图 5）提供干涉法硅钢绝缘涂层膜厚在线检测数据，彩涂板可同时提供底漆膜厚和面漆膜厚双层数据。探头装置由探头主体、可见光/红外线光学装置、光电转换装置、干涉信号处理、探头隔热壳组成。探头主体的作用是发射检测光（透明涂层使用可见光，不透明涂层使用红外线），接收反射光和折射光。光学装置的作用是产生检测所需可见光或红外线光。光电转换装置的作用是将探头主体接收的反射光和折射光以及干涉光转换成电信号，供后续干涉信号处理。干涉信号处理装置的作用是对干涉信号进行处理，转换成相对应的彩涂板涂层膜厚。探头隔热壳的作用是保温隔热，保证探头主体在正常工作温度范畴。探头装置工作过程如下："可见光/红外线光学装置" 产生可见光或红外线，通过光缆传输到"探头主体"，"探头主体" 将可见光或红外线发射到被检测涂层，然后接收来自被检测涂层的反射光、折射光和干涉光，再将被接收到的光传输给"光电转换装置"，通过"光电转换装置" 将光转换为电信号。电信号经过"干涉信号处理" 装置，成为涂层膜厚相对应的信号。再将该信号传输给"终端计算机装置" 进行数据处理/存贮/显示。探头隔热壳用于探有头隔热保温。"探头主体" 的具体位置由"探头电控行走机构" 控制。

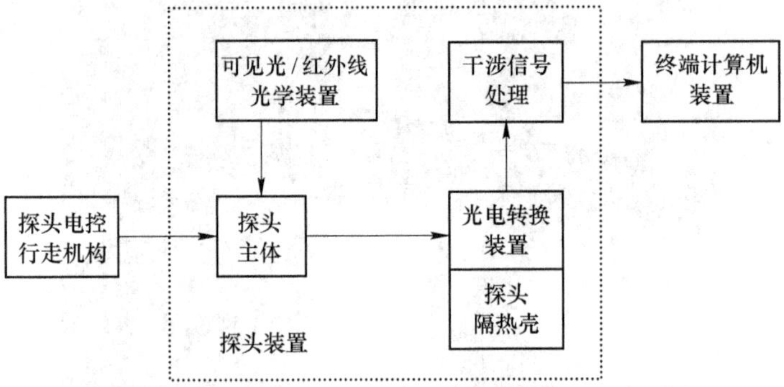

图 5　探头装置功能构成图

Fig. 5　Probe device function structure diagram

终端计算机装置如图 6 所示有四方面作用。一是与探头电控行走机构通讯。通过终端计算机装置，设定电控行走机构的参数，如移动速度。选择电控行走机构运行方式，如自动方式和手动方式。向电控行走机构发送指令，如开始和停止等。读取电控行走机构状态数据，如探头位置、探头移动速度等。电控行走机构状态显示和报警。二是与用户上位计算机通讯。读取用户上位计算机下传的带钢产品代码、带钢运动速度、底漆和面漆膜厚设定值等参数。上传用户上位计算机需要的底漆和面漆实测膜厚数据、膜厚数据对应的带钢长度和宽度方向上具体位置以及用户需要的其他设备状态/参数/数据。三是与探头装置通讯。接收探头装置检测数据和状态参数。对检测数据进行处理、存贮、显示、打印。向探头装置发送检测相关参数，如折射率、光源类型、积分时间、样品代码、上限和下限、单层检测还是双层检测等。四是终端计算机装置自身系统硬件软件功能。如终端计算机功能/性能/通讯方式/辅助设施，画面显示方式和内容，以及用户要求的特殊功能。

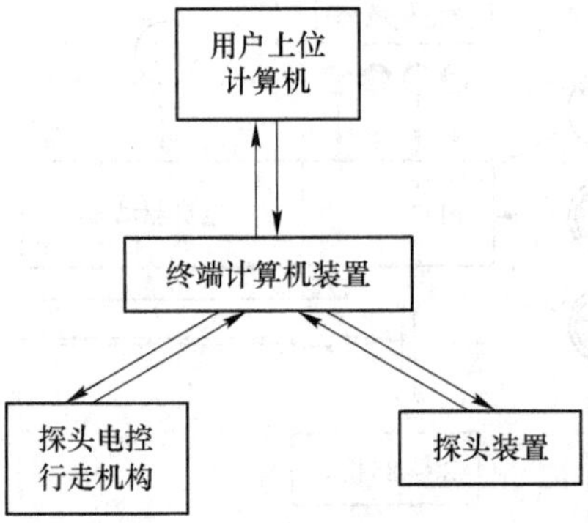

图 6　终端计算机装置功能构成图

Fig. 6　Computer terminal device function structure diagram

4　干涉法硅钢绝缘涂层膜厚在线检测系统检测精度

干涉法硅钢绝缘涂层膜厚在线检测系统硅钢和彩涂板生产线进行了在线检测精度测试，检测精度如下表所示。

表 1　单层重复性测量精度

Table 1　Monolayer measurement repeatability accuracy

序　号	膜厚/μm	膜厚/μm	膜厚/μm
1	5.12	2.46	10.21
2	5.13	2.45	10.21
3	5.12	2.45	10.20
4	5.13	2.46	10.21
5	5.12	2.46	10.21
6	5.13	2.46	10.21
7	5.12	2.45	10.20
8	5.12	2.46	10.21
9	5.12	2.46	10.21
10	5.13	2.46	10.21
11	5.12	2.46	10.20
平均值	5.124	2.457	10.21
标准差 S	0.005	0.005	0.005
RSD/%	0.09	0.18	0.04

表 1 试验表明：干涉法硅钢绝缘涂层膜厚在线检测系统单层重复性测试精度（RSD，$n=11$）均小于 RSD=5%，符合精度要求。

表 2　双层重复性测量精度

Table 2　Double-deck precision repeatability

序　号	膜厚/μm		膜厚/μm	
	底漆	面漆	底漆	面漆
1	2.43	20.36	5.09	15.65
2	2.43	20.36	5.09	15.66
3	2.42	20.35	5.10	15.66
4	2.43	20.36	5.10	15.65
5	2.43	20.36	5.10	15.65
6	2.43	20.36	5.10	15.65
7	2.42	20.37	5.10	15.65
8	2.43	20.36	5.09	15.65
9	2.42	20.35	5.08	15.65
10	2.43	20.36	5.10	15.65
11	2.43	20.36	5.10	15.65
平均值	2.427	20.359	5.096	15.652
标准差 S	0.005	0.005	0.007	0.004

表 2 试验表明：干涉法硅钢绝缘涂层膜厚在线检测系统在彩涂板生产线双层重复性测试精度（RSD，$n=11$）均小于 RSD=5%，符合精度要求。

5 结束语

干涉法硅钢绝缘涂层膜厚在线检测系统与是否有机物涂层/无机物涂层、含特征谱线金属元素涂料涂层/无特征谱线涂料涂层无关，只与涂层膜厚和涂层折射率有关，解决了硅钢绝缘涂层、成千上万种彩涂板涂料涂层、和电镀锌磷化膜涂层膜厚的检测难题。非常适用于硅钢绝缘涂层膜厚、彩涂板涂层膜厚、电/热镀锌耐指纹膜厚/钝化膜厚/磷化膜厚/黑色耐指纹膜厚/无机自润滑膜厚在线实时检测。

HW2000 高频红外碳硫仪在硅钢检测中的应用

张　勇，殷世铜

（无锡市英之诚高速分析仪器有限责任公司，江苏 无锡 214000）

摘　要：从空白、校准、仪器等方面综述红外在硅钢中检测方法。硅钢中碳硫是有害元素，碳对硅钢的组织性能有重大不良影响，会影响硅钢的铁损，磁性等性能，硫对硅钢的危害不仅使钢产生热脆，而且对磁性也是有害的，快速准确的检测方法，成为检测超低钢的技术瓶颈，解决此问题有以下几方面要待解决和重视：（1）空白值问题；（2）仪器的检测精度；（3）仪器的校准；（4）样品的处理；（5）试验部分。

关键词：红外法检测；高频燃烧；空白值

The Application of High-frequency Infrared Carbon Sulfur HW2000 in the Silicon Steel Test

Zhang Yong，Yin Shitong

（Wuxi Yingzhicheng High-speed Analysis Instrument Co.，Ltd.，Wuxi 214000，China）

Abstract：The detection methods of infrared in silicon steel are reviewed from blank，calibration and instrument in this paper. Carbon and sulfur are harmful elements in the silicon steel. Carbon has a significant adverse effect on the microstructure and properties of the silicon steel，it could affect the iron loss and the magnetic performance of the silicon steel. The damage of the sulfur to silicon steel not only makes steel hot and brittle，but also harmful to its magnetism. Fast and accurate detection method has become the technical bottleneck of detecting ultra-low carbon steel. There are several aspects to be solved and pay attention to in order to solve this problem：（1）The blank value problem；（2）The detection accuracy of the instrument；（3）The calibration of the instrument；（4）The sample processing；（5）The test part.

Key words：infrared detection；high frequency combustion；blank value

1　空白值问题

空白值主要来源于以下几点：氧气的不纯；坩埚的空白；助燃剂的空白；燃烧引入的空白；水分的干扰等。

（1）氧气中含有少量的 CH_4 和微量的 CO_2，在燃烧时氧化成 CO_2 和 H_2O，所以要采用过氯酸镁和分子筛对氧气进行处理。考虑到硅钢的碳硫含量很低，需采用高纯氧，纯度要求在 99.999%。可满足测定10%~4%级超低碳的要求。

（2）普通坩埚含有一定的碳。由于受包装、运输、保存的影响，坩埚的空白很不稳定。因此使用前必须在 1000~1200℃ 的马弗炉中高温煅烧。升温到 1000~1200℃ 会保温 2~4h，自然冷却后，放干燥皿保存待用。最好选用超低碳坩埚。

（3）助溶剂的空白。在高频红外检测中助溶剂为钨。需选择高纯度钨粒，粒度为 40 目左右。表面细而光滑的钨粒在环境中吸附引入 CO_2 较少（特殊情况可采用酒精清洗烘干后使用较好）。

（4）高频燃烧系统引入的空白。有文献记载高频炉最高温度达到 2773K 时约有 11%的 CO_2 转化为 CO。若调低高频的功率，使燃烧温度降至 2123K 以下，CO_2 的分解率控制在 0.004%左右，有利于低碳的分析。此点已得到国际的共同认识。因此高频燃烧炉功率可调很重要。

（5）水分的干扰。水不仅影响碳的测定，对硫的测定影响更大。因此在红外仪上安装除水装置很重要。水来自结晶水、气象水、生成水、自湿存水等。

2 仪器的检测精度

HW2000 红外采用双碳池自动切换检测技术。增加了一套超低碳检测池。分辨率为 1×10^{-6}%，灵敏度及分析精度可达 1×10^{-4}%级。

3 仪器的校准

超低碳分析另一课题是仪器的校准。重要的是分析什么材料要用什么材料的标准物质。成分相似、含量相近的国家一级标准物质校准。这样有利于提高精度和准确度。

4 样品的处理

硅钢在生产过程中附有表面保护层（氧化镁涂层），氧化层和生产过程中一丝杂物，在分析前必须要处理。方法：把样品浸入氢氧化钠饱和溶液中烧 15min。取出立即用清水冲洗干净，再用蒸馏水清洗，热风吹干取样（或表面抛光处理）。冲击剪取样。

5 仪器的试验

按试验方法对标准样品进行分析，测定结果见表 1~表 5。

表 1 仪器的空白试验（$n=3$）

条件：不加助溶剂和样品，仪器空白分析、通气、加高频、输入质量 1g

分析次数	碳含量	硫含量
1	0.000000	0.000000
2	0.000001	0.000000
3	0.000001	0.000000

表 2 助溶剂和坩埚的空白试验（$n=3$）

条件：加 1.5g 钨、坩埚没处理、输入质量 1g

分析次数	碳含量	硫含量
1	0.004000	0.000000
2	0.004250	0.000000
3	0.004150	0.000000

表 3 坩埚、助溶剂处理后分析空白试验（$n=3$）

条件：加 1.5g 钨、坩埚处理、输入质量 1g

分析次数	碳含量	硫含量
1	0.000320	0.000000
2	0.000350	0.000000
3	0.000345	0.000000

表 4　坩埚、钨粒空白校正后分析试验（$n=3$）

分析次数	碳含量	硫含量
1	0.000020	0.000000
2	0.000024	0.000000
3	0.000023	0.000000

表 5　标准样品分析结果对照（$n=5$）

样品名称	标准值 w/%	本法测定值 w/%	平均值 w/%	标准偏差 w/%
GBW01146a 纯铁中低碳硫	0.0030	0.003　0.0031 0.00315　0.0032 0.0030	0.00309	0.00009
太钢低碳硅钢 YSBC15338-01	0.0045	0.0045　0.0045 0.0046　0.0046 0.0047	0.0046	0.00009
材字 311 工业纯铁	0.0074	0.0074　0.0075 0.0075　0.0076 0.0076	0.0075	0.00009
冶金工业部精密合金标样	0.0080	0.0078　0.0078 0.0078　0.0080 0.0077	0.0078	0.00011

试验说明：仪器的空白较小，坩埚必须要处理，处理后的空白依然有 0.0003%左右的碳含量。硫的空白基本为 0。需要做碳空白校正。在优化的试验条件下，能分析 0.0005%~0.003%的超低碳，可将 ISO 9556—1989 方法的范围下优化 0.003%，降至 0.0005%达到国内领先，解决了生产超低碳钢急需。

6　结论

随着科技的不断发展，不断的深入，不断的实践。国内外检测 10^{-4}%级的超低碳必将不是难题。

参考文献

[1] 张兴宝，田英炎 . 21 世纪第三届全国高速分析学术交流会论文集 [C]. 2009，80.

红外热导氧氮仪测定硅钢中氮含量的不确定度

彭　沛，黄　双，邱　忆，张俊鹏，张　旭

（武汉钢铁股份公司质量检验中心，湖北 武汉 430083）

摘　要：按照 GB/T 20124—2006 的方法，利用红外热导氧氮仪测定硅钢中的氮含量，评定相应的不确定度。建立数学模型，分析测定过程中测量不确定度的来源，计算各不确定度分量，合成标准不确定度，求出扩展不确定度。本方法测定不确定度来源主要有 3 个方面，按贡献大小依次为：仪器校准、标准物质和方法重复性。

关键词：红外热导法；不确定度；氮；硅钢

Determination of Nitrogen Content in Silicon Steel by TCD（Thermal Conductivity Detection）

Peng Pei，Huang Shuang，Qiu Yi，Zhang Junpeng，Zhang Xu

（Quality Inspection Center of WISCO，Wuhan 430083，China）

Abstract：According to the GB/T 20124—2006 method. Steel and iron—Determination of nitrogen content—Thermal conductimetric method after fusion in a current of inert gas. the corresponding measurement uncertainty was evaluated. The mathematieal model was established，the determination process source of uncertainty of measurement was analyzed，each component of uncertainty was calculated，standard uncertainty was combined，the expanded uncertainty was calculated. According to the contribution，the sources of uncertainty in 3 main aspects of the determination methods were the instrument calibration，material selection and measurement repeatability.

Key words：thermal conductivity detection；uncertainty；Nitrogen；Silicon steel

1　引言

氮在硅钢中作为有益元素是利用氮化铝作为一种抑制剂来控制晶粒方向，作为有害元素是氮化物的析出物的存在会使硅钢片磁感降低，铁损增高。氮含量过高，浇铸易冒涨，产品出现起皮和起泡缺陷。氮含量过低，常化后析出的细小氮化铝数量不足，二次结晶不完全。因而在硅钢的冶炼过程中要对氮的含量进行严格的控制。这不仅对氮的分析精度而且对分析速度提出了很高的要求。低温取向硅钢是武钢生产的高品牌高附加值钢种，由于其工艺的特殊性，需要在后工序进行渗氮处理。因此在硅钢工序对钢板要进行氮元素的分析，在原有基础上提高氮元素的分析精度是十分必要的。

采用标准方法测定钢铁中氮含量，并对其测量不确定度进行评定，对于提高检测准确度，评价检测质量，具有重要意义。本文根据 ISO/IEC 17025：2005《检测和标准实验室能力认可准则》中有关测量不确定度要求、CNAS-CL07：2011，《测量不确定度的要求》的规定和 JJF 1059—2012《测量不确定度评定与表示》，按 GB/T 20124—2006 方法测定钢铁中的氮，并对测定过程中各种因素引起的测量不确定度进行评定。

2 实验部分

2.1 仪器（设备）

ON836（美国 LECO 公司）；
氦气净化器（中科普瑞 CZHe-4C）；
工作条件：输入氦气压力：20~24Psi；
　　　　　氦气纯度：≥99.999%；
石墨坩埚（武汉华科新材料有限公司）；
AG64 电子天平（精确到 0.0001g）。

2.2 标准物质

Alpha Resources，Inc. AR656（N：0.0210%）。

2.3 测量原理

该方法是试样在石墨坩埚中于电极炉高温加热，并在惰性气氛（氦）中熔融，试样中的氧和坩埚中的碳形成一氧化碳和少量的二氧化碳，氮以氮气形式释放出来，该混合气体由载气携带通过加热的稀土氧化铜，使一氧化碳氧化成二氧化碳，导入红外检测池检测氧含量，随后再经碱石棉和无水过氯酸镁吸收除去二氧化碳和水，氦气携带氮气流经热导池检测氮量。红外池和热导池所得电讯号经电脑进行数据处理及计算并输出分析检测结果。

2.4 操作步骤

按照国标方法 GB/T 20124—2006 检测钢铁中氮含量。测定步骤为：用标准物质标准仪器，称取试样 0.5g 于石墨坩埚中，直接用红外热导氧氮仪进行检测。

2.5 测量流程图

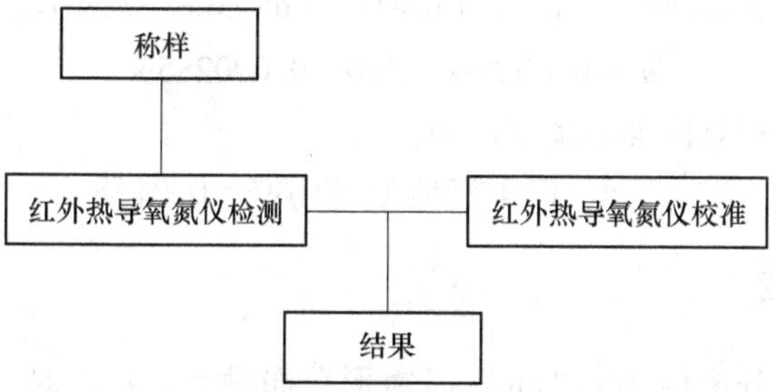

图 1　测量流程图

3 数学模型

建立数学模型

$$Y = C$$

式中　Y(输出量)——未知样中被测元素的测定结果,%;
　　　C(输入量)——未知样中被测元素的含量读出值,%。

4 测量不确定度来源分析

测定钢铁中氮的测量不确定度分量有：（1）测量重复性产生的测量不确定度；（2）红外热导氧氮仪带来的不确定度，包括标准物质的纯度、称量和测量引起的不确定度；（3）样品称量的不确定度；

（4）坩埚空白引起的不确定度。

5 检测氮的测量不确定度评定

5.1 重复性引入的不确定度

对武钢某硅钢生产样品的氮含量平行测定 7 次，结果见表 1。

表 1 硅钢样品中氮的测定结果（n=7）

1	2	3	4	5	6	7	$\overline{w_s}$/%
0.0216	0.0213	0.0208	0.214	0.0213	0.0213	0.0212	0.0213

重复性引起的标准不确定度是重复测量平均值的标准偏差，即：

$$u_1 = Sw_s = \sqrt{\frac{\sum_{i=1}^{n}(w_{is} - \overline{w_s})^2}{n(n-1)}} = 0.0000918\%$$

相对标准不确定度为：

$$u_{1rel} = u_1 / \overline{w_s} = 0.0000918\%/0.0213\% = 0.00431$$

5.2 红外热导氧氮仪引入的不确定度

根据红外热导氧氮仪的计量校准证书，可以得出测量时热导氧氮仪导致不确定度。红外热导氧氮仪校准证书中校准结果不确定度 U_{rel}=6.0%(k=2)，由此可以计算出相对标准不确定度：

$$u_{2rel} = U_{rel}/k = 6.0\%/2 = 3.0\%$$

5.3 标准物质引入的不确定度

由标样定值引起的不确定度可以通过测量数据的标准偏差、测量组数及所要求的置信因子，按统计方法计算成本。选取标准样品，样品号为 AR656 的标准物质证书给出该标样的标准偏差为 0.0009%，标准值是由 10 个实验室共同完成的，所以，由标准物质引入的标准不确定度为：

$$u_3 = 0.0009\%/\sqrt{10} = 0.000285\%$$

氮含量为 0.0210%，所以相对标准不确定度为：

$$u_{3rel} = 0.000285\%/0.0210\% = 0.0135$$

5.4 电子天平引入的不确定度

由电子天平制造商给出的分度值为 0.1mg，以矩形分布估计，k 值取$\sqrt{3}$。电子天平导致的标准不确定度：

$$u_4(m_0) = 0.1/\sqrt{3} = 0.058\text{mg}$$

本实验称样量为 0.5g，则相对标准不确定度为：

$$u_{4rel} = u_4(m_0)/m_0 = 0.058/500 = 0.000116$$

5.5 坩埚空白引入的不确定度

不加入样品，多次检测给出 u_5=0.00001%，则

$$u_{5rel} = 0.00001\%/0.0213\% = 0.000469$$

6 合成标准不确定度的计算

各相对标准不确定度分量列于表 2，各标准不确定度分量合成硅钢中氮含量结果的相对标准不确定度。

表 2　硅钢样品氮含量

不确定度分量	相对标准不确定度
重复性引入的不确定度	0.431
红外热导氧氮仪引入的不确定度	3.0
标准物质引入的不确定度	1.35
电子天平引入的不确定度	0.0116
坩埚空白引入的不确定度	0.0469

氮元素合成标准不确定度：

$$u_{rel} = \sqrt{u_{1rel}^2 + u_{2rel}^2 + u_{3rel}^2 + u_{4rel}^2 + u_{5rel}^2} = 3.318\%$$

氮元素相对合成标准不确定度：

$$u_N = 0.0213\% \times 3.318\% = 0.000706\%$$

7　结论

（1）对所测硅钢样品，氮含量测定结果为0.0213%。对于检测实验室，通常取 $k=2$，则扩展不确定度 $U(p=95\%)=0.000706\%\times2=0.0014\%$。硅钢样品中氮含量 $w_s=(0.0213\%\pm0.0014\%)$，$k=2$。

（2）通过不确定度评定发现，红外热导氧氮仪校准带来的不确定度影响最大，故在使用该仪器测定氮含量时，标准物质的纯度、称量和测量过程至关重要。

参考文献

[1] 沈克，李汉，等．直读光谱法测定硅钢中氮［J］．冶金分析，1997，17(2)：7-10.
[2] 何忠治，赵宇，罗海文．电工钢［M］．北京：冶金工业出版社，2012.
[3] GB/T 20124—2006 钢铁　氮含量的测定　惰性气体熔融热导法．
[4] ISO/IEC 17025：2005 检测和校准实验室能力认可准则．
[5] CNAS—CL07：2011 测量不确定度的要求．
[6] JJF 1059—2012 测量不确定度评定与表示．
[7] CNAS—GL 10：2006 材料理化检验测量不确定度评估指南及实例．北京：中国计量出版社，2007.

取向硅钢碳硫分析仪的常见故障与维护

林一凡，许洁滨，蔡　伟，单勇芝

（新万鑫（福建）精密薄板有限公司，福建 莆田 351200）

摘　要： 本文介绍了新万鑫采用的 HW2000 型红外碳硫仪常见的一些故障原因及解决方法。

关键词： 红外碳硫分析仪；故障原因；维护

Common Faults and Maintenance of Infrared Carbon Sulfur Analyzer for Oriented Silicon Steel

Lin Yifan, Xu Jiebin, Cai Wei, Shan Yongzhi

(New Wanxin (Fujian) Precision Sheet Co., Ltd., Putian 351200, China)

Abstract: This paper introduces the causes and solutions of some faults in the process of using the HW2000 infrared carbon sulfur analyzer in New Wanxin.

Key words: infrared carbon sulfur analyzer; fault reason; maintain

1　引言

取向硅钢生产过程中，需要将带钢碳含量脱至 30ppm 以下。脱碳退火后对钢卷取样进行碳含量检测，现场技术人员根据检测结果进行质量监控和调整，因此碳含量的检测至关重要。新万鑫公司使用 HW2000 型碳硫分析仪主要进行脱碳前后碳硫元素含量分析，由于仪器的控制元件及管道较多，在生产使用过程中，经常会出现一些故障，影响分析的正常进行。本文对一些常见故障进行了分析，并提出了相应的解决方法，供相关人员参考。

2　工作原理

高频红外碳硫分析仪利用了 CO_2 及 SO_2 分别在 4.26μm 及 7.4μm 处具有较强吸收带这一特性，将 CO_2 和 SO_2 的含量浓度信号转换成电压信号，最后借助于软件分析对得到的电压信号进行分析，得到 CO_2 和 SO_2 的含量，从而对应得到碳元素和硫元素的含量。

分析室包括红外光源、反射镜、调制盘、吸收池、滤光片和探测器。红外光源用电加热到 800℃左右产生红外辐射光，经调制器把光信号调制成 80Hz 的交变信号入射到吸收池，该红外光经吸收池中的 CO_2 及 SO_2 气体吸收后，再经过窄带滤光片滤去除上述波长外的其他光辐射的能量，入射到探测器上，则探测器上测到的是与 CO_2 及 SO_2 气体浓度相对应的光强，经过探测器光电转化为电信号，放大后输出模拟量信号随被测气体浓度增加而减少，经归一化处理后，对每个数据进行线性化定标，分析结束后对线性定标数据进行面积积分、乘以系数、除以样品重量，扣除空白获得样品中碳、硫元素的百分含量[1]。

3　高频炉部分常见故障原因及解决措施

3.1　高频炉脱脂棉易脏

高频炉面板上安装有两个脱脂棉过滤装置，通常情况下脱脂棉为白色。偶尔会发生一个脱脂棉过滤器内脱脂棉变色的情况。主要原因为：过滤网上下 O 型密封圈老化或弹性不好，使得粉尘从过滤网外部倒吸进入气管，进而使得脱脂棉脏。发生这种情况，应立即更换脱脂棉，更换后按原位装好拧紧，检查不漏气为止。并取下金属过滤网，用铜刷将过滤网粉尘清扫下来。之后需要在清水中完全浸泡清洗 5min 以上，再转入乙醇溶液中继续进行 10min 超声波浸泡清洗，两道清洗工序结束之后放入 100℃烘箱烘干 20min，之后装好上下 O 型密封圈，涂上真空硅脂，就可以重新安装使用。

3.2 分析结束炉头压力表指针不回零

集灰箱较脏或者排灰管弯折堵塞，就会造成管内残留一定的压力。此时清理集灰箱或者调整橡皮管保证其与集灰箱连接顺畅即可。

3.3 测试前吹氧过程有漏气声音，或者减压表压力升降变化明显

排灰与压紧阀前后橡皮管有裂开或老化时，就会出现压力变化的情况。此时应立即更换裂开的橡皮管。

3.4 气瓶使用时间明显缩短

如果气瓶使用天数明显缩短，此时应考虑是由于气缸活塞的密封圈老化引起的漏气，使得一部分气体从挡板底部边缘处泄漏。此时应更换气缸活塞密封环。

3.5 钢丝刷烧焦

正常情况，钢丝刷两三年都不会烧坏，如果短时间（1 个月）之内频繁发生此类事故，则最可能的原因就是，清扫气缸内螺丝与垫片松动，导致点动清扫后未完全复位。清扫后未完全复位，继续检测样品未发现异常情况，在下一次清扫时就会发现清扫不出石英管内的任何灰尘，拆下石英管后可发现烧焦的钢丝刷。

清扫未完全复位，最严重的后果就是检测时铜制氧枪头也在感应加热燃烧，此时板流与栅流数值较正常值低（板流<0.1A，栅流<25mA），玻璃管发出兹兹声响。停止加热进行开关诊断后，发现顶氧、分析气及载氧压力均达不到要求，且系统有漏气声音。

原因分析：待温度冷却后将石英管与炉头清扫系统拆卸下来，发现石英管局部烧焦严重，若继续检测将会爆裂。同时铜制氧枪头也有燃烧的痕迹，钢丝刷已烧焦。并且清扫气缸内部有螺丝掉落的声音。故将清扫气缸打开，发现气缸内活塞上部的螺丝及垫片已脱落，从而导致气缸不动作，升不上去。

措施：将活塞顶部的螺丝与垫片锁紧，清扫时不能多次点动，应边点动边确认清扫是否有复位。

3.6 样品燃烧过程中有高压打火现象

样品燃烧过程中出现高压打火现象，应立即切断电源，按下退出键，直到将故障排除后才能继续分析。造成高压打火的原因有以下两点：（1）石英管管壁熔渣太多造成石英管内部打火，如果是此类原因，就需要清扫石英管或更换。（2）如果是加热圈外部打火，原因通常是感应铜圈表面的氧化层导致感应圈短路。解决这类故障，需停机并清洁加热线圈，去除氧化层[2]。

3.7 其他常见故障

除了上述故障外，还有其他小故障。如石英管开裂，有可能是燃烧物质飞溅引起的。日常维护中应将附着在石英管内壁的黑色物质刮除干净。

外部突然断电后重新开机时应观察板流和栅流，正常情况应为 0，若两者还有数值，则应是内部的残余电流，此时应关闭电源再重新启动。

4 测量部分常见故障及处置

4.1 池电压不正常

4.1.1 池电压跳动不稳定或漂移，波动大于 0.01V/min（正常应小于 0.002V/min）

故障原因：光源系统的接插件松动或接触不良、插座氧化等，导致接触电阻增大，重新焊接各接线

后正常。

4.1.2 池电压信号较低，池电压小于1.0000V

故障原因：（1）池电压较小，但跳动稳定，是因为镀金管内壁脏了，信号的放大倍数减小。需联系厂家上门清洗或更换镀金管。（2）有可能与氧气瓶纯度有关，试着更换一瓶氧气。

4.1.3 池电压信号极低，小于0.1000V

故障原因：（1）如果是碳、硫有一路信号极低，则是光源未工作，光源加热丝段。通过打开吸收池，观察红外光源模块，可发现 CO_2（或 SO_2）红外光源未发光，断电用万用表测量光源加热丝，可以很简单地判断发热丝是否断裂，通过更换新的发热丝电压可恢复正常。（2）检查调制马达是否转动，如果马达不转动则池电压显示零点信号。需要换马达驱动板或马达[3]。

4.1.4 池电压信号大于1.9V并且无变化

故障原因：池电压信号过大，显示过量程。调节放大板50K电位器，按逆时针方向调小，直到信号稳定在1.5000V左右即可。

4.2 板流不在正常范围（正常为200~600mA）

故障原因：（1）板流<200mA，说明样品称样量过少、燃烧功率低；非铁磁样品可增加样品称样量，或增加助熔剂量。（2）板流>600mA，说明样品、助熔剂量过多，可减少样品量或助熔剂量。

4.3 释放曲线不正常

故障原因：（1）峰形出现拖尾现象，说明样品称样量多、含量太高难释放、功率低。（2）释放出双峰，说明高含量样品称量过多。（3）出峰时间>20″，说明样品难熔、吹氧不足。（4）释放时间>50″，说明样品含量高、拖尾；坩埚空白大；分析流气量低。

常见加速剂的作用有以下几种：增强分析体系感应效果，可使用Cu、Sn；降低样品材料熔点，熔融完全可使用Fe；W、Fe可使碳、硫溶解度大有利碳硫释放，有稀释作用，可提高样品材料熔点帮助释放完全。

4.4 熔体形状有气泡

故障原因：说明熔体温度偏低（助熔剂选择不当等）；功率偏低。可选择适当助熔剂或减少样品称样量。

4.5 分析结果重复性不好

故障原因：（1）含量太高超出线性范围，可减少样品称样量。（2）含量低空白不稳，坩埚应在富氧气氛中处理，使用高纯氧并适当延长一些吹氧时间以及选用纯度高的助熔剂。（3）样品处理不好，可将样品清洁，重新取样，烘烤及规范取样。（4）助熔剂质量，空白不稳定，应选择空白稳定。

5 总结

经过6年左右的摸索和实践，新万鑫公司采用的HW2000型碳硫分析仪运行稳定，检测结果准确可靠，有效地保障了生产的正常运行和取向硅钢的质量稳定。

参考文献

[1] HW2000型高频红外碳硫分析仪使用说明书［Z］. 2004.

[2] 李丹丹，郭安玥，王哲超. 浅议EMIA-820V碳硫分析仪的使用与维护［J］. 工业技术，2015，25：153.

[3] 张兴荣，任朋立. HW2000型高频红外碳硫分析仪常见故障及处理方法［J］. 2012年中国铸造活动周论文集，2013，1009-1110.

X 射线荧光法测定取向硅钢涂层涂布量不确定度评估

张俊鹏，张　晗，向　前，邱　忆，黄　双

（武钢有限质量检验中心，湖北 武汉 430083）

摘　要：本文以 X 射线荧光法测定取向硅钢涂层涂布量的数学模型为基础，依照不确定度的来源采用了 A 类和 B 类不确定度分量的评定方法，分别对结果重复性、工作曲线、标准样品、供电电源、斜率和截距引入的不确定分量进行了评定，最后得到合成标准不确定度和有效自由度值。

关键词：X 射线荧光法；不确定度

Evaluation of X-ray Fluorescence Method for Measuring the Uncertainty of Oriented Silicon Steel Coating

Zhang Junpeng，Zhang Han，Xiang Qian，Qiu Yi，Huang Shuang

（Quality Inspection Center of Limited Corporation，WISCO，Wuhan 430083，China）

Abstract：In this paper，according to the sources of uncertainty，the evaluation methods of class A and B class of uncertainty components were used on the basis of the mathematical model of X-ray fluorescence method for the measurement of oriented silicon steel coating. Each component was evaluated for the uncertainty about repeatability，working curve，standard sample，power supply，slope and intercept，the combined standard uncertainty and the value of the effective degree of freedom are calculated.

Key words：X-ray fluorescence；uncertainty

为防止铁芯叠片间发生短路而增大涡流损耗，冷轧硅钢片表面一般会涂覆一层绝缘涂层。一般要求硅钢片表面涂层，要求耐热性好、绝缘均匀、层间电阻高、附着性、冲片性、焊接性。因此对于硅钢片表面涂层涂覆情况的检测是非常必要的，涂层涂覆过厚则会造成涂液消耗过多成本上升，同时影响硅钢片在使用过程中的焊接性能。涂覆过薄则会造成层间电阻偏低、影响附着性，直接影响使性能。绝缘涂层涂布量的主要检测方法为 X 射线荧光法，通过建立荧光强度与涂层重量的回归曲线，通过检测样品反射光强求出钢板表面涂层涂布量。

本文采用标准方法对荧光法测量取向硅钢涂层涂布量不确定度进行评定，依据 CNAS-CL07：2011《测量不确定度的要求》的规定和 JJF 1059—2012《测量不确定度评定与表示》，分别使用了 A 类和 B 类不确定评定方法对各个分量进行评定并合成标准不确定度。

1　概述

1.1　设备

日本理学 rigak-100e 型波长色散 X 荧光光谱仪。

1.2　分析方法简述

利用已知电工钢涂层重量的梯度试样，运用基本参数法，建立荧光强度与涂层重量的回归曲线，根据工作曲线，求出钢板表面涂层涂布量。

2 数学模型

基本参数法测量涂层重量，以 Cr-Kα 为涂层测量的特征谱线，建立荧光强度与涂层重量的回归曲线，其数学模型是：

$$y = ax + b$$

$$x = \frac{y - b}{a}$$

$$b = \bar{y} - a\bar{x}$$

$$a = \frac{L_{xy}}{L_{xx}} = \frac{\sum (x_i - \bar{x})(y_i - \bar{y})}{\sum (x_i - \bar{x})^2} = \frac{\sum x_i y_i - \frac{1}{n}(\sum x_i)(\sum y_i)}{\sum x_i^2 - \frac{1}{n}(\sum x_i)^2}$$

式中 x——元素特征谱线强度，kcps；

y——涂层重量，g/m^2；

a——斜率；

b——截距，kcps。

3 测量不确定度来源分析

根据 ISO 制定的《测量不确定表示指南》和国家计量技术规范《测量不确定度评定与表示》（JJF 1059—1999）进行分析。对于 X 射线法测量涂层中某元素含量，由随机效应引起的不确定度来源有：测量重复性、环境温度和湿度变化、标准工作曲线线性回归等，这类不确定度分量采用 A 类方法评定。

由系统效应引起的不确定度来源有：标准样品、供电电源变化，这类不确定度分类采用 B 类方法评定。

4 标准不确定度分量的评定

4.1 测试结果重复性引入的不确定度分量μ_1

根据 X 荧光光谱测定硅钢涂层涂布量的方法，将同一样品重复检测 10 遍，得到 Cr 的 10 个 X 射线强度值 Ik（$k = 1, 2, 3 \sim 10$）其检测强度为 41.6815，41.7982，41.7393，41.7532，41.7241，41.7493，41.7054，41.7121，41.6944，41.7251，算出标准差 $\sigma = 0.03370$，计算 μ_1：

$$\mu_1 = \frac{\sigma}{\sqrt{n}}(n = 1) = 0.03370(\text{kcps})$$

自由度 $v_1 = n - 1 = 10 - 1 = 9$

4.2 工作曲线回归的标准差（y 残差的标准差）引起的标准不确定度μ_2

在每一组特征谱线的工作曲线内，按照梯度随机取 5 个样品（已知涂层重量），每个样品测量 3 次，计算工作曲线回归的标准差μ_2，具体如表 1 所示。

表 1

序 号	涂布量值/$g \cdot m^{-2}$	y_{iy}/kcps			$\overline{y_i}$/kcps	$\hat{y_i}$/kcps
1	1.008	8.3278	8.2538	8.2458	8.2758	8.1997
2	2.03	14.632	14.594	14.598	14.608	14.8753
3	2.186	16.0843	15.9383	16.0383	16.0203	15.8943
4	3.2	22.6175	22.7065	22.8045	22.7095	22.5176
5	3.52	24.4071	24.5021	24.5341	24.4811	24.6078

根据表数据，采用线性回归法求出标准工作曲线。方程的回归参数是 $b=0.153095$，$a=-0.247339$，$r=0.999574$，回归方程 $y=-0.247339+0.153095x$。

$$\mu_2 = sy/x = \sqrt{\frac{\sum_{i=1}^{n}\sum_{j=1}^{m}(y_{ij}-y_i)^2}{m\times n-2}} = \sqrt{\frac{0.042328}{3\times 5-2}} = 0.05706(\text{kcps})$$

自由度
$$v_2 = m\times n-2 = 13$$

4.3 标准样品导致的不确定度μ_3

因为工作曲线用标准样品为自制样品，考虑样品表面粗糙度、孔隙及制作过程等因素，应保证标准样品不确定度低于 3%，包含因子 $k=3$，按正态分布，计算标准样品不确定度分量μ_3，具体如下所示：

$$\mu_3 = \frac{b\times 3\%}{3} = \frac{0.153095\times 3\%}{3} = 0.00153095(\text{kcps})$$

自由度
$$v_3 = \infty$$

4.4 检测环境和设备供电电源变化引起的不确定度μ_4

X 射线荧光光谱仪测量过程中对环境温度、湿度有一定的要求，本次测试时环境控制在（25±1）℃，湿度 50%±5%。

另光谱仪晶体温度有效控制在（38±1）℃，环境变化引入的不确定度可忽略。

一般情况下，X 射线荧光光谱仪电压波动 5%时，稳定性±0.0005%，其值服从均匀性分布，以设备响应的平均测量值来计算不确定度分量μ_4。

$$\mu_4 = \frac{\bar{x}\times 0.0005\%}{\sqrt{3}} = 0.0001204$$

自由度
$$v_4 = \infty$$

4.5 斜率 *b* 的不确定度μ_5

$$\mu_5 = \frac{s_{y/x}}{\sqrt{\sum_{i=1}^{n}(x_i-\bar{x})^2}} = \frac{0.05706}{13.0812} = 0.00436(\text{kcps}/\%)$$

自由度
$$v_5 = m\times n-2 = 13$$

4.6 回归系数截距 *a* 的不确定度μ_6

$$\mu_6 = s_{y/x}\sqrt{\frac{\sum_{i=1}^{n}x_i^2}{n\times m\sum_{i=1}^{n}(x_i-\bar{x})^2}} = 0.05706\times\sqrt{\frac{32.54596}{15\times 4.0141}} = 0.04195(\text{kcps})$$

自由度
$$v_6 = m\times n-2 = 13$$

5 合成标准不确定度的评定

由于$\mu_1\sim\mu_6$各分量间相互独立，不相关，则合成不确定度用下式表示：

$$\mu_C^2(x) = \sum_{i=1}^{n}\left(\frac{\partial f}{\partial y_i}\right)\mu^2(y_i)$$

式中 $\frac{\partial f}{\partial y_i}$——灵敏系数；

$\mu(y_i)$——不确定度分量。

合成不确定度前，必须先求出灵敏系数，由数学模型计算有：

$$c(y)=\frac{\partial x}{\partial y}=\frac{1}{b}=1/0.153095=6.5319(\%\text{kcps})$$

$$c(a)=\frac{\partial x}{\partial a}=-\frac{1}{b}=-6.5319(\%\text{kcps})$$

$$c(b)=\frac{\partial x}{\partial b}=-\frac{y-a}{b^2}=-\frac{17.2189-(-0.247339)}{0.153095^2}=-745.21(\%)^2/\text{kcps}$$

表 2

不确定度	不确定度来源	数值	量纲	灵敏系数 c_i	自由度 v
μ_1	测量重复性	0.03370	kcps	6.5319	9
μ_2	y 残差	0.05706	kcps	6.5319	13
μ_3	标样不确定度	0.00153	kcps	6.5319	∞
μ_4	仪器偏差	0.00012	kcps	6.5319	∞
μ_5	斜率 b 的不确定度	0.00436	kcps/%	−745.21	13
μ_6	斜率 a 的不确定度	0.04195	kcps	−6.5319	13

合成标准不确定度 $\mu_c(x)$：

$$\mu_c(x)=\sqrt{\sum_{i=1}^{n}c_i^2\mu^2(y_i)}$$

$$=\sqrt{(0.08346\times6.5319)^2+(0.00436\times745.21)^2+(6.5319\times0.04195)^2}=3.306\%$$

有效自由度：

$$v_{eff}=\frac{u_c^4}{\sum_{i=1}^{n}\frac{c_iu_i^4}{v_i}}\approx13$$

6 结语

荧光法测定硅钢涂层涂布量不确定度的评定可以帮助实验室人员对检测精度和质量有清楚的量化的了解，对于进一步提高检测准确度和评价检测质量，具有重要意义。

通过不确定度各个分量的评定和合成的过程可以发现，不确定分量的主要来源为工作曲线的标准差和斜率分量，因此降低不确定度的方法为加大标准样品的数量以及提高样片涂层涂布量的梯度加大曲线斜率，从而达到提升荧光法测定取向硅钢涂层涂布量准确性目的。

无取向电工钢在不同频率下的磁性能研究

石国发，刘志刚，李春川，王学鹏，胡凤琴

（东方电气集团东方电机有限公司，四川 德阳 618025）

摘 要：通过测试不同牌号的无取向电工钢在不同频率下的磁特性参数，比较了不同牌号无取向电工钢 $P_{1.0}$铁损数据。结果表明，频率越低，不同材料牌号 $P_{1.0}$的铁损越一致；当电机设计的长期工作频率在低频阶段时，特别是 10Hz 以内时，电机铁芯材料选择较低牌号比选择高牌号的性价比更高。

关键词：无取向；电工钢；频率；磁性能

The Magnetic Research of Non-oriented Electrical Steel in Different Frequency

Shi Guofa, Liu Zhigang, Li Chunchuan, Wang Xuepeng, Hu Fengqin

(Oriental Electric Group Oriental Motor Co., Ltd., Deyang 618025, China)

Abstract: By testing the magnetic characteristic parameters of the non-oriented electrical steel at different frequencies, the iron loss $P_{1.0}$ data of the non-oriented electrical steel of different grade was compared. The results suggest: The lower the frequency, the more consistent the iron loss $P_{1.0}$ of different materials grade. When the long-term working frequency of the electrical design is in the low frequency, especially within 10Hz, the steel core of the motor is cheaper to choose the lower grade electrical steel than to choose the high grade electrical steel.

Key words: non-oriented; electrical steel; frequency; magnetic properties

1 引言

随着抽水蓄能电站的出现，以及变速电机和变频电机的发展，水力发电机组的电机工作方式发生了变化。抽水蓄能设计要求发电电动机变频启动和变频调速，尽管变频范围不大，但运行过程中，会有低频和高频谐波出现。定子铁芯使用的硅钢材料在低频或高频状态下的损耗将直接影响机组性能。因此电机设计过程中，不仅要了解电工钢材料在工频（50Hz 或 60Hz）下的磁特性参数，还需要掌握低频、高频下的磁特性参数，并依此作为电机设计和铁芯材料选择的重要依据。

在变速或变频电机的研制过程中，如何合理、精确地控制铁耗是实现先进设计的一项主要措施，而如何找出铁耗的主要影响因素并针对其提出相应的降耗措施，则是实现降耗的一个重要环节。对于变速电机，定子铁芯内磁场变化频率很高，导致铁耗大大增加，铁损的合理精确设计成为高速电机设计的关键问题。同时，在了解了电工钢在各频率阶段的损耗表现后，如何精确选材，保证一方面满足设计使用工况要求，另一方面又能减低铁芯材料使用成本，是电机研发制造关心的问题。

本实验选取不同厂家的几种高牌号无取向电工钢，在保持测试磁感不变的情况下，用爱泼斯坦方圈测试其磁特性参数值，以研究牌号之间冷轧无取向电工钢磁性能，为电机设计合理选材提供试验支撑。

2 试验条件

本实验测试设备采用长沙天恒测控 TD8530 宽频磁性测量系统，频率范围 3Hz~1kHz，磁化场范围 1~

30000A/m。

实验选用厚度为0.5mm的高牌号电工钢作为实验样品，样品来自国内不同电工钢生产厂家，材料牌号分别为50W250、50W270、50W310。

本实验测量不同频率下的电工钢磁特性，因此需要考虑样品重量对设备测量电工钢在低频和高频时的试验能力和测量准确性。为保证测试具有更好的波形系数，电压和电流有效值应不能太低，才能保证其测量精度符合测试设备要求。测量$P_{1.0}$电工钢损耗时，测量频率越低，对励磁电源的电压电流及测量装置的测量准确度要求就越高。TD8530宽频磁性测量系统的电压电流测量准确度为±0.05%×RG，RG为量程值。本试验分别测试了5Hz时50W310牌号电工钢0.5kg试样和1kg试样，试验过程参数见表1；5Hz时50W310牌号电工钢0.5kg试样测试波形图见图1。

表1　0.5kg试样和1kg试样在5Hz时的试验过程参数

试验重量/kg	U_{avg}/V	I_{rms}/A	波形系数
1	1.6495	0.0724	1.1177
0.5	0.9323	0.0695	1.1294

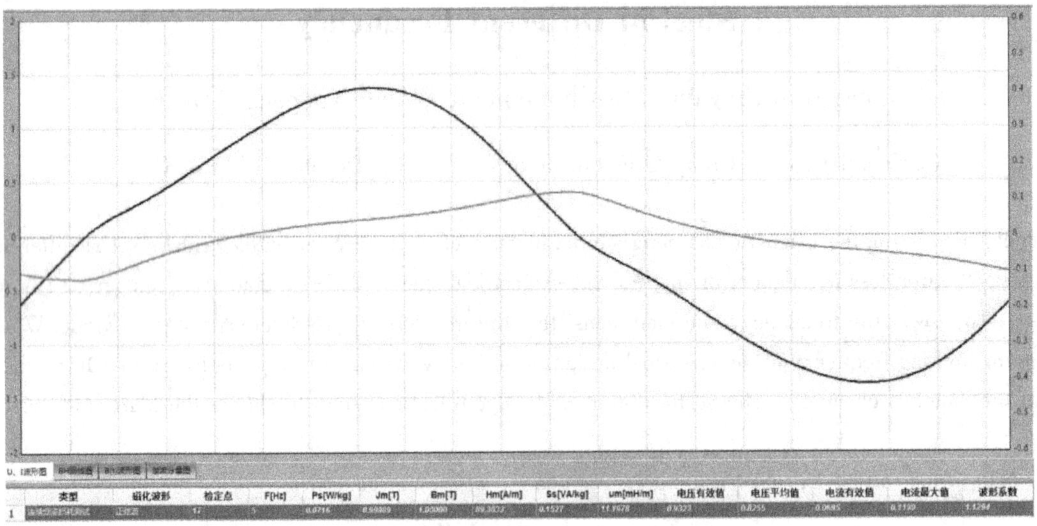

图1　5Hz时50W310牌号电工钢0.5kg试样测试波形图

表1和图1表明，在5Hz频率测量时，1kg试样测试时的波形系数更好。1kg试样测试时的波形系数在1.111±1%范围内，而0.5kg试样测试时的波形系数在1.111±5%范围内。为此，本实验选用1kg试样作为电工钢低频测试试样重量。

3　频率对电工钢磁性能的影响

3.1　频率对铁损的影响

单位重量的磁性材料在交变磁场磁化下所消耗的功率称为比总损耗（或称为铁损），它包含磁滞损耗和涡流损耗。磁滞损耗与磁场频率f成正比，涡流损耗与磁场频率f^2成正比。频率增加时，涡流损耗比磁滞损耗增加更快。同时在同一频率下，随电工钢厚度减薄，铁损越低[1,2]。在工频条件下，无取向硅钢片的铁损主要是磁滞损耗，约占总铁损的80%左右，涡流损耗只占20%。在低于工频时，随着频率的降低，磁滞损耗占的比重更大。但随着频率的增加，涡流损耗比例明显上升，400Hz时，涡流损耗占总损耗比例超过50%。涡流损耗的存在增加电机运行时的铁芯损耗，电机发热和温升会进一步上升[3]。

本实验测试了各电工钢磁感应强度在$P_{1.0}$下3~400Hz频率的铁损P_s。测试结果见图2。

由图2可以明显看出，随着频率的增加，电工钢铁损迅速增加，同时各牌号之间的铁损差距拉大。

为分析不同电工钢牌号在低频下的铁损差距，本实验统计了低频3Hz~工频50Hz的$P_{1.0}$测试数据，结果见图 3。本实验测得的 3~15Hz 的 $P_{1.0}$损耗数据见表 2。

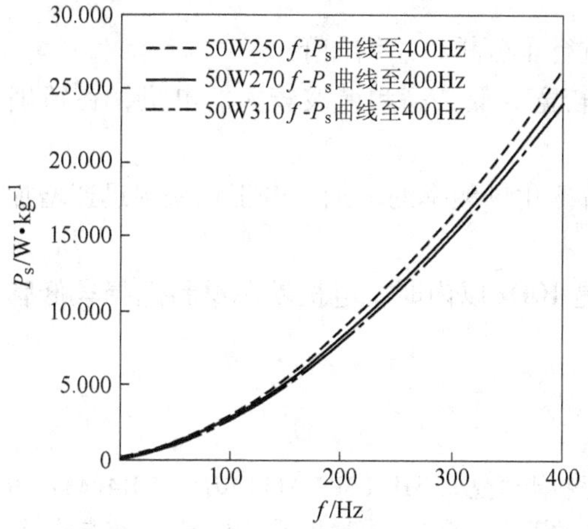

图 2 1T 时不同频率下铁损曲线

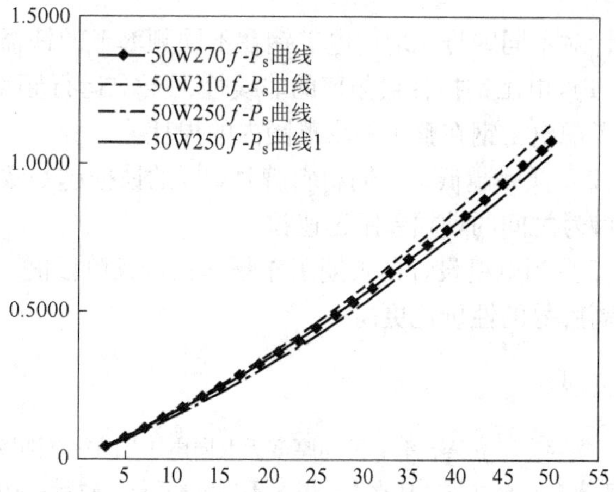

图 3 3~50Hz 时 $P_{1.0}$测试曲线

表 2 3~15Hz 下电工钢的 $P_{1.0}$铁损测量数据

f/Hz	50W250 厂家 1	50W270	50W310	50W250 厂家 2
	P_s/W · kg^{-1}	P_s/W · kg^{-1}	P_s/W · kg^{-1}	P_s/W · kg^{-1}
3	0. 042	0. 042	0. 043	0. 037
5	0. 072	0. 071	0. 073	0. 064
7	0. 104	0. 103	0. 106	0. 093
9	0. 136	0. 135	0. 139	0. 124
11	0. 170	0. 169	0. 175	0. 155
13	0. 205	0. 204	0. 211	0. 188
15	0. 242	0. 241	0. 250	0. 223

由图 3、表 2 可以明显看出，频率越低，不同材料牌号 $P_{1.0}$的铁损越一致。随着频率的增加，电工钢铁损迅速增加，同时各牌号之间的铁损差距拉大。当频率达到工频 50Hz 时，电工钢的损耗性能达到各自牌号对应的铁损性能指标。

3.2 频率对磁感应强度的影响

本实验测试了 50W310 电工钢在磁化场 2500A/m 时，50~400Hz 频率间的磁感应强度 B 值，结果见图 4。图 4 表明，在此频率范围内 B 值不随磁化场频率的变化而显著变化。

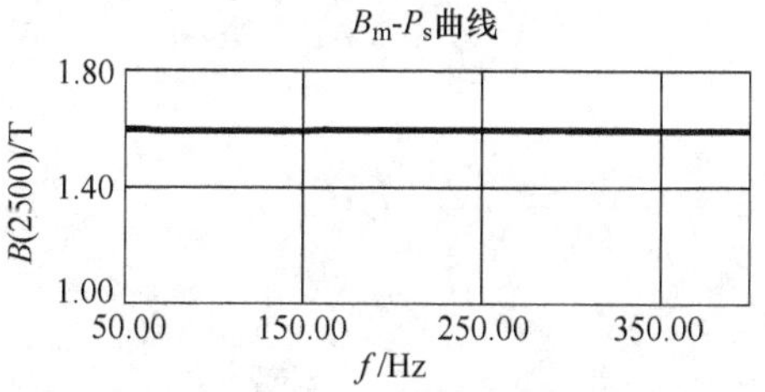

图 4 50W310 在 50~400Hz 频率间的 B(2500)/T 值

由图 2 和表 2，可以看出，当电机的设计长期工作频率在低频阶段时，特别是 10Hz 以内时，50W250、50W270 和 50W310 的比总损耗相差不大。这时电机铁芯材料的选材，可以根据电工钢的磁极化强度性能来决定材料适用性，而选择低牌号的价格成本将比高牌号更有优势。

4 结语

针对不同牌号无取向电工钢在不同频率下的铁损变化进行了分析，总结如下：

（1）电工钢损耗对频率的非线性，要求运行频率范围较宽或低、高频谐波较大的电机，在精确设计时应考虑电工钢在整个频率范围内的损耗。

（2）频率越低，不同材料牌号 $P_{1.0}$ 的铁损越一致，随着磁化场频率的增加，电工钢铁损迅速增加，同时各牌号之间的铁损差距迅速拉大。

（3）当电机设计的长期工作频率在低频阶段时，特别是10Hz以内时，电机铁芯材料选择较低牌号比选择高牌号的性价比更高。

参考文献

[1] 夏雪兰，王立涛，等．不同厚度无取向电工钢在不同频率下的磁性能研究．ANHUI METALLURGY，2014(4)：10-18.

[2] 王永鑫，金立军，庄火庚，等．不同频率下材料特性对电磁吸力的影响．低压电器通用低压电器篇研究与分析，2008(1)：18-21.

[3] 夏雪兰，王立涛，等．涡流损耗对电机性能的影响．国产高性能电工钢生产技术与应用研讨会论文集，2016(1)：207-211.

低压高效电机冲气隙工艺研究

汤惠明[1]，黄　坚[1]，程国栋[2]，管　杨[2]，王　岳[2]，陈　理[3]，谈纬红[3]

（1. 上海电机系统节能工程技术研究中心，上海 200063；2. 江苏通达动力科技股份有限公司，江苏 南通 226352；3. 雷勃电气（无锡）有限公司，江苏 无锡 214028）

摘　要： 介绍了冲气隙工艺在高压电机中的应用、模具的改进以及新的铸铝工艺，并阐述了在高效电机中的应用实例，有效地解决了此工艺在中小型电机中的成功应用，为低压高效电机转子冲片制造提供了一种先进的工艺方法。

关键词： 高效电机；冲气隙；模具

The Study on the Impulse Gap Technology of the Low-voltage and High-efficiency Motor

Tang Huiming[1]，Huang Jian[1]，Cheng Guodong[2]，Guan Yang[2]，Wang Yue[2]，Chen Li[3]，Tan Weihong[3]

（1. Shanghai Motor System Energy Saving Engineering Technology Research Center，Shanghai 200063，China；2. Jiangsu Tongda Power Technology Co.，Ltd.，Nantong 226352，China；3. Leibo Electric（Wuxi） Co.，Ltd.，Wuxi 214028，China）

Abstract：This paper introduces the application of the punching gap technology in high voltage motor，the improvement of the mould and the new casting aluminum technology，and expounds the application examples in the high efficiency motor，effectively solves the successful application of this process in the small and medium-sized motor，and provides an advanced technology method for the manufacture of the low-voltage high-efficiency motor rotor.

Key words：high efficiency motor；air flushing gap；mould

1　引言

电机的转子冲片多为半开口槽，一般需要采用传统的工艺进行车转子外圆加工，完成定、转子间的气隙加工。在车转子外圆时，车刀断续切削，磨损较快，增加了刀具刃磨和安装调整的时间，降低了工作效率。而且在精车转子外圆时，会形成倒齿、倒片和片间粘连，并可能在转子表面产生铝屑毛刺等，在电机运行时由此而会造成电机的铁耗和杂散损耗的增大，降低了电机效率。若采用级进冲模在冲制定、转子槽型的同时、直接完成气隙冲制的新工艺（此时转子冲片宜采用闭口槽），对提高电机效率和降低温升有明显的优势。随着工艺装备技术水平的不断提高，该工艺目前已逐步趋于完善，将会在低压高效电机转子铁心生产中得到广泛的推广应用。

2　冲气隙工艺在高压电机中的应用

电机定转子间的气隙直接冲制是转子制造中的一种先进的新工艺，已广泛应用于高压电机及风力发电机产品中，尤其是气隙较大的铜排转子制造中。随着高压高效电机容量的增加，转子体积的增长增大，转子铸铝工艺的难度也相应增大，铸铝的均质性和质量更难以保证，因此大中型高压电机多采用铜排转子结构。铜排转子均为开口槽结构，在采用传统的精车转子外圆工艺时，除了会出现上述的缺点外，车削转子外圆时铁屑还容易进入槽口内和径向通风道内，难以清理，对电机的可靠运行也会带来不利的影响。

高压电机冲槽切气隙工艺是将模具冲槽与切气隙部分连为一体，但切气隙部分偏在一侧。该方案工艺模具较简单，冲片齿部外圆不会出现接刀现象。然而由于凸模槽形为单侧悬臂，槽口齿尖处强度较差，模具设计和制造时需要加强该处的强度。冲槽切气隙工艺和模具结构在高压高效电动机铜排转子实际生产中的应用，为提高电机效率、降低温升和杂散损耗提供了一种有效的工艺方法。

3　低压小电机冲气隙冲压工艺及模具改进

高压电机冲气隙采用的是单槽冲工艺方式，应用于低压小电机不是非常合适。低压小电机冲气隙一般采用级进冲工艺来实现，根据冲裁力的分布、凹模强度及技术要求将几个单式冲模或复式冲模分工序排列在不同的工步上，结合高速级进冲设备设计模具的排样和模架，采用寿命较长的模具材料加工、装配完成级进冲模具。

采用级进式冲模冲制低压小电机定、转子冲片及气隙的工步示意图如图 1 所示。一般可分为 7 个工步：

（a）冲导向孔、转子铆点通孔；

（b）复冲全部转子槽型、定子扣片槽；

（c）冲轴孔、转子扣点；

（d）转子落料；

（e）冲定子内孔、气隙；

（f）复冲全部定子槽型、定子扣点；

（g）定子落料。

在级进模中增加了叠铆搭扣的结构，在定、转子冲片上冲出 V 形凹槽，使定、转子铁心自铆成型。该工艺可使冲裁与叠压在一套模具内完成，省去了定子铁心焊接或装扣片、转子铁心穿假轴等工序，节约了大量扣片用钢材，同时也提高了劳动生产率。

采用级进冲模有较多优势，根据产品步距大小，中小型电机冲片的速度可以达到 100～400 次/min，自动化程度高，同时可以配备辅助设施完成后续工序，生产效率大幅度提高；自铆产品内外圆整齐度好，还可完成转子的扭斜；而且冲片的搭边很小（有些产品也还可以设计成无搭边工艺），材料的利用率能进一步得到提高。

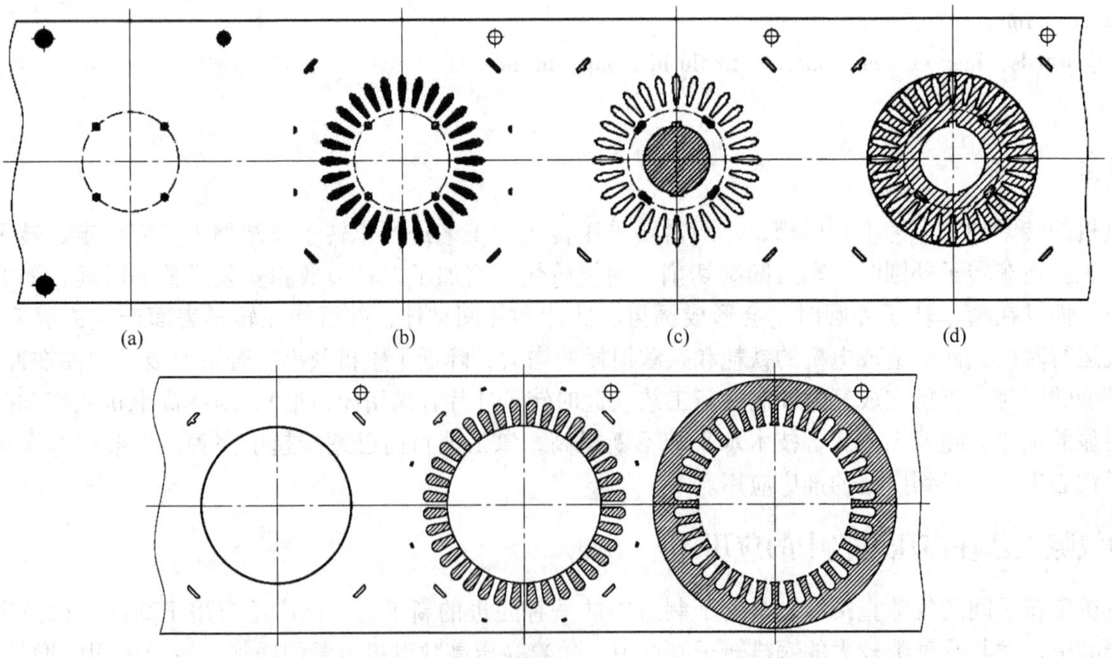

图 1　采用级进式冲模冲制定、转子冲片及气隙工步示意图

4 低压小电机冲气隙铸铝工艺的改进

转子冲片采用闭口槽，槽口桥拱高度 hr_0 一般取 0.3~0.5mm，铸铝采用卧式压力铸铝；转子压力铸铝用冷室压铸机，按其压射室位置不同分为立式和卧式两种。对不同压铸机应配置相应的压铸模，立式压铸模结构较简单，一般采用风叶进铝和点浇口进铝，两种加工工艺对设备的切料方式要求不同；卧式压铸模结构比较复杂，模具有模架系统、浇铸系统（水平方向点浇口和垂直方向扇形面浇口）、冷却系统、开模顶出系统等，小电机转子基本采用点浇口压铸工艺，根据卧式压铸机的铸铝能力，模具可以设计为一模多腔，生产效率较高。

叠压好的转子铁心采用卧式铸铝工艺，需要配置多根假轴和斜键，以保证转子斜槽度和铸铝后转子的推出，转子铁心外圆无需精车，跳动达到 0.05~0.06mm，基本符合设计图纸要求。

采用气隙直接冲制工艺，转子表面不再进行车削加工，故对转子铁心的加工精度要求应适当提高，同时还需控制好铸铝工艺的模温、铝温、压射速度和比压，以保证电机定转子铁心的气隙均匀度、同心度和铸铝质量。

5 冲气隙工艺在低压高效电机中的应用实例

对于电机定转子间的气隙采用直接冲制的工艺方法，我们与相关企业合作，在小电机加工工艺方面进行了有益的尝试。试制了二台 H100L1-4 样机，该二台样机实测的杂散损耗值与采用常规车转子外圆的二台普通电机的杂散损耗值对比数据情况，如表 1 所示，由表 1 的对比数据可知，二台采用气隙直接冲制样机的杂散损耗值明显降低。

表 1 冲气隙工艺与普通工艺杂耗值对比

类 别	二台采用冲气隙工艺样机	普通常规电机
杂散损耗实测值/W	18.9，17.1	38.6，42.4

6 结语

由以上分析和对比试验数据可知，定、转子气隙采用直接冲制的工艺方法，不仅可应用于高压电机铜排转子加工，也可应用于低压小电机的转子加工。该工艺对提高高、低压高效电机的效率、降低温升和杂散损耗，是一种良好的新方法。

三相异步电动机效率分级浅议

黄 坚

（国家中小型电机及系统工程技术研究中心，北京）

摘 要：本文论述了我国三相异步电动机产品的发展过程，主要代表产品有JO、JO2、Y、Y2、Y3、YX3、YE2、YE3等系列三相异步电动机，同时介绍了自1978年起我国三相异步电动机系列产品采用国际标准的情况，以及近几年等同采用国际标准IEC 60034-30的情况，并结合我国中小型电机产品的实际情况，对三相异步电动机的能效分级进行了分析浅议。

关键词：三相异步电动机；效率；能效分级

A Discussion on the Classification of Efficiency of the Three-phase Asynchronous Motor

Huang Jian

(National Research Center for Small and Medium Electric Motor and Systems Engineering Technology, Beijing)

Abstract: The development of the three-phase asynchronous motor products in China was discussed in this paper. The main representative products include JO, JO2, Y, Y2, Y3, YX3, YE2, YE3 and other three-phase asynchronous motors. At the same time, this paper introduces the use of the international standard of the three-phase asynchronous motor series products in China since 1978, and in the last few years, it's the equivalent of an international standard IEC 60034-30.

Based on the actual situation of small and medium-sized motor products in China, the energy efficiency grading of three-phase asynchronous motor is also discussed.

Key words: three-phase asynchronous motor; efficiency; the classification of energy efficiency

1 国外高效三相异步电动机标准概述

自20世纪70年代起，随着世界经济的不断发展，能源供应日趋紧张，由于电机系统所消耗的电能，约占整个社会总用电量50%左右，因此世界各国政府和国际组织对电机系统的节能均给予了高度重视，美国、欧洲、加拿大、澳大利亚等国家和地区都制订了有关电动机的能效标准。

美国于1992年通过了电动机有关节能的新能源法令（EPACT），规定自1997年10月24日起，在美国生产和进口到美国市场的电动机必须要达到该法令所规定的效率标准，否则就不能进入市场。该法令所规定的电动机为一般用途、单速、在230/460V和恒定60Hz的电源下运行的三相笼型异步电动机，功率范围为1~200hp，极数为2、4、6P。该法令所规定的电动机最低效率标准比当时一般工业用电动机的效率平均提高了2.7%，电动机损耗分别下降了15%~33%，平均下降了24.3%。2001年美国又制定了超高效率电机标准（NEMA Premium标准），其功率范围为1~500hp，单速，2、4、6P，为连续定额的三相笼型异步电动机，并自2011年起在全球范围内率先强制推行超高效率电动机。

欧盟于1999年制订了电动机能效标准（EU—CEMEP协议），将电动机的效率水平分为Eff1、Eff2和

Eff3 三级，其中 Eff3 电机为低效率（Low efficiency）电动机，Eff2 电动机为效率改善（Improved efficiency）电动机，Eff1 电动机为高效率（High efficiency）电动机。该协议规定制造商应在产品铭牌和样本数据表上列出效率级别的标识及效率数值，以便于用户选用和识别。该协议还规定，制造商除应标明电动机在额定负载时的效率数值外，还应标明电动机在 3/4 负载时的效率数值。该协议所覆盖的产品为全封闭扇冷型（IP54 或 IP55）三相交流笼型异步电动机，功率范围为 1.1～90kW，极数为 2、4P，电压为 400V、50Hz、S1 工作制（即连续定额），标准设计（即其起动性能符合 IEC 60034-12 中 N 设计的技术要求）。

鉴于世界上许多国家和地区都相继制订了低压三相异步电动机的能效标准，如美国、加拿大、欧盟、澳大利亚和新西兰、巴西、中国等，由于在有关高效电机的标准定义方面存在较大的差异，给各国对高效电机的认同及全球贸易带来了一些障碍，为此，国际电工委员会 IEC 组织于 2008 年 10 月颁布了 IEC 60034-30“单速、三相笼型感应电动机的能效分级”标准，统一了全球的电机效率标准。

根据各国不同的情况，IEC 60034-30 统一将电动机能效标准分为 IE1、IE2、IE3、IE4 四个等级，其中 IE1 为标准效率、IE2 为高效率、IE3 为超高效率、IE4 为最高效率等级，并制订了 50Hz 和 60Hz 两套标准体系，分别用于电源频率 50Hz 和 60Hz 的国家和地区；同时统一了效率的测试方法。该标准适用范围为：额定电压为 1000V 及以下，输出功率为 0.75～375kW，极数为 2、4、6P，S1 连续工作制或 S3 断续工作制（负载持续率为 80%及以上）。

2014 年国际电工委员会 IEC 颁布了 IEC 60034-30-1《在线运行交流电机能效分级（IE 代码）》，效率分为 IE1、IE2、IE3、IE4、IE5 五个等级（其中 IE5 仅为概念，未有具体数值）。该标准规定范围为：额定电压为 1000V 及以下，输出功率为 0.12～1000kW，极数为 2、4、6、8P（如附件 1 所示），适用于所有在线运行的交流电动机，该标准还给出了各种类型电动机所能达到各级效率等级的难易程度，如表 1 所示。该标准已等同转化为国标 GB/T 32891.1—2016《电网供电的交流电动机》。2016 年 IEC 组织又发布了 IEC 60034-30-2：2016《变速交流电机能效分级（IE 代码）》，对于在变频器供电下的各种类型变频调速电机规定相应的效率分级标准，该标准规定的功率适用范围与 IEC 60034-30-1 相同。该标准还第一次正式发布了 IE5 效率标称限定值（如附件 2 所示）。该标准也将等同转换为我国的国家标准或行业标准。

表 1　IEC 给出各类电机可能达到的能效等级

电动机类型		IE1	IE2	IE3	IE4	IE5
三相笼型感应电动机（ASM）	散嵌绕组（所有防护等级，各种定额）	是	是	是	困难	否
	成型绕组；IP2x（开启式电动机）	是	是	困难	否	否
	成型绕组；IP4x 及以上等级	是	是	是	困难	否
三相绕线式转子感应电动机		是	是	是	困难	否
单相感应电动机	电容起动	困难	否	否	否	否
	电容运转	是	困难	否	否	否
	起动/运转电容器	是	困难	否	否	否
	分相	困难	否	否	否	否
同步电动机	自起动永磁（LSPM）	是	是	是	困难	否

2　我国三相异步电动机产品及高效标准发展概况

2.1　三相异步电动机产品的发展

三相异步电动机是量大面广的产品，产品的覆盖面遍及工业、农业、国防、交通、公用设施等各个领域。伴随着我国国民经济的持续发展以及中小型电机行业的技术进步，我国中小型三相异步电动机产品的技术发展大致情况如下：

（1）自1950年解放初期起，我国尚还没有形成自己的工业基础和标准体系，当时主要是采用了原苏联国家标准体系。该阶段主要的代表产品有J、JO和J2、JO2系列三相异步电动机。1952年我国首个中小型三相异步电动机J、JO系列产品诞生，第一次统一了我国中小型电机工业的技术体系，彻底改变了旧中国遗留的电机产品的混乱局面。通过开展电机的标准化、系列化、通用化工作，使产品达到统一并成系列化发展，为中国电机工业的迅速发展奠定了坚实的基础。1958年开始组织进行J2、JO2系列全国统一设计，1965年J2、JO2系列电机通过鉴定，并在全国进行推广应用。J2、JO2电机延续生产了二十多年，一直延续到1981年Y系列三相异步电动机产品开发完成，1985年国家发布公告正式宣布淘汰。

（2）自1978年起改革开放以后，中小型电机行业开始转入采用国际电工委员会组织IEC标准体系，该阶段的主要代表产品有Y、Y2、Y3、YX3、YE2和YE3三相异步电动机等系列产品。

1982年我国首个符合IEC标准的Y系列三相异步电动机通过鉴定，自1985年起，国家发布公告淘汰J、JO和J2、JO2老系列产品，并推广采用Y系列电机，自此，Y系列及其派生系列产品在全国范围内推广。

为了进一步提高我国中小型异步电动机在国际市场上的竞争能力，90年代初开始组织Y2系列三相异步电动机的研制，于1996年通过鉴定，Y2系列电机投入市场赢得国外用户市场的欢迎，成为电机出口市场的主要产品。

自2002年1月起，根据国家开展淘汰热轧硅钢片、推广采用冷轧硅钢片（即“以冷代热”）的需要，完成了Y3系列三相异步电动机的研制，2003年3月通过鉴定。Y3系列电机是国内第一个全系列采用冷轧硅钢片设计的系列电机，其效率指标达到了国标（GB 18613—2006）《中小型三相异步电动机能效限定值和节能评价值》中能效限定值的规定，同时达到欧洲eff2效率标准。随后又完成了YX3系列高效率三相异步电动机开发，其效率指标满足GB 18613《中小型三相异步电动机能效限定值及节能评价》中节能评价要求，同时符合欧洲eff1标准。

自2007年起，按照国际电工委员会IEC组织的有关电机高效和超高效率最新标准体系，开展了YE2高效和YE3超高效三相异步电动机系列产品的开发。近期又在组织行业开展YE4超超高效率三相异步电动机系列产品的开发。

2.2 高效率电机标准的发展

我国最早的高效率电机标准应该是始于1985年，当时为了满足我国工业领域节能的需要，在Y系列三相异步电动机产品基础上，开发了YX系列高效率三相异步电动机产品，效率平均比Y系列提高3.5%左右。该产品的额定电压为380V、输出功率为0.55~90kW，极数为2、4、6P，并制订了行业标准《YX系列高效率三相异步电动机技术条件》，该标准的制订早于美国的高效电机（EPACT）标准。由于当时用户对高效电机的认识还不够，同时也没有相应的配套政策进行推广，该产品及标准也未能得到广泛的推广应用。

1995年在开发Y2系列三相异步电动机产品的同时，完成了Y2-E系列高效率三相异步电动机产品的开发，Y2-E系列效率平均比Y2系列提高1.8%左右。根据Y2和Y2-E系列产品编制了行业标准《Y2系列三相异步电动机技术条件》，该标准的效率指标分为Y2和Y2-E两个部分，应该说这是最早的效率分级标准，也早于欧盟于1999年制订的电动机能效分级标准（EU—CEMEP协议）。

进入21世纪后，跟随国际上有关电动机效率标准的发展趋势，以及配合我国节能减排政策的落实，我国开始制订国家标准GB 18613《中小型三相异步电动机能效限定值及能效等级》。2002发布第一版国标GB 18613—2002，2006年又推出了第二版GB 18613—2006。第一版与第二版相差不大，两个标准中的能效限定值和节能评价值或高效率标准，主要参考了欧洲EFF2和EFF1效率等级标准。

根据国际电工委员会IEC组织于2008年10月颁布的IEC 60034-30“单速、三相笼型感应电动机的能效分级”标准，我国也相应对国标GB 18613《中小型三相异步电动机能效限定值及能效等级》进行了修订，第三版国标 GB 18613—2012 于 2012 年 5 月发布，自 2012 年 9 月 1 日起开始实施。

国标 GB 18613 第三版与前两版相比变化较大，一是效率数值发生了变化，二是效率的考核方法也不一样，新国标按 112B 法实测杂散损耗计算效率，第一、二版标准则是按杂散损耗为 0.5% 推荐值计算效率。

按照我国的习惯，第三版国标（GB 18613）中的能效等级的高低顺序与 IEC 的不一样，我们的 1 级效率为最高值，而 IEC 的 1 级效率为最低值。新、老国标（GB 18613）与 IEC 标准的效率对应关系如表 2 所示，其中新国标（GB 18613）中的 2 级、3 级效率数据与 IE3 和 IE2 完全一致；新国标（GB 18613）中的 1 级效率数据与 IEC 中的 IE4 为同一能效等级，但不完全一致，这主要是 GB 18613—2012 当时采用的为 IE4 数据草案稿，该数据发布后经国际专家多次论证做了适当修正的缘故，该数据与 IEC 60034-30-1：2014 标准发布的 IE4 效率指标值也不完全一致，应该说修正后正式发布的数据更趋于合理。

表 2 中同时还列出了我国近些年所开发的 Y、Y2、Y3、YX3、YE2、YE3 等系列三相异步电动机产品与国际 IEC 60034-30 和国标 GB 18613 能效等级的基本对应关系，其中 Y、Y2、Y3 等系列电机基本为 IE1 级效率等级产品，YE2、YX3 等系列电机基本为 IE2 级类高效率等级产品，YE3、YZTE3 等系列电机为 IE3 级超高效率等级产品，目前正在组织开发的 YE4、YZTE4 等系列电机为 IE4 级超超高效率等级产品，YE4、YZTE4 系列电机应该说是目前效率最高的三相异步电动机系列产品。

表 2 GB 18613—2012 与 IEC 60034-30-1 的对应关系

GB 18613—2012 新标准	GB 18613—2006 老标准	IEC 60034-30-1	平均效率/%	备 注
效率标准 1 级	无	IE4-超超高效率等级	93.1	对应 YE4、YZTE4 等系列电机
节能评价值或效率标准 2 级	超高效率标准（1 级）	IE3-超高效率等级	91.5	对应 YE3、YZTE3 等系列电机
能效限定值标准 3 级	节能评价值或高效率标准（2 级）	IE2-高效率等级	90.0	对应 YE2、YX3 等系列电机
无（已废止）	能效限定值标准（3 级）	IE1-普通效率等级	87.0	对应 Y、Y2、Y3 等系列电机

新标准的实施表明我国三相异步电动机产品的整体效率水平进行了提升，平均提升了 3% 左右。同时也表明，我国三相异步电动机进行了一次产品的更新换代，目前我国还在大量使用的 Y、Y2、Y3 系列三相异步电动机应该全部停止生产，已由 YE2 系列高效率三相异步电动机、YE3 系列超高效率三相异步电动机等产品来替代。

国际电工委员会 IEC 于 2014 年最新颁布的 IEC 60034-30-1《在线运行交流电机能效分级（IE 代码）》，已等同转化为国标。按照该标准的最新变化，国标 GB 18613—2012 也在开始考虑进行修订。

3 对三相异步电动机能效标准的认识

3.1 我国三相异步电动机产品采标情况

为了推进我国中小型电机行业的技术进步及扩大外贸出口，自 1978 年改革开发起，中小型电机行业开始转入采用国际电工委员会组织 IEC 标准体系，同时尽可能等同采用最新的 IEC 标准。电动机的效率指标、起动性能指标、安装方式及尺寸、电动机功率、转速和机座号的对应关系等均采用了相应的国际标准，比如部分电动机功率、转速和机座号的对应关系如表 3 所示，部分电动机的结构型式及安装方式如表 4 所示。表 3 和表 4 所列出的部分电动机额定功率等级（如 0.75、1.1、1.5、2.2、3.0、4.0 等）、机座号（如 H80M、H90S、H100L、H112M 等）以及电动机的结构型式及安装方式（如 IMB3、IMB5、IMB35、IMV1 等）均等同采用了相应的国际标准，我国的三相异步电动机已成为标准化、系列化、通用化程度很高的系列化产品，与国外同类产品也具备了良好的互换性。

自 1978 年以来，借助改革开发的好政策，经行业同仁的共同努力，我国已成为电机的出口大国和使用大国，预计 2017 年中国电机企业的产销量可达到全球总量的 40% 左右，将超过日本、北美和西欧市场的总和，当然我国三相异步电动机也达到了国际同类产品的先进水平。

表 3　电动机功率、机座号与转速的对应关系表

<table>
<tr><th rowspan="3">机座号</th><th colspan="4">同步转速/r · min⁻¹</th></tr>
<tr><th>3000</th><th>1500</th><th>1000</th><th>750</th></tr>
<tr><th colspan="4">功率/kW</th></tr>
<tr><td>80M1</td><td>0.75</td><td>0.55</td><td>—</td><td>—</td></tr>
<tr><td>80M2</td><td>1.1</td><td>0.75</td><td>—</td><td>—</td></tr>
<tr><td>90S</td><td>1.5</td><td>1.1</td><td>0.75</td><td>—</td></tr>
<tr><td>90L</td><td>2.2</td><td>1.5</td><td>1.1</td><td>—</td></tr>
<tr><td>100L1</td><td rowspan="2">3</td><td>2.2</td><td rowspan="2">1.5</td><td>0.75</td></tr>
<tr><td>100L2</td><td>3</td><td>1.1</td></tr>
<tr><td>112M</td><td>4</td><td>4</td><td>2.2</td><td>1.5</td></tr>
<tr><td>132S1</td><td>5.5</td><td rowspan="2">5.5</td><td rowspan="2">3</td><td rowspan="2">2.2</td></tr>
<tr><td>132S2</td><td>7.5</td></tr>
<tr><td>132M1</td><td rowspan="2">—</td><td rowspan="2">7.5</td><td>4</td><td rowspan="2">3</td></tr>
<tr><td>132M2</td><td>5.5</td></tr>
<tr><td>160M1</td><td>11</td><td rowspan="2">11</td><td rowspan="2">7.5</td><td>4</td></tr>
<tr><td>160M2</td><td>15</td><td>5.5</td></tr>
<tr><td>160L</td><td>18.5</td><td>15</td><td>11</td><td>7.5</td></tr>
<tr><td>180M</td><td>22</td><td>18.5</td><td>—</td><td>—</td></tr>
<tr><td>180L</td><td>—</td><td>22</td><td>15</td><td>11</td></tr>
<tr><td>200L1</td><td>30</td><td rowspan="2">30</td><td>18.5</td><td rowspan="2">15</td></tr>
<tr><td>200L2</td><td>37</td><td>22</td></tr>
<tr><td>225S</td><td>—</td><td>37</td><td>—</td><td>18.5</td></tr>
<tr><td>225M</td><td>45</td><td>45</td><td>30</td><td>22</td></tr>
<tr><td>250M</td><td>55</td><td>55</td><td>37</td><td>30</td></tr>
<tr><td>280S</td><td>75</td><td>75</td><td>45</td><td>37</td></tr>
<tr><td>280M</td><td>90</td><td>90</td><td>55</td><td>45</td></tr>
</table>

表 4　电动机的结构及安装方式

机座号	结构及安装代号（IM）
80~160	B3、B5、B6、B7、B8、B35、V1、V3、V5、V6、V15、V17、V35、V37
180~280	B3、B5、B35、V1

跟随国际标准的变化，我国中小型电机行业也陆续完成了 YX3、YE2、YE3 等不同效率等级等系列产品的开发，目前正在组织开发的 YE4 系列电机为 IE4 级超超高效率等级产品，也是 GB 18613 标准一级能效等级产品。由表 2 可知，对应 GB 18613—2012 标准中三类能效等级的产品的开发已陆续完成，代表三级能效水平的 YE2 系列等高效率三相异步电动机，已取代 Y、Y2、Y3 系列，成为中小型电机行业的主导产品；代表二级能效水平的 YE3 系列等超高效率三相异步电动机，已成为中小型电机行业重点推介的节能产品；代表一级能效水平的 YE4 系列等超超高效率三相异步电动机，将成为下一阶段推广的新一代高效节能产品。

3.2 关于能效标准升级的问题

随着三相异步电动机效率水平的不断提高，能够实现的难度也越来越高。在目前全球范围内常规的设计和制造水平条件下，国际电工委员会 IEC 组织认为三相异步电动机达到 IE1、IE2 和 IE3 效率等级是可行的，达到 IE4 效率等级是非常“困难”的，达到 IE5 效率等级是“否”（即不可能的），如表 1 所示。

笔者有幸参与了我国中小型电机行业从 Y、Y2、Y3 系列到 YX3、YE2 和 YE3 系列以及目前正在开展的 YE4 系列产品的开发。从目前国内中小型电机行业的设计及制造水平来看，达到 IE2、IE3 效率水平是没有问题的，如要达到 IE4 效率水平，在设计和工艺加工方面必须要采用相应的措施，借助“洪荒”之力，勉强可达到 IE4 标准要求。从 YE4 系列设计情况来看，通过在设计上采用不等匝正弦绕组、采用目前最好的冷轧硅钢材料，在加工工艺方面提高加工精度及采用特殊的加工工艺等，从而达到了 IE4 标准。由于 YE4 系列电机的外径轮廓尺寸较 YE2 系列有所放大，部分规格在结构设计方面采用国际标准安装方式（IM）带来一些困难（尤其对于小功率电机）。由于小功率电机 IE4 效率较 IE3 提高的较多，在结构设计方面又存在一些困难，从我们所收集到的德国 Siemens 公司、ABB 公司和巴西 Weg 公司同类产品的样本看，缺乏小功率 IE4 效率电机方面的资料，表明这是在设计 IE4 效率电机方面遇到了共同的问题。如果还要再设计 IE5 效率等级的三相异步电动机，那更是难上加难，实现的可能性几乎为零。从系列产品的角度出发，应该说 IE4 效率是目前三相异步电动机系列产品能够达到的最高的能效等级。

国标 GB 18613—2012 的实施，表明我国三相异步电动机进行了一次产品的更新换代，整体提升了我国三相异步电动机产品的效率水平，也反映了目前我国三相异步电动机产品的真实水平和现状。从目前我国中小型电机行业的制造能力以及国内的供求市场和用户实际的使用情况来看，在近一段时期内，国标 GB 18613—2012 的实施是符合国情的，对高效电机的规范和发展起到了积极的促进作用。但对于 GB 18613—2012 第 4.4 条“电动机目标能效限定值在额定输出功率的效率应不低于表 1 中 2 级的规定，在表 1 中 7.5~375kW 的目标能效限定值在本标准实施之日 4 年后开始实施，7.5kW 以下的目标能效限定值在本标准实施之日 5 年后开始实施，并替代表 1 中 3 级的规定。”的实施，笔者认为值得斟酌，主要理由如下：

（1）从以上的分析可知，基于国内中小型电机行业贯彻国际标准标准化和系列化程度情况，在目前的设计和制造水平条件下，IE4 效率（对应 GB 18613—2012 的 1 级能效等级）是三相异步电动机系列产品能够达到的最高能效等级，但在结构设计方面也还存在着诸多的困难，若将该类能效电机作为行业推广的主导产品，可能对于某些结构安装类型的产品制造厂难以实现，会给用户的选用带来一些困难。同时，该类能效产品由于缺乏某些结构安装型式，可能也无法构成一个功率范围齐全完整的系列产品。

（2）根据 IEC 组织颁布的 IEC 60034-30-1：2014 对于三相异步电动机产品达到 IE5 能效等级给予否定的判定，若按照 GB 18613—2012 第 4.4 条的规定，IE3 降为 3 级能效等级后，IE4 效率降为 2 级能效，IE5 则为 1 级能效等级。这样的安排可能会造成 1 级能效等级在目前相当长一段时间内形同虚设的情况，而对产品的规范和发展失去指导意义。

（3）电机效率适当的提高是应该的，但若无限的、不断的提高，是不经济、不合理的。GB 18613—2012 的发布和实施，已将我国的电机效率提升了一个等级，这也是这些年来在国家的倡导下，在行业同仁的共同努力下，水到渠成的结果。但在短短的几年里，电机的效率再提升一级，这对于社会资源的合理利用及电机行业标准体系的建立，也不是非常有利的。

（4）采用高效率电机总体来说对国家能源的节约和环境的改善是非常有利的，但并不是说在所有的场合采用高效率电机都会取得预期的节能效果。比如对于一些使用水泵或风机的场合，由于高效率电机在效率提高的同时，电机的输出转速一般也会提高，可能会出现采用高效率电机会并不节能或节能效果不佳的情况，而水泵和风机配用电机的使用场合占的比例也相当高，占比约占电机总产量的 30%左右。对于这一特殊情况，必须引起我们的高度重视。

3.3 关于 8p 电动机效率的问题

由于 8p 电动机实际的使用量相对偏少，故早期能效标准对其未有关注，重点关注的是 2p、4p、6p 电动机，美国 1992 年发布的新能源法令（EPACT）和 2001 年发布的超高效率电机标准（NEMA Premium 标准）仅包括 2p、4p、6p 电动机；IEC 组织发布的 IEC 60034-30：2008 和我国发布的 GB 18613—2012 也仅包括 2p、4p、6p 电动机。自 IEC 发布 IEC 60034-30-1：2014 后，8p 电动机开始正式列入能效标准考核范围，所给出的 8p 电动机 IE1~IE5 能效标准如表 5 所示。表 5 中同时列出了我国已淘汰的 Y 系列和 Y3 系列三相异步电动机 8p 效率标准，由表 5 中的对比数据可知，Y 系列和 Y3 系列 8p 电动机效率标准并不低，已高于 IE2 能效标准等级。这是今后在推广及更换高效率电动机时应引起注意的问题。

从我国这些年 Y 系列、Y2 系列和 Y3 系列的实际生产及使用情况来看，应该说 IEC 60034-30-1：2014 发布的 8p 电动机标准值偏低。笔者近期在参与 IE4 效率系列产品开发过程中，也遇到如下的问题：即在设计 2p、4p、6p 电动机时，达到 IE4 效率需要采用高牌号的冷轧硅钢片，而设计 8p 电动机仅需采用中、低牌号的冷轧硅钢片即可达到 IE4 效率，通过样机试制也证明了这一现象。这一现象说明 8p 电动机与 2p、4p、6p 电动机的效率标准等级不完全匹配，有必要进行适当的修改。

表 5　8 极电机 IE5 等额定效率标准值（%）对比

功率/kW	IE1	IE2	IE3	IE4	IE5	Y3 系列	Y 系列
0.75	61.2	66.2	78.9	78.4	82	70	
1.1	66.5	70.8	81	80.8	84	72	
1.5	70.2	74.1	82.5	82.6	85.5	74	
2.2	74.2	77.6	84.3	84.5	87.2	79	80.5
3	77	80	85.6	85.9	88.4	80	82
4	79.2	81.9	86.8	87.1	89.4	81	84
5.5	81.4	83.8	88	88.3	90.4	83	85
7.5	83.1	85.3	89.1	89.3	91.3	85.5	86
11	85	86.9	90.3	90.4	92.2	87.5	87.5
15	86.2	88	91.2	91.2	92.9	88	88
18.5	86.9	88.6	91.7	91.7	93.3	90	89.5
22	87.4	89.1	92.2	92.1	93.6	90.5	90
30	88.3	89.8	92.9	92.7	94.1	91	90.5
37	88.8	90.3	93.3	93.1	94.4	91.5	91
45	89.2	90.7	93.7	93.4	94.7	92	91.7
55	89.7	91	94.1	93.7	94.9	92.8	92
75	90.3	91.6	94.6	94.2	95.3	93.5	92.5
90	90.7	91.9	94.9	94.4	95.5	93.8	93
110	91.1	92.3	95.1	94.7	95.7	94	93.3
132	91.5	92.6	95.4	94.9	95.9	93.7	
160	91.9	93.5	95.6	95.1	96.1	94.2	
200	92.5	93.5	95.8	95.4	96.3	94.5	

4　结束语

以上为笔者近些年在推广高效率电机过程中，对一些问题的认识，仅为个人见解，仅供行业同仁参考。如有不妥之处，敬请指正。

附件 1

IE1～IE4 额定效率标准值

(%)

功率/kW	IE1				IE2				IE3				IE4			
	2	4	6	8	2	4	6	8	2	4	6	8	2	4	6	8
0.12	45	50	38.3	31	53.6	59.1	50.6	39.8	60.8	64.8	57.5	50.7	66.5	69.8	64.9	62.3
0.18	52.8	57	45.5	38	60.4	64.7	56.6	45.9	65.9	69.9	63.9	58.7	70.8	74.7	70.1	67.2
0.25	58.2	61.5	52.1	43.4	64.8	68.5	61.6	50.6	69.7	73.5	68.6	64.1	74.3	77.9	74.1	70.8
0.37	63.9	66	59.7	49.7	69.5	72.7	67.6	56.1	73.8	77.3	73.5	69.3	78.1	81.1	78	74.3
0.55	69	70	65.8	56.1	74.1	77.1	73.1	61.7	77.8	80.8	77.2	73	81.5	83.9	80.9	77
0.75	72.1	72.1	70	61.2	77.4	79.6	75.9	66.2	80.7	82.5	78.9	75	83.5	85.7	82.7	78.4
1.1	75	75	72.9	66.5	79.6	81.4	78.1	70.8	82.7	84.1	81	77.7	85.2	87.2	84.5	80.8
1.5	77.2	77.2	75.2	70.2	81.3	82.8	79.8	74.1	84.2	85.3	82.5	79.7	86.5	88.2	85.9	82.6
2.2	79.7	79.7	77.7	74.2	83.2	84.3	81.8	77.6	85.9	86.7	84.3	81.9	88	89.5	87.4	84.5
3	81.5	81.5	79.7	77	84.6	85.5	83.3	80	87.1	87.7	85.6	83.5	89.1	90.4	88.6	85.9
4	83.1	83.1	81.4	79.2	85.8	86.6	84.6	81.9	88.1	88.6	86.8	84.8	90	91.1	89.5	87.1
5.5	84.7	84.7	83.1	81.4	87	87.7	86	83.8	89.2	89.6	88	86.2	90.9	91.9	90.5	88.3
7.5	86	86	84.7	83.1	88.1	88.7	87.2	85.3	90.1	90.4	89.1	87.3	91.7	92.6	91.3	89.3
11	87.6	87.6	86.4	85	89.4	89.8	88.7	86.9	91.2	91.4	90.3	88.6	92.6	93.3	92.3	90.4
15	88.7	88.7	87.7	86.2	90.3	90.6	89.7	88	91.9	92.1	91.2	89.6	93.3	93.9	92.9	91.2
18.5	89.3	89.3	88.6	86.9	90.9	91.2	90.4	88.6	92.4	92.6	91.7	90.1	93.7	94.2	93.4	91.7
22	89.9	89.9	89.2	87.4	91.3	91.6	90.9	89.1	92.7	93	92.2	90.6	94	94.5	93.7	92.1
30	90.7	90.7	90.2	88.3	92	92.3	91.7	89.8	93.3	93.6	92.9	91.3	94.5	94.9	94.2	92.7
37	91.2	91.2	90.8	88.8	92.5	92.7	92.2	90.3	93.7	93.9	93.3	91.8	94.8	95.2	94.5	93.1
45	91.7	91.7	91.4	89.2	92.9	93.1	92.7	90.7	94	94.2	93.7	92.2	95	95.4	94.8	93.4
55	92.1	92.1	91.9	89.7	93.2	93.5	93.1	91	94.3	94.6	94.1	92.5	95.3	95.7	95.1	93.7
75	92.7	92.7	92.6	90.3	93.8	94	93.7	91.6	94.7	95	94.6	93.1	95.6	96	95.4	94.2
90	93	93	92.9	90.7	94.1	94.2	94	91.9	95	95.2	94.9	93.4	95.8	96.1	95.6	94.4
110	93.3	93.3	93.3	91.1	94.3	94.5	94.3	92.3	95.2	95.4	95.1	93.7	96	96.3	95.8	94.7
132	93.5	93.5	93.5	91.5	94.6	94.7	94.6	92.6	95.4	95.6	95.4	94	96.2	96.4	96	94.9
160	93.8	93.8	93.8	91.9	94.8	94.9	94.8	93	95.6	95.8	95.6	94.3	96.3	96.6	96.2	95.1
200	94	94	94	92.5	95	95.1	95	93.5	95.8	96	95.8	94.6	96.5	96.7	96.3	95.4
250	94	94	94	92.5	95	95.1	95	93.5	95.8	96	95.8	94.6	96.5	96.7	96.5	95.4
315	94	94	94	92.5	95	95.1	95	93.5	95.8	96	95.8	94.6	96.5	96.7	96.6	95.4
355	94	94	94	92.5	95	95.1	95	93.5	95.8	96	95.8	94.6	96.5	96.7	96.6	95.4
400	94	94	94	92.5	95	95.1	95	93.5	95.8	96	95.8	94.6	96.5	96.7	96.6	95.4
450	94	94	94	92.5	95	95.1	95	93.5	95.8	96	95.8	94.6	96.5	96.7	96.6	95.4
500～1000	94	94	94	92.5	95	95.1	95	93.5	95.8	96	95.8	94.6	96.5	96.7	96.6	95.4

附件 2

IE5 额定效率标准值

（%）

功率/kW	2p	4p	6p	8p
0. 12	71. 4	74. 3	69. 8	67. 4
0. 18	75. 2	78. 7	74. 6	71. 9
0. 20	76. 2	79. 6	75. 7	73. 0
0. 25	78. 3	81. 5	78. 1	75. 2
0. 37	81. 7	84. 3	81. 6	78. 4
0. 40	82. 3	84. 8	82. 2	78. 9
0. 55	84. 6	86. 7	84. 2	80. 6
0. 75	86. 3	88. 2	85. 7	82. 0
1. 1	87. 8	89. 5	87. 2	84. 0
1. 5	88. 9	90. 4	88. 4	85. 5
2. 2	90. 2	91. 4	89. 7	87. 2
3	91. 1	92. 1	90. 6	88. 4
4	91. 8	92. 8	91. 4	89. 4
5. 5	92. 6	93. 4	92. 2	90. 4
7. 5	93. 3	94. 0	92. 9	91. 3
11	94. 0	94. 6	93. 7	92. 2
15	94. 5	95. 1	94. 3	92. 9
18. 5	94. 9	95. 3	94. 6	93. 3
22	95. 1	95. 5	94. 9	93. 6
30	95. 5	95. 9	95. 3	94. 1
37	95. 8	96. 1	95. 6	94. 4
45	96. 0	96. 3	95. 8	94. 7
55	96. 2	96. 5	96. 0	94. 9
75	96. 5	96. 7	96. 3	95. 3
90	96. 6	96. 9	96. 5	95. 5
110	96. 8	97. 0	96. 6	95. 7
132	96. 9	97. 1	96. 8	95. 9
160	97. 0	97. 2	96. 9	96. 1
200~1000	97. 2	97. 4	97. 0	96. 3

立体卷铁心技术剖析

梁庆宁，许凯旋，杨剑波，关辉淋，张淑菁

（海鸿电气有限公司，广东 江门 529300）

摘　要：对立体卷铁心的工艺和结构进行研究，分析关键工序带来的收益；通过与变压器领域内应用最为广泛的四种铁心形式进行比较，分析其立体卷铁心技术优秀的节材特性。

关键词：立体卷铁心；工艺；结构；特性

The Analysis of the Solid Core Technology

Liang Qingning，Xu Kaixuan，Yang Jianbo，Guan Huilin，Zhang Shuqing

（Haihong Electric Co.，Ltd.，Jiangmen 529300，China）

Abstract：The process and structure of the three-dimensional rolling iron core are studied in this paper，and the benefit of the key process is analyzed. Through the comparison with the four most widely used iron core types in the transformer field，the saving material properties of the solid material are analyzed.

Key words：solid core；process；structure；properties

立体卷铁心作为最为合理的铁心结构，以节能、节材、环保和安全可靠等优点，代表变压器未来发展的方向。近年来已经在电力、新能源、整流、轨道交通、电炉等电抗器领域蓬勃发展。但对比已经有100多年发展历史的叠铁心结构，立体卷铁心尚属于新进技术，不少技术人员对其还没有全面了解，本文将通过对比，从工艺和结构上剖析立体卷铁心技术的先进性。

术语和定义：

立体卷铁心：通过对电工钢带进行卷绕加工，得到截面为近似半圆形、几何尺寸完全相同的三个矩形铁心框，并将三个铁心框的同一边两两拼接，从而得到俯视方向为三角形的立体结构铁心。

1　立体卷铁心工艺分析

1.1　立体卷铁心工艺概况

由于立体卷铁心时采用卷绕工艺，因此工艺与传统叠铁心大相径庭。下面我们通过采用两种不同铁心类型的变压器的生产工艺流程图进行比较，并对关键工序和整体效益进行分析。

1.2　立体卷铁心油浸式变压器工艺流程图

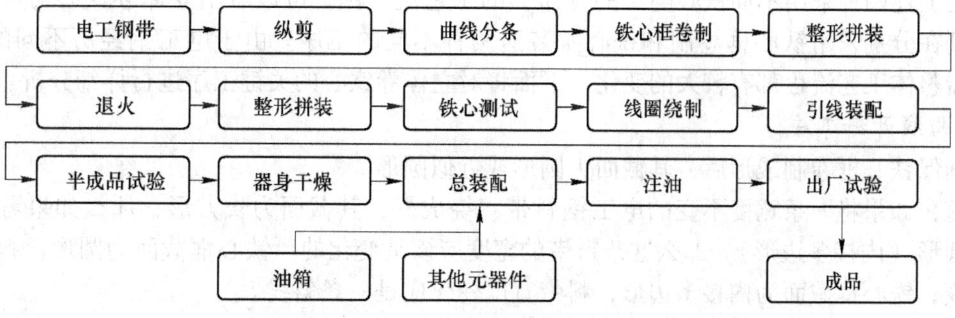

图1　立体卷铁心油浸式变压器工艺流程图

1.3　叠铁心油浸式变压器工艺流程图

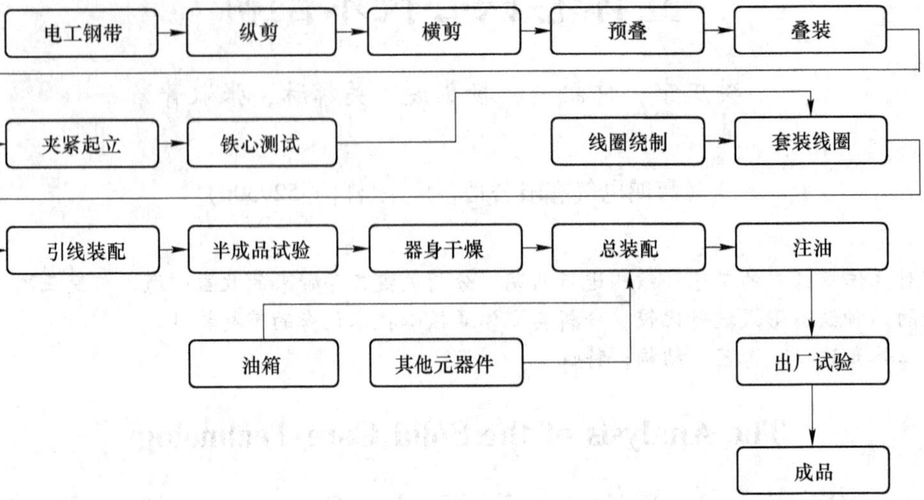

图 2　叠铁心油浸式变压器工艺流程图

1.4　工艺流程对比

表 1　立体卷铁心与叠铁心生产流程对比

立体卷铁心			叠铁心		
主流程	并行流程	工序	主流程	并行流程	工序
纵剪		铁心	纵剪		铁心
曲线分条			横剪		
铁心框卷制			预叠		
整形拼装			叠装		
退火			夹紧起立		
整形拼装			—	线圈绕制	线圈
线圈绕制		线圈	套装线圈		总装配
引线装配		总装配	引线装配		
器身干燥	其他元器件		器身干燥	其他元器件	
总装配	油箱		总装配	油箱	
成品			成品		

通过表 1 对两种产品的生产流程对比后得知，虽然铁心制造工序的差异性很大，但是如果是整体评估，总工时和人力成本等方面两者却差别不明显。尤其是对于新投资项目来说，如果从机械化程度、加工难度和工艺稳定性方面考虑，立体卷铁心技术更是优势明显。

1.5　关键工序分析

通过对比上述两种采用不同铁心类型的变压器的工艺流程图，可以看出立体卷铁心与传统叠片式铁心最大的差别在分别采用铁心框卷制和铁心叠装这两种不同的工序。由于电工钢经历不同的加工过程，因此使变压器整体工艺流程都有较大的变化。下面将对立体卷铁心的关键工序进行详细分析。

1.5.1　曲线开料工序

目的：确保铁心框卷制成形后，其截面为圆形或近似圆形。

我们知道，如果将一条宽度不变的电工钢料带卷绕成框，其截面为长方形；那么如果需要的截面是圆形或近似圆形（内接多边形），那么这条料带的宽度应该是变化的。铁心框截面为圆形，料带宽度变化应是一条曲线；铁心框截面为内接多边形，料带宽度变化应是一条斜线。

基于材料利用率和工艺实施难度的考虑，业内基本上都采用截面为近似圆形的立体卷铁心方案。因此下文中如无特别强调，都是以近似圆形截面的立体卷铁心为分析对象。

至于立体卷铁心截面的设计方法，由20世纪末到如今，许多设计人员已发表了相关的论文，这里就不再详细阐述。但是在这需要指出的是，由于需要的理想截面是一个圆形，那么在内接多边形类型的选取，并不是一成不变，而是必须从设备、加工难度、材料特性、材料利用率、产量大小等方面综合考虑。

结果：

提高截面填充系数，可达97.5%~98.5%。

更高的填充系数可以缩小直径，减少铁心和线圈的用量。

1.5.2 卷制工序

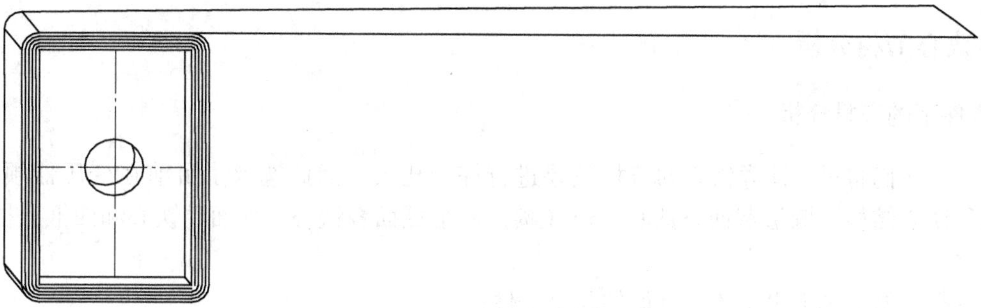

图3 铁心框卷制示意图

目的：使料带卷绕成铁心框，确保三个相同的铁心框可以拼装成俯视方向为三角形的立体结构铁心。本工序为立体卷铁心的核心工序，对比叠铁心变压器的工艺流程，几乎所有变化的原因都是本工序的引入。

采用卷制工艺带来的变化包括：

（1）不存在垂直于磁路的横向气隙。

1）励磁电流大幅降低。叠铁心由于结构原因，在心柱与铁轭过渡处存在空气隙，虽然采用了多级阶梯全斜接缝的叠装工艺，但是电工钢的磁导率可达空气磁导率上万倍，而根据磁场的全电流定律，可以得知叠铁心中励磁电流中的大部分还是用于接缝处。立体卷铁心由于没有垂直于磁路的横向气隙，因此励磁电流得以大幅降低。

2）噪声降低。叠铁心的横向气隙处，磁通由于畸变会产生局部过饱和的现象；而更高的磁通密度会导致磁滞伸缩量增加，另外，此区域为横向的物理分断层，磁滞伸缩将由于振动、摩擦等原因而产生额外的噪声。立体卷铁心则没有以上的现象。

3）空载损耗降低。正如2）提到，叠铁心的横向气隙处，磁通由于畸变会产生局部过饱和的现象；而更高的磁通密度同样会导致更高的铁损。

（2）磁通的流通方向与电工钢带的高导磁（1，0，0）方向的高度一致。

1）空载损耗、空载电流大幅降低。取向硅钢片具有磁晶各向异性，沿钢带的碾轧方向［100］是易磁化方向，垂直于碾轧方向是难磁化方向，立体卷铁心无论是纵剪还是曲线开料工艺，是沿着碾轧方向进行开料，并逐层卷制而成，因此磁力线在铁心内流通方向与电工钢带的高导磁方向的高度一致。而对叠铁心而言，磁力线在心柱与铁轭的过渡处（四个角部和铁轭中部）都需要拐弯，而硅钢材料却没有拐弯，磁力线与硅钢片碾轧方向存在0~45°的夹角，因此这些区域内将比铁心的其他区域产生更多的空载损耗，需要更大的磁动势。

2）噪声降低。立体卷铁心磁通硅钢带的高导磁方向的高度一致同时可以改善磁滞伸缩量现象。

（3）铁心框卷绕成形时，四个角部产生很大的应力。

叠铁心从电工钢带到铁心半成品的过程中，如果工艺控制良好，电工钢带的应力一般都不大，产生附加损耗约2%~5%。然而立体卷铁心由料带卷绕成形时，四个角部变形现象极其严重，产生很大应力，产生附加损耗达60%以上，有些情况下甚至高于100%。

因此在铁心框卷制成形后，必须对铁心框进行去应力退火工序。

1.5.3　退火工序

目的：消除卷绕工序产生的附加损耗，恢复电工钢带的磁性能。

1.5.4　关键工序对产品性能和用材的影响

表 2　立体卷铁心关键工序对产品的影响

立体卷铁心关键工序	叠铁心对应工序	对比叠铁心产生的影响（直接或间接）					
		空载损耗	空载电流	负载损耗	噪声	铁心材料	线圈用材
曲线分条	横剪	下降	下降	下降	下降	下降	下降
铁心框卷制退火	铁心叠装	大幅下降	大幅下降	—	下降	下降	—

2　立体卷铁心节材分析

2.1　等同条件下的节材分析

在本章节，我们将对立体卷铁心的节材效果进行综合比较，因此选取了目前在变压器领域内应用最为广泛的四种铁心结构（圆形截面叠铁心、长（腰）圆形截面叠铁心、平面卷铁心和四框五柱式卷铁心）进行横向对比。

为便于进行分析，先来设定统一遵循的几个条件：

（1）相同的有效铁心截面积；

（2）相同的线圈匝数；

（3）相同的电磁线尺寸。

一旦以上设定条件成立，分别采用五种铁心型式设计相应的变压器方案，可以得到：

（1）铁心具有相同的磁通密度；

（2）线圈具有相同的总高度和厚度；

（3）铁心具有相同窗高和窗宽。

那么，下面将对平行条件下的五种铁心分别进行重量计算，为了在最终的横向比较中便于读者理解，我在计算时对铁心结构和数学计算方法都进行必要的变换，它们重量的计算方法都与传统的工程计算的方法差别很大，但使用起来更为便利，也使得分析更为清晰。

同时也计算出各种铁心横截面的周长，上面已设定了匝数和电磁线截面尺寸相同，根据线圈重量 $G_{cu}=L \times N \times S$，周长的比例就等于线圈材料用量和负载损耗的比例。

2.1.1　圆形截面叠铁心

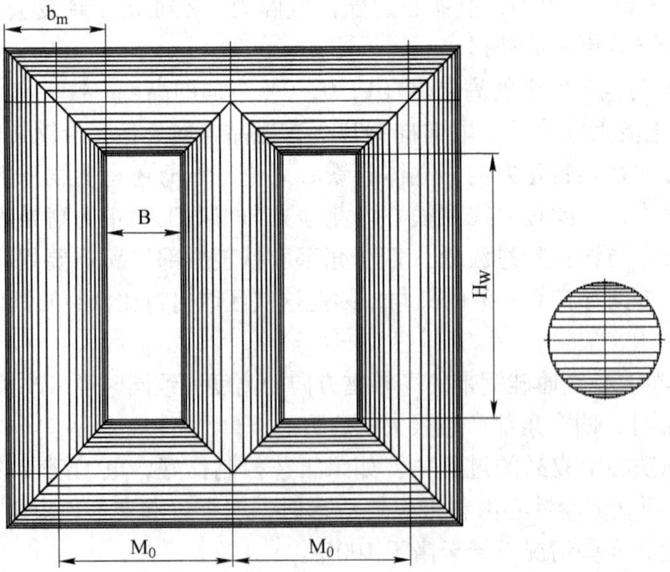

图 4　圆形截面叠铁心示意图

必要的结构分析和变换：

将两条边柱的角部沿上下两铁轭的中心线切下，将切下的角形沿角部中点旋转180°(见图5)，可以得到两条完整的心柱（长度为H_w+b_m）。

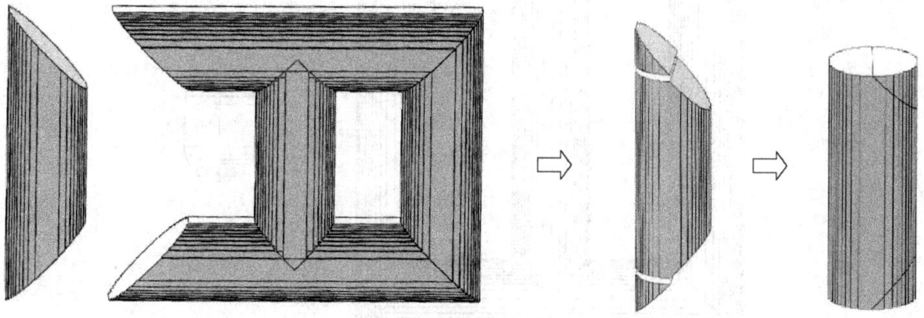

图5　边柱变换

上下铁轭也进行类似的变换，可以得到两条端部平齐的铁轭（长度为$2M_0$）。

中柱我们沿上铁轭的下边和下铁轭的上边切下，也可将得到完整的心柱（长度为H_w）；

最后，我们发现只剩下心柱与上下铁轭的融合部分没有进行计算，在工程计算里，我们将代入各级的片宽和级厚，然后算出结果。但是在这种分析类的计算上，我们更愿意使用输入参数更少的计算方法。比如说通过积分，只使用直径和填充率来计算出相对准确的结果。

那么叠铁心的重量公式可以变换为：

$$G_{\mathrm{Fe}} = S \times \rho \times (3H_w + 4M_0 + 2b_m) + \rho \times k_t^2 \times V_z \tag{1}$$

我们代入中部角体积公式（2）和铁心直径与有效截面积的关系公式（3）：

$$V_z = k_t^2 \times (\pi/4 - 4/6) \times D^3 \tag{2}$$

$$D = (4 \times S/k_t/k_d/\pi)^{0.5} \tag{3}$$

得到：

$$\begin{aligned} G_{\mathrm{Fe}} &= S \times \rho \times [3H_w + 4M_0 + 2(k_p \times D) + \rho \times k_t^2 \times (\pi/4 - 4/6) \times D^3] \\ &= S \times \rho \times \{3H_w + 4M_0 + 2(k_p \times D) + \rho \times k_t^2 \times (\pi/4 - 4/6) \times D \times [2(S/k_t/k_d/\pi)^{0.5}]\hat{}2\} \\ &= S \times \rho \times [3H_w + 4M_0 + 2(k_p \times D) + k_t^2 \times (\pi/4 - 4/6) \times D \times (4/k_t/k_d/\pi)] \end{aligned} \tag{4}$$

式中　S——有效截面积；

ρ——硅钢密度；

H_w——窗高；

V_z——中部角体积；

M_0——中心距；

k_t——填充系数；

D——铁心直径；

k_p——最大片宽/铁心直径；

b_m——最大片宽；

k_d——叠片系数。

由公式（4）可以看到，我们只需S、H_w、M_0和D四个参数即可计算出叠铁心的重量。如果我们需要对五种铁心形式作横向比较，那么还需要将以上四个参数变换成一个参数。这将在后面用到这个变换。

同时，得到圆形叠铁心横截面的周长公式：

$$L = \pi \times D \tag{5}$$

2.1.2　长（腰）圆形截面叠铁心

在对长圆形截面叠铁心重量进行计算前，先来分析这种铁心类型的方案设计思路。

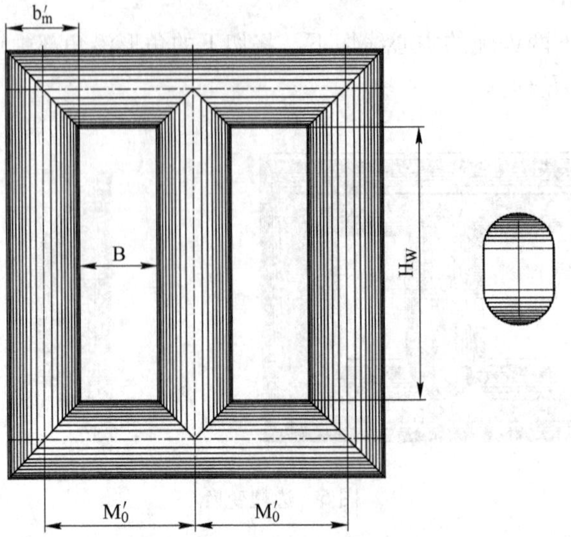

图 6　长圆形截面叠铁心示意图

这种铁心是在圆形截面叠铁心基础上通过演变而来，演变的过程见图 7，通过将基础圆乘上一缩小系数 k_s 使直径和最大片宽都缩小，并加厚最大片级（见图 7 右图阴影部分）以保证铁心具有相同截面。通过这种演变缩短了铁心 M_0，降低铁心重量和空载损耗，但同时增加了铁心横截面的周长（因为同样截面积中，圆的周长最短）。

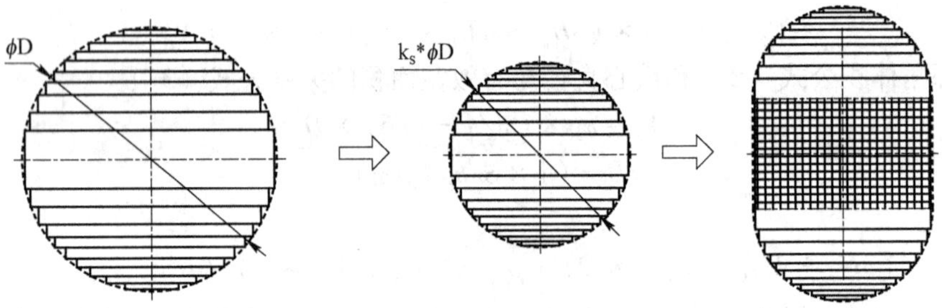

图 7　长圆形截面演变示意图

必要的结构分析和变换：

采用上面用到的相同变换方法，可以得到长圆截面叠铁心的重量公式：

$$G_{Fe} = S \times \rho \times (3H_w + 4M'_0 + 2b'_m) + \rho \times k_t^2 \times V'_z \tag{6}$$

我们代入式（2）、（3）和（7）：

$$D' = k_t \times D \tag{7}$$

$$M'_0 = M_0 - (b_m - b'_m) \tag{8}$$

可以得到：

$$\begin{aligned} G_{Fe} &= S \times \rho \times (3H_w + 4M'_0 + 2b'_m) + \rho \times k_t^2 \times V'_z \\ &= S \times \rho \times \{3H_w + 4[M_0 - (b_m - b'_m)] + 2b'_m\} + \rho \times k_t^2 \times V'_z \\ &= S \times \rho \times (3H_w + 4M_0 - 4b_m + 6b'_m) + \rho \times k_t^2 \times V'_z \\ &= S \times \rho \times [3H_w + 4M_0 - (4 - 6k_s)b_m] + \rho \times k_t^2 \times [D^3 \times (\pi/4 - 4/6) \times k_s^3] \\ &= S \times \rho \times [3H_w + 4M_0 - (4 - 6k_s)(k_p \times D)] + k_t^2 \times k_s^3 \times (\pi/4 - 4/6) \times D \times (4/k_t/k_d/\pi) \end{aligned} \tag{9}$$

同时，周长公式为：

$$L = \pi \times D' + 2 \times C \tag{10}$$

因为有效截面相同，那么有：

$$S = (1/4 \times \pi \times D^2) \times k_t \times k_d = [1/4 \times \pi \times (k_s \times D)^2 + k_p \times k_s \times D \times C] \times k_t \times k_d$$

可以得到：

$$C = [\pi \times (1 - k_s^2)/4/k_p/k_s] \times D \tag{11}$$

将公式（11）代入式（10）得：

$$L = \pi \times k_s \times D + 2[\pi \times (1 - k_s^2)/4/k_p/k_s] \times D \tag{12}$$

2.1.3 立体卷铁心

必要的结构分析和变换：

我们将一个铁心框沿铁心窗口的四边切开，可以得到二条心柱（长度为 H_w）、二条铁轭（长度为 B）和四个角部（见图 9）；同时，我们也用积分的方法，通过直径和填充率来计算出四个角部的重量。

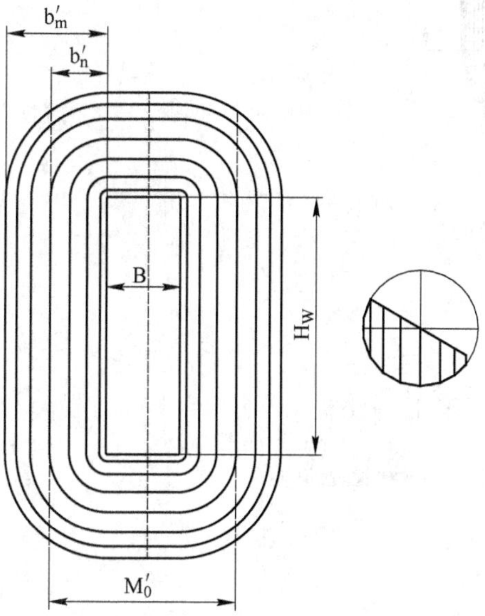

图 8 立体卷铁心单框示意图

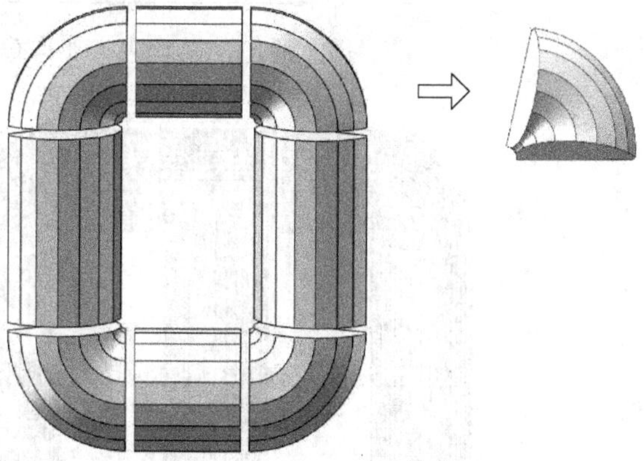

图 9 立体卷铁心重量计算

那么可以得到立体卷铁心的重量公式为：

$$G_{Fe} = S \times \rho \times [3H_w + 3(M'_0 - 2b'_n)] + \rho \times V'_z \tag{13}$$

同时，因为有效截面相同，那么：

$$S = (1/4 \times \pi \times D^2) \times k_t \times k_d = (1/4 \times \pi \times D'^2) \times k'_t \times k_d$$

可得：

$$D' = (k_t/k'_t)^{0.5} \times D \tag{14}$$

代入中心距换算公式（15）和四个角部总重的计算公式（16）：

$$M'_0 = M_0 - (b_m - 2 \times b'_m) \tag{15}$$

$$V'_z = 2.8 \times k_d' \times D'^3 \tag{16}$$

可以得到：

$$\begin{aligned} G_{Fe} &= S \times \rho \times \{3H_w + 3[M'_0 - (b_m - 2b'_n) - 2b'_n]\} + \rho \times 2.8 \times k_d' \times D'^3 \\ &= S \times \rho \times (3H_w + 3M_0 - 3b_m) + \rho \times 2.8 \times k_d \times D \times [2(S/k_t/k_d/\pi)^{0.5}]^2 \times [(k_t/k'_t)^{0.5}]^3 \\ &= S \times \rho \times [3H_w + 3M_0 - 3(k_p \times D) + 2.8(k_t/k'_t)^{1.5} \times 4/k_t/\pi \times D] \end{aligned} \tag{17}$$

同时，得到周长公式为：

$$L = \pi \times D' = \pi \times (k_t/k'_t)^{0.5} \times D \tag{18}$$

2.1.4 平面卷铁心

必要的结构分析和变换：

将铁心框沿两个铁心窗口的四边切开，可以得到三条心柱（长度为 H_w）、四条铁轭（长度为 B）、二条 1/2 截面的铁轭、四个大角部和四个小角部；同样，我们也运用积分的方法，通过直径和填充率来计算出四个大小角部的重量。

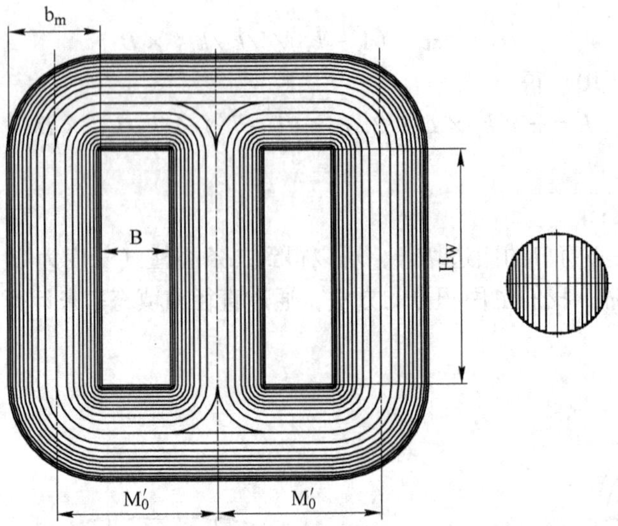

图 10　平面卷铁心示意图

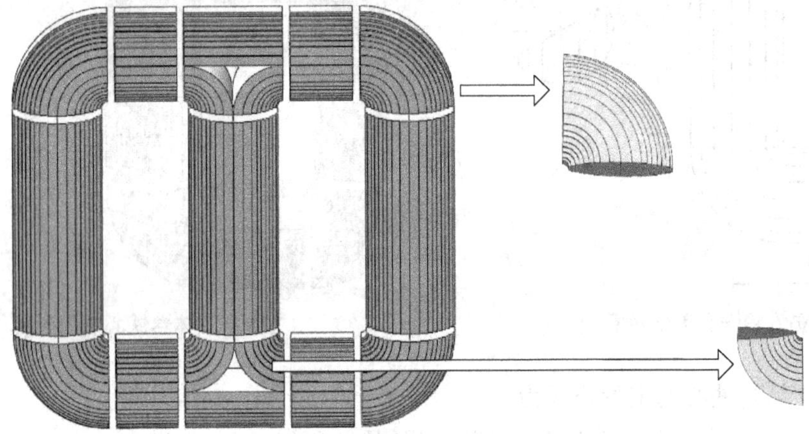

图 11　立体卷铁心重量计算原理

那么可以得到平面卷铁心的重量公式为：

$$G_{\mathrm{Fe}} = S \times \rho \times [3H_w + 4(M'_0 - 2b'_n) + 2b'_n] + \rho \times (V'_{zd} + V'_{zx}) \tag{19}$$

因为截面与圆形叠铁心相同，所以有：

$$D' = D$$

$$M'_0 = M_0$$

$$b'_n = b_m$$

将四个大角和小角重的计算式（20）、式（21）代入：

$$V_{jd} = k'_t \times \pi^2/4 \times b'^3_m \tag{20}$$

$$V_{jz} = (k'_t \times \pi^2/4 - 1/3 \times \pi)/2 \times b'^3_m \tag{21}$$

可得：

$$\begin{aligned} G_{\mathrm{Fe}} &= S \times \rho \times (3H_w + 4M_0 - 3b_m) + \rho \times k_t \times (3\pi^2/8 - 1/6 \times \pi) \times b_m^3 \\ &= S \times \rho \times (3H_w + 4M_0 - 3b_m) + \rho \times k_t \times (3\pi^2/8 - 1/6 \times \pi) \times k_h'^3 \times D^3 \\ &= S \times \rho \times [3H_w + 4M_0 - 3(k_p \times D)] + 4(3\pi^2/8 - 1/6 \times \pi) \times k_h'^3/k_d/\pi \times D \end{aligned} \tag{22}$$

同时，可以得到周长公式为：

$$L = \pi \times D \tag{23}$$

2.1.5　四框五柱式卷铁心

必要的结构分析和变换：

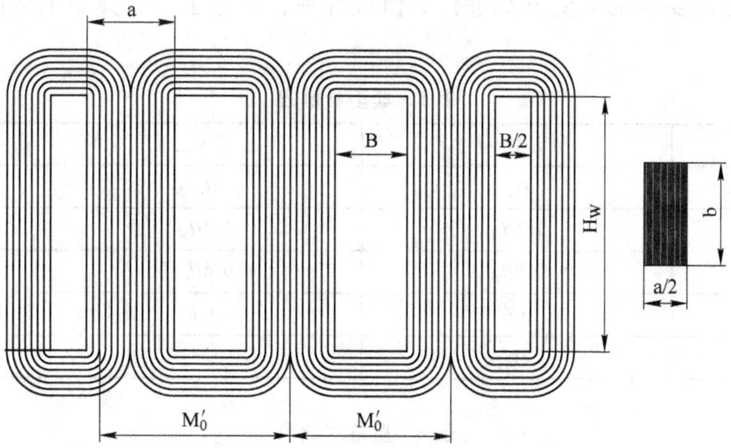

图 12 四框五柱式卷铁心示意图

四框五柱式卷铁心的重量计算相对比简单，只需将单框的截面（$S/2$）与四个框的中间路径总和相乘即可以得到其体积。

那么可以铁心的重量公式为：

$$G_{\mathrm{Fe}} = S \times \rho \times [4H_w + 3(M_0' - a) + \pi \times a] \quad (24)$$

同时，因为有效截面相同，那么有：

$$S = (1/4 \times \pi \times D^2) \times k_t \times k_d = a \times b \times k_d$$

长宽比 $k' = b/a$。

那么有：

$$a = (k_t \times \pi/4/k')^{0.5} \times D \quad (25)$$

将式（25）代入式（24）可得：

$$G_{\mathrm{Fe}} = S \times \rho \times [4H_w + 3M_0 - 3(k_p \times D) + \pi \times (k_t \times \pi/4/k')^{0.5} \times D] \quad (26)$$

同时，可以得到周长公式为：

$$L = 2 \times (a + b) = 2 \times (k' + 1) \times a = 2(k' + 1) \times D \times (k_t \times \pi/4/k')^{0.5} \quad (27)$$

2.1.6 五种铁心横向对比

表 3 不同结构形式的铁心重量计算公式

铁心结构形式	铁心重量 G_{Fe}
叠铁心（圆形截面）	$S \times \rho \times [3H_w + 4M_0 + 2(k_p \times D) + k_t^2 \times (\pi/4 - 4/6) \times D \times (4/k_t/k_d/\pi)]$
叠铁心（长圆截面）	$S \times \rho \times [3H_w + 4M_0 - (4 - 6 \times k_s) \times (k_p \times D)] + k_t^2 \times k_s^3 \times (\pi/4 - 4/6) \times D \times (4/k_t/k_d/\pi)$
立体卷铁心	$S \times \rho \times [3H_w + 3M_0 - 3(k_p \times D) + 2.8(k_t/k_t')^{1.5} \times 4/k_t/\pi \times D]$
平面卷铁心	$S \times \rho \times [3H_w + 4M_0 - 3(k_p \times D)] + 4(3\pi^2/8 - 1/6 \times \pi) \times k_h'^3/k_d/\pi \times D$
四框五柱式卷铁心	$S \times \rho \times [4H_w + 3M_0 - 3(k_p \times D) + \pi \times (k_t \times \pi/4/k')^{0.5} \times D]$

表 4 不同结构形式的铁心周长计算公式

铁心结构形式	铁心重量 G_{Fe}
叠铁心（圆形截面）	$\pi \times D$
叠铁心（长圆截面）	$\pi \times k_s \times D + 2[\pi \times (1 - k_s^2)/4/k_p/k_s] \times D$
立体卷铁心	$\pi \times (k_t/k_t')^{0.5} \times D$
平面卷铁心	$\pi \times D$
四框五柱式卷铁心	$2(k' + 1) \times D \times (k_t \times \pi/4/k')^{0.5}$

从表 3 可以看到，如果将 H_w、M_0、D 转化成一个变量，并将相应的系数代入，那么就可以进行材料用量的横向对比。

经过对大量不同性能要求的配变方案进行数值统计后，优选了三种典型的 H_w、M_0、D 关系值进行代入。

表 5　典型参数表

项目	方案一	方案二	方案三
H_w	H_w	H_w	H_w
M_0	$1.5H_w$	$1.2H_w$	$0.7H_w$
D	$0.9H_w$	$0.6H_w$	$0.35H_w$
k_s	0.6	0.7	0.8
k_t'	1	1.5	2

表 6　重量对比表

铁心结构形式	方案一		方案二		方案三	
	硅钢重 G_{Fe}	绕组重 G_{Cu}	硅钢重 G_{Fe}	绕组重 G_{Cu}	硅钢重 G_{Fe}	绕组重 G_{Cu}
叠铁心（圆形截面）	100%	100%	100%	100%	100%	100%
叠铁心（腰圆截面）	79%	114%	87%	107%	93%	103%
立体卷铁心	74%	98%	77%	98%	82%	98%
平面卷铁心	90%	100%	92%	100%	93%	100%
四框五柱式卷铁心	76%	110%	79%	113%	88%	117%

注：为便于对比，所有方案均采用相同关键设计参数，但在实际设计中，对任意一种铁心结构形式而言，都可以通过方案优化设计而得到成本最佳值。

总结：

通过表 6 的数值，可以得知立体卷铁心结构是节材效果最佳的铁心结构形式。

2.2　最优方案下的节材分析

下面进一步分析采用各种结构形式铁心的变压器电磁方案设计，当然因为叠铁心（圆形截面）方案作为一个参照物，在初始设定中已经将方案假定为最佳成本方案，且空载、负载损耗值恰好达到要求。

首先先假定各方案中，磁通密度远未达到理论饱和点（比如一级或二级能效产品）。在此条件下各方案就同时存在优化的可能性。

因为其余四类铁心的重量都比参照方案要轻，根据铁心计算公式：$P_0=k\times G\times p$，其空载损耗 P_0 将比空载损耗标准值降低 $k\times(G-G')\times p$，如果以成本为方案设计的第一选择，就可通过减少匝数或铁心截面提高磁通密度，使空载损耗趋向标准值，而线匝或铁心截面的减少会使变压器线圈、铁心重量减少，同时负载损耗也降低。我们就可以减小电磁线的截面，进而减少线圈重量，使负载损耗趋向标准值，而铁心重量又得以减少，然后可以进一步减少匝数或铁心截面……具体的优化流程如下：

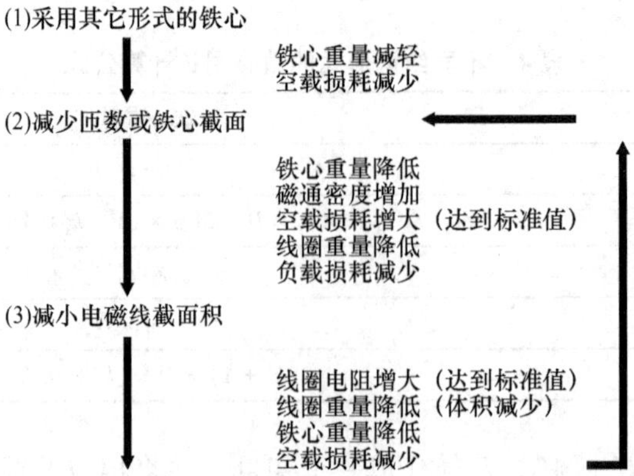

因此，上述四种结构形式的方案均可按上面优化流程进行优化，可以得到更优的节体效果。

3 小结

立体卷铁心作为一种双节能的铁心技术，在制造环节为生产企业节约用材，在使用环节为用户减少能耗。产品具有节能、节材、环保和安全可靠等优点，代表变压器未来发展的方向。近年来立体卷铁心技术已得到国家的重视，制定相关政策进行推动技术的发展，并作为绿色、低碳、环保的变压器技术进入了不同领域相关的推广目录。在可以预见的未来，立体卷铁心技术将引领传统的变压器行业在技术方面实现飞跃式提升。

无取向硅钢对永磁同步电机性能的影响

裴英豪，夏雪兰，王立涛，施立发，刘青松

（马鞍山钢铁股份有限公司技术中心，安徽 马鞍山 243000）

摘　要：为研究无取向硅钢对永磁同步电机性能的影响，基于 Easimotor 电磁分析软件，利用场-路耦合时步有限元方法，分析了三种性能不同的无取向硅钢产品对一台 500W 永磁同步电机效率、铁耗及电磁特性的影响规律。结果表明采用铁损适中，但磁导率 $\mu_{1.0/50}$最高的 2#试样，电机效率最高，且电机的电磁特性最优。

关键词：无取向硅钢；永磁同步电机；铁芯损耗；仿真计算

Effect of Non-oriented Silicon Steel on the Performance of Permanent Magnet Motor

Pei Yinghao, Xia Xuelan, Wang Litao, Shi Lifa, Liu Qingsong

(Maanshan Iron and Steel Co., Ltd., Maanshan 243000, China)

Abstract: For the study of the influence on the performance of permanent magnet motor with different silicon steel, the field circuit coupled time stepping finite element method based on Easimotor electromagnetic analysis software were used to analysisa 500W permanent magnet motor efficiency, iron loss and electromagnetic properties. The results show that the motor has the highest efficiency and best electromagnetic characteristics with silicon steel sample 2 which has moderate iron loss and the higher permeability ($\mu_{1.0/50}$).

Key words: non-oriented silicon steel; permanent magnet motor; iron loss; simulation calculation

交流永磁同步电机因其功率密度高、效率高等优点，广泛应用于驱动电机、变频家电、高速电机等领域。产生交变磁场的定子铁芯和用于固定磁钢的转子铁芯均是由无取向硅钢片叠压而成。由于电机转速范围宽，可达数千转以上，铁芯损耗随频率的变化快速增加，占电机总损耗的比重也将增加。因此选用合适的无取向硅钢材料对于降低电机损耗具有重要的影响[1,2]。

减薄硅钢片厚度可以显著降低涡流损耗，从而降低高频运行状态下铁芯的损耗，因此采用薄规格产品制作永磁同步电机制造企业的趋势，也是硅钢生产企业研发的重点方向。目前常用的厚度规格是 0.35mm，随着硅钢制造企业生产技术的进步，未来采用 0.27mm 以下厚度规格产品制作交流永磁同步电机将会成为发展趋势[3]。

目前相关研究重点主要集中在如何对产品进行优化，以获得较低的中高频铁损的工艺研究上，较少关注硅钢材料的磁化性能对永磁同步电机性能的影响[4~7]。本文以一台 500W 的交流永磁同步电机为平台，基于 Easimotor 电磁分析软件，利用场-路耦合时步有限元方法，分析三种不同材料制造的 0.35mm 无取向硅钢对电机损耗、转矩、效率的变化情况，并对结果进行分析，探讨电机硅钢用材最优化的选择方案。

1　硅钢试验材料

本文采用 Si 含量在 2.0%～3.5%以内，厚度为 0.35mm 的三种性能不同的无取向硅钢。利用日本

SK300 交直流磁测设备测量磁特性参数及曲线，场强范围 1~30000A/m，频率范围 3~10000Hz。利用建立的电机模型，来分析无取向硅钢产品对电机性能的影响。实验材料的典型电磁性能见表 1。

磁特性参数及曲线测试采用日本 SK300 交直流磁测设备，场强范围 1~30000A/m，频率范围 3~10000Hz。试验材料的典型磁特性参数见表 1，磁化曲线见图 1。

表 1 试验钢典型磁性能

Table 1 Typical magnetic properties of test steel

编号	$P_{1.5/50}$/W · kg^{-1}	B_{50}/T	$\mu_{1.0/50}$/mH · m^{-1}
1#	2.47	1.67	8.5649
2#	2.31	1.67	8.8904
3#	2.23	1.65	8.0086

图 1 为试验钢不同频率下的磁特性曲线。铁损（B-P）曲线决定电机的铁耗，对于电机效率有显著的影响。从图中可以看出在低频 50Hz 频率下，三个试样的 B-P 曲线差别不大，随着频率的增加，损耗随频率的增大增加的非常快，而且三个试样的差别趋于明显，特别是到 1000Hz 时，1#试样的铁损明显高于 2#和 3#试样。磁化（B-H）曲线和磁导率（μ-H）曲线决定电机的电磁性能，例如电感，同样电流下的转矩等。三个试样的导磁性能随着频率的增加都呈明显降低趋势。不论是工频（50Hz）、中频（400Hz）还是高频（1000Hz），2#试样磁化能力都较好。

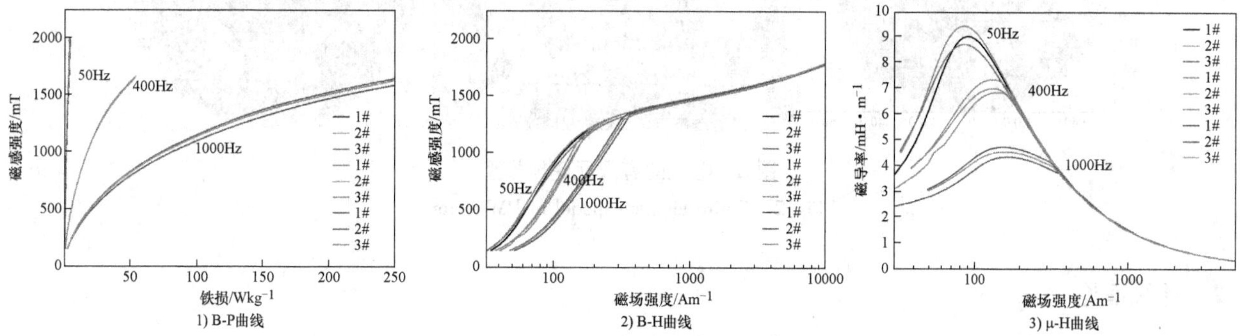

图 1 磁特性曲线

Fig. 1 Magnetic characteristics curve

2 永磁同步电机计算模型的建立

2.1 电机模型

本文基于 Easimotor 电机仿真平台，利用场-路耦合时步有限元方法，进行电机的有限元建模和分析。建模采用的永磁同步电机模型部分参数见表 2 和表 3。

表 2 电机主要参数

Table 2 Main parameters of PM motor

输出功率	500W	电路类型	三相星型
工作温度	115℃	功率设计值	80%
极数	4	功率因数设计值	0.98
相数	3	风摩损耗	5W
转子位置	内转子	额定转速	1500rpm
激励类型	正弦波		

表 3　定子参数

Table 3　Main parameters of stator

定子参数		定子绕组		转子参数	
定子冲片形状	圆形	定子绕组形式	双重叠绕组	转子磁极中心气隙	0.12cm
定子外径	11.6cm	相带形式	60°	转子内径	1.7cm
定子内径	6.26cm	定子绕组的导线材料	铜线	转子铁芯长度	4cm
铁芯长度	4cm	定子槽满率	71.9915%	转子铁芯叠压系数	0.95
铁芯叠压系数	0.95	每槽导体数	140	极弧系数	0.8
定子槽数	24cm	绕组线型	圆形	磁钢轴向长度	4cm
定子槽形	斜肩平底槽		0cm		

根据永磁同步电机的模型参数，建立的本文研究的永磁同步电机模型，图 2 为该永磁电机的尺寸、局部放大图以及绕组电流的流入和流出方向。

图 2　电机的有限元建模模型

Fig. 2　Finite element model of PM motor

2.2　计算理论

利用损耗曲线计算电机铁耗，其损耗曲线测试所用的磁场一般具有如下性质：（1）正弦的磁场激励；（2）磁场交变“单轴”特性。而实际电机中定子不同位置磁场变化大小方向不同，除了轭部和齿中部以外磁场交变不具备“单轴”特性，因此需要根据实际磁场变化找到其轴线，确定沿着该轴线的磁场大小与频率，才能使用损耗曲线。具体计算损耗的步骤为：（1）将电机定子进行区域分割；（2）找到磁场变化的轴线；（3）求得以该轴交变的磁场波形；（4）对磁场波形进行 FFT 分析，得到不同的频率和 B 值；（5）查损耗曲线计算出损耗。

利用时步有限元法求电机的损耗，首先建立电机的定转子模型，然后对整个模型进行剖分网络，建立定子到气隙再到转子的有限元网单元，将麦克斯韦方程组应用到二维网络中。根据铁磁材料的 B-H 曲线可知，在饱和时，它是非线性的，铁芯的磁导率会随着磁感应强度的变化而变化，利用等效磁导率来求出总的铁耗。在有限元方法中，由于转子在每一步都是旋转的，而定子是固定不动的，在时步有限元法中，采用运动边界插值法解决这一问题。

结合不同试样的磁特性参数，对电机有限元建模分析来获得不同硅钢片的铁损和磁化特性的变化对电机性能指标的影响。

3　永磁同步电机仿真分析

3.1　硅钢铁损与电机铁耗影响关系分析

表 4 给出了不同的硅钢材料计算出电机损耗。从 3#试样到 1#试样，无取向硅钢材料的工频铁损 $P_{1.5/50}$

逐步降低，依次分别降低了 3. 6%和 10. 8%，而相应的电机铁耗逐步增加，采用工频铁损最低的 3#无取向硅钢制作的电机铁耗比采用 1#无取向硅钢制作的电机铁耗高升高 9. 6%。电机铁耗随硅钢片铁损降低而降低，但两者并不是简单的线性关系。但采用铁损低的高品质硅钢片是降低电机铁耗的最直接手段之一。相对于本文 500W 的电机研究平台，整体铁耗所占比例偏低，因此针对小功率永磁同步电机，采用较低铁损的无取向硅钢产品虽然有助于降低电机整体铁耗，但改善效果并不明显，因此从经济性角度来讲，采用低铁损无取向硅钢并不是此类电机性能优化的主要方向。

表 4 铁芯损耗的计算结果

Table 4 Calculation results of iron core loss

编号	$P_{1.5/50}$/W · kg^{-1}	定子铁耗/W	转子铁耗/W	总铁耗/W
1#	2. 47	6. 0413	0. 79969	6. 841
2#	2. 31	5. 5635	0. 74147	6. 305
3#	2. 23	5. 5018	0. 73983	6. 242

3. 2 硅钢磁导率对电机电磁特性的影响关系分析

利用三种不同无取向硅钢磁化曲线和磁导率曲线，对永磁同步电机电磁特性进行了计算，结果如表 5 所示。

表 5 电机电磁特性计算结果

Table 5 Calculation results of electromagnetic characteristics of PM motor

编号	B=1. 0T 时相对磁导率	反电势（基波）有效值/V	d-轴电枢反应电感/mH	q-轴电枢反应电感/mH	平均转矩/Nm
1#	8. 5649	117. 2	54. 45	59. 41	3. 569
2#	8. 8904	117. 2	54. 46	59. 44	3. 569
3#	8. 0086	117. 0	53. 98	59. 29	3. 562

2#硅钢产品铁损适中，但磁导率 $\mu_{1.0/50}$ 相对较高，模拟计算表明，其相应的电机的反电势（基波）有效值、d-轴电枢反应电感、q-轴电枢反应电感、平均转矩比铁损最低的 3#硅钢产品分别增加 0. 17%，0. 9%，0. 25%，0. 19%。由于 1#硅钢产品和 2#硅钢产品磁导率差别不大，由此计算出来的电机电磁特性基本相当。由此表明硅钢材料的磁化曲线/磁导率曲线对本文研究的电机电磁特性具有重要的影响，提高硅钢产品的相对磁导率 $\mu_{1.0/50}$，既提高硅钢产品在低磁场下的磁化能力，可以显著改善电机的电磁特性。

电机的平均转矩表征的是电机带负载的能力，而瞬时转矩的波形，可以反映系统的动态特征。电机瞬时转矩越大，电机带载运行过程中对负荷的适应能力越强，三种不同硅钢材料的瞬时转矩计算结果见图 3。具备最低铁损的 3#试样的瞬时转矩明显低于 1#和 2#试样。这也从另外一个方面论证了对于本文研究的 500W 永磁同步电机，采用低铁损无取向硅钢产品并不是提升电机性能的最佳选择。要想提高电机的电磁性能，提高硅钢材料的磁化性能比降低铁损更有意义。

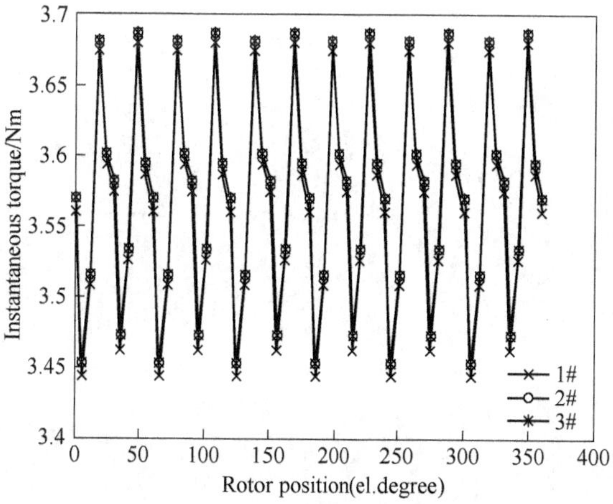

图 3 不同试样硅钢材料仿真计算时电机的瞬时转矩

Fig. 3 Simulation calculation of instantaneous torque of PM motor with different silicon steel

3. 3 电机效率分析

电机的效率是表征电能转化效率的直接指标，效率越高，电机越节能，三种不同硅钢材料的电机效率计算结果如表 6 所示。虽然 1#硅钢产品铁损明显高于 3#试样，但 1#硅钢产品磁导率相对较高，两者制成的电机效率基本相当，差别不足0.1%，但采用铁损适中、磁导率显著提升的2#试样制作的电机，其效率提高超过0.8%，此外电机的反电势（基波）有效值、d-轴电枢反应电感、q-轴电枢反应电感、平均转矩等电机电磁特性均明显较好。

表6　不同硅钢材料计算出电机效率结果

Table 6　Calculation results of motor efficiency with different silicon steel

试样编号	1#	2#	3#
效率/%	83.54	84.38	83.63

4　结论

采用低铁损无取向硅钢是降低永磁同步电机铁耗的最直接手段之一，但对本文研究的500W永磁同步电机仿真计算结果表明，铁耗并不是影响电机损耗的主要因素，通过改善硅钢片低磁场下的磁化能力，可以显著提升永磁同步电机的效率和电磁特性指标，当磁导率 $\mu_{1.0/50}$ 提高11%时，电机效率可以提高0.8%，电机的反电势（基波）有效值、d-轴电枢反应电感、q-轴电枢反应电感、平均转矩分别增加0.17%，0.9%，0.25%，0.19%。

参考文献

[1] 王爱华．日本开发新能源汽车用高效电工钢产品及应用的浅析 [J]．电工钢，2012(1)：13-18.

[2] 龚坚，罗海文．新能源汽车驱动电机用高强度无取向硅钢片的研究与进展 [J]．材料工程，2015，43(6)：102-112.

[3] 何忠治．电工钢 [M]．北京：冶金工业出版社，1997：73~75.

[4] 张峰，朱诚意，缪乐德，李光强．国内外高牌号无取向硅钢夹杂物的控制效果与评价 [J]．冶金分析，2012，32(7)：12-20.

[5] 谢晓心，张新仁．主要成分和工艺对极低铁损高磁感无取向电工钢磁性的影响 [J]．钢铁研究，2003，5：52-58.

[6] 吕学钧，张峰，王波，朱诚意，李光强．夹杂物对无取向硅钢磁性能的影响 [J]．特殊钢，2012，33(4)：22-25.

[7] 石文敏，刘静，冯大军，曹海东．无取向硅钢磁性能对电动汽车电机性能的影响 [J]．武汉工程职业技术学报，2015，27(2)：7-11.

影响电动汽车用驱动电机输出性能的因素分析

李广林，马 琳，姜瑞雪，安冬洋，胡志远，刘 磊，王付兴

（北京首钢股份公司电工钢事业部，河北 迁安 064404）

摘 要：硅钢材料作为制作驱动电机定转子的关键原材料，其性能直接影响到电机的输出性能，但并不是唯一的影响因素。本文分析了硅钢材料对电动汽车用驱动电机输出性能的影响，并从电机设计参数、加工制造和性能测试角度，分析了影响电动汽车用驱动电机输出性能的因素。

关键词：电动汽车；驱动电机；硅钢；影响

The Analysis of Factors Affecting the Output Performance of Drive Motors for Electrical Vehicles

Li Guanglin, Ma Lin, Jiang Ruixue, An Dongyang, Hu Zhiyuan, Liu Lei, Wang Fuxing

(Shougang Co., Ltd. Silicon Career Department, Qian'an 064404, China)

Abstract: Silicon steel is the critical material to be used to produce the stators and rotors of drive motors, so the performance of silicon steel directly affect the performance of drive motors, but which is not the only factor. In this paper, the effects of silicon steel to the performance of drive motors are discussed, and also analyze the factors which affect the performance of drive motors base on motor design, manufacturing and testing.

Key words: electrical vehicle; drive motor; silicon steel; affect

1 引言

我们国家要创建节约型社会，所以节能、环保型产品将成为最近几年制造业发展的新方向。电动汽车是国家“十三五”规划重点项目之一，研究如何提高驱动电机输出性能以增加电动汽车续航里程、提高驱动电机扭矩以增强电动汽车动力性，具有重要的经济意义[1]。

影响驱动电机输出效率和扭矩的因素有多种，如：关键原材料的选型；电机设计方案的优劣性；电机加工制作过程中的精度把控；电机性能测试过程中的方法和精度。本文从电机设计及硅钢材料选型、电机加工制造和电机性能测试环节和角度，分析了影响电动汽车用驱动电机输出性能的因素，指出电工钢材料并不是影响驱动电机输出性能的唯一因素。

2 影响因素分析

2.1 电机设计及硅钢材料选型因素

目前电机的类型众多，依据其各自的优劣点，被分别应用于不同的行业，发挥着不同的作用，交流异步电机和稀土永磁同步电机是目前国内新能源汽车所采用的主要电机典型[2]。交流异步电机系统，我们称之为传统电机。其技术成熟、可靠、产业链完整，并且成本很低，因此被大量应用于新能源汽车（尤其是缺乏标准的低速车）[3]。稀土永磁同步电机是一种高性能电机系统，具备很多优势，比如功率密度、效率、智能控制等等，加之技术比较成熟、人才也多、短时间内容易上项目，因此目前在我们国家

兴起了“永磁电机热”，各个整车企业也在考虑使用这类电机系统，或正在使用[4]。然而，虽然交流异步电机和稀土永磁同步电机均广泛应用于新能源汽车，但是两者在电机设计和硅钢材料选型上存在较大区别。

首先，交流异步电机在工作时，转子绕组要从电网吸收部分电能励磁，消耗了电网电能，这部分电能最终以电流在转子绕组中发热消耗掉，该损耗约占电机总损耗的20%~30%，它使电机的效率降低。而交流异步电机的励磁损耗还与硅钢材料的磁感性能直接相关，因为励磁损耗 P 与励磁电流 I 的平方成正比，而励磁电流 I 与硅钢材料的磁导率 μ 成反比，即硅钢材料磁导率 μ 越高，要达到某一磁密所需的励磁电流越小，则励磁损耗 P 也就越小。此外，电动车用交流异步电机的铁芯磁密 B 还不能设计的过大，因为铁芯磁密是硅钢材料磁导率和外加磁场强度 H 的乘积，即 $B=\mu H$，而外加磁场强度与励磁电流 I 成正比。因此，为使得电动车用交流异步电机具有相对较高的效率，一方面需要选用具有较高磁导率的硅钢材料，另一方面铁芯设计磁密应不宜过大。

其次，稀土永磁同步电机采用永磁体来产生气隙磁通量，永磁体代替了交流异步电机中的定子励磁绕组和转子绕组，在电动机的定子绕组中通入三相电流，就会在电动机的定子绕组中形成旋转磁场，由于在转子上安装了永磁体，转子中无感应电流，不存在转子电阻损耗，也不存在定子励磁损耗，只此一项可提高电机效率4%~50%。因此，从电机效率的角度考虑，稀土永磁同步电机在硅钢材料选型时可以侧重于铁损性能，但这并意味着稀土永磁同步电机对硅钢材料的磁感性能无需求，为追求稀土永磁同步电机的小型化和高转矩，也需要在硅钢材料选型时能够平衡磁感性能，并且在电机设计时需要将铁芯磁密 B 设计为适当大的范围内。

2.2 电机加工因素

在电机定转冲压加工过程中，当出现冲压模具与硅钢机械性能之间存在严重的不匹配，定转子冲压收紧模的收紧量过大以及冲压深度过深等情况时，会导致冲压出的硅钢叠片存在变形、翘曲，从而使得电机定转子在叠压叠高后，因局部叠压不严实或叠扣不扣而存在两侧高度差，进而使叠片系数降低。叠片系数偏低意味着铁芯体积不变时硅钢片用量减少时，铁芯的有效面积减小[5]。一方面铁芯的有效面积减小使得通过铁芯有效面积内的磁通密度增大，导致铁芯损耗（铁损）升高。另一方面，铁芯的有效面积减小使得空气隙增大，主磁通量减少，使激磁电流增大，从而使电机电枢损耗（铜损）增大。再者，定转子高度差会使定子与转子间的气隙不均，增大电机损耗，影响电机运行效率[6]。

此外，在电机定转冲压加工过程中，当冲模在冲床安装时不恰当，冲模模刃周围间隙过大、过小或不均匀，或冲模刃口磨钝时，会使冲片产生毛刺。由于毛刺的存在会使冲片数量减小，引起激磁电流增加和效率降低，并会因毛刺损坏片间绝缘而加剧涡流损耗、影响电机效率[7]。

2.3 硅钢材料因素

由于电机定转子是由硅钢材料冲片叠高叠压而成，则硅钢材料本身的板形和尺寸控制精度的优良对电机定转子的高度差存在直接的影响[8]。因此，当硅钢材料板形不平整或存在较大的厚度差时，经冲片叠高叠压而成电机定转子就会产生一定的高度差。尤其是对于定转子高度较高或直径较大的新能源汽车电机，硅钢材料板形和尺寸对电机定转子高度差产生的影响尤为突出，进而如前面 2.2 所述，会使激磁电流增大，增大电机损耗，影响电机运行效率。

此外，硅钢材料的机械性能也会影响到定转子冲片的质量，如前面 2.2 所述，硅钢材料的力学性能与冲压模具的匹配性会影响到冲片的平整度，并会影响到冲片磁性能的恶化程度；再者，硅钢材料的力学性能的均匀性，也会影响到冲片的毛刺数量和大小。因而，硅钢材料的力学性能也是电机性能的影响因素之一。

2.4 电机测试因素

新能源汽车驱动电机在加工成整机后，需要利用专用的测试台架在专用控制器控制下进行性能测试，在此过程中，存在较多的影响电机性能的因素。

首先是设备、系统功能精度因素，如扭矩传感器的测量精度和状态直接影响到测试出的电机性能，目前常用扭矩传感器 HBM T40B 的测量精度为 0.05%，而 T12 的测量精度为 0.02%；此外，在扭矩传感器使用一段时间后就会出现偏差，如不能及时发现和更换也将影响到电机测试性能。其次是测试参数设置因素，如最大转矩电流 MTPA 角的确认和设置，理想情况下，希望驱动电机在最小的输入电流情况下输出最大的转矩，这就需要在测试过程中通过在指定工况下仔细寻找最佳转矩电流角，否则测试出的电机性能会有较大偏差。再者就是测试人员的人为因素，如稳态数据采集时，操作人员对于电机是否已进入稳定状态的判断；操作人员加减速时的操作手法和习惯等，均会影响到电机的测试性能。

3 结论

（1）电机设计和硅钢材料选型能够影响新能源汽车用交流异步电机和稀土永磁同步电机输出性能，电机设计时需要结合电机类型有针对地选用具有不同性能的硅钢材料。

（2）电机加工过程中存在影响电机最终输出性能的因素，需要有针对性地进行管控。

（3）除硅钢材料磁性能因素外，硅钢材料的板形、尺寸及力学性能也会影响到电机最终的输出性能。

（4）电机测试环节也存在较多影响电机最终输出性能的因素，为客观、公正地评价电机性能，建议在同一时间范围内的同一测试台架上，由同一个操作人员进行测试。

参考文献

[1] 白木，周洁．我国电动汽车产业化发展综述［J］．机电信息，2003(17).

[2] 郭建龙，陈世元．电动汽车驱动用电机的选择［J］．汽车电器，2007(01).

[3] 闫大伟，陈世元．电动汽车驱动电机性能比较［J］．汽车电器，2004(02).

[4] 豪彦．新能源汽车驱动电机的现状及发展方向上海电驱动有限公司和上海大郡自动化系统工程有限公司访问记［J］．汽车与配件，2009(37).

[5] 于芳．冲模对电机定转子冲片质量的影响［A］．天津市电机工程学会 2009 年学术年会论文集［C］，2009：142-144.

[6] 宋子明．电动机定转子冲片的冲裁加工精度［J］．中小型电机，2003，30(5)：47-48.

[7] 康凯．定转子冲片毛刺超差探因［J］．防爆电机，2004，121(4)：42-43.

[8] 李广林，胡志远，陈凌峰，等．2015 第十三届中国电工钢学术年会论文集［C］．2015：249-251.

新能源高转速驱动电机的转子离心力仿真

马　琳，李广林，姜瑞雪，安冬洋，胡志远，刘　磊，王付兴，蒯　军

（北京首钢股份公司电工钢事业部，河北 迁安 064404）

摘　要：新能源汽车驱动电机的转子离心力大小关系到电动汽车的安全系数。本文通过借助于仿真软件，模拟了高转速驱动电机的力学情况，并通过对比不同结构对于电机转子离心力的影响情况，分析对于高转速驱动电机转子离心力影响因素。

关键词：高转速；转子；离心力；硅钢

Simulation of Rotor Centrifugal Force of New Energy High Speed Drive Motor

Ma Lin，Li Guanglin，Jiang Ruixue，An Dongyang，Hu Zhiyuan，Liu Lei，Wang Fuxing，Kuai Jun

（Shougang Co.，Ltd. Silicon Career Department，Qian'an 064404，China）

Abstract：The centrifugal force of the rotor of the new energy automobile is related to the safety factor of the electric vehicle. In this paper，by means of the simulation software，to simulate the mechanics of high speed drive motor，and the effects of different structure for motor rotor of centrifugal force，analysis for high speed motor rotor centrifugal force influence factors.

Key words：high speed；rotor；centrifugal force；silicon steel

1　引言

新能源汽车是指采用非常规的车用燃料作为动力来源（或使用常规的车用燃料、采用新型车载动力装置），综合车辆的动力控制和驱动方面的先进技术，形成的技术原理先进、具有新技术、新结构的汽车。作为新能源汽车的动力源，驱动电机可以说在新能源汽车中起到了重要的作用，电工钢是制造驱动电机的核心材料。新能源汽车要求驱动电机具备启动时高扭矩、高速运行时高转速、高频率范围内高效率等特点，要求电工钢材料应具备低铁损、高磁感和高强度等特点。

目前，电机驱动系统是向着高效率、高转矩、高功率密度以及高集成度这个方向发展的，然而作为汽车，可靠性、安全性直接影响到车辆的可用性和用户的接受程度。电动汽车电机在高转速旋转时，承受较大的离心力作用，离心力的大小随旋转角速度变化而变化。电工钢在这种循环变化载荷下的疲劳性能尤为重要，影响到电机的结构设计和安全使用寿命[1]。

本文利用仿真软件，对高转速驱动电机转子的力学、电磁性能进行仿真，详细分析驱动电机转子离心力的理论原理，转子离心力的强度仿真以及电机性能的对比，提出应用在高速驱动电机上电工钢材料的开发方向。

2　理论分析

2.1　静力学方程

在经典力学理论中，物体的动力学通用方程为：

$$[M](\ddot{x}) + [C](\dot{x}) + [K]\{x\} = \{F(t)\}$$

式中，[M] 为质量矩阵；[C] 为阻尼矩阵；[K] 为刚度矩阵；{x} 为位移矢量；{$F(t)$} 为力矢量。

在线性静态结构分析中力与时间无关，因此位移 {x} 可以由下面的矩阵方程解出：

$$[K]\{x\} = \{F\}$$

在线性静态结构分析（静力分析）中，假设 [K] 为一常量矩阵且必须是连续的，材料必须满足线弹性、小变形理论，边界条件允许包含非线性边界条件，{F} 为静态加载到模型上的力，该力不随时间变化，不包括惯性影响因素（质量、阻尼等）。

转子离心应力分析属于线性静态结构分析，因为离心力是稳态的惯性力。

2.2 转子离心应力分析

分析目的：保证结构设计的合理性。但是具体问题分析时，不同的设计阶段、不同的电机结构、不同的工况都会产生不一样的分析目的。例如设计内嵌式转子时，核心目的是确定转子最薄弱位置的强度是否足够。

不同的工况分析目的不一样，低速大扭矩工况，主要考虑切向变形、考虑转矩产生的应力；高速工况主要考虑离心应力对结构影响；高温工况考核温度应力和变形对结构的影响。

不同的分析目的设置不同的接触类型，比如表贴式燕尾槽结构转子，分析目的是磁钢自身离心应力是否足够和转子整体结构强度时，磁钢和燕尾槽之间的接触做成粘结就行。如果是要分析燕尾槽的强度，以及磁钢卡槽位置的强度时，就需要设置成摩擦接触了。

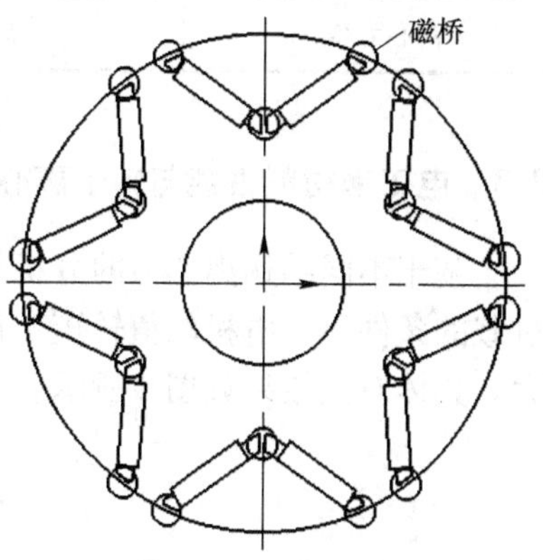

图 1 电机转子磁桥结构

转子离心力分析的主要载荷有转速、温度、转矩。简化为一极的模型不能加载转矩，转矩产生切向变形，而对称面是约束了法向位移的，刚度矩阵已经改变。

2.3 隔磁桥受力分析

转子冲片隔磁桥刚强度分析是内嵌式永磁同步电动机设计中的一个重要组成部分。在电动机正常运行时，转子冲片隔磁桥是转子结构中最脆弱的部位，最容易发生断裂，主要承受离心力、电磁转矩以及转子铁心与转轴间的过盈预应力作用[2]。

（1）离心力。磁钢与转子冲片之间为胶连接，因此磁钢可简化成质量点的形式加载在转子冲片的磁钢受力作用面上，对计算模型施加运行可能达到的极限转速。

（2）电磁转矩。电动机对转子的最大电磁转矩是额定转矩的 2.2 倍，加载在转子铁心外径处；对转轴外表面施加圆柱切向约束。

（3）过盈预应力。转子铁心与转轴之间的配合公差为 120H8/r6，两者之间为过盈配合，接触为摩擦接触，摩擦因数为 0.2，单边扩张量设置为下极限偏差的 1/2[3]。

3 仿真分析结果

3.1 不同转速的转子离心力分析

利用仿真软件对一款驱动电机进行模拟，同一结构不同转速下转子离心力趋势如表 1 所示。

表 1 不同转速的转子离心力分析结果

电机转速/r · min^{-1}	10000	14000	20000
离心力/MPa	118	233	475

根据仿真结果，电机转子离心力随着电机转速升高而加倍升高。要满足 20000 转高速驱动电机转子离心力，离心力×安全系数×超速范围=475×1.2×1.2=684MPa，如按照该款电机设计，电工钢材料的屈服强度应大于 684MPa。

3.2　不同结构的转子离心力分析

在保证内磁桥宽度值为 1.8mm 时，所受最大拉伸应力值满足在安全系数，逐步减小外磁桥宽度，以达到减小漏磁提高最大扭矩输出能力，增加电机高效区的目的。现将外磁桥宽度由 1.6 递减至 1.0，最大拉伸应力值对比如表 2 所示。

表 2　不同结构的转子离心力分析结果

外磁桥宽度/mm	1.6	1.4	1.2	1.0
离心力/MPa	450	473	484	489

3.3　电工钢材料性能与转子离心力结构的对比

基于不同结构离心力的分析结果，对电机性能进行仿真，重点关注电机的效率、峰值转矩，在电机过载的条件下，电机峰值转矩变化明显。电机最大效率差别不大，但是不同结构的最大效率面积差别较大。具体对比结果如图 2 所示。

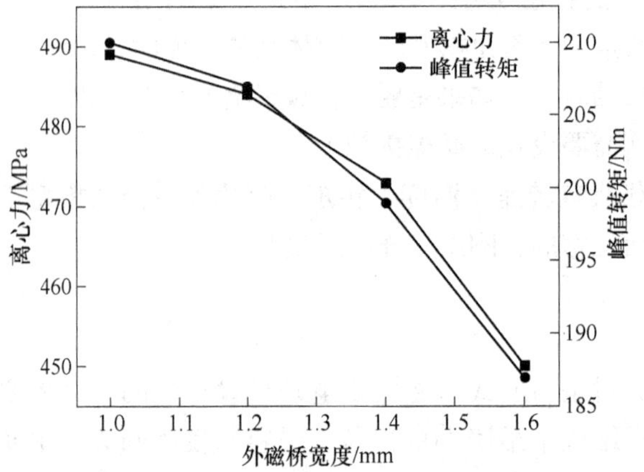

图 2　不同结果电机的离心力和峰值转矩对比

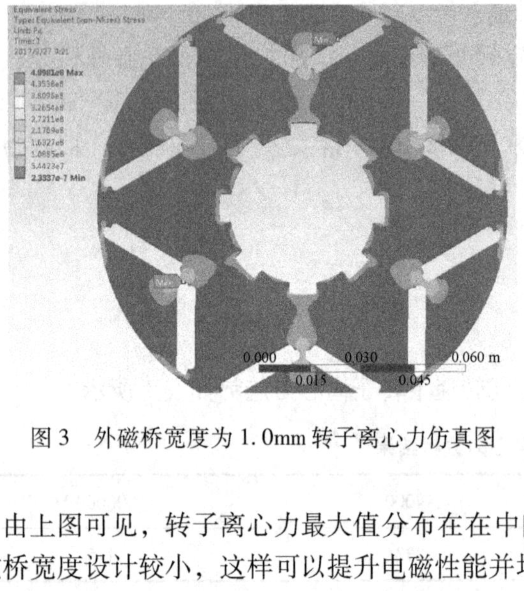

图 3　外磁桥宽度为 1.0mm 转子离心力仿真图

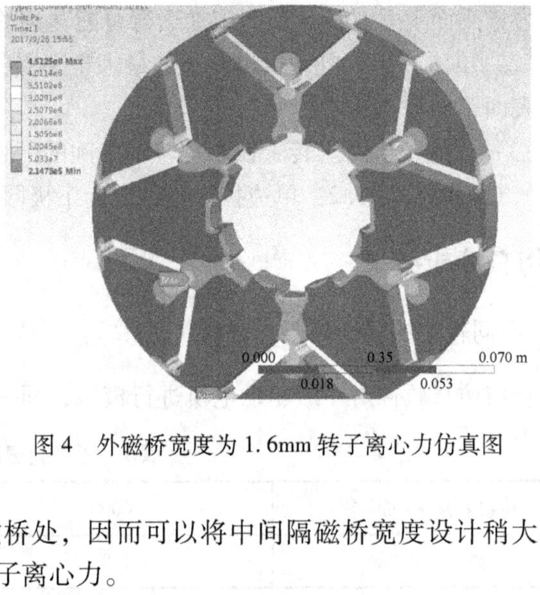

图 4　外磁桥宽度为 1.6mm 转子离心力仿真图

由上图可见，转子离心力最大值分布在在中间隔磁桥处，因而可以将中间隔磁桥宽度设计稍大，将外磁桥宽度设计较小，这样可以提升电磁性能并均衡转子离心力。

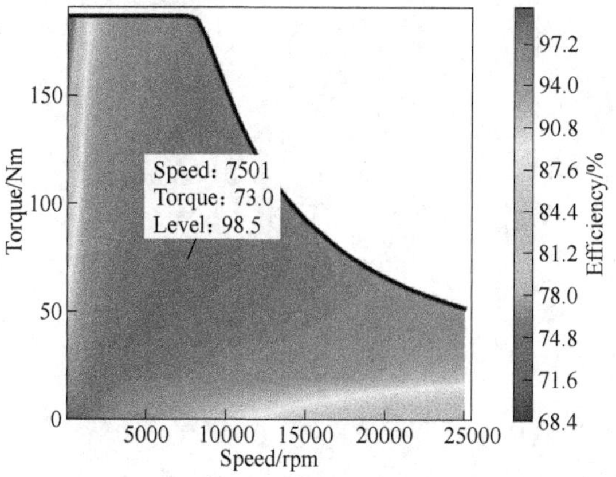

图 5 外磁桥宽度为 1.0mm 电机效率 map 图

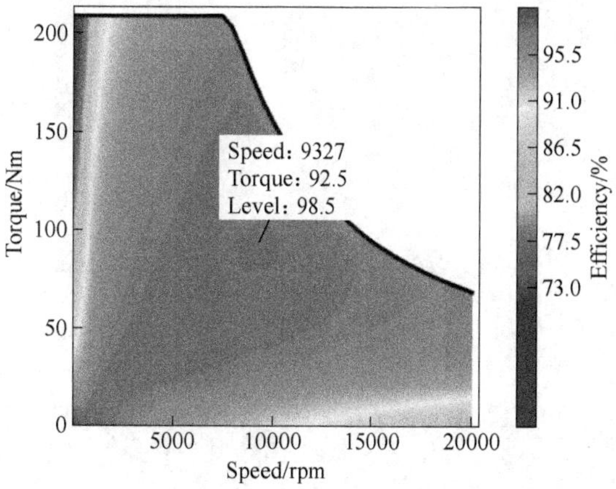

图 6 外磁桥宽度为 1.6mm 电机效率 map 图

由上图可见，外磁桥宽度降低，高效区面积明显增大，由此可见外磁桥宽度的减小对于电机的电磁性能提高颇有成效。

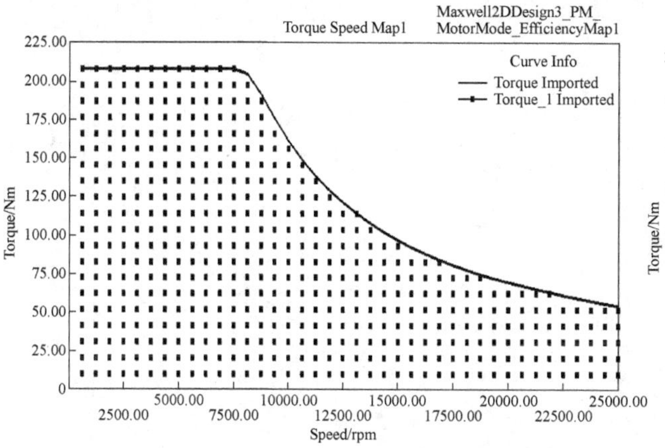

图 7 外磁桥宽度为 1.0mm 电机峰值转矩图

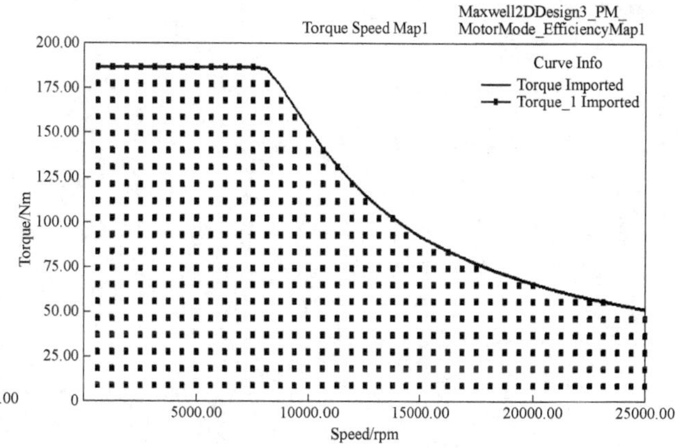

图 8 外磁桥宽度为 1.6mm 电机峰值转矩图

由上图可见，外磁桥宽度降低，峰值转矩明显增大，由此可见外磁桥宽度的减小对于电机的电磁性能提高颇有成效。

通过上述对比，通过调整外磁桥宽度，可以提升电机的性能，开发出一款屈服强度能够满足电机转子离心力要求的电工钢产品，应用于高速驱动电机转子，开发一款电磁性能高的电工钢产品，应用于高速驱动电机定子，这样可以平衡电机效率与电机结构的矛盾点。

4 结论

（1）电机转速越大，转子离心力越大。

（2）转子磁桥宽度越小，转子离心力越大。

（3）在内磁桥宽度不变的条件下，外磁桥宽度越小、电机峰值转矩越大，电机最大效率差别不大，但是不同结构的最大效率面积差别较大。

（4）磁桥宽度越小，意味着相对应电工钢的屈服强度需提高。但是如果屈服强度越大，电工钢电磁性能也有影响。平衡电机效率与电机结构的矛盾点主要方式是高屈服强度电工钢应用于高速驱动电机转子，高磁性能电工钢产品应用于高速驱动电机定子。

参考文献

[1] 杜丽影，周桂峰．高牌号无取向电工钢疲劳寿命的统计分析．微特电机．1004-7018(2016)06-0044-03.

[2] 启德新．基于 ANSYS 的永磁同步电机隔磁桥结构改进设计．工矿自动化．2014，40(10)：102-105.

[3] 张涛．基于有限元法的高速永磁转子强度分析．电机与控制学报．

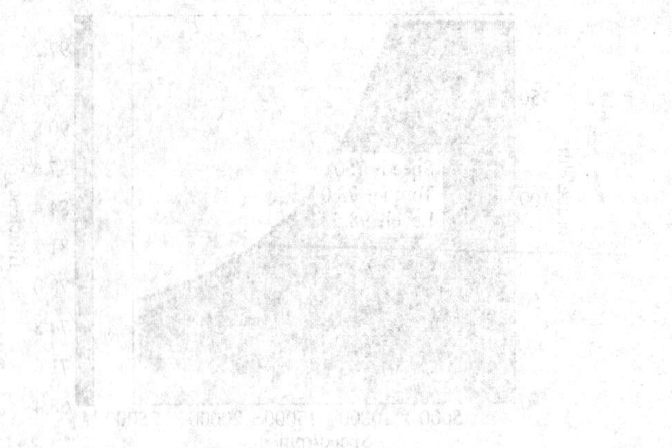

综述与其他

ZONGSHU YU QITA

我国冷轧电工钢引进生产技术回顾及思考

陈 卓

（中国金属学会电工钢分会，湖北 武汉 430080）

摘 要：本文重点阐述了电工钢在国民经济建设中的重要地位，特别是在人民日常生活中，使用的各种电器产品都需要电工钢。同时回顾了39年来，我国电工钢引进技术的主要事件及成就、不足以及未来发展提出几点思考。文中表明：中国新时代，电工钢产业将面向世界，全面实现在中国生产、自主创新、技术转让，以达到服务全球的目标，将来在生产能力、数量、品质上，实现世界第一；在生产技术、产品研发、技术储备上达到世界领先；在知识产权、专利技术、发明专利数量上超过发达国家，通过共同努力，早日实现中国电工钢强国梦。

关键词：冷轧电工钢；引进生产技术；发展

The Review and Reflection of the Introduced Production Technology of the Cold Rolled Electrical Steel in China

Chen Zhuo

(The Electrical Steel Branch of Chinese Society for Metals, Wuhan 430080, China)

Abstract: This paper focuses on the importance of electrical steel in the construction of national economy, especially in people's daily life, the use of all kinds of electrical products need electrical steel. This paper also reviewed the major events and achievements and shortcomings of Chinese electrical steel introduction technology in the past 39 years, and put forward some thoughts on future development. It indicated: In China's new era, the electrical steel industry will face the world, achieve production in China, independent innovation and technology transfer, to achieve the purpose of the global service. In the future, Chinese electrical steel industry will achieve world first in production capacity, quantity and quality. Chinese electrical steel industry will surpass the developed countries in the number of intellectual property, patent technology and invention patents. By working together, we will realize the dream of the great power of Chinese electrical steel.

Key words: cold rolled electrical steel; introduction of production technology; development

1 电工钢在国民经济建设中的重要性

电工钢亦称硅钢片，主要制作各种电机、发电机和变压器的铁芯。其生产工艺复杂，制造技术严格，国外的生产技术都以专利形式加以保护，视为企业的生命。它的制造技术和产品质量也是衡量一个国家特殊钢生产和科技发展水平的重要标志之一。在国民经济建设中有着十分重要的地位，电力、机械、铁路、冶金、化工、航空等工业生产运行的变压器、电机都离不开电工钢，特别是在人民的日常生活中，使用的各种电器产品都需要电工钢。它也是国民经济建设中，产量最大的重要软磁合金及金属功能材料。

目前我国电工钢数量、质量、规格牌号，完全能满足国民经济建设的需求，其产品的综合技术水平已接近或达到世界同行先进水平，产品质量完全可与国外同类产品媲美，已具备为国家现代化建设服务的能力。

2 引进生产技术的回顾

2.1 引进国外先进的生产技术及装备

从热轧硅钢开发，走向冷轧电工钢技术引进。新中国成立不久，在苏联专家卡洛布指导下，1953 年太钢首先试制成功硅含量为 1%~2%的热轧硅钢板，1954 年正式生产，同时又试制成功硅含量为 3%~4%用于变压器铁芯的高硅钢板。随后在鞍钢利用苏联援助建设的第二薄板厂生产用于电机、变压器铁芯的热轧硅钢片。1958 年上海矽钢片厂建成投产。经过 5 年的努力，上海矽钢片厂独创了不掀折迭一火轧成的新工艺、并采用通 H_2 退火，使热轧硅钢片生产的劳动强度、能耗大幅降低，成材率提高，磁性进一步改善（$P_{15/50}$为 4.0~5.5W/kg 产品），产品厚度可达 0.20~0.50mm。由于热轧硅钢片工艺设备简单、投入少、产能迅速扩大。当时生产高矽的热轧硅钢厂还采用酸-碱洗技术，处理退火后表面产生的氧化铁与白膜。1963 年冶金部钢铁司主持召开三项新技术推广会议。随后上矽厂与北京钢铁研究院共同研发了热轧后快速冷却，使碳弥散分布，从而提高罩式退火过程的脱碳效率。

1974 年经国家批准，武钢（武钢有限）第一次从日本新日铁引进了当时世界较先进的——冷轧电工钢生产专利技术及全套工艺设备，该项目年生产设计能力 7 万吨，其中无取向钢 4.2 万吨，取向钢（含 HIB 钢）2.8 万吨。项目从 1974 年 9 月 5 日开始建设，1978 年下半年正式投产；在消化引进技术的基础上，1996 年武钢（武钢有限）第二次引进技术，其主要引进了以 Z8 为代表一般取向电工钢、Z6H 为代表的 HIB 钢。

2.2 消化、掌握引进专利技术

以武钢（武钢有限）为主线，认真学习国外先进专利技术、消化、掌握国外先进专利技术，从无到有、从小到大、从弱到强，不断壮大了我国电工钢科技队伍。大致分为：

（1）研究试制开发期。1957 年钢铁研究总院科研人员着手研究和试制含硅 3%的冷轧电工钢，摸索了一般取向电工钢生产工艺路线，并制成了具有（110）［001］高斯织构的取向电工钢；1959 年太钢、鞍钢分别通过小生产试生产取向电工钢。由于对前工序及脱碳退火等工艺技术掌握不足，而暂停研究或生产；1964 年以钢铁研究总院为代表的一批研究人员，着手研究以 MnS 作为抑制剂的一般取向电工钢，并对连续退火、MgO 隔离剂、罩式高温退火、绝缘涂层配方等工艺开展深入研究，试制出的电工钢磁性有了一些突破；1973 年钢铁研究总院开始对钢中 Mn、S、C 合适含量和残余 Al 量的有利作用，特别是对板坯加热温度和热轧工艺制度进行了深入研究；1973~1975 年太钢利用钢铁研究总院成果在 50t 氧气转炉上尝试了冶炼取向电工钢原料；在我国引进新日铁冷轧电工钢生产技术时，原武钢钢铁研究所与钢铁研究总院等针对矿石含 Cu 的特点，开展了 Cu 对冷轧电工钢磁性的研究。（2）消化引进，进入大生产期。1974 年周恩来总理亲自批准，武钢（武钢有限）第一次引进了日本硅钢专利生产技术及工艺设备；在消化引进技术的基础上，为满足国家对高磁感取向电工钢的需要，1996 年武钢（武钢有限）进行了第二次引进。多年来，通过不断地管理创新和质量持续改进攻关，使电工钢各项经济技术指标和产品实物质量全面达到新日铁同期水平。完成取向电工钢全面高磁感低铁损产品化技术改造，低温高磁感取向电工钢（HIB 钢）、CSP 工艺高磁感取向电工钢实现大规模化稳定生产，努力实现电工钢产能总量达到 200 万吨/年。（3）快速发展期。90 年代末以来，国内以太钢、宝钢、鞍钢、马钢等企业的电工钢项目相继投产，加快了我国电工钢生产技术的发展，我国前期主要以生产一般取向电工钢，高磁感取向电工钢（HIB 钢）主要依靠进口，经过自主创新，2005 年开始武钢（武钢有限）、宝钢、首钢分别批量生产高磁感取向电工钢（HIB 钢），在生产工艺上有了重大的突破，特别是高温和低温（HIB 钢）工艺技术以及太钢、宝钢、武钢（武钢有限）等高牌号无取向电工钢、高效电工钢的生产技术都取得了巨大的成果。目前国外能够生产厚度规格在国内均能生产，且高端取向和无取向电工钢产品牌号已与世界一流水平看齐，部分顶级牌号也具备试生产能力。如宝钢的 1550 酸轧机组，2000 年 5 月开始生产，共引进 6 个炼钢成分和 14 个品种，产品厚度为 0.35mm、0.50mm、0.65mm，宽度为 800~1300mm，具体牌号为 50W470、50W540~50W600、50W800~50W1300，其工艺技术与工艺设备特点：在炼钢系统采用铁水脱 S，炼钢顶底复合吹炼、合金微调以及真空精炼等，使钢质纯净的高品质无取向电工钢的能力大大提高。同时，实现了热送、热装和直接轧制连续过程并采用板坯大侧压技术和 P/C 轧制技术及带坯边部感应加热技术，起到了改善带材轧制精度、控制良好板形、防止或减少边裂等缺陷以及国内主流企业的低温板坯加热生产高磁感取向电工钢技术等一系列自主创新技术进步。又如太钢从德国引进的氧气顶吹转炉、连铸机、20 辊冷轧机，与当时国产热连轧机（后经改造）为冷轧电工钢生产创造了条件，新建了一条国产化的推拉式酸洗机组和引进一台 ZR22B52 轧机，作为电工钢的成品退火涂层、中间退火以及采用奥地利生产的涂料和自主开发的环保涂料，绝缘性、冲片性、耐热性良好。

表 1　我国企业与国外先进企业的 HIB 钢牌号对比

厚度规格	0.18mm		0.20mm		0.23mm	0.27mm
国外企业	18ZDKH070 18ZH080		20ZDKH075 20ZH085		23ZDKH080 23ZH090	27ZH095 27ZDKH085
宝武	用户试用	18RK070 18QG085	批量生产	B20R075 B20P085	23RK080 23RK085	23RK085 27QG090
		B18R070 B18P085		B20R075 B20P085	23RK080 23RK085	23RK085 27QG090
首钢	开发中		批量生产		23SQGD080 23SQG085	27SQGD090 27SQG095

数据来源：中国金属学会电工钢分会。

2.3　中国电工钢发展的缩影

39 年来，武钢（武钢有限）可说是中国电工钢发展的缩影，为了中国冷轧电工钢的快速发展，早日摆脱外国对中国电工钢的垄断，武钢（武钢有限）经历了消化吸收再创新、原始创新及成套技术集成创新的历程，自主开发了一系列具有自主知识产权的产品和工艺技术，对生产工艺、设备及产品品种进行了不断地改进和创新，经历了“八五”、“九五”、“十五”、“十一五”、“十二五”的不断努力及奋斗，使中国电工钢生产技术得到了快速的发展及传承。具体表现：（1）截止到 2016 年武钢（武钢有限）电工钢产能已达到 200 万吨，成为了全球最大的电工钢生产的单体产线；（2）武钢（武钢有限）在新一代取向电工钢、高效电机硅钢的研制开发及装备集成创新上均取得了重大突破，取得 80 项国家专利，其中 31 项发明专利，拥有 700 余个具有自主知识产权的硅钢生产技术诀窍、相关配套技术和科技成果；（3）武钢（武钢有限）二硅钢生产装备，可说是自主集成创新的典范，该集成包括世界上第一座用于取向电工钢中间完全脱碳退火目的的双层钢带连续退火炉及其相关工艺、两座高温环形退火炉等共计 23 条硅钢生产生产线等；（4）武钢（武钢有限）也多次获国家金、银质奖和部、省、市优质产品，1990 年获冶金部“实物质量达国际先进水平”6 个金杯奖、2006 年又荣获“中国名牌产品”等称号；（5）武钢（武钢有限）电工钢产品大量应用在大型变压器、大型发电机、电动机和家用电器等领域，如小浪底工程、三峡工程、青藏铁路工程、北京正负电子对撞机工程、神六、神七载人飞船工程等国家重点项目及工程；（6）武钢（武钢有限）硅钢工艺技术及装备的集成创新，对提升我国钢铁工业及设备制造业的全面进步，起到了重大的推动作用，特别是洁净钢冶炼、RH 真空精炼、连铸及电磁搅拌、热送热装、控轧控冷、连续退火技术及自动化技术等方面，在我国钢铁制造业中得到了广泛推广应用。

3　电工钢产业取得的成就

截至 2016 年，我国电工钢生产能力已达到约 1131 万吨，其中无取向电工钢 1002 万吨、取向电工钢 129 万吨，与 2015 年相比减少了 99 万吨，降幅达 8.05%。不完全统计，目前电工钢生产企业约 30 家，累计生产电工钢约 7438.12 万吨，其中取向电工钢 894.66 万吨、无取向电工钢 6543.46 万吨，国内 95% 以上的各种变压器、电机、家用电器等电子产品的定、转子铁芯全部使用了国产电工钢，为我国节约能源和实现四个现代化作出了巨大的贡献。突出表现在：（1）中国电工钢从无到有，填补国家一大空白。1978 年以前中国的冷轧电工钢生产一片空白，工业技术相对落后，全靠引进。我国只具备生产热轧矽钢片的能力，电器产品完全满足不了国民经济建设和人民生活的必需品，1974 年我国政府决定从日本新日铁引进冷轧电工钢生产技术及成套装备，1975 年在武钢（武钢有限）的“一米七工程”正式开工建设，经过近 4 年的项目建设，中国第一家冷轧电工钢生产企业在武钢（武钢有限）诞生了，1978 年 11 月第一卷冷轧电工钢正式下线，从此我们有了中国自产的冷轧电工钢，填补了国家一大空白，也标志着中国的冷轧电工钢从无到有的突破；（2）中国电工钢从小到大，大步实现国产化目标。我国电工钢在消化引进技术的基础上，开发和自主创新，从生产出几吨、十几吨、几千吨、几万吨到几百万吨的生产规模。截止到2016年我国电工钢国产化率已达95%。从图2看（1978～1987年我国电工钢产量推移图），这十年间我国电工钢产量逐年上升的发展趋势，1978年投产，当年取向电工钢只生产出3t、无取向电工钢991t，1987年取向电工钢产量达到3.04万吨、无取向电工钢产量达到5.95万吨；从图3看（1988～1997年我国电工钢产量推移图），这十年间我国电工钢产量从几万吨上升到二十多万吨，1988年取向电工钢只生产2.78万吨、无取向电工钢5.80万吨，到了1997年取向电工钢产量达到5.6万吨、无取向电工钢产量达到18.1万吨；从图4看（1998～2007年我国电工钢产量推移图），这十年间我国电工钢产量快速上升达到了几百万吨，1998年取向电工钢生产6.96万吨、无取向电工钢19.8万吨，到了2007年取向电工钢产量已达到27万吨、无取向电工钢产量已达到327.7万吨；从图5看（2008～2016年我国电工钢产量推移图），这十年间是我国电工钢产业高速发展期，2008年取向电工钢生产33.96万吨、无取向电工钢349.6万吨，到2016年取向电工钢产量已达到112.41万吨、无取向电工钢产量已达到752.39万吨；（3）从净进口逐年减少到成为出口国。1993年我国无取向电工钢开始出口，当年出口了2.3万吨，使中国从净进口国转为出口国，从此打破了新中国成立长达44年依赖进口的格局，特别是2001年我国取向电工钢开始出口，使中国钢铁界自豪和高兴；（4）中国电工钢从弱到强的跨越。我国高端电工钢从弱到强，过去我国的大型变压器、大型发电机组用高端电工钢完全依靠进口，现在我们已具备生产高端电工钢的能力，产品牌号全覆盖。2005年以前，我国只能生产CGO钢（一般取向电工钢），HIB钢（高磁感取向电工钢）产量每年不足1000t，2005年以后，在国家国产化政策的大力支持下，在武钢（武钢有限）、宝钢、首钢的先后研发努力下，我国HIB钢（高磁感取向电工钢）产量快速增长，到2016年HIB钢（高磁感取向电工钢）产量已达到77.45万吨，与2010年同比增长了27.11%；从图8看，“十二五”期间我国高牌号（高磁感、高效）无取向电工钢得到了快速发展，特别是大型发电机用高牌号无取向电工钢、高效电机与国际接轨，在加快淘汰热轧矽钢片方面发挥了重大作用；（5）电工钢产业在中国壮大发展。中国电工钢产业的高速发展，离不开国家产业政策，也离不开武钢（武钢有限）的贡献。2007年以来，国内多家企业或民企进入电工钢生产，与武钢（武钢有限）技术输出是分不开的。截至2016年我国电工钢表观需求量约860万吨，市场经济和国内需求带动了电工钢产业的发展，从先进技术的引进、消化、掌握到自主开发创新，科学技术进步发挥了重大作用。我国已掌握了高温高磁感取向电工钢的生产技术、低温一般取向电工钢，特别是自主集成的低温高磁感取向电工钢技术，还开发了CSP生产中低牌号无取电工钢技术、低温高磁感取向电工钢、取向电工钢激光刻痕等技术以及具备环保型绝缘涂层的制备技术。从图9看（2004～2016年我国电工钢进口推移图），2016年电工钢进口量与2004年同比下降72.54%，其中无取向电工钢同比下降69.85%、取向电工钢同比下降85.16%。从图10看（2004～2016年我国电工钢出口推移图），2016年电工钢出口量与2004年同比增长391.78%，其中无取向电工钢同比增长190.93%、取向电工钢增长幅度更大，同比增长19730%、年均增长率为112.91%。

我国电工钢产业通过引进、消化、改造、扩建、新建、自主创新、攻关革新，技术进步，特别是宝钢、首钢等企业的快速进步和技术工艺的突破，其产品的综合技术水平已达到世界同行先进水平，产品质量完全可与国外产品媲美，已具备为国家现代化建设服务的能力。

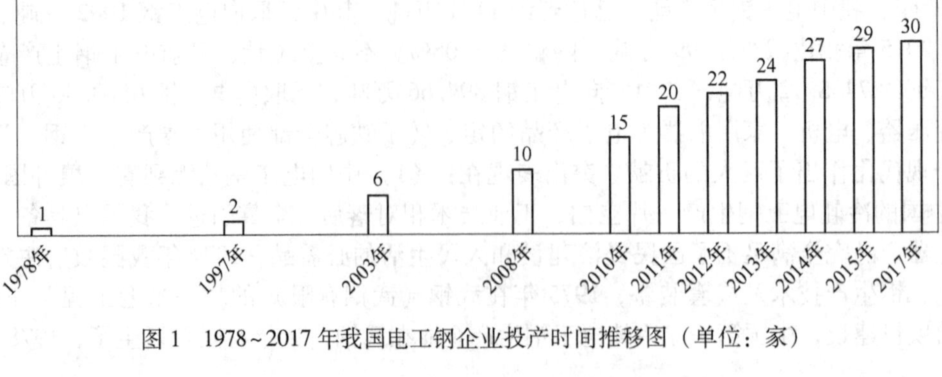

图1　1978～2017年我国电工钢企业投产时间推移图（单位：家）

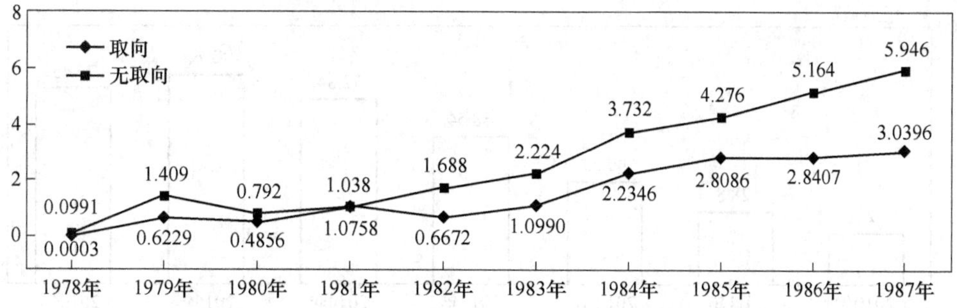

图 2　1978～1987 年我国电工钢产量推移图（单位：万吨）

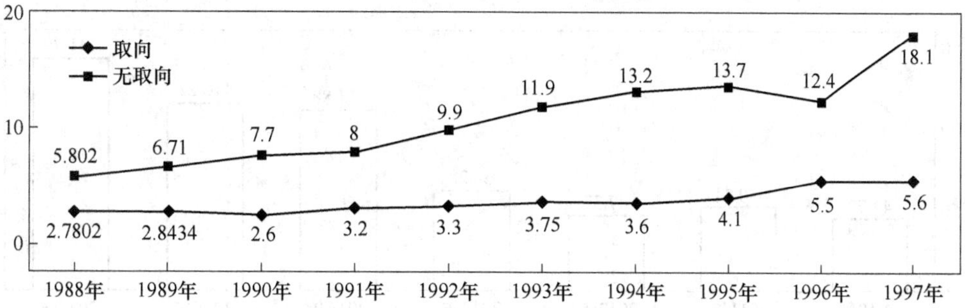

图 3　1988～1997 年我国电工钢产量推移图（单位：万吨）

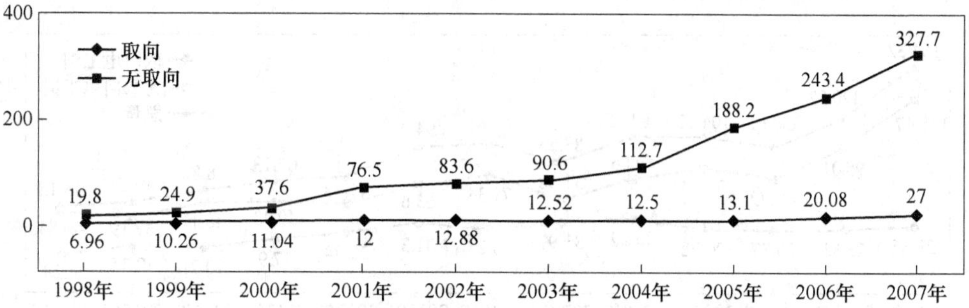

图 4　1998～2007 年我国电工钢产量推移图（单位：万吨）

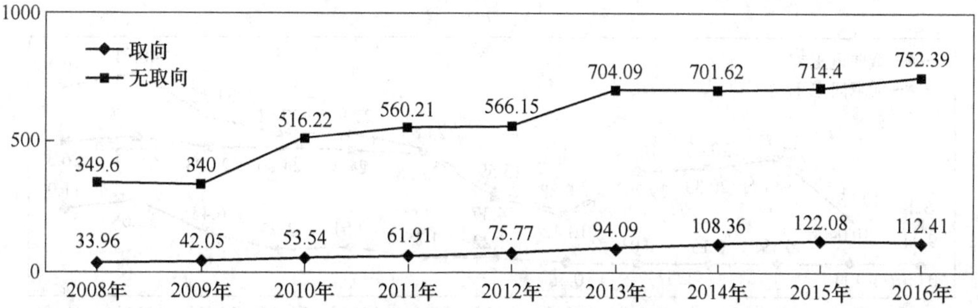

图 5　2008～2016 年我国电工钢产量推移图（单位：万吨）

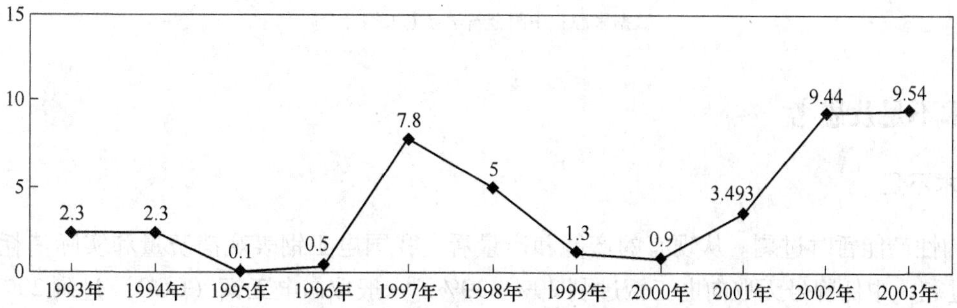

图 6　1993～2003 年我国电工钢出口量推移图（单位：万吨）

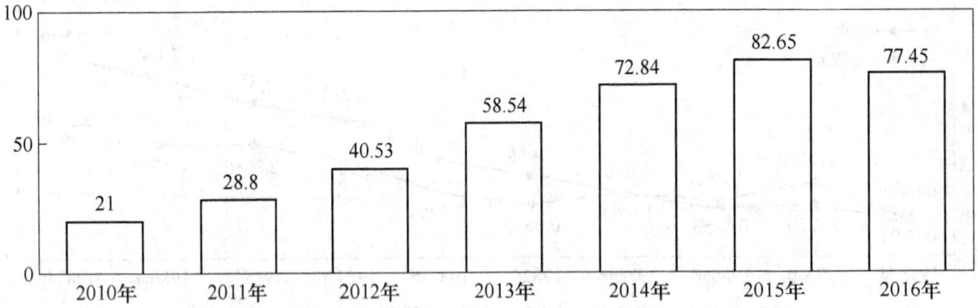

图 7 2010~2016 年我国 HIB 钢产量推移图（单位：万吨）

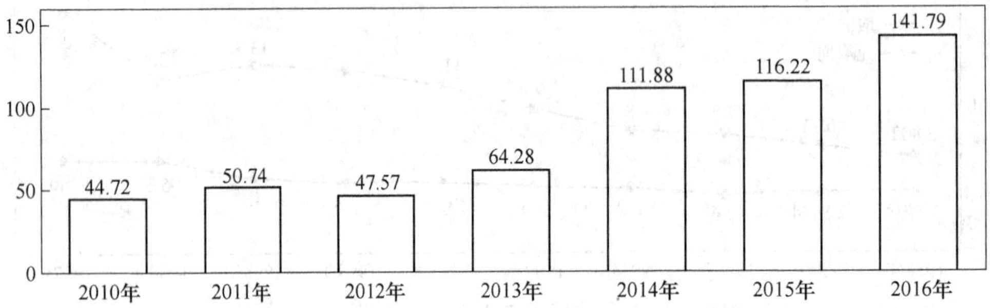

图 8 2010~2016 年我国高牌号（高磁感、高效）无取向电工钢产量推移图（单位：万吨）

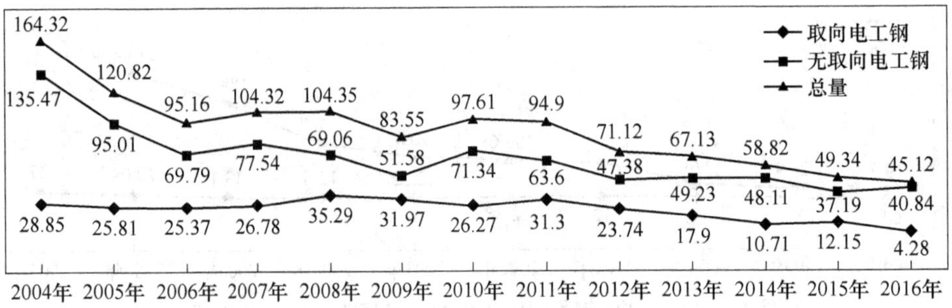

图 9 2004~2016 年我国电工钢进口量推移图（单位：万吨）

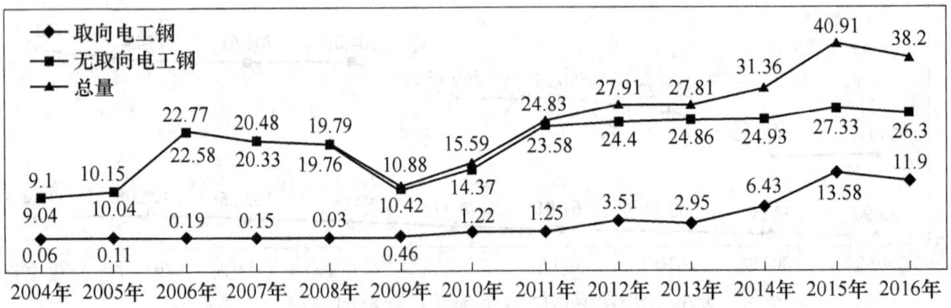

图 10 2004~2016 年我国电工钢出口量推移图（单位：万吨）

（数据来源：中国金属学会电工钢分会）

4 生产技术不足及思考

4.1 生产技术不足

（1）结构性产能暂时过剩。从现有的产能和产量看，我国电工钢表观消费量和实际消耗量相比，主要是结构性过剩，中低牌号无取向电工钢过剩 20%~30%，一般取向电工钢（CGO）过剩 20%以及防止高牌号、高效无取向电工钢等产能出现新的过剩。（2）顶级高端产品数量少，质量稳定性不够。一是从

2016 年我国高端电工钢产量看，顶级高端产品比例不高，用户订货数量还不能完全满足；二是生产控制水平需提高，要提高原牌号合格率，减少不合格品或有缺陷的产品数量，提高管理水平和产品综合质量；三是要开发极薄电工钢，包括 0.03mm、0.05mm、0.08mm、0.10mm 取向电工钢和 0.1mm、0.15mm、0.2mm 高频、高强度无取向电工钢，满足国防、军工、新能源汽车、机器人、无人机或飞行器、电子产品的需求。(3) 执行产品国家标准意识不强，需改进。2017 年 5 月 1 日国家将正式实施新国家标准《全工艺冷轧电工钢　第 1 部分：晶粒无取向钢带（片）》GB/T 2521.1—2016 和《全工艺冷轧电工钢　第 2 部分：晶粒取向钢带（片）》GB/T 2521.2—2016。新国家标准的实施：一是淘汰了原标准中的落后产品牌号和提高了磁性能水平及指标的技术门槛；二是标准与国际标准接轨并具有中国特色，形成了 2 个单独的产品标准；三是标准的修订和实施，将进一步规范企业标准行为，实现国家标准与企业标准的有机结合及应用，通过贯标和执行标准，来改善市场竞争及供货环境。我们要借实施电工钢新国家标准的东风，大力宣传新国家标准，让用户更好地理解和认识新国家标准的重要性，在满足新国家标准的前提条件下，与用户签订超越标准的技术协议，以最终满足用户的需要，通过标准的实施，促进电工钢产业和下游行业的健康发展，并呼吁强化国家标准的权威性及市场执行力，实现市场平台的统一性和竞争方式的公平性。

4.2　几点思考

武钢（武钢有限）引进的第一套冷轧电工钢专利技术是成功的，也完全符合我国电工钢产业走消化引进、掌握技术、自主研发、创新的可持续发展道路，今后从国外引进先进技术的可能性不大，技术发展只能依靠自己开发创新。

在十三五期间，要根据国家“一带一路”政策和电网升级改造及中西部开发等总体规划，按照相关行业节能减排的总体要求以及市场对更高端产品的持续升温、可持续发展的机遇和动力，做好以下几方面工作：

(1) 围绕降低电工钢制备成本，集中多方力量，深度开展 CSP 工艺生产取向电工钢技术、薄带铸轧生产电工钢技术的研究，节约能耗，降低生产成本，提高成材率，实现电工钢短流程工艺技术的产业化和具有中国知识产权的新工艺；(2) 围绕国家节能降耗要求，一是重点开发超低铁损取向电工钢制备技术、超高磁感取向电工钢制备技术，满足国家电网发展需求；二是重点开发薄规格无取向电工钢制备技术、高端高效电机用电工钢制备技术、中频高效电机用电工钢制备技术、高强度电工钢的制备技术，满足 100 万千瓦以上、超超临界电机用钢、抽水蓄能发电用钢、高效节能电机用钢、交通驱动电机如城市有轨交通，支线铁路、高铁、地铁、新能源汽车电机、无人机和高端家电等用钢的需求；(3) 围绕电工钢产业可持续发展要求，强化国家标准执行力，提高电工钢国家标准门槛，取消不适应市场需求的低端产品牌号，淘汰电工钢生产企业的落后产能。同时推进及开展全生命周期无公害电工钢制备技术、全生命周期低能耗电工钢制备技术、低噪声电工钢制备技术，真正满足我国国民经济飞速发展的要求。

中国的新时代，电工钢产业要面向世界、面向未来，全面实现在中国生产、自主创新、技术转让，以达到服务全球的目标，将来在生产能力、数量、品质上，实现世界第一；在生产技术、产品研发、技术储备上达到世界领先；在知识产权、专利技术、发明专利数量上超过发达国家，通过共同努力，早日实现中国电工钢强国梦。

参考文献

[1] 何忠治，等．电工钢．冶金工业出版社，2012.
[2] 第十一届中国电工钢学术年会论文集．武汉出版社，2010：347-363.
[3] Klaus Gūnkher，等．晶粒取向电工钢生产中的最新技术开发．
[4] 板仓．日本晶粒取向硅钢的发展与现状．研学，2004，9(2).
[5] 中国金属学会电工钢分会．中国电工钢产业发展年度报告，2016.

电工钢国际标准化最新动态和相关问题介绍

周　星[1]，胡守天[2]，周新华[3]

（1. 宝钢股份有限公司检化验中心，上海 201900；2. 国家硅钢工程技术研究中心，湖北 武汉 430081；3. 天恒测控公司，湖南 长沙 410100）

摘　要：本文介绍了今年国际电工委员会（IEC）磁性合金和钢技术委员会（TC68）电工钢及软磁钢特性标准 ISO 和 IEC 联合工作组（JWG1）和磁性和其他物理性能测量方法工作组（WG2）涉及电工钢的标准化活动的一些情况，重点介绍相关国际标准文件的新内容、正在酝酿和讨论的一些技术问题，以及中国在相关讨论中的一些意见，如取向电工钢的单片法测量结果的表征问题、取向电工钢的磁致伸缩和电工纯铁的矫顽力测量等；作者对有关技术问题进行了建设性地述评和分析，以期对相关领域国际标准化活动有更好的了解。

关键词：电工钢；检验；标准化

International Activities of Standards Developing on Electrical Steel and Comments on the Concerning Problems

Zhou Xing[1]，Hu Shoutian[2]，Zhou Xinhua[3]

（1. Test，Inspection and Analysis Center，Baoshan Iron and Steel Co.，Ltd.，Shanghai 201900，China；
2. National Engineering Research Center for Silicon Steel，Wuhan 430081，China；
3. Tunkia Co.，Ltd.，Changsha 410100，China）

Abstract：The activities of Joint Working Group 1 of IEC & ISO（JWG1，Specification standards for soft magnetic steels，in particular electrical steel）and Working Group 2（WG2，Measuring methods for determining magnetic and other physical properties），Technical Committee n°68（TC68，Magnetic Alloys and Steels），International Electrotechnical Commission（IEC），on standards developing related to electrical steel test has been reviewed，it's mainly focused on new content of standards' document，current proposing and discussing problems，such as，magnetic loss include higher harmonic components，digital measurement，relation of test results obtained from Epstein frame and single sheet tester methods，interlaminar resistance，stacking factor，magnetostriction，etc. Author tried to describe these problems properly and give comments on it，this will help to comprehend the international standard developing activities in the concerning area.

Key words：electrical steel；test；standardization

1　引言

国际电工委员会（IEC）磁性合金和钢技术委员会（TC68）是负责电工钢相关产品标准和性能检测方法标准的国际组织，该技术委员会中有两个工作组与电工钢有关：电工钢及软磁钢特性标准 ISO 和 IEC 联合工作组（JWG1）以及磁性和其他物理性能测量方法工作组（WG2），这两个工作组每年举行一次标准讨论会，讨论电工钢（包括软磁钢）产品标准的制修订和电工钢相关磁性能和其他物理性能检测方法标准的制修订。

近年来在电工钢相关的国际标准化方面，IEC/TC68 技术委员会一直很活跃，讨论了许多与新兴材料和新检测技术相关的内容，如高牌号电工钢、非晶产品、磁性能检测方法的两个基础标准（爱泼斯坦方圈法和单片法）结果的利用、磁致伸缩测量等，尽管在有些议题上有争论，但是也达成了一些一致性意见，并最终落实在标准化文件中。

本文重点介绍 2017 年 IEC/TC68 年会讨论的电工钢相关的国际标准的新内容，包括正在酝酿和讨论的一些技术问题，以及中国方面的贡献，并对部分技术问题进行建设性的分析和讨论，以期对关注电工钢检验方法的生产厂和用户了解国际标准文件的变化和发展趋势有所帮助。

2 产品标准的讨论

2.1 IEC 60404-8-7 取向电工钢标准

尽管“IEC 60404-8-7 磁性材料 第 8-7 部分：单项材料规范 以全工艺交货的冷轧晶粒取向电工钢片（带）”[1]标准将于 2017 年 11 月新发布，但是由于产品发展得太快，2015 年就已开始讨论在此新一版标准文本的基础上进一步考虑新的修订内容；会议讨论了该标准内容前期讨论的情况，德国、中国、法国和日本代表依次发言，就高牌号产品（特别是磁畴细化产品）的 SST 对应的性能表征（转换系数等）以及是否新增牌号分类等问题展开了较广泛的讨论，表 1 给出各方面讨论意见的要点汇总。

表 1 各方面讨论取向电工钢产品标准修订意见的要点

	德国、法国	日本	美国	英国	中国	变压器厂 A	变压器厂 B
分类	新增基于 SST 分类 3	仅新增基于 SST 不耐热分类 3	新增基于 SST 分类 3	新增分类 3	新增基于 SST 分类 3	新增基于 SST 分类 3	新增分类 3
	分类 1 和 2 由 EP 表征，并新增 0.18 牌号	分类 1 和 2 由 EP 表征	分类 1 和 2 由 EP 表征，并新增 0.18 牌号	所有牌号两列值			所有牌号两列值
转换	不转换 J800	不转换 J800	转换 J800	不转换 J800	转换 J800	转换 J800	不转换 J800
	不转换 P15	转换 P15	不转换 P15	转换 P15	转换 P15	转换 P15	转换 P15
	转换 P17	转换 P17	转换 P17	转换 P17	转换 P17	转换 P17	转换 P17
	不转换 S	不转换 S	转换 S	不转换 S	转换 S	不转换 S	不转换 S
	K(P17)= 0.909	K(P17)= 0.93	K(P17)= 0.933	K(P17)= 0.933	K(P17)= 0.95	K(P17)= 0.95	
备注	由磁路长度模型给出一个转换系数的均值	由各标准样品给出转换系数	取损耗均值	统一的转换系数	磁路长度 0.450m 改为 0.475m		采用不同 SST 样品尺寸

笔者代表中国在 TC68 会议上再次提出，对于涉及的产品磁性能指标应考虑采用改变 SST 磁性能测量时的磁路长度设定值的问题，并展示了新近取得的一些试验结果，包括大单片 H-coil 法的结果。选取了三个牌号的 HGO 样品（M100-27P5、M95-27P5 和 M90-27P5(DR)），同时使用不同磁路长度和 H-coil 测量的比总损耗，除磁畴细化料（DR）以外，两个牌号的 SST 样品在测量以后，又切成爱泼斯坦方圈样片，按常规方式测量比总损耗，结果见图 1(a、b、c)。从结果看出，磁路长度由 0.450m 变到 0.500m，不同水平的损耗都降低，爱泼斯坦方圈的测量值大约处于 SST 磁路长度中位（0.475m）对应的值，而 H-coil 的测量值与爱泼斯坦方圈的测量值相当，或略低；对于磁畴细化料（DR），无法用爱泼斯坦方圈测量，而 H-coil 的测量值与前两个样品的测量情况相同，另图 2(a) 示出了磁畴细化料（DR）使用不同磁路长度测量损耗和磁感相对于 0.450m 的差异。图 2(b) 示出了不同磁路长度对应于爱泼斯坦方圈的损耗差异情况。

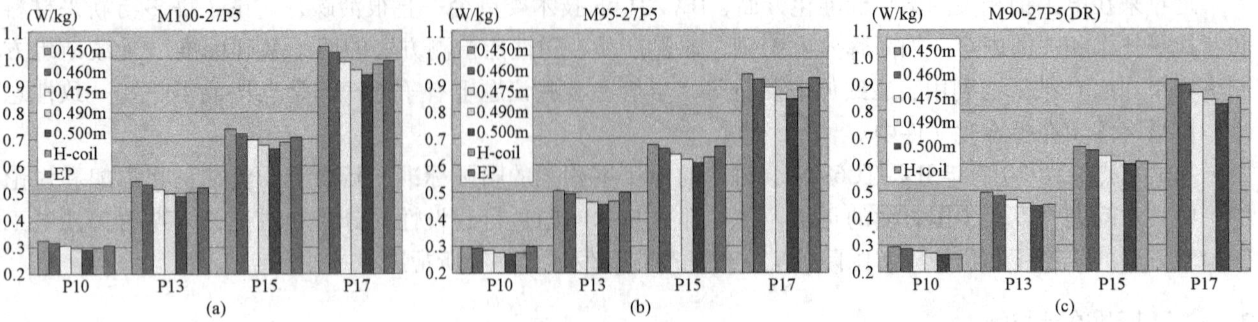

图 1　使用不同磁路长度和 H-coil 以及爱泼斯坦方圈测量的比总损耗结果

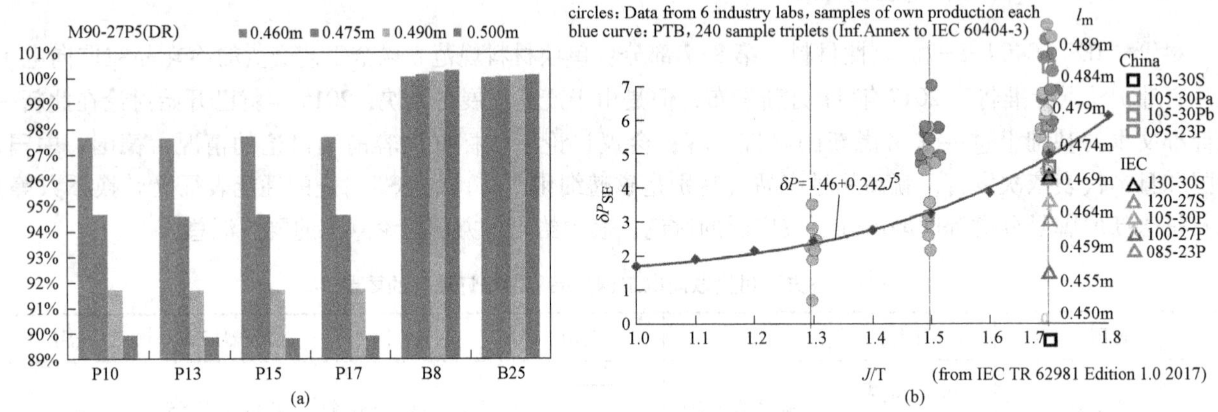

图 2　（a）磁畴细化料（DR）使用不同磁路长度测量损耗和磁感的差异，
（b）不同磁路长度对应与爱泼斯坦方圈的损耗差异情况

会议对相关议题反复进行了讨论，各自的解决方案不完全一致，最后初步达成协议：（1）只对 P17 进行转换，转换系数为 0.925，即，在将来的产品标准中对于磁畴细化料（DR）标出 SST 对应 P17 的值，该值的 92.5%对应于爱泼斯坦方圈测量结果；（2）不考虑磁极化强度的转换；（3）考虑增加新的产品牌号及分类；（4）原德国代表牵头的预研专家组由法国代表取代，另行成立专家组研讨相关问题，并形成解决方案，最迟在 2021 年前完成对标准的修订，包括中国代表有 7 个国家代表表示要参加该专家组。

2.2　IEC 60404-8-11 铁基非晶带材标准

日本代表对“IEC 60404-8-11　磁性材料　第 8-11 部分：单项材料规范　铁基非晶带材”的标准草案的情况进行了说明，会议逐条讨论了各国代表（包括中国代表）的建议，最后确认该项目进入 FDIS 阶段，会议要求在日本代表 2017 年 10 月底前完成编制 FDIS 稿，再提交各国委员会征询意见。

2.3　其他产品标准维护

JWG1 秘书（德国代表）通报了其他产品标准维护的征询意见情况，其中有一项标准“IEC 60404-8-5　磁性材料　第 8-5 部分：单项材料规范　具有规定机械性能和磁导率的钢片（带）”，中国和日本国家投票都提出了进行修订的建议，会议上中国和日本代表都进行相关情况说明，经会议讨论，会议同意由日本代表牵头组成一个专家组，研讨相关问题，并形成解决方案，包括中国代表有 5 个国家代表表示要参加该专家组；中国和日本国家投票都提出对“IEC 60404-8-4　磁性材料　第 8-4 部分：单项材料规范　冷轧无取向电工钢带（片）”修订的建议，会议经讨论不同意修订。

3　检测方法标准的讨论

3.1　已完成和接近完成的标准及标准化文件

IEC TR 62981“爱泼斯坦方圈法和单片法测量结果关系-数据汇总”[2]已正式发布。接近完成（FDIS

阶段）的标准及标准化文件有：“IEC 60404-13　磁性材料　第 13 部分：电工钢片和钢带的电阻率、密度和叠装系数的测量方法”、“IEC 60404-6　磁性材料　第 6 部分：用环样进行 20Hz 至 200kHz 软磁金属和粉末材料磁性测量的方法”、“IEC 60404-16　磁性材料　第 16 部分：铁基非晶材料磁性能的测量方法”和“IEC TR 63114　电工钢反复弯曲方法”。

3.2 正在修改中的标准

德国代表报告了“IEC 60404-7　磁性材料　第 7 部分：开磁路测矫顽力的方法”的修订情况，会议逐条讨论了各国代表（包括中国代表）的建议，由于原草案问题比较多，涉及到技术内容和文字表述等诸多问题，会议花了较长时间进行讨论，笔者代表中国提出应考虑将抛移法纳入的建议，并展示了图 3 和图 4 针对六个电工纯铁样品相关的系列试验及结果。

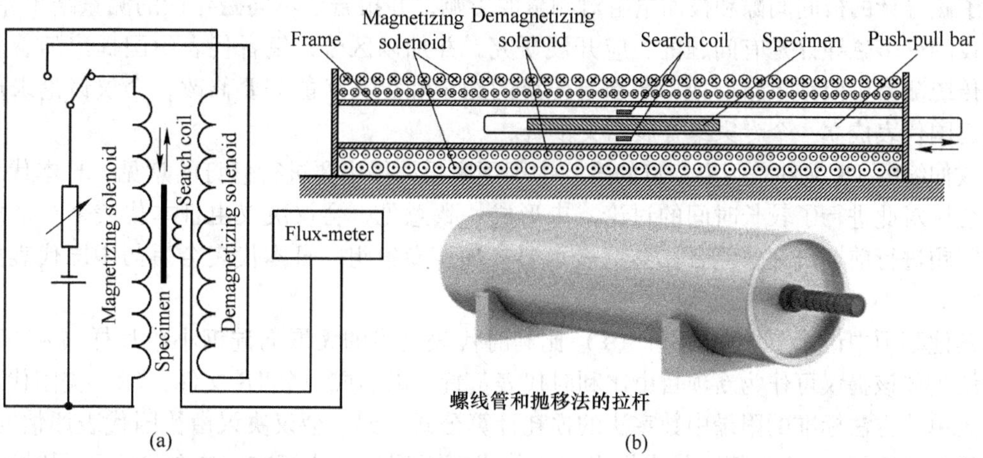

图 3 （a）抛移法测量矫顽力的电路原理图，（b）抛移法测量矫顽力的励磁和退磁螺线管及抛移法的拉杆等示意图

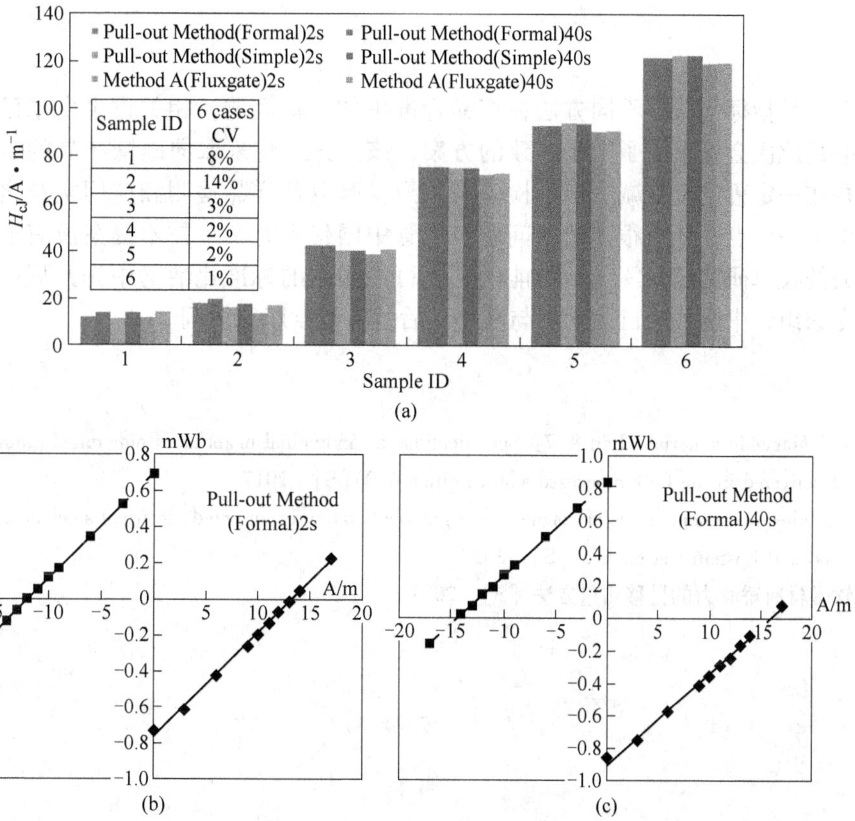

图 4 （a）不同试验方法（含磁通门）和不同条件对应的结果，
（b）和（c）同一样品快和慢退磁及正反两个方向的结果

会议基于两个方面的原因未采纳中国方面的建议，一是尽管中国在抛移法的工业检测开展了很多年[3]，但是其他国家未开展相关方法的工作，二是德国方面的检测结果没有中国的结果复现性好，其背景是中国在此技术方面高于德国，而德国方面又不愿接受这一事实；经会议讨论该项目进入 CDV 阶段，要求德国代表 2017 年年底前完成修订草案，并作为 CDV 提交各国委员会征询意见。

日本代表报告了“IEC 60404-9　磁性材料　第 9 部分：磁性钢片和钢带几何参数的测量方法”的修订情况，会议逐条讨论了各国代表（包括中国代表）的建议，会议决议该项目进入 CDV 阶段，项目负责人完成新的 CDV 稿，交各成员国征询意见。

3.3　检测方法相关的事项

日本代表提出大单片的磁导计的剩磁状态对测量结果影响很大（~3.8%），会议讨论了相关问题，德国代表重申了磁导计的极间间隙和极面电阻对测量的影响，并报告了不同磁导计的测量结果差异的情况，发现现在在役的许多磁导计是有问题的，应开展研究，并加以区分；笔者代表中国提出随着新材料的开发，目前的传统测量手段须重新审视，特别是传统的约定和定义可能需要修改；会议讨论未形成一致意见，建议由德国代表成立一个专家组开展相关预研。

关于磁致伸缩的 TR 文件是否要修订的事，中国国家投票提出要进行修订的意见，日本代表会议上也表示支持，会议对此进行了较长时间的讨论，未形成一致意见，会议决议由日本代表牵头形成一个专家组，对相关问题进行前期研究，笔者在会上表示要参加该专家组，日本代表会后与中国代表接洽，要求就此加强联络。

会议在其他事项中讨论了 3 个问题：（1）比利时代表提出的无取向硅钢小单片样（~200mm）的检测问题，会议决议该提议可作为新项目由比利时代表负责，以形成一个 TR 文件；（2）美国代表提出现行爱泼斯坦和大单片方法标准的附录中数字法的损耗计算公式有误，会议决议由德国代表评估问题的范围，并形成标准修改单建议；（3）德国代表提出表面绝缘电阻测量方法标准中应包含上下同时测量的模式，还发现有一句话表述有问题，应该删除，会议决议由德国代表评估问题的范围，并形成标准修改单建议。

4　结论

对取向硅钢产品指标检验两不同方法在产品标准中的表征问题，相关讨论由来已久，各国专家意见有一定分歧，但是此次会议形成了初步一致的方案，该方案对将来取向硅钢产品的市场推介和应用会产生很大影响，并在一定程度上能减少出厂检验与用户检验以及样品检测和应用实绩之间的矛盾，但该方案只是折中解决了一个点，还有很多遗留问题。尽管中国代表有两个技术提案没有通过，非技术原因有很大关系，相关的技术研究还须深入，可能的话，可在国内的标准化活动中先开展一些工作。此次会议新组建了几个专家组，中国代表已表示参与其中，后续将继续跟踪协调。

参考文献

[1] IEC 60404-8-7 Magnetic materials-Part 8-7：Specifications for individual materials-Cold-rolled grain-oriented electrical steel strip and sheet delivered in the fully processed state(Edition 4.0)[S]，2017.

[2] IEC TR62981 Studies and comparisons of magnetic measurements on grain-oriented electrical steelsheet determined by the single sheet test method and Epstein test method [S]，2017.

[3] GB/T 3656 软磁材料矫顽力的抛移测量方法 [S]，2008.

俄新钢取向电工钢研发进展

马长松，沈侃毅

（宝山钢铁股份有限公司中央研究院，上海 201900）

摘 要：俄新钢取向电工钢生产工艺采用独特的中温工艺，该工艺历来为取向电工钢工作者所重视，本文对近几年俄新钢文献报道的取向电工钢生产工艺、研发、改进进行了介绍。

关键词：利佩茨克厂；维茨厂；俄新钢；取向电工钢

Progress of Grain Oriented Electrical Steels in Novolipetsk Iron and Steel Corporation

Ma Changsong，Shen Kanyi

（Research Institute，Baoshan Iron & Steel Co.，Ltd.，Shanghai 201900，China）

Abstract：Grain oriented electrical steel of Novolipetsk Iron and steel Corporation（NLMK） are produced by medium temperature reheated process. Researchers pay utmost attention to this process. The recently reported silicon steel production process and improvement of NLMK were introduced.

Key words：Novolipetsk Steel；VIZ - Stal；Novolipetsk Iron and Steel Corporation；grain oriented electrical steel

1 引言

俄罗斯新利佩茨克钢铁股份有限公司（简称俄新钢）是俄罗斯最大的取向电工钢生产企业，目前有两个取向电工钢生产厂：利佩茨克厂（OJSC“Novolipetsk Steel”）和维茨厂（LLC“VIZ-Stal”），其中2006年维茨厂合并进俄新钢。俄新钢具有超过50年的取向电工钢的生产经验，2016年生产取向电工钢20万吨，几乎占据100%俄罗斯取向电工钢市场份额，占9%的全球取向电工钢市场份额，其客户主要面向国际知名变压器厂。

俄新钢取向电工钢生产工艺采用独特的中温工艺，该工艺历来为取向电工钢工作者所重视，目前仍有广泛研究[1~6]。近年来基于提高取向电工钢市场竞争力考虑，俄新钢新增冷轧机、高温退火炉、绝缘涂层系统等新设备及改造老设备，先后实施了成分优化，热轧、冷轧等现场工艺改进和实验室工艺研究，通过这些措施提高了产品质量，平均铁损降低了近2个牌号，并开发出0.23mm刻痕产品等新产品[7]。本文对近几年俄新钢文献报道的取向电工钢生产工艺、研发、改进进行了介绍。

2 生产工艺特点及产品

表1列出了俄新钢采用的中温工艺与高温工艺（Armco代表）及与低温工艺（NSC代表）成分的不同[8]，成分特点上Mn、Cu元素含量高，Al、S含量低，热轧时可以提高奥氏体量，有利于组织控制，热轧适宜加热温度1240~1280℃远低于高温工艺的加热温度1380~1420℃。

从流程上看，中温工艺与低温工艺不同，没有常化工序，采用二次冷轧。脱碳退火气氛与常规也不同，采用低氢气、低露点气氛（95%N_2+5%H_2，2.0%~2.5%H_2O），而通常的气氛为高氢气、高露点气氛（25%N_2+75%H_2，30%~35%H_2O）。不同生产工艺的成品二次再结晶晶粒如图 1 所示。图 1(a)~(c)为高温工艺产品的宏观晶粒，为 2~5mm 细小晶粒，对应的磁性能 B_8 为 1.80~1.84T，铁损 $P_{17/50}$为 1.2~1.4W/kg；图 1(d) 为新日铁低温工艺产品的宏观晶粒，晶粒尺寸 8~25mm，晶界不规则，对应的磁性能 B_8 为 1.90~1.94T，铁损 $P_{17/50}$为 0.95~1.1W/kg；图 1(e) 为川崎类似高温工艺产品的宏观晶粒，晶粒也较细不超过 6mm，对应的磁性能 B_8 大于 1.87T，铁损 $P_{17/50}$为 1.0~1.1W/kg；图 1(f) 为俄新钢中温工艺产品的宏观晶粒，为 10~40mm 大晶粒，对应的磁性能 B_8 为 1.85~1.89T，铁损 $P_{17/50}$为 1.1~1.25W/kg[8]。可见，采用中温工艺对应的成品宏观晶粒较粗大。

表 1　取向硅钢低温、中温、高温工艺成分特点

Table 1　Typical chemical composition of grain oriented electrical steel produced by different processes

工艺	成分/wt%						
	C	Si	Mn	S	Al	N	Cu
Armco 高温工艺	0.02~0.03	2.9~3.2	0.065~0.075	0.020~0.028	<0.005	<0.004	<0.2
NSC 低温工艺	0.045~0.060	2.9~3.2	0.06~0.09	0.020~0.028	0.025~0.032	0.007~0.013	<0.2
NLMK 中温工艺	0.025~0.040	2.9~3.2	0.1~0.3	<0.01	0.012~0.018	0.008~0.013	0.40~0.60

图 1　不同生产工艺对应的二次再结晶晶粒（0.3mm 厚度）

Fig. 1　Macrostructure of grain oriented electrical steel produced by different process

目前，俄新钢生产的冷轧取向电工钢产品厚度为 0.23~0.5mm，宽度达到 960mm，用于生产各种各样的变压器铁心。表 2 列出了俄新钢取向电工钢的产品系列，可以以卷、条、板材形式供货，符合 GOST 21424.1、ASTM A876M 等标准，同时俄新钢发展了自己的标准 STO 05757668-008—2007，也是俄罗斯取向电工钢 GOST R 53934 标准的基础[7]。

表 2　俄新钢生产的取向电工钢产品范围

Table 2　Range of grain oriented electrical steel at NLMK

类型	标　准	厚度/mm	等　　级
冷轧取向硅钢薄板	STO 05757665-008—2007	0.23	NV23S-100L；NV23S-110；NV23S-120；NV23S-127
		0.27	NV27S-105L；NV27S-110；NV27S-120；NV27S-130；NV27S-140
		0.30	NV30S-110L；NV30S-120；NV30S-130；NV30S-140
		0.35	NV35S-120；NV35S-130；NV35S-145
		0.50	NV50S-150；NV50S-200

续表 2

类型	标 准	厚度/mm	等 级
取向硅钢冷轧板	GOST R 53934	0.23	T110-23S; T120-23S; T127-23S; T95-23D; T100-23D; T105-23D
		0.27	T105-27S; T110-27S; T120-27S; T130-27S; T140-27S; T100-27D; T105-27D
		0.30	T111-30S; T120-30S; T140-30S; T105-30D; T110-30D; T105-30P; T111-30P
		0.35	T120-35S; T130-35S; T145-35S
		0.50	T150-50S; T175-50S
取向硅钢冷轧薄板	GOST 21427.1	0.27	3409; 3408; 3407; 3406; 3405; 3413
		0.30	3409; 3408; 3407; 3406; 3405; 3404; 3413; 3412
		0.35	3409; 3408; 3407; 3406; 3405; 3404; 3413; 3412; 3411
		0.50	3414; 3413; 3412; 3411
		0.70; 0.80	3311
取向电工钢片和薄板（全加工状态）	EN 10107	0.23	M100-23P; M110-23S; M120-23S; M127-23S
		0.27	M120-27S; M120-27S; M140-27S
		0.30	M105-30P; M111-30P; M130-30S; M140-30S; M150-30S
		0.35	M125-35P; M140-35S; M150-35S; M165-35S

3 研究进展

3.1 提高产品性能

通过改进热轧工艺提高产品性能，要求板坯入炉温度不低于450℃，最好580~700℃，加热温度1100~1215℃，终轧温度910~940℃，卷取温度510~610℃，最好530~580℃，可以获得高磁感低铁损产品，同时氧化铁量也少[9]。

通过改进冷轧工艺提高产品性能，冷轧为4~6道次，在最后2道次轧制温度控制在190~230℃，总压下率为85%~90%，并且工作辊直径为260~290mm，辊型为S型，可以获得高磁感低铁损产品，同时带钢的板型也好[10]。

为提高产品性能，对渗氮工艺也进行了研究。要求C成分范围在0.045%~0.065%，Si成分范围2.5%~3.5%，Mn成分范围0.05%~0.4%，N成分范围0.004%~0.013%，S小于0.012%，Ti小于0.005%，Als范围0.010%~0.040%。板坯热轧后，热卷加热到1070~1200℃，以6~12℃/s冷却速度冷却到900~980℃，从800~950℃再以20~50℃/s冷却速度快冷，冷却水温35~65℃。退火后在120h以内冷轧，冷轧板退火以16~60℃/s速度升温至750~800℃，再升温至脱碳温度，之后在750~850℃下氮化，通过这种方法可以获得高磁感低铁损产品[11]。进一步研究，冷轧板加热速度20~50℃/s到750~800℃，脱碳温度为790~840℃，脱碳气氛P_{H_2}/P_{H_2O}为1.9~2.5，之后最高温度加热至870℃，在$P_{H_2}/P_{H_2O}=1.9\sim2.0$气氛下，允许停留10~30s；在780~850℃温度下渗氮，气氛$P_{H_2}/P_{H_2O}=15\sim200$，最高加热至1050℃，在$P_{H_2}/P_{H_2O}=5\sim500$气氛下，允许停留15~30s，通过这种方法可以获得$P_{17/50}\leqslant1.0W/kg$，$B_8\geqslant1.9T$的产品[12]。

在俄新钢有两类绝缘涂层，一种称为AMP涂层，主要组成为H_3PO_2(450~550g/L)、$Al(OH)_3$(45~70g/L)和MgO(30~40g/L)；还有一种称为S-2涂层，组成为H_3PO_4(200~220g/L)，$Al(OH)_3$(35~40g/L)，CrO_3(35~45g/L)和SiO(135~140g/L)。通过研究发现，绝缘膜产生的应力在0.3~0.6kg/mm^{2}范围内，与膜厚（重量）有关。绝缘膜可使铁损降低0.05~0.06W/kg。AMP涂层正反面涂层厚度差异为0.6μm，S-2涂层正反面涂层厚度差异为0.9μm，这样造成了这两类涂层引起的磁性能水平不同。S-2涂层的张力效果也较AMP涂层差，通过增加S-2涂覆量及成分调整可解决[13,14]。

通过激光刻痕提高产品性能，通过刻痕产生5~80N/mm^{2}应力，激光的功率与速度比P/V在0.015~0.05J/mm，焦斑长宽比0.005~0.075，刻痕时采取的带钢张力计算公式为$F=kBd7(P/V)^{1/2}$，其中B、d分别为带钢的宽度和厚度，k为比例系数范围为0.002~0.01，其数值与成分和力学性能有关。通过这种方法刻痕改善率可以达到10%以上[15]。另外，研究了激光刻痕中产生的绝缘膜缺陷对性能的影响，发现刻痕引起的绝缘膜不连续并不影响绝缘膜张力，不会恶化磁性能[16]。激光刻痕线附近的塑性变形区会导致材料变形，会引起 0.15~0.25kg/mm^2 应力[17]。绝缘涂层降低激光刻痕效果，越小的张力效果，激光刻痕的效果越复杂[18]。

减少钢卷内磁性的不均匀性。从卷重9~9.5t的卷上以10~200m间隔在板宽中部取样，测试磁性，发现长度方向 $P_{17/50}$ 波动范围为 1.08~1.6W/kg，磁感 B_8 波动范围为 1.78~1.93T，通常的规律是卷的头尾比卷中铁损高。经研究发现，这种现象与卷长方向位错结构不同有关，即泡状的位错类型会恶化磁性能，而这种类型的位错主要是高温退火蠕变导致，为此可以对高温退火曲线进行优化，减小这种蠕变[19]。

一般的，做成铁心的铁损比硅钢片的铁损要高 15%~35%，这种现象可用工艺系数表示（BF，building factor），这主要与铁心搭接部分磁通分布（一般45°角）、铁心设计和装配工艺等有关。俄新钢曾使用120t顶级牌号产品进行变压器试制。所测得的工艺系数为 11.3%~12.0%，该水平与国际知名硅钢生产商产品的工艺系数相当，但比俄新钢常规产品的工艺系数低近 10%。为此，俄新钢的专家通过研究模型铁心，得出如下公式：

$$BF = 1 + K\frac{V_1}{V} \tag{1}$$

$$K = \frac{P_{(45)}}{P_{(0)}} - 1 \tag{2}$$

式中，BF 为工艺系数，V_1 为 45°接缝处体积，V 为铁心体积，K 为各向异性系数，$P_{(45)}$ 为 45°角铁损，$P_{(0)}$ 为 0°角铁损。

由公式可以看出，BF 主要由各向异性系数 K 和接缝所占体积决定。接缝所占体积主要取决于铁心设计，因此，若减少 BF，可以通过减少 K。作为一个预先评判的方法，可以测量45°角铁损、0°角铁损，计算二者比例，可以对 BF 有个初步判断[20]。

3.2 提高产品可制造性

众所周知，取向电工钢高温加热缺点是氧化渣多，板坯烧损量大，可以采取的措施有适当降低出炉温度，减少加热炉高温区驻留时间，控制空气过剩系数在 1.0 以下。通过研究 1300~1400℃ 加热 1h 的取向电工钢板坯，获得如表3所示结果。

表3 板坯不同位置的氧化特性

Table 3 Oxidation characteristics of different positions of slab

	空气过剩系数	Si 内氧化深度/μm	Si 贫化区深度/μm
板坯水平自由表面	0.95~1.1	0	0
	0.5~0.53	250	300
板坯与耐材接触面	0.95~1.1	650	300
	0.5~0.53	300	350

由表可见，板坯水平自由表面当空气过剩系数≥0.5 时，就没有 Fe 的氧化。但是维茨厂生产实践表明，空气过剩系数为 0.5 时，产品磁性非常差，通过增加出炉前在 1350~1400℃ 高温，驻留 10min，空气过剩系数为 1.2 时就可以获得较好的磁性，采用这种方法加热可使用金属烧损由 40~50kg/t 减少至 5~10kg/t[21]。

由于取向电工钢硅含量高（>3%）塑性低，对<0.3mm 厚度产品，冷轧轧制困难。基于轧制道次不多于5次和保证时效温度的目的，总压下率不超过 85%。薄规格取向电工钢最大的困难是五道次下难以保证时效温度。俄新钢专家对轧制规程进行了优化。通过模拟计算表明，轧制高等级取向电工钢，变形放热对带钢的温度有重要影响，而由于摩擦影响较小，如表4中轧制规程1，第5道次压下较低，难以获得需要的带钢温度及稳定的厚度；轧制规程2虽然较轧制规程1带钢温度有提升，但仍难以满足要求；第

5道次增加至35.4%，即轧制规程3可满足要求。表5为对应不同轧制规程下压力、温度。由表可见，压下率由32.0%增加至35.4%（轧制规程2~轧制规程3）时，轧制力增加约3.7%，而变形区温度增加较明显约11.5%，这种工艺的好处是：保证带钢需要的温度控制，获得良好的表面等[22]。

表4 轧制规程

Table 4 Rolling protocols for the reverible mill

轧制规程	道次压下率/%					道次轧制力/MN					道次带钢温度/℃				
	1	2	3	4	5	1	2	3	4	5	1	2	3	4	5
1	39.0	40.1	37.1	34.8	23.0	9.46	10.86	11.53	10.70	8.41	200	220	223	215	151
2	34.3	37.1	46.3	35.5	32.0	9.20	10.32	11.21	10.83	9.27	170	206	230	228	196
3	34.3	35.1	36.7	33.9	35.4	9.20	10.11	10.92	10.74	9.62	170	202	225	232	211

表5 不同轧制规程下压力、温度

Table 5 Force, temperature in different rolling protocols

轧制规程	厚度/mm		压下率/%	轧制力/MN	变形区温度/℃	
	入口	出口			塑性变形引起	摩擦力引起
1	0.344	0.265	23.0	8.41	71	14
2	0.390	0.265	32.0	9.27	109	21
3	0.410	0.265	35.4	9.62	121	24

取向电工钢规格减薄对提高磁性能有利，但经高温退火后边部变形严重，恶化成品板型。为此，统计了262卷冷轧板，其中169卷0.3mm，93卷为0.27mm，发现冷卷的板型不平度对边部变形影响并不非常显著。进一步的研究表明，高温退火的热应力有重要影响，具体是指带钢宽度方向的不均匀分布，导致边部变形，为此，可以通过适当控制冷轧板型补偿高温退火时热应力分布，最终可以获得减少边部变形的效果[23]。

3.3 分析与检测

为获得高等级取向电工钢，高温退火前氧化膜的控制至关重要，通常其厚度控制在0.5~4μm，低于0.5μm，会导致膜厚偏薄且不连续，高于4μm会导致底层厚且比较疏松，这两种情况都对磁性不利。目前氧化膜较多的研究方法主要采用GDS法，俄新钢专家利用溅射和气体分析法实现了层到层氧化膜的定量分析[24]。

带钢中存在残余应力对磁性和加工的恶劣影响不言而喻，产生残余应力的主要原因有最终退火的炉辊变形及与机组速度的不匹配、两侧绝缘涂层涂覆量的差异，以及后续剪切加工过程产生等。俄新钢专家发明了一种检测取向硅钢残余应力装置，试样尺寸为240×600mm，如图2所示，600mm为长度方向（轧向），其一端固定，另一端为自由端，如果存在残余应力，自由端与固定端会存在水平位移，如图示，测量该数值即可代表残余应力程度。研究结果表明，残余应力水平可接受的水平是该数值不超过10mm。进一步的，测量了部分炉次的结果发现绝缘涂层上下表厚度1μm的差异，会导致L数值9.5mm差异，因此，绝缘涂层上下表厚度差异是控制残余应力的重要参数，不要超过1μm[25]。

图2 残余应力检测装置示意图（尺寸240mm×600mm）

Fig. 2 Device for measuring relative residual curvature on specimens 240mm×600mm in size

取向电工钢绝缘涂层不仅有绝缘作用，还由于张力作用对磁性能有益，因此有关涂层厚度等参数的测量非常重要[26]。俄新钢维茨厂原来使用DELTASCOP-MP-3C膜厚检测仪，这种检测仪式基于感应的方法，采用约0.5mm直径的触头按压带钢表面，测量膜厚最优范围为10~

50μm。该装置的最大问题是数据非常分散。表 6 列出了不同膜厚检测方法的优缺点。为此，俄新钢专家发展出重量法测量膜厚，该方法采用 30×280mm Epstein 条带，耗时 7~15min，具体流程如下：

（1）准确称量试样，保证重量误差在 0.0001g 以内；

（2）考虑到夹持方便，条带靠近头部 15mm 长度的涂层保留，其余部分的涂层要去掉，则去掉的面积为 30×250＝0.0075m²；去除涂层采用的是反弯的办法；

（3）再次称量试样，得到与初次称量的差值重量；

（4）差值重量除以 0.0075m² 可以得到涂层每平方米的重量，该重量除以涂层密度即得到膜厚。

表 6　测量膜厚不同方法的比较

Table 6　Comparative characteristics of different methods for measuring thickness of electrical insulating coatings

测量方法	优　点	缺　点
Fisher 公司生产的测厚仪	测量迅速	数据分散；需要标定
重量法（发明的方法）	准确度高，时间短	耗费人力
金相法	图像清晰，准确	时间比较长
填充因子法	可满足测量精度	测量时间长（1~2h）
GDS 法	时间短	很难区分绝缘层和内氧化层

4　结束语

（1）中温工艺在成分和生产流程、工艺上与其他工艺有明显不同，俄新钢通过工艺改进，实现了产品性能提高，开发出 0.23mm 刻痕产品等新产品。

（2）俄新钢通过调整热轧、冷轧、渗氮、涂层、刻痕工艺，提高产品性能；通过改进加热方式，减少烧损，优化轧制工艺及改进边部变形，提高产品的可制造性；俄新钢专家还采用残余应力检测和膜厚检测装置，进一步提高工艺控制水平，提高产品质量。

参考文献

[1] G. A. Tseitiln，A. V. Ermolaev，P. V. Patsvald. 冷轧取向及无取向电工钢［J］. 钢铁，1999，34：875-876.

[2] 董爱锋，张文康．取向硅钢生产工艺技术分析和发展趋势［J］. 特殊钢，2013，34(5)：20-24.

[3] 马芳．俄罗斯新利佩茨克钢铁集团硅钢产品概述［J］. 本钢技术，2014(2)：41-43.

[4] 牛琳霞．俄罗斯新利佩茨克钢铁公司取向电工钢研发进展［C］. 第十届全国电工钢专业学术年会论文集，2008：166-171.

[5] 何忠治，赵宇，罗海文．电工钢［M］. 北京：冶金工业出版社，2012：522-523.

[6] 毛卫民，杨平．电工钢的材料学原理［M］. 北京：高等教育出版社，2013：504-512.

[7] Polyakov M Y，Bakhtin S V. Production of electrical steel at OAO NLMK［J］. Steel in Translation，2014，44(10)：757-763.

[8] Lobanov M L，Rusakov G M，Redikul' Tsev A A. Electrotechnical anisotropic steel. Part 1. History of development［J］. Metal Science & Heat Treatment，2011，53(7-8)：326-332.

[9] Larin Jurij Ivanovich，Poljakov Mikhail Jur'evich，Mineev Farid Vasil'evich. Manufacturing method of anisotropic electrotechnical steel：俄罗斯，RU2403293C1［P］. 2010-11-10.

[10] Pimenov Vladimir Aleksandrovich，Babushko Jurij Jur'evich，Bakhtin Sergej Vasil'evich，等．Method of producing of electric anisotropic steel with high magnetic properties：俄罗斯，RU2574613C1［P］. 2016-2-10.

[11] Larin Jurij Ivanovich，Poljakov Mikhail Jur'evich，Tsejtlin Genrikh Avramovich. PROCEDURE FOR PRODUCTION OF ANISOTROPIC ELECTRO-TECHNICAL STEEL WITH HIGH MAGNETIC PROPERTIES：俄罗斯，RU2407809C1［P］. 2010-12-27.

[12] Larin Jurij Ivanovich，Poljakov Mikhail Jur'evich，Dukhnov Anatoly Georgievich. Method for producing cold rolled anisotropic electrotechnical steel：俄罗斯，WO2011016757A1［P］. 2009-8-3.

[13] Puzhevich R B，Tsyrlin M B，Korzunin G S. Effect of electrical insulating coatings on the properties of anisotropic electrical-sheet steel［J］. Physics of Metals & Metallography，2006，102(4)：366-375.

[14] Puzhevich R V, Korzunin G S, Karenina L S, et al. Mutual influence of electrical insulating coatings and structural barriers on the level of magnetic losses in anisotropic electrical sheet steel [J]. Physics of Metals & Metallography, 2009, 108(6): 543.

[15] Larin Jurij Ivanovich, Poljakov Mikhail Jur'evich, Poljakov Vladimir Nikolaevich, 等. Manufacturing method of plate anisotropic electric steel: 俄罗斯, RU2405841C1 [P]. 2010-12-10.

[16] Puzhevich R B, Karenina L S. Insulating-coating flaws formed during laser processing of an electric anisotropic steel and their effects on magnetic properties [J]. Russian Journal of Nondestructive Testing, 2011, 47(4): 232-235.

[17] Dragoshanskii Y N, Karenina L S, Solovei V D, et al. Development of stresses in grain-oriented electrical steel during laser treatment [J]. Physics of Metals & Metallography, 2011, 112(2): 133-137.

[18] Karenina L S, Dragoshanskii Y N, Puzhevich R B, et al. Effect of an electrical insulating coating on the efficiency of laser treatment of grain-oriented electrical steel [J]. Physics of Metals and Metallography, 2011, 112(3): 231-236.

[19] Sokolov B K, Dragoshanskii Y N, Matveeva V S, et al. Inhomogeneity of magnetic properties of an anisotropic electrical steel and specific features of dislocation structures [J]. Russian Journal of Nondestructive Testing, 2004, 40(11): 768-775.

[20] Korzunin G S, Sysolyatina I P, Chstyakov V K, et al. The effect of the anisotropy of magnetic properties of electrical steel on magnetic losses in power transformer cores [J]. Russian Journal of Nondestructive Testing, 2011, 46(9): 632-637.

[21] L. A. Shul'ts. Reducing the high-temperature loss of steel in furnaces [J]. Steel in Translation, 2016, 46(7): 467-473.

[22] Pimenov V A, Babushko Y Y, Bakhtin S V. Reversible cold rolling of thin high-silicon steel strip [J]. Steel in Translation, 2014, 44(10): 764-768.

[23] Yu. N. Loginov, M. P. Puzanov, A. G. Uritskii. Reducing the edge deformation of thin electrical steel sheet [J]. Steel in Translation, 2017, 47(4): 267-273.

[24] Sprygin G S, Shibaev S S, Grigorovich K V, et al. Investigation of the oxidized layer of anisotropic electrotechnical steel by methods of layer-by-layer spectral and fractional gas analyses [J]. Inorganic Materials, 2008, 44(14): 1580-1587.

[25] Karenina L S, Puzhevich R B. Inspection of the residual curvature in an anisotropic electrical steel strip and reasons for its formation [J]. Russian Journal of Nondestructive Testing, 2010, 46(3): 222-225.

[26] Puzhevich R B, Korzunin G S. Quality control of the insulating coating on electrical steel [J]. Russian Journal of Nondestructive Testing, 2006, 42(7): 468-473.

从标准变化看配电变压器和取向电工钢的技术进步

曾 武，姚昌国，袁宇峰，王 媛

（宝钢股份中央研究院武汉分院武钢有限技术中心，湖北 武汉 430010）

摘 要：本文以 10kV 级、容量为 800kVA、无载调压的标准型三相油浸电力变压器为例从变压器和取向电工钢国家标准的标准化过程的角度，说明两种产品的技术进步以及相互促进过程。

关键词：变压器；电工钢；标准；技术进步

The Interaction of Transformer and Electrical Steel's Technological Progress Based on the Change of Standard

Zeng Wu，Yao Changguo，Yuan Yufeng，Wang Yuan

（Wuhan Branch of Baosteel Central Research Institute
R & D Center of Wuhan Iron and Steel Co.，Ltd.，Wuhan 430010，China）

Abstract：In this paper，the standard three-phase oil-immersed power transformer with capacity of 800 kVA and no-load voltage is taken as an example to show the technological progress of the two products and the mutual Promote the process from the perspective of the standardization process of transformer and oriented electrical steel national standard.

Key words：transformer；electrical steel；standard；technological progress

1 引言

我国是世界上能源消费增长最快的国家，同时也是能源紧缺国家，节能是我国建设节约型社会的一项基本国策。为落实我国政府“2020 年我国非化石能源在一次能源消费中比重达到 15%左右和单位 GDP 二氧化碳排放量比 2005 年下降 40%~45%”的两项承诺，需要完成的节能减排任务十分艰巨。通常认为，我国电网中变压器的自身损耗占全部电网损耗的 30%~40%，约为全国发电量的 3%。据估算，我国输变电线损平均占系统总发电量的 7%左右，而变压器是电网系统中的重要设备，变压器的总损耗占系统总发电量的 3%左右。如变压器损耗每降低 1%，每年可节约上百亿度电[1]。因此，降低变压器损耗是关系到我国建设节约型社会的一个重大课题。

建国以来，经过半个多世纪的发展，尤其是改革开放以后的不断技术进步，我国的变压器型号已经发展到 S16 系列产品，80 年代之前，我国的变压器产品系列为 SJ，SJL，SL，SL1，1980 年推出 S7 系列变压器，90 年代末期，S9、S11 型系列配电变压器取代 S7 型系列。目前 S11 已经成了允许生产的变压器的最低产品，最好的水平已经达到了 S16。以 800kVA 三相油浸电力变压器为例，其空载损耗已经达到 380W 以下，而我国最早的用冷轧带钢作铁芯的变压器水平为 2700kVA，其空载损耗下降了 80%以上。

变压器工艺设计、变压器生产设备以及铁芯材料的提升是变压器能效标准提升的条件，使变压器性能不断提高，损耗明显下降[2]。变压器的损耗主要是空载损耗和负载损耗，其指标都和铁芯损耗相关，尤其是空载损耗主要是由铁芯损耗而产生。因此，变压器节能指标的不断进步和电工钢的电磁性能的不断改进密切相关。从 70 年代的 YB 73—70《电工用热轧硅钢薄钢板》和 80 年代的 GB 2521—81《冷轧电工钢带

(片)》到目前的 GB/T 2521. 2—2016《全工艺冷轧电工钢　第 2 部分：晶粒取向钢带（片）》，其铁损指标降低了 60%以上，说明了变压器的节能指标的不断进步和我国电工钢性能的持续改进是密不可分的。

产品标准是针对产品而制定的技术规范，对产品结构、规格、质量和检验方法所做的技术规定。它是一定时期和一定范围内具有约束力的产品技术准则，制定标准的基础是科学技术和实践经验的综合结果，这种综合结果是科学研究和技术进步的新成就同在实践中取得的先进经验相结合的综合过程[3]。因此，标准可以反映当时的技术和产品的水平，标准化过程体现了科技创新与技术成果的演进。所以变压器以及取向电工钢的标准的进步可以反映产品质量的提升以及技术进步的过程。本文主要以 10kV 以下级，容量为 800kVA，无载调压的标准型三相油浸电力变压器为例从变压器和取向电工钢国家标准的标准化过程的角度，说明两种产品的技术进步以及相互促进过程。

2　电力变压器标准的进步

建国以来，我国早期的变压器标准是 JB 500—1964 和 JB 1300—1973，由第一机械工业部发布，由沈阳变压器研究所起草。对于 10kV 以下级容量为 800kVA 标准型三相油浸电力变压器而言，空载损耗为热轧铁芯 3100W、冷轧铁芯 2700W，负载损耗分别为 12000W 和 11200W。

经过 13 年以后由国家标准局发布了第一版国家标准 GB 6451—86《三相油浸式电力变压器技术参数和要求》，规定 800kVA 标准型三相油浸电力变压器空载损耗 1540W，负载损耗 9900W。此后，该标准分别于 1995 年、1999 年、2008 年和 2015 年进行了修订，在国家质量监督检验检疫总局、国家标准化管理委员会发布的 GB/T 6451—2015《油浸式电力变压器技术参数和要求》中 800kVA 标准型三相油浸电力变压器的空载损耗已经达到 980W，负载损耗为 7500W。

2006 年，国家质量监督检验检疫总局、国家标准化管理委员会联合发布了我国第一版《三相配电变压器能效限定值及节能评价值》GB 20052—2006，过渡值也称为能效限定值为空载损耗 1400W，负载损耗 7500W，过渡期为 4 年。目标能效限定值及节能评价值为空载损耗 980W，负载损耗 7500W。2013 年对该标准进行了修订，发布了 GB 20052—2013《三相配电变压器能效限定值及能效等级》。在该版标准中，把变压器分成 3 个能效等级，第 3 级为最低级别，空载损耗 980W，负载损耗 7500W；第 2 级规定电工钢铁芯空载损耗 700W，负载损耗 7500W；非晶合金铁芯空载损耗 380W，负载损耗 7500W；第 1 级为最高级别，规定电工钢铁芯空载损耗 700W，负载损耗 6000W；非晶合金铁芯空载损耗 380W，负载损耗 6750W；三相油浸式节能配变的空载损耗和负载损耗值均应不高于能效等级 2 级。三相油浸式普通配变的空载损耗和负载损耗值均应不高于能效等级 3 级。

除了上述两个通用的变压器标准，对于出现的先进的变压器生产技术以及先进的铁芯原料，国家制定了专门的标准进行规范。

对于立体铁芯，发布了 GB/T 25438—2010《三相油浸式立体卷铁芯配电变压器技术参数和要求》，规定空载损耗 700W，负载损耗 7500W。

对于非晶铁芯，机械工业部在 2002 年就制定了标准 JB/T 10318—2002《油浸式非晶合金铁芯配电变压器技术参数和要求》。2010 年，国家质量监督检验检疫总局、国家标准化管理委员会发布了 GB/T 25446—2010《油浸式非晶合金铁芯配电变压器技术参数和要求》，规定了用非晶合金铁芯的变压器空载损耗 380W，负载损耗 7500W。

按照标准发布日期的顺序，800kVA 标准型三相油浸电力变压器的损耗值变化见表 1。

表 1　800kVA 标准型三相油浸电力变压器的损耗值变化过程

损耗	项目	1973		1986	1995		1999	2006		2008	2010	2013			2015
		冷轧铁心	热轧铁心		过渡值	目标值		过渡值	目标值			一级	二级	三级	
空载损耗/W	800kVA	2700	3100	1540	1540	1400	1400	1400	980	1400	980	700	700	980	980
	立体铁心										700				
	非晶										380	380	380		

续表 1

损耗	项目	1973		1986	1995		1999	2006		2008	2010	2013			2015
		冷轧铁心	热轧铁心		过渡值	目标值		过渡值	目标值			一级	二级	三级	
负载损耗/W	800kVA	11200	12000	9900	9900	9900	9900	7500	7500	7500	7500	6000	7500	7500	7500
	立体铁心										7500				
	非晶										7500	6750	7500		
备注								过渡期4年							

3 取向电工钢标准的进步

建国以来，早期的标准是 YB 73—70《电工用热轧硅钢薄钢板》，该标准于 1985 年进行了修订，并作为国标由国家标准局发布，其标准号为 GB 5212—85。用作变压器铁芯的热轧硅钢规格主要是 0. 35mm。0. 35mm 的热轧硅钢分为 6 个牌号，最高为 DR225-35，其铁损 $P_{15/50}$为 2. 25W/kg，磁感 B_{50}为 1. 54T，最低为 DR360-35，其铁损 $P_{15/50}$为 3. 6W/kg，磁感 B_{50}为 1. 57T。

1981 年，国家标准总局发布了冷轧电工钢的第一个国家标准 GB 2521—81《冷轧电工钢带（片）》，分为 2 个规格 14 个牌号。其中 0. 3mm 有 7 个牌号，最高为 DQ122G-30，其铁损 $P_{17/50}$为 1. 22W/kg，磁感 B_{10}为 1. 88T，最低为 DQ196-30，其铁损 $P_{17/50}$为 1. 96W/kg，磁感 B_{10}为 1. 68T。0. 35mm 也有 7 个牌号，最高为 DQ126G-35，其铁损 $P_{17/50}$为 1. 26W/kg，磁感 B_{10}为 1. 88T，最低为 DQ230-35，其铁损 $P_{17/50}$为 2. 3W/kg，磁感 B_{10}为 1. 63T。

GB 2521 标准分别于 1988 年、1996 年、2008 年和 2016 年进行了修订，在 2016 年的版本中，该标准规格已达到 4 个，牌号数达到了 33 个，其中 0. 23mm 有 10 个牌号，最高为 23QH080，其铁损 $P_{17/50}$为 0. 80W/kg，磁感 B_{800}为 1. 88T，最低为 23Q120，其铁损 $P_{17/50}$为 1. 2W/kg，磁感 B_{800}为 1. 82T。0. 27mm 有 10 个牌号，最高为 27QH085，其铁损 $P_{17/50}$为 0. 85W/kg，磁感 B_{800}为 1. 88T，最低为 27Q130，其铁损 $P_{17/50}$为 1. 3W/kg，磁感 B_{800}为 1. 82T。0. 3mm 有 8 个牌号，最高为 30QH095，其铁损 $P_{17/50}$为 0. 95W/kg，磁感 B_{800}为 1. 88T，最低为 30Q130，其铁损 $P_{17/50}$为 1. 3W/kg，磁感 B_{800}为 1. 82T。0. 35mm 有 5 个牌号，最高为 35QG115，其铁损 $P_{17/50}$为 1. 15W/kg，磁感 B_{800}为 1. 88T，最低为 35Q155，其铁损 $P_{17/50}$为 1. 55W/kg，磁感 B_{800}为 1. 82T。

取向电工钢的规格、牌号、铁损、磁感的进步过程见表 2。

表 2 取向电工钢的规格、牌号、铁损、磁感的进步过程

	热轧硅钢	1981		1988			1996		
规格数	1	2		3			3		
总牌号数	6	14		17			17		
规格/mm	0. 35	0. 3	0. 35	0. 27	0. 3	0. 35	0. 27	0. 3	0. 35
牌号数	6	7	7	3	7	7	5	6	6
最高牌号	DR225-35	DQ122G-30	DQ126G-35	DQ120-27	DQ113G-30	DQ117G-35	27QG100	30QG110	35QG125
最高牌号铁损	2. 25	1. 22	1. 26	1. 2	1. 13	1. 17	1	1. 1	1. 25
最高牌号磁感/T	1. 54	1. 88	1. 88	1. 79	1. 89	1. 89	1. 85	1. 85	1. 85
最低牌号	DR360-35	DQ196-30	DQ230-35	DQ143-27	DQ179-30	DQ183-35	27QG140	30Q150	35Q165
最低牌号铁损	3. 6	1. 96	2. 3	1. 43	1. 79	1. 83	1. 4	1. 5	1. 65
最低牌号磁感/T	1. 57	1. 68	1. 63	1. 79	1. 71	1. 71	1. 75	1. 75	1. 76
备　注	铁损为 $P_{15/50}$，磁感为 B_{50}	铁损为 $P_{17/50}$，磁感为 B_{10}					铁损为 $P_{1.7}$，磁感为 B_{800}		

续表 2

	热轧硅钢	2008				2016			
规格数	1	4				4			
总牌号数	6	29				33			
规格/mm	0. 35	0. 23	0. 27	0. 3	0. 35	0. 23	0. 27	0. 3	0. 35
牌号数	6	7	9	7	6	10	10	8	5
最高牌号	DR225-35	23QG085 *	27QG090 *	30QG105	35QG115	23QH080	27QH085	30QH095	35QG115
最高牌号铁损	2. 25	0. 85	0. 9	1. 05	1. 15	0. 8	0. 85	0. 95	1. 15
最高牌号磁感/T	1. 54	1. 85	1. 85	1. 88	1. 88	1. 88	1. 88	1. 88	1. 88
最低牌号	DR360-35	23Q130	27Q140	30Q150	35Q155	23Q120	27Q130	30Q130	35Q155
最低牌号铁损	3. 6	1. 3	1. 4	1. 5	1. 55	1. 2	1. 3	1. 3	1. 55
最低牌号磁感/T	1. 57	1. 75	1. 75	1. 75	1. 78	1. 82	1. 82	1. 82	1. 82
备　注	铁损为 $P_{15/50}$，磁感为 B_{50}	* 代表可以磁畴细化状态交货				固化了刻痕的牌号			

4　变压器和取向电工钢的相互促进

图 1 为取向电工钢铁损和 800kVA 变压器空载损耗推移图。图 2 为取向电工钢铁损和 800kVA 变压器空载损耗+负载损耗推移图。

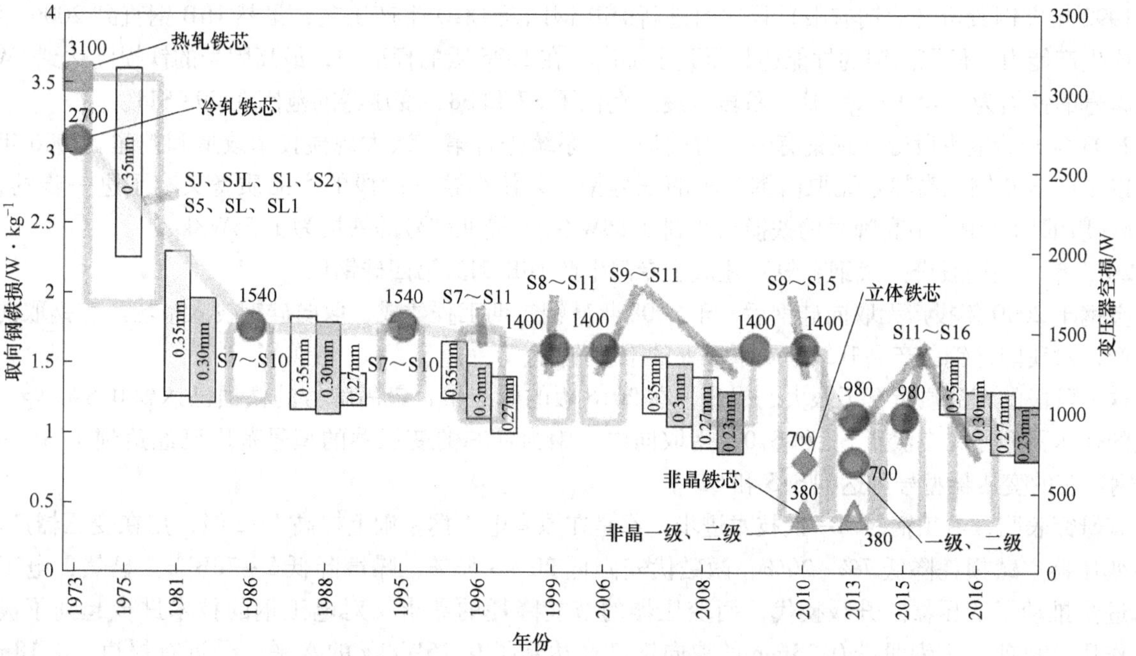

图 1　取向电工钢铁损和 800kVA 变压器空载损耗推移图

从图中可以看到，伴随着变压器铁芯的铁损从 70 年代的热轧硅钢铁损 2. 25W/kg，到目前的冷轧电工钢的铁损 0. 8W/kg，牌号从 6 个增加到 33 个，变压器的空载损耗水平也从 3100W 下降到 700W。其空载损耗与负载损耗之和也从 15100W 下降到 6700W。如果考虑到非晶带材作为变压器的铁芯，则变压器的空载指标下降幅度更大，达到 380W。变压器的型号也从 70 年代的 SJ、SJL、S1、S2、S5、SL、SL1 和 80 年代的 S7 ~ S10，发展到现在的 S11 ~ S16。

宝钢股份（武钢有限）1974 年和 1992 年先后两次引进了日本新日铁公司冷轧取向和无取向硅钢生产专利，1978 年正式投产，使我国结束了没有自产冷轧取向硅钢的历史，1981 年形成了第一个国家标准 GB 2521—81《冷轧电工钢带（片）》，这一阶段的磁性水平为 1. 2~2. 3W/kg。这一阶段的变压器系列为 S7 ~ S10。

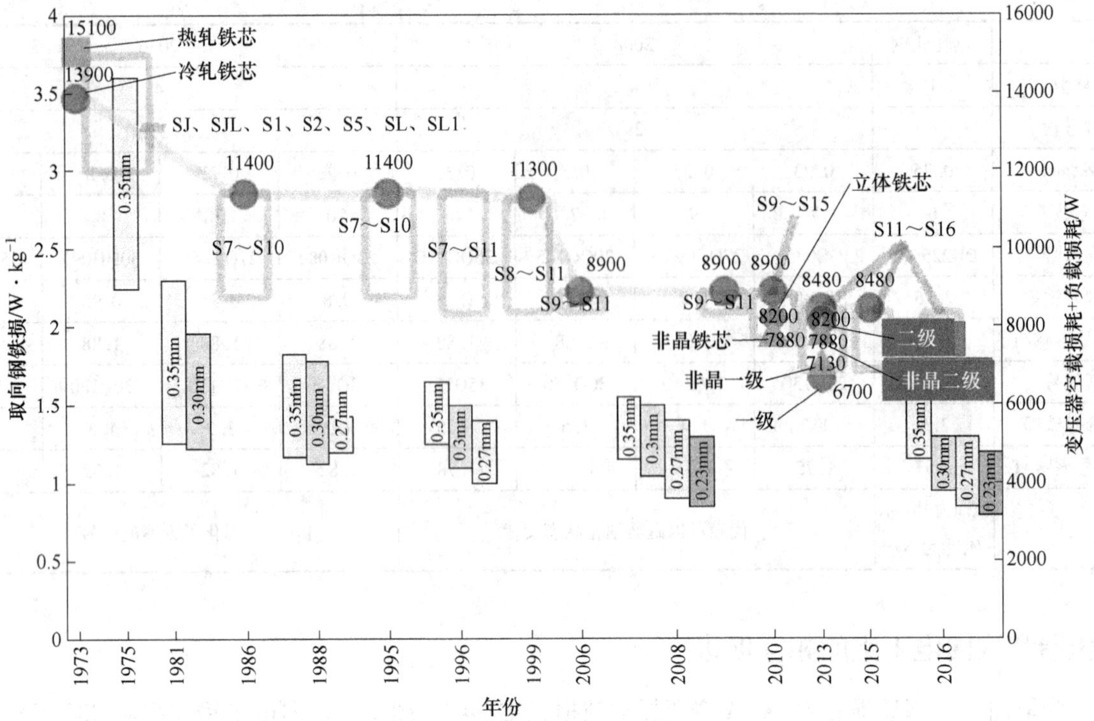

图 2　取向电工钢铁损和 800kVA 变压器空载损耗+负载损耗推移图

1992 年宝钢股份（武钢有限）再次引进新 HiB 钢以及 CGO 生产工艺，虽然 HiB 钢直到 2006 年以后才形成生产能力。但取向钢的性能还是得到了提高，在 1996 版的标准中，最高牌号的铁损已达到 1W/kg，最低牌号的铁损为 1. 65W/kg。这一阶段，逐步淘汰了 S7 和 S8，变压器的范围在 S9～S11。

2003 年开始宝钢股份（武钢有限）对硅钢生产系统进行第三次大规模技术改造和扩建。2006 年开始建设以生产 HiB 钢及高牌号无取向钢为主的三硅钢厂，使得这一阶段的产品质量又有了进一步的提高，在 2008 版的标准中，最高牌号的铁损已达到 0. 85W/kg，最低牌号的铁损为 1. 55W/kg。

2013 年，宝钢股份（武钢有限）建成了专门生产 HiB 钢的第四硅钢厂。

宝钢于 2000 年投产无取向硅钢后，于 2008 年硅钢二期工程建成，取向硅钢投入市场。宝钢取向硅钢的投产，对我国硅钢的产品升级起到了极大的推动作用。

这一阶段的产品质量有了很大的提升，在 2016 版的标准中，最高牌号的铁损已达到 0. 8W/kg。这一阶段的变压器型号又淘汰了 S9 和 S10，用取向电工钢为铁芯的变压器的型号范围已经达到了 S11～S14。HiB 钢铁芯的变压器型号可达到 S15 和 S16。

有研究表明，电工钢的每一次技术进步，都是在原有电工钢基础上提高 1～2 级，用在变压器产品上，可使变压器空载损耗降低 7%～20%，激磁伏安降低 20%～55%，噪声降低 2～7dB[4]。显然，电工钢的技术进步推动了变压器的升级换代，而变压器的节能降耗的需求又对电工钢的技术进步起到了极大的促进作用。目前，宝钢股份 0. 23mm 的取向钢已经达到了 0. 75W/kg 的水平，最近有报道，0. 18mm 的 065 等级极低铁损取向硅钢产品全球首发。取向钢产品性能的进步势必推动更高型号的变压器的研发和生产。

5　结论

（1）建国以来，变压器节能指标取得了长足的发展，变压器型号已经达到 S11～S16。空载损耗降低了 80%以上，总损耗降低了 50%以上。

（2）建国以来，取向电工钢的性能也在不断进步，牌号从 6 个增加到 33 个，铁损下降了 60%以上，磁感也大幅度提升。

（3）变压器空载指标主要取决于铁芯的铁损，电工钢的技术进步推动了变压器的升级换代，反之，变压器的节能降耗的需求又对电工钢的技术进步起到了极大的促进作用。

参考文献

[1] 郭献清．高性能取向电工钢在 S13 型节能变压器上的应用，2012.

[2] 章国枫．解读 GB 20052—2013《三相配电变压器能效限定值及能效等级》．宁波节能，2014（1）.

[3] 冶金工业部情报标准研究总所．钢铁产品标准化工作手册．中国标准出版社，1990.

[4] 李友佳，李晓星．浅析电工钢与下游行业的互动发展．第十届全国电工钢专业学术年会论文集，2008.

电工钢冲压模具的重要性及加工过程的研究

汪淳淬

（上海普瑞信钢板制造有限公司，上海 200000）

摘　要：冲压模具是实现铁芯整体质量过程的重要保障之一，电工钢产品质量好是基础。本文重点阐述了电工钢冲压模具的重要性及加工过程以及生产中出现的质量缺陷及应对措施，通过分析，从中掌握电工钢冲压质量产生的规律，不断地改进和提升公司电机铁芯质量。

关键词：电工钢；冲压模具；质量缺陷及应对措施；效果证实

The Importance of the Electrical Steel Stamping Die and the Study of the Machining Process

Wang Chuncui

(Shanghai Prixin Steel Plate Manufacturing Co., Ltd., Shanghai 200000, China)

Abstract: Stamping die is one of the key guarantee of the core's overall quality process. The quality of the electrical steel is the foundation. In this paper, the importance and the process of the stamping die and the quality defects and the countermeasures were discussed. Through the analysis, the rules of the quality of the steel stamping was mastered, and the core quality of the company was constantly improved.

Key words: electrical steel; stamping die; the quality defects and the countermeasures; effect confirmation

1　电工钢冲压模具的重要性

电工钢是各种电机电机、发电机、变压器加工铁芯的重要原材料产品，铁芯的定转子种类繁多，大小形状、规格千姿百态，对产品的叠装及精度有着严格的要求。这无疑对冲压模具提出更高的质量要求，冲压模具是在冷冲压加工中，将材料（金属或非金属）加工成零件（或半成品）的一种特殊工艺装备。在电子、汽车、电机、仪器、电器、仪表、家电和通信等产品中，60%～80%的零部件依靠模具成型。用模具生产出来的零件其高精度、高复杂度、高一致性、高生产率和低消耗是其他加工工艺所不能比拟的。模具又是“效益放大器”，用模具生产的最终产品的价值，往往是模具自身价值的几十倍、上百倍。目前全世界的电工钢冲压模具年产值超过亿元。日、美等工业发达国家的模具工业产值已超过机床工业产值；从 1997 年开始，我国模具工业产值也超过了机床工业产值。电工钢冲压模具生产技术水平的高低已成为衡量一个国家产品制造水平高低的重要标志，在很大程度上决定着企业产品的质量、效益和新产品的开发能力。

2　我国电工钢冲压模具发展现状

20 世纪 90 年代以来，我国模具行业产生了翻天覆地的变化，现在已经成为了世界模具生产基地。在绝大多数领域，中国模具已经占领了相当大的份额。但是，在很多高端领域，特别是汽车模具、精密模具及高效功能模具，仍然要从国外大量进口，国内只有极少企业挤入精密模具制造行列，从模具行业整体而言，我国模具的整体水平仍然是以中低档模具为主，特别是由于国家对模具行业缺乏有效的行业准入门槛，以至于在很多所谓模具发达地区，也是低端、粗制滥造的模具充斥市场。同国外先进水平相比我国模具有以下不同点：我国模具厂的组织形式是大而全，而国外模具企业大多是小而专；我国模具标准件使用覆盖率约占外国的三分之一；我国模具企业技术人员少、水平低，忽视产品的研发工作，模具企业的管理落后等因素造成我国模具业在市场中仍处于被动地位；我国模具自产自配比例远远高于外国，国外多以商品模具为主。

图 1

3 模具技术的发展

3.1 CAD/CAM/CAE 技术的一体化

模具的计算机辅助设计与制造已经在很大程度上在很多模具制造企业得到应用与普及。目前计算机可以运用 CAD/CAM/CAE 一体化技术模拟零件的形成过程，如大型金属覆盖件、塑件成型、组合成型等复杂精密的过程。三维设计既可用于建模，又可为数控加工提供 NC 程序，提高了加工效率和质量。无论是大型金属覆盖件成型、复杂零件的锻造成型，还是各类塑件成型或组合成型，不管零件多大、多复杂，或是多小、多精密，其成型过程一般都可以进行模拟，这是设计与加工紧密联系的不可或缺的手段。

3.2 高速铣削在模具加工中的应用

高速铣削在模具加工中有了很大的发展，在国外已有主轴转速达 100000r/min 的高速铣，国内技术只能达到 60000r/min，刀具进给速度约为 30~40m/min。由于高速加工时具有温升低、热变形小，切削力小等优点，高速铣削已成为生产高品质模具的必备工具。激光技术在模具制造中也有应用，例如：快速成形、特殊模具的加工等方面，将激光技术应用于模具制造业如：激光切割、打孔、刻字等，可以设计并制造更为复杂的原型、降低制造成本、缩短生产周期及增加经济效益。

3.3 热流道技术、气辅成型技术、高压注射技术在注射模中的应用

热流道技术是使用元器件对模具加热，使通过流道和浇口的塑料保持熔融状态，提高注射成型塑件的品质，节省原材料和节约能源。目前该技术已在国内注塑企业中得到广泛应用。气体辅助注射成型是一项新的工艺。气体辅助注射一般采用氮气辅助注射，与常规的注射成型相比，其注射压力较小，熔体流动性好，制品翘曲变形较小，易于成型壁厚差较大的制品，成型的塑件表面质量好。该技术已在汽车和家电模具中得到应用。最近，气体辅助注射成型中的一项新的技术是高压注射成型，其原理是利用高压气体在塑件内部产生中空截面，利用气体保压代替塑料注射保压，消除制品缩痕，完成注射成型过程。

3.4 纳米模具技术为微细成型提供了技术支持

纳米技术是在纳米尺度内，通过对物质反应、传输和转变的控制来实现创造新的材料、器件和充分利用它们的特殊性能。碳纳米管可生产精度达纳米级的细微零件，是使用波长极短的辐射波制作完成的。

波长仅0.5nm，比在半导体加工过程中经常使用的紫外线激光的波长（约为380nm）短得多，适于进行精细加工。纳米模具在发达国家应用较多，作为生产工具主要用于精细加工，我国应用这方面的技术还不成熟。此外，将纳米级薄膜材料涂在模具表面，增加模具强度、减少模具磨损并提高模具寿命的技术在国内已有应用。

3.5 逆向工程技术

逆向工程（RE）又叫反向工程或反求工程，它与传统的设计方法和理念不同，通过对实物或零件进行扫描测量和数据处理，获得零件的几何信息，再通过CAD造型得到零件的几何模型，经对零件的几何模型进行数据重构来满足其功能和结构的设计要求，最终确定零件的形状，然后经由CAM编程，直接加工出零件的成形模。整个过程充分体现了设计者的理念和设计思想、设计经验和创新思维。

3.6 模具热处理与表面强化技术

模具热处理与表面强化是提高模具零件强度与硬度、改善其表面组织、确保使用寿命的关键，是影响模具材料性能发挥的关键环节。模具热处理技术主要从渗入单一元素向多元共渗、复合渗方向发展；由一般扩散向CVD、PVD离子渗入、离子注射方向发展，热处理手段向真空热处理发展，采用的覆膜有TiC、TiN、TiAlN、CrN、W_2C等。

图2

4 电工钢冲压过程

4.1 电机定、转子基本概念

电机转子是电机中的旋转部件，转子铁芯，一般用0.5mm的硅钢片叠压而成，它是磁路的一部分。转子绕组，是用作产生感应电势、并产生电磁转矩。电机定子，是电机的静止部分，由导磁的定子铁芯、导电的定子的绕组、具有冷却介质通道的机座结构（包括机座、端盖、铁芯压板、电、磁屏蔽和固定绕组的绝缘支架等）三部分组成。

转子和定子组成发电机或电动机，用来实现电能与机械能和机械能与电能的转换装置。对发电机而言，转子是无功源、绕组从外部引入直流电建立磁场，在原动力的拖动下，向外输送交流电的无功，由输入转子的直流电大小决定无功功率的大小。定子是有功源，产生感应电动势、电流，在转子的拖动下，向外输出交流电的有功，由原动力（油量、气量、风量、水量等）决定有功功率的大小。对电动机而言，定子绕组通入交流电，就会产生一个旋转磁场，旋放磁场的磁力线通过定子铁芯、气隙和转子铁芯构成回路。异步电动机转子绕组导体由于相对于旋转磁场运动，就会因切割磁力线而感应电动势，因而转子绕组就会流过电流。载流的转子绕组导体在旋转磁场中会受到电磁力的作用。在电磁力形成的电磁转矩作用下，电动机转子就沿着旋转磁场的方向转动起来，带动需要的机械工作。电机转子：也是电机中的旋转部件。电机由转子和定子两部分组成，它是用来实现电能与机械能和机械能与电能的转换装置。电机转子分为电动机转子和发电机转子，内转子转动方式为电机中间的芯体为旋转体，输出扭矩（指电动机）或者收入能量（指发电机）。外转子转动方式即以电机外体为旋转体，不同的方式方便了各种场合的应用。

4.2 电机定子

简单来说：电机中固定的部分叫做定子（stator），在其上面装设了成对的直流励磁的静止的主磁极；而旋转部分（转子-rotor）叫电枢铁芯，在上面要装设电枢绕组，通电后产生感应电动势，充当旋转磁场，后产生电磁转矩进行能量转换，以定子绕组的形状与嵌装方式区分，定子绕组根据线圈绕制的形状与嵌装布线方式不同，可分为集中式和分布式两类。

图 3

4.3 电机转子

转子硅钢片冲有闭口圆槽，叠压时上下片槽位依次稍微错开，整体上形成斜槽，这样能使转动更均匀平稳，转子绕组是用压铸的方法，将铝铸在转子槽内代替导线，要是只看转子槽内的铝条和两个端环，形状像个笼子，所以有的书上叫它“鼠笼式转子”，交流异步电动机的转子绕组分鼠笼型与绕线型两类。鼠笼型结构较为简单，一般由铝浇注入转子铁芯槽内并由两端端环短接而成；也有用铜条嵌入再焊上铜质端环的。为了改善起动性能，鼠笼型又可制成深槽式及双鼠笼等特殊型式。绕线型转子绕组与定子绕组相同，它除可用上述各式绕组外，还可用波形绕组。波形绕组是由单匝或几匝的杆形单元线圈，嵌装后由两个元件在端部焊接成一只线圈，并形成整个绕组，其布接线原理与上述绕组不同，但外形与双层叠绕组相似。波形绕组常应用于大型的交流电动机转子绕组及直流电动机的电枢绕组。

4.4 生产实践

上海普瑞信钢板制造有限公司年生产电机机芯配件 2 万吨/年（约 300 万台机芯组件），分条钢带卷 10 万吨/年，同时满足一定量的各种钢材配送加工业务，全年可形成 15 万吨钢板加工的生产能力。目前主工艺流程是：原料—剪切—冲压，与之对应设备有纵剪分条机组 2 台套，AIDA 冲床 5 台等主要生产设备，同时配备和主工艺相对应的：翻卷、打包、称量、缠纸、抛光和加压等辅助设备，配备与生产规模、工艺需求相配套的 10 余台起重设备、高精度磨床 3 台和运输、检修、辅料、准备、能源介质等公用、公辅设施。配备与生产组织、市场经营相配套的现代化办公实施和员工工作、学习、休息、生活所必须的后勤保障。公司可以为顾客提供：冷轧钢板、镀锌钢板、电工钢板、酸洗热轧钢板等金属板的剪切加工、冲压加工、销售和服务。2016 年公司通过 TS16949 质量体系审核，为进军汽车行业提供助力。目前，公司除了是上海海立集团最大的材料和定转子铁芯供应商外，还是浙江宝捷机电有限公司最大的材料供应商，2015 年开始已经为上海电驱动股份有限公司提供新能源汽车上电机用的定转子铁芯；同时，公司针对“一带一路”，为国家电网所需的变压器用取向硅钢的需求进行了解和公关，与世界知名企业 ABB 变压器有限公司的合作也逐渐开展和加深，并取得了 ABB 公司的认证和认可，已开始为上海 ABB 和合肥 ABB 提供变压器用取向钢条料。

表 1　公司主要设备及参数

薄板纵剪分条机	厚板纵剪分条机
材料参数	材料参数
材质：冷轧卷板、电工钢卷板（有取向和无取向）等	材质：冷轧板、热轧板、酸洗板等
厚度：0.2~1.2mm	厚度：1.2~6.0mm
宽度：200~1350mm	宽度：300~1600mm
内径：ϕ508mm、ϕ610mm	内径：ϕ508mm、ϕ610mm
外径：MAX ϕ2000mm	外径：MAX ϕ2200mm
重量：MAX 20t	重量：MAX 30t
作业参数	作业参数
宽度：22~1350mm	宽度：45（厚度 2.0mm 以下）~1350mm
内径：ϕ508mm、ϕ610mm	内径：ϕ508mm、ϕ610mm
外径：MAX ϕ1800mm	外径：MAX ϕ2200mm
设备参数	设备参数
加工速度：MAX 200m/min	加工速度：MAX 120m/min
切割条数：MAX 30（厚度 0.6mm 以下）	切割条数：MAX 25（厚度 1.5mm 以下）

表 2　公司主要设备及参数

AIDA 高速冲床	
型号：MSP-3000-230	
公称能力	3000kN
行程长度	30mm
每分钟冲压速度	120~350spm
闭模高度	550mm
滑块调节长度	60mm
滑块尺寸：左右×前后	2300×900mm
工作台尺寸：左右×前后	2300×1000mm
主电动机	30×2kW
供给空气压力	0.5MPa
上模最大悬垂质量	2000kg

图 4　剪切加工（纵剪分条机）

5　质量问题防范

冲床产品的各个参数多数由模具控制，稳定性高，不易出现问题，一旦出现问题，多数不合格品是无法返工的，以下是冲床常见的和实际发生过的一些问题。

图5 冲压加工（AIDA 高速冲床 300t）

图6 冲压加工（AIDA 200t）

5.1 质量缺陷出现

（1）叠高超差。操作人员更换卷料后未及时对冲压出的铁芯进行叠高测量，及时的设定冲压枚数（引起的原因主要是材料本身存在的同板差）。（2）错位。导钉带料、送料机构送料不到位、跳片、材料不良等都易造成错位。（3）跳片。错位、闭合高度不到位、凹模毛边修整不良等。（4）直线度不良。由跳片、毛刺造成定转子直线度不良。模具各铆接点铆接力不均匀。刃口爆口。（5）转子扭斜不良。扭斜马达不良、扭斜马达信号线接触不良、操作人员更换机种后未及时更改扭斜尺寸、设置扭斜方向错误。（6）转子沉孔尺寸超差。卷料厚度差异较大枚数也波动较大，操作人员更换卷料后未及时设定参数。（7）定子冷媒孔缺失。操作人员未能及时对冷媒孔冲头进行确认，冲头可能断裂或缺失。

5.2 对策

（1）要求操作人员更换卷料后及时测量定转子叠高，按规范进行检查，并填写质量记录表，叠高超上限的可通过翘掉适当片数进行返工。（2）机床停机，将闭合高度上升将带料拉出去剪去错位部分，将模具内废料全部清除干净后，按照正常送料步骤重新送料，并拉出检查料头，确认模具内是否还留有废片，确认模具内部无废片等异物后方可进行冲压。（3）将模具内废料全部清除干净后，按照正常送料步骤重新送料，并确认目前的闭合高度是否可以正常冲压，确认后缓慢开冲，并逐渐提速，再次发生跳片，应及时通知模具人员对模具进行修理。（4）直线度不良时先确认定转子内孔处有无跳片及毛刺，并及时通知模具人员对模具进行修理。（5）操作人员在开冲前必须先确认扭斜参数是否正确（如扭斜方向），更换机种后应及时对首件品进行扭斜尺寸的测量，正常作业后按规定进行自检。（6）要求操作人员更换卷料后应及时对铁芯沉孔进行测量。（7）对产品首件进行严格把关，对模具冷媒孔冲头进行检查。

6 研究结语

（1）通过分析研究电工钢冲压模具的重要性及加工过程以及生产中出现的质量缺陷及应对措施，完全可以控制生产中质量缺陷的出现。（2）通过与钢厂的密切合作对来料质量的控制以及冲压各工序质量及操作的管理，可确保冲片质量。（3）通过对模具的修复及设备运行定期检查保养，可实现铁芯的质量最佳。（4）21 世纪模具制造行业的基本特征是高度集成化、智能化、柔性化和网络化，追求的目标是提高产品质量及生产效率、缩短设计及制造周期，降低生产成本、最大限度地提高模具制造业的应变能力，满足用户需求。

参考文献

[1] 中国模具工业协会. 模具行业发展规划 [J]. 模具工业，2011，37(1)：1-9.
[2] 张霞，褚旭宏. 模具制造工艺学 [M]. 北京：电子工业出版社，2011.

全球主要国家和地区电工钢专利发布情况分析

王　媛

（宝钢股份中央研究院武汉分院武钢有限技术中心，湖北　武汉　430010）

摘　要： 通过对全球申请的硅钢专利进行分析，获得全球电工钢专利的申请情况、申请地情况、技术研发地情况以及主要竞争对手的专利数量、研发重点等信息，为相关科研人员提供参考。

关键词： 电工钢；专利；发明人

Brief Analysis of the Patent Situation of Global Major Countries and Regions Electrical Steel

Wang Yuan

（Baoshan Iron & Steel Wisco Co., Ltd., Steel Research Institute, Wuhan 430010, China）

Abstract: Based on the analysis of the global patents application of the electrical steel, this paper has obtained the application status of the global electrical steel patent, the application situation, the situation of the technology research and development, the number of patents of the main competitors, the key research information, and so on, for the reference of the relevant researchers.

Key words: electrical steel; patents; the inventor

全球大型钢企及科研院所，如新日铁住金、JFE、浦项、蒂森克虏伯、AK 钢、宝武、鞍钢、东北大学等申请公开了大量的电工钢技术领域的专利。本文通过确定电工钢技术领域的关键词，在相关数据库中，设计合理的检索策略，得到初步的检索结果，对检索结果进行整理、统计，进而分析这些专利在各个年份的申请情况、主要的专利申请地、技术研发地及主要申请人等信息，为电工钢行业相关科研人员提供参考。

1　全球硅钢专利整体情况

本文通过在相关数据库中设计合理的检索策略，得到初步的检索结果，在此基础上经过进一步的人工筛选得到分析样本。

1.1　电工钢专利申请数量分析

截止 2017 年 9 月 22 日，全球共申请硅钢专利 11043 项（合并同族专利为 11043 项，不合并同族专利为 15962 件）。

图 1 列举了全球硅钢专利申请年/专利数量的关系。从图 1 中可以看出，全球硅钢专利最早是在 1911 年申请的，至 1956 年之前，保持较低的申请量，随后呈递增趋势，直至 1992 年达到最大值 417 件；之后出现回落，2005 年达到最小值 245 件；此后逐渐增加，2012 年达到 966 件。表明 1992 年之前全球硅钢技术研发突破较快，技术提升迅速；1993 年之后技术发展进入了相对成熟期，申请的专利数量也开始逐渐平稳下降。2012 年达到新的技术突破点。由于专利申请数据的公布具有一定的滞后性，造成 2016 年和 2017 年的部分专利申请尚未公开，这两年的申请数据仅供参考。

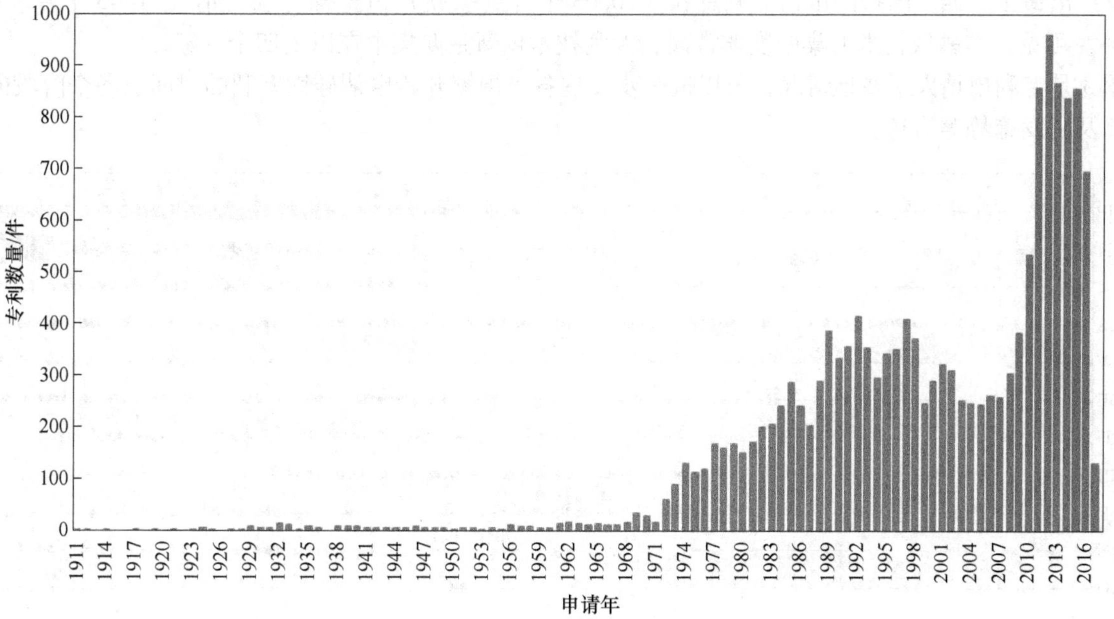

图 1　全球各个年份申请的硅钢专利情况

1.2　电工钢专利申请地分析

图 2 列举了硅钢专利在不同国家/地区/组织的专利申请数量。从图中可以看出，按照专利申请数量依次排序，在日本申请的专利数量最多，为 5803 件；其后依次为中国 3748 件；韩国 1405 件；美国 1105 件；欧盟 624 件；世界知识产权组织 561 件；这 6 个国家/地区/组织的专利申请量合计达到 13246 件，占总申请量（15962 件）的 83%。由此可以看出，专利申请人非常重视日、中、韩、美、欧等地区的市场，通过专利申请获得相应地区的法律保护，同时通过 PCT 获得硅钢相关技术的国际保护[1]。

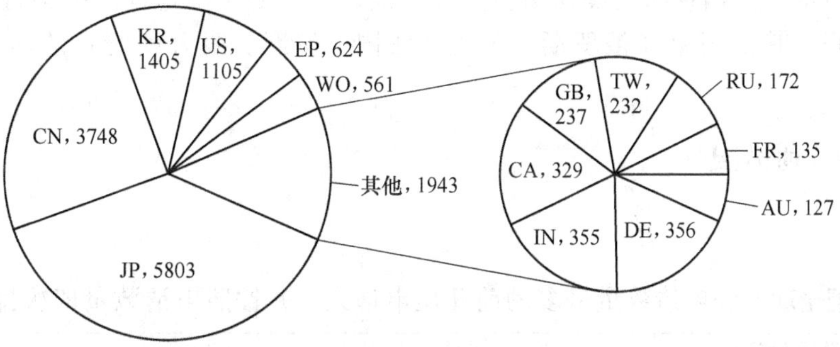

图 2　不同国家/地区/组织的专利申请数量

JP—日本；CN—中国；KR—韩国；US—美国；EP—欧盟；WO—世界知识产权组织；
DE—德国；IN—印度；CA—加拿大；GB—英国；TW—中国台湾省

此外，专利申请人在德国、印度、加拿大、英国、中国台湾省、俄罗斯、法国、澳大利亚的申请数量均在 100 件以上，也显示了它们在硅钢全球市场中的重要地位。经过进一步梳理专利的申请年度，我们发现英国和法国近年来已没有硅钢专利申请；而在中国的专利申请数量呈增长趋势，从 2007 年的 70 件增至 2016 年的 500 件，说明专利申请人在硅钢领域的全球战略布局已发生改变。

1.3　技术研发地

基于一个专利家族中优先权专利申请人所在的国家，统计其所在国在硅钢方面的专利申请数量，可知某个国家在硅钢领域的技术研发状况。通过分析发现，总体上，硅钢专利申请最多的国家是日本，为 5646 件；其后依次是中国、韩国、美国，分别为 3327 件、949 件、494 件。日、中、韩、美在硅钢领域的研发产出最多，四个国家的申请专利总和（10303 个专利家族）占全球专利申请（11043 个专利家族）的 93%。可见，本领域技术的集中度非常高，专利技术创新主要集中在以上四个国家。

图 3 是专利申请人所在地情况，可以进一步发现各个国家开始申请硅钢专利的时间、各个阶段的申请情况以及研发趋势等信息。

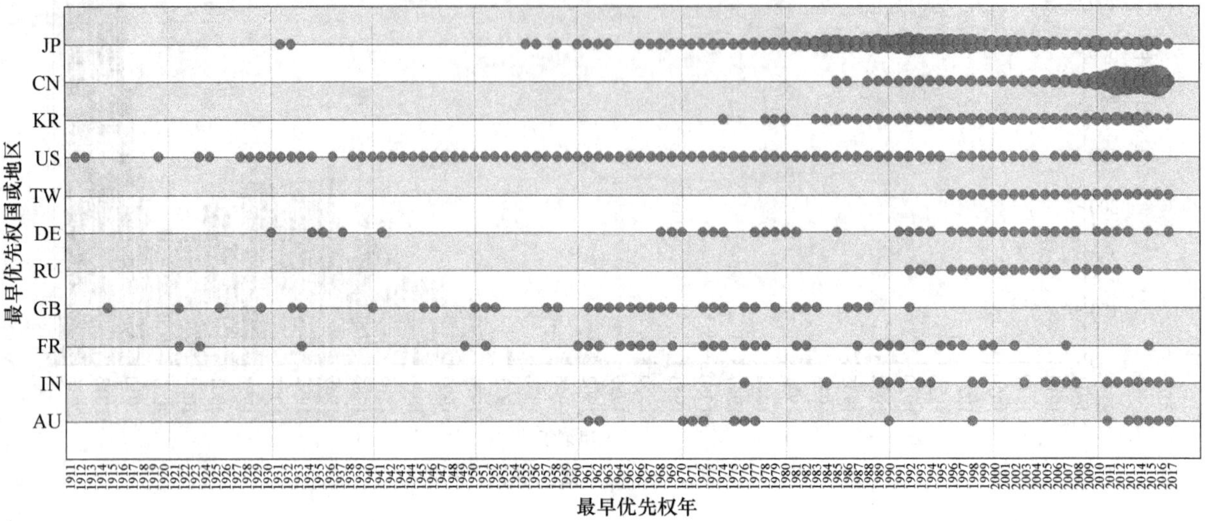

图 3　专利申请人所在地分析

从图 3 可以看出 1956 年之前，专利申请数量最多的是美国，其后依次是英国、法国、德国、日本；此后至 1992 年，中国、韩国、印度、澳大利亚也申请了大量专利，这一阶段日本专利的申请量呈不断增长的趋势，1992 年达到了 296 件；1992 年之后至 2005 年，中国台湾省、俄罗斯也开始了硅钢专利申请；2005 年之后英国不再有硅钢专利申请，中国申请的专利数量不断增加，2016 年达到了 497 件。相对而言，美国的硅钢专利起步较早，时间跨度最长、数量分布相对均匀，发展稳定；中国、韩国的硅钢专利起步较晚，发展迅速；日本的硅钢专利发展经历快速发展期，目前处于平稳期。中国台湾省、德国的硅钢专利竞争力也比较强，其他国家（俄罗斯、英国、法国、印度、澳大利亚）的硅钢专利竞争力相对较弱。

2　主要竞争对手专利情况

2.1　专利数量

图 4 列举了硅钢全球专利申请数量最多的前几位申请人，并按照申请数量依次排序。从图中可以看

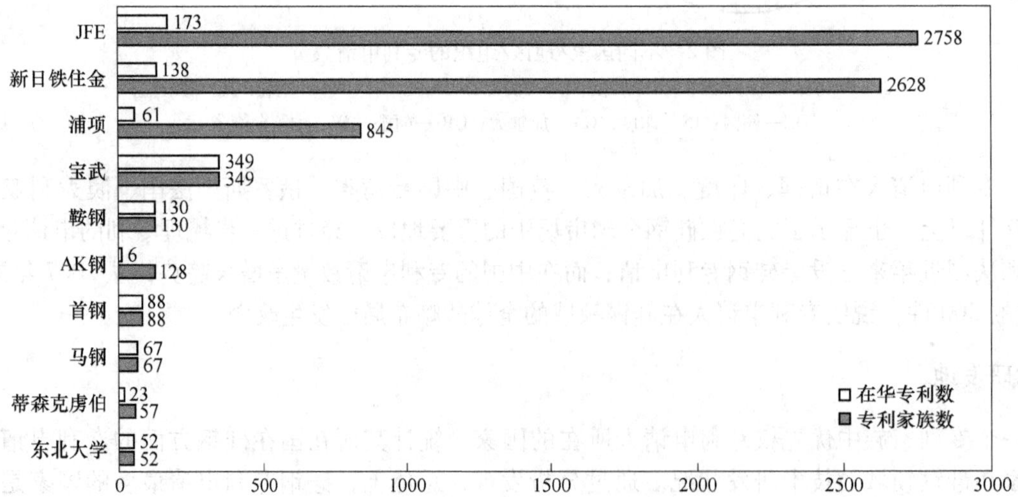

图 4　主要申请人的专利申请数量

到，JFE 以申请 2758 个专利族，数量处于领先地位；其次是新日铁住金申请了 2628 个专利族；浦项申请了 845 个专利族，三者合并占硅钢全球专利申请总数（11043 个专利族）的 56%。由此不难看出，这三个申请人在硅钢领域技术研发实力强劲。

进一步对主要申请人在各个年份的申请情况以及公开国情况进行分析发现，JFE 的硅钢专利最早是在 1960 年申请的（年均申请量为 76 件），随后的 1961 年申请了 1 件专利，之后几年没有硅钢专利申请，直到 1969 年申请了 6 件专利，之后申请量呈增长趋势，1988 年达到最大值 179 件，随后下降，2010 年出现反弹，2011 年达到 257 件，表明 JFE 的硅钢专利研发在经历了技术成熟期后进入一个相对平稳的阶段，近年来又掀起新一轮的研发热潮（川崎制铁申请了 2117 件专利，日本钢管申请了 515 件专利）；JFE 专利保护的主要是日本、美国、韩国、中国、印度市场；新日铁住金的专利最早是在 1967 年申请的（年均申请量为 82 件），随后呈递增趋势，直至 1992 年达到最大值 241 件，之后出现大幅回落，表明 1992 年之前新日铁硅钢技术研发突破较快，技术提升迅速；1993 年之后技术发展相对成熟，专利申请量没有大的波动；新日铁硅钢专利主要保护的是日本、美国、韩国、德国、中国市场；浦项制铁从 1983 年开始申请硅钢专利，申请量不断增加，年均申请量达到 31 件，目前处于技术快速发展期，同时可以看出，较新日铁和 JFE 来说，浦项的研发存在一定的差距。浦项的硅钢专利主要保护的是韩国、中国、日本、美国市场。

宝武从 1988 年开始申请硅钢专利，申请量逐年增长，2011 达到 120 件，之后出现回落，近几年维持在 40~46 件/年，主要保护的是中国、日本、韩国、美国市场；鞍钢从 2005 年开始申请硅钢专利，申请量呈现逐步提升（个别年份除外），年均申请量为 11 件，主要保护的是中国市场；马钢的硅钢专利最早是在 2006 年申请的，2015 年最多为 21 件，保护的是中国市场；AK 钢从 20 世纪 20 年代开始申请硅钢专利（年均申请量为 4 件），主要保护的是美国、加拿大、日本、印度、韩国市场；蒂森克虏伯从 20 世纪 30 年代开始申请硅钢专利（年均申请量为 3 件），主要保护的是美国、韩国、澳大利亚、中国市场。

此外，对近年来（2011 年以后）全球申请的硅钢专利进行统计发现，这一阶段共申请了 5226 件专利，主要竞争对手的申请情况如表 1 所示。

表 1　硅钢专利申请情况

申请单位	专利总数/件	无效专利/件	有效专利/件	占比/%
东北大学	47	6	41	0.9
马钢	57	9	48	1.1
蒂森克虏伯	58	9	49	1.1
首钢	68	12	56	1.3
鞍钢	83	12	71	1.6
新日铁	463	18	445	8.9
浦项	481	67	414	9.2
JFE	1185	40	1145	22.7
宝武	388	57	331	7.4
合计	2823	230	2593	54.2

2.2 研发重点

表 2 列出了主要申请人的技术研发重点情况。

表 2　主要竞争对手的技术研发重点

	专利内容	分析测试	涂层技术	细化磁畴	薄带连铸	薄板坯连铸连轧	高硅钢
申请单位	AK 钢	1	70	13	9	1	0
	鞍钢	0	38	2	4	3	3
	JFE	31	847	127	3	3	12
	马钢	1	18	1	1	13	0
	新日铁	19	669	37	23	7	1
	东北大学	0	10	1	26	2	11
	浦项	0	52	10	5	0	2
	首钢	1	23	1	0	0	2
	蒂森克虏伯	0	23	3	2	25	0
	宝武	11	114	9	5	7	20

从表 2 中可以看出主要竞争对手的研发具有以下特点：

（1）主要竞争对手在涂层技术和细化磁畴方面都申请了专利，其中 JFE、新日铁在涂层技术方面的研究更为深入，AK 钢、JFE、新日铁在细化磁畴方面的研究更为深入；新日铁和东北大学在薄带连铸生产硅钢方面的研究较其他企业更为深入；蒂森克虏伯在薄板坯连铸连轧生产硅钢方面的研究则远远领先于其他企业，鞍钢、马钢在薄板坯连铸连轧方面也开展了研究；宝武、东北大学、JFE 在生产高硅钢方面的研究较其他企业更为深入；JFE、新日铁、宝武在分析测试方面也申请了大量的专利。

（2）主要竞争对手中，JFE、新日铁的硅钢专利研发最为全面，在涂层技术、细化磁畴、薄带连铸、薄板坯连铸连轧、高硅钢、分析测试等方面都进行了不同层次的研究；AK 钢、鞍钢、马钢、东北大学的研发次之，AK 钢的研发重点在涂层技术、细化磁畴和薄带连铸方面，鞍钢的研发重点在涂层技术方面，马钢的研发重点在涂层技术和薄板坯连铸连轧方面，东北大学的研发重点在涂层技术、薄带连铸和高硅钢方面；浦项、首钢和蒂森克虏伯的研发更次之，浦项的研发重点在涂层技术和细化磁畴方面，首钢的研发重点在涂层技术方面，蒂森克虏伯的研发重点在涂层技术和薄板坯连铸连轧方面。

参考文献

[1] 董刚，崔东卫．在中国公开的取向电工钢专利分析［J］．冶金经济与管理，17-22.

可控气氛脱碳退火炉用抗渗碳隔热材料的热物性能研究

任以立，任燕明，张　清，张丽萍

（江阴港泰耐火材料有限公司，江苏 无锡 214407）

摘　要：为了提高脱碳连续退火气氛炉内衬用抗渗碳隔热耐火材料的安全性和隔热效率，对国产高温抗渗碳隔热材料的热物理性能进行了探讨，并且与国外同类产品进行了对比分析。指出了提高抗渗碳隔热材料的使用寿命，主要是通过改良砖材结构中的矿相组成；而提高国产抗渗碳隔热砖性能的技术途径是对显微组织结构（主要为气孔形状、大小）的优化以及对 Fe_2O_3 含量的控制。

关键词：脱碳退火炉；抗渗碳；隔热材料；热物理性能；优化

Research and Optimization of Thermo-physical Properties of Carbon Penetration Resistant Insulating Materials for Grain-oriented Silicon Steel Decarburizing Annealing Furance

Ren Yili，Ren Yanming，Zhang Qing，Zhang Liping

（Jiangyin Gangtai Refractories Co.，Ltd.，Wuxi 214407，China）

Abstract：In order to improve security and heat insulating efficiency of carbon penetration resistant refractories for linings of decarburization continuous annealing atmosphere furnace in China's grain-oriented silicon steel industry，thermo-physical properties of China-made high temperature carbon penetration resistant insulating refractories were discussed and compared with foreign similar products. The results show the service life prolong of carbon penetration resistant insulating materials mainly depends on the improvement of mineral phase composition in the brick；the technical methods improving China-made carbon penetration insulating brick are the optimization of microstructure（pore shape and size）and the control on content of Fe_2O_3.

Key words：decarburizing annealing furnace；carbon penetration resistant；insulating materials；thermophysical property；optimization

取向硅钢是一种含碳量较低的软磁材料，它也是变压器铁芯的重要材料，其重要核心装备为炉温高达1100℃的可控气氛脱碳连续退火炉（见图1），隔热技术是其工程实践的关键技术之一，而隔热材料性能的优劣又是其隔热技术的关键。在脱碳连退气氛炉炉墙复合隔热结构的总热阻中，炉墙内壁的抗渗碳高温隔热材料所占的比例最大，且技术要求最高。高温隔热材料的优化，对提高炉墙总体隔热效率及抗渗碳效果具有十分重要的意义和作用。

取向硅钢可控气氛胶碳连续退火配套各种隔热材料，其中性能较好的是日本的B5、B6、A13耐火砖，它既具有致密耐火砖的高温强度，又具有轻质保温砖的隔热性能。为了替代B5、B6、A13耐火砖，国内先后有几家耐火材料制造工厂进行了开发研制。本工作从理论分析入手，结合电镜，X射线衍射和X荧光光谱分析等手段，对抗渗碳隔热材料的性能进行了优化研究。

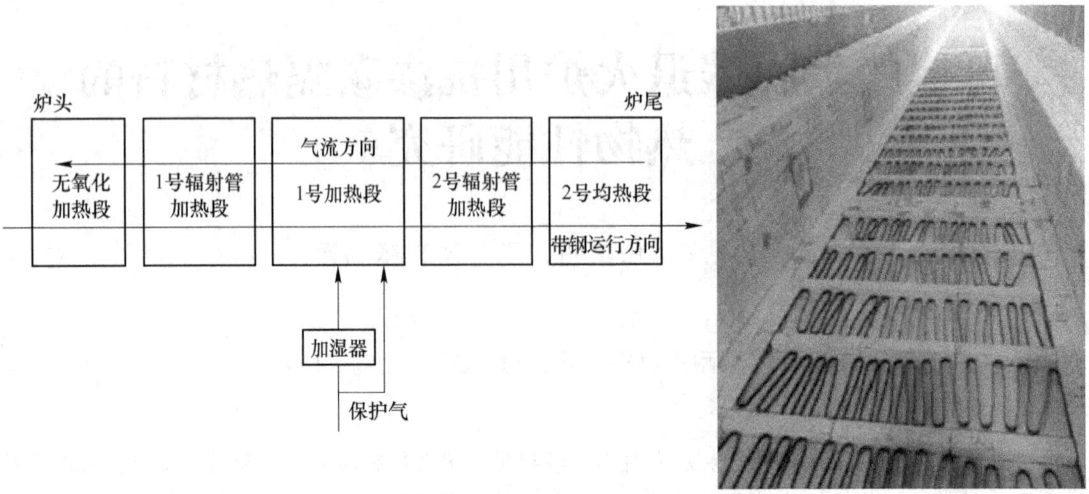

图1　连续退火炉布置、砌筑图

1　气氛与隔热耐火材料

近年来，越来越多的轻质隔热耐火材料直接用作各种加热窑炉的工作内衬。另外，有许多热处理和烧结炉，为提高产品的质量和满足工艺过程的要求，常常应用各种保护气氛，如CO、CO_2和H_2等。气氛对隔热耐火材料的使用会有很大的影响，其中氢气对隔热耐火材料的影响最大。

在一般的轻质隔热耐火材料中，SiO_2和AlO_2为主要成分，还含有一些Fe_2O_3、TiO_2、CaO和MgO等杂质。在热处理炉中，为了防止金属工件被氧化，常常利用氢气等气体控制热处理过程。但是，从耐火材料炉衬的使用方面来考虑，耐火材料中的组分可能被还原，从而破坏材料的组织结构，使炉衬材料变质损毁。由此，在还原性气氛条件下使用的炉衬材料，最好选用以氧化铝为主要成分的材料或纯氧化铝材料。钙长石轻质隔热材料和含钙高铝材料的抗还原性气氛的能力也较强。

在一般轻质隔热耐火材料中，常常还含有一些杂质，如Fe_2O_3、TiO_2、CaO和MgO等。Fe_2O_3和FeO在约300℃下很容易逐渐被还原成金属铁，TiO_2的也可被部分还原：TiO_2—Ti_3O_5—Ti_2O_3—TiO—Ti。铁和钛的氧化物在炉内气氛作用下发生的氧化-还原-反应为可逆反应，当气氛的露点和温度发生时，可导致氧化-还原反应反复进行，由于体积变化可使材料的组织结构崩溃。因此，用于还原气氛中的耐火材料炉衬的杂质含量低，特别是Fe_2O_3含量尽可能低的材料。

气氛对隔热保温材料的导热系数有一定的影响，为了防止导热系数高的氢气扩散渗入气孔中造成隔热性能降低，在氢气气氛中使用的隔热保温耐火材料最好选用封闭气孔结构型轻质材料，如耐火氧化物空心球制品，松香皂发泡法制造的轻质砖。

2　理论分析

根据可控气氛脱碳退火炉热工设计的要求，所用高温隔热砖的$w(Fe_2O_3)\leqslant 0.7\%$，其物理性能必须符合表1的规定。显然，一般致密耐火砖的耐压强度、抗折强度和重烧线变化率均可达到上述要求，但热导率和体积密度则达不到要求；一般轻质保温砖则相反，体积密度和热导率可达到要求，但耐压强度、抗折强度和重烧线变化率则达不到要求。

表1　可控气氛脱碳退火炉用高温隔热砖的物理性能

体积密度/$g\cdot m^{-3}$	重烧线变化率/%	热导率/$W\cdot m^{-1}\cdot K^{-1}$(350℃)	耐压强度/MPa	抗折强度/MPa
0.60±0.05	-1.0(1400℃×24h)	0.16	≥2.5	≥1.6
0.80±0.05	-1.0(1450℃×24h)	0.22	≥3.5	≥2.0

就给定化学组成的隔热材料而言，强度和隔热性能是相互对立的两个性能。密度增大，导致强度升

高，但热导率也随之上升，隔热性能变差；反之，密度减小导致热导率减小，隔热性能好，但强度则下降。若不对隔热材料进行优化，则很难同时满足表1所示的强度和隔热性能。

根据固体导热的微观理论，隔热材料的有效热导率 λe。由下列导热因子组成[1]，即：

$$\lambda e = f(\lambda s,\ \lambda g,\ \lambda c,\ \lambda r,\ \lambda i) \quad (1)$$

式中，λs 为固相导热因子；λg 为气孔的气相导热因子；λc 为气孔的气相对流导热因子；λr 为气孔的辐射导热因子；λi 为相互作用因子。

可控气氛脱碳退火炉用高温隔热砖的气孔率 P 一般都很大；当其容重为 800kg/m^3 时，P 大约为 75%，当其密度为 600kg/m^3 时，P 大约为 83%。显然，气孔是影响高温隔热砖热导率的主要因素，也是优化其隔热性能的关键。

对隔热材料传热机理的物理模型所用的数学分析表明，式（1）中诸导热因子分别受到下列式（2）~式（6）中各个量的直接影响，即：

$$\lambda s = f(Ks,\ P,\ W,\ T) \quad (2)$$

$$\lambda g = f(Kg,\ P,\ W,\ dp,\ T) \quad (3)$$

$$\lambda r = f(\delta,\ P,\ W,\ dp,\ T) \quad (4)$$

$$\lambda c = f(P,\ W,\ dp,\ Pr,\ Gr,\ T) \quad (5)$$

$$\lambda i = f(Ks,\ Kg,\ P,\ W,\ dp,\ T) \quad (6)$$

式中，K_S 为隔热材料固相热导率；Kg 为气孔内气体的热导率；dp 为气孔的平均直径；δ 为气孔内壁的热发射率；Pr 和 Gr 分别为气孔内气体的普朗特数和葛拉晓夫数；T 为气孔的平均温度；W 为气孔的状态因子（由气孔的形状、连通性、排列取向等因素决定）。

可控气氛脱碳退火炉用高温隔热砖的气孔内均为空气，它的 Kg、Pr 和 Gr 均为定值。当砖的组分确定后，它的 δ 和 Ks 也被确定；隔热砖因有强度要求，因而它的容重下限（即 P 的上限）也被确定。因此，能对隔热砖各导热因子有显著影响的是 dp 和 W。

在隔热砖的 P 和 dp 确定的前提下，W 越大，则 λe 越大。封闭气孔较之连通气孔有更小的 W 值，球形气孔较之其中心轴与热流方向垂直的柱形气孔有更小的 W 值。因此，为了优化隔热材料的隔热性能，就必须尽量使其气孔成为封闭的球形气孔。

在隔热材料的 P 和 W 确定的前提下，dp 的减少都将导致 λr、λg、λc 的减少，从而提高隔热材料的隔热性能。材料的断裂力学研究结果表明，当给定容重后，减小气孔直径 dp，同样可明显提高其强度性能。因此，需尽可能地减小 dp 值来优化材料的隔热性能和强度性能。

3 优化前后的性能比较

根据以上分析，本研究从优化隔热砖的生产工艺入手，即通过调控工艺参数，选用复相结合新技术，采用自主研发的浓缩悬浮液制作技术注浆成型新工艺和二次热风富氧扰动湍流燃烧新技术，使隔热砖形成球形封闭气孔，并且最大限度地减小气孔尺寸。优化后的隔热砖与日本 B5 隔热砖的性能对比见表2。

表2 优化后的隔热砖与日本 B5 隔热砖的性能对比

产　品	体积密度/g·m^{-3}	重烧线收缩率/%	耐压强度/MPa	抗折强度/MPa	热导率/W·m^{-1}·K^{-1}(350℃)
B5 隔热砖	<0.80	<2.0(1260℃)	>1.5	>0.8	<0.25
优化后的隔热砖	<0.62	<1.0(1400℃)	>2.5	>1.6	<0.16

优化后的隔热砖与日本 B5 隔热砖的热导率曲线示于图2。优化后的国产隔热砖（体积密度为 0.62g/m^3）的有效热导率（室温~1100℃）的回归方程为：

$$\lambda e = 0.1026 + 0.000229T$$

为了保证高温隔热砖的耐高温性能和高温强度，还必须对其化学组成进行优化。对于主要组分为 Al_2O_3 和 SiO_2 的高温隔热砖，从 Al_2O_3-SiO_2 二元相图以及各类杂质对该系统耐高温性能的影响进行了研究。结果表明，碱金属氧化物和铁氧化物（Fe_2O_3）杂质的影响最大。由于在隔热砖的生产过程中很容易

混入 Fe_2O_3 杂质，因而必须选用纯度较高的原料，并通过其他技术手段进行除铁，使隔热砖中 Fe_2O_3 的质量分数控制在 0.7%以下。优化前，国产隔热砖中 Fe_2O_3 的质量分数高达 1.37%，优化后则降至 0.56%以下，从而使隔热砖的耐高温性能有了明显改善。

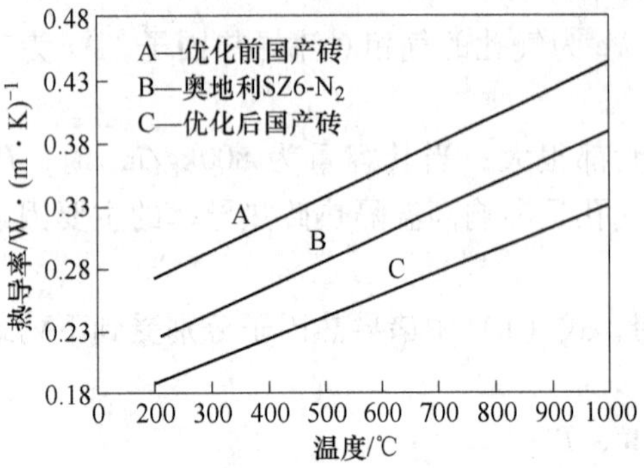

图 2　热导率曲线图

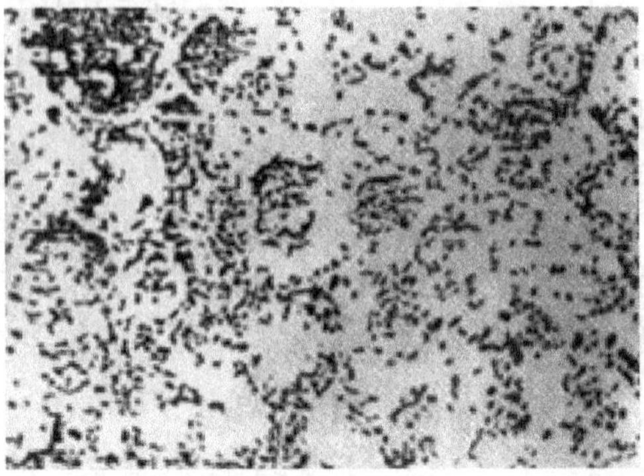
图 3　优化后的高温隔热砖的气孔形状、尺寸和分布

表 2 和图 1 的结果表明，通过对显微组织结构（主要为气孔形状、大小）的优化以及对 Fe_2O_3 含量的控制，使得国产隔热砖的各项技术性能均达到或优于日本 B5 隔热砖。

4　显微结构和相组成分析

用扫描电镜对优化后的高温隔热砖进行了显微结构观察，结果见图 3。可以看出，优化后的隔热砖具有封闭的球形气孔，其直径分布在 80~400μm 范围内。而优化前，隔热砖的球形气孔还有一部分是连通气孔，其直径分布约在 150~700μm 之间。

优化前后气孔形状和大小的改变是导致优化后热导率变小的主要原因。

XRD 分析结果表明，高温隔热砖的相结构为莫来石（$3Al_2O_3 \cdot 2SiO_2$），还含有部分 α-Al_2O_3 和堇青石（$2MgO \cdot 2Al_2O_3 \cdot 5SiO_2$），加上它有大量封闭的球形微气孔，使它成为一种优良的高温隔热材料。

5　结论

（1）国产速凝法生产的新型轻质隔热材料经山东以利奥林公司和福建晶龙公司等脱碳退火炉长时间的应用，是可行的。

（2）可控气氛热处理炉内衬用抗渗碳隔热材料须选用低铁型（$Fe_2O_3 \leqslant 0.7\%$），结构为大量封闭的球形微气孔（80~400μm 范围），有利于提高隔热材料的保温效果及改善隔热砖的耐高温性能使用寿命。

参考文献

［1］李红霞. 耐火材料手册［M］. 北京：冶金工业出版社，2007.

硅钢连退线炉底辊材料的比较

陈天龙，陈圣贤

（浙江中硅新材料有限公司，浙江 嘉兴 314419）

摘　要：硅钢连退线机组中炉底辊目前主要使用陶瓷辊道和碳套辊，少部分采用陶瓷涂层辊。炉底辊使用状况直接影响生产效率、钢带的品质，以及生产的综合成本。本文全面分析炉底辊各种材料在硅钢连退线机组生产使用中产生的问题和解决方案。

关键词：电工钢；石英陶瓷；连续退火线；炉底辊；碳套辊

A Study on the Material of the Annealing Rollers in Silicon Steel Mill

Chen Tianlong，Chen Shengxian

（Cencera Corporation，Jiaxing 314419，China）

Abstract：The material of the roller in decarburizing and annealing line is fused silica or carbon sleeve. The status of the roller directly affects the efficiency of production，the quality of electric steel strip，and the cost of the production. This article compares the sleeves made of carbon and fused silica.

Key words：electric steel；fused silica；decarburizing and annealing line；roller hearth furnace；carbon sleeve

1　背景

电工钢的连续退火在辊底式加热炉（roller hearth furnace）中完成。目前硅钢连退线炉底辊使用的材料主要是石英陶瓷，石墨/碳套，陶瓷涂层合金钢辊。我们需要分析硅钢连退线的工艺状况，比较碳套和石英陶瓷套的材料特性，从而选择正确的辊道用在连退线上。

最初炉底辊采用材料包括耐热合金钢、碳套辊，等等。法国 Stein Heurty 公司 1980 年代开始设计使用石英陶瓷套辊代替钢辊和碳套辊以解决辊道表面积瘤从而导致钢带表面缺陷的问题。即使选择石英陶瓷辊道，在不恰当的工况和石英陶瓷的质量下，也有可能发生积瘤。

2　碳套辊、石英陶瓷辊和陶瓷涂层辊的材料特性

碳套材料是细颗粒石墨材料。石墨的莫氏硬度是 1~2，是最软的材料之一。石墨材料添加碳纤维增强成型性，再等静压成形和烧结，制得碳套。由于石墨材料非常软，不耐磨，较大的孔隙导致积瘤容易，碳套辊使用寿命比较短。

石英陶瓷是以高纯度的石英在 1800~2000℃熔融，再以先进陶瓷工艺（精确配料、制粉、制浆、成型、烧结、机械加工）生产各类工业产品。石英陶瓷制品有石英的各项优点，比如高硬度（莫氏硬度 7），低热膨胀率（0.6×10^{-6}/℃），而软化温度远高于石英玻璃。陶瓷的硬度高，从而使用寿命长。但是，由于陶瓷的韧性差，需要设计芯轴提高陶瓷辊道的耐冲击性。

陶瓷涂层辊的结构是以耐热钢辊为基材，在其表面喷涂过渡层和表层陶瓷粉体材料。陶瓷涂层辊的表面硬度高于碳套，而材料韧性好于陶瓷，但是由于金属基体和陶瓷涂层的热膨胀系数不一致，经过多个热循环后，热循环产生的应力超过涂层的黏附强度，首先产生裂纹，裂纹逐步延展和扩大，导致陶瓷

涂层就从基体上剥落，辊道很快失效。陶瓷涂层辊表面有裂纹和剥落后，要修复或再加工是非常困难的，必须去除陶瓷涂层再重新喷涂，而陶瓷涂层的硬度极大，磨削或切削效率低，成本高，再喷涂困难。所以，目前硅钢连退线使用涂层辊非常少。

表1 石墨和石英陶瓷材料的比较

特　　性	碳　　套	石英陶瓷
密度	1.7g/cm^3	1.93g/cm^3
气孔率	18%	11%~13%
化学成分	C+	SiO_2>99.9%
表面光洁度	>10μm	>0.8μm
积瘤敏感性	部分	极小
剥落频率	5/10次/月	1/10次/月
更换套的温度和时间	<800℃，>6h	<1h，任何温度，不停产
莫氏硬度	<2	>7
平均使用寿命	6~12月	9~36月

通常非取向电工钢成品中的碳含量占0.003%~0.004%，硅含量0.7%到2.8%。因此，在钢带中出现二氧化硅，在正确的窑炉状态，钢带张紧力，辊道速度，不会发生Fe/Si氧化物结瘤。如果在给定工艺温度下，窑炉气氛运行露点低，H_2/H_2O比例高，积瘤不会发生。如果发生结瘤，则结瘤是非常坚硬的结节，可以通过热震去掉。

从图1可知，石英陶瓷的热膨胀比石墨材料要低许多，所以在高温（900~1000℃）时，陶瓷辊道的尺寸稳定性要好于石墨材料。

3 碳套辊和石英陶瓷辊道的设计及使用

碳套辊的典型设计参考图2。在工作温度下，碳套和金属芯轴的配合有间隙，辊道转动速度快的时候，导致两端的卡口容易破裂失效。但是，由于碳套材料的断裂模量只有15MPa，如果做成薄壁件则其强度太低，不能够采用销钉设计。让其陶瓷辊道进入使用工厂现场，安装陶瓷辊道到退火炉膛中。安装方法和消耗的时间与合金钢炉辊一样。

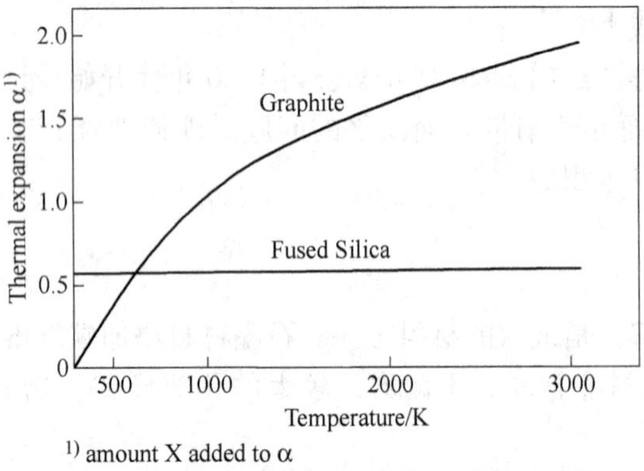

图1 石墨和石英陶瓷典型热膨胀

Fig. 1 Typical thermal expansion of graphite and fused silica

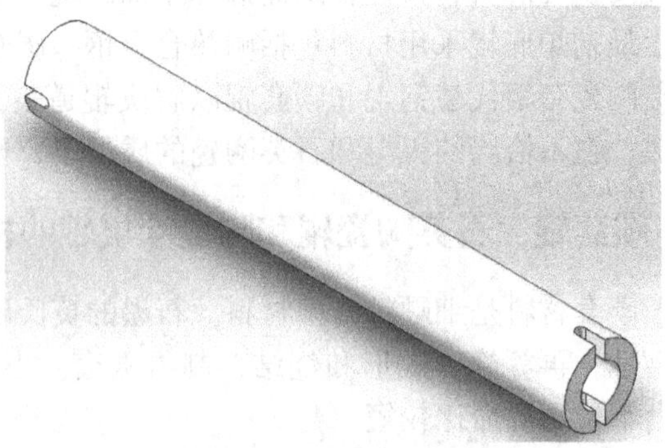

图2 碳套辊的典型设计图

石英陶瓷辊的典型设计参考图3。由于石英陶瓷材料的断裂模量达到50MPa，可以做成薄壁件，采用销钉设计。从室温到1000℃，石英陶瓷材料的强度增加33%，设计和制造可以达到非常高的精度。在工作温度下，陶瓷套和金属芯轴的配合基本没有间隙，辊道在长度方向上均匀承受载荷，即使转动速度快，辊道的振动也非常小，从而辊道两端不破裂失效。

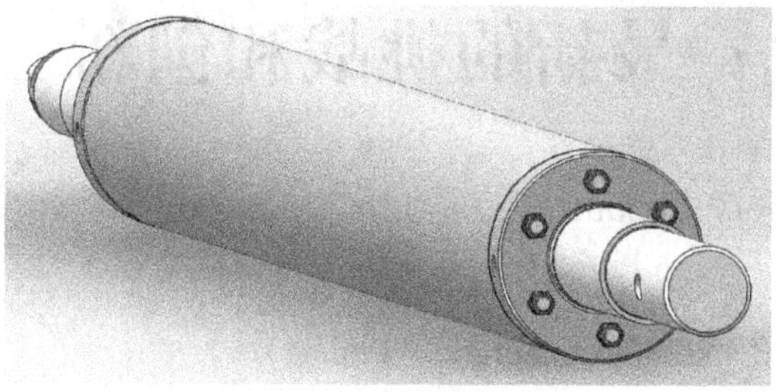

图 3　石英陶瓷辊的典型设计图

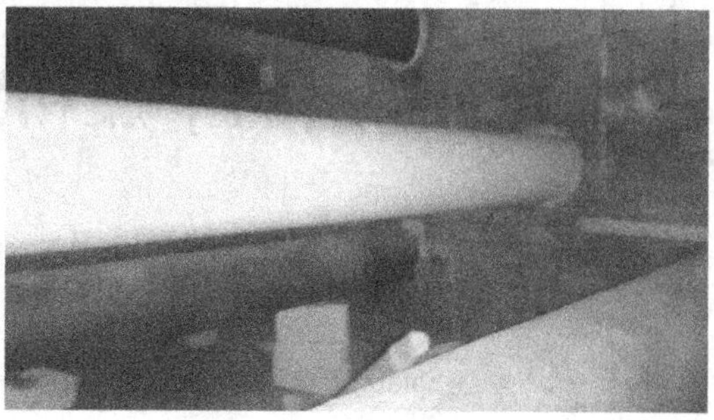

图 4　陶瓷辊道安装完毕

4　结论

使用石英陶瓷辊道可以防止氧化物粘附在钢带上。成品上的斑点和质量品质降低就会得到避免，从而减少连退线的运作成本，使硅钢带表面质量得到提高。

由于石英陶瓷辊的硬度高，在辊道表面没有任何磨损，硅钢带宽度的任何变更均不会在辊道两端造成任何印记，从而可以增加硅钢连退线生产不同带宽的灵活性。

石英陶瓷辊道的结构设计可以制造得非常精密，高速转动过程中振动减少，从而避免驱动问题，减少生产过程中的维护成本，减少辊道的重新磨削和清理，因此可以节省可观的炉子维护成本。

参考文献

[1] 王杰，潘燕芳．石英陶瓷辊在硅钢连续退火炉中的应用［J］. 电工材料，2006(3)：23-25.

电工钢涂层的干燥和固化：最新的挑战和创新

Nicolas Even，Grégory Lepoutre

（Solaronics SA，78 rue du Kemmel-FR-59280 Armentieres-France）

摘　要：近年来，能源、金融和工艺环境的重大变化影响着全球的硅钢市场。这些驱动因素对于中国取向硅钢和无取向硅钢生产线如 DCL、CAL、ACL，以及独立的离线涂层生产线仍然是至关重要的。

在研究这些趋势后，本文详细介绍了应用于取向电工钢 MgO 涂层和无取向电工钢绝缘涂层干燥的红外炉创新。文章重点将讨论与电工钢涂层干燥相关的能源、速度和多功能性的需求及解决方案。

Drying and Curing of Electrical Steel Coatings: Latest Challenges and Evolutions

Abstract: Recent years have shown significant changes in the energy, finance and process environment affecting the silicon steel world. These drivers will remain critical to the Chinese silicon GOES and NGOES processing lines such as DCL, CAL, ACL, as well as separate offline coating processing lines.

After a documented review of these trends, the present paper details in which extent they have shaped the evolution of the infrared furnaces used for the drying of MgO slurries for GOES and for the curing of insulation varnishes used in NGOES. The main focuses will be on energy, speed and versatility.

1　市场趋势

全球钢铁市场已经萎缩了几年，为了使行业更具竞争力，应该加强管理部门的作用规范行业并且根据国家规划使用战略能源。

1.1　快速变化的能源状况

快速变化的能源格局，导致工厂需要引入新的能源。最近一段时期，热处理生产线和特殊的干燥炉主要用焦炉煤气作燃料。此外，最先进的干燥设备应用天然气、丙烷和电力，如需要稳定和高发热值燃气的红外炉。

今天，考虑中国的天然气西气东输的发展趋势。目前的天然气供应量自 2012 年以来增加了一倍以上，政府的目标是改变气体分布和销售模式，促使工业部门增加天然气消费量的比例。因此，天然气定价可能在未来遵循一个向下的趋势。

相反，焦炉煤气以其高的二氧化碳和硫的排放被视为一种污染能源。考虑到其热值低，影响设备效率，其在能源结构中的地位也受到损害，导致在许多地方生产成本上升，或生产中产生潜在的质量问题。正在进行的用天然气（SNG）和 LNG（液化天然气）替代焦炉煤气项目重新塑造中国的能源格局和未来清洁的天然气的应用。

考虑到电力绿色环保和运用到现有的生产线比较容易，我们注意到电力在生产线的应用份额上升。

因此以天然气、丙烷或电为能源的红外干燥技术加速引入到涂层烘干领域，这为相关的工艺流程提供了一批实质的技术优势。

1.2 高速生产线的需要

不断在硅钢行业建立可持续的成本结构，钢厂都关注生产线的运营成本。有些钢厂倒闭，其他的钢厂改造、升级，有些钢厂可能应用最新的技术建设新项目。

加工成本控制和减少的一个关键因素显然是生产线速度。今天的退火技术使目标速度能达到150mpm，甚至180mpm。以这个速度，设计者面临：

（1）不断增加的设备布置问题：卧式炉的长度变成一个严重的问题，有时在有些工艺上首选立式布局。因为在完全烘干之前不能接触带钢和改变带钢移动方向，仅仅涂层部分的数量会给传统的干燥系统带来麻烦。

（2）悬垂度大：对于长度60m的常规干燥炉和0.50mm厚的钢带，钢带在干燥炉的移动变得至关重要。使用多种敏感热塑性绝缘涂层的无取向电工钢，由于低张力悬垂度变得更糟。

（3）而且，考虑到无取向电工钢生产，目前发展的自黏结涂层要求烘干炉有额外的冷却能力，这种清漆在相当低的温度下仍然保持黏性，这使得整个“非接触”的要求，在有限的空间，变得更加具有挑战性。

在市场上支撑高速策略的有一些值得关注的大功率红外干燥技术，烘干炉长度分成2或3段，悬垂度问题就很小。

1.3 多功能生产线的需要

在不确定的市场环境，必须需要灵活和关注客户应用的生产线。

（1）随着供应链从一个原始基板变到另一个，常规干燥系统在高速下必须处理平坦度问题如波状边缘和中间波浪，出炉后中部潮湿或边缘缺陷。只有从内部干燥可以解决这些不可预见的困难和大的悬垂度引起的问题。

（2）为了适应最新高速生产线，干燥段必须处理出口段的动态变化，以避免巨大的质量问题和相关的废品。

（3）为了适应市场变化趋势，干燥段必须处理：

1）取向硅钢基板的趋势是厚度更薄；

2）产品范围不断扩大，从C3到C6涂层的无取向硅钢产品；

3）最新的生产线设计趋势为合并DCL/ACL，这意味着的带钢的PMT范围从120℃到300℃；

4）这些多种干燥的策略，以实现正确的加热、干燥，有时固化需要精确、动态功率控制的干燥炉。以及合适的干燥炉设计以对应每一种涂层的固化时间。

这些挑战可以应用先进的燃气式和电红外技术来解决。让我们来看看如何应对。

2 红外干燥炉创新满足需求

2.1 红外干燥炉创新适应能源发展趋势

正如前面段落强调的，能源模式是电工钢产业创新和战略选择的一个驱动力。当涉及到运用于MgO涂层干燥炉或绝缘涂层的固化炉的能源，涉及两个因素：

（1）效率。效率是指下面的比率：

$$\frac{\text{能量传递到钢带和涂层，加热和蒸发}}{\text{消耗的能量}}$$

（2）能够适应不同的能源。

2.1.1 增加燃气红外发射器效率

组成红外炉的基本功能模块称为发射器。一个最先进的燃气发射器以如下描述的方式运行，见图1：

（1）主燃气和空气在（1）管内混合。

（2）混合气通过多孔板（2）。

（3）燃气和空气中的氧反应生成燃烧产物，发生在水平板的表面。该反应中的一部分能量加热板，一部分能量加热燃烧产物和氮（3）的混合物。

（4）板发出红外线照射（4），与其绝对温度的四次方成正比。

（5）在孔板的上部，一个金属的或陶瓷的网（5）被孔板的辐射加热和混合气（3）的对流加热。这个网作为二次的红外发射器，增加温度和板（2）的红外辐射量。

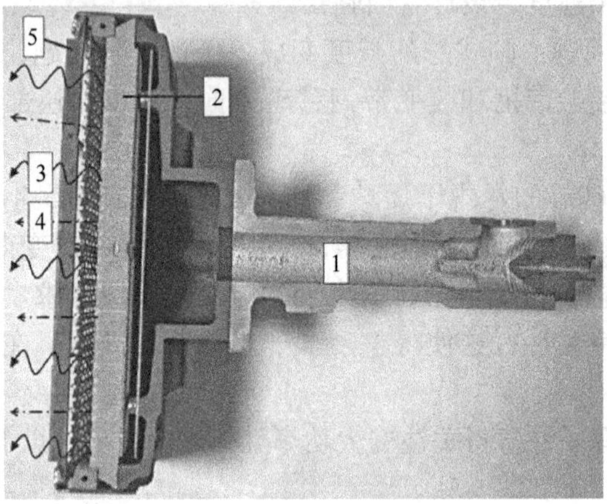

图1　燃气式红外发射器的剖面

Fig. 1　Cut of a gas-heated emitter

可以用尽可能地合上发射器或增加发射器的方法来提高红外线的效率。改进的主要障碍，孔板必须结合以下几个特点：

（1）精确的空燃气的混合的比例。

（2）耐热温度到1250℃。

（3）高发射率（将热量转化为红外线辐射的能力）。

（4）高隔热性避免空燃气混合后早燃。

2011年贝卡尔特Solaronics研制出独特的表面处理工艺去克服这些障碍。成果是开发了一个新的发射器Gem E，相对于最先进的发射器有以下的优势：

（1）在恒定的生产中，燃气的消耗减少10%。

（2）在同样的燃气消耗下，干燥/加热能力增加10%（例如同样的工艺数据，工艺速度可以增加10%）。

2.1.2　烟气循环和排放系统效率

烟气循环和排放系统由平衡炉内气氛的吸风、吹风、排烟和补风组成。

这个系统的第一作用从炉气中提取水分或溶剂，从而避免冷凝和爆炸的问题。而且，低湿度的气氛有利于快速蒸发。MgO干燥炉内典型的含水量为每公斤干燥的空气含0.07kg的水，这意味着它的任何部分相对湿度小于5%。

该系统第二个作用是通过对流利用热的燃烧产物提供额外的干燥或加热。

一个炉混合了多种功能，以满足工艺要求的能量密度、温度控制和停留时间的实施方案。在图2和图3中，两个例子描述的烟气循环和排放系统。

相对于仅使用发射器，烟气循环和排放系统类型A典型地增加炉子的效率15%。类型B效率增加30%。吹风温度可以在120℃和300℃之间调整。

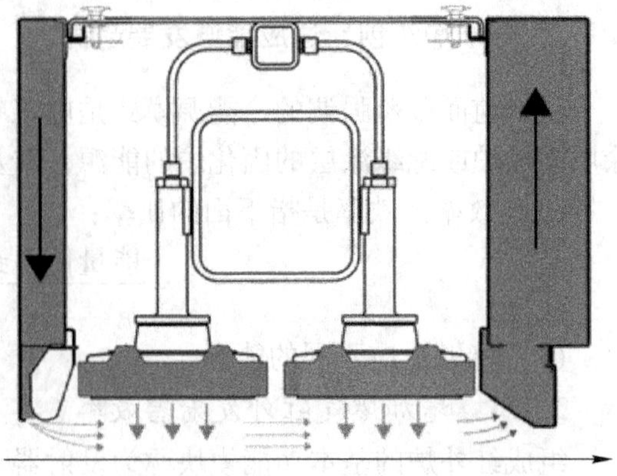

图2　Mass-transfer system type A

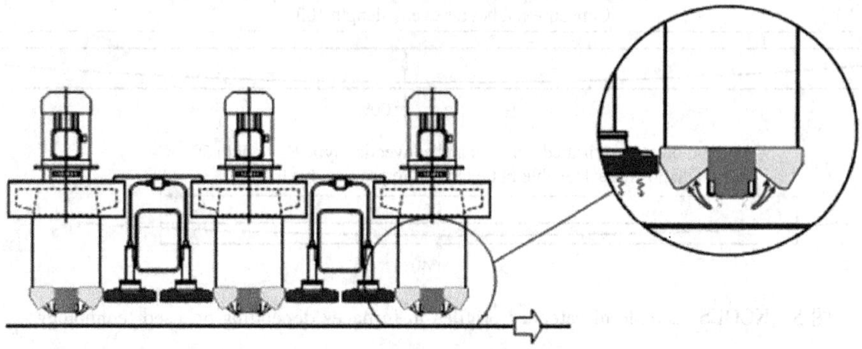

图 3 Mass-transfer system type B

2.1.3 通过宽带调整增加效率

红外发射器使用的另一重要的革新是适应带材宽度的调整。这个可选设备如图 4 所示，例如一个 1010mm 带钢通过最大宽度为 1270mm 的炉子处理时，意味着燃气少消耗 20%。

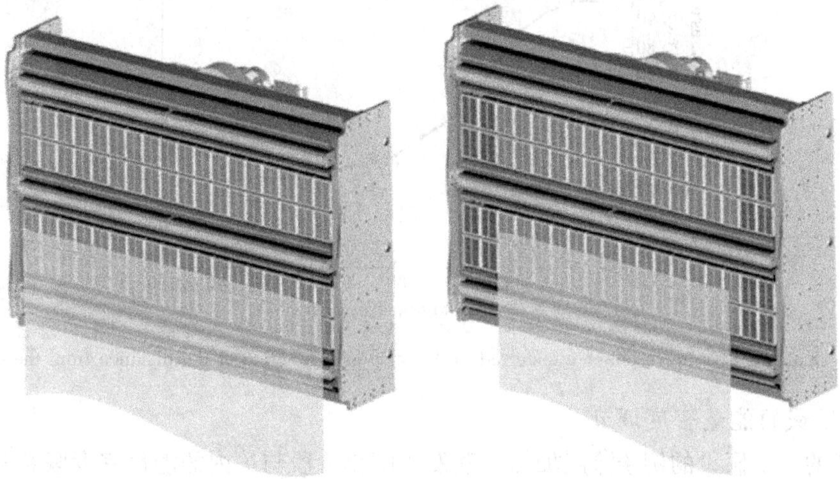

图 4 Selection of emitters as a function of strip width

2.1.4 不同类型的燃气之间的快速切换

正如前面讨论的，在一年内工厂可能需要交替使用不同燃烧特性的气体。根据要求，红外干燥炉可以设计从一种燃气切换到另一种燃气，如 1h 内从丙烷切换到天然气。

2.1.5 燃气红外和电红外的组合应用

另一个红外干燥炉的显著适应性优势是可以在同一设计中组合应用电发射器和燃气加热发射器。它给用户一个独特多功能性的能源模式。

2.1.6 红外技术和热风干燥器结合

最后但同样重要的是，红外干燥可以与对流空气干燥器相结合，作为后者的助推器，或在相同的设计中。它在整体效率方面给用户带来了卓越的价值。

2.2 在高速生产中一体化红外炉的革新

生产线提速要求更高的能量密度去避免空间和悬垂度的问题。

2.2.1 能量密度

燃气红外炉的能量密度达到 450kW/m^2，能以区域为单位控制得到所需的带钢的温度曲线。电红外的最大的能量密度是 600kW/m^2，热风干燥炉能量密度为 150~200kW/m^2。

能量密度影响悬垂度问题。悬链弯曲显著地受长度的影响，接触钢带的支撑是不允许的，如图 5 所示。另外，红外炉设计的钢带张力更低，钢带厚度大于 0.5mm 包括用于高速和无取向电工钢气垫方案。

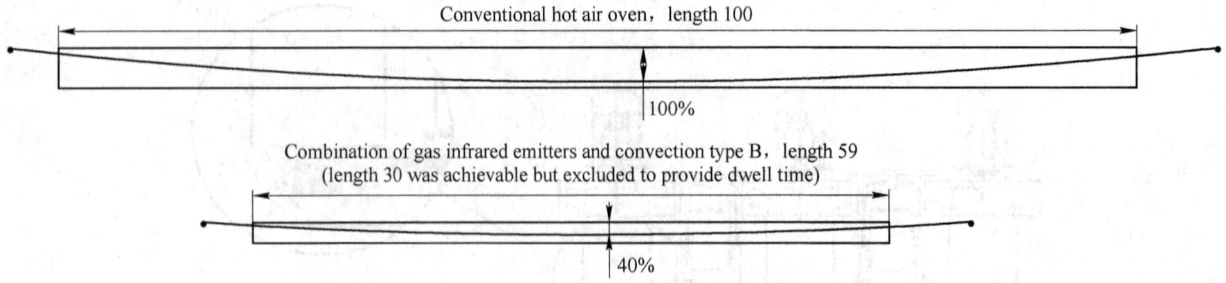

图 5　NGOES example of catenary profiles in furnaces depending on used technology

必须要说明的是吹风风嘴和钢带之间的距离影响对流传热的效率。因此，一个全对流的长炉的效率既不是常量也没有短炉的效率高。

这种效果，见图 6 为常规喷嘴的设计，由于其长度较短的事实，不会显著的影响红外炉，即它们的主要功能是辐射传热，炉气吸收的热量是可以忽略的。

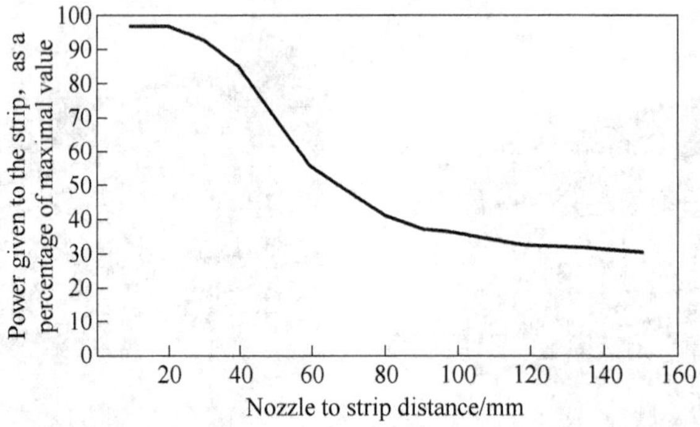

图 6　Example of relative power transferred to the strip as a function of the distance from the strip

2.2.2　每个区域的能量密度调节

下面图 7 描述的一个假设的例子涂层加热，蒸发或固化阶段与炉内的能量密度联系起来。

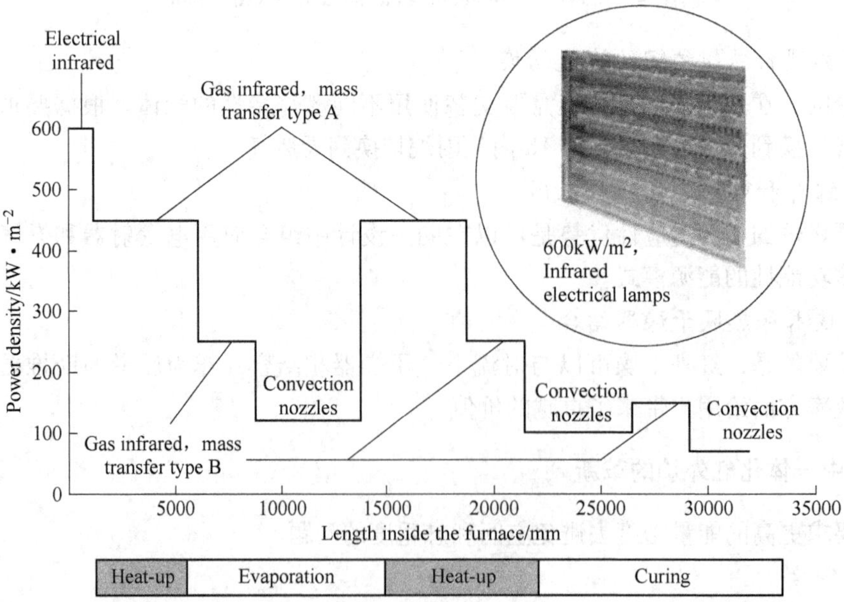

图 7　Distribution of power sources and power density inside a hypothetic furnace

高能量密度的燃气式或电红外也可以作为一个辅助解决现有常规干燥炉悬垂度问题，如图 8 所示，这可能是不影响空间的提速项目的解决方案。

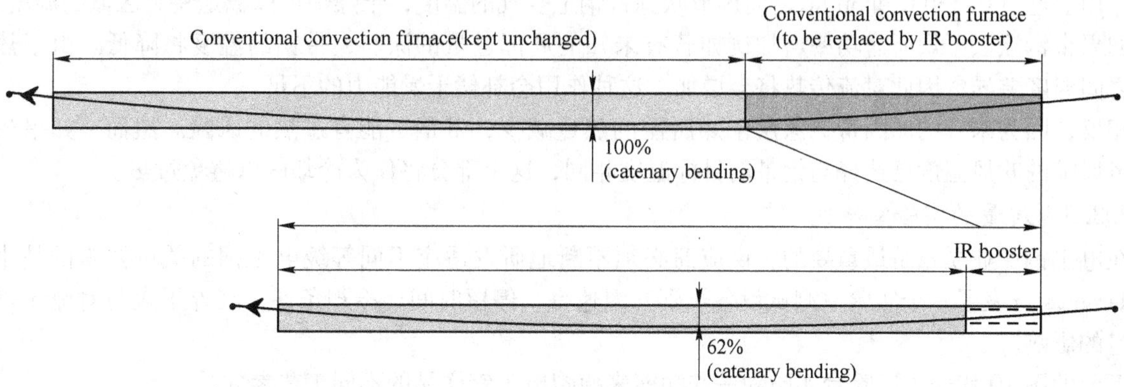

图 8 Gas-infrared hoods used as booster (bottom) for pre-existing flotation furnace (top)

2.3 满足多功能性需要的关键因素

红外系统的一大特点是多功能性。下面的段落将更多的说明，它在快速变化的电工钢产业中如何满足节能和质量控制的需要。

2.3.1 红外功率的控制

对于每一排的电红外发射器，辐射到带钢的功率几乎瞬间从 0 到 100%变化。这就意味着它在所有的阶段在任何时刻从 0 到最大功率，以适应工艺变化。

对于每个区域的燃气红外炉，给定的功率可以在几秒内从 60%到 100%最大值之间变化。根据其大小，炉子包含 2 到 6 个调节区。此外，每一对成排的燃气发射器，意味着平均每二十分之一的炉子，可以在 10s 之内被移离钢带。图 9 中验证了多功能性的结果。

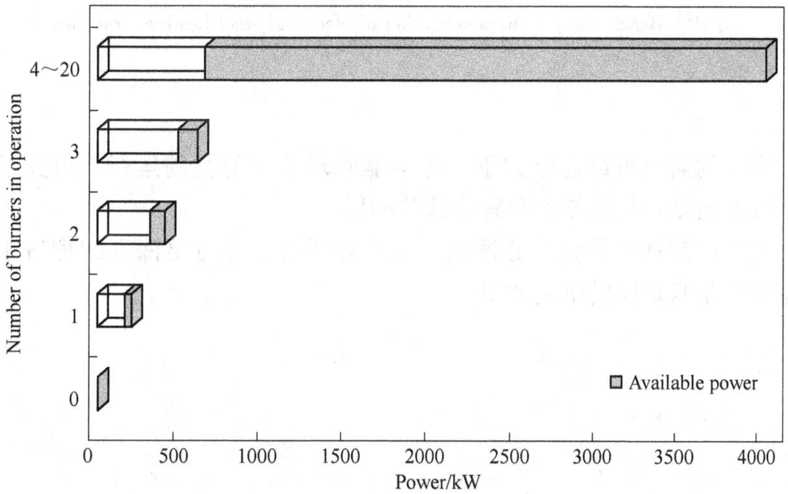

图 9 Power values accessible within less than 10s for a 4000kW gas-infrared Solaronics furnace made of 20 burners

我们可以看到，这种多功能性可以在同一个炉子上处理不同等级的硅钢。自动功率计算将考虑工艺速度、钢带厚度、宽度、水含量、溶剂含量（如适用）和出口处的目标温度。不同区域的功率分配也可以控制。例如：如果集成这个概念，这个多功能性可以从取向电工钢转移到无取向电工钢。

当工艺速度的变化或者甚至一个意外的停机，由于带宽调节能力，红外炉可以处理带钢而不改变其品质。这就避免损失整个炉内的钢带代表着大量的节省。

2.3.2 控制烟气循环和排放系统的功率

然而对流系统比红外系统能量传递的密度低，上面描述的对流部分类型 A 或类型 B，起到控制带钢温度的作用。

如果希望保持恒温，例如，在炉子的一个区域固化，希望达到但不超过目标温度，对流的补充起到调节作用。通过在130℃和300℃之间调节吹到带钢上空气的温度，干燥炉可以稳定特定区域的温度。

如果带钢涂层干燥所需功率增加例如若有未知的局部过量的涂料，带钢的温度将降低。由于热风和涂层之间温度差异，因此对流传热将会增加。这种作用会补偿干燥能力的不足。

相反，因为未知的原因带钢涂层干燥所需的热量减少，带钢可能有过热的风险。然而，如果最后一套吹风风嘴的吹风温度已选择与钢带的目标温度相同，这个部分将作为冷却区以避免过热。

2.3.3 质量的实验室研究

在电工钢产业质量是最重要的，供应商必须不断地研发适应不同等级电工钢的关键要素的技术。因此 Solaronics 开发了一个实验室测试设备辨别升温速率、停留时间、冷却条件、红外干燥与对流干燥比例对质量的影响。

下面的图10代表了实验台实验和一些功能来模拟电工钢样品的不同工艺参数。

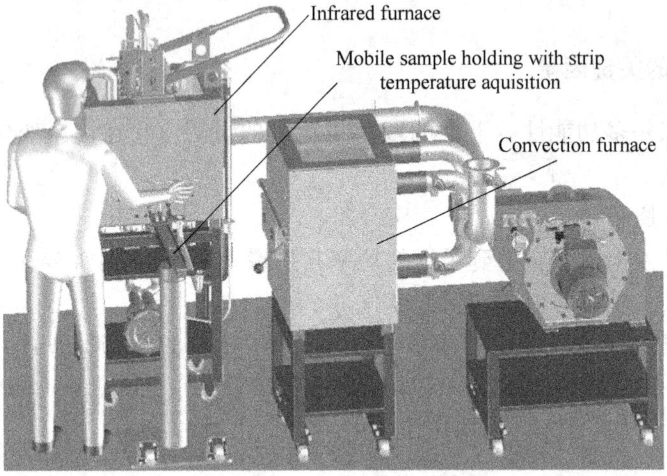

图10 Bench test for characterization of electrical steel heating strategies

3 结论

一方面，电工钢产业的需求可以总结如下：更节能和环境友好性的运行，更灵活和更优质。另一方面，我们看到红外干燥炉最新发展的特点和解决这些问题。

然而，每个电工钢生产商都面临独特的挑战，这需要所有合作方更深入的理解工艺，基于经验和实验为不同等级电工钢开发量身定制的解决方案。

银亿集团

YINYI GROUP

银亿集团，创立于1994年，是一家以房地产开发、工业
造、贸易和现代服务业为主的综合性跨国集团。2016年，集
实现销售收入652亿元，创利税40亿元，总资产800多亿元。
前银亿集团列中国500强231位，中国民营企业500强52位，
国服务业500强82位。

银亿科创

YINYI TECH-INNOVATION

宁波银亿科创新材料有限公司

NINGBO YINYI SCIENCE AND TECHNOLOGY INNOVATION MATERIAL CO., LTD.

宁波银亿科创新材料有限公司前身为宁波盈展精密薄板有限公司，是银亿集团全资子公司，位于宁波市镇海石化开发区凤翔路666号，总投资15个亿，占地面积150余亩，原主要生产酸洗卷、轧硬卷、冷轧卷等产品，转型升级后主要生产用于变压器、发电机、清洁能源、现代化交通等领域上具有高技术含量的新型节能环保磁性材料，为国内第一家生产高牌号高磁感取向硅钢的民营企业，规划年产14万吨取向硅钢的生产能力，年产值25亿元，一期6万吨已投产。

公司拥有具有国际先进水平和自主知识产权的生产设备连续脱碳退火渗氮及氧化镁涂层机组、高温罩式退火炉、涂绝缘层及热平整机组、高精密重卷机组，后期还将引进激光刻痕技术和机组，整体装备在国内处于领先水平。公司现有员工250多名，其中各类专业技术人才100多名，拥有专业从事取向硅钢技术和工艺开发研究的院士工作站和工程技术中心，拥有一流的技术研发团队，整体技术力量雄厚，掌握低温高磁感取向硅钢的关键工艺和技术，产品质量达到国际领先水平，和国内外中大型客户建立了长期稳定的合作关系。

公司一向以来十分注重产品的质量管理和售后服务，始终坚持质量第一、客户为上的质量方针，以实业报国为己任，走科技创新之路，力做中国高端取向硅钢领域里节能新材料的引领者。

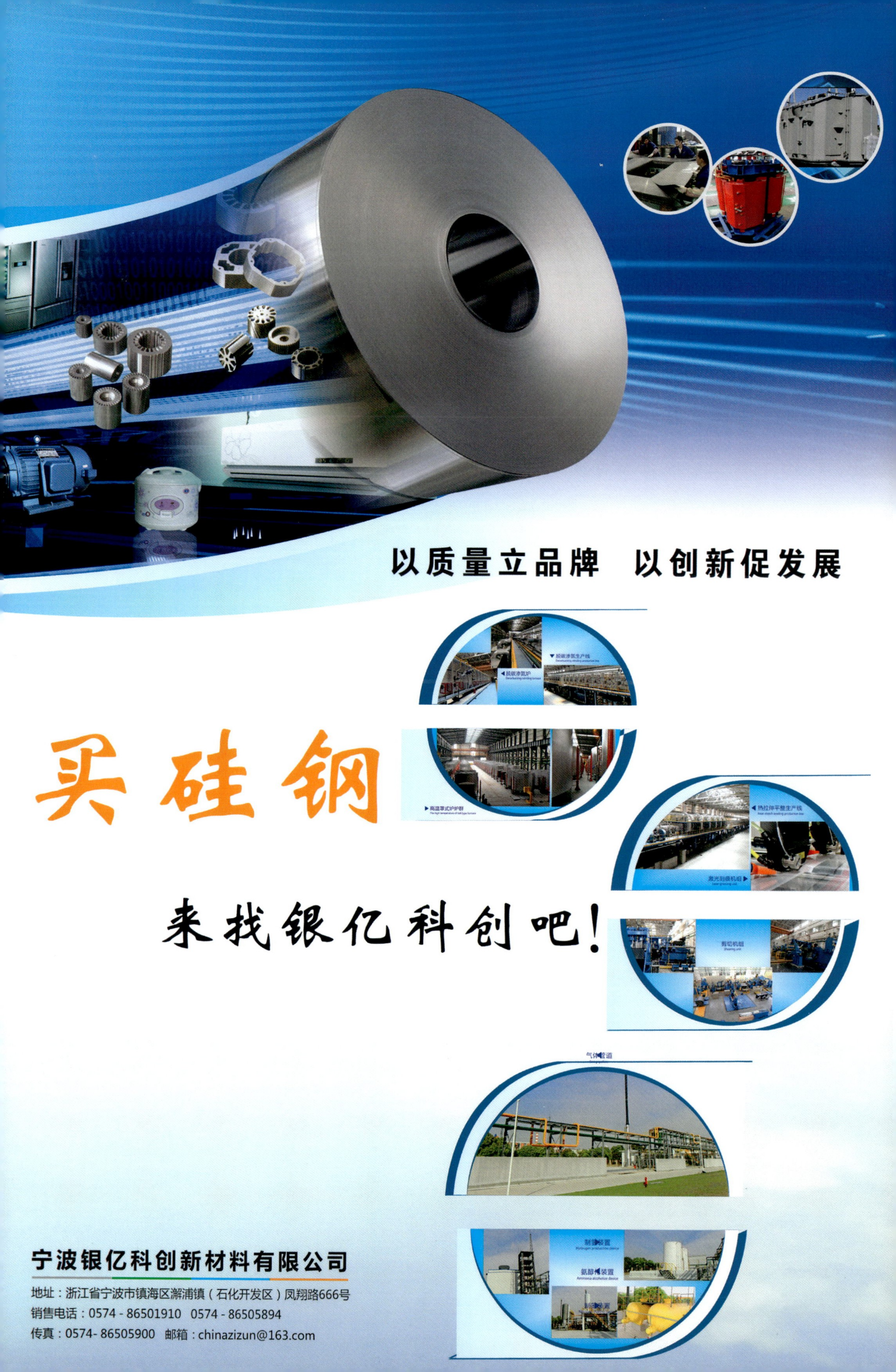

山东英硅工业陶瓷有限责任公司

专注硅钢炉底陶瓷辊，您的需要就是我们努力的方向

公司以研发生产高端精细工业陶瓷制品为企业发展方向。

质量是企业生存的基础，创新是企业发展的动力。我们将质量意识和创新意识贯彻在每一位员工的工作中。将质量的管控执行在每一道工序中，严格按照前期控制、过程控制、结果控制和改善阶段控制的管理方式来研发制造产品。

联系方式：0535-5658588　传真：0535-5620168
网　　址：www.chinasdyg.com
公司地址：山东省蓬莱市南王工业园珠江路1号

昶 艾
CHANG-AI
退火炉工艺
在线气氛分析系统
CO_2 0-2500ppm 精度：±2% F.S
CO 0-2500ppm 精度：±2% F.S
O_2 0-1000ppm 精度：±2% F.S
NH_3 0-10000ppm 精度：±2% F.S
H_2O 10℃-60℃ 精度：±0.2℃
H_2 0-60% 精度：±2% F.S
你还在为拥有最佳的“退火工艺气氛监测”而烦恼吗
昶艾分析
帮你优化生产，实现最高的工艺把控
全国统一热线
4007008817
传真地址
021-33275656
欲了解更多请登录
www.ci-ele.com
上海市闵行区万源路
2158号泓毅大厦316室

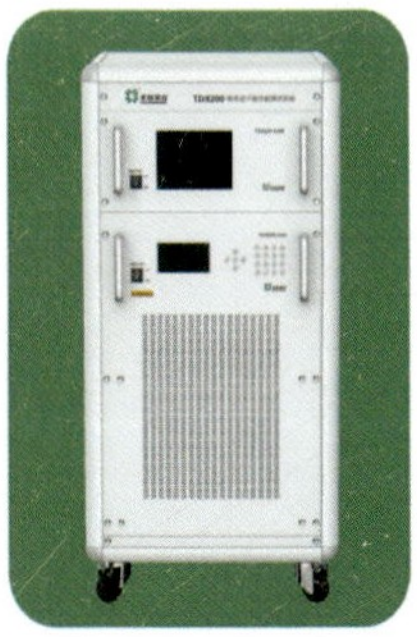

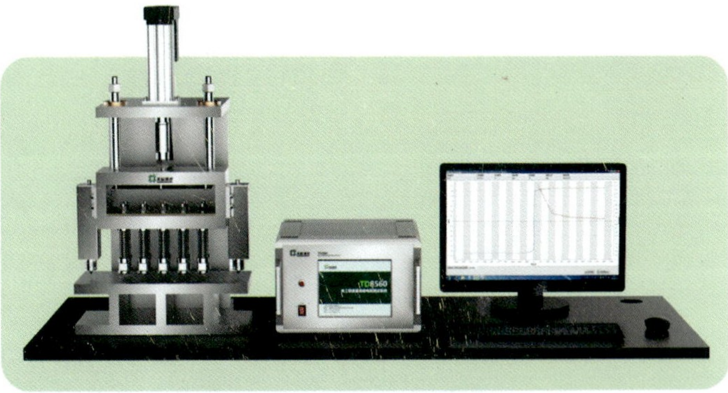

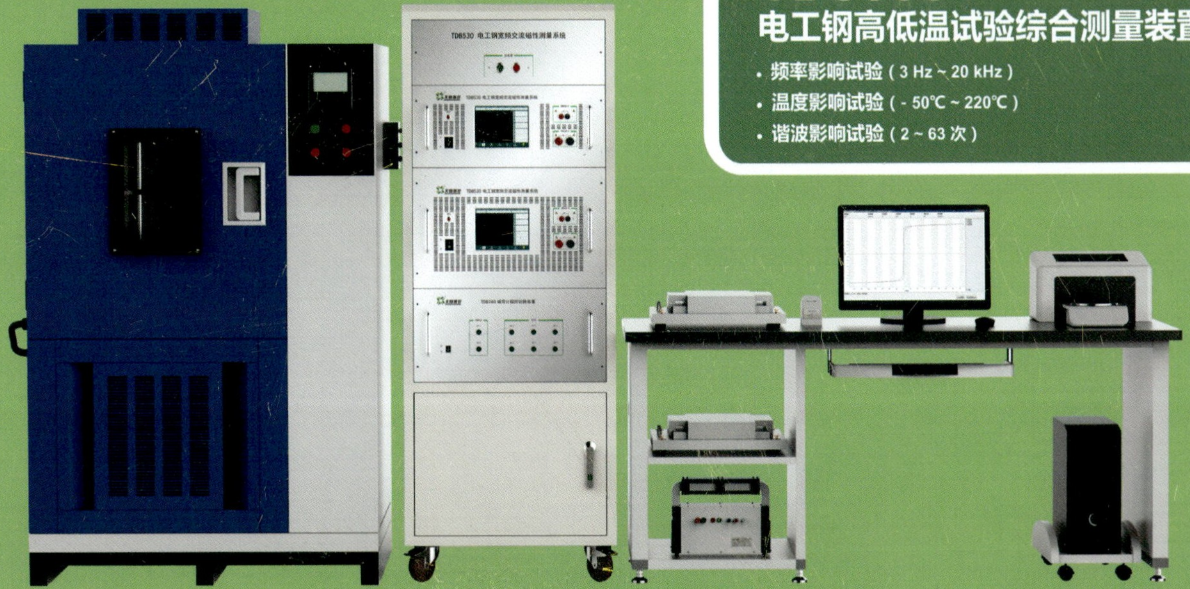

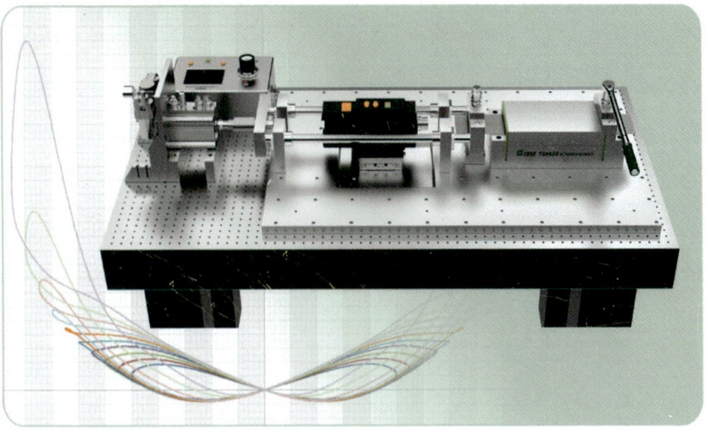

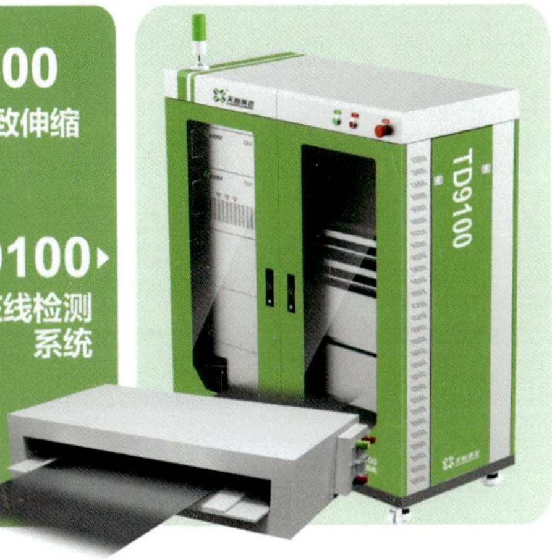
TD9100